中国核科学技术进展报告

（第八卷）

中国核学会 2023 年学术年会论文集

中国核学会◎编

第 7 册

核科技情报研究分卷

同位素分卷

科学技术文献出版社
SCIENTIFIC AND TECHNICAL DOCUMENTATION PRESS
·北京·

图书在版编目（CIP）数据

中国核科学技术进展报告. 第八卷. 中国核学会2023年学术年会论文集. 第7册，核科技情报研究、同位素 / 中国核学会编. —北京：科学技术文献出版社，2023. 12

ISBN 978-7-5235-1048-3

Ⅰ. ①中… Ⅱ. ①中… Ⅲ. ①核技术—技术发展—研究报告—中国 Ⅳ. ① TL-12

中国国家版本馆 CIP 数据核字（2023）第 229129 号

中国核科学技术进展报告（第八卷）第7册

策划编辑：张 闫　　责任编辑：李 晴　　责任校对：张永霞　　责任出版：张志平

出 版 者　科学技术文献出版社
地　　址　北京市复兴路15号　邮编 100038
编 务 部　(010) 58882938，58882087（传真）
发 行 部　(010) 58882868，58882870（传真）
邮 购 部　(010) 58882873
官方网址　www.stdp.com.cn
发 行 者　科学技术文献出版社发行　全国各地新华书店经销
印 刷 者　北京厚诚则铭印刷科技有限公司
版　　次　2023 年 12 月第 1 版　2023 年 12 月第 1 次印刷
开　　本　880 × 1230　1/16
字　　数　660千
印　　张　23.5
书　　号　ISBN 978-7-5235-1048-3
定　　价　120.00元

中国核学会2023年
学术年会大会组织机构

主办单位 中国核学会

承办单位 西安交通大学

协办单位 中国核工业集团有限公司　国家电力投资集团有限公司
中国广核集团有限公司　清华大学
中国工程物理研究院　中国工程院
中国科学院近代物理研究所　中国华能集团有限公司
哈尔滨工程大学　西北核技术研究院

大会名誉主席 余剑锋　中国核工业集团有限公司党组书记、董事长

大会主席 王寿君　中国核学会党委书记、理事长
卢建军　西安交通大学党委书记

大会副主席 王凤学　张　涛　邓　戈　欧阳晓平　庞松涛　赵红卫　赵宪庚
姜胜耀　殷敬伟　巢哲雄　赖新春　刘建桥

高级顾问 王乃彦　王大中　陈佳洱　胡思得　杜祥琬　穆占英　王毅韧
赵　军　丁中智　吴浩峰

大会学术委员会主任 欧阳晓平

大会学术委员会副主任 叶奇蓁　邱爱慈　罗　琦　赵红卫

大会学术委员会成员 （按姓氏笔画排序）

于俊崇　万宝年　马余刚　王　驹　王贻芳　邓建军
叶国安　邢　继　吕华权　刘承敏　李亚明　李建刚
陈森玉　罗志福　周　刚　郑明光　赵振堂　柳卫平
唐　立　唐传祥　詹文龙　樊明武

大会组委会主任 刘建桥　苏光辉

大会组委会副主任 高克立　田文喜　刘晓光　臧　航

大会组委会成员 （按姓氏笔画排序）

丁有钱　丁其华　王国宝　文　静　帅茂兵　冯海宁　兰晓莉
师庆维　朱　华　朱科军　刘　伟　刘玉龙　刘蕴韬　孙　晔
苏　萍　苏艳茹　李　娟　李亚明　杨　志　杨　辉　杨来生
吴　蓉　吴郁龙　邹文康　张　建　张　维　张春东　陈　伟
陈　煜　陈启元　郑卫芳　赵国海　胡　杰　段旭如　昝元锋

耿建华　徐培昇　高美须　郭　冰　唐忠锋　桑海波　黄　伟
黄乃曦　温　榜　雷鸣泽　解正涛　薛　妍　魏素花

大会秘书处成员　（按姓氏笔画排序）

于　娟　王　笑　王亚男　王明军　王楚雅　朱彦彦　任可欣
邬良芃　刘　宣　刘思岩　刘雪莉　关天齐　孙　华　孙培伟
巫英伟　李　达　李　彤　李　燕　杨士杰　杨骏鹏　吴世发
沈　莹　张　博　张　魁　张益荣　陈　阳　陈　鹏　陈晓鹏
邵天波　单崇依　赵永涛　贺亚男　徐若珊　徐晓晴　郭凯伦
陶　芸　曹良志　董淑娟　韩树南　魏新宇

技术支持单位　各专业分会及各省级核学会

专 业 分 会　核化学与放射化学分会、核物理分会、核电子学与核探测技术分会、原子能农学分会、辐射防护分会、核化工分会、铀矿冶分会、核能动力分会、粒子加速器分会、铀矿地质分会、辐射研究与应用分会、同位素分离分会、核材料分会、核聚变与等离子体物理分会、计算物理分会、同位素分会、核技术经济与管理现代化分会、核科技情报研究分会、核技术工业应用分会、核医学分会、脉冲功率技术及其应用分会、辐射物理分会、核测试与分析分会、核安全分会、核工程力学分会、锕系物理与化学分会、放射性药物分会、核安保分会、船用核动力分会、辐照效应分会、核设备分会、近距离治疗与智慧放疗分会、核应急医学分会、射线束技术分会、电离辐射计量分会、核仪器分会、核反应堆热工流体力学分会、知识产权分会、核石墨及碳材料测试与应用分会、核能综合利用分会、数字化与系统工程分会、核环保分会、高温堆分会、核质量保证分会、核电运行及应用技术分会、核心理研究与培训分会、标记与检验医学分会、医学物理分会、核法律分会（筹）

省级核学会　（按成立时间排序）

上海市核学会、四川省核学会、河南省核学会、江西省核学会、广东核学会、江苏省核学会、福建省核学会、北京核学会、辽宁省核学会、安徽省核学会、湖南省核学会、浙江省核学会、吉林省核学会、天津市核学会、新疆维吾尔自治区核学会、贵州省核学会、陕西省核学会、湖北省核学会、山西省核学会、甘肃省核学会、黑龙江省核学会、山东省核学会、内蒙古核学会

中国核科学技术进展报告
（第八卷）

总编委会

核科技情报研究分卷
编　委　会

同位素分卷
编　委　会

前　言

《中国核科学技术进展报告（第八卷）》是中国核学会 2023 学术双年会优秀论文集结。

2023 年中国核科学技术领域取得重大进展。四代核电和前沿颠覆性技术创新实现新突破，高温气冷堆示范工程成功实现双堆初始满功率，快堆示范工程取得重大成果。可控核聚变研究“中国环流三号”和“东方超环”刷新世界纪录。新一代工业和医用加速器研制成功。锦屏深地核天体物理实验室持续发布重要科研成果。我国核电技术水平和安全运行水平跻身世界前列。截至 2023 年 7 月，中国大陆商运核电机组 55 台，居全球第三；在建核电机组 22 台，继续保持全球第一。2023 年国务院常务会议核准了山东石岛湾、福建宁德、辽宁徐大堡核电项目 6 台机组，我国核电发展迈进高质量发展的新阶段。我国核工业全产业链从铀矿勘探开采到乏燃料后处理和废物处理处置体系能力全面提升。核技术应用经济规模持续扩大，在工业、医学、农业等各领域，产业进入快速扩张期，预计 2025 年可达万亿市场规模，已成为我国核工业强国建设的重要组成部分。

中国核学会 2023 学术双年会的主题为“深入贯彻党的二十大精神，全力推动核科技自立自强”，体现了我国核领域把握世界科技创新前沿发展趋势，紧紧抓住新一轮科技革命和产业变革的历史机遇，推动交流与合作，以创新科技引领绿色发展的共识与行动。会议为期 3 天，主要以大会全体会议、分会场口头报告、张贴报告等形式进行，同时举办以“核技术点亮生命”为主题的核技术应用论坛，以“共话硬‘核’医学，助力健康中国”为主题的核医学科普论坛，以“核能科技新时代，青年人才新征程”为主题的青年论坛，以及以“心有光芒，芳华自在”为主题的妇女论坛。

大会共征集论文 1200 余篇，经专家审稿，评选出 522 篇较高水平的论文收录进《中国核科学技术进展报告(第八卷)》公开出版发行。《中国核科学技术进展报告(第八卷）》分为 10 册，并按 40 个二级学科设立分卷。

《中国核科学技术进展报告（第八卷）》顺利集结、出版与发行，首先感谢中国核学会各专业分会、各工作委员会和23个省级（地方）核学会的鼎力相助；其次感谢总编委会和40个（二级学科）分卷编委会同仁的严谨作风和治学态度；最后感谢中国核学会秘书处和科学技术文献出版社工作人员在文字编辑及校对过程中做出的贡献。

《中国核科学技术进展报告（第八卷）》总编委会

核科技情报研究

Nuclear Science and Technology Information

目　录

国外磁约束聚变发展现状分析

李晓洁，高寒雨，赵　松，袁永龙

（中国核科技信息与经济研究院，北京　100048）

摘　要： 核聚变能可稳定持续供能，其燃料价格低廉，能够有效减少长寿命放射性废物的产生和温室气体排放，是未来理想的清洁能源。因此，受控核聚变的理论研究和技术发展一直是国际社会研究的热点。20 世纪 40 年代以来，关于受控核聚变的研究持续开展。2022 年 2 月，欧洲联合环（JET）在 5 秒单次聚变中产生了 59 兆焦热能，打破了 1997 年核聚变实验产生能量的世界纪录，向实现受控核聚变技术又迈进了一步。目前，全球正在开展关于托卡马克装置的相关研究。本文系统梳理国际热核聚变实验堆（ITER）计划的建设情况及国外主要磁约束聚变的研究进展，分析磁约束聚变技术目前面临的主要挑战，得出其未来的研究重点和发展方向。

关键词： 磁约束聚变；托卡马克装置；国际热核实验堆计划

20 世纪 40 年代以来，关于受控核聚变的研究持续开展。20 世纪 70 年代，苏联科学家提出的托卡马克装置逐渐显示出独特的优势，随后全球逐渐建成不同规模的托卡马克装置。20 世纪 90 年代，美国、英国、德国、日本等国的托卡马克装置取得突破性进展，得到 16 兆瓦功率输出。1985 年，国际热核实验堆计划正式提出，旨在验证磁约束聚变能的工程可行性。ITER 计划的实施，标志着磁约束核聚变研究已进入实际的能源开发阶段，其结果将决定人类能否快速且大规模地使用聚变能源，从而影响人类能否从根本上解决能源问题。

1　磁约束聚变概述

磁约束聚变利用强磁场来约束高温等离子体状态的聚变核燃料（氘、氚），持续可控地发生核反应释放能量，与瞬间释放能量的聚变方式相比该方案更有利于商用发电。在各种类型的磁约束聚变装置中，托卡马克装置（Tokamak）以其优异的等离子体约束性能而备受重视[1]。国际热核聚变实验堆是一项大型国际核聚变研究工程，建成后将成为全球最大的磁约束等离子体物理实验装置和最大的托卡马克核聚变实验反应堆。

2　国际热核聚变实验堆计划

国际热核聚变实验堆计划最早于 1985 年日内瓦峰会上由美国总统里根和苏联领导人戈尔巴乔夫共同提出。这一大型国际合作计划的倡议得到了国际原子能机构的支持[2]。美国、俄罗斯、中国、欧盟、日本和韩国于 2005 年 6 月达成将 ITER 建造在法国卡达拉奇的协议；同年 12 月，印度正式加入 ITER。参与 ITER 计划的 7 个国家和组织于 2006 年 5 月 24 日草签联合实施 ITER 计划的两个协定，即《联合实施国际热核聚变实验堆计划建立国际聚变能组织的协定》（简称《组织协定》）和《联合实施国际热核聚变实验堆计划国际聚变能组织特权和豁免协定》（简称《特豁协定》），同年 11 月 21 日正式签署上述两项协定。经过近一年各方国会、内阁审批、核准后，ITER 国际聚变能组织（简称“ITER 组织”）于 2007 年 10 月 24 日正式成立。由此，ITER 计划进入装置建造阶段。

作者简介： 李晓洁（1993—），女，工程师，现主要从事核科技情报研究。

2.1 建设进展

1988 年 4 月，ITER 项目开始设计；同年 6 月，ITER 理事会批准 ITER 的最终设计报告，由此确定了第一个基于成熟物理技术的聚变反应堆设计，设计符合 ITER 缔约方在概念设计之初所采用的详细技术目标和技术方法，于 1990 年 12 月完成。2006 年 11 月，7 个成员国领导在巴黎正式签署 ITER 协议。2007 年 10 月，ITER 在所有成员国批准国际条约后正式成立，随后法国南部的卡达拉赫开始现场准备工作。2009 年 4 月，ITER 项目建筑和设施验收的现场准备工作完成。2013 年 12 月，核电站底板开始浇筑混凝土。2015 年 12 月，ITER 低温恒温器的完成部分现场交付。2018 年 8 月，混凝土基座和径向墙工程完工；同年 11 月，第一个极向场线圈完成安装。2019 年 10 月，第一批真空容器和低温恒温器隔热板段运抵现场。2020 年 4 月，首个环形场线圈完成交付。2021 年 4 月，第一块超导磁体完成安装；同年 10 月，首个校正线圈完成安装。2023 年 6 月，首个优化偏滤器测试实验顺利完成[3]。

目前，ITER 项目的主要关键部件正处于交付的最后阶段。截至 2021 年，10 块超导磁体已运抵现场，全部中心螺线管、极向和环形场磁体的制造完成率已超过 97%，真空容器的制造和交付持续稳步进行[4]。

2.2 未来发展计划

ITER 计划分 3 个阶段进行：第一阶段（2007—2021 年）为实验反应堆的建设阶段。第二阶段是热核聚变运行的实验阶段，为期 20 年。在此阶段，研究人员将验证核聚变燃料的性能、实验反应堆所用材料的可靠性及核聚变反应堆的可开发性，旨在为聚变能源的大规模商业开发进行科学技术认证。第三阶段是实验反应堆的退役阶段，为期 5 年[5]。其中，第二阶段（实验阶段）计划主要包括：2035 年完成实验堆建造；2035 年年底开始向氘-氚等离子体实验过渡；2036 年年初开展聚变实验，实验周期预计 12～15 个月，计划初步演示聚变发电数在数十秒内达到几百兆瓦量级；计划每两年进行一次氘-氚等离子体实验；2036 年开始逐步过渡至完全氘-氚运行。在试验期间，研究人员将验证和实现聚变产能、聚变增益等目标[6]。

3 国外主要磁约束研究进展

3.1 美国

3.1.1 DⅢ-D装置

DⅢ-D装置由美国通用原子公司开发，是美国能源部科学办公室支持的两大磁约束聚变实验设施之一（另一座装置为 NSTX-U)。DⅢ-D 自 20 世纪 80 年代开始运行，实验开创了边缘定域模式(ELM) 等关键聚变技术（使用中性粒子束进行等离子体加热，以及使用共振磁微扰线圈抑制等离子体的不稳定性)。目前，DⅢ-D实验正在开展一系列研究，包括内部稳定线圈对防止等离子体边缘能量爆发的影响、开发低能量损耗的高功率微波传输线元件及开发用于控制等离子体和保护聚变装置的软件等[7]。

2019 年，DⅢ-D完成机器加热和诊断系统升级[8]。2023 年 4 月，DⅢ-D通过产生截面为“镜面三角形”等离子体束的方式，探索其用于改善废气处理和限制颗粒大小的优势。通常情况下，多数聚变设施产生与真空容器形状相同的“D”等离子束，即“正三角形”截面形状的等离子束。DⅢ-D产生的“镜面三角形”截面形状的等离子体束与多数情况的“D”形状相反，看起来像镜面，该截面形状的等离子束可降低对真空装置内壁的影响，能够用来提升未来聚变产能效率和降低维护成本[9]。

3.1.2 国家球面环面实验装置

国家球形托卡马克实验升级装置（NSTX-U）由普林斯顿等离子体物理实验室与橡树岭国家实验室、哥伦比亚大学和华盛顿大学西雅图分校合作建造，1999 年投入使用，由原球形托卡马克实验装置（NSTX）升级改造而来。NSTX-U 装置相较于升级前，将反应堆磁场升高至 1 特斯拉、等离子体电流增至 200 万安培、束流加热功率增至 10 兆瓦、脉冲长度增至 5 秒，可减少粒子间的碰撞，使等离子体的传输和稳定状态更接近聚变。NSTX-U 装置旨在探索球形设施在低成本磁场下产生稳定、高性能等离子体的能力；研制产生并维持非感应等离子体所需的工具；研发处置聚变反应废热的技术。2023 年 2 月，NSTX-U 装置的中心堆栈外壳完成交付[10]。

3.2 英国

欧洲联合环（JET）位于英国卡勒姆聚变能源中心，是目前全球最大的托卡马克装置，也是欧洲聚变研究的焦点，1983 年开始运行至今。该装置旨在研究接近实现发电所需的聚变条件，为 ITER 的建设和运行做好准备，主要试验包括：通过研究等离子体与内壁间的相互作用，研制出尽可能接近 ITER 实际运行情况的等离子体；通过研究钨在偏滤器上的熔化行为，积累 ITER 偏滤器的物理信息；研究等离子体稳定性及开发预测、降低不稳定性的方法等。2022 年 2 月，JET 在 5 秒单次聚变中产生了 59 兆焦热能，打破了 1997 年核聚变实验产生能量的世界纪录，向实现受控核聚变技术又迈进了一步[11]。

3.3 德国

ASDEX 装置属于中型托卡马克试验装置，于 1999 年在德国普朗克等离子体物理研究所开始运行。装置半径 5 米，重量 800 吨，最高磁场强度 3.1 特斯拉，最大等离子体电流 1.6 兆安培，最大加热功率 27 兆瓦，装有 16 个环形场线圈和 12 个极向场线圈。ASDEX 装置的创新之处在于其第一壁材料全部使用钨材料。钨材料的优势在于熔点高（超过 3000 ℃），能够承受试验装置中心等离子体放出的极高热通量。目前，ASDEX 装置正在研究解决的问题是如何降低钨材料由于电离产生的辐射对真空室内等离子体的污染。2023 年 4 月，研究人员利用 X 点辐射器产生特定形状的磁笼，能够显著缩短超过 100 ℃的热等离子体与真空室第一壁之间的距离，该方法可缩小试验装置尺寸，降低建造成本[12]。

3.4 日本

JT-60SA 是日本国家聚变科学研究所对现有 JT-60U 托卡马克装置的升级，研究重点领域聚焦等离子体物理、聚变工程、理论模型和仿真代码等，主要内容包括装置的稳定性控制、高能粒子行为、物理学理论、等离子体—材料相互作用、聚变工程、理论模型和仿真代码等。

3.5 俄罗斯

Globus-M 托卡马克装置于 1999 年在俄罗斯 Ioffe 研究所开始运行，用于 ITER 相关科研和材料测试。GLOBUS-M2 是 GLOBUS-M 的升级装置，配备新的辅助加热系统和诊断系统，可容纳更大的磁场和等离子体电流。2018 年 4 月，GLOBUS-M2 首次产生等离子体。该装置的研究重点在于突破能源限制，研制快离子约束和低混合电流驱动技术，提高磁场和等离子体电流的输出等[13]。

3.6 韩国

KSTAR 是韩国聚变能源研究所研制的托卡马克装置，由 16 个铌锡直流环形场磁体、10 个铌锡交流极向场磁体和 4 个铌钛交流极向磁场磁体组成。该装置于 2008 年产生第一个等离子体，现已完成 ITER 运行条件下的控制、数据交互和通信技术测试，显示出对磁约束聚变控制的稳定性。KSTAR 的超导磁体和低温系统为模拟 ITER 运行环境提供质量控制和保证，此外，研究人员还用钨单块进行了热负荷实验，从而研究功率平衡，为 ITER 偏滤器的研发提供研究基础。

3.7 印度

印度稳态超导托卡马克装置（SST-1）于 2013 年投入使用。该装置位于印度古吉拉特邦的等离子体研究所，目前是全球唯一一座能够以低温稳定的方式在两相氦而非超临界氦中运行的超导环形场磁体的托卡马克装置，可减少冷氦的消耗。SST-1 装置主要用来研究稳态等离子体中的反馈和控制、偏滤器操作及等离子体与第一壁的相互作用。此外，印度还在设计下一代 SST－2 装置，该中型聚变反应堆将对氘-氚燃料循环、氚试验包层和屏蔽进行测试，计划于 2027 年投入使用。

4　磁约束聚变目前面临的挑战

4.1　超导材料研制

经过多年的发展，低温超导托卡马克磁体的制造技术已经日趋成熟，建立了较为完善的基础试验数据库。然而，随着超导材料和技术的发展，高温超导（HTS）材料尤其是第二代 HTS 材料性能的提高，HTS 较高的运行温度和较强的磁场等特性为低温制冷系统的技术难度和能耗效率等提供了更为广阔的发展空间。HTS 在托卡马克磁体方面的应用，表现出了一些优于低温超导（LTS）的特性。已有研究表明，工作在较高温区的 HTS 将比 LTS 能经受更高的加热率，同时不降低稳定性，这将使电缆的设计减少了许多稳定化措施，降低了大型聚变磁体的造价。随着 HTS 材料性能的提高，可以绕制更为紧凑和坚固的磁体，同时更高的电流密度可以减少等离子体和线圈质心的距离，从而使等离子体成形的线圈电流大大降低。总之，随着高温超导材料特别是第二代高温超导材料及其应用技术的不断进步，高温超导体在大型托卡马克磁体设计和制造方面的优势将日益显著。

托卡马克磁体设计的首要问题是 HTS 大电流导体的设计。HTS 具有不同于 LTS 材料的机械和电磁特性，多根 HTS 带材并联绕制工艺更为复杂。此外，托卡马克磁体几何尺寸大，磁场位形与磁场强度要求高，受力较大，对磁场、温度和应力等具有较高的敏感性。设计中还必须考虑高温超导材料的各向异性，等离子体约束磁场的位形要求之间存在相互制约的问题。

4.2　钨基材料强韧化技术研发

等离子体在放电过程中会产生高的热负荷、离子通量和中子负载，导致表面材料失效，因此，对于等离子体的第一壁材料（PFM）需要具有良好的导热性、抗热冲击性、低溅射率和氢（氘、氚）再循环作用低等特点。目前，完全满足要求的 PFM 并不存在，研究最多且实际使用的 3 种第一壁材料是碳、铍和钨。其中，钨具有高熔点（3410 ℃）、高导热率、低溅射率、低氚滞留和低肿胀等特点。相比于碳和铍，钨是最受瞩目的 PFM，也是 ITER 即将采用的第一壁材料。但是，钨存在韧脆转变温度高（100～400 ℃）、再结晶温度低的问题，要提高钨的强韧性，可以从强化晶界、提高再结晶温度方面考虑。

目前全球尝试通过液相掺杂法制备钨先驱粉，能够有效地避免机械合金化存在的问题，再配合以先进的烧结手段和塑性加工，有望在位错的层次提高钨基材料强韧性。将氧化物和碳化物分别进行液相掺杂已经取得很好的进展，氧化物和碳化物同时进行液相掺杂将成为进一步的研究方向。与此同时，液相掺杂制备的钨材料由于能够有效地抑制晶粒长大，材料内部具有大量的相界面，有望缓解辐照脆化的问题。在钨合金化的基础上添加氧化物弥散，其增韧效果要比单一合金化明显，也将成为提高钨基强韧性技术的发展趋势[14]。

5　结论与展望

核聚变能的应用受到了全球学者的普遍关注，经过数十年的研究，核聚变能的应用已有良好的研究基础，正在飞速发展。

在未来的磁约束聚变领域，需要重点开展聚变燃料包层材料及聚变裂变混合堆功能材料方面的研究、新型辅助加热加料技术、聚变设施在放射性环境下的故障监测与诊断技术、各类低温等离子体发生新技术、偏滤器物理研究、边界等离子体输运及刮削层物理研究和磁流体不稳定性研究等。在高比压、高参数条件下，研究一系列和聚变堆有关的工程和技术问题，着重开展和燃烧等离子体物理有关的研究课题，包括等离子体约束和运输、高能粒子物理、新的偏滤器位型、在高参数等离子体中的加料及第一壁和等离子体相互作用等在磁约束装置上开展高水平的实验研究，重点发展专门的物理诊断系统，特别是对与深入理解等离子体稳定性、运输和快粒子等密切相关的物理诊断。在深入理解物理机制的基础上，发展对等离子体剖面参数和不稳定性的实时控制理论和技术，探索稳态条件下的先进托卡马克运行模式和手段。实现高功率密度下适合未来反应堆运行的等离子体放电，为实现近堆芯稳态等离子体放电奠定科学和工程技术基础。此外，聚变实验堆装置建设不仅要集成国际磁约束聚变研究的最新成果，而且还需综合相关领域的一些顶尖技术，如大型超导磁体技术、中能高流强加速器技术、连续且大功率微波技术、复杂的智能远程遥操技术、大型低温技术、先进诊断技术、大型电源技术，以及反应堆材料、实验包层、氚工艺、核聚变安全等技术。

致谢

在情报调研和分析过程中，收到了中核战略规划研究总院各级领导、部门同事的大力帮助和支持，并提供了很多有益的文献资料，在此向本单位领导和同事的大力帮助表示衷心的感谢。

参考文献：

[1] 万宝年，徐国盛．EAST 全超导托卡马克高约束稳态运行实验研究进展［J］．中国科学，2019，49（4）：1－13.

[2] 中国国际核聚变能源计划执行中心，核工业西南物理研究院．国际核聚变能源研究现状与前景［M］．北京：中国原子能出版社，2015.

[3] WEST completes 1st campaign with ITER－like divertor［EB/OL］．［2023－06－06］．https：//www. iter. org/proj/itermilestones＃137.

[4] ITER annual report［R］．2021.

[5] 李建刚．托卡马克研究的现状及发展［J］．物理，2016，45（2）：88－97.

[6] ITER Organization. ITER research plan within the staged approach（Level Ⅲ－provisional version）［R］．2018.

[7] INTL Tokamak Research［EB/OL］．https：//www. iter. org/sci/tkmkresearch.

[8] ZABRINA J. DIII－D national fusion program completes year－long facility upgrade［EB/OL］．［2019－05－16］．https：//www. ga. com/diii－d－national－fusion－program－completes－year－long－facility－upgrade.

[9] DIII－D national fusion facility completes highest－powered negative triangularity experiments in history of U. S. fusion research program［EB/OL］．［2023－04－25］．https：//www. ga. com/diii－d－national－fusion－facility－completes－highest－powered－negative－triangularity－experiments－in－history－of－us－fusion－research－program.

[10] Holtec supplies key component for US fusion reactor［EB/OL］．［2023－02－15］．https：//www. world－nuclear－news. org/Articles/Holtec－supplies－key－component－for－US－fusion－reacto.

[11] Fusion energy record at JET 'huge step' forward［EB/OL］．［2022－02－09］．https：//www. world－nuclear－news. org/Articles/Fusion－energy－record－at－JET－huge－step－forward.

[12] German fusion researchers report technological advance［EB/OL］．［2023－04－18］．https：//www. neimagazine. com/news/newsgerman－fusion－researchers－report－technological－advance－10768478.

[13] BAKHAREV，N N，BALACHENKOV，I M，CHERNYSHEV，F V，et al. First globus－M2 results［J］．Plasma Phys. Rep. 2020，46：675－682.

[14] 张志强．国际科学技术前沿报告 2018［M］．北京：科学出版社，2018.

Analysis of the development status of magnetic confinement fusion Abroad

LI Xiao-jie, GAO Han-yu, ZHAO Song, YUAN Yong-long

(China Institute of Nuclear Information and Economics, Beijing 100048, China)

Abstract: Nuclear fusion can provide stable and continuous energy, and its fuel is cheap, which can effectively reduce the generation of long-lived radioactive waste and greenhouse gas emissions. It is an ideal clean energy in the future. Therefore, the theoretical research and technological development of controlled Nuclear fusion have always been the focus of the international community. Since the 1940s, research on controlled Nuclear fusion has continued. In February 2022, the Joint European Torus (JET) produced 59 megajoules of heat energy in a five second single fusion, breaking the world record of energy production in Nuclear fusion experiments in 1997, and making another step towards the realization of controlled Nuclear fusion technology. At present, relevant research on Tokamak devices is being carried out around the world. This paper systematically combs the construction of the international thermonuclear experimental reactor (ITER) program and the main research progress of magnetic confinement abroad, analyzes the main challenges currently faced by magnetic confinement fusion, and obtains the future research focus and development direction.

Key words: Magnetic confinement fusion; Tokamak device; International thermonuclear experimental reactor

俄罗斯“突破”项目最新进展

李晓洁，袁永龙，张　莉，高寒雨

（中国核科技信息与经济研究院，北京　100048）

摘　要：俄罗斯“突破”项目旨在实现闭式燃料循环，从根本上减少核废物产生，降低核扩散风险。目前，俄罗斯已在快堆建造、铀钚氮化物燃料制造、代码和验证方法等方面取得了重大进展。项目的顺利实施将助力俄罗斯实现2100年前扩大核能发电规模的战略目标。

关键词：“突破”项目；闭式燃料循环；铀钚氮化物燃料

作为“2010—2020年新一代核电技术”联邦目标计划（FTP）的组成部分[1]，俄罗斯2010年启动了“突破”项目（Proryv Project），旨在实现闭式燃料循环和核材料的重复利用，并降低核扩散风险。

1　项目概况

项目牵头主体是“突破”联合股份公司，主要研究机构包括NN Dollezhal电力工程研究与发展研究所（NIKIET）、博奇瓦无机材料高技术科学研究院、西伯利亚化学联合企业及俄罗斯科学院核安全研究所（BRAE）等，分别负责快堆固有安全性、燃料组件制造、燃料后处理、核电站模拟代码等方面的研究。

闭式燃料循环可提高乏燃料的再利用率，减少核废物产生，进而有效降低核扩散风险。“突破”项目的研究成果将在中试示范能源综合体（PDEC）进行试验。目前中试示范能源综合体正在西伯利亚化学联合企业的现场建造，主要设施包括BREST-OD-300快堆、铀钚氮化物燃料制造单元及乏燃料后处理单元[2]，预计2026—2027年启动[3]。

2　最新进展

2.1　BREST-OD-300快堆

BREST-OD-300快堆是俄罗斯研制的新一代快堆，所使用的铅冷却剂沸点高、储热能力强、活性低、不与水和空气发生反应。堆芯和铅反射层的设计可保证燃料充分增殖，同时确保瞬发超临界的过程可控，无须建造额外的安全设施，在确保核电站固有安全性的情况下保证了经济性。

2014年，BREST-OD-300快堆由NN Dollezhal电力工程研究与发展研究所完成设计；2021年2月，快堆试验示范机组获得建造许可；同年8月，快堆在西伯利亚化学联合企业SeVek工厂完成底板浇筑[4]；2023年年初，快堆的主循环泵原型机组开始组装，预计2023年年底开始测试[5]；2023—2024年，快堆将进行燃料系统的测试[6]；主要设备将于2025年完成安装，计划2026年前开始商运。目前该快堆正在进行中小规模台架测试、反应堆设计软件验证、混合氮化物燃料堆内测试、铅冷却剂台架测试、模拟燃料组件振动特性测试，同时开展中子特性、热工水力、核与辐射安全、结构材料等分析验证工作。下一步，俄罗斯将根据BREST-OD-300快堆的运行情况制定BREST-OD-1200快堆的研制计划[7]。

作者简介：李晓洁（1993—），女，工程师，现主要从事核科技情报研究。

2.2 铀钚氮化物燃料

铀钚氮化物燃料密度高、热导率高、温度梯度小、辐照肿胀小、裂变气体释放率低、能够有效提高反应堆机组的安全性。

俄罗斯现已取得铀钚氮化物燃料及其燃料元件的技术和质量控制数据；制造出全球首个铀钚氮化物全尺寸燃料组件[8]；开发了碳热合成氮化物粉末、球团生产及燃料元件制造等方法。实验用燃料棒和燃料组件在别洛雅尔斯克（Beloyarsk）核电站 BN－600 快堆中通过了堆内测试、辐照后检验，其有效性得到证实。

2021 年，博奇瓦无机材料高技术科学研究院开发了适用于 BREST－OD－300 快堆的铀钚氮化物燃料棒设计方法，该方法将用于燃料棒的商业生产，目前正在继续研制可进一步降低燃料烧毁率的 BREST－OD－300 快堆二代燃料棒。铀钚氮化物燃料制造单元的主要设备安装现已完成，实验燃料组件正在西伯利亚化学联合企业建造[9]。

2.3 乏燃料后处理

乏燃料后处理单元可确保铀钚不分离，不产生武器级钚，有效防止核扩散。主要工艺包括首端处理、高温化学处理、湿法冶金、镅-锔分离，以及铀钚-镎-镅氧化物粉末生产等。目前，高温化学处理工艺最终技术方案选择已完成。

2022 年年初，西伯利亚化学联合企业同俄罗斯圣彼得堡原子能设计院签署乏燃料后处理单元的设计合同，该单元的建设工作计划于 2024 年开展。

2.4 核电站运行模拟代码

“突破”项目新一代代码开发工作于 2010 年启动，截至 2019 年已开发 25 个，主要包括先进 BERKUT－U 燃料代码（用于计算热力机械行为，验证不同运行模式下氧化物和氮化物燃料棒的稳定性）、CONV－3D 两相代码（用于模拟气液两相传质）、EUCLID/V2 代码（用于分析核电站在不同运行模式下的安全性），以及闭式燃料循环装置建模代码（用于评估辐射安全性，确定最佳技术参数）[10]。

2021 年，“突破”项目科学家开发了 ROSA－N 代码，用于模拟潜在辐射风险对于公众的影响，以合理降低核电站过高的安全裕量，提高经济性。研究人员首次使用 ROSA－N 代码模拟了西伯利亚化学联合企业的 BREST－OD－300 快堆和燃料循环厂的潜在放射性影响，结果显示在各类运行情况下，周边居民受到的辐射值均远低于限值[11]。

3 结语

“突破”项目的研究成果旨在实现闭式燃料循环和核材料的重复利用，从技术层面降低核扩散风险；还可确保核电站的固有安全性，提高核电经济性。项目的成功实施将助力俄罗斯实现“2050 年核能发电占比达到 45%～50%，2100 年前核能发电占比 70%～80%”的长期战略目标[12]，推动俄罗斯核能产业大规模发展。

致谢

在情报调研和分析过程中，收到了中核战略规划研究总院各级领导、部门同事的大力帮助和支持，并提供了很多有益的文献资料，在此向本单位领导和同事的大力帮助表示衷心的感谢。

参考文献：

[1] Nuclear R&D activities in Russia [EB/OL]. [2015－07－07]. https://www.oecd－nea.org/ndd/workshops/ni2050/presentations/docs/2_20_Russia_Nuclear%20R_D%20Activities%20in%20Russia_L_Andreeva_Andrievskaya,%20ROSATOM.pdf.

[2] EVGENIY A, VALERIY R. "Proryv" project: Inherent safety principles implementation in a new technology platform of the nuclear power industry [J] . Nuclear engineering and design, 2021, 384 (111444): 1.

[3] Beloyarsk NPP tests fuel for the Brest - 300 fast reactor [EB/OL] . [2022 - 10 - 24] . https: //www. neimagazine. com/news/newsbeloyarsk - npp - tests - fuel - for - the - brest - 300 - fast - reactor - 10113660.

[4] Foundation set in place for BREST reactor [EB/OL] . [2021 - 08 - 24] . https: //world - nuclear - news. org/Articles/Foundation - set - in - place - for - BREST - reactor.

[5] Production under way of prototype pump unit for lead - cooled BREST - OD - 300 [EB/OL] . [2023 - 03 - 06] . https: //www. world - nuclear - news. org/Articles/Production - under - way - of - prototype - pump - unit - for - le.

[6] Progress continues at Russia' s Brest reactor project [EB/OL] . [2023 - 03 - 07] . https: //www. neimagazine. com/news/newsprogress - continues - at - russias - brest - reactor - project - 10656278.

[7] Russia prepares to build BREST reactor [EB/OL] . [2016 - 02 - 04] . https: //world-nuclear-news. org/Articles/Russia-prepares-to-build-BREST-reactor.

[8] FEDOROV M S, ZOZULYA D V, BAIDAKOV N A, et al. Experience of mixed nitride uranium - plutonium fuel fabrication at the siberian chemical plant jsc site [J] . Nuclear engineering and design, 2021, 384 (111462): 1.

[9] Uranium - plutonium nitride fuel tested for BN - 1200 fast reactor [EB/OL] . [2022 - 12 - 14] . https: //www. world - nuclear - news. org/Articles/Uranium - plutonium - nitride - fuel - tested - for - BN - 1200.

[10] LEONID A B, VALERY F. S, NASTASYA A. M. Codes of new generation for safety justification of power units with a closed nuclear fuel cycle developed for the "PRORYV" project [J] . Nuclear energy and technology, 2020, 5, 6 (3): 203 - 214.

[11] Russian scientists advance in radiation modelling [EB/OL] . [2021 - 10 - 22] . https: //www. world - nuclear - news. org/Articles/Russian - scientists - advance - in - radiation - modelling.

[12] Russia speeds up nuclear investment [EB/OL] . [2012 - 11 - 22] . https: //www. world - nuclear - news. org/NP_Russia_speeds_up_nuclear_investment_2211121. html.

The latest progress of Russian proryv project

LI Xiao-jie, YUAN Yong-long, ZHANG Li, GAO Han-yu

(China Institute of Nuclear Information and Economics, Beijing 100048, China)

Abstract: The Russian proryv project aims to achieve a closed fuel cycle, fundamentally reduce nuclear waste generation, and reduce nuclear proliferation risks. Currently, Russia has made significant progress in fast reactor construction, uranium plutonium nitride fuel manufacturing, coding, and verification methods. The smooth implementation of the project will help Russia achieve its strategic goal of expanding nuclear power generation by 2100.

Key words: Proryv project; Closed fuel cycle; Uranium plutonium nitride fuel

美国先进模拟与计算计划 25 年主要成果

李晓洁，高寒雨，孙晓飞，赵 松
（中国核科技信息与经济研究院，北京　100048）

摘　要：先进模拟与计算计划是美国在禁试条约下开展的用于库存管理计划的计算机模拟仿真计划。计划作为替代核试验的手段，结合实验室、外场试验等，验证了禁试条件下美国核武库的安全可靠及有效性，确保美国对外保持核威慑的信心。截至目前，计划已在搭建模拟仿真模型、试验模拟仿真及推动超算提速方面取得重要进展。同时，美国还以核武器的发展需求为牵引，推动超级计算等前沿技术发展，推动其在其他国防领域及国家经济建设中发挥作用。

关键词：先进模拟与计算计划；模拟仿真；超级计算机

2022 年 10 月 13 日，美国能源部发布《先进模拟与计算计划 25 年成就》报告，系统概述了 1995—2020 年美国核武器先进模拟与计算计划的重要成就[1]。

1　计划背景

美国先进模拟与计算计划（简称“模拟计划”）的前身是加速战略计算计划，由能源部于 1995 年创立。随着超级计算机的发展，以及美国核武器研究同工业界、学术界合作的不断加深，先进模拟与计算计划逐渐取代了加速战略计算计划。模拟计划旨在支撑美国能源部国家核军工管理局库存管理计划，通过开发模拟程序和部署计算平台来分析和预测核武器的性能、安全性和可靠性，在不进行地下核试验的情况下验证核武器，从而支持美国国防建设。

模拟计划的主要研究任务由洛斯阿拉莫斯、劳伦斯利弗莫尔和桑迪亚国家实验室承担。高校负责模拟演示、基础研发等，承担部分研究任务。此外，美国为模拟计划建设了多个超算平台和重要设施，主要包括“ASCI 红色”、“ASCI 蓝色太平洋”、“ASCI 白色”、“ASCI 紫色”、“红色风暴”、“蓝色基因/L”、“走鹃”、Cielo、Sierra、“红杉”、Trinity、Astra、“前沿”等超级计算机，以及国家点火装置（NIF）、封闭射击设施（CFF）、中子科学中心（LANSCE）、质子射线照相设施（PRAD）、双轴射线照相流体动力学试验设施（DARHT）、Z 脉冲功率设施、环形堆芯研究堆（ACRR），内华达国家安全区（NNSS）等设施。

2　主要成果

25 年间，模拟计划取得的成就主要包括 3 个方面：搭建模拟仿真模型，在不进行核试验的情况下，对试验进行模拟仿真；构建机器学习平台，提升分析诊断技术；围绕核武库建设需求，推动超算能力发展。

2.1　搭建模拟仿真模型，增强核武库维护能力

为确保在不进行核试验的情况下，美国仍然能够可靠地完成核武器的维护和现代化任务，模拟计划搭建多物理量模型，对核武器系统进行模拟仿真。多物理量模型综合多种类型的高保真物理模型，能够模拟一个综合、完整的核武器系统，用于指导核武器的试验和研发，包括检验基础研究、优化生产流程、整合多型弹头替换、测试核武器性能、评估核武器和运载工具的适配度、检验核武器运行安

作者简介：李晓洁（1993—），女，工程师，现主要从事核科技情报研究。

全性、研究核材料老化原理、验证核武器运输安全，能够提升核武器研制和有关管理措施的安全、可靠及准确性，增强维护核武库的能力。多物理量模型的应用场景包括系统完整性鉴定、工程力学模拟、高能量密度物理场等研究领域。

2.1.1　核武器的试验和研制模拟

近年来，在模拟计划的支撑下，国家核军工管理局完成了多型先进核武器研制，其中包括B61核航弹和W80－4核弹头。

B61是美国现役主力核航弹，已服役近50年，通过计算机模拟技术的支持，国家核军工管理局整合了现役B61－3/－4/－7三型弹头，在不进行地下核试验的情况下开发新一代B61－12核航弹。试验模拟方面，模拟模型能够完成B61－12的冲击、振动、跌落、极端温度、强电磁脉冲试验等计算分析，确保武器的设计性能、部件、系统及弹头集成的可靠性，同时防止意外引爆或未经授权使用。未来，B61－12将由F－35核常兼备战斗机配装，多物理量模型可进行准确和灵活度高的模拟仿真，确保B61－12在F－35上的可靠部署，该模拟的准确性在2021年10月桑迪亚国家实验室托诺帕靶场的飞行测试中得到证明。

W80－4核弹头是为美国新一代AGM－183核巡航导弹研制的新型弹头。模拟计划通过对W80－4部分地面试验进行模拟仿真，有效减少试验次数，节约生产成本，将已有的大量数据和模拟仿真相结合，进行一系列模拟测试，主要包括流体力学试验验证、高能材料性能验证、新部件安全性和打击能力评估、生产工艺优化、生产周期缩减、弹头性能认证、延寿计划认证、弹头与空射巡航导弹的兼容性测试等。在进行充分模拟验证和仿真的前提下，美国2021年首次完成W80－4的地面综合环境测试。

2.1.2　钚材料的老化影响分析

钚材料及相关工艺技术与核武器具有同等重要的战略地位，掌握并利用钚的物理特性对于美国维持其核威慑力量至关重要。模拟计划可模拟钚在极端环境下的行为，有助于了解钚的老化方式。模拟计划研究团队历经数十年研究，开发的老化钚及其对武器影响的模型有助于加深对于武器部件受钚老化影响的认识，为核武器延寿计划提供了重要支撑。美国杰森科学团队基于模拟计划的研究成果发布钚弹芯寿命报告，证实库存武器部件具备可靠的寿命，能够延长部署和存储的时间。

2.1.3　核武器运输安全的模拟与保障

美国国家核军工管理局安全运输办公室使用安全分级运输车对核武器、武器部件及特殊材料进行运输。安全运输车需要在发生严重事故和面对恶劣环境时，确保周围居民和装载物品的安全。模拟计划能够模拟各类碰撞场景，包括后车撞击前车侧面的情况，模拟结果可为将来的测试计划提供指导。测试所得数据一方面能够证明运输车系统的安全性能；另一方面也可用来评估和提升仿真模型的准确性，利于模型的不断迭代完善，促进模型深入研究碰撞场景，加深对引发事故深层原因的探究，更加有效地支撑和保障安全运输任务。

2.2　构建机器学习平台，提升分析诊断技术

新的生产研发需求不断推动多物理量模型发展。模拟计划正在投资人工智能和机器学习，提高整个系统的模拟仿真能力。

人工智能/机器学习能够提高工程和物理分析效率，同时支持与其他监控和诊断方法结合的数据分析方法。人工智能图像分析技术已应用在射线照片等试验图像分析中，减少分析时间，提高图像再现性；机器学习应用在武器设计、生产、鉴定和认证等环节，实现多模拟流程的无缝衔接，降低研发成本，缩短进度周期。人工智能/机器学习还能够提高多物理量模型的预测能力。机器学习可减少开发模型所需时间，自动选择数值求解方法，甚至能够做到自动选择用于运算模型的原始数据。

将支持人工智能的硬件与传统高性能计算系统集成，可将原子物理计算的处理量较图形处理器增加约40倍。人工智能/机器学习通过持续为新的挑战提供解决方案，不断改善提升现有硬件和软件，

未来或将为模拟计划带来颠覆性改变。

2.3 围绕武库建设需求，推动超算能力发展

为了更好地开展超算能力研制，模拟计划先后制定多项研究子计划和项目，致力于提升超级计算机的运算能力，25 年来，已将超算能力从 30 万次浮点提升至 200 亿亿次浮点。

1997 年“前路”计划首次将浮点运算速度提升至每秒 30 多万次，开发出大型计算机集群常用的 Lustre 文件系统，以及为百亿亿次级超级计算研究基地的建设提供参考和支撑；2011—2015 年“设计前瞻”计划和“快速前瞻”计划旨在提高应用程序、硬软件性能及其双向反馈回路的有效性，“设计前瞻”侧重加速创新处理器和内存系统的研发，“快速前瞻”重点关注互联网和系统的设计集成。两项计划共同推进百亿亿次级超算系统的研发；2015 年百亿亿次级计算计划旨在创建多学科综合系统，协同提升核武器研制所需的新算力，所开发的运算速度较“前路”计划提高 33 000 多倍；2018 年“先锋”计划进一步加强高性能计算的研制，同时负责高级架构原型系统的采购管理。

3 结论与启示

过去 25 年间，美国核武器先进模拟与计算计划在仿真模型、机器学习及超级计算机等方面取得多项重要成就，为核武器的研制和认证提供了重要支撑。

3.1 强化科研力量，提升核武器研发能力

核武器是大国重器，是维护国家安全的重要基石。自 1942 年曼哈顿计划以来，美国持续在核武器的基础科研、材料科学、装备技术、模拟仿真、试验设施等方面不断深入研究，目前已达到全球领先水平。

3.2 深入超算研究，促进多领域快速发展

超级计算机在核武器研制、人工智能、生物医药、先进制造、气象监测、航空航天、生产运输等新兴和传统领域的应用日益普及。在当前禁止核试验的环境下，美国以核武器的发展需求为牵引，推动超级计算等高端前沿技术的发展，也促进了这些技术在其他国防领域及国家经济建设中发挥作用。

3.3 加强多领域合作，推动国防数字科技建设

国防数字科技涉及领域广、任务量大、建设难度高，需要协同多部门、跨学科领域共同完成。美国协调多个国家实验室、工业界和大学，分领域、跨专业，共同推进模拟计划实施进程。

致谢

在情报调研和分析过程中，收到了中核战略规划研究总院各级领导、部门同事的大力帮助和支持，并提供了很多有益的文献资料，在此向本单位领导和同事的大力帮助表示衷心的感谢。

参考文献：

[1] DAVID S, NICHOLAS L, ROB N, et al. 25 years of Accomplishments advanced simulation & computing program [R]. Lawrence livermore national laboratory, 2022.

Major achievements of the 25 year advanced simulation and computing program in the United States

LI Xiao-jie, GAO Han-yu, SUN Xiao-fei, ZHAO Song

(China Institute of Nuclear Information and Economics, Beijing 100048, China)

Abstract: The advanced simulation and computing program is a computer simulation program developed by the United States under the CTBT for inventory management programs. The plan, as an alternative to nuclear testing, combined with laboratory and field tests, has verified the safety, reliability, and effectiveness of the US nuclear arsenal under test ban conditions, ensuring the US maintains confidence in nuclear deterrence to the outside world. As of now, significant progress has been made in building simulation models, conducting experimental simulations, and promoting supercomputing speed. At the same time, the United States is also driven by the development needs of nuclear weapons, promoting the development of cutting-edge technologies such as supercomputing, and promoting its role in other defense fields and national economic construction.

Key words: Advanced simulation and computing program; Simulation; Supercomputer

美国钚弹芯生产现状

李晓洁，孙晓飞，张　莉，赵　松

（中国核科技信息与经济研究院，北京　100048）

摘　要：美国拜登政府将钚弹芯生产作为核军工最优先事项，大力推进核武器现代化建设。为满足陆基 W87－1 等新型核弹头的生产任务，美国国家核军工管理局正在落实“双场址”方案，即在洛斯阿拉莫斯国家实验室和萨凡纳河两处场址同时建设钚弹芯生产设施。截至 2022 财年，美国已生产 7 个钚弹芯，为战争储备弹芯的鉴定和认证提供保障。2023 年 2 月，美国国家核军工管理局启动手套箱等专用设备的设计制造任务，为钚弹芯生产设备安装提供支撑。

关键词：钚弹芯；洛斯阿拉莫斯国家实验室；萨凡纳河场址

钚弹芯是核武器初级部分的核心部件。1989 年 12 月，由于环境污染、工人健康等问题，美国关闭了唯一的钚弹芯生产工厂——洛基弗拉茨工厂。1996 年，能源部决定利用洛斯阿拉莫斯国家实验室的 PF－4 钚设施生产钚弹芯。自此，PF－4 钚设施成为美国唯一的钚弹芯生产设施。PF－4 钚设施于 2003 年制造出恢复生产以来的首个钚弹芯，2007 年交付首个可用于替换 W88 弹头的钚弹芯。但 PF－4 钚设施生产能力有限，每年仅能生产几个钚弹芯。该设施曾于 2013 年暂停钚弹芯生产，2017 年恢复生产，但生产出的弹芯只能用于研发测试，不能用于核武器。

1　发展历程和现状

1.1　计划不断调整，能力建设发展缓慢

洛基弗拉茨工厂关闭后，美国为恢复钚弹芯生产能力进行了多次尝试。然而由于需求降低、投资削减等原因，弹芯生产始终未能取得明显进展。美国主要开展两项计划用于恢复钚弹芯的生产能力。

一是建造现代化钚弹芯设施（MPF）[1]。该设施最初由老布什政府提出建造，后遭到其下一届克林顿政府的反对，然后被布什政府提出建造。在历经多届政府讨论后，由于缺乏对生产能力的明确要求，加之已有库存弹芯可支持核武器在 45～60 年内的更新，现代化钚弹芯设施建设项目最终于 2006 财年停止。二是改造 TA－55 技术区。能源部原计划利用化学和冶金研究设施（CMR）继续执行钚弹芯的生产任务，然而由于该设施建于 1952 年，存在设备老化、抗震能力差等问题，在执行生产任务 10 年后，能源部 2001 年决定采用化学和冶金研究替代设施（CMRR）对该设施进行逐步替代[2]，在化学和冶金研究替代设施内原有放射性实验室公用办公楼（RLUOB）和核设施（NF）的基础上进行扩建。由于大部分钚弹芯可进行翻新和再利用，因此，美国国内对于增加钚弹芯数量一直存在反对声音。2014 年，能源部取消了化学和冶金研究替代设施内的核设施的扩建。由于临界安全问题，洛斯阿拉莫斯国家实验室于 2013 年停止了 PF－4 钚设施的生产任务。2014 年，国会批准钚模块法（PMA）项目开展建设，继续执行化学和冶金研究替代设施内核设施的生产任务。2017 年，美国国家核军工管理局发现该项目的场址过小，还存在一定安全隐患，因此终止了钚模块法项目[3]。

1.2　提出“双场址”方案，设定高产能目标

2018 年，为满足 W87－1 新型弹头生产计划对钚弹芯的需求，特朗普政府提出“双场址”方案，计划在洛斯阿拉莫斯和萨凡纳河两处场址开展钚弹芯生产任务，于 2030 年前达到年产 80 个钚弹芯的生产

作者简介：李晓洁（1993—），女，工程师，现主要从事核科技情报研究。

目标[4]，这是“冷战”后美国提出的最高产能目标。其中，洛斯阿拉莫斯国家实验室计划到2026年前完成年产30个钚弹芯、萨凡纳河场址到2030年完成年产50个钚弹芯的目标。洛斯阿拉莫斯国家实验室将以原有PF-4钚设施为基础，拆除部分旧设施，安装新的生产设备，用以开展组装、拆解、机加工、铸造等任务，同时进行基础设施升级；计划2024年生产首个战备钚弹芯，2028年全面建成运行。萨凡纳河钚加工装置将在原有混合氧化物燃料装置的基础上进行改造，用来开展分析化学、材料表征、组装等任务；计划2026年年底至2031年年底开始运行。两处场址的预计运行寿命均为50年[5]。

2 存在的主要问题

2.1 缺乏长期稳定的支持

由于美国历届政府的核政策不断调整，钚弹芯生产计划缺乏长期稳定的支持，无法稳步推进。“冷战”结束后，为解决核弹头随时间推移老化的问题，老布什政府提出建造现代化钚弹芯设施，用于新的钚弹芯生产。该设施原计划年产125～450个弹芯，2020年前后开始运行，设计和施工成本预计为20亿～40亿美元，年运行成本为2亿～3亿美元。然而下一届克林顿政府并未继续支持现代化钚弹芯设施的建设，并于1996年提出在洛斯阿拉莫斯国家实验室TA-55技术区的PF-4钚设施中恢复钚弹芯的生产能力。克林顿政府认为，PF-4钚设施年产至多80个钚弹芯的能力足以满足美俄在《第二阶段削减战略武器条约》下美国维持核武库规模的要求。2002年，布什政府在《核态势评估》报告中指出，随着美国逐渐削减核武库，其基础设施需要应对不可预见的地缘政治和技术问题，因此，向国会申请资金用于现代化钚弹芯设施建设。2003年，众议院认为建造现代化钚弹芯设施的做法“是不成熟的”，其产能远超“冷战”后美国维持安全局势所需核武器的水平。2006年，美国国会取消对现代化钚弹芯设施的资助。出于削减美国核武库的承诺，2012年奥巴马政府宣布推迟TA-55技术区的化学和冶金研究替代设施内核设施的建造。

2.2 新计划统筹规划管理不力

根据美国政府审计署2023年1月的评估报告[6]，钚弹芯“双场址”生产计划存在问题，统筹规划管理不力。一是计划设定目标不清晰。方案仅说明洛斯阿拉莫斯国家实验室计划到2025年生产10个钚弹芯、2026年生产20个、2027年生产30个。既缺乏对于2028—2030年生产计划的说明，又缺乏对于萨凡纳河、堪萨斯城、内华达州、潘太克斯工厂等其他场址生产任务的说明。二是计划关键信息不明确。方案未明确说明钚弹芯生产所需的员工、材料、费用、设施、设备等关键信息，导致项目总工时、成本等关键要素无法准确预估，导致生产进度受到影响。三是计划多项成本未披露。国家核军工管理局2023年预算中关于钚弹芯生产成本的阐述仅为“至少180亿～240亿美元的潜在未来成本”，未清晰说明对总成本估算的依据，也未详细披露已开展生产任务的成本。美国政府审计署在2020年9月的调查中发现，钚弹芯生产初期不确定性高，缺乏对总体成本、生产设施运营和维护成本、支持钚弹芯生产能力建设的其他活动成本的估算。

3 美国内关于生产必要性的讨论

2023年4月27日，美国加州圣何塞州立大学教授柯蒂斯·T. 阿斯普伦德与美国核政策专家弗兰克·冯·希佩尔在《原子科学家公报》联名发表文章《应对崩溃：美国钚弹芯生产的更好计划》，称美国国家核军工管理局的钚弹芯生产计划存在问题，结合美国生产新核弹头的必要性与再利用库存钚弹芯的可行性，建议将钚弹芯的生产目标从年产80个降至10～20个[7]。

3.1 核专家建议的新方案

针对上述钚弹芯生产面临的问题，柯蒂斯·T. 阿斯普伦德和弗兰克·冯·希佩尔提出的新方案主要包括两点：其一，将生产目标从年产80个降至10～20个，一方面为缓解生产设备和人员短缺问题，确保钚弹芯的可靠生产；另一方面考虑到库存弹芯寿命仍然较长，采用少量生产、逐步替代的方式可能更具可行性。其二，将生产重心集中在洛斯阿拉莫斯国家实验室的PF-4钚设施，因为该设施具备专业的研发和生产基础。

3.2 美国国内关于是否需要生产新核弹头的争议持续存在

3.2.1 美国国家核军工管理局积极推动研制新弹头计划

自1992年停止核试验以来，美国国家核军工管理局下辖的核武器实验室一直提议研制新弹头替代旧型号弹头，认为弹芯中的钚材料经长时间贮存后会发生老化，影响钚弹芯的性能，为维持核武库的可靠性和安全性，美国需生产新的弹头；此外，由于美国已在不进行核爆试验的条件下持续开展改进弹头的设计和认证工作，在弹头模拟仿真方面取得了较大进展，因此，具备研制新弹头的能力。

美国国家核军工管理局计划用W87弹头替换W78弹头，W87和W78两型弹头目前由“民兵”-3洲际弹道导弹搭载。由于W87相较于W78的高能炸药敏感度更低，因此，该弹头具备更高的安全性。核军工管理局计划在10年内生产约800个弹芯用于W87-1弹头的更新，将洲际弹道导弹搭载的弹头数量从1枚增加至3枚。

3.2.2 美核专家认为生产新核弹头将面临一些问题

美核专家认为虽然核武器实验室具备相应的研发和生产能力，但未经核爆测试的弹头可能会降低美国核武库的可靠性，还会导致美国出现恢复核爆试验的呼声，对1996年《全面禁止核试验条约》形成巨大冲击。此外，美国目前已拥有540枚W87弹头，足以支撑400枚洲际弹道导弹搭载，无须额外生产。

3.3 钚材料老化对武器性能影响的研究不充分

2006年，美国JASON国防咨询小组根据洛斯阿拉莫斯、劳伦斯利弗莫尔国家实验室的研究成果，认为库存弹芯中钚材料的有效寿命可维持至少100年，同时呼吁美国持续开展工作，加强钚的加速老化实验，确定老化钚在材料强度方面对核武器初级部件性能的影响程度。2012年，劳伦斯利弗莫尔国家实验室称在加速至150年寿命的钚材料中未发现老化问题。然而，JASON国防咨询小组在2019年的一份报告中仍强调美国对于钚老化和初级部件性能测试的研究重视程度不足，建议美国成立一个涵盖实验、理论和模拟的重点项目，确定钚老化对初级部件性能的影响，并推算出老化时间表。

4 结语

美国国防部要求必须有能力维护和认证安全、可靠及有效的核武库，推动核武库现代化，确保各型号弹头按时交付。为此在2022年《核态势评估》报告[8]中强调，其核军工未来10年最高优先事项是钚弹芯生产。由此可见，美国政府推动钚弹芯生产的迫切需求和坚定决心。然而美国政府审计署在2023年年初表示，钚弹芯生产项目存在拖延和成本超支问题。从目前萨凡纳河钚弹芯项目进展来看，2030年实现年产80个弹芯的目标恐难以按时实现。虽然美核专家提出的新方案可大幅降低生产目标，具有较大可行性，但与美国现行核战略政策中加强钚弹芯生产的要求不符，预计可能不会得到美国国防部和国家核军工管理局的支持。

致谢

在情报调研和分析过程中，收到了中核战略规划研究总院各级领导、部门同事的大力帮助和支持，并提供了很多有益的文献资料，在此向本单位领导和同事的大力帮助表示衷心的感谢。

参考文献：

[1] JONATHAN M. Nuclear warhead “Pit” production: background and issues for congress [R]. CRS Report for Congress, 2004.

[2] AMY F W, JAMES D W. The U. S. nuclear weapons complex: overview of department of energy sites [R]. Congressional Research Service, 2020.

[3] GREG M. LANL pit production: fifth failure in progress [EB/OL]. [2021-07-15]. https: //losalamosreporter. com/2021/07/15/lanl-pit-production-fifth-failure-in-progress/.

[4] Nuclear Posture Review [R]. Office of The Secretary of Defense, 2018.

[5] ADRIAN H. Nuclear warhead development moves forward at federal lab in New Mexico [EB/OL]. [2023-02-15]. https: //www. currentargus. com/story/news/2023/02/15/nuclear-warhead-development-moves-forward-at-federal-lab-in-new-mexico/69893209007/.

[6] NNSA does not have a comprehensive schedule or cost estimate for pit production capability [R]. United States Government Accountability Office, 2023.

[7] CURTIS TA, FRANK V H. Dealing with a debacle: a better plan for US plutonium pit production [EB/OL]. [2023-04-27]. https: //thebulletin. org/2023/04/dealing-with-a-debacle-a-better-plan-for-us-plutonium-pit-production/.

[8] Nuclear Posture Review [R]. Office of The Secretary of Defense, 2022.

Current status of plutonium pit production in the United States

LI Xiao-jie, SUN Xiao-fei, ZHANG Li, ZHAO Song

(China Institute of Nuclear Information and Economics, Beijing 100048, China)

Abstract: The biden administration of the United States has made plutonium pit production the top priority in nuclear military industry, vigorously promoting the modernization of nuclear weapons. In order to meet the production tasks of land-based W87-1 and other new types of nuclear warheads, the National Nuclear Military Administration of the United States is implementing the "dual site" program, that is, to simultaneously build plutonium pit production facilities at the Los Alamos National Laboratory and Savannah River sites. As of fiscal year 2022, the United States has produced 7 plutonium pits, providing support for the identification and certification of war reserve pits. In february 2023, the National Nuclear and Military Administration of the United States will start the design and manufacturing of special equipment such as Glovebox to provide support for the installation of plutonium pit production equipment.

Key words: Plutonium pits; Los Alamos National Laboratory; Savannah River site

核能综合利用发展现状及趋势分析

李言瑞，胡　健，马　越，官思发，石　磊
（中核战略规划研究总院，北京　100048）

摘　要：核能是清洁、低碳、安全、高效的能源形式之一，除了发电，还有更广泛的热能应用。本文研究了国外大型商用核电机组综合利用情况，国内商用核电机组综合利用的具体案例，正在研发的多用途先进堆型技术，如高温气冷堆、熔盐堆、小型模块化反应堆、低温供热堆等，分析了核能综合利用未来发展前景，梳理了核能综合利用面临的问题，提出了解决问题的相关实施方案，最后在国家和企业方面给出了有关政策出台、财税支持、项目立项审批、修制定法规标准、选择用户、融资模式、多元经营等方面提出了推动核能综合利用产业发展的有关措施建议。

关键词：核能综合利用；高温气冷堆；大型压水堆；小堆；政策建议

实现碳达峰碳中和目标（简称“双碳”目标）是一场广泛而深刻的经济社会系统性变革，需要“加快规划建设新型能源体系”“积极安全有序发展核电”。在我国实现“双碳”进程中，核能综合利用将迎来前所未有的重要发展机遇期。从传统单一发电到现代化的居民区域供热和工业工艺供汽，“双碳”进程正在引领我国核能产业不断拓展，核能正由“单一型选手”向“全能型选手”华丽转变。

1. 核能综合利用国内外发展现状情况

1.1　商用核电机组热电联供情况

国外商用核电机组热电联供技术成熟，运行经验丰富。根据 IAEA 统计，2021 年国外有 11 个国家 69 台商用核电机组采用热电联供方式进行区域供热、工艺供热和海水淡化等综合利用，提供的居民供热量为 564 万吉卡，工艺供热量为 73 万吉卡，海水淡化量为 149 万吨。这 69 台核电机组的总装机容量为 5108 万千瓦，综合利用提供的热量为这些热量可以产生的电量为 21.672 亿千瓦时。欧美国家充分利用多年积累的技术优势，积极推动综合利用示范项目的落地，实现商业推广。

1.2　核能制氢研究情况

国外商用核电开展核能制氢前沿研究。美国实现了商用核电机组电解制氢示范，验证了核电制氢的可行性，俄法日韩等国家也在推动核能制氢研究并制定了相关规划。美国九英里峰核电站在 2023 年 3 月建成了首个 1.25 兆瓦的核能电解制氢（质子交换膜电解槽）示范项目，制氢产能为每天 560 千克，与普通电解制氢产能相当。美国能源部还在计划降低核能制氢成本。俄罗斯计划在 2033 年前实现核能制氢，2036 年前投入工业运行。法国提出到 2030 年成为绿氢生产大国，投资至少 300 亿欧元，不仅用于核能制氢，还要加大小堆投资，扩大低碳氢气产量。英国提出“下一代核电反应堆”计划，将利用核电制备低碳氢气。日本计划 2030—2035 年启动与高温气冷堆匹配的基于硫碘循环氢验证实验，达到示范应用效果。韩国表示将启动商用压水堆核电高温水蒸气电解制氢项目研究工作。

2　国内商用核电机组热电联供情况

国内商用核电机组正在开展热电联供产业化推广工作，在技术研究和产业推广方面快速发展，为国家能源绿色转型发展提供了新选择。

作者简介：李言瑞（1985—），山东滨州人，副研究员，现从事核工业战略规划研究工作。

2.1 核能供热将海阳市打造成为全国首个“零碳”供暖样板城市

2019 年，海阳核能供热一期工程 70 万平方米项目建成投运，被命名为“国家能源核能供热商用示范工程”。2021 年，二期项目投运，为海阳市整个城区 450 万平方米的 20 万户居民供热，海阳市成为全国首个“零碳”供暖城市。海阳 1 号机组取代了当地 12 台燃煤锅炉，取暖费也从 22 元/平方米降到 21 元/平方米，总计收取供暖费 1.1 亿元。海阳 1、2 号机组稍加改造后，可具备 3000 万平方米供热能力。随着后续 6 台机组建成投运，预计最终供热面积可超过 2 亿平方米，供热半径达 100 km，为烟台、青岛和荣成主城区供热。

2.2 秦山核能供暖节能工程打造南方首个核能供热项目和“零碳未来城”

2021 年 11 月，秦山核电开始为 4000 户居民供暖，供暖面积 46 万平方米，热价 30 元/平方米（同徐州热价），为南方集中供热项目起到了良好示范作用。秦山核能供热项目总投资 9.3 亿元，分三步实施：2021 年，实现示范项目供暖；2022 年，海盐主城区向西、向北相关区块具备供暖条件；2025 年，解决海盐主城区等地约 400 万平方米的供暖。

秦山核电与海盐县共同探索打造“零碳未来城”，总规划面积约 25 平方千米，统筹推进“清洁能源示范基地、同位素生产基地、核工业大数据基地、核电人才培养基地”等 4 个基地建设。

2.3 田湾核电站作为全国首个工业供汽工程全面开工

2022 年 5 月，田湾核电蒸汽供能项目全面开工，这是全国首个工业用途核能供汽工程，预计 2023 年年底投运。田湾核电蒸汽供能项目以 3、4 号机组蒸汽作为热源，将蒸汽输送至连云港石化产业基地进行工业生产。

2.4 江苏徐圩和广东茂名高温堆为石化园区供能项目

徐圩核能供热项目计划建造 4 台华龙一号机组和 2 台 3×200 兆瓦的高温气冷堆机组，分两期建设。一期工程目前已经取得国家能源局和地方政府的同意。广东茂名高温气冷堆为东华能源烷烃资源发展提供综合利用，满足园区电力、动力热能等多种能源需求，首期计划建设 2 台 3×200 兆瓦的高温气冷堆机组。

3 小型供热堆研发情况

小型供热堆以其灵活的布局和供热的专用型，为核能综合利用提供了新的发展方向和领域，有望成为大型城市集中供暖的重要途径。

3.1 国外研发过多个型号的低温供热堆技术，但都没有实现商业部署

苏联、加拿大、德国、瑞士、法国等国都对专用低温核供热堆进行了卓有成效的研发，推出的主要堆型有：苏联壳式一体化自然循环压水堆 AST－500；加拿大建成的 SLOWPOKE 池式堆；德国微沸腾式供热堆 KWU－200；瑞士设计了气冷式、壳式、深水池式等 3 种类型的供热堆；法国开发了 THERMOS 型反应堆。专用低温核供热技术已经达到工程实用阶段，部分拥有多年成功运行经验。

3.2 国内积极推动低温供热堆技术研发，为北方集中供暖带来新选择

3.2.1 中核集团“燕龙”低温供热堆

由中核集团开发的 400 MWt 燕龙（DHR－400）泳池式低温供热堆，单堆可供热面积约 1000 万平方米，具有零堆熔零排放、易退役特点，非常适合我国北方大城市的零碳清洁供暖要求。

3.2.2 清华大学 NHR200－Ⅱ低温供热堆

由清华大学开发的低温供热堆 NHR200－Ⅱ作为贵州低温供热堆商业示范项目前期工作在积极、有序推进中，项目规划建设 6 台 NHR200－Ⅱ型低温核供热机组，一期 2 台，为贵州大龙经济开发区

提供工业蒸汽（500 吨/小时）。

3.2.3　国家电投和美一号小堆

由国家电投开发的和美一号小堆作为佳木斯核能供热示范项目正在积极有序地推进中，项目规划建设 4×200 MWt 一体化供热堆。一期为 2×200 MWt，最大供热能力为 800 万平方米，供气 500 吨/小时。

4　问题分析

4.1　核能综合利用尚没有完善的法规标准

随着技术进步，现有部分法规标准体系已经不适用于核能综合利用堆型的发展。然而无论是国内还是国外，无论是大机组还是小堆抑或是更先进堆型，核能综合利用都缺少相应的法规标准体系。专项法规标准的缺失对于相关堆型的推广、核电站直线距离、应急计划区和规划限制区的半径确定等产生影响。

4.2　核能综合利用项目的经济性有待提升

对于首台套核能综合利用项目，由于在工艺设计研发、首套设备研制与生产、燃料生产线建设、土建施工和设备安装等方面工作都属于首次，所需要的费用相对较多，较大概率经济性较低。对于南方地区居民区域供热项目，由于没有管网，还存在管网建设、征地和居民补偿等方面投资，也会增加基础设施投资的费用。

4.3　相关核能综合利用项目缺少运行经验

在高温气冷堆、小型模块化压水堆、专用供热堆等核能综合利用的项目尚没有国内外成熟的经验可以借鉴。虽然我国在上述 3 种堆型研发方面走在了世界前列，但是处摸索前行阶段，亟须项目落地以积累建设和运维经验，为后续项目建设提供经验支持。

4.4　核能综合利用的清洁性在国家政策里面没有得到体现

核能尚未纳入我国绿色能源范围予以考虑，而美欧等西方国家即将对我国出口的产品征收碳交易税。如果将核能纳入绿色能源范畴，使用清洁的核能作为制造产品的电源和热源，将会使我国这部分出口的产品避免向美西方国家缴纳碳交易税，对我国商品出口和国际形象提升产生利好。

5. 核能综合利用实施路径研究

5.1　建立健全核能综合利用法规标准体系

依据国内外现有的居民供热和工业供汽等核能综合利用的试验、示范和商用项目，以及正在研发的技术，由国家核能主管部门牵头，委托相关科研院所、企业、高校、协会/学会等单位建立和健全法规标准体系。着重解决规划限制区、选址要求、核设施之间的直线距离、核设施与用户距离、评审规范等问题。

5.2　针对首台（套）项目给予补贴，对后续项目采取逐渐退补等措施扶持

针对首台（套）核能综合利用设施，国家核能主管部门协同有关部门出台资金补贴、征地补偿等扶持政策，对首台（套）项目给予较大补贴。对后续项目实行退补等措施，直到项目实现可持续发展。针对供热负荷消减进行专题研究，以确保热负荷消减后，项目仍具有经济性。

5.3　尽快推动示范项目落地

一是尽快推动江苏徐圩石化园区和茂名核能供热项目纳入国家规划。两个项目都获得“小路条”。二是针对高温堆示范项目建安和调试阶段遇到的相关问题，做好经验反馈。三是探索低温供热堆项目在内陆开工建设的可行性，做好内陆厂址的储备、保护和前期开发工作。

5.4 在产品生产过程中计算核能碳税产生的优惠

在使用核能作为热源和电源的产品生产过程中，考虑核能的清洁性，计算碳税问题。按照欧盟征收碳税的标准，返还给业主单位。

6 措施建议

（1）推动示范项目开工建设

推动低温供热堆、江苏徐圩和广东茂名核能供热项目获得国务院审批。将两个项目纳入国家能源发展“十四五”规划调整范围，明确作为“十四五”重点项目予以推动。

（2）优化核能多用途利用项目立项、审批政策

建立国家层面、多部门联动机制，编制发布《核能综合利用五年计划》，形成核能多用途利用专项规划，优化产业配套的高温气冷堆的审批路径。

（3）加强供热项目资金和政策支持

建议国家出台核能综合利用相关政策，提供政策性贷款、中央预算资金等专项资金支持，降低核电厂和热力公司运营压力。建议国家出台核能综合利用项目费用补贴及税费优惠政策，对工业用户的“气改核”提供设备改造补贴或热价补助，以提高工业用户积极性，打造环境、居民、企业多赢局面。

（4）探索电价联动结算机制和碳税问题

引入电价联动结算汽价的模式，即“终端汽价－基础价＋电价联动因子×联动系数”，确保电价上浮情况下供汽价格跟随上涨，以保障核能供汽电厂侧投资收益。将核能综合利用贡献纳入市场交易，建立核能综合利用的碳排放权交易试点，发挥市场在减排、低碳技术创新、气候变化投融资等方面的重要作用。

参考文献：

[1] 叶奇蓁．未来我国核能技术发展的主要方向和重点［J］．中国核电，2018，11（2）：130－133.

[2] 王肖，纪相财，王斌，等．南方核能余热供暖应用实践［J］．煤气与热力，2023，43（2）：21－24.

[3] 尚宪和．“双碳”目标助力核能供热发展应用［J］．中国能源，2022，44（11）：49－55.

[4] 孙震啸，周萍，钟小波，等．以核能多用途利用构建零碳新赛道：以秦山核电核能供热示范工程为例的探索与建议［J］．中国核电，2022，15（5）：770－773.

[5] 张乐，贾玉文，段天英，等．低温堆供热控制研究［J］．原子能科学技术，2023，57（1）：165－174.

[6] 王红福，高钰文，徐艳凤，等．核电机组核能供热工程实践效益分析［J］．山东电力高等专科学校学报，2022，25（3）：74－77.

[7] 陈丽君，何恒，马攀，等．碳达峰碳中和背景下推进浙江核能综合利用的对策建议［J］．中国工程咨询，2022（6）：30－34.

[8] 曾斌，李言瑞，屈凡玉，等．核能供热发展模式研究［J］．能源，2022（3）：68－71.

[9] 李相通，索辉，于庆达．核能供热在我国发展的优势与前景［J］．电站系统工程，2021，37（5）：79－80.

[10] 王莞珏，王洁，陈栋，等．双碳目标下夏热冬冷区核能供热应用分析［J］．能源研究与管理，2023，15（1）：50－53，58.

Development status and trend analysis of comprehensive utilization of nuclear energy

LI Yan-rui, HU Jian, MA Yue, GUAN Si-fa, SHI Lei

(China Institute of Nuclear Industry Strategy, Beijing 100048, China)

Abstract: Nuclear energy is one of the clean, low-carbon, safe and efficient forms of energy. In addition to power generation, it has wider thermal applications. The paper studies the comprehensive utilization of large commercial nuclear power units abroad, the specific cases of domestic units and the multi-purpose advanced reactor technologies being developed, such as high temperature gas-cooled reactor, small modular reactor and low temperature heating reactor, etc. The paper also analyzes the future development prospects of the nuclear energy comprehensive utilization, researches the problems and gives the solution. At last, the policies, financial and tax support, project approval, revision and formulation of laws and regulations, user selection, financing mode and diversified operation were put forward for nuclear energy comprehensive utilization industry.

Key words: Comprehensive utilization of nuclear energy; High temperature gas-cooled reactor; Large pressurized water reactor; Small modular reactor; Policy suggestion

激光惯性约束聚变发展态势研究

陈彦舟

（中国工程物理研究院科技信息中心，四川　绵阳　621900）

摘　要： 激光惯性约束聚变利用高功率激光束或者激光产生的 X 射线辐照微型靶丸，形成高温高压等离子体，从而实现核聚变。激光惯性约束聚变是实现受控核热聚变的重要途径之一，对国民经济、军事应用和基础研究有着举足轻重的作用和意义。通过文献分析手段了解并掌握激光惯性约束聚变的发展态势，有助于我国目前从事该科研领域的研究人员或管理人员把握其研究现状、进展和发展趋势，具有较高的研究价值。本文主要利用文献计量分析工具 VOSviewer 系统分析了国内外关于“激光惯性约束聚变”研究领域的 WoS 核心合集论文，获取该技术领域的研究热点及前沿方向等情报，并基于上述内容提出了发展建议和展望，可为相关科研工作者提供借鉴和参考。

关键词： 激光惯性约束聚变；发展态势；文献计量分析；VOSviewer

受控热核聚变反应可以源源不断地为人类提供既经济又安全的能源，而激光惯性约束聚变是很有希望的实现途径之一[1]。它利用高功率激光束辐照热核燃料组成的微型靶丸，在极短的时间里靶丸表面会发生电离和消融而形成包围靶心的高温等离子体。因为惯性的缘故，等离子体在还未膨胀扩散以前就达到聚变反应条件，并能逐步加热热斑周围的其余燃料，使热核反应能够延续下去。

激光驱动惯性约束聚变成为近几十年来来国内外研究的热点，目前尚未发现国内外有针对该领域的文献计量学分析研究成果被公开，因此，有必要开展文献计量学分析，以了解其整体发展态势，为后续研究工作的开展提供参考和借鉴。

1　国外主要研究装置

惯性约束聚变激光装置在实验条件下以强激光作为驱动源来实现热核聚变。目前主要的惯性约束聚变激光装置包括美国的国家点火装置（NIF）和 Omega/Omega EP、法国的兆焦耳激光装置（LMJ）及俄罗斯的 UFL－2M。我国惯性约束聚变激光装置主要包括星光和神光系列。

2　主要研究进展

美国和苏联从 20 世纪 60 年代起就各自开始了激光聚变研究，其中美国在这一领域的研究成果显著，尤其是其建设完成的“国家点火装置（NIF）”于 2022 年 12 月 5 日首次实现了激光净能量增益，产生了 3.15 MJ 的聚变能量输出，这是一项“里程碑式的成就”[2]。国外激光惯性约束聚变的主要研究进展如图 1 所示。

我国激光聚变研究着力在惯性约束聚变的多个相关领域。随着激光聚变研究的不断加深，我国在驱动器研制方面得到了长足发展，先后研制神光系列装置。目前的神光Ⅲ主机激光装置的输出能量低于美国的 NIF 装置。

作者简介： 陈彦舟（1981—），男，四川绵阳人，馆员，硕士，现主要从事学科情报研究。

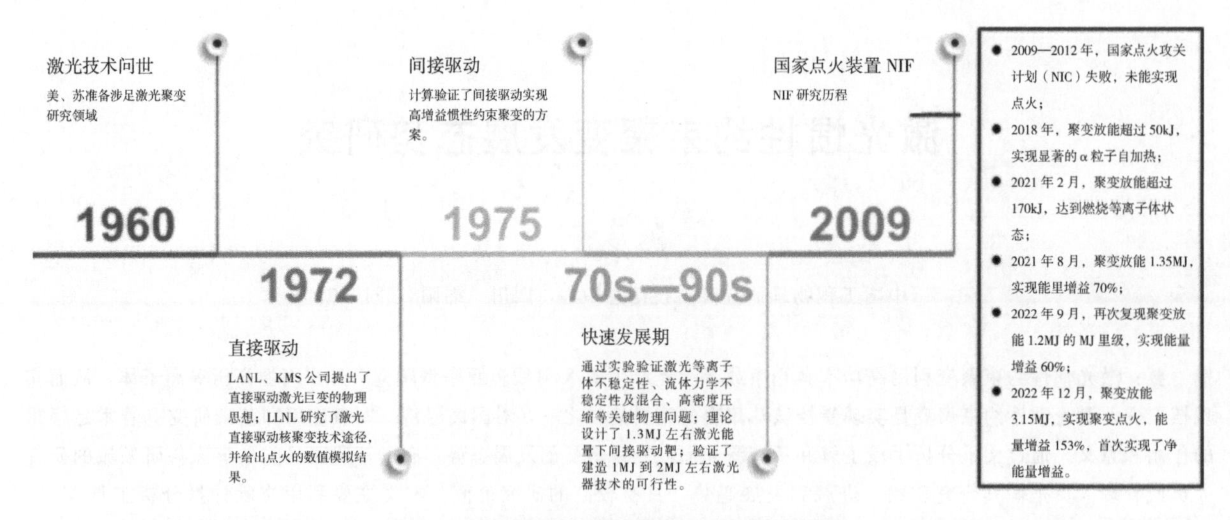

图1 国外激光惯性约束聚变的主要研究进展

3 发展态势研究方法

3.1 数据来源

本研究在Web of Science核心合集中选择Science Citation Index Expanded。时间跨度设置为1900年至今（2022年10月21日）。文献类型选择“论文”和“会议录论文”，对每篇文献的标题、摘要、关键字三部分进行检索，最终确定了2378篇文献样本。

3.2 统计分析方法

本研究综合使用了VOSviewer和文献计量在线分析平台两种工具开展“激光驱动惯性约束聚变”的文献计量学分析研究。前者是荷兰莱顿大学科技研究中心开发的一款软件，可生成聚类视图、叠加视图和密度视图，进而了解某个技术领域的研究热点和未来趋势；而后者是由我国研究团队开发的一个功能全面的Web端文献计量分析工具。

4 总体概况

本研究从刊文数量、机构分布、期刊分布等方面分析了激光惯性约束聚变相关研究的总体概况。

4.1 发文总量

统计得出激光驱动惯性约束聚变研究的发文量如图2a所示。从图2a可以观察到，中国和美国是激光驱动惯性约束聚变研究的主要国家，这两个国家每年发表的关于LICF的文献数量总体呈现逐年递增的趋势。美国在该领域的研究起步早于中国，但中国近些年的发文量有赶超美国的态势。可以判定，美国是中国在激光驱动ICF领域研究的主要竞争对手。

4.2 国家（地区）与研究机构分布

从统计结果可以发现，美国在激光驱动ICF研究领域的发文量最多，占总数的近一半。而中国在这些研究方面的核心成果也较多，共有558篇文献，占总数的23%。法国、英国、日本、俄罗斯、德国、意大利、西班牙和捷克的发文量排名居前10位。

国家间合作关系如图2b所示，分析该图可知，美国和法国较为重视该技术与外国的合作研究，其中美国的主要研究伙伴包括法国、英国、德国等国，而法国的研究伙伴主要包括美国、英国、西班牙等国。虽然中国的研究成果数量不少，但国际合作研究的成果不多，需要科研管理部门加以重视并采取开放措施，加强与国外研究机构的合作。

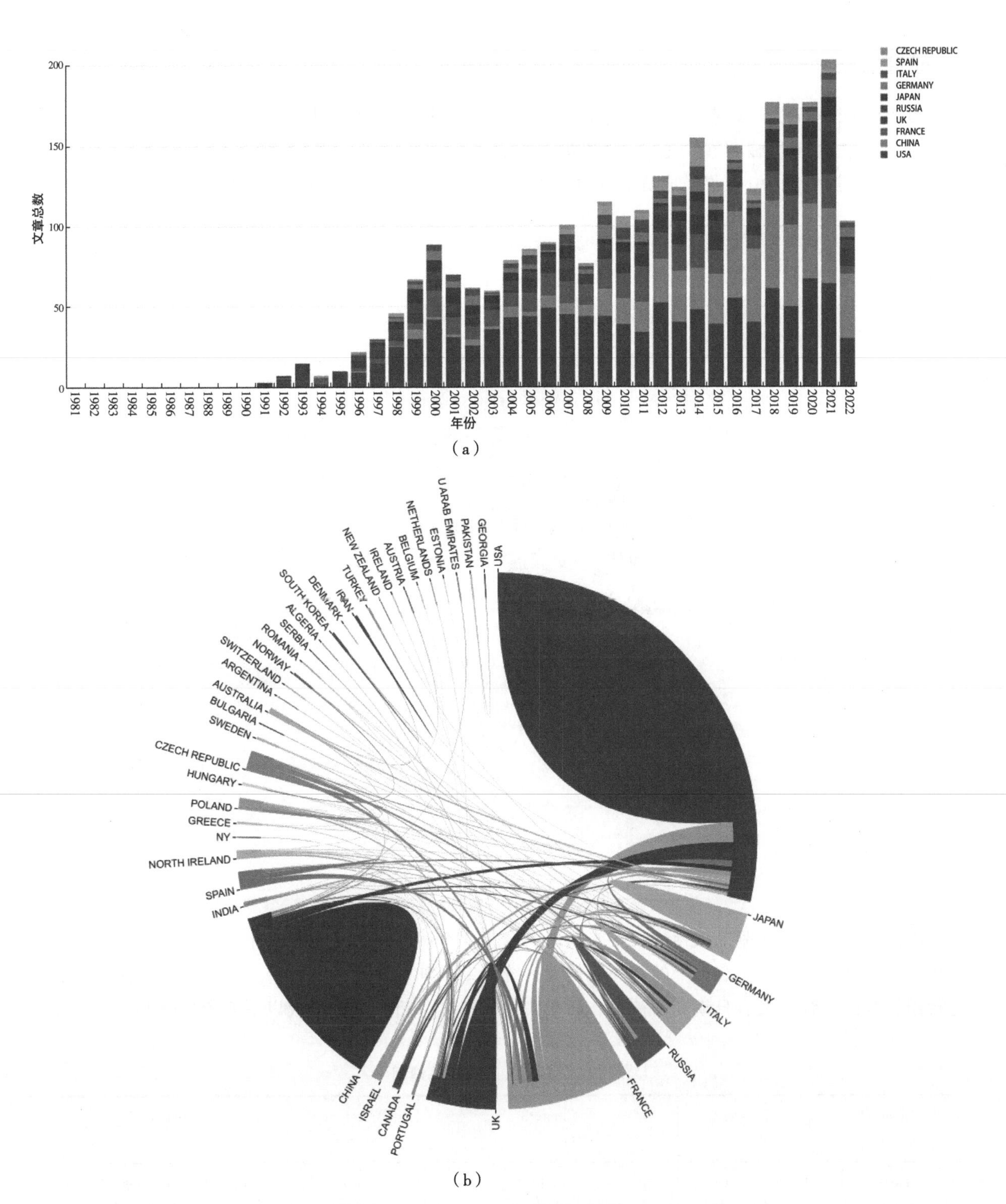

(a)

(b)

图 2　国家发文量及合作和弦图

4.3　文献期刊分布

通过对文献的来源期刊进行统计分析发现，刊载了有关激光驱动惯性约束聚变技术的期刊较为集中，*PHYSICS OF PLASMAS*、*REVIEW OF SCIENTIFIC INSTRUMENTS*、*PHYSICAL REVIEW LETTERS* 和 *LASER AND PARTICLE BEAMS* 4 种刊物各自刊载的 LICF 相关文献数量占样本的比重均超过了 5%。这 4 种刊物刊载文献统计之和为 966 篇，占样本比重为 41%。

5 研究热点

以 VOSviewer 的“关键词”为分析单位，限制关键词出现的最低数量为 10 次，在 4073 个关键词中共有 209 个达到了临界值（已经过数据清洗）。设定共现关系强度规范化方式为 Association Strength、分辨参数为 1、聚类成员最少数目为 5 个，得到如图 3 所示的关键词聚类图。

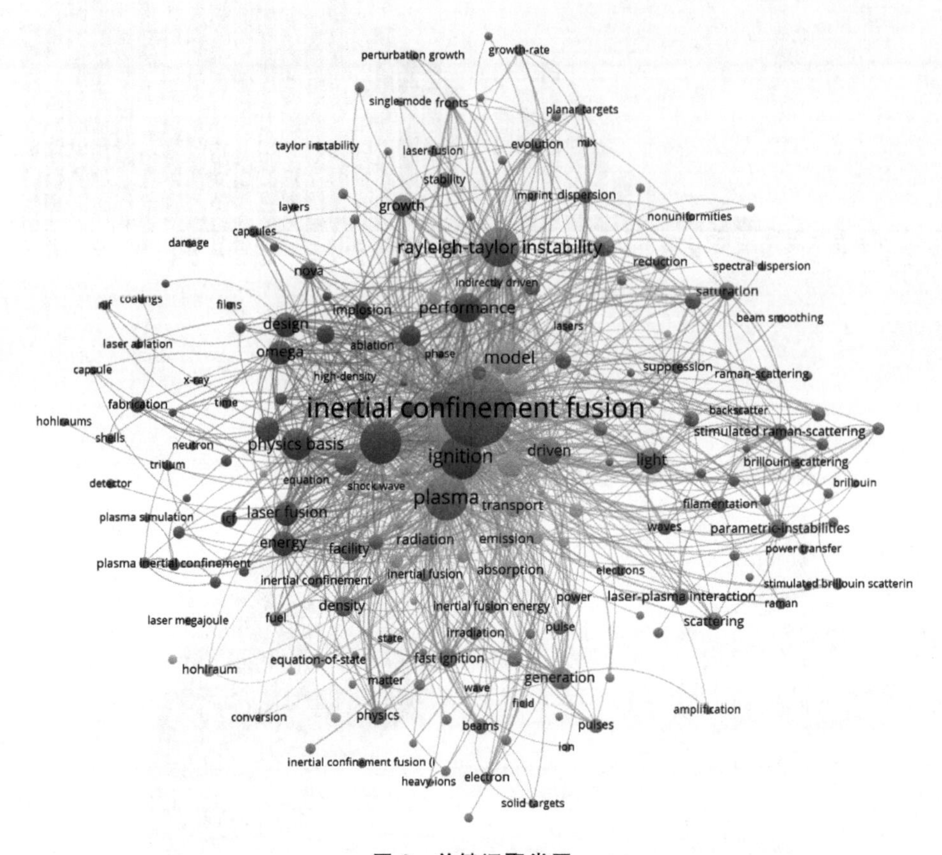

图 3 关键词聚类图

由图 3 可见，激光驱动惯性约束聚变领域共分为 5 个研究主题，按照每个聚类下关键词节点的大小排序，统计出各聚类排名前七的高频关键词，统计结果如表 1 所示。将每一个聚类下的高频关键词进行组合判断，综合发表日期和高被引、高相关性的引文分析，最终形成以下 5 个研究热点。

表 1 各类热点高频关键词

Cluster1 49 items	Cluster2 47 items	Cluster3 41 items	Cluster4 38 items	Cluster5 34 items
Targets （靶）	Plasma （等离子体）	Light （光学）	Laser （激光）	Inertial Confinement Fusion （惯性约束聚变）
Ignition （点火）	Driven （驱动器）	Scattering （散射）	Compression （压缩）	Rayleigh - taylor Instability （瑞利-泰勒不稳定性）
PhysicsBasis （物理基础）	Facility （设施）	Induced Spatial Incoherence （诱导空间非相干技术）	Model （模型）	Uniformity （均一性）
Performance （性能）	Generation （产生）	Parametric Instabilities （参量不稳定性）	Transport （传输）	Growth （生长）

续表

Cluster1 49 items	Cluster2 47 items	Cluster3 41 items	Cluster4 38 items	Cluster5 34 items
Design （设计）	Density （密度）	Saturation （饱和）	Radiation （辐射）	Dispersion （色散）
Omega （omega）	Gain （增益）	Stimulated Raman Scattering （受激拉曼散射）	Absorption （吸收）	Direct - drive （直接驱动）
Energy （能量）	Fast Ignition （快点火）	Stimulated Brillouin Scattering （受激布里渊散射）	Simulations （仿真）	Stability （稳定性）

5.1 点火靶设计、性能评估与制备研究

TABAK. M 等提出了点火靶三阶段物理方案[3]。S. W. Haan 等提出用于国家点火装置初始点火的点设计靶[4]。Marinak. M 等使用多物理场辐射流体力学软件 HYDRA 对国家点火装置靶的性能设计进行了模拟仿真[5]。Mishra K 等研究了用于激光聚变微球靶制备的密度匹配乳液技术，该技术能够提高空心聚合物微球的表面光滑度、壁厚均匀性和球形度[6]。

5.2 等离子体性能研究

Vinko. S. M. 等对单原子与高强度辐射 X 射线的相互作用进行了研究，探讨了电子—离子碰撞的重要性，帮助研究者深入了解系统的电荷分布、电子密度温度及碰撞过程时间尺度的演变[7]。Wan. A 等利用 X 射线激光器的独特性能研究了具有高电子密度的大型激光驱动等离子体，从而验证和评估用于激光—等离子体相互作用的物理学数值模型[8]。

5.3 激光等离子体相互作用研究

Xiao 等提出了均匀等离子体中具有任意光束配置和偏振的 N 个重叠激光束产生的参数不稳定性的线性理论[9]。Wen 等研究了包括双等离子体衰变（TPD）和受激拉曼散射（SRS）不稳定性的激光—等离子体相互作用的非线性机制[10]。

5.4 激光器及光束传播性能研究

尹俪儒等以角向偏振的一阶 Bessel - Gauss 激光束为例，分别采用理论方法和数值模拟研究了环状激光束在抛物等离子体通道中的传播动力学，得到各演化类型相应的物理条件及振幅、空间波长等特征量[11]。

5.5 惯性约束聚变内爆性能研究

Casner. A. 等开展了间接驱动实验，以研究从弱非线性到高非线性过渡中的烧蚀性雷利—泰勒不稳定性（RTI）[12]。Gao 等使用超快质子射线照相术测量了激光三维宽带扰动的非线性 Rayleigh - Taylor 增长产生的磁场[13]。Das. A 等使用广义流体力学方程研究了强耦合等离子体介质中的 Rayleigh Taylor 不稳定性[14]。Huntington. C. M. 等研究了来自冲击前沿的辐射和热传导在稳定流体力学不稳定性中的作用[15]。

6 前沿发展方向

按照时间顺序的叠加可视化图如图 4 所示，颜色表示各关键词的平均出现年份。从该图可以看到，惯性约束聚变相关模拟研究，包括 Simulations 和 Model 节点（代表模拟仿真技术）、激光等离子相互作用研究，包括 Stimulated Raman - scattering 和 Stimulated Brillouin Scattering 节点（代表非弹性光散射研究）能够反映具体的技术内涵，其颜色相对更接近黄色，且节点直径较大，因此，判定是未来激光驱动惯性约束聚变的主要研究方向。

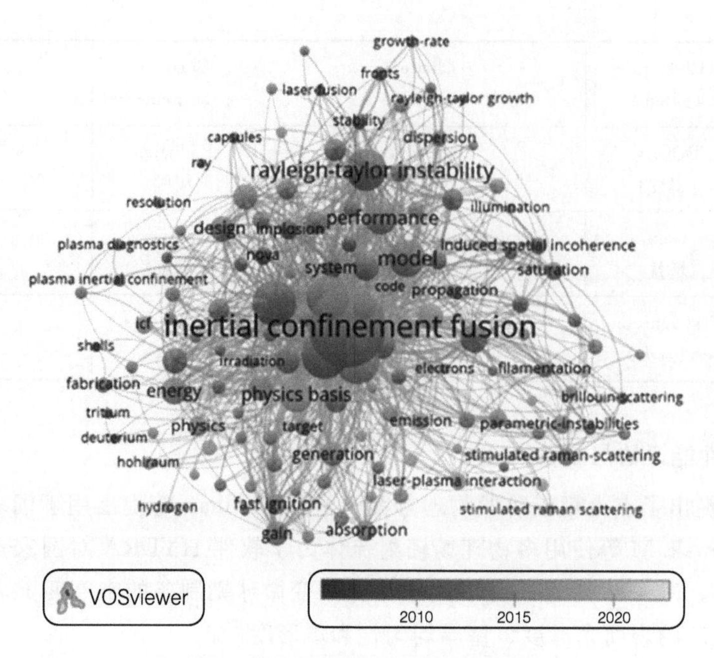

图 4　按时间顺序的关键词叠加图

7　建议

① 基于目前激光驱动惯性约束聚变的热点分析，应该加强点火靶设计与制备、等离子体性能、激光等离子体相互作用、激光器及光束传播性能、惯性约束聚变内爆性能等方面的研究工作，从而夯实基础。

② 基于激光驱动惯性约束聚变前沿研究方向的研判，应该更注重惯性约束聚变模拟研究和激光等离子体相互作用研究的发展方向，做好知识、能力、技术及人才的储备工作。

致谢

感谢科室领导刘媛筠和同事王莹、张益源的指导和有益讨论！

参考文献：

[1] JIANG S. Recent progress of inertial confinement fusion experiments in China [C]. 2009.

[2] 刘霞. 美国国家点火装置首次实现净能量增益 [EB/OL]. [2022-09-11] http://www.stdaily.com/index/kejixinwen/202212/74037b6221404fcdbd65948dcdf0da34.shtml.

[3] TABAK M, HAMMER J, GLINSKY M. Ignition and high-gain with Ultrapowerful lasers [J]. Physics of plasmas, 1994, 1 (5): 1626-1634.

[4] HAAN S W, DEBRAC, CLARKDS. Point design targets, specifications, and requirements for the 2010 ignition campaign on the National Ignition Facility [J]. Physics of plasmas, 2011, 18 (5): 51001.

[5] MARINAK M, KERBEL G, GENTILE N. Three-dimensional HYDRA simulations of national ignition facility targets [J]. Physics of plasmas, 2001, 8 (5): 2275-2280.

[6] MISHRA K, KHARDEKAR R, SINGH R. Fabrication of polystyrene hollow microspheres as laser fusion targets by optimized density-matched emulsion technique and characterization [J]. Pramana-journal of physics, 2002, 59 (1): 113-131.

[7] VINKO S M, CIRCOSTA O, CHO B I. Creation and diagnosis of a solid-density plasma with an X-ray free-electron laser [J]. Nature, 2012, 482 (7383): 59-62.

[8] WAN A, DASILVA L, BARBEE T. Application of x - ray - laser interferometry to study high - density laser - produced plasmas [J] . Journal of the optical society of america B - optical physics, 1996, 13 (2): 447 - 453.
[9] XIAO C Z, ZHUO H B, Yin Y. Linear theory of multibeam parametric instabilities in homogeneous plasmas [J] . Physics of plasmas, 2019, 26 (6): 62109.
[10] WEN H, MAXIMOV A V, YAN R. Three - dimensional particle - in - cell modeling of parametric instabilities near the quarter - critical density in plasmas [J] . Physical review E, 2019, 100 (4): 1 - 5.
[11] 尹俪儒．环状激光束在抛物等离子体通道中的传播动力学研究 [D]．兰州：西北师范大学，2021.
[12] CASNER A, MASSE L, LIBERATORE S. Probing the deep nonlinear stage of the ablative Rayleigh - Taylor instability in indirect drive experiments on the National Ignition Facility [J] . Physics of plasmas, 2015, 22 (5): 56302.
[13] GAO L, NILSON P M, IGUMENSCHEV I V. Observation of self - similarity in the magnetic fields generated by the ablative nonlinear rayleigh - taylor instability [J] . Physical review letters, 2013, 110 (18): 185003.
[14] DAS A, KAW P. Suppression of rayleigh taylor instability in strongly coupled plasmas [J] . Physics of plasmas, 2014, 21 (6): 62102.
[15] HUNTINGTON C M, SHIMONY A, TRANTHAM M. Ablative stabilization of Rayleigh - Taylor instabilities resulting from a laser - driven radiative shock [J] . Physics of plasmas, 2018, 25 (5): 52118.

Research on the development trend of laser inertial confinement fusion

CHEN Yan-zhou

(China Academy of Engineering Physics, Mianyang, Sichuan 621900, China)

Abstract: Laser inertial confinement fusion (LICF) is an important approach to realize controlled nuclear fusion, which plays a significant role in national economy, military applications and basic research. The purpose of the study was to assess the hotspots and frontier directions of LICF, based on the biliometric analysis of papers on the topic in WoS Science Citation Index Expanded. A computer program for bibliometric mapping, VOSviewer, was utilized to process the data. The study findings may serve as a guide for further research on LICF.

Key words: Laser inertial confinement fusion; Development trend; Bibliometric analysis; VOSviewer

加拿大核应急管理现状及启示

屠　健

（中国辐射防护研究院，山西　太原　030006）

摘　要：核能事业的发展离不开核应急管理的发展完善，本文通过文献和网站调研加拿大核应急管理现状，加拿大核应急管理目前取得了不错的效果，其中包括建立完善的法律法规体系、各个省份明确核风险及其位置、机构间合作共同监测潜在威胁、加强公众沟通等，由此提出对我国核应急管理的三点启示，包括细化核与辐射事故紧急情况应对措施、国内相关机构协同监管、加强国际组织合作交流。

关键词：核应急；核安全；加拿大；辐射防护；放射性物质

核应急是核能事业持续健康发展的重要保证[1]。在国内外核应急发展方面，邹旸等通过探讨国内外核应急发展现状，剖析了我国的核应急组织体系、核应急法规体系及核应急演练机制，展望核应急发展的前沿动态[2]。于红等提出地方政府核应急响应执行程序应明确地方政府的组织权限、人员职责、物质分配和优先事项[3]。核应急与核安全管理体制和法律方面，王逊等对美国现阶段核安全管理体制与法律体系进行初步探究，以期为我国在核安全立法与核安全管理体制建设等方面提供借鉴[4]。陈慧玲等通过梳理分析国内外核应急管理体系、核应急法律法规及标准规范的总体情况，重点分析国内外核应急标准规范对核应急的总体要求[5]。核能事业的发展离不开核应急的推进，众多学者关注核应急的发展与完善，文章经调研大量文献和网站后发现，关于国外核应急和核安全的研究较少，故选择对加拿大核应急管理现状进行分析。

加拿大核安全委员会（CNSC）是联邦核监管机构，负责为加拿大的核电厂颁发许可证并监督其安全运行。侧重于监管核设施和活动，以保护公众、核相关部门工作人员和环境，同时与核电运营商、各省和联邦当局相协同，在核紧急情况下向公众提供所需的信息。此外，还承担着国家和国际核安全和控制责任，国际责任包括确保加拿大履行国际核不扩散义务。

1　加拿大核应急体系

1.1　加拿大核应急机构及职责

核电所有获得许可的组织都做好应对紧急情况的准备，并与地方、省、联邦和国际当局合作。加拿大核应急体系如图1所示，主要应急组织与核应急期间的责任如表1所示。

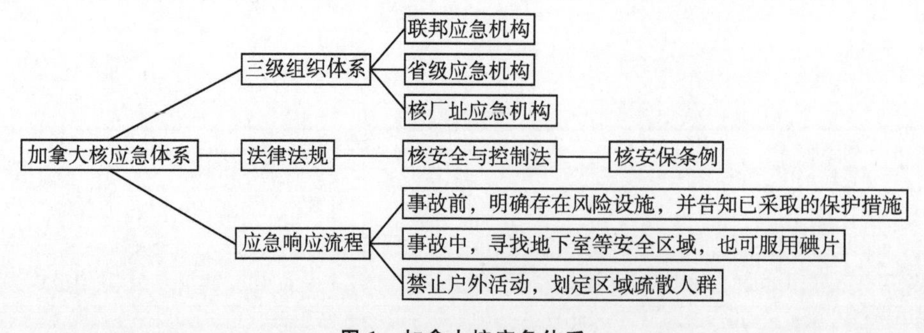

图1　加拿大核应急体系

作者简介：屠健（1992—），男，河南新蔡人，馆员，硕士，现主要从事档案管理、图书情报研究。

表 1　主要应急组织与核应急期间的责任

组织	核应急期间的责任
联邦核应急机构	提供总协调，确保信息的畅通与共享，保证合作任务圆满完成
省政府	启动公共预警系统 决定并传达公众防护措施 监测设施外的辐射水平 设立疏散中心
核安全委员会	监督电厂运营商对事件的响应 确保操作员采取适当的响应措施 为联邦和省级响应机构提供技术建议 向政府和公众通报其对核紧急情况的评估
核厂址应急机构	阻止或减缓核紧急情况的进展，尽量减少对周边社区的影响 向省和地方政府提供信息和技术支持

1.1.1　联邦核应急机构

联邦核应急机构主要任务是在应急情况下提供总协调，确保信息的畅通与共享，确保合作任务圆满完成[6]。

1.1.2　省政府

在核紧急情况中，省政府应及时启动公共警报系统，根据具体情况决定并通知社会公众采取撤离、就地避难、服用碘化钾丸等相关的防护措施。及时关注监测设施外的辐射剂量水平，并在当地设立疏散中心，以免核紧急情况下的社会混乱状况发生。

1.1.3　核安全委员会

核安全委员会作为监督机构，监督核厂址应急机构对紧急事件的反应情况，及时对出现的紧急事件做出相对应的响应措施。此外，核安全委员会也为联邦核升级相关机构提供技术方面的建议，同时向政府和社会公众通报核安全委员会对紧急情况的评估。

1.1.4　核厂址应急机构

核厂址应急机构在核应急期间，第一是阻止和减缓核紧急状况的恶化，并尽量减少对周边社区的影响；第二是向地方当局提供最新的事故详情和技术支持，以便于省和地方当局做出响应。

1.2　法律法规

1.2.1　《核安全与控制法》

该法律授权加拿大核安全委员会与核设施运营商、执法和情报机构、国际组织和其他政府部门密切合作，以确保核材料和设施得到充分保护，避免不必要的事故产生。

1.2.2　《核安保条例》

加拿大的核安全得到联邦法规的帮助，该法规规定了对获得许可的核设施的详细安全要求。包括年度威胁和风险评估、主要核设施的现场武装反应部队全天候可用、加强对员工和承包商的安全检查(包括背景和安全检查)、加强对核设施的访问控制核设施设计基准威胁分析，以及为警报监控和其他安全系统提供不间断电源、应急计划和演习等。

1.3　应急响应流程

在事故前，了解所在地区存在风险的任何设施及已采取的保护措施；事故中，关闭门窗并关闭通风、暖气或空调系统，位于建筑物中心或地下室的房间可提供更好的保护，也可按规定剂量服用碘片；事故后，禁止户外活动，在放射性物质释放之前划定一片区域进行预防性疏散。

2 加拿大核应急机构的作用

2.1 加拿大核安全委员会在核应急中的作用

加拿大核安全委员会拥有全面的应急响应计划。在核应急期间的作用包括监察相关持许可证持有者的回应、评估响应行动、在需要时提供技术建议和监管批准，根据需要提供现场情况协助地方当局向政府和公众通报其对形势的评估。为了不断评估和提高其应急响应能力，该委员会与其许可证持有者和政府机构协调参与模拟事件。其应急响应计划会定期修订，不断地在演习中汲取新的经验与教训。

该委员会还有一个值班人员计划，以接收关于实际或潜在事件的报告，在涉及核设施或放射性材料的紧急情况下（包括任何涉及核反应堆、核燃料设施或放射性材料的事故，丢失或损坏的放射性材料，任何涉及核设施或放射性材料的威胁、盗窃、走私、故意破坏或恐怖活动），值班人员全天候不间断地提供服务，可以对寻求紧急信息和援助的人做出回应。

2.2 联邦、省和地区政府在核应急中的作用

加拿大卫生部是联邦核应急计划（FNEP）相关所有事项的联邦政府牵头部门。FNEP 描述了在加拿大发生核紧急情况时如何进行整体协调。在紧急情况下，联邦核应急计划在加拿大公共安全部、加拿大核安全委员会和其他机构的支持下，与省和市政府机构协调联邦应急响应。

各省和地区都有相应的应急计划来应对相关应急情况。但加拿大所有应急计划最关键的还是联邦、省和市之间的相互协作。省和地区应急管理组织，也称为应急管理组织（EMO），包括规划和研究、培训、响应行动及灾害财政援助计划的管理和交付。由于其最熟悉所在地区的自然灾害和其他风险，所以可以及时查询到所在地区的紧急情况，为后续做各种准备提供准备的信息来源。以魁北克省为例，在政府官网辐射与核事故模块提示了所在省份的辐射与核风险来源及其位置，并告知在事故前、事故中和事故后应该怎样减少辐射与核事故带来的伤害。

3 加拿大核应急管理的特色

加拿大与中国核应急管理体系对比如表 2 所示，加拿大卫生部在 1984 年确定为核应急管理的主管机构，并由卫生部执行联邦核应急计划[6]。加拿大应急管理体系分为联邦、省级和核厂址应急机构三级，省和地区的应急管理组织都有相应的应急计划来应对相关应急情况，在发生核事故紧急情况时协同参与救援，这在发生核事故紧急情况时至关重要。尤其是每个省份明确所在省份的辐射与核风险来源及其位置，并积极细化核事故紧急情况的应对措施。同时，加拿大核安全委员会与其他机构合作共同监测潜在威胁。此外，加拿大核安全委员会经常参与各种国际组织的多种活动，以保证拥有最新的核应急方面的指南、政策和技术标准。

表 2 加拿大与中国核应急体系对比

国家	加拿大	中国
组织体系	三级管理体系	三级管理体系
主管机构	加拿大卫生部	国家核事故应急协调委员会
技术支持机构	核电站运营商等	科研院所、高校、核电企业等
监督机构	加拿大核安全委员会（CNSC）	国家核安全局
法规体系	《核安全与控制法》《核安保条例》等	《核电厂核事故应急管理条例》《核电厂核事故应急演习管理规定》等
救援体系	卫生部、省和地区应急管理组织（EMO）	公安、消防、军队、卫生、环保等部门和救援机构
信息体系	联邦当局、核设施运营商、公共警报系统等	国家核应急指挥中心、省级及核电站应急中心、监测网络、事故评价系统等

4　对我国核应急管理的启示

4.1　细化核与辐射事故紧急情况应对措施

在调研对象选取上，广东拥有数个核电站且经济文化发达，故作为调研对象。通过调研广东省政府与广东生态环境厅[7]官网，在核与辐射安全信息方面可以看到广东省对核与辐射信息很是重视，有数条关于举行核与辐射突发事件、放射性物质泄露等应急演练的消息。而在对加拿大魁北克省官网核与辐射信息调研时发现，该省明确所在省份的辐射与核风险来源及其位置[8]。并具体告知在事故前、事故中和事故后应该怎样减少辐射与核事故带来的伤害。相比之下，加拿大魁北克省核与辐射事故宣传中更加细致的应对措施，值得作为国内相关部门借鉴。

4.2　国内相关机构协同监管

在核与辐射事故紧急情况中，首先，核应急情况时进行整体协调。在紧急情况下，联邦核应急计划在加拿大公共安全部、加拿大核安全委员会和其他机构的支持下，与省和市政府机构协调联邦应急响应。其次，加拿大核安全委员会与核电运营商、省政府的职责相互协同，确保将核与辐射事故影响降低到最小。最后，与其他机构合作共同监测潜在威胁，包括加拿大安全情报局、加拿大皇家骑警、加拿大公共安全和应急准备委员会、核许可证持有者、国际机构、其他监管机构等。各个层级横向与纵向机构之间相互协同，更好地促进了加拿大核应急与核安全管理，我国在核应急管理中可以参考借鉴。

4.3　加强国际组织合作交流

加拿大核安全委员会加入了国际原子能机构（IAEA）和核能机构（NEA）等国际委员会，确保安全、可靠与和平利用核材料和技术，最大可能地避免核事故紧急情况的发生。加拿大核安全委员会经常参与各种国际组织的多种活动以保证拥有最新的指南、政策和技术标准。作为相关国际组织的一部分，其还代表加拿大参加各种相关的多边讨论、座谈会和会议，讨论会涉及核材料和设施的实物保护、核应急和核监管等问题。加强国际组织合作与交流便于在政策制定和监管层面上与国际先进水平保持一致，相互的交流合作又会推动核能技术的进步。

参考文献：

[1]　中国核应急工作成就与未来展望 [J]．国防科技工业，2016 (2)：15 - 17.

[2]　邹旸，邹树梁．我国核应急发展现状与前沿动态研究 [J]．中国核电，2020，13 (1)：114 - 119.

[3]　于红，杨舒琦，程诗思．地方政府核应急响应执行程序研究 [J]．核动力工程，2017，38 (S1)：22 - 26.

[4]　王逊，田宇，黄力．美国核安全管理体制与法律体系探究及启示 [J]．核安全，2021，20 (1)：48 - 53.

[5]　陈慧玲，石磊，马强，等．国内外核应急管理体系及相关标准规范研究 [J]．船舶标准化与质量，2018 (2)：4 - 11.

[6]　赵华．国外发达国家核应急管理体制特点及启示 [J]．现代职业安全，2009 (12)：80 - 82.

[7]　广东省环境保护厅关于明确我省辐射安全许可证延续和换发有关事项的通知 [EB/OL]．(2011 - 06 - 29) [2022 - 02 - 16]．http：//www.gd.gov.cn/zwgk/wjk/.

[8]　鲁修禄赴香港交流核应急合作　并出席香港环境卓越大奖颁奖活动 [EB/OL]．(2019 - 05 - 07) [2022 - 02 - 16]．http：//gdee.gd.gov.cn/yj5663/index.html.

Current status and enlightenment of Canadian nuclear emergency and nuclear safety management

TU Jian

(China Institute for Radiation Protection, Taiyuan, Shanxi 030006, China)

Abstract: The development of nuclear energy is inseparable from the development and perfection of nuclear emergency . The article investigates the status quo of Canadian nuclear emergency management through literature and websites, and proposes three enlightenments to my country's nuclear emergency management, including details emergency response measures for chemical nuclear and radiation accidents, coordinated supervision by relevant domestic institutions, and strengthening cooperation and exchanges with international organizations.

Keywords: Nuclear emergency; Nuclear safety; Canada; Radiation protection; Radioactive material

金属快堆燃料技术发展及应用研究

肖朝凡，陈亚君，邓晨阳
（中核战略规划研究总院，北京　100048）

摘　要： 金属燃料增殖性能好、热导率高，可在快堆中实现高燃耗辐照运行，但也存在燃料辐照肿胀严重和裂变气体释放多的问题。美国、日本、韩国、印度等国家对金属燃料进行了持续多年的研发，不断改进燃料设计，升级燃料制造技术。其中，美国最早通过改进金属燃料设计，解决了燃料辐照肿胀严重的问题，并进行了大量的辐照测试，具有非常丰富的燃料制造和辐照经验。目前，国际上也主要是美国在推动金属燃料制造设施的建设和商业化应用。本文围绕各国金属燃料的发展历程，聚焦分析美国金属燃料历史辐照经验，探讨金属燃料制造技术的发展及挑战，对国际上现阶段金属燃料的科研发展方向进行研究。通过对金属快堆燃料进行系统性的研究，为未来我国先进快堆金属燃料的研发提供参考。

关键词： 金属燃料；铀钚锆合金；注射铸造；组分再分布

钠冷快堆经历了70多年的发展，在全球范围内得到了广泛的研究和工程化的验证，至今仍是发展最快的四代堆型之一。国际上建造并运行了多个基于钠冷快堆设计的实验快堆和原型快堆，积累了大量的反应堆运行经验，包括美国的实验增殖堆一号（EBR－Ⅰ）、实验增殖堆二号（EBR－Ⅱ）、费米－1（Fermi－1），俄罗斯的BOR－60、BN－600及BN－800钠冷快堆，以及法国的凤凰堆、超凤凰堆等[1-2]。钠冷快堆燃料包括氧化物、金属、氮化物和碳化物燃料等。其中，金属燃料与钠冷却剂兼容，裂变原子密度、热导率是几种燃料类型中最优异的，增殖性能好，制造技术相对容易。快堆发展早期，各国普遍认为铀资源是稀缺资源，几乎所有建造的快堆都因为增殖性能优异选择使用金属燃料。但在反应堆中辐照时，金属燃料的裂变气体释放和肿胀严重，芯块与包壳相互作用导致包壳破损，从而限制了燃料燃耗仅3%左右（燃耗1%约9.4 GWd/MTHM）。此外，金属燃料的熔点相对较低，约为1160 ℃[3]，尤其是在1966年美国Fermi－1快堆发生燃料组件局部熔化后，全球开始使用熔点更高的氧化物燃料。20世纪60年代末，美国阿贡国家实验室改进了金属燃料元件设计，通过降低金属燃料的有效密度，并填充钠进行热结合以改善芯块和包壳间的热传递，解决了金属燃料肿胀问题，克服了燃耗限制。

除美国外，日本、韩国、印度等国也都积极研发过金属燃料[4]，不断升级改进金属燃料制造技术。美国在金属快堆燃料制造和辐照方面的经验非常丰富，目前主要是美国在持续推动金属燃料的商业化应用。2020年，美国能源部启动了“先进反应堆示范计划”，选择泰拉能源公司的Natrium钠冷快堆作为重点推进建设部署的两个堆型之一。泰拉能源计划在该堆型中使用金属燃料，并于2022年年底选定在全球核燃料公司的威尔明顿核燃料厂建设金属燃料制造设施，已于2023年开始动工。ARC清洁能源公司和美国奥克洛公司也计划在ARC－100反应堆和Aurora反应堆中使用金属燃料。

1　各国快堆金属燃料发展现状

日、韩等国的金属燃料设计基本采用了美国的方案，通常采用D9奥氏体不锈钢或HT9马氏体/铁素体不锈钢包壳，芯块为二元铀锆合金（U－Zr）或三元铀钚锆合金（U－Pu－Zr）。在设计上，燃料元件的有效密度低于75%，芯块包壳之间的间隙填充热结合钠，改善芯块与包壳间的热传递，减

作者简介： 肖朝凡（1994—），男，博士，助理研究员，现主要从事核燃料循环等科研工作。

小燃料合金芯块肿胀，燃料棒具有更大气腔，收集释放的裂变气体，以实现更高燃耗。美国也在研发填充氦气的金属燃料设计，以取代填充钠，可使后处理更安全方便。

1.1 美国

美国具有丰富的金属燃料辐照经验。1963—1994 年，美国在 EBR－Ⅰ、EBR－Ⅱ、Fermi－1 和 FFTF 反应堆中进行了大量的金属燃料辐照试验。在 1994 年 EBR－Ⅱ关停后，美国继续在爱达荷国家实验室的先进试验堆（ATR）对金属燃料进行了多轮辐照测试。

1.1.1 金属燃料型号发展

美国早期在 EBR－Ⅰ中使用过未合金化的铀、铀锆合金（U－2Zr）和钚铝合金（Pu－1.25Al）作为燃料芯块材料；在 Fermi－1 中使用过铀钼合金（U－Mo），包壳主要采用 347 不锈钢和锆－2 合金；在 EBR－Ⅱ中，美国所辐照的金属燃料芯块采用 U－5Fs 合金、铀锆二元合金（U－10Zr）或铀钚锆（U－20Pu－Zr）三元合金。包壳则使用了 304L、316、D9 奥氏体不锈钢及 HT9 铁素体/马氏体不锈钢，形成了 Mark－Ⅰ至 Mark－Ⅴ多种燃料型号，如表 1 所示[5-7]。

Mark－Ⅰ型和早期的 Mark－Ⅱ型的金属燃料芯块采用 U－5Fs 合金，后续的 Mark－Ⅱ及 Mark－Ⅲ、Mark－Ⅳ和 Mark－Ⅴ则采用含锆的二元合金或三元合金[7]。使用锆进行合金化不存在结构和淬火高温相的问题，可以提高合金固相温度，增强燃料在辐照下的尺寸稳定性，并减少芯块与包壳相互作用，从而有效提高燃耗。燃料棒的有效密度则从 85%下降到 75%，意味着包壳和芯块间的间隙增大，为芯块的肿胀预留了更大空间，燃料可以达到更高燃耗。

早期燃料设计为了防止燃料肿胀造成轴向运动，均采用了固定装置。Mark－Ⅰ型采用了柱式固定装置，Mark－Ⅱ型以等距的方式在燃料棒上方设置了 3 个直径 1.65 mm 的凹陷作为限位点。但这两种固定装置都限制了燃料元件的使用寿命，由于燃料轴向运动具有自限性，Mark－Ⅲ后的型号均取消了固定装置。

表 1　EBR－Ⅱ中所辐照的金属燃料参数

燃料类型	Mark－Ⅰ/－ⅠA	Mark－Ⅱ/－ⅡS/－ⅡCS/－ⅡA/－ⅡC	Mark－Ⅲ/－ⅢA	Mark－Ⅳ	Mark－Ⅴ/－ⅤA
芯块材料	U－5Fs	U－5Fs 和 U－10Zr	U－10Zr	U－10Zr	U－20Pu－10Zr
包壳材料	304L 不锈钢	304L 和 316 不锈钢	CW 316 和 CW D9 不锈钢	HT9 不锈钢	HT9 和 CW 316 不锈钢
铀－235 的丰度/%	52	67－78	66.9	69.6	可变
燃料芯块直径/毫米	3.66	3.30	4.39	4.27	4.27－4.39
燃料有效密度/%	85	75	75	75	75
燃耗限值/at.%	2.6	8.9	10	—	—

1.1.2 金属燃料辐照经验

美国在 EBR－Ⅱ上一共辐照了 12 万个 U－5Fs 合金驱动燃料棒，包括 9 万个 Mark－Ⅰ型、3 万个 Mark－Ⅱ型。此外，还在 EBR－Ⅱ上辐照了 1.3 万个 Mark－Ⅲ、Mark－ⅢA、Mark－Ⅳ型的铀锆合金燃料棒及 660 个铀钚锆合金燃料棒。美国对各种设计条件燃料都进行了辐照测试，以探索提高金属燃料的燃耗条件。从 Mark－Ⅰ型到 Mark－Ⅲ型，金属燃料的燃耗从最初的 2.6%稳步提升至 10%。其中，编号 X435 的试验采用了铀锆合金芯块和 D9 奥氏体不锈钢包壳，峰值燃耗达到了 19.9%。编号 X425 的试验采用了铀钚锆合金芯块和 HT9 马氏体不锈钢包壳，峰值燃耗达 19.3%[5]。

美国还对使用金属燃料的池式钠冷快堆的固有安全特性进行了测试。1986 年，美国阿贡实验室在 EBR－Ⅱ上测试了无保护的失流事故和热阱丧失情况下，反应堆的固有安全特性。相比于氧化物燃料，金属燃料的多普勒反应性更小，在未紧急停堆的失流事故中，使用金属燃料的反应堆对冷却剂沸腾保持较大的裕度[8]。美国也在FFTF上进行了1050个铀锆合金燃料棒和37个铀钚锆合金燃料棒的测试，其中大多数用于检测HT9包壳。2003—2017年，美国在ATR上进行了AFC－1、AFC－2、AFC－3、AFC－4四轮测试，包括金属燃料、氮化物燃料、氧化物燃料，研究了含次锕系元素的燃料、环形燃料、高燃耗特性、芯块与包壳间相互作用等。其中，U－25Pu－3Am－2Np－20Zr的峰值燃耗达到30.2%。

1.2 日本

日本一直在推动快堆相关能力建设，具有常阳（Joyo）示范快堆和文殊（Monju）原型快堆的建设和运行经验。日本的快堆设计使用混合氧化物（MOX）燃料，日本也在美国一体化快堆项目中参与了金属燃料的技术研发，实现了铀锆合金燃料的工业规模生产及铀钚锆合金燃料的小规模试制[7]。1994年，随着美国一体化快堆项目终止，日本动燃事业团（PNC）也确认退出了与美国合作进行的相关研发项目。目前，日本正在与美国泰拉能源合作，参与到Natrium钠冷快堆的建设运营中。

1.3 韩国

韩国原子能研究所对第四代原型钠冷快堆（PGSFR）、金属燃料进行了研发。PGSFR原计划于2028年建成，将使用U－10Zr金属燃料。韩国对多种金属燃料开展了测试，并搭建了远程燃料制造模型装置（RFFM），用于金属燃料制造的远程操作和维护。目前，韩国公司斗山重工也以合作的方式参与到Natrium小堆项目的建设中。

1.4 印度

印度具有快堆运行经验，并在积极建设原型快堆。印度有一座40 MW的试验快堆（FBTR），自1985年以来一直在运行。2002年，印度监管机构批准开始在卡尔帕卡姆（Kalpakkam）建造一个500 MW的原型快堆（PFBR），原计划2017年投入运行，但项目延期还未投入运行。印度具有混合氧化物（MOX）、混合碳化物和金属燃料的制造能力。印度表示，原型快堆前期将使用MOX燃料，后期可能使用金属燃料。

2 金属快堆燃料制造工艺

2.1 芯块制造工艺

金属燃料芯块制造工艺的发展经历了多代技术和方法的更迭。例如，美国在EBR－Ⅰ的堆芯中采用的是非合金铀，直接通过轧制和锻造制成的；早期的铀锆及钚铝合金芯块则是离心铸造的，并与锆－2合金包壳共挤压制成。EBR－Ⅱ上使用的金属燃料是采用离心结合的方式制成的。离心结合利用离心力来完成钠与燃料芯块的结合。离心铸造工艺与离心结合工艺类似，区别在于铸造过程将立式真空管式感应炉直接安装在离心机上，将熔融合金注入中央的熔体分布器中，并浇铸到设备外围的旋转模具中[7]。

尽管该项技术先进，但程序复杂耗时，需要对感应炉和模具进行组装和拆卸。由于轴向应力的增加，采用离心结合的U－5Fs元件在辐照时会产生有害的变形效应，表现为燃料芯块轴向缩短，径向扩大，导致堆芯燃料反应性的损失。因此，之后的燃料芯块主要采用注射铸造，并用冲击结合作为钠结合的技术。1983年，美国阿贡国家实验室对铸造工艺进行了改进，将预合金化铸造工艺和注射铸造工艺相结合，通过机械搅拌初始熔体生成化学性质均匀的熔融合金，浇入注射铸造模具，对熔炉加压，并铸造出燃料芯块成品。搅拌工艺的改进不仅缩短了混合原料成分所需的时间，而且有助于在熔融操作中打碎和清除合金熔体表面形成的薄层氧化物。由于在提取铸造金属燃料芯块时，需要破坏石英模具，增加了废物流的体积和成本。美国也在考虑使用铒模具来降低制造成本和废料流，该材料可成为铸造金属燃料的组成部分。

2.2 燃料棒制造工艺

金属燃料棒的制造，需要在包壳中加入钠进行热结合，并插入燃料芯块进行闭合焊接。包壳管由304L、316和D9多种奥氏体不锈钢和HT9铁素体/马氏体不锈钢制成。其中，D9和HT9合金材料膨胀率较低，抗空隙膨胀和抗蠕变能力强，适用于高燃耗的三元合金金属燃料。燃料棒通过焊接上端塞而闭合，最初采用电容放电技术，后来采用钨极气体保护电弧焊技术，降低了商业制造废品率。由于钠冷却剂传热性能优异，燃料棒可以更紧密排布，通常仅由缠绕在每个燃料棒上的绕丝隔开，以防止棒之间的接触。

2.3 燃料组件制造工艺

美国的金属燃料组件包含91根燃料棒，以六边形排列，组件顶端装有固定装置，下端装有适配器。组件在热室中使用机械手远程制造。由于放射性释热，燃料棒的温度会高于钠的熔化温度，燃料组件采用立式制造。燃料包壳采用HT9不锈钢，组件采用304不锈钢时，不同材质不锈钢之间的焊接可能会出现问题，可以通过机械设计解决。此外，随着快堆燃料系统寿命的延长，尽量减少导管材料的变形也是挑战之一。变形会导致燃料棒与导管之间发生干扰，继Mark-IA之后，EBR-Ⅱ的所有驱动燃料类型最终都因导管膨胀而受到寿命限制。

3 金属快堆燃料研发方向

目前，国际上主要是美国在对金属燃料进行持续研发，并致力于推动金属燃料向更高燃耗发展[9-11]。芯块与包壳相互作用作为影响燃料燃耗的主要因素被重点研发[12-15]，所采用的方式包括降低有效密度及元素添加。金属燃料在最初约3%燃耗期间，会形成孤立的气泡，快速肿胀导致燃料芯块与包壳接触，并产生包壳应变和芯块与包壳相互作用，当气泡聚合快速肿胀会减缓。通常可以采用较低的有效密度（≤75%）使燃料芯块肿胀与包壳接触时，裂变气泡连通，将燃料中滞留的大部分裂变气体释放到气腔中。环形金属燃料设计理论上可以降低有效密度，并取代芯块和包壳之间填充的热结合钠，环形燃料的芯块与包壳化学相互作用也呈现出新的特征[16]。氦进行热结合的环形燃料，大多数镧系元素保留在芯块中心区域，从而使环形铀锆合金燃料的芯块与包壳化学相互作用产生独特的行为特征，可能成为高燃耗快堆燃料的一种应用形式。在铀钚锆金属燃料中，热梯度和辐射增强扩散会导致组分再分布。对于铀锆燃料辐照到5.7%燃耗，锆重新分布导致燃料中心的锆含量较高，镧系元素在包壳中沿晶析出[11]。含次锕系元素合金的芯块与包壳相互作用区内的微观结构比铀锆燃料中的微观结构复杂得多。有研究通过添加少量合金元素（如铂）以抑制镧系元素迁移到燃料包壳界面，以降低芯块与包壳相互作用。

4 结论

高密度的金属快堆燃料是当前快堆燃料研发的主力技术路线之一。尤其是美国在持续发展金属快堆燃料，并积极建设燃料制造设施，推动金属快堆燃料向高燃耗的方向发展，制造工艺向更经济成本的方向发展。同时随着日本、韩国、印度在快堆领域的进一步推动，金属快堆燃料将迎来新的发展期。

参考文献：

[1] JANNEY D E，HAYES S L，ADKINS C A．A critical review of the experimentally known properties of U-Pu-Zr Alloys. part 1：phases and phase diagrams [J]．Nuclear technology，2019，205 (2009)：1-29.

[2] OGATA T．Metal fuel [J]．Comprehensive nuclear materials，2012，3 (1)：1-40.

[3] STAN M，HECKER S S．Plutonium metallic fuels for fast reactors [J]．J Nucl Mater，2008.

[4] KIM K，PARK S G，SONG H，et al. Metallic fuel fabrication process development in remote fuel fabrication mock-up at KAERI [J]．Science and technology of nuclear installations，2020 (2020)：1-10.

[5] PAPER W. Nuclear metal fuel: Characteristics, design, manufacturing, testing, and operating history [R] . 2008.
[6] BENOIT, TIMOTHY, HLOTKE, et al. Quality assurance program plan for SFR metallic fuel data qualification [R] . 2017.
[7] BURKES D E, FIELDING R S, PORTER D L, et al. A US perspective on fast reactor fuel fabrication technology and experience part I: metal fuels and assembly design [J] . Journal of nuclear materials, 2009, 389 (3): 458 - 469.
[8] SOFU T . A review of inherent safety characteristics of metal alloy sodium - cooled fast reactor fuel against postulated accidents [J] . Nuclear engineering and technology, 2015, 47 (3): 227 - 239.
[9] HARTANTO D , KIM Y . Characterization of a metallic - fuelled B&BR with non - uniform smear density [C] // Transactions of the Korean Nuclear Society Autumn Meeting. 2012.
[10] HOFMAN G L, KENNEDY J R, KIM T K, et al. Development of Advanced Ultra - High Burnup SFR Metallic Fuel Concept - Project Overview [J] . Transactions of the American nuclear society, 2012, 106: 1362 - 1363.
[11] Aitkaliyeva A . Recent trends in metallic fast reactor fuels research [J] . Journal of nuclear materiacs, 2022, 558: 153377.
[12] MATTHEWS C , UNAL C , GALLOWAY J , et al. Fuel - cladding chemical interaction in U - Pu - Zr metallic fuels: a critical review [J] . Nuclear technology, 2017, 198 (3): 231.
[13] KEISER D D . Fuel cladding chemical interaction in metallic sodium fast reactor fuels: a historical perspective [J] . Journal of nuclear materials, 2019, 514: 393 - 398.
[14] CARMACK W J . Temperature and burnup correlated FCCI in U - 10Zr metallic fuel [J] . Office of scientific & technical information technical reports, 2012.
[15] LIU X, CAPRIOTTI, L, Yao, T K, et al. Fuel - cladding chemical interaction of a prototype annular U - 10Zr fuel with Fe - 12Cr ferritic/martensitic HT - 9 cladding [J] . Journal of nuclear materials: materials aspects of fission and fusion, 2021, 544 (1) .
[16] CHOI J H , HACKETT M J , HEJZLAR P , et al. Annular metal nuclear fuel and methods of manufacturing the same: US20200027583A1 [P] . 2020.

Development and application of fast reactor metal fuel

XIAO Chao-fan, CHEN Ya-jun, DENG Chen-yang

(China Institute of Nuclear Industry Strategy, Beijing 100048, China)

Abstract: Metal fuel has good proliferation performance and high thermal conductivity, which can achieve high burnup irradiation operation in fast reactors, but there are also problems such as serious swelling of fuel irradiation and large release of fission gas. The United States, Japan, South Korea, India and other countries have carried out research on metal fuel for many years, constantly improving fuel design and upgrading fuel manufacturing technology. The US was the first to solve the serious problem of fuel swelling irradiated in reactor, by improving the metal fuel design. So the US owns much more experience on fuel manufacturing and irradiation. At present, it is mainly the US in the world that promotes the construction of metal fuel manufacturing facilities and commercial application. With research on the history of metal fuel in various countries, this paper focuses on the analysis of the historical irradiation experience of metal fuel in the US. We discusses the development and challenges of metal fuel manufacturing technology, and studies the scientific research and development direction of metal fuel at the current stage in the world. Through systematic research on metal fast reactor fuel, it provides reference for the research and development of advanced metal fast reactor fuel in China in the future.
Key words: Metal fuel; U-Pu-Zr Alloy; Injection casting; Component redistribution

氮化物燃料技术发展及应用研究

肖朝凡，陈亚君，邓晨阳
（中核战略规划研究总院，北京　100048）

摘　要：氮化物燃料性能介于金属燃料和氧化物燃料之间，热导率及裂变原子密度均高于氧化物燃料，可以实现更长的燃料循环周期和更高燃耗，但其制造工艺相对于金属燃料和氧化物燃料更复杂。目前，碳热还原氮化法是唯一通过规模生产验证的氮化物燃料合成方法。俄罗斯、美国、德国、瑞典等国家都曾对氮化物燃料进行过研发。俄罗斯在氮化物燃料技术上相对于其他国家进展较快，建造了燃料制造设施。目前，俄罗斯"中间示范电力综合体"中的氮化物燃料生产/再生产模块已完成设备全面测试，即将在2023年投运。本文围绕各国氮化燃料的研发历史和制造工艺，聚焦俄罗斯混合铀钚氮化物燃料的应用，对氮化物燃料发展进行了系统性的研究，为我国先进核燃料发展提供参考。

关键词：氮化物燃料；碳热还原；生产/再生产模块

核能是诸多国家能源结构中极其重要的一部分，堆型多为使用氧化物燃料的轻水堆。近年来，随着先进反应堆的部署推进，综合选择安全性和经济性最佳的燃料类型是主要议题之一，金属燃料、氮化物燃料、碳化物燃料等再次成为研究热点。在20世纪40年代，金属燃料由于裂变原子密度和热导率高曾被考虑用于钠冷快堆系统。但早期的金属燃料设计在反应堆中辐照时，裂变气体释放和肿胀严重，且存在熔点低及相变和化学不稳定性的问题。为了解决这些问题，各国开始使用高熔点、化学稳定性和热力学稳定性更好的氧化物燃料，但氧化物燃料也存在热导率低的缺点。在开发氧化物燃料的同时，氮化物、碳化物和硅化物燃料也被充分评估作为金属燃料的替代选择。

氮化物燃料的研究进展较快，应用前景广泛。尤其是在福岛核事故后，发展安全性更高的核燃料是核行业的重要研究方向。相比于氧化物燃料，氮化物燃料导热性能更好，同样具有高熔点特性，在反应堆中运行具有较大的熔化安全裕度，并延迟了裂变产物和元素的迁移。此外，氮化物燃料的裂变原子密度比氧化物燃料高30%～40%，可具有更好的增殖性能和更高燃耗[1-3]。氮化物燃料是目前最有望在快堆中所使用的燃料之一。但氮化物燃料也存在水解不稳定性及制造工艺复杂的问题。氮化物粉末在过热蒸汽中容易氧化，在处理氮化物粉末的过程中，必须是无氧环境，从而导致规模化的工业成本增加。氮化物燃料在反应堆中辐照时，自然界中同位素丰度最高的^{14}N是中子毒物，导致反应堆反应性降低，且^{14}N会形成放射性的^{14}C，对生物体安全造成威胁。因此，在氮化物燃料的制造过程中，通常需要对^{15}N进行富集浓缩，在一定程度上也增加了燃料的制造成本[4-12]。

美国、俄罗斯、英国、法国、德国、日本和印度等均对氮化物燃料进行过研究。俄罗斯开展了多年的实验燃料组件堆内辐照实验，在钠冷快堆BR-10和BN-600测试了氮化物燃料，并在西伯利亚化学联合体建立了实验燃料组件的制造能力，以支持研发工作。美国早期也在钠冷快堆EBR-Ⅱ和FFTF测试了氮化物燃料[5]。俄罗斯在氮化物燃料的应用部署方面进展最快。俄罗斯正在建设的"中试示范电力综合体"，主体为BREST-OD-300铅冷快堆，使用致密混合铀钚氮化物（MNUP）燃料[6]，配套的燃料制造设施已经在2021年10月完成了碳热合生产线的运输和安装，并于2022年8月对整个生产线上已安装的设备和系统进行了全面测试。

作者简介：肖朝凡（1994—），男，博士，助理研究员，现主要从事核燃料循环等科研工作。

1　氮化物粉末的制造工艺

在 20 世纪早期的研究中，多种制造氮化物粉末的方法被开发出来，包括金属氮化法、氟化物生产法、溶胶凝胶法、碳热还原氮化法等[4]，每种方法各具优缺点。使用不同的氮化物粉末制造工艺对最终的生产路线影响很大。俄罗斯主要对金属的直接氮化法和碳热还原氮化法进行了开发。俄罗斯仅在实验室条件下进行了金属直接氮化法的开发，为了能够工业规模生产氮化物粉末，最终选择了碳热还原氮化法。

1.1　金属氮化法

理论上，铀金属在氮气中加热，如反应式（1）、反应式（2）就可以发生反应，但固体铀金属与氮反应不完全，金属表面初始氮化的反应物会阻碍反应持续，通常可以采用多种方法来增加反应速率和产额。

$$2U+\left(\frac{3+x}{2}\right)N_2 \rightarrow U_2N_{3+x}。\tag{1}$$

$$U_2N_{3+x} \rightarrow 2UN+\frac{1+x}{2}N_2。\tag{2}$$

第一种方法是在 200～250 ℃的温度下，如反应式（3）、反应式（4）金属与氢气反应生成 UH_3 粉末，然后将温度调整超过氢化物的解离温度，但不引起金属粉末的熔化或烧结，获得具有大比表面积的金属粉末，并按照反应式（1）、反应式（2）反应。由于解离温度是氢的环境分压的函数，因此，采用真空或流动氩气来保持低压力。但此方法铀粉末的反应性较强，容易被氧化，需要在不转移粉末的情况下立即进行氮化。

$$2U+3H_2 \rightarrow 2UH_3。\tag{3}$$

$$2UH_3 \rightarrow 2U+3H_2。\tag{4}$$

因此，如反应式（5）可以将氢化物直接与氮气反应，替代形成反应性较强的金属粉末的步骤，在300～500 ℃温度下用氮气对形成的氢化物进行氮化。所产生的氮化铀粉末平均粒径约为 5 μm，可烧结成具有非常低孔隙率的极高密度的燃料芯块。此外，也可用氨气作为氮化剂，反应温度可低至200～300 ℃。用氨气做氮化剂的反应可以看作反应式（1）、反应式（3）、反应式（5）的组合，金属铀被氢化可能导致剥落，从而暴露新的金属表面，减小了对金属持续反应的阻碍。

$$2UH_3+\left(\frac{3+x}{2}\right)N_2 \rightarrow U_2N_{3+x}+3H_2。\tag{5}$$

第二种方法是在氮气气氛下熔化铀金属进行反应。虽然美国通过电弧熔炼法生产了少量的氮化铀，但这种方法不适用于工业规模应用。且在坩埚等传统熔化方法的情况下，表面生产的氮化物仍然会干扰液态铀和氮气之间的反应。

通过金属铀氮化法生产氮化物粉末已被证明是可行的，以金属铀作为起始材料，在工艺的任何阶段都不需要引入氧和碳，消除了这些元素在产品中作为杂质出现的问题。但缺点是需要高纯度的金属铀作为原料，目前国际上几乎没有民用的浓缩金属铀生产，生产过程中的氢气可能会产生爆炸，带来安全隐患。

1.2　氟化物生产法

该方法使用六氟化铀（UF_6）或四氟化铀（UF_4）与氨气反应。初始原料为 UF_6 或 UF_4 不影响反应的最终结果，如反应式（6）UF_6 会被氨气先还原为四价铀，该反应在 100～200 ℃时是自发反应，进一步加热到 500 ℃，产物可以分解为 UF_4 和 NH_4F，但对继续合成氮化物并非必要步骤。氮化反应中形成的中间物质取决于温度和气相组成，主要为（NH_4）$_{x-4}$ UF_x nNH_3 型的四价氟化铀铵配合物，其反应式如（7），最终产物 UN_2 需要转化为 UN。该方法使用的初始原料是铀浓缩过程的中间产品，减少了中间生产流程，降低了成本。而且反应中不涉及碳或氧的化合物，可获得高纯度的氮化铀粉末。

$$3UF_6 + 8NH_3 \rightarrow 3NH_4UF_5 + 3NH_4F + N_2。\tag{6}$$

$$(NH_4)_4UF_8 + 6NH_3 \rightarrow UN_2 + 8NH_4F + H_2。\tag{7}$$

1.3 溶胶凝胶法

溶胶凝胶法的初始材料为金属水溶液，以某种方式分散成液滴并沉淀固化成核。沉淀过程一般可分为两种方式：第一种方式通过将液滴中的水或酸萃取到分散介质中来诱导液滴中的沉淀；第二种方式通过增加液滴的 pH 值导致金属离子沉淀而形成凝胶。内凝胶工艺是基于第二种方式的沉淀，最初是为生产氧化铀燃料而开发的，经过多年的研发，该工艺已适用于氧化物、氮化物和碳化物的生产。内凝胶工艺是基于温度引起的 pH 值升高，导致溶胶中的金属离子凝胶/沉淀。该方法通常双冷却到 0～4 ℃的金属硝酸盐溶液开始，加入将尿素氮和六亚甲基四胺（HMTA）加入溶胶中溶解。HMTA 是溶胶中的主要胶凝剂，尿素作为络合剂防止溶胶过早凝胶化。在加热到 50～100 ℃，HMTA 降解导致液滴中的 pH 值增加，使液滴中的金属离子凝胶化/沉淀。

1.4 碳热还原氮化法

碳热还原氮化法以铀金属的氧化物为初始原料，碳作为还原剂混合到金属氧化物的材料中，以便在反应过程中促进氧的去除，生产无氧化物杂质的氮化物材料。实际操作中，由于难以精细配比碳和金属氧化物的混合比，为了生产低氧化物杂质的氮化物材料，通常会过量地添加碳到反应系统中。在生产氮化铀时，首先需要去除氧化铀中的过量氧，利用氢气或碳将所有的氧化铀还原成 UO_2形式。碳热还原反应中形成氮化物所需的氮是通过纯 N_2、混合气 N_2+H_2或 NH_3所提供。当碳热还原反应在 N_2中进行，温度保持在 1723 K 以下时，会根据反应式（8）进行反应，温度在 1723 K 以上，氮化物的形成方式是反应式（9），体系中的碳化物可以通过长时间的热处理去除反应式（10）。最终平衡状态下的产物中，会有摩尔数占比约 15%的碳化物形式存在。可通过向 N_2加入 H_2的方式，可将单质碳转化为氰化氢（HCN）来去除。与其他氮化物生产工艺相比，碳热还原氮化工艺的优势在于更适合大规模生产，因此，最终该工艺被俄罗斯选择用于致密混合铀钚氮化物的生产。

$$UO_2 + 2C + 0.5N_2 \rightarrow UN + 2CO。\tag{8}$$

$$UO_2 + (2+x)C + [(1-x)/2]N_2 \rightarrow UN_{1-x}C_x + 2CO。\tag{9}$$

$$UN_{1-x}C_x + (x/2)N_2 \rightarrow UN + xC。\tag{10}$$

2 氮化物燃料发展现状

美国、俄罗斯、德国、法国、日本、印度都针对氮化物燃料开展了大量工作，其中位于德国卡尔斯鲁厄的超铀元素欧洲研究所积累了丰富的混合铀钚氮化物燃料生产经验，包括俄罗斯所采用的碳热还原氮化法。目前，也主要是俄罗斯在发展氮化物燃料，对其进行了研发、制造和辐照试验。

俄罗斯在 2010 年启动了“突破”项目，建设“中间示范电力综合体”，综合体涵盖了快堆及其闭式燃料循环设施，采用铅冷快堆、混合氮化物燃料和干湿结合后处理工艺方案，主要包括 BREST-OD-300 铅冷快堆、铀钚氮化物燃料生产/再生产模块、乏燃料后处理模块 3 个部分。项目总预算为 1283 亿卢布（约 43.1 亿美元），其中 1104 亿卢布来自政府预算，用于科学研究和试验设计的资金总额为 557 亿卢布。2012 年，“突破”项目确定选址在西伯利亚化学联合体（Siberian Chemical Combine，SCC）。2012 年，俄罗斯建造了一条试点实验技术线（“PETL 线”），旨在生产氮化物燃料芯块、燃料元件和燃料组件，以证明燃料性能及获得许可。该实验设施采用科研生产协会（LUCH）的技术，2013 年，PETL 线进行了现代化改造，优化了起始铀钚氧化物的生产模式、碳热还原工艺和烧结工艺。目前，总共有 24 个核燃料组件被装入 BN－600 反应堆，包含 1000 多个设计和包壳各不相同燃料元件，其中 21 个核燃料组件已完成辐照测试[6]。

“突破”项目铀钚混合氮化物燃料生产/再生产模块于 2014 年 8 月启动建设，建设预算 5.5 亿美元。2016 年 3 月 28 日，西伯利亚化学联合体宣布已完成氮化物燃料试验组件制造工艺的优化工作。该燃料的制造费用已下降 37%，制造时间缩短超过 25%，产品合格率达到 80%。2022 年 8 月，该模块已经在进行全面设备测试，预计 2023 年投运。

3 结论

各国越发重视气候变化和碳排放问题，核能作为低碳能源是未来能源发展极其重要的部分。国际上多个以钠冷快堆、铅冷快堆为代表的四代堆型正在建设和规划中。氮化物燃料熔点高、化学稳定性和热力学稳定性好，可作为可替代氧化物燃料的先进燃料。随着俄罗斯逐步将氮化物燃料推向商业化应用，使其未来极具发展前景。

参考文献：

[1] 连培生．原子能工业［N］．北京：中国原子能出版社，2002.

[2] 谢光善，张汝娴．快中子堆燃料元件［M］．北京：化学工业出版社，2007.

[3] 李冠兴，武胜．核燃料［M］．北京：化学工业出版社，2007.

[4] STREIT M，INGOLD F．Nitrides as a nuclear fuel option［J］．Journal of the European ceramic society，2005，25（12）：2687－2692.

[5] EKBERG，C，RIBEIRO C D，HEDBERG M. et al. Nitride fuel for Gen IV nuclear power systems［J］．J Radioanal Nucl Chem 2018，318：1713－1725．

[6] FEDOROV M S，ZOZULYA D V，BAIDAKOV N A，et al. Experience of mixed nitride uranium－plutonium fuel fabrication at the Siberian chemical plant jsc site［J］．Nuclear engineering and design，2021（Dec.）：384.

[7] ODEYCHUK M，NSC KIPT. The advanced nitride fuel for fast reactors［C］．IAEA Technical Meeting，Obninsk，Russia，30 May－04 June，2011.

[8] VALLENIUS J. Research and development of nitride fuel cycle technology in European［C］．Department ofNuclear and Reactor Physics，Royal Institute of Technology（KTH），AlbaNova University Centre，Sweden. JAERI－Conf 2004－015.

[9] WINDES W E，WENDT D S，BEWLEY R L，et al. Nitride fuel development at the INLIdoha national laboratory［C］．Preceedings of Space Nuclear Conference 2007，Boston，Massachusetts.

[10] ODEYCHUK M. The advanced nitride fuel for fast reactors［C］．IAEA Technical Meeting，Obninsk，Russia，30May－04 June，2011.

[11] IAEA. Experiences and trends of manufacturing technology of advanced nuclear fuels：IAEA－TECDOC－1686［R］．2012.

[12] DOHEE HAHN. Overview of gen IV reactor systems development［C］．8th GIF－INPRO Interface MeetingIAEA Headquarters，Vienna，March 4－5，2014.

Development and application of nitride fuel technology

XIAO Chao-fan, CHEN Ya-jun, DENG Chen-yang

(China Institute of Nuclear Industry Strategy, Beijing 100048, China)

Abstract: The performance of nitride fuel is between metal fuel and oxide fuel. The thermal conductivity and fission atom density of nitride fuel are higher than oxide fuel, which can achieve a longer fuel cycle and higher burnup, However, its manufacturing process is more complex than metal fuel and oxide fuel. At present, the carbothermal reduction nitridation method is the only manufacturing process that has passed the scale production verification. Russia, the United States, Germany, Sweden and other countries have conducted research on nitrogen fuel. Compared with other countries, Russia has made rapid progress in nitrogen fuel technology and built fuel manufacturing facilities. At present, the nitrogen fuel fabrication/refabrication module in Russia's "Intermediate Demonstration Power Complex" has completed the comprehensive test of the equipment and will be put into operation in 2023. Concerning on the research history and manufacturing process of nitrided fuel in various countries, this paper focuses on the application of mixed uranium plutonium nitride fuel in Russia, and systematically studies the development of nitride fuel, providing reference for the development of advanced nuclear fuel in China.

Key words: Nitride fuel; CTR-N; Fabrication/refabrication module

美国汉福特场址储罐高放废物回取技术综述

赵　远，邓晨阳，陈思喆

（中核战略规划研究总院，北京　100048）

摘　要： 美国汉福特场址有大量高放废物贮存在储罐中，占能源部储罐废物的一半以上。自20世纪七八十年代以来，能源部开始采用各种方法对储罐废物进行回取。大型储罐中残余高放废液的回取是一项难度较大的工作，在回取废物的过程中，美国汉福特厂址开发了一些回取技术，积累了技术应用经验，均可为我国所借鉴。本文总结了美国汉福特场址实际应用的储罐高放废物回取技术，以期为我国储罐废物回取工作提供参考。

关键词： 汉福特；储罐废物；高放废物；回取技术

高放废物一般是指在乏燃料后处理过程中产生的高放射性废液和其他具有相近污染源的废物。高放废物会产生大量的热，从而导致溶剂蒸发，盐分不断析出，因此，在高放废物储罐底部通常会有泥浆层、盐饼或淤积物、上清液3层形态不同的废物。在高放废液储罐退役之前，需要将储罐进行清空，回取干净储罐内的废物，并减少放射性物质的残存量，但由于泥浆层和盐饼的存在，使得高放废物难以进行回取。其回取包括两个部分，即大批废物（包括上清液、盐饼、泥浆层的回取）和少量残留废物的回取。

美国高放废物回取主要采用了真空回取、盐饼溶解、改进型冲洗、盐螳螂等关键性技术，以粉碎废物并混合成容易被泵抽吸的浆状混合物。对少量残余废物的回取包括物理技术和化学技术。其中，物理技术包括水力技术、真空回取和机械技术。美国能源部（DOE）厂址内最常用的少量残余废物回取手段就是机械臂类技术。当物理技术无法达到要求时，可以采用化学技术对储罐内的少量残余废物进行回取。从20世纪70、80年代开始，DOE采用大量草酸溶液对储罐内的淤积进行清洗，同时不存在腐蚀罐体的问题。

下面将对美国汉福特厂址储罐内高放废物回取技术进行介绍。

1　美国汉福特厂址储罐高放废物现状

汉福特厂址中，废物储罐数量为DOE废物储罐总数的63%，共有149个单层储罐和28个双层储罐。废物体积为DOE废物总体积的86%，约20万m^3。为减少储罐泄漏所带来的危害，1988年汉福特厂址开始实施退役去污、环境恢复和废物清理工作，其中包括储罐高放废物的回取和处理。

汉福特厂区内的主要储罐及回取大批废物的技术总结如表1所示，并在后文中对储罐高放废液回取技术进行逐一论述。

表1　汉福特厂址使用过或正在使用的大批高放废物回取技术

罐体	高放废物主要形态	回取技术	残液体积/ft^3
C-103	泥浆	改进型冲洗	338
C-104	泥浆	改进型冲洗、热水溶解	657
C-106	泥浆	早期冲洗技术、酸溶解	370

作者简介： 赵远（1994—），女，河北衡水人，助理研究员，工学硕士，现从事核科技情报研究工作。

续表

罐体	高放废物主要形态	回取技术	残液体积（ft^3）
C－108	泥浆	改进型冲洗	1029
C－109	泥浆	改进型冲洗	1150
C－110	泥浆	改进型冲洗	2300
C－111	泥浆	改进型冲洗	4300
S－102	盐饼	改进型冲洗	12 400
S－112	盐饼	改进型冲洗、远程水枪烧碱溶解	319
C－201	泥浆	真空回取	19
C－202	泥浆	真空回取	19
C－203	泥浆	真空回取	18
C－204	泥浆	真空回取	18

2　大批量高放废液回取技术

2.1　改进型冲洗法

水力冲洗法是利用高压喷嘴将高压水喷至盐饼层表面将其溶解，再将液体连同悬浮的固体颗粒从泵抽出[1]。改进型冲洗法1998年成功应用在汉福特C－106罐的废物回取工作中，回取了约700 m^3的泥浆，残余废物大约136 m^3，主要成分为上清液和硬质泥浆层。这也是汉福特厂址第一例成功回取废物的单层储罐。该方法还成功利用在C－103储罐中上清液及泥浆层的废物回取，过程中利用了其他储罐的上清液作为冲洗介质，节约了储罐容量，降低了减容费用。

2.2　酸溶解法

一般采用草酸对储罐底部的硬质难溶物进行溶解，并使用泵组或其他搅拌装置来加速溶解，利用草酸直接冲击储罐内壁，进行快速溶解[2]。草酸可以溶解一些顽固固体或死角处的放射性物质，同时不会对储罐的碳钢内壁造成腐蚀。但草酸中子毒物的溶解性高于钚，因此需要对临界安全进行评估，同时规避泄漏风险。溶解残余废物需要大量的酸，但由于草酸盐溶液在蒸发过程中会形成泡沫，影响蒸发器的蒸发功能，无法采用蒸发浓缩工艺处理，因此，不可大量使用草酸进行废物回取。

C－106罐在进行大批废物回取之后的残余废物就是利用530 m^3的草酸溶解了剩余的硬质泥浆层，随后被泵抽出的[3]。进行残余废物回取之后的剩余体积仅为10 m^3。

2.3　真空回取法

真空回取法即利用真空管嘴、真空泵、泥浆输送管、泥浆容器和多个泥浆泵等回取设备安装在机械臂上，机械臂末端安装有大功率的真空收集装置，可插入废物中将罐底不同部位的残留废物取出。另外，还可以集装高压水喷嘴或罐内移动车。

在进行真空回取时，需要加入空气和水使废物转移到另一个储罐内，高压水被蒸发除去。此外，少量的高压水可以用来移动废物，将重颗粒悬浮起来，从而将废物移除。真空回取法的优点在于回取过程中高压喷嘴的用水量最少，进而减少了罐体泄漏废液量，并且可以较快地粉碎并回取废物。

在汉福特C－202及C－203储罐中均采用了该技术并成功进行了废物的回取，在C－203储罐中回取了约12 m^3的废物。最终C－202和C－203储罐中尾料体积约为0.555 m^3和0.524 m^3，符合《汉福特联邦设施协议及法令》的回取标准（$<0.85\ m^3$）。

2.4　可移动回取系统（MRS）

可移动回取系统包括安装在机械臂上的真空回取装置及远距离操作的储罐内运载工具。运载工具包括刮板和喷水器。刮板可以移动和粉碎废物。进行回取工作时，高放废物被真空吸入系统中，少量的水将其移出，随后被收集到泥浆容器里，被泵组抽出。铰接机械臂上安装了真空头、真空泵、泥浆容器和泥浆转移泵。

可移动回取系统使用清水从单壁储罐中将废物清除，将储罐内的泥浆层搅动并用真空设备清除。再循环的上清液可以用来将废物转移到接收储罐。再循环回路系统包括安装在导轨上的设备，用来从再循环液中除去水，降低用水量。经汉福特在原有回取技术基础上的进一步改进，降低了压差，适用于高泄漏风险的储罐。

2.5 盐饼溶解法

盐饼溶解法是指向高放废物喷淋水或储罐上方的液态废物将盐饼浸泡、溶解，再在泵所在位置的周围开孔，便于被泵组抽取和移动难溶物，利用再循环的方式加快废物溶解[4]。

汉福特 S－112 储罐中废物体积为 2300 m^3，曾用改进型水力冲洗法对该储罐进行过废物回取。但仍然存在大量的晶状盐饼层和泥浆层，因此，选择盐饼溶解法将这些废物除去。首先，将水或储罐上方的液态废物喷淋到罐体内，并使其在罐中不断进行循环，直到液体比重达到 1.3～1.5 g/cm^3，再将液体转移出来。回取体积约为 2200 m^3，残余罐底废物体积约为 110 m^3。

2.6 可移动机械臂回取系统（MARS）

目前，最具有发展潜力的储罐废物回取技术是新研发的可移动机械臂回取系统（MARS）。这个系统可以进行 360°旋转，并且可以伸缩并上下移动，到达罐体内部的所有区域。MARS 一段有高压和低压喷水嘴，可以用来粉碎储罐底部废物并对储罐内部进行清洗。机械臂从中心桅杆延伸到罐体顶部，抽吸泵将废物从中心桅杆中移出储罐。MARS 可以通过操纵杆对其进行操纵、开关及按键控制。储罐内部附有摄像头，便于远程控制。

MARS 安装在储罐顶部的水泥台上，因此，需要挖掘储罐的覆盖层，并在钢骨混凝土穹顶上打开大约 55 英尺的洞口。MARS 目前已经安装在 C－107 罐体上进行高放废物回取。

MARS 的机械臂主要由钢制液压管和三元乙丙橡胶管制成。其移动靠的是储罐上的液压动力装置驱动，这种方式保证了管道可以持续并均匀受压，从而保持角度。与先前的冲洗方法不同，MARS 系统可以在常压下操作，1 分钟内以 100 psi 的速度推动出 100 加仑的废物，并且冲洗用的水还可以循环再利用。因此，一些服役时间较长、无法承受高压的储罐，或者一些没有多余空间用来储存冲洗水的储罐，可以采取 MARS 进行废物回取。在实际应用时，MARS 最快可在 1 分钟内推出 20 加仑的废物。

通过在 MARS 机械臂的一端集装回取工具的研究仍然在进行中。另外，二代 MARS 目前正在研发过程中，用以取代之前的真空冲洗系统，预计将对一些疑似出现泄漏状况的储罐进行高放废物的回取。

2.7 脉动混合泵技术

脉动混合泵技术早已被俄罗斯应用在高放废物的回取中。这种技术既可以使松动废物层便于下一步转移到接收储罐中，还可以达到储罐去污的目的。

脉动混合泵的驱动力是压缩空气，在污染区几乎不需要维修部件。一台单泵即可回取密实的泥浆层，然后再对回取的泥浆层进行处理，再进行去污操作。脉动混合泵整体质量很小，只需占用储罐的立管上部很小的空间即可进行安装。压力部件是进入储罐内部的主要构件，包括压缩空气供给口、带有球阻阀的通风口及排气口。

脉冲喷射系统主要由脉冲压力发生器、气液活塞筒、反向流动转向装置、进出管路组成。核心装置是反向流动转向装置，在工作时首先进行抽吸过程，利用真空泵抽吸活塞筒内的气体，降压，排出管中液面，使液面很快与料桶中的液面平衡，同时被抽吸到活塞筒内；随后进行压冲过程，压缩的空气作用于气液活塞筒内液体，使液体带压，通过喷嘴形成射流，在射流周围产生低压区，使流体随射流进入扩散管，通过排出口输送到上一级料桶，往复循环工作。由此可见，只有在压冲过程中才起到了射流泵的作用，因此成为脉冲射流泵。其特点是结构简单、密封性好、压头高，不会加热和稀释液体，能输送含悬浮颗粒的放射性液体等，并且很容易进行微型化处理，对周边液体的液位要求不高。理论上讲，只要吸入口被液体浸没就可以实现液体的回取和输送。

2.8 其他技术

另外，还有以下几种技术被采用：

(1) 高压混合：向残余废物中喷射高压水使其厚度减薄，易于被泵组抽取。高压喷射水流还可以被用来清洗泵的内部防止堵塞。

(2) 折滑轨：前端包含锋刃的链轨式装置，进行回取时降入储罐中，推动废物移动到泵的抽送口。

(3) 选择性溶解：一般在尽量少溶解盐饼层的基础上[5]，用于回取某些同位素，如^{137}Ce。

(4) 远程水枪技术：利用较少量的高压水实现对储罐底部的硬质难溶物的破坏和粉碎。

3 少量残留废物回取方法（以C-101、C-102、C-111储罐为例）

汉福特废物储罐的退役活动不仅涉及大批废物的回取工作，还涉及残留的难以移除废物的回取。目前，已经有部分储罐完成了残留废物的回取，因此，将针对厂区内C-101、C-102、C-111储罐目前为止所使用到的技术进行概述[6]。

残留废物的回取设施是整个回取设计过程的一个重要组成部分，包括高压水设施和化学回取设施，以及通过冲洗喷嘴在储罐内回取溶液。

残留废物回取设施通常不是特定针对一个储罐，包括高压水车、远程水枪（S-112储罐）、盐螳螂（为S-102及S-112储罐设计，但并未采用），由TMR协会研究开发但还未投入使用的设施，包括折滑轨（在C-109储罐上投入采用了仅几个小时）、可移动回取系统（MRS）及其他备用的新设计。另外，还有一些高压水机械臂，包括在冲洗和真空状态下的MARS、C-107储罐的冲洗集装系统、C-105储罐计划建立的真空集装系统，C-104储罐部署的铰接式桅杆系统（AMS）及备用的新型高压铰接臂。

化学回取也是一种备选的回取方法。化学回取的类型包括：

(1) 泥浆中化合物（如氟化钠磷酸盐）的处理。它不溶于高pH值废液，但当钠、氟化物、磷酸盐和游离氢氧化物被稀释后即可微溶，并计划在C-108和C-110储罐的废物回取工作中采用。另外，还可以利用水来进行残留盐类的回取。

(2) 高浓度（约19 M）的烧碱，可以用来分解水和氢氧化铝。一般在单层储罐的高pH值废液中应用，研究结果表明，它们可以在19 M的烧碱溶液中分解，同时还可以分解碳酸氢钠。

(3) 草酸溶解。用于溶解废物中的金属氧化物，最大浓度为1 M的草酸可以溶解C-106储罐中的大部分残留废物。

(4) 其他方法。采用$Ca(NO_3)_2$回取残留废物的工艺正在研发过程中，经过范围测试，欲确定其是否可以改善氟化钠磷酸盐的溶解情况，通过分离磷酸盐，从而提高氟化钠磷酸盐在水中的溶解度。另外，用烧碱溶液溶解铝也能够促进磷酸盐的溶解度。

机械回取需要考虑的因素包括：

(1) 将固体废物推向泵入口的叶片，以及可以将其压碎的履带。这些都是机械回取的辅助工具，不是直接的回取过程。

(2) 罐内粉碎机。NESL正在研发内置折滑轨小车的研磨机附件，目前汉福特还没有开发出其他功能，但萨凡纳河厂区已经部署了一种设施用于将废物吸入并将其指引到罐内泵或粉碎机的入口处，以减小粒径并从罐体中吸出浆液。

（3）内置旋转刷。这是华盛顿州立大学研发团队的项目，目前正在进行设计工作。该设施将配备由钢或其他材料组成的大型钢丝刷，降至罐底并旋转，刷出的泥浆经将被泵吸入。

4 技术展望

大型储罐中残余高放废液的回取是一项综合性很强的工作，目前，国外较为成熟的装置包括真空回取装置、动力机械手和水力射流系统，然而将其具体应用到工程上，仍然需要进行工程验证试验，验证整体系统的稳定运行程度[7]。

美国的经验表明，罐底残留物久置之后取出和清洗储罐更为困难，且容易造成空气污染，因此，倒空的储罐也应及时进行处理处置，而在设计新储罐时，也必须将废液倒罐、去除残留物和清洗贮罐的安全性纳入考虑[8]。在储罐高放废液回取技术方面，美国已开发了许多技术和设备，应优选成熟的技术和设备，如真空回取技术、脉动混合泵技术、化学技术等，均可为我国所借鉴，尤其要对维修少和二次废物少的技术给予重视。

参考文献：

[1] PRUGUE X. Development of a mechanical based system for dry retrieval of single-shell tank waste at Hanford [C]. ASME 2013 15th International Conference on Environmental Remediation and Radioactive Waste Management American Society of Mechanical Engineers, 2013.

[2] WYRWAS R B. Alternative chemical cleaning methods for high level waste tanks-corrosion test results: annual report, spring 2015 [R]. 2015.

[3] MARTINO C, KING W, KETUSKY E. Actual-waste tests of enhanced chemical cleaning for retrieval of SRS HLW sludge tank heels and decomposition of oxalic acid - 12256 [R]. Office of Scientific & Technical Information Technical Reports. 2012.

[4] MEZNARICH, HUEI K, BOLLING, et al. Final Report of Tank 241 - C - 105 Dissolution, the Phase 2 Study [R]. 2016.

[5] Pierson, Kayla, Belsher J, et al. Use of stream analyzer for solubility predictions of selected hanford tank waste [J]. Office of scientific & technical information technical reports, 2012, 221 (1): 129 - 137.

[6] SAMS, TERRY L, KIRCH N W, et al. Methods for heel retrieval for tanks C - 101, C - 102, and C - 111 at the Hanford Site [C]. WM2013 Conference. 2013.

[7] PETERSON R A, BUCK E C, CHUN J, et al. Review of the scientific understanding of radioactive waste at the U. S. DOE Hanford Site [J]. Environmental science & technology, 2018, 52 (2): 381 - 396.

[8] 罗上庚. 美国高放废液贮罐整治的经验与教训 [J]. 辐射防护, 2010, 30 (2): 122 - 130.

Review of retrieval technology of high-level radioactive waste from storage tanks at Hanford site

ZHAO Yuan, DENG Chen-Yang, CHEN Si-zhe

(China Research Institute of Nuclear Strategy, Beijing 100048, China)

Abstract: The Hanford site has a large amount of high-level radioactive waste stored in tanks, accounting for more than half of the DOE's storage tank waste. Since the 1970s and 1980s, DOE has adopted various technologies for recycling tank waste. It is a difficult task to retrieve the residual high level waste liquid from waste storage tanks. During the retrieval of high levek waste liquid, Hanford site has developed some retrieval technologies and accumulated some application experience, which can be used for reference. This paper summarizes retrieval technologies of high-level radioactive waste from storage tanks actually adopted at the Hanford site, attempting to provide reference for the tank waste recovery work in our country.

Key words: Hanford Site; Storage tank waste; High-level radioactive waste; Retrieval technology

美国乏燃料后处理技术概览

赵　远，陆　燕，邓晨阳

（中核战略规划研究总院，北京　100048）

摘　要：美国的核燃料循环政策虽多次摇摆，但美国后处理技术发展历史悠久，已近80年，并且一直在进行后处理技术的研发，保持了雄厚的后处理能力和科研实力，在后处理技术领域仍具有强大的话语权。本文梳理了美国现已应用的或计划应用的军用和民用后处理技术，以期为我国乏燃料后处理技术研发提供参考。

关键词：乏燃料；后处理；技术发展；美国

后处理是指对核燃料、快堆增殖燃料、靶件等材料进行处理的化学分离过程。在选择后处理技术或工艺流程之前，需要先明确乏燃料的特点和参数，并根据乏燃料特点确定化学分离步骤和关键参数。此外，还需明确材料控制和衡算要求、核材料保障要求等。

本文将介绍美国已应用或计划应用的军用和民用后处理技术。

1　水法后处理技术

美国发展核能的初衷是生产军用钚，其首座大型后处理厂的建设也是为了从乏燃料中萃取回收军用钚，即^{239}Pu。美国早期开发的钚分离工艺是磷酸铋沉淀工艺和氧化还原工艺，这些工艺的应用助力了钚铀还原萃取工艺即PUREX工艺的发展。本部分按照设施对美国的水法后处理技术发展进行梳理。

1.1　汉福特厂址

T厂：运行时间为1944—1956年，该厂利用磷酸铋沉淀工艺从乏燃料中回收军用钚，是世界上第一个钚分离大型工厂。

B厂：运行时间为1945—1957年，该厂利用磷酸铋沉淀工艺从乏燃料中回收军用钚。随后其生产任务于1968—1985年改为从储罐废物中回收铯和锶。

U厂（又名TBP厂）：建造于1945年，其建造目的与T厂和B厂相同，但并未能按设计目标运行。经改造后，该厂于1952—1958年运行，旨在从S厂的含铀储罐废物中回收铀。该厂利用改进的钚铀还原萃取（PUREX）工艺回收铀，由于以磷酸三丁酯（TBP）作为萃取剂，因此后改名为TBP厂，是重要的金属回收厂和铀回收厂。

S厂（又名氧化还原工厂）：运行时间为1952—1967年，该厂利用氧化还原工艺从乏燃料中回收钚。

A厂（又名钚铀还原萃取厂）：运行时间为1956—1972年、1983—1988年及1990年的一小段时间，该厂利用PUREX工艺从乏燃料中回收钚和铀。1965年、1966年、1970年间，该厂还用于从氧化钍乏燃料中回收^{233}U。有时还对^{237}Np进行回收，进而生产^{238}Pu。

UO_2工厂：1956—1993年按需运行，旨在将六水合硝酸铀转化为氧化铀。

1.2　萨凡纳河厂址

F谷：运行时间为1954—1957年，后因设施升级而关闭一段时间；1959—2000年，利用通过PUREX工艺从乏燃料中回收钚和铀。现已完成退役。

作者简介：赵远（1994—），女，河北衡水人，助理研究员，工学硕士，现从事核科技情报研究工作。

H 谷：早期利用 PUREX 工艺对天然铀乏燃料进行后处理，回收铀钚。1959 年后，利用改进的 PUREX 工艺对高浓铀乏燃料进行后处理。近期，H 谷的任务集中在将研究堆乏燃料中的高浓铀稀释至核电所需的低浓铀水平。

B 线：用于将 PUREX 工艺中的硝酸钚产品加工成钚金属。

A 线：用于将 PUREX 工艺中的硝酸铀酰产品加工成氧化铀。

1.3 爱达荷国家实验室

爱达荷后处理设施：运行时间为 1953—1992 年，该设施利用氧化还原/PUREX 工艺的混合流程对各种高浓铀乏燃料进行后处理。美国有两座设施具备高浓铀乏燃料后处理能力，即 H 谷和爱达荷后处理设施。

1.4 商业后处理设施

（1）西谷后处理厂

该后处理厂位于纽约州，运行时间为 1966—1971 年，是唯一一家在美国运行的采用 PUREX 工艺的商业后处理厂，旨在对商用轻水堆和汉福特 N 型反应堆的乏燃料进行后处理，设计产能为 300 吨/年。该厂于 1971 年 12 月关闭进行产能扩建，当时预计完成扩建后产能增加近 3 倍，然而 1976 年，运营商核燃料服务公司终止了该厂的建设工作。

（2）中西部燃料后处理厂

该后处理厂位于伊利诺伊州莫里斯市，1975 年该厂建设终止，因此从未对乏燃料进行过后处理。该厂拟采用的后处理流程是结合了溶剂萃取和氟化挥发法的 Aquafluor 工艺，设计产能为 300 吨/年。

（3）巴威尔后处理厂

该后处理厂位于南卡罗来纳州，于 1970—1975 年由通用核服务公司建造，但从未对乏燃料进行过后处理。该厂拟采用的后处理流程是 PUREX 工艺，其设计产能为 1500 吨/年。

（4）埃克松后处理厂

该后处理厂位于田纳西州，设计产能为 2100 吨/年，于 1976 年提交建设许可申请。但当时美国国内核能政策转向，该项目被终止。在此之后，美国所有商业后处理项目均被取消。

可以看出，美国的水法后处理技术业已成熟，已成为目前唯一一个实现工业化的技术，并被多次改进。所有水法后处理技术的普遍特点是铀、钚和少量锕系元素在分离后以氧化物的形式进行回收。如果制造的燃料为非氧化物的形式，则还需要进行额外的化学转化过程，因此，干法后处理技术应运而生。

2 干法后处理技术

干法后处理技术与水法后处理技术相比，具备 5 点优势：①可得到金属产物；②能处理冷却时间更短的乏燃料；③临界敏感性低；④设施占地面积更小；⑤产生废物量更少。本部分将重点介绍美国的干法后处理技术发展历史。

2.1 熔解—精炼工艺

20 世纪 60 年代早期，美国为高浓铀金属燃料的后处理研发了熔解—精炼工艺。首先，对一体化快堆计划中 EBR－II 反应堆的 HEU－5Fs 燃料元件进行机械脱壳，暴露出乏燃料细棒，然后将燃料细棒装入氧化锆涂层坩埚中进行熔解。气体裂变产物及具有较高蒸气压的裂变产物元素不断挥发，熔融燃料倒出后，有部分裂变产物（5%～10%）与氧化锆坩埚材料反应生成氧化物残渣，留在坩埚内，形成坩埚渣皮，大部分（90%～95%）锕系元素和贵金属裂变产物（裂变产物合金元素）留在熔融物中，形成金属铸锭。当时，熔解—精炼工艺已发展到中试规模，但不适合规模化生产，因此，并未在燃料循环设施中进行部署。最终，该工艺被叫停。

2.2 电解精炼工艺

随着一体化快堆计划的推进，EBR-II 堆的堆芯从 HEU-5Fs 改进成 HEU-10Zr，并计划通过后处理回收钚，进一步将堆芯改进为 DU-20Pu-10Zr 燃料。因此，在熔解—精炼工艺的基础上，美国阿贡国家实验室研发了电解精炼工艺，包括燃料剪切、液态镉阳极铀电解精炼、盐循环复用、阴极处理、喷射铸造炉、燃料制造等工艺操作。将燃料剪切成短段后，金属燃料暴露于液态镉和熔盐电解质（LiCl-KCl 共晶熔盐）中，利用高温熔盐将铀元素从非纯金属的阳极输送到纯金属的阴极，沉积出金属铀枝晶。电解精炼工艺不仅提高了锕系元素的分离和回收效率，同时减少了废物的量。

EBR-Ⅱ堆 30 年的运行期间共产生 3 吨高浓铀驱动乏燃料及 22.2 吨贫铀增殖乏燃料，1996 年，美国开始对 EBR-II 乏燃料进行后处理。1999—2005 年，阿贡国家实验室对工艺流程进行了改进。2005 年，场区归属于爱达荷国家实验室管理，此后便一直由爱达荷国家实验室实施后处理流程改进。目前，美国正在研究利用该技术处理轻水堆乏燃料，进而回收钚，为此美国 FCF 设施做了大量准备工作，如热室去污、基础设施翻新、新工艺设备的安装等。

2.3 卤化物结渣工艺

除了上述工艺之外，在 EBR-Ⅱ运行期间美国还提出了卤化物结渣工艺，但最终未能部署。该工艺最初由阿贡国家实验室提出，是对熔解—精炼工艺的改进，旨在将堆芯燃料从 HEU—Fs 燃料转换为 DU-Pu-Fs 燃料。然而，在尝试燃料转化之前，美国的后处理事业被叫停。

3 其他后处理技术

3.1 橡树岭国家实验室（ORNL）熔盐堆废盐处理

橡树岭国家实验室熔盐增殖反应堆的设计要求中包括对熔盐中的^{233}Pa 进行严格的管理，因此，需要在化学处理设施中对盐进行处理，回收和分离其中的^{233}Pa，直到其衰变为^{233}U 并将其回收，一部分^{233}U 返回反应堆，其他的^{233}U 则为其他反应堆提供燃料。美国设计的熔盐处理工艺包括氟化、氢氟化、真空蒸馏、还原萃取、金属转移、电解氧化/还原等，但是上述流程目前仍处于概念阶段，尚未付诸实践。

3.2 氯化物挥发（ZIRCEX）工艺

ZIRCEX 工艺旨在利用氯化锆和氯化铝较高的蒸气压，从氧化物燃料包壳和锆基体弥散燃料中挥发除锆，也可用于从铝基体弥散燃料中挥发铝，可在水法和干法后处理流程中作为首端处理工艺，使乏燃料在氯气、氯化氢或四氯化碳氛围中氯化，利用铝和锆等金属的氯化物蒸气压与氯化铀的差异，将铝和锆与铀分离。该工艺显著减少了需要处理的乏燃料质量，并可有效减少所需溶液介质的量和废物产生量。

3.3 氟化物挥发工艺

Aquafluor 工艺由中西部燃料回收厂开发，由 PUREX 工艺开发而来，旨在利用六氟化铀较高的蒸气压，对轻水堆乏燃料中的铀、镎和钚进行分离、回收、纯化。该工艺的特点是在流化床设备中将氧化铀（六水合硝酸铀酰的煅烧产物）转化为六氟化铀，然后将六氟化铀纯化、包装，并运输到浓缩设施。

FLUOREX 工艺由日立通用电气提出，旨在对氧化物乏燃料进行后处理，助力从轻水堆到使用 MOX 燃料快堆的过渡。与 Aquafluor 工艺一样，FLUOREX 工艺是结合了水法和干法技术的工艺。氟化物挥发是 FLUOREX 工艺的首端技术，其一是可以控制进入 PUREX 工艺的 Pu：U 比例；其二是可以生产用于再浓缩的纯化六氟化铀。

Nitrofluor 工艺是由布鲁克海文国家实验室提出的一种纯干法后处理技术，适用于各种燃料类型。在 100～200 ℃的中等温度下，将燃料溶解在无水二氧化氮和氢氟酸（HF）的混合物中，铀和钚则形成可溶性物质分散在溶剂中。溶剂具备选择性氟化的能力，可使铀和钚以六氟化铀（通过氟化溴的作用）和六氟化钚（通过氟气的作用）的形式挥发，随后进行进一步纯化。

氟化物挥发法和氯化物挥发法在技术上的区别是，在对金属弥散燃料的后处理中，可利用氯化物的挥发性，使锆或铝从铀钚中挥发出来，而氟化物挥发则是将铀钚挥发出来。有研究提出可将氟化物挥发技术用于石墨基质乏燃料的后处理[1]，也有研究提出可以不利用水法后处理技术，直接将氟化物挥发工艺用于轻水堆和快堆氧化物燃料的后处理[2]。

3.4 氟化物电解沉积法

起初，由于美国的钚生产堆对铀金属燃料有需求，因此，美国曾考虑利用电解沉积工艺从氧化铀中连续生产金属铀，进而达到规模生产。随后，美国开始考虑将该工艺用于氧化铀乏燃料的后处理。在该工艺流程中，由于氟化物的盐对氧化铀具有溶解性，因此可在高于铀金属熔点的温度条件下，将氧化铀溶于盐中。溶解的铀在金属铀的熔池表面被还原，从而实现铀的分离，溶解的氧在石墨阳极表面形成 CO（g）和 CO_2（g），但是该工艺会产生大量工艺废物。

3.5 汞齐化工艺

美国曾提出利用 METALLEX 工艺对氧化铀乏燃料进行后处理。该工艺中，铀氧化物暴露于含有还原剂（如镁）的汞中，镁与其他杂质形成氧化物，铀则以汞齐的形式溶解在汞中，从而达到分离效果，随后通过洗涤和过滤步骤将铀进一步纯化。将纯化后的汞齐氧化成氧化铀。氧化铀和汞在蒸馏炉中分离，并通过控制氢气分压，生产纯 UO_2产品。

此外，还有 HERMEX 工艺，也可作为净化铀和钚金属（辐照或未辐照燃料）的一种手段。与 METALLEX 工艺相比，该工艺不需要进行氧化物还原和再氧化，因此流程更为简单，对该工艺进行改进后可用于将氧化物转化并提纯为金属，也可将金属转化为氧化物。

3.6 盐循环工艺

1959 年，汉福特提出了盐循环工艺，旨在对 MOX 燃料进行后处理，由于美国民用核能发展并没有大力推动使用 MOX 燃料反应堆的发展，因此，20 世纪 60 年代中期，美国盐循环工艺研发被叫停，而俄罗斯则于 60 年代后期在斯维尔德洛夫斯克（今叶卡捷琳堡）的研究设施开始对该工艺进行研发。目前，俄罗斯季米特洛夫格勒的原子反应堆研究所（RIAR）仍在继续进行研发工作，该工艺被称为季米特洛夫格勒干法工艺。美国的盐循环工艺和俄罗斯的干法工艺尽管略有差异，但本质上是相同的，可统称为盐循环工艺。

盐循环工艺的第一步是将氧化物氯化成熔盐，进而选择性沉积到石墨阴极上，而阳极则释出氯气。将纯化的氧化物产物浸入水中进行除盐，然后进行干法处理，最后混合成 MOX 燃料。裂变产物杂质则通过类似的过程进行回收，但需要与铀和钚的氧化物分开回收。

美国对该工艺进行了多次改进，其中 3 种主要的改进工艺是利用 MOX 生产 MOX、利用 PuO_2和 UO_2生产 MOX，以及利用 MOX 生产 PuO_2和 UO_2。第 1 种工艺是在不分离回收铀钚氧化物的情况下，对 MOX 乏燃料进行后处理。第 2 种工艺是利用钚和铀的氧化物生产 MOX 燃料。第 3 种工艺是从 MOX 乏燃料中回收纯化钚和铀的氧化物。

3.7 盐转移工艺

盐转移工艺是美国对 MOX 乏燃料后处理技术研发的又一次尝试。盐循环工艺的目的是生产纯化的氧化物产物，而盐转移工艺是为了生产纯化的金属产物。

盐转移工艺由阿贡国家实验室提出，可对不锈钢包壳的液态金属快中子增殖堆 MOX 乏燃料进行后处理。在 850 ℃的液态锌池中，溶解包壳，随后转移大部分的锌溶液，残余的锌则通过真空蒸馏除去，留下氧化物乏燃料和一些残余的不锈钢，氧化物乏燃料与盐和含钙合金接触，钙与熔盐发生反应形成溶解的氧化钙，而还原的氧化物与合金相发生反应，形成金属。最后通过蒸馏回收纯化的金属产物。

3.8 两相交换工艺

两相交换工艺是利用两相（即金属/盐）相对稳定后的分界性质来促成元素分离。该工艺是在一体化快堆计划的早期发展阶段中提出的，其他类似的工艺还包括氧化物和碳化物处理工艺，即熔融金属相与氧化物相或碳化物相之间的平衡。此外，还有锂基氧化物还原工艺，该工艺是利用氧化锂比铀和钚氧化物具有更高的稳定性的性质进行两相交换。

3.9 TRISO 乏燃料的后处理工艺

TRISO 燃料的耐热性能很好，因此，很难以化学方式穿透涂层材料进而与燃料芯块进行接触。因此，对 TRISO 燃料进行后处理必须先将燃料芯块从碳化硅和热解碳层中释放出来。目前，美国已开发出 TRISO 燃料的多种改进型颗粒，并且提出了许多针对性的后处理流程。例如，在^{232}Th－^{233}U 燃料循环中，增殖燃料在 BISO 颗粒中，裂变材料在 TRISO 颗粒中，这两种颗粒在石墨燃料基质中进行紧密混合。在化学分离之前，通过燃烧将石墨氧化，进而将颗粒从石墨中分离出来。可增殖的 BISO 颗粒的直径大于 355 μm，裂变 TRISO 颗粒的直径小于 355 μm，因此，可利用美国 45 号标准筛对不同粒径的颗粒进行筛选。

TRISO 燃料的后处理面临的技术挑战是如何从碳化硅涂层中使燃料芯块暴露出来，随后才可利用后处理技术对裂变材料进行萃取或回收。破坏碳化硅涂层的方法包括机械粉碎、化学转化和热冲击。当燃料芯块暴露出来之后，可利用水法后处理、超临界 CO_2 萃取、熔盐溶解等方法对裂变材料进行萃取。

3.10 武器级钚的提炼

美国为提取武器级钚，开发几种后处理工艺。除了前文所述的 PUREX 工艺和其他分离工艺，纯化的氧化钚还可以通过两种方法转化为金属钚：一是通过氟化，生成四氟化钚，然后在氟化镁基的盐中，通过镁热还原方式生成金属钚；二是在氯化钙—氧化钙基的盐中，直接通过钙热还原生成金属钚。后一种方法被称为直接氧化物还原，无须进行氟化步骤。生成的钚金属在合金化等操作之前是否需要额外的提纯步骤需视具体情况而定。

目前，尚无较好的化学分离方法将钚的同位素相互分离。镅与钚的分离可通过熔盐萃取过程在熔融钚中氯化金属镅进而实现分离。此外，还可以通过电解精炼法对含杂质的钚金属进行纯化，该过程在氯化物熔盐中进行，温度远高于金属钚的熔融温度，批量小，一般只有几千克，且电流比较小。不纯相的钚被氧化，在钽阴极上被还原成金属。熔融钚从阴极滴入纯金属钚池。20 世纪 60 年代以来，洛斯阿拉莫斯国家实验室、洛基弗拉茨工厂和劳伦斯利弗莫尔国家实验室一直在开发熔盐技术，旨在将 PUREX 工艺产生的氧化钚还原为金属，然后对金属钚进行电解精炼进而提纯。

4 小结

本文总结了美国在其核能发展史上曾部署过或准备部署的后处理技术，尽管大部分技术的研发时间较早，但其水法后处理技术、干法后处理技术等许多工艺仍未过时，具有较高的研究价值，尤其是美国对 MOX 乏燃料后处理用于快堆乏燃料生产、TRISO 乏燃料后处理等配套先进堆的后处理技术，其改进历程仍值得我们借鉴参考。

参考文献：

［1］ REILLY J J, WACHEL S J, JOHNSON R, et al. Fluidized bed reprocessing of graphite matrix nuclear fuel［J］. Industrial and engineering chemistry, process design and development, 1966, 5 (1): 51－59.

［2］ UHLIF J, MARECEK M, SKAROHLID J, Current progress in R&D of fluoride volatility method［J］. Procedia chemistry, 2012 (7): 110－115.

Overview of the United States spent nuclear fuel reprocessing technology development history

ZHAO Yuan, LU Yan, DENG Chen-yang

(China Research Institute of Nuclear Strategy, Beijing 100048, China)

Abstract: Although the nuclear fuel cycle policy of the United States has fluctuated many times, the United States has nearly 80 years of reprocessing history, and insists on R&D of reprocessing technology, maintaining a strong reprocessing capacity and scientific research strength, and still has a strong voice in the field of reprocessing technology. This paper reviews the military and civilian reprocessing technologies used or planned to be used in the United States, hoping to provide reference for R&D of spent fuel reprocessing technology in China.

Key words: Spent nuclear fuel; Reprocessing; Technology developments; The United States

钍铀燃料循环技术研发现状

赵　远[1]，陆　燕[1]，陈海成[2]，陈亚君[1]
（1. 中核战略规划研究总院，北京　100048；2. 中核龙安有限公司，浙江　台州　318000）

摘　要：钍是核燃料循环可持续发展的重要资源之一，其储量是铀的 3～4 倍。钍铀燃料循环是核燃料循环技术发展的一个重要方向。目前，钍铀燃料循环工艺的可行性虽已验证，但由于钍铀乏燃料后处理技术存在一些技术难题尚未克服，因此，钍铀燃料循环的商业化条件尚不成熟，钍铀燃料反应堆尚未实现商业化运营。本文概述了主要国家钍铀燃料循环方面的技术研发现状和发展方向。

关键词：钍铀燃料循环；钍燃料；技术研发进展

在能源危机日益突出的今天，核电成为一种较为经济、安全、可靠、清洁的能源方式。然而，虽然铀基燃料核电技术已较为成熟，但存在着铀资源利用率低、铀资源储量减少、铀价上升导致核电利润下降等问题。

钍是核燃料循环可持续发展的重要资源之一，其储量预测是铀的 3～4 倍。钍本身不是可裂变材料，但在反应堆中，易裂变的^{235}U或^{239}Pu在裂变过程中释放中子，钍吸收中子后可转换成易裂变物质^{233}U，生成的^{233}U再参与裂变，由此便可形成钍铀燃料循环。

早在 20 世纪 50 年代，国际上就开始了对钍铀燃料循环的研究。20 世纪 60 年代，部分实验堆或研究堆开始使用钍铀燃料。进入 21 世纪，随着铀资源储量的减少、各国钚库存的增加及超铀同位素的大量生产，基于能源及核不扩散的角度，各国开始针对高温气冷堆、熔盐堆、CANDU 堆、先进重水堆、加压重水堆等堆型使用钍铀燃料的可行性进行研究。尤其是钍资源储量非常丰富而铀资源极其有限的印度，长期以来一直受到国际核出口管制体系的制裁，核材料进出口有限，促使印度核工业发展必须以本国资源为基础，因此一直坚持钍铀燃料循环的研究开发[1]。

目前，钍铀燃料循环工艺的可行性虽已验证，但其商业化的条件尚不成熟，因此，钍铀燃料反应堆尚未实现商业化运营。

1　钍铀燃料循环技术应用及研究进展

将钍作为核燃料最初是美国于 1944 年提出来的，随即俄罗斯、英国、印度、加拿大等国开始了对钍燃料的基础研究开发，并建设了多座使用钍燃料的原型堆。表 1 总结了有关国家各类型反应堆中钍燃料的应用情况[2]。

表 1　钍燃料在实验堆及动力堆中的应用

反应堆	反应堆类型	功率	燃料类型	运行时间
印第安角 1 号机组，美国	LWBR PWR	285 MWe	Th+^{233}U驱动燃料（氧化物球体）	1962—1980 年
希平港核电站，美国	LWBR PWR	100 MWe	Th+^{233}U驱动燃料（氧化物球体）	1977—1982 年
埃克尔河核电站，美国	BWR	24 MWe	Th+^{235}U+^{238}U（氧化物球体）	1963—1968 年
林根核电站，德国	BWR	60 MWe	(Th，Pu)O_2燃料微球体	1968—1973 年

作者简介：赵远（1994—），女，河北衡水人，助理研究员，工学硕士，现从事核科技情报研究工作。

续表

反应堆	反应堆类型	功率	燃料类型	运行时间
KAPS 1&2；KGS 1&2；RAPS 2，3&4，印度	PHWR	220 MWe	ThO_2燃料微球体	在新建 PHWR 中继续使用
桃花谷核电站，美国	HTGR 实验堆	40 MWe	Th+^{235}U 驱动燃料（涂层颗粒，氧化物及碳化物）	1966—1972 年
圣·弗伦堡核电站，美国	HTGR	330 MWe	Th+^{235}U 驱动燃料（涂层颗粒，碳化物）	1976—1989 年
AVR 核电站，德国	HTGR 实验堆	15 MWe	Th+^{235}U 驱动燃料（涂层颗粒，氧化物及碳化物）	1967—1988 年
THTR-300，德国	HTGR	300 MWe	Th+^{235}U 驱动燃料（涂层颗粒，氧化物及碳化物）	1985—1989 年
龙堆，英国	HTGR 实验堆	20 MWt	Th+^{235}U 驱动燃料（涂层颗粒，氧化物及碳化物）	1966—1973 年
橡树岭熔盐堆，美国	MSR	7.5 MWt	^{233}U 液态氟化物	1964—1969 年
FBTR，印度	LMFBR	40 MWt	ThO_2	1985 年至今
SUSPOP/KSTR KEMA，荷兰	水均匀悬浮反应堆	1 MWt	Th+HEU（氧化物球芯块）	1974—1977 年
NRU&NRX，加拿大	MTR	—	Th+^{235}U 驱动燃料	对少量核燃料进行了辐照实验
KAMINI，印度	MTR	30 kWt	Al+^{233}U 驱动燃料	1996 年至今（实验堆）
CIRUS，印度	MTR	40 MWt	Th&ThO_2	1960—2010 年（实验堆）
DHRUVA，印度	MTR	100 MWt	ThO_2	1985 年至今（实验堆）

各国进行的相关研究表明，由于钍铀燃料良好的中子经济性，大多数使用铀燃料的堆型均可使用钍铀燃料，包括轻水堆、重水堆、高温气冷堆、快堆等，而无须较大地改变堆芯设计。

用于不同堆型的钍铀燃料元件也有不同，其中，熔盐增殖堆的燃料和冷却剂是液态混合氟化物，其他堆型均使用固体燃料，包括陶瓷燃料微球体、陶瓷燃料球芯块或金属合金微球体。

1.1 印度

1.1.1 “三步走”核能发展计划

印度的钍铀燃料循环始于 20 世纪 50 年代，并发布了和平利用核能的“三步走”发展计划，计划分 3 个阶段建立一个基于钍的核能工业，包括铀燃料加压重水堆（PHWR）、钚燃料快堆（FBR）及钍铀燃料先进重水堆（AHWR）等堆型[1]。

目前，印度共有 18 座 PHWR 投运；实验快堆已运行多年，原型快堆原计划于 2011 年建成，其间，由于技术、安全等问题多次延期，现已完成主体工程建设，处于系统调试阶段，计划于 2024 年投运；AHWR 的设计工作已完成，并在实验室规模下进行了验证。目前，英国也加入印度的钍研究计划中，利用英国工程与物理研究理事会和印度原子能部的联合资助进行核能项目研究。印度乏燃料后处理总能力只有 330 t/年，主要采用水法后处理工艺，目前正在建设快堆燃料循环设施，以实现快堆的闭式循环，并建造了动力堆钍铀乏燃料后处理设施，用于处理在 PHWR 中辐照过的钍氧化物燃料。目前，该后处理设施完成了部分钍氧化物燃料的后处理工作，回收的^{233}U 将被用于 AHWR 的临界实验。

但印度认为，过早地部署钍燃料循环不利于本国资源的合理利用，最好在大规模启动钍燃料循环之前再积累大量裂变材料作为驱动燃料。因此，印度的钍基反应堆预计只能在2070年之后再部署。

1.1.2 先进重水堆

钍铀燃料先进重水堆是基于PHWR设计的改进堆型，提高了非能动安全性、防扩散能力，并减少了废物生成量。

印度现已完成该堆型的设计工作，并建设了相关实验验证设施，包括沸水回路、整体测试回路、临界设施、热工水力验证设施等，完成了可行性实验开发工作。巴巴原子研究中心现正在进行适用于自动化及远程操作的燃料制造技术的研发，包括包覆凝聚制粒技术、芯块浸渍技术等。印度第一座AHWR原计划于2012年开工建设，但由于种种原因多次延期，目前尚未开工建造。

1.1.3 高温堆

印度正在研究开发钍铀燃料高温堆，计划建造一个100 kW的紧凑型高温堆，使用$^{233}U-Th$的TRISO包覆颗粒燃料，熔融态的共晶铅铋作为冷却剂。

印度巴巴原子研究中心现已建立了两个熔融态共晶铅铋回路，开展了广泛的热工水力研究，研制了铌合金作为该回路的结构材料，同时还开发了预测熔融态共晶铅铋自然循环回路瞬态性能的计算机程序，并用液态金属冷却剂进行了循环研究。

1.1.4 熔盐增殖堆

最近，印度正在进行850 MWe钍铀燃料熔盐增殖堆（IMSBR）的概念研究和设计，现已建设了用于增殖再生区熔盐和冷却剂熔盐的循环性能测试设施。测试结果表明，IMSBR比使用金属燃料的FBR更具有优势：一是增殖比更高；二是有利于减少裂变材料库存；三是燃料制造、乏燃料后处理及燃料回收再利用的技术难度更低。

1.1.5 加速器驱动次临界系统

印度积极开展钍铀燃料加速器驱动次临界系统的研究。巴巴原子研究中心现已建立了临界反应堆与低能粒子加速器的实验堆，燃料为天然铀，慢化剂为高密度聚乙烯。该实验堆结构紧凑，中子增殖系数高。目前，印度正在高能加速器、消除高能质子束与靶相互作用产生的热量、材料研发等方向进行研究。

1.1.6 技术挑战

总体来说，印度的钍铀燃料循环发展仍存在以下技术挑战：

(1) 钍铀燃料在制造时需要较高的烧结温度。

(2) 印度钍铀乏燃料后处理工艺（THOREX）尚处于研发阶段，最关键的问题是钍的水溶性较差，虽然这一问题可通过添加少量氢氟酸得以缓解，但同时对溶解器材料的耐腐蚀性能提出了更高的技术要求。

(3) 钍铀燃料中含有^{232}U，其衰变产物会释放γ射线，因此，需要在屏蔽等级较高的远距离操作设备中进行燃料制造和乏燃料后处理。

(4) ^{233}Pa效应。一是钍铀燃料循环中存在高浓度的^{233}Pa，其半衰期为27天，要最大限度地回收^{233}U，至少需要1年的冷却时间；二是废物中的^{233}Pa可能会存在长期辐射影响，因此，必须在提取^{233}U和Th之前就从乏燃料中分离^{233}Pa。

1.2 美国

1.2.1 轻水堆

美国是最早提出使用钍作为核燃料的国家。美国的Radkowsky博士设计了基于钍燃料种子-再生概念的轻水堆堆芯设计方法，堆芯由驱动区和再生区构成，燃料装配在数量和体积上和一般的轻水堆相当[3]。与其他燃料循环相比，Radkowsky博士提出的设计理念使得核燃料的毒物、放射性和放射性废物热辐射大幅减少，操作中取消了可溶性硼控制，安全性加强，燃料循环成本减少了20%～30%。

基于该设计理念，于1977年8月至1982年10月在希平港核电站成功使用钍铀燃料运行。堆芯卸料时含有1.39%的裂变物质，从而证明了轻水堆可用于钍铀燃料的增殖。

目前，由美国Radkowsky博士创立的Radkowsky钍能源公司（现美国光桥公司）正在开发先进金属燃料，旨在实现轻水堆更高的功率水平及运行周期。当前的开发工作集中于测评金属燃料在原型轻水堆中使用的性能。

1.2.2 高温气冷堆

1967—1974年，美国通用原子公司的桃花谷高温石墨慢化氦冷堆在110 MW热功率条件下，使用高浓缩铀和钍燃料运行。

目前，X能源公司正在设计Xe-100反应堆，这是一种高温气冷堆，使用球形燃料，可使用钍铀、钍钚、铀钚混合氧化物燃料[4]。该堆型占地面积小，设计安全性高，可定址于人口密集或地理环境不佳的区域。Xe-100反应堆专门为包括钍铀燃料在内的各种燃料类型而设计，无须进行重大技术调整。高温气冷堆属第四代核能技术，有望在将来得到商业化应用。另外，美国还提出了钍基超高温堆的概念，使用TRISO燃料，功率为600 MWe，预计于2030年投产。

1.2.3 熔盐堆

美国的钍基熔盐堆设计概念首先由橡树岭国家实验室（ORNL）提出。1968年，ORNL建设了熔盐工程实验堆，燃料为$LiF-BeF_2-ZrF_4-UF_4$，冷却剂为Li-Be氟化物，该堆成功运行，运行功率为7.4 MWe。随后，ORNL基于此设计了1000 MWe的熔盐增殖堆，燃料为$LiF-BeF_2-ThF_4-UF_4$，采用石墨慢化剂，增殖比为1.07。ORNL在钍基熔盐堆实验上的成功使得各国开始对钍基熔盐堆进行理论和实验研究。

Transatomic电力公司已完成先进熔盐反应堆的初步设计，并开始对关键材料和组件进行实验测试，该公司与麻省理工学院签订了腐蚀性能、辐射性能及高温材料测试的合作研究协议[5]。

Martingale公司正在开发一种名为ThorCon的简易钍铀燃料熔盐堆，目前已完成详细设计。

1.3 加拿大

加拿大原子能公司在20世纪50年代的CANDU堆开发计划中就已开始将钍作为一种有前景的核燃料，并一直将钍铀燃料循环作为其CANDU6、先进CANDU6及ACR-1000反应堆的候选方案。

加拿大坎杜（CANDU）能源公司与中核集团秦山第三核电有限公司、中核北方核燃料元件有限公司及中国核动力研究设计院合作，开发了先进燃料CANDU重水堆（AFCR），是目前唯一一种能够使用后处理铀衍生物（DRU）和低浓铀/钍基燃料，且能满足后福岛要求的第三代反应堆设计。现已完成概念设计，正准备向中国市场推广。

研发AFCR的主要动因是：通过使用DRU燃料和低浓铀/钍基燃料，可提高燃料资源的可持续性和可利用率。与使用传统天然铀燃料的反应堆相比，在AFCR中使用先进燃料可将核燃料循环前段成本降低约32%；与先进轻水堆设计相比前段成本则可以降低128%。低浓铀/钍基燃料燃耗可达到20 GWd/tHE，相对于传统的天然铀燃料提升约180%。

这种出众的资源利用能力对于铀资源有限的国家尤其具有吸引力。此外，低浓铀/钍基燃料的成功示范为未来使用更先进的钍燃料奠定了基础，如具有更强经济性和更高资源利用率的钚/钍燃料。未来，CANDU堆与快堆的协同作用将使CANDU堆能够使用快堆产生的易裂变材料。

1.4 俄罗斯

1.4.1 轻水堆

国际上钍铀燃料循环研究最多的堆型是轻水堆（尤其是压水堆），其中最具代表性的工作是俄罗斯在VVER-1000堆上开展的钍铀燃料循环研究。该项研究由美国光桥公司与俄罗斯国家研究中心库尔恰托夫研究所合作，旨在将钍燃料用于VVER-1000及其他商业规模运行的反应堆，并为俄罗斯提供武器级钚处理的优选方法，降低核扩散风险。库尔恰托夫研究所自1994年以来一直引导着俄罗斯钍铀燃料的研究开发工作，是具有全产品开发循环能力、广泛核反应堆和核燃料经验最早的核研究机构。

1.4.2　高温堆

俄罗斯托木斯克理工大学正在开展使用钍燃料的高温低功率反应堆研究。此项研究的目的是研发出一种以钍和武器级钚混合物为燃料，能够在发电的同时提供高温工艺热的反应堆[6]。

1.4.3　聚变裂变混合堆

俄罗斯托木斯克理工大学与其他研究机构合作，正在研究开发聚变裂变混合堆，现已建造并测试了其聚变部件[7]。该堆型使用钍和武器级钚混合物作为燃料，由聚变中子源和发生裂变的堆芯组成。因此，该堆型兼具传统裂变堆的可靠性与聚变能源的经济性和环境安全性。据称，该堆型功率为60～100 MW，可在不换料的情况下运行8年以上。

1.5　挪威

挪威研究委员会于2008年向政府提交了一份题为《将钍作为能源资源——挪威的机遇》的研究报告[8]，报告指出，由于目前已掌握的关于钍燃料发电及钍资源地质分布的信息太少，因此，还不能确定钍资源对挪威核电发展的潜在价值。报告明确指出，钍基核燃料费用在整个发电成本结构中所占的比重较小，与铀燃料费用相当甚至更低。开发钍铀核燃料循环系统的主要经济挑战在于相关研发工作是否能够获得充足的资金。报告提议，应开启评估挪威岩石中的钍是否可作为发电能源的工作，并鼓励在哈尔登研究堆中开展钍基燃料试验；应当加强国际合作，参加关于适合使用钍基燃料的第四代反应堆的研究工作，并积极参加欧盟对使用钍基燃料的加速器驱动系统（ADS）的研究工作。

2013年4月，挪威托尔能源公司在哈尔登研究堆启动了钍-MOX燃料测试计划，并装载了第一批钍基燃料试样。2015年12月，装载了第二批钍基燃料试样。2018年1月进入核燃料运行试验的第三阶段，开始进行辐照试验[9]。

钍-MOX燃料是利用氧化钍生产的，核燃料被装进两个燃料细棒，并组装到一个试验装置上，连同作为参考的铀-MOX燃料，安装在哈尔登研究堆上。哈尔登研究堆可在燃料燃烧的同时进行连续的数据收集，试验获得的数据可用于确认燃料可以安全、高效地在商业反应堆中使用。这是第一次将工业用钍-MOX燃料聚焦商业应用并开展制造和辐照试验。

钍基燃料采取了芯块的形式，用高密度的钍氧化物陶瓷基体组成，其中掺混了约10%的钚氧化物作为驱动燃料。与铀-MOX燃料相比，钍-MOX燃料具有一定的优势，其导热系数高、熔点高，保证了更高的运行安全裕度，并且在运行时不会产生新的钚，符合核不扩散的要求。

挪威托尔能源公司现已开始进行在商业轻水堆中使用钍基燃料的可行性研究，并开始向监管机构申请在轻水堆中使用钍基燃料的许可。

2　小结

20世纪40年代开始，美国、加拿大、印度、俄罗斯等国陆续针对钍铀燃料循环技术投入研究，并设计和运行了许多钍基实验堆和原型试验堆。

研究结果表明，钍铀燃料在各堆型中的应用均具有可行性，特别是轻水堆，仅需对现有轻水堆的设计配置进行较少修改即可应用钍基燃料。这为其他堆型应用钍基燃料提供了前景。根据第四代核能系统国际论坛（GIF）的预测，到2030年或可实现钍铀燃料反应堆的商业运行。

与铀钚燃料循环相比，钍铀燃料循环的废物产生量低、废物中超铀元素含量低，资源利用率高，且能够有效防止核扩散。在快堆与热堆发展并存的阶段，钍资源的利用是有希望的。

钍铀核燃料循环的技术瓶颈在于后处理工艺流程，一是氧化钍水溶性低；二是燃料中存在的^{233}U导致的高放射性，使得其后处理流程必须在远距离、强屏蔽的条件下进行。尽管钍燃料制造费用相对于铀燃料较低，仍需综合考虑其后处理技术难度导致的成本增加问题。

参考文献：

[1] 仇若萌，高寒雨，蔡莉，等．印度钍铀燃料循环发展现状［J］．国外核新闻，2020（7）：26－29.

[2] KAYA M . Thorium as a nuclear fuel［C］//18th International Mining Congress and Exhibition of Turkey-IMCET. 2003.

[3] ALVIN R. The seed-blanket core concept［J］. Nuclear science and engineering，1985，90：381－387.

[4] 李晨曦，伍浩松．美X能源将与多方合作推进小堆Xe－100商业化［J］．国外核新闻，2021（9）：5.

[5] 伍浩松．美企公布熔盐堆技术信息［J］．国外核新闻，2016（8）：16.

[6] 伍浩松，张焰．俄研究钍燃料反应堆［J］．国外核新闻，2018（2）：14.

[7] 伍浩松，戴定．俄完成聚变-裂变混合电厂初步设计［J］．国外核新闻，2021（1）：15.

[8] Thorium as an energy source horium as an energy source- opportunities for norway 2008［EB/OL］．［2022－03－13］. https：//www. regjeringen. no/globalassets/upload/oed/rapporter/thoriumreport2008. pdf.

[9] 挪威试用钍燃料棒［J］．中国核工业，2013（7）：9.

R&D status of thorium-uranium fuel cycle technologies

ZHAO Yuan[1]，LU Yan[1]，CHEN Hai-cheng[2]，CHEN Ya-jun[1]

（1. China Research Institute of Nuclear Strategy，Beijing 100048，China；
2. CNNC Long'an Co.，Ltd，Taizhou，Zhejiang 318000，China）

Abstract：Thorium is one of the most important resources for the sustainable development of the nuclear fuel cycle，and its reserve is 3－4 times that of uranium. Thorium-uranium fuel cycle is an important development direction of nuclear fuel cycle technology. At present，although the feasibility of thorium-uranium fuel cycle technology has been verified，due to some technical difficulties in thorium-uranium fuel reprocessing process，the conditions for its commercialization are not mature. Thorium-uranium fuel reactors have not been commercialized yet. This paper summarizes the technology research and development status and development direction of thorium-uranium fuel cycle in major countries.

Key words：Thorium-uranium fuel cycle；Thorium fuel；R&D progress

世界各国高放废物处置库进展研究

陈思喆，邓晨阳，赵　远

（中核战略规划研究总院，北京　100048）

摘　要：核能发电已经经历了70多年的发展，各核电国家都有大量反应堆卸出的乏燃料贮存在水池中。随着乏燃料卸出量的增加，多国面临贮存容量告急的问题。一些国家考虑建造干式贮存设施来增加贮存容量，但不能从根本上解决问题，因此，建造高放废物深地质处置库已经成为各核电国家的主要目标之一，芬兰已经提交了运营许可申请，政府批准后就将投运世界上第一个高放废物深地质处置库。瑞典也紧随其步伐，准备启动处置库的建造。法国、日本、英国等核电大国在高放废物深地质处置库的选址方面也都取得了一定的进展。本文总结了各国近些年在高放废物处置库选址、建造等方面的动态进展，为我国的高放废物处置库建设提供参考。

关键词：高放废物；深地质处置库；选址

由于高放废物的复杂性和较大的放射性，必须要在地下250～1000米进行处置，水文地质条件调查、确定候选场址、与所在社区及公众沟通等一系列流程都是高放废物处置库选址面临的挑战。如今，各国在深地质处置库建设上取得了一系列突破，人们似乎看到了乏燃料与高放废物处置的胜利曙光。

1　深地质处置库概况

深地质处置是指处置库深度在250～1000米，钻孔深度在2000～5000米的处置库。深地质处置库主要用于处置长寿命ILW和高放废物（包括乏燃料）。

大多数国家都对深地质处置进行了调查，部分国家已将深地质处置作为一项政策。在大多数国家，包括阿根廷、澳大利亚、比利时、加拿大、捷克、芬兰、法国、日本、荷兰、韩国、俄罗斯、西班牙、瑞典、瑞士、英国和美国，深地质处置是乏燃料和高放废物管理的首选方案。

各国深地质处置库项目进展如表1所示。

表1　各国深地质处置库项目进展

国家	现状	管理组织	长期计划	地质类型
阿根廷	根据法律NO. 25018，必须于2030年前决定	国家原子能委员会（CNEA）	根据法律NO. 25018，必须于2030年前决定	待决定
比利时	进行深地质处置库安全案例研究	国家放射性废物与浓缩裂变材料管理局（ONDRAF）		聚焦黏土岩（其他类型也在调查中）
加拿大	积极选址。已经确定2个候选场址，预计2024年确定场址	核废物管理组织（NWMO）	处置乏燃料	花岗岩或凝灰岩
克罗地亚	大约2050年开始选址，在克罗地亚或斯洛文尼亚找到一个场址（合作）		处置乏燃料	待决定
捷克	积极选址。目前正在对四个潜在地点进行技术评估。处置库计划于2065年投入使用	放射性废物处置局（SURAO）	处置乏燃料与高放废物	花岗岩

作者简介：陈思喆（1991—）女，硕士，助理研究员，现主要从事核设施退役和放射性废物治理情报研究工作。

续表

国家	现状	管理组织	长期计划	地质类型
芬兰	正在建设。已经于2021年提交运营许可证申请，计划2023年试运行	波西瓦公司（Posiva）	处置乏燃料	花岗岩
法国	计划于2022年年底提交建设许可证申请。建设工作将在监管审查后进行	法国国家放射性废物管理局（ANDRA）	处置乏燃料与高放废物	凝灰岩
德国	积极选址。选址标准正在制定中。在选址过程中，公众会广泛参与。目前已推迟在2031年前确定场址的计划	德国联邦放射性废物公司（BGE）	处置乏燃料与高放废物	花岗岩、凝灰岩或岩盐
匈牙利	积极选址。计划于2032年前确定场址	放射性废物管理公众有限公司（PURAM）	处置乏燃料与高放废物	黏土岩
印度	积极选址。选址活动集中在拉贾斯坦邦（（Rajasthan））西北部地区	印度原子能委员会（AEC）	处置高放废物	花岗岩、凝灰岩或玄武岩
意大利	早期选址阶段	核设施管理公司（SOGIN）	处置中高放废物	
日本	积极选址。计划于2025年确定场址，2035年左右运行处置库	日本核废物管理组织（NUMO）	处置高放废物	花岗岩或凝灰岩
荷兰	决定建设深地质处置库	放射性废物中央组织（COVRA）	处置乏燃料与高放废物	岩盐或黏土岩
罗马尼亚	早期选址阶段	核废物与放射性废物管理局（ANDR）	处置乏燃料与高放废物	花岗岩、黏土岩、岩盐或绿片岩
俄罗斯	已确定处置库场址。正在该场址建设地下实验室。在使用地下研究实验室进行一段时间的研究之后，将开始正式建设处置库	国家放射性废物管理运营商（NO RAO）	处置高放废物	花岗岩
斯洛伐克	积极选址。正在对两个候选场址进行详细的现场调查，预计将于2023年完成	斯洛伐克核与退役公司（JAVYS）	处置乏燃料与高放废物	花岗岩或凝灰岩
斯洛文尼亚	大约2050年开始选址，在克罗地亚或斯洛文尼亚找到一个场址（合作）	放射性废物管理局（ARAO）	处置乏燃料与高放废物	
南非	决定建设深地质处置库	国家放射性废物处置机构（NRWDI）	处置乏燃料与高放废物	
韩国	决定建设深地质处置库。计划2023年启动乏燃料中间贮存设施的选址工作，在2043年之前完成该设施的建设，预计2060年完成永久性处置设施的建设	韩国放射性废物管理局（KORAD）	处置乏燃料与高放废物	
西班牙	决定建设深地质处置库	国家放射性废物公司（ENRESA）	处置乏燃料与高放废物	花岗岩、黏土岩或岩盐
瑞典	深地质处置库建设许可证申请已经获得批准	核燃料与废物管理公司（SKB）	处置乏燃料	花岗岩
瑞士	积极选址。已经提议深地质处置库的场址	国家放射性废物处置合作公司（Nagra）	处置乏燃料与高放废物	黏土岩

续表

国家	现状	管理组织	长期计划	地质类型
乌克兰	决定建设深地质处置库	乌克兰国家禁区管理局（SAUEZM）	处置中高放废物	花岗岩、黏土岩或岩盐
英国	积极选址阶段。自2018年启动新的选址过程以来，已经确立了4个社区伙伴关系	放射性废物管理有限公司（RWM）	处置乏燃料与高放废物	花岗岩、凝灰岩或岩盐
美国	继续建设废物隔离中试厂（WIPP）并计划扩建。计划通过基于社区同意的选址策略，推进建设深地质处置库	能源部（DOE）	乏燃料与高放废物	

下文对一些取得实质性进展的主要核电国家的处置库选址情况及最新进展进行介绍。

2 芬兰

芬兰于2020年完成昂科洛（Onkalo）处置库第一期的建设工作。作为除美国外最早建成深地质处置库，且将第一个进行高放废物深地质处置的国家，具有划时代的意义。

芬兰的深地质处置库选址过程早在1983年就启动了。经过20年左右的调查、审查工作，最终于2004年确定将场址建在芬兰西海岸奥尔基洛托核电站的附近，并获得了建设许可，启动地下实验室的建造。2012年，波西瓦公司提交了处置库的建造许可申请。2015年，芬兰政府为该处置库颁发了建造最终设施的许可。

设施的建设计划分为4个阶段：

（1）第一阶段（2004年）的重点是挖掘通往该设施的大型通道隧道，该隧道向下螺旋延伸至420米（1380英尺）的深度；

（2）第二阶段（2009年）继续挖掘至520米（1710英尺）的最终深度，为了适应处置库的布局，研究了基岩的特性。

（3）第三阶段（2015年）建造处置库。

（4）第四阶段，即封装和掩埋充满乏燃料的区域，原计划在2023年左右开始试运行。

处置库目前仍然处于第三阶段的建造工作。2022年6月21日完成第5条隧道的挖掘工作。这5条隧道耗资5亿欧元（5.2亿美元），总长1700米，可容纳180个处置容器。在最终处置库的100年运行期限内，预计将挖掘100条隧道，总长约35千米。

与处置库配套的乏燃料封装厂也于2019年启动建设，用于对乏燃料进行处置封装，之后直接运往400～450米深的隧道。2022年11月，芬兰废物管理公司波西瓦公司开始对乏燃料封装厂的干燥系统进行调试。

波西瓦公司2021年年底就向政府提交了经营许可证申请。芬兰辐射与核安全局（STUK）表示需要几年的时间来对许可证的申请进行审查，因此，无法确定处置库的正式运行时间。除了审查许可申请外，波西瓦项目的其他监督检查也将继续进行，如检查波西瓦在奥尔基洛托进行的建造和安装工作。除STUK外，欧盟委员会（EC）和国际原子能机构（IAEA）也将进行检查。

芬兰产业与经济部（TEM）将组织针对许可证申请的公众咨询。要求受影响地区的相关组织和市政当局发表声明，并为公民和社区提供表达意见的机会。这些陈述和意见将在审批运行许可证申请时予以考虑。

STUK还将评估该设施的长期安全性，以确保封装厂和处置设施已按计划建造，核设施作为一个整体可以安全使用，并且核设施的人员已接受过安全运行设施的培训，并将监督封装厂和处置设施在其整个使用寿命期间的运行和维护。

3 瑞典

1976 年，瑞典就开始乏燃料处置库选址工作，处置库的选址工作进行了近 20 年，SKB 在各地进行调查，并在 8 个区进行了可行性研究。1986 年，瑞典在 AspO 地区开始勘测工作，并计划在该地建立地下实验室。1995 年建成后，瑞典与加、芬、法、德、日、美、英、西班牙和瑞士等 9 国合作，在 AspO 地下实验室进行多项深地质处置相关试验。2002 年，瑞典筛选出福什马克（Forsmark）和拉克瑟玛（Laxemar，AspO 地下实验室所在地）作为深地质处置库候选场址。2007 年，瑞典选定在福什马克建造乏燃料处置库，并于 2009 年 6 月获得政府批准。处置库将建于在 500 米深稳定花岗岩工程洞穴中，用膨润土作为缓冲回填材料，处置容器由 20 吨的铸铁内构件和 5 厘米厚纯铜防腐外层组成，可包容 2 吨左右乏燃料。

2011 年，瑞典核燃料与废物管理公司（SKB）提交了处置库建造许可证申请。2016 年，瑞典辐射安全局（SSM）依据《核活动法》、土地与环境法庭依据《环境法》审查认可了处置库建造许可证申请。2018 年 1 月，辐射安全局和土地与环境法庭向瑞典政府提交了关于处置库建造许可证申请的声明。

2018 年 1 月和 2020 年 10 月，奥斯卡山市和东哈马尔市都投票批准了处置库。2022 年 1 月 27 日，瑞典政府正式批准了瑞典核燃料与废物管理公司（SKB）的深地质处置库项目。但在瑞典国内针对处置库建设仍然存在一些争议，认为处置的方法存在不确定性。因此，瑞典土地与环境法庭将针对政府对建设许可批准进行详细审查。在 2023 年之前不会启动建设。

4 法国

1976 年，法国成立了国家放射性废物管理局（Andra），负责高放废物和长寿命中放废物处置问题研究。1983 年，法国开始深地质处置库选址，并筛选出 5 个候选厂址。由于未考虑可回取性，最终导致选址失败。

20 世纪 90 年代初，法国颁布了关于放射性废物管理研究的法律，在必要时建立地质处置设施建造的研究。经过地质和公共调查，于 2000 年在默兹省和上马恩省之间的边界建造地下实验室，进行处置库项目可行性研究。2006 年法国通过法律确定了使用深地质处置作为长期管理最危险放射性废物的解决方案，并要求 Andra 设计一个可逆周期不少于 100 年的处置系统。2016 年，法国又通过一项法律确定了 Cigéo 的建造程序。在法律出台的十几年间，法国还公开组织了两场辩论会，由各方代表参与，辩论决定高放废物的管理方式。

经过 30 年的研究和定期评估，Andra 最终于 2023 年 1 月为 Cigéo 深地质处置设施申请了建造许可证。此举是法国政府在官方公报上公布相关的法令决定，标志着 Andra Cigéo 项目许可过程中的一个关键点。

法国 Cigéo 地下设施位于约 500 米的深度，将在其运营过程中进行扩建（主要考虑废物包装将随着时间的推移而逐渐增多）。处置库将包括单独的高放废物和中/低废物处置区，连接漂井和技术设施。处置库设计包括对已经处理的废物包装的潜在回收，并且可逆周期不少于 100 年。目的是确保处置设施在子孙后代中的可逆性。

Cigéo 的地面设施将分布在相距几千米的两个区域，称为坡道和竖井区域。位于默兹和上马恩河之间的坡道区设施将用于接收和检查废物包装，并准备通过坡道将其转移到地下设施。位于默兹的竖井区的设施将主要用于挖掘和建造地下结构及处理斜坡（挖掘产生的岩屑）。地质处置设施包括一个高度工程化的地下拱顶和隧道网络，用于永久处置高放废物。

对于 Andra 提出的建造申请的审查由 ASN 来主导，由其他技术部门辐射防护和核安全研究所（IRSN）进行支持。技术审查阶段将涉及常设专家组，预计审查将持续约 30 个月。协商阶段将收集有关地方和国家当局的意见。计划在 2026 年进行的公开调查将听取公众的意见。整个流程完成后，政府才将颁发许可证。

5 俄罗斯

俄罗斯自 20 世纪 60 年代开始，启动了高放废物处置研究工作。20 世纪 90 年代，俄罗斯计划在克拉斯诺亚尔斯克矿化厂区建造乏燃料贮存设施和后处理厂，并在设施周围 100 千米范围内开展地质处置库选址。2002—2005 年，俄罗斯在叶尼塞地区开展了进一步调查，并于 2008 年提出将该地选作处置库场址。经过地表调查、采矿地质和水文地质调查工作。2016 年，俄罗斯国家放射性废物管理运营商（NO RAO）获得许可证，计划在叶尼塞地区热列兹诺哥尔斯克市建造地下实验室，评估在下卡姆斯克体中放置放射性废物的可能性[3]。

2023 年 6 月，NO RAO 启动了在叶尼塞的地下研究设施的建设工作。计划在 2025—2040 年研究自然和工程安全屏障，处理技术和最终隔离辐照废物及其他影响安全的因素。根据研究结果将阐明岩石的特性和设施的设计，并拟定安全论证，作为决定是否建造深地质处置库的基础。若合适则申请处置库的建造许可，若不合适则将重新进行选址。

6 加拿大

1978 年，加拿大原子能有限公司在联邦政府和安大略省政府的指示下，根据新的核燃料废物管理计划制订了一个处置库计划。地质处置计划是根据加拿大马尼托巴省怀特谢尔地下研究实验室的研究制定的。1994 年环境评估小组在 5 个省（萨斯喀彻温省、马尼托巴省、安大略省、魁北克省和新不伦瑞克省）进行公众咨询后，认为虽然拟议的计划在技术上是合理的，但它没有获得足够的公众支持，因此计划流产。加拿大的处置库工作又回到了起点。

2002 年，加拿大颁布了《核燃料废物法》。这项新立法创建了核废物管理组织（NWMO），以制订加拿大的高放废物计划。2007 年时，NWMO 的适应性分阶段管理计划获得加拿大政府批准。2010—2022 年，NWMO 将候选场址数量从 22 个减少到 2 个，分别是位于伊格纳斯镇西北约 43 千米的雷维尔（Revell）和位于南布鲁斯市蒂斯沃特西北约 5 千米的南布鲁斯（South Bruce）。

2022 年 4 月，NWMO 宣布完成了深层钻孔计划，结束了对两个候选场址地质条件的调查并提取了约 8000 米岩心样本。该计划是加乏燃料深地质处置库选址工作的组成部分。最终于 2019 年年底确定 2 个候选场址。

2022 年 6 月，NWMO 发布《安全信心报告》，介绍两个场址具有相似的安全特征。二者均位于稳定、不易发生地震的岩层中，且岩层均具有足够的深度、宽度和体积，能够满足建设在地下 500 米深地质处置库的隔离要求。此外，这两个候选场址在矿产资源开采方面都不具备经济性，降低了未来人类开采活动破坏处置库的风险。

2022 年 8 月，NWMO 宣布由于部分地区因新冠疫情封控，已将确定深地质处置库场址的时间推迟到 2024 年年底。最终选址完成后，其安全性将通过对处置库设计和安全案例的严格监管审查来确认，监管和许可过程预计耗时 10 年。处置库选址推迟并不影响总体进度计划，目前仍计划于 2033 年启动建设，并于 21 世纪 40 年代初投入使用[4]。

7 日本

在日本的核能发电计划中，自 20 世纪 70 年代末以来，对核电产生的放射性废物，特别是燃料后处理产生的玻璃固化高放废物的安全管理一直是研发的重点。经过 20 年的研发活动，日本发布了关于高放废物地质处置研发的第二次进展报告，表明在日本处置高放废物是可行的，可以在满足某些地质稳定性要求的地点实施处置。在该报告的支持下，日本政府出台了《特定放射性废物最终处置法》，该法规定了地质处置库分文献调查、初步调查和详细调查3个阶段逐步选址的过程。根据该法案还成立了日本核废料管理组织（NUMO）。负责实施高放废物地质处置项目。2002年，NUMO就开始在全国范围内公开征集愿意作为处置库场址的市政当局。其间，经历了公众反对导致申请撤回的情况，日本2014年提出了新的“战略能源计划”，建立一个公众共识的选址机制。随后北海道的两个渔村申请作为候选场址。

2020年11月17日，在获得经济产业省批准的许可后，NUMO启动旨在判断北海道寿都町（Suttsu）和神惠内村（Kamoenai）是否适合作为高放废物最终处置设施场址的评估工作，两者都位于北海道县北海道电力公司Tomari核电站附近。这是日本首次开展此类评估。评估工作分为3个阶段：第一阶段为文献调查阶段，如地质图和科学文献调研，历时2年。之后将进行下一阶段的现场调查。

2022年8月，日本在北海道神惠内村举行了核电厂高放废物地质处置研讨会。自启动处置库场址评估工作以来，NUMO努力通过安排对话活动来促进与当地居民的沟通。迄今为止，日本已在神惠内村举行了8次对话活动。

8 瑞士

近50年来，瑞士一直在寻找处置高放废物的合适场址。瑞士于2008年启动深地质处置库的选址工作。2011年11月提出了6个地点，用于建造2个处置库，其中一个用于中低放废物处置；另一个用于高放废物处置。

2022年3月，瑞士国家放射性废物处置合作公司（Nagra）宣布，已成功完成深地质处置库候选场址的深层钻孔调查工作。调查表明，所有3个候选场址均适合建设深地质处置库。3个候选场址分别为汝拉·奥斯特（Jura Ost）、诺德里奇·拉格恩（Nordlich Lagern）和苏黎世·诺德斯特（Zurich Nordost）。诺德里奇·拉格恩由于距离德国的城镇仅2千米距离，遭到了德国民众的反对。

2022年9月，瑞士国家放射性废物处置合作公司提议将瑞士北部的诺德里奇·拉格恩作为深地质处置库的最终场址。同时，乏燃料封装厂将在现有的乏燃料中间贮存设施场址建设，而不是在处置库现场建设。Nagra预计于2024年向政府提交一般许可证申请。批准预计2030年左右才能进行，政府审查后，将通过全民公投决定处置库最终场址。瑞士的处置库可能还需要30年左右的时间才能处置废物。

9 英国

英国自20世纪70年代开始开展了多次中、高放废物处置库选址，但由于当地政府、公众反对及政治因素等原因，均以失败告终。2001年，英国政府表示将采取新的磋商程序，解决中、高放废物处置库选址的问题。2003年11月英国成立放射性废物管理委员会，以评估长期管理或处置的可用选择。经过评估和公众咨询，2006年7月，放射性废物管理委员会向英国政府提交了对中、高放废物深地质处置的建议，并得到了英国政府的认可和采纳。2006年10月，英国宣布对中、高放废物进行深地质处置。

2008—2018年，英国政府发布了《放射性废物安全管理：地质处置的框架》白皮书、《实施地质处置》白皮书，为深地质处置设施的技术、建造、选址及管理方面提供了框架，并于2018年启动了新的选址程序。

2022年6月，英国宣布已与英格兰东部林肯郡的德尔索普（Theddlethorpe）建立社区伙伴关系，以考虑深地质处置库是否可以安全地建设在海岸之外的海洋地下深处。这是英国重启高放废物处置库选址后建立的第4个社区伙伴关系。另外，3个建立了伙伴关系的社区均位于英格兰西北部坎布里亚郡，分别为中科普兰、南科普兰及阿勒代尔[5]。英国为建立伙伴关系的社区每年提供100万英镑（140万美元）的资金，如果进行深钻孔调查以评估地质情况，则社区每年可获得250万英镑。

2022年11月，英国完成了罗斯曼诺维斯采石场用于地质调查的钻孔的密封工作。2023年，英国开始评估4个伙伴关系社区是否适合作为地质处置设施的场址，并申请在选定场址进行钻孔调查的许可。最终场址确定可能需要10～15年的时间。计划21世纪50—60年代启动处置库的运营。

10 美国

美国废物隔离中试厂（WIPP）是世界上唯一在运的深地质处置库，用于在地下655米处对超铀废物进行处置。而美国的高放废物处置库10多年来一直处于“停滞不前”的状态。

自20世纪50年代以来，美国率先对核废料处置库进行了大部分原始研究，并在新墨西哥州东南部运营了WIPP处置库。1987年修订的《核废料政策法案》的通过指示能源部只考虑内华达州的尤卡山作为乏燃料及高放废物处置库场址。此后由于政府换届、内华达州政府及公众的反对等一系列因素，使尤卡山项目于2009年中止。虽然2013年能源部发布了《乏燃料和高放废物管理与处置战略》，要求重新开展处置库选址工作，但该项目仍然搁置。2017年特朗普政府为获得内华达州的支持，表示不支持尤卡山项目。

美国于2021年年底发布了基于社区同意的选址策略，以促进乏燃料贮存及处置设施的选址。2022年，美国发布了多份与选址相关的公众沟通报告。2023年，美国能源部为由大学、非营利组织和私营部门合作伙伴组成的13个项目团队拨款26万美元，由其帮助能源部征求公众反馈来完善基于同意的选址流程。

11 韩国

韩国原子能研究院于1997年开始了一项长期研发计划，对高放废物处置系统进行开发研究。2007年开发了第一个用于处置国内反应堆产生的SNF的参考深层地质处置系统（KRS）。

2022年7月20日，韩国产业通商资源部（MOTIE）宣布，韩国政府将投资1.4万亿韩元（11.2亿美元）用于高放废物即乏燃料的运输、贮存和处置相关的研发。投资中的5000亿韩元（4亿美元）将用于建设处置地下研究设施。韩国计划2023年启动乏燃料中间贮存设施的选址工作，在2043年之前完成该设施的建设，预计2060年完成永久性处置设施的建设。

受到欧盟2022年7月将核能发电纳入分类法的影响。韩国环境部于2022年9月发布了一份K分类法修订草案，重新将核能纳入其分类法。韩国将核电纳入草案的条件是在2031年之前使用事故容限燃料（ATF），并为建造一个高放废物处理库进行详细规划。这些要求适用于在2045年或之前拥有建设或运营许可证的每个核电站。此外，对于处置库的建设，韩国没有在草案中设定最后期限。

12 德国

德国在20世纪70年代进行深地质处置库选址并确定了戈莱本作为场址候选，这一结果遭到专家、公众等多方的反对，导致选址中止。

2013年德国颁布了法律，规定了处置库选址的法律框架并成立了委员会，制定公开透明的选址流程。2017年修订了《处置库选址法》，重启选址程序，计划2031年确定处置库场址。

2020年9月，德国正式启动寻找高放废物最终处置库，并发布了一份长达444页的清单，并计划在2031年前确定处置库场址，2050年前开始运营处置库。然而，2022年10月，德国环境部报告指出，德国将无法在2031年的最后期限内确定高放核废物深地质处置库场址。

目前德国联邦放射性废物处置公司（BGE）正在进行地球物理勘探方法的研究，并于2023年6月确定了第2个研究领域，用于调查陆地和空中地球物理勘探方法，这些方法后续将用于处置场址可行性研究。

13 总结

高放废物是核能事业发展的必然产物。在世界各地各国的研究也表明后处理产生的高放射性废物适合隔离在一个深地质处置库中。为高放废物寻找一个合适的处置场址是目前各国都在努力的方向。目前取得一定进展的国家，如芬兰、瑞典、法国都是经历了40～50年的勘探、选址、调查这一漫长的过程。处于选址阶段或起步阶段的国家也是经历了多次的失败，又制定新政策新战略，重新进行选址工作。我国的处置库工作起步相对较晚，但经过20余年的研究，基本确定了北山作为深地质处置库的场址，并且已经建造了地下实验室进行进一步的可行性研究工作。处置库的建造后续还需要多方协调配合，我国应关注国际上的相关动态，吸取国外在处置库选址流程、公众沟通方案等过程中的经验教训，加快我国高放废物处置库的落地。

参考文献：

[1] 陈亚君，张雪，陈思喆，等．国外高放废物深地质处置概况［J］．放射性废物管理与核设施退役，2020（5）：1-5.

[2] NWMO. Programs around the world for managing used nuclear fuel ［R］. 2020.

[3] POLYAKOV Y D, PORSOV A Y, BEIGUL V P, et al. Setting up a safe deep repository for long-lived HLW and ILW in Russia: Current state of the works ［R］. 2014.

[4] BRADEN Z, MACFARLANE A. The finalcountdown to site selection for Canada's nuclear waste geologic repository ［J］. Bulletin of the atomic scientists, 2023, 79 (1): 22-27.

[5] METLAY D S. Selecting a site for a radioactive waste repository: a historical analysis ［J］. Elements, 2016, 12 (4): 269-274.

Research on deep geological disposal repositories of high-level radioactive waste in various countries

CHEN Si-Zhe, DENG Chen-yang, ZHAO Yuan

(China Institute of Nuclear Industry Strategy, Beijing 100048, China)

Abstract: Nuclear power generation has experienced more than 70 years of development, all nuclear power countries have a large amount of spent fuel discharged from reactors stored in pools. With the increase of spent fuel discharge, many countries face the problem of insufficient storage capacity. Some countries consider building dry storage facilities to increase storage capacity, but cannot solve the problem fundamentally. Therefore, the construction of deep geological disposal repository of high-level waste has become one of the main goals of all nuclear power countries. Finland has submitted the operation permit application, the government approval will be put into operation of the world's first high-level waste deep geological disposal repository. Sweden follows its step and ready to start the construction of disposal repository. France, Japan, Britain and other nuclear power countries have also made some progress in the site selection of deep geological disposal repositories for high-level radioactive waste. This paper summarizes the developments in the site selection and construction of the high-level radioactive waste disposal repository in recent years, and provides reference for the construction of the high-level radioactive waste disposal repository in China.

Key words: High level radioactive waste; Deep geological repository; Site selection

国外石墨生产堆退役进展研究

陈亚君，陈思喆，邓晨阳，赵　远，肖超凡

（中核战略规划研究总院，北京　100048）

摘　要：为生产核武器制造所需的钚材料，美国、俄罗斯、英国、法国都建造了石墨生产堆。在停止核军工生产后，这些石墨生产堆开始进入退役阶段。各国采取了不同的退役策略，美国对反应堆进行长期封存；英国对温斯凯尔采取立即拆除，对镁诺克斯堆早期选择对反应堆实施135年封存的长期封存策略，但目前希望能够缩短反应堆的封存时间，尽早对反应堆实施拆除；法国坚持立即拆除的策略，但因石墨废物管理问题，推迟了反应堆的拆除，目前正在进行反应堆拆除前准备工作；俄罗斯经过研究分析，决定采用就地埋葬的策略，目前已完成EI-2生产堆的退役，正在开展其他石墨生产堆的就地埋葬工作。本文研究了国外石墨生产堆退役的最新进展，重点介绍了法国G1反应堆和俄罗斯EI-2反应堆的退役实施情况，通过国外石墨生产堆退役经验研究，为我国石墨生产堆的退役提供参考。

关键词：石墨堆；生产堆；退役

20世纪40—60年代，美国、俄罗斯、英国和法国为生产核武器制造所需的钚材料，相继建成一批石墨生产堆。在停止核军工生产后，这些石墨生产堆开始进入退役阶段。随着各国越来越重视遗留核设施的退役，石墨生产堆的退役工作也不断推进。

1　石墨生产堆退役策略

国际原子能机构（IAEA）将核设施退役策略分为3种，即立即拆除（Immediate Dismantling）、延缓拆除（Deferred Dismantling）和就地埋葬（Entombment）。立即拆除是在核设施永久关闭后，尽可能快地拆除，原场址可以有限制或无限制利用。延缓拆除也称安全封存，这是设施在保证安全条件下进行长期贮存，让放射性核素进行衰变，然后再进行拆除活动。就地埋葬是把核设施整体或它的主要部分，处置在它的原有位置或原场址地下，让其衰变到允许从审管控制释放的水平[1]。退役策略的选择受政治、社会、地理、技术、经济等多方面因素的影响，不同国家针对不同设施所选择的退役策略有所不同。

1.1　美国

为进行军用核材料生产，美国在汉福特场址共建造了9座石墨生产堆。最后一座生产堆N堆于1987年关闭。

美国能源部（DOE）对汉福特生产堆退役方案进行了环境影响分析，包括无措施方案、立即整体移走方案、安全封存再延迟整体移走方案、安全封存再延迟拆除方案、就地退役方案，并于1992年发布最终环境影响报告书。1993年，能源部决定将汉福特生产堆先安全封存75年，然后整体移走，将反应堆埋在汉福特场址特建的处置设施中。在安全封存期间，对安全封存体进行监护，每5年进入安全封存体进行目视检查。决策文件中对退役方案选择中考虑的因素进行了总结，如表1所示。

1996年，美国能源部、环保署和华盛顿州生态局三方商讨确定，将汉福特第一座生产堆B堆作为博物馆保留，其余8座生产堆采用延缓退役方案，即安全封存75年后再整体移走埋葬。

作者简介：陈亚君（1988—），男，高级工程师，现主要从事核科技情报研究工作。

表 1 美国汉福特生产堆退役方案分析[a]

方案	退役时间	职业照射剂量/（人·rem）	职业癌症死亡人数/人	总花费（以1990年美元计百万）	1万年后公众剂量[b]/（人·rem）	1万年后公众癌症死亡人数/人	最大井剂量[c]/（rem/年）
无措施	100年	24	0	44	50 000	20	1.2
立即整体移走	12年	159	0	228	1900	1	0.04
安全封存再整体移走	87年	51	0	235	1900	1	0.04
安全封存再拆除	103年	532	0	311	1900		10.04
就地埋葬	5年	33	0	193	4700	2	0.03

注：a. 对8个反应堆总体计算，花费为100年总数额。

b. 转换因子为每1百万人·rem造成400个癌症死亡。

c. 此列值指一个人在1万年间任意时刻引用从处置场附近水井中汲取的水所造成的最大剂量率。

1.2 俄罗斯

俄罗斯在3个场址建造了13座石墨生产堆，其中马雅克生产联合体5座、西伯利亚化学联合厂5座、矿业与化学联合厂3座。大部分生产堆于1992年前关闭，3座堆因提供电力延后至2010年全部关闭。

为了解决石墨生产堆的退役问题，俄罗斯成立了"铀-石墨反应堆退役试验和示范中心"（JSC "PDC UGR"）。该中心接管了西伯利亚化学联合厂的5座石墨生产堆。2009年，PDC UGR根据西伯利亚化学联合厂在开式液体废物贮存中使用黏土屏障的经验，提出了石墨生产堆安地埋葬的退役方案，并被俄罗斯国家原子能公司（Rosatom）批准。2012年，PDC UGR完成了就地埋葬退役的概念设计和可行性研究。

PDC UGR研究，选择就地埋葬退役策略符合ALARA原则，相比于其他退役策略，就地埋葬策略在退役工作期间工作人员的集体照射率、退役工作期间和之后对环境和人类的放射性影响等具有优势，而且就地埋葬退役也更具成本效益。

1.3 英国

英国在塞拉菲尔德场址先建造了2座温茨凯尔石墨生产堆，由于1号堆发生火灾事故，分别于1957年和1958年关闭。后来英国又在科尔德霍尔和查佩克罗斯分别建造了4座镁诺克斯堆，最初用于生产钚，后来转为商业发电用，于2003—2004年相继关闭。

英国的退役策略是在合适的情况下应该尽早开展对核设施的退役，以降低停用核设施的风险。对于发生事故的温茨凯尔1号堆，英国采取立即拆除的策略；2号堆的退役要等待1号堆退役完成，以充分利用1号堆退役的技术。

对于镁诺克斯堆，由于缺乏石墨等废物处置场，英国采取延缓拆除退役策略。早先，英国要求封存135年之后做最终拆除。后来英国核退役管理局（NDA）将镁诺克斯堆安全封存时间改为85年。目前英国的政策是，镁诺克斯堆的退役应该尽快开展，同时考虑安全和经济因素。该政策倾向于立即拆除和延缓拆除的结合。

1.4 法国

法国在马库尔场址建造了3座石墨生产堆，在获得所需的钚后，最后一座G3堆于1984年关闭。

对于核设施退役策略，法国核安全局（ASN）建议采用立即拆除，其主要理由是防止或减轻后代在放射性废物管理及核设施拆除方面的负担，此外，还考虑了其他因素：一是政治和社会经济因素，法国拥有明确和透明的退役监管框架，设立了退役储备金，为退役提供保障；二是技术和运营因素，法国自20世纪80年代初以来实施了一些退役工作，掌握了相关技术和经验。

法国3座石墨生产堆采用立即拆除的策略。退役分为3个阶段：卸料和场址清理、局部拆除、完全拆除。但是由于反应堆中的石墨废物难以处理，所有第三阶段的退役要等到有解决石墨废物处理处置的方案后再进行。因此，目前法国生产堆处于安全封存状态，但与美国和英国的长期安全封存不同。

2 石墨生产堆退役进展

2.1 美国

目前美国已完成汉福特7座反应堆的安全封存。

C堆于1998年完成安全封存，是第一个进入安全封存的反应堆，也是外部设施拆除和堆芯安全封存体建造的技术示范项目。安全封存体的设计要求拆除反应堆建筑物上的所有现有钢结构，并安装新的钢结构[2]。根据项目教训，应当在安全封存体的设计中尽可能利用现有的钢结构，以减少工作量和节约成本。DR堆和F堆分别于2002年和2003年完成封存。项目实施借鉴了C堆安全封存的经验，但是建筑承包商遇到了可施工性低效的问题，主要是因为设计的安全封存体屋顶有很多棱角，应设计更简单的安全封存体。D堆安全封存体的设计消除了许多屋顶棱角并简化了可施工性，并于2004年完成了封存。H堆于2005年完成封存，安全封存体的设计增加了新钢结构、屋顶和壁板材料的数量，将安全封存体建成了一个简单的直线结构，具有最小的棱和角，增加了材料的成本，但简化的结构降低了劳动力成本并且抵消了增加的材料成本。N堆是汉福特9座生产堆中唯一的两用堆，于2012年完成封存，其安全封存体是最大的，包围了N反应堆厂房和蒸汽发生器厂房。KE堆于2022年完成封存。安全封存体采用新的独立式结构，能够更好地保护反应堆，并减少对屋顶的维护需求，节约了成本。

汉福特还剩最后一座生产堆KW堆正在进行安全封存，计划2030年完成。

2.2 俄罗斯

根据石墨生产堆就地埋葬退役设计，俄罗斯于2015年完成西伯利亚化学联合厂EI-2反应堆的退役。2019年，俄罗斯拨款2.88亿卢布，用于ADE-4和ADE-5的退役，2022年拆除了相关的设施和管道，目前仍正在实施中。

马雅克生产联合体已关闭的5座石墨堆目前还处于安全监控状态，正在对反应堆就地埋葬退役策略进行评估，具体退役时间未定。矿业与化学联合厂已关闭的3座生产堆，目前也正处于安全监控状态，其退役策略还未确定。

2.3 英国

2.3.1 温茨凯尔堆

温茨凯尔1号堆和2号堆在关闭之后，2号堆完全卸料，而1号堆除15吨的污染燃料外，其余也都移除。随后，两座堆都进入安全维护与保护期，定期对其检查，以确保没有放射性物质释出，一直到20世纪90年代初。

1993年，两座堆开始退役。由于温茨凯尔1号堆是事故反应堆，退役更加复杂。退役主要分为两个阶段：第一阶段退役主要是改善设施的安全性，为后续工作提供支持；第二阶段是对设施进行拆除，实现完全退役。第一阶段工作涉及安装通风设备和堆芯监测系统、密封生物屏蔽，以及去除输水管和风管中石棉，并对1号堆的受损范围进行调查评估。该阶段退役于1999年完成[3]。

随后，现场开始退役烟囱和乏燃料贮存水池。1号堆烟囱在火灾事故期间捕获了95%的放射性烟尘，放射性污染使其退役更具挑战性。2003年由于现场发生人员安全事件，退役工作被迫停止。2014年，烟囱退役重新开始。2021年，通过塔式起重机和金刚石线锯等，完成了烟囱顶部扩散器的拆除，目前正在对烟囱其余部分进行拆除。乏燃料水池正在进行乏燃料和污泥废物回取，待所有废物清理完成之后，将排空水池中的水，为设施的最终拆除做准备。预计水池的退役将于2039年完成。

2.3.2 镁诺克斯堆退役

科尔德霍尔4座反应堆由塞拉菲尔德公司负责退役。反应堆于2003年3月关闭，到2010年拆除了相关辅助设施，2011年开始卸料，2019年9月完成最后一批乏燃料的卸料。目前，正在对科尔德霍尔进行运行后清理，计划至2027年拆除至只剩下4座反应堆厂房。随后将对这些反应堆进行长期安全封存，至2105年开始对反应堆进行拆除，2112年完成退役。

查佩克罗斯4座反应堆由镁诺克斯公司负责退役。反应堆于2004年2月关闭，2007年完成冷却塔拆除，2013年完成反应堆卸料工作。目前正在场址内建造中放废物贮存设施。镁诺克斯公司认为，不同的场址应选择具有不同推迟期的延期拆除，目前正在对镁诺克斯堆退役策略进行审查。因此，查佩克罗斯反应堆的长期安全封存和拆除时间仍有待确定。

2.4 法国

G1堆的退役于1969年开始，G2和G3堆的退役于1986年开始，均进行了退役第一阶段的设施清理和第二阶段的局部拆除，主要拆除反应堆外部设施，并确保反应堆的封存。G1堆于20世纪80年代完成第二阶段退役，G2和G3堆于1996年完成该项工作。

原计划石墨废物处置库于2019年投入运行，2020年开始3座反应堆的第三阶段退役，即完全拆除，并预计2035年完成拆除。由于石墨废物处置库未能按计划建成，法国原子能与可替代能源委员会（CEA）决定推迟拆除G1、G2和G3堆。为进行未来退役战略的规划和实施，目前，法国原子能与可替代能源委员会正在对G1堆情况进行调查。

3 石墨生产堆的退役实施经验

3.1 俄罗斯EI-2堆就地埋葬退役[4]

EI-2堆的实际退役工作于2008年开始，一直持续到2015年，其中主要工作包括：

- 工程概念设计；
- 作业效能设计和安全评估；
- 除反应堆屏蔽室内固定结构之外其他系统和设备的解体和拆除；
- EI-2场址内贮存室容器中贮存的放射性废物的移除；
- 搭建建筑物、设备和通信线缆等相关准备工作，并配置安全屏障；
- 在反应堆屏蔽室和屏蔽室周围空间建造黏土基质安全屏障；
- 反应堆厂房拆除；
- 采用多层天然材料（山丘等）覆盖于处置场址以建造安全屏障系统。

3.1.1 地质屏障材料

EI-2堆的安全屏障系统包括停堆时已建成的屏障和在反应堆退役过程中新建造的屏障。前者包括围壁、反应堆屏蔽室的混凝土墙、建筑厂房、石墨块；后者包括反应堆内的灌浆、反应堆内部空间和反应堆屏蔽室周围空间的黏土基质屏蔽材料、辐射防护层（一层含有黏土的复合天然材料）。

地质屏障材料必须与反应堆所在地质环境（如地质材料和地下水）相适应，否则将降低屏蔽能力，不能有效阻止放射性核素迁移。在EI-2堆所在场址及区域，黏土是最常用的围壁成岩材料。在西伯利亚地区的天然土壤中经过几百万年地质周期的作用，黏土的性能和成分的均匀性相对较好，证明该材料能够与地质介质达到平衡状态。研究结果表明，含有大量黏土成分的天然材料能够满足屏蔽要求。在填充蓬松材料后，可降低介质的扩散性，并且能够吸收放射性石墨中含有的不同放射性核素。因此，根据西伯利亚地区的黏土和矿产条件研发了相应的屏蔽材料。

3.1.2　无缝填充

为实现反应堆内空间和腔体的密实填充，需采用干黏土基质混合材料作为屏蔽材料进行填充。利用不同进料和加密固化方法填充反应堆内的腔体和空隙，包括用蓬松材料加料后自密实、加压加料后自密实、旋转加料后密封。

选择填充方式时考虑待填充空间的形状和体积，以及工艺设备的可达性。反应堆屏蔽室空间的密实填充按照以下步骤逐步完成：首先填充反应堆内金属支撑构件周围的空间，其次填充反应堆安全壳和生物屏蔽层之间的侧面空隙；再次填充反应堆安全壳；最后填充反应堆结构上部空间。

3.1.3　长期监测

为了检测就地埋葬设施性能，设置了 3 个检测通道，以监视屏蔽材料性能是否稳定。检测通道呈管状，安装在 3 个部位，分别位于反应堆堆芯、反应堆安全壳及生物屏蔽层和反应堆屏蔽室之间的区域。监测的基本参数包括湿度、收缩能力、密度、黏土基质屏蔽材料的孔隙率、金属构件的位置、孔隙等。通过得到的监测数据，可确定物理性质的稳定性、孔隙的形成及长期屏蔽材料的出水情况等。为满足上述要求，设计了由 γ 源、中子-中子、中子- γ 测井组成的专用扫描设备。扫描可沿着测量通道逐步完成。反应堆内放射性最强部位金属构件的位置如果发生任何变化，均可通过 γ 射线进行监测。湿度、密度、屏障材料出水情况可通过中子- γ 测井监测。

3.2　法国 G1 堆退役

3.2.1　反应堆安全关闭

自 1968 年开始，首先进行了 G1 堆的安全关闭。停堆后卸出了全部燃料元件，将控制棒保留在反应堆内，以减少安全风险。在此期间，为后续阶段的退役进行了大量准备，包括拆除了上部冷却回路系统等。

根据法国核安全局的要求，还开展了以下工作：①清理现场所有放射性废物，并对其包装、运输；②对反应堆所有冷却孔道排空、去污和涂漆；③在装、卸料面安装实物屏障，以防止人员误进入。

3.2.2　拆除局部设施

该阶段的主要任务是将堆本体的所有开口进行堵塞，然后再进行堆芯封闭，并拆除相关设备、清理现场，以便为后续工作提供条件。

1979—1981 年开展了堆芯封堵工作，主要包括装、卸料工作面，两旁的测量孔道，各竖井及两个水平的冷却室。随后开展了相关去污和拆除工作，主要包括：①封隔反应堆的烟囱（用金属板）；②对反应堆主回路进行去污，用等离子体切割技术拆除过滤器；③拆除蒸汽发生器并吊运运出；④用金刚丝锯切割，拆除下部冷却水回路。

上述退役活动后，堆芯处于静止密封状态，只通过过滤器与外界交换空气。在该阶段，定期对堆芯进行检查。

3.2.3　反应堆调查

1969 年，基于材料中杂质的活化程度，采用常规方法评估了反应堆的放射性存量，建立了反应堆的放射性清单。2009 年，法国原子能与可替代能源委员会决定启动针对 G1 堆的大型调查计划，以明确放射性废物清单并确定废物处理处置路线，了解反应堆结构的老化情况，积累制定退役方案所需的反应堆知识信息[5]。

为了防止放射性传播释放，首先安装了特定的通风管，以对反应堆及相关管线进行减压和通风，并收集了原有两条排气管道中的空气，监测其中气体的放射性含量。

随后，打开反应堆通道的密封板，使用乙烯基套管与通道入口相连接。套管另一端连接手套箱，手套箱为晶体状乙烯基壁的金属结构。在手套箱里，使用专门设计的通道取样工具，将切割机伸入通道中，进行钻孔取样。然后将通道取样工具从通道中取出，以手动收集样品。每个通道采样 6～8 次，共收集了 8 个通道的 57 个石墨样品。另外在 4 个通道进行了目视检查和放射测量。

观测结果与预计一致，除 19.13C 通道中燃料筒燃烧导致石墨降解外，其余石墨处于完好保存状态。对采集的样品已经进行分析，测量并更新了活化产物 H-3、C-14、Cl-36、Co-60 等核素的含量。测量显示，石墨中的放射性显著减少，特别是 Cl-36。样品的原位测量和无损分析［γ 和 β-能谱，数字放射自显影术（MAUD）］表明，石墨块中的剂量率小（<100 μGy/h），污染水平很低。检查结果为后续反应堆的拆除方案提供了源项数据。

3.2.4　放射性石墨处理

G1 堆退役面临的难题是放射性废石墨的处理、整备和处置。法国在石墨处理技术方面的研究走在世界前列，开发了多种废石墨处理技术，如热解蒸汽重整技术、激光技术、流化床焚烧技术等。重点研究了流化床焚烧处理技术，中间规模的流化床焚烧石墨装置已经在法国的 Le Creusot 厂成功运行，焚烧了 20 多吨废石墨。法国研究了激光焚烧新技术，建成了中间规模试验装置。尽管从技术上已经基本解决了石墨处理难的问题，但法国目前还没有明确表示要对石墨进行焚烧处理。

4　小结

各国针对石墨生产堆退役采取了不同的策略。美国采取长期封存策略，已完成 8 座反应堆中 7 座的安全封存。俄罗斯采取就地埋葬的策略，已完成 EI-2 堆的退役，正开展另外两座堆的就地埋葬。英国对发生事故的温斯凯尔堆采取立即拆除，对镁诺克斯堆采取尽早拆除的延迟退役。法国采取立即拆除的策略，但因石墨废物管理问题，推迟了反应堆的拆除。目前来看，俄罗斯和法国的石墨生产堆退役走在世界前列。但俄罗斯的退役策略选择受场址和地质条件影响较大。法国石墨堆推进立即拆除，一方面是坚持不将负担留给后代的退役理念；另一方面也得益于其在放射性废物处理和设施拆除的先进技术和丰富经验。

我国应根据石墨反应堆的特点和场址地质条件，因地制宜，制定适合我国石墨生产堆情况的退役策略。同时，应加强放射性石墨调查、拆除、处理、处置相关技术发展，为退役方案的制定和最终实施提供参考和保障。

参考文献：

［1］　邓浚献，赵华松，郝文江，等．大型石墨反应堆退役策略研究［J］．核安全，2007（3）：27-29.

［2］　王海良．汉福特场区反应堆安全封存分析［J］．中国核电，2014，7（3）：275-279.

［3］　王永仙，安凯媛，刘东．钚生产堆退役简介［J］．辐射防护通讯，2013，33（1）：34-38.

［4］　PAVLIUK A O，KOTLYAREVSKIY S G，BESPALA E V，et al. Experience of on-site disposal of production uranium-graphite nuclear reactor［J］．Journal of environmental radioactivity，2018，184：22-31.

［5］　GOUTELARD F，ALLEGRE G，ORCEL H，et al. Investigation program of the G1 reactor：towards better knowledge to prepare dismantling operations-23388［C］．WM Symposia，Inc.，PO Box 27646，85285-7646 Tempe，AZ (United States)，2023.

Research on progress of foreign graphite-moderated production reactors decommissioning

CHEN Ya-jun, CHEN Si-zhe, DENG Chen-yang,
ZHAO Yuan, XIAO Chao-fan

(China Research Institute of Nuclear Strategy , Beijing 100048, China)

Abstract: In order to produce the plutonium materials for nuclear weapon manufacturing, graphite-moderated production reactors were built in the United States, Russia, the United Kingdom, and France. After the cessation of nuclear military production, these graphite-moderated production reactors began to enter into decommissioning. Different decommissioning strategy was chosen for each Country. The United States U. S. implements long-term storage for graphite-moderated production reactors; in the early , the United Kingdom chosen to long-term storage about 135 years for the graphite-moderated reactors, but now hopes to shorten the storage time and dismantle them as early as possible; France insists on immediate dismantling. However, due to there is no proper path for graphite waste management, the dismantling of the reactor has been postponed, and the preparations for the dismantling of the reactor are currently underway; after research and analysis, Russia has decided to adopt the strategy of burial in situ. The decommissioning of the EI - 2 production reactor has been completed and is being carried out In situ burial of other graphite moderated production piles. This paper studies the latest developments in the decommissioning of foreign graphite-moderated production reactors, focusing on the decommissioning implementation of the French G1 reactor and the Russian EI - 2 reactor. Through the research on the experience of graphite-moderated production reactors decommissioning in the foreign, it provides a reference for the decommissioning of graphite moderated production reactors in my country.

Key words: Graphite moderated reactor; Production reactor; Decommissioning

国外放射性废物处置库选址补偿研究

邓晨阳[1]，王赛男[2]，肖朝凡[1]，陆　燕[1]，陈亚君[1]

（1. 中核战略规划研究总院，北京　100048；2. 中核矿业科技集团有限公司，北京　101149）

摘　要：随着体制改革和选址责任主体的改变、法规制度的完善，以及邻避效应等因素的影响，放射性废物处置库选址面临的困难越来越多。为解决“邻避效应”问题，许多国家制定了适当的补偿激励措施，以推动废物处置的进程。本文对国际上多个国家的放射性废物管理设施的选址补偿策略进行研究，总结各国的选址补偿谈判过程、补偿方式和补偿效果。研究结果表明，制定适当的补偿措施可明显提高公众接受度，加快放射性废物处置库选址进程。

关键词：放射性废物；处置库；选址；补偿

从 20 世纪 70 年代中期开始，放射性废物处置设施选址引发的一系列邻避冲突开始在美国、英国、瑞典、荷兰等国中逐渐突出。为了换取当地社区对建设、扩大或者运营处理设施的许可，对当地社区进行补偿的做法已经变得越来越流行。法国通过立法规定补偿措施，已经成功选定深地质处置库场址，瑞典、芬兰等国通过谈判确定选址补偿措施，并成功确定深地质处置库场址，英国正在实行新的深地质处置库选址策略，并建立了完善的选址补偿机制[1]。总之，为解决“邻避效应”问题，很多国家制定了适当的激励措施，以推动废物处置的进程[2]。本文对国际上多个国家的放射性废物管理设施的选址补偿策略进行了研究，总结了各国的选址补偿谈判过程、补偿方式和补偿效果。

1　选址补偿方式

国外向放射性处置库选址社区提供的补偿大致可分为 7 种类型[3]。

1.1　设施本身的直接和间接收益

处置库设施的直接和间接收益一般包括就业及当地采购和分包。在某些情况下，处置库设施将在施工期（5～10 年）内创造大量就业，并在随后的整个运行期间（通常预计为 30～100 年）持续产生就业机会。在其他情况下（尤其是深地质处置库），施工期较长，甚至可能与设施运行同时进行。在相对较小的社区，废物管理设施对当地就业率的影响可能是巨大的。例如，在美国废物隔离中试厂（WIPP）所在地的卡尔巴斯德，约 1/5 的当地劳动力受雇于 WIPP，约占当地工资总额的 1/4。

1.2　对当地基础设施的额外投资

在相当多的国家，政府会对建库社区进行基础设施的具体投资。大部分投资与交通改善、公用设施升级和翻新有关。道路改善和公用设施升级通常与处置库直接相关，建筑物的修复往往更具有明显的额外效益。

1.3　附加值

对于此类福利，一般是指创造额外的经济、社会、文化或其他本地活动的举措。这些活动不一定与设施直接相关，可以是附带的研究和开发活动。附加活动包括培训和研究中心、会议中心、医疗中心（西班牙）、档案馆（法国）、环境监测站（法国）、通信和科学中心（比利时）、当地自然保护区信息中心（西班牙）和原型生物质量燃料设施（法国）等。然而，游客中心通常不被视为独立的基础设

作者简介：邓晨阳（1996—），男，硕士，研究实习员，现主要从事退役治理科技情报调研工作。

施或活动，而是设施的一个组成部分。虽然它们也可以提供一些更广泛的社区或其他服务（如会议），但它们往往与处置库密切相关，并位于处置库现场。例如，芬兰在深地质处置库现场开设了一个参观中心，每年通过有组织的参观接待 20 000 名游客。

1.4 具体补贴和拨款

补贴和拨款类别包括对教育项目的投资等福利（如西班牙和美国），对社会文化机构和项目的补贴（如德国、美国、日本和英国），支持具有经济目的的特定项目（如加拿大、美国）和与房地产价格有关的承诺（如加拿大和瑞典）。在某些国家，一种特殊类型的补贴或拨款是与环境监测、自然保护、环境改善和健康研究相关。

1.5 通过培训和后勤提供支持

在培训和后勤方面，相关举措包括应急响应培训和地方辐射防护培训、向当地消防部门和技术服务部门提供设备。在发展当地商业和促进区域就业方面，相关举措通常包括以各种方式向当地公司提供培训和支持，以更好地满足采购要求、保存和转让运营专利技术及建立废物管理人才中心。

1.6 促进地方发展的社区基金

几乎所有国家都有为处置库社区设立地方发展基金，重点是发展地方经济、就业和福利。大多数基金在地方社会经济发展领域有着广泛的应用。在西班牙、瑞士和加拿大，资金直接提供给有资格的市政当局，且似乎没有对如何使用资金做出限制。

1.7 税收作为特殊类型的社区福利

在大多数国家，税收不作为社区福利的一种形式。但大多数国家都建立了某种形式的核废物管理基金，这些基金的筹资机制大多是以税收为基础的。

然而，在一些国家对核活动有具体的征税。例如，法国 2006 年《关于放射性材料和废物可持续管理规划》规定，对基本核设施征收额外的国家税，以便为研发活动提供资金，并支持地质处置库项目。芬兰在全国范围内对核设施适用特定的财产税税率，这些税率被视为当地社区一种特殊类型的经济利益。

2 国外选址补偿经验

2.1 美国

尽管美国尤卡山处置库项目失败，但美国的法案对于深地质处置库选址补偿有具体的规定。美国政府制定了一系列激励措施以解决当地政府和居民的“邻避效应”问题。《综合环境响应、赔偿和责任法》建立了比较完善的有害物质污染的响应、责任、补偿机制，确立了超级基金制度和综合补偿政策。

对于高放废物，《核废物政策法修订案》（简称《修订案》）授权 DOE 每一财政年度支付一笔费用给处置场所在州或地方政府，其数额按 DOE 商业活动的税率计算。《修订案》规定在尤卡山高放废物处置厂选址、建造及运行过程中，每年为尤卡山提供 1000 万美元的补偿金，在处置库运行期间中每年提供 2000 万美元的补偿金。《修订案》规定在中间贮存设施收存废物前每年补偿该设施所在区域 500 万美元，在运行期间每年补偿 1000 万美元。

对于低放废物，《低水平放射性废物政策法修订案》允许各协议州收取附加费，用于减轻对低放废物处置场所在州的影响。例如，美国中西部州际协作体、东南部州际协作体、中央州际协作体、东北部州际协作体都采取了为所在地居民房地产价值担保，实行免税等一系列激励措施[4]。

2.2 法国

法国目前在默兹与上马恩省的布雷（Bure）建设深地质处置库，在奥布省的 Morvilliers 处置库（Cires）和 Soulaines-Dhuys 处置库（CSA）对极低放废物和短寿命中低放废物进行近地表处置。法国通过税收保障放射性废物的妥善处置，包括基础核设施税、放射性废物附加税（即“研究”税、“经济激励”税和“技术扩散”税）及用于放射性物质和废物的可持续管理的特别缴款等。除此之外，法国法律授权由核电运营商直接为当地政府提供激励。例如，深地质处置库项目中为默兹和上马恩两个省提供 3000 万欧元/年；奥布省项目建造期间，累计经济补偿达到 880 万欧元，建成后为当地社区提供了新的就业机会、税收等，为当地带来了巨大效益[5]。

法国深地质处置库的选址补偿措施主要有以下 4 种形式。

（1）通过默兹省和上马恩省的公共利益组织（GIP）

2000 年，默兹省和上马恩省根据 1991 年法案成立了各自的公共利益组织，组织每年可获得 910 万欧元的资助，2007 年这笔资助增长到 2000 万欧元，2017 年增长到 3000 万欧元。2006 年法案规定，福利预算应致力于促进当地经济和就业，主要投资于距离 Bure 地区最近的社区。自从 2006 年法案颁布之后，伴随着地下实验室的运行，被认定为与 Bure 地区相关的 300 多个社区获得了资助。这些资金目前主要用于当地的通信和交通基础设施重建、培训研发和技术转让、发展旅游经济及可持续发展等方面。

（2）布雷（Bure）的地方联络委员会（CLIS）（以法律为基础）

CLIS 作为利益相关者参与的论坛，并开展具体的调查和信息活动。CLIS 年度预算约为 30 万欧元。深地质处置库地下实验室周围 10 千米范围内的市镇每年还可获得人均约 400 欧元的固定付款，他们可以自行决定使用。

（3）废物产生者的自愿支持

国家大力鼓励来自工业界的自愿支持。废物产生者［欧安诺（前身为阿海珐）公司、法电集团和法国原子能委员会］自 2006 年以来一直向当地企业提供培训，为创造就业投资提供参与性贷款，支持能源效率和可再生能源投资，并共同资助与核有关的高中课程。这 3 个组织宣布，在 2006—2016 年共直接提供了 1.595 亿欧元，支持或创造了 2381 个就业岗位，并为总共 132 家本地公司创造了 3.123 亿欧元的收入。

（4）税收

与法国其他核设施一样，处置库运行后将使市政当局有权获得税收。根据财政部的估计，从 2027 年起，深地质处置设施将产生 4300 万欧元的年度税收，在计划的 125 年（2020—2144 年）建设和运营期间总计产生 55 亿欧元的税收。

2.3 英国

英国自 2018 年重启深地质处置库选址后，开始在各地建立社区伙伴关系，并给予一定的补偿。英国目前已经建立了 4 个社区伙伴关系，并制定了具体的选址补偿策略。

2.3.1 参与选址资金

参与选址资金将在选址过程中提供。它的目的是支持工作组和社区伙伴关系的活动。参与选址的资金旨在支付社区伙伴关系参与活动、信息收集和可能需要的支持服务的费用。它将用于支付与社区伙伴关系运作有关的行政费用和支付社区投资资金。它还将支持利益相关者论坛，提供建设性的指导和挑战，以确保所有的公众声音都被听到，并在可能的情况下进行协调。

通过参与选址资金，社区伙伴关系参与信息收集活动的类型包括：社区了解地质处置的活动；委托编写关于具体问题的报告；获得独立的科学和技术咨询；文化传播活动，如利益相关者论坛、网站、信息传单、社交媒体及外联和信息活动。参与选址资金还将用于支付参与社区伙伴关系工作的个人的合理自付费用（如出席会议的差旅费）。

2.3.2 社区投资资金

（1）资金概述

除了参与选址补偿外，英国还将为选址区域内的社区和潜在的处置库建设社区提供社区投资资金，并为最终建设处置库的社区提供大量额外投资。

深地质处置库是一项数十亿英镑的基础设施投资，很可能对当地经济产生积极影响。英国估计，深地质处置库将为当地提供100多年的就业和福利。在项目期间，公司每年将直接雇佣约600名技术熟练、待遇优厚的员工，在建设和早期运营期间，员工人数将增加到1000多人。

深地质处置库还可能涉及对当地交通设施和其他基础设施的重大投资，并在工业、当地教育资源和当地服务业中创造二次效益。然而，这些好处在数年内都不会实现。政府因此向那些形成社区伙伴关系并参与这一进程的社区提供社区投资资金。

一旦形成社区伙伴关系并签署社区伙伴关系协议，社区就可以获得投资资金。只要社区仍在选址过程中，并继续通过活动计划展示参与，投资资金就会持续提供。在选址过程的早期阶段，英国政府承诺每年为每个社区提供高达100万美元的社区投资资金。若社区愿意进行深钻孔调查，以评估场址的地质适宜性，则该社区每年将获得250万英镑的社区投资资金。

（2）社区投资资金的用途

英国规定社区投资资金的使用必须符合《公共资金管理》中规定的物有所值的最佳做法，并符合其他法律要求。

这些资金具体可用于以下项目、计划或倡议：

① 改善社区福利，如改善社区设施，提高社区的生活质量或健康和福利；改善自然和建筑环境，包括文化和自然遗产，特别是在经济效益可得到证明的领域，如旅游业。

② 提供经济发展机会，如就业机会、创造就业机会、技能发展、教育或培训、促进当地企业、长期经济发展或经济多样化。

社区伙伴关系将需要考虑这些原则及任何地方经济愿景和社会经济战略或计划，以制定当地具体的资助标准。但是英国规定社区投资基金不得用于填补地方政府预算的不足。

（3）社区投资资金的管理

英国政府希望社区投资基金由第三方管理。这是为了提供额外的透明度。管理资金的第三方必须具有法人资格。如果社区伙伴关系愿意，可以使用一个适当的现有社区或公共机构来管理这些资金，条件是该机构具有必要的技能和资源、法人资格，而且任命符合所有有关的采购规则。

社区投资资金将每年提供一次。如果社区或选址机构退出选址过程，社区投资基金将在该社区终止。

2.3.3 最终处置库场址社区的重大额外投资

英国政府将为最终被选中建设深地质处置库的社区提供额外的投资。大量的额外投资将取代社区投资基金。这项额外的投资将提高举办国家重大基础设施项目所固有的显著经济效益，并认可社区对国家利益的长期承诺。投资包括改善当地教育和技能、改善交通基础设施或改善娱乐设施。这一额外投资将与其他国际深地质处置库项目的投资相当。

2.3.4 财产补偿

英国政府认识到社区可能关心地质处置基础设施可能对当地财产价值的影响。大多数大型基础设施项目都会为因新建设施而遭受财产价值影响的当地居民和业主提供补偿。

英国将在选址过程中与社区合作伙伴合作，评估是否可能对当地房地产价格产生影响，并考虑是否适合制订房地产支持计划。一旦这项评估工作完成，就会做出决定，并为每个社区采取适当的方法。

2.4 韩国

2.4.1 情况概述

韩国在没有对激励政策实施立法之前，1986—2004年经历了9次选址失败，中、低放废物处置设施及乏燃料贮存设施迟迟不能落地。2005年3月31日，韩国颁布《关于支持低、中放废物处置库建库地区的特别法令》（简称《法令》），给予建库地区财政支持等实惠政策。2005年11月，经居民投票选定庆州市作为场址，仅仅历时8个月[6]。

2.4.2　政府支持政策

根据《法令》，韩国政府为处置库建库地区提供了很多支持政策，包括为建库地区提供4个特别支持项目和55个一般支持项目。

（1）特别支持项目

韩国在当地建立4个特别支持项目：为当地提供“特别支持金”；给予废物处置补贴；将韩国水电核电公司总部搬到建库地区；在建库地区实施质子加速器项目。

根据《法令》，政府在处置库运营之前，需要向处置库建库地区支付一笔数额为3000亿韩元（约2.7亿美元）的“特别支持金”。每当废物产生者将放射性废物转交给处置库时，要向建库地区提交补贴，补贴金额按照每个废物桶（200 L）63.75万韩元（约580美元）的单价缴纳，对200 L以外的包装单位，按容量进行调整。在这部分补贴中，75%交给庆州市政府，25%交给放射性废物管理局，用于实施对当地的支持项目。补贴由废物产生者全额交付给放射性废物管理局。放射性废物管理局在收到这部分资金后，以季度为单位，自下个季度开始之日起5日内将75%资金汇给当地政府。

（2）一般支持项目

为吸引地方建造低、中放废物处置库，地区支持委员会审议通过了55个一般支持项目。这些项目将在2007—2035年完成，由10个中央政府部门负责具体实施。55个项目总预算32 253亿韩元（约27.95亿美元），其中中央政府承担27 276亿韩元、地方政府承担3130亿韩元、核电企业承担1847亿韩元。

2.5　芬兰

芬兰于2021年年底提交了翁卡洛（Onkalo）深地质处置库的运营许可证申请，原计划于2023年开始试运营处置库。芬兰法律没有规定对建设深地质处置库的地区进行直接的奖励和补偿。芬兰目前的处置库选址补偿是通过谈判达成协议的。根据协议，相关企业会向建库社区市政当局纳税。在芬兰，核设施缴纳的税率（2018年在建库当地为3.1%）远高于一般工业设施（2018年为0.93%～2%），作为一种非货币形式的补偿。此外，Posiva公司需要将其总部从赫尔辛基迁至埃乌拉约基地区[7]。

2.6　瑞典

瑞典已经获得了深地质处置库的建设许可证。在瑞典，废物管理公司SKB于2009年选择位于东哈马尔市（Osthammar）的福什马克（Forsmark）作为深地质处置库的场址。然而，瑞典的乏燃料封装厂在奥斯卡港市（Oskarshamn）的乏燃料集中贮存设施（Clab）的基础上建设。因此，这两个城市都被认为是瑞典核废物管理系统的组成部分。经过谈判，瑞典应该为这两个城市均带来某些“附加值”。瑞典没有为每个相关社区设立专门的基金，而是商定在设施开始运营之前的一段时间内创造高达15亿～20亿欧元的附加值。投资主要集中在基础设施和发展当地劳动力市场等领域。在选址之前，各方达成了协议，25%的金额将投资于处置库设施所在的社区（东哈马尔市），75%将投资于其他社区（奥斯卡港市）[8]。

3　小结

在放射性废物管理设施选址方面，会面临“邻避效应”的问题，与利益相关者沟通选址补偿措施，通常被认为是解决“邻避效应”问题的方法之一。新建核设施在增加当地就业、采购和潜在的附带利益方面对当地经济是有益的。人们也越来越同意建设放射性废物管理设施（尤其是最终处置库）的社区有权获得增值措施，以发展其社会和经济福利。但不同国家的社区福利与补偿措施差别很大。有些国家明确提到利益是“补偿”，而另一些国家则强烈反对这种说法。然而，不管补偿的构成方式如何，不同形式的社区福利通常超出了设施本身的直接和间接利益。

纵观国际案例，选址补偿的性质和范围主要是通过执行者和建库社区之间的谈判确定的。在任何情况下，这些谈判都以某种方式构成了设施选址程序的一个组成部分。该谈判一般与初步现场调查和可行性研究同时进行，但不一定是正式的。在大多数情况下，关于社区福利的谈判是在发放许可证之前完成的。

参考文献：

[1] BRUNNENGRBER A，NUCCI M R D，ANA M I L，et al. Challenges of nuclear waste governance：an international comparison volume Ⅱ [M]. Wiesbaden：Springer VS Wiesbaden，2018.

[2] KOJO M. Compensation as means for local acceptance the case of the final disposal of spent nuclear fuel in Eurajoki，Finland [C]. Waste Management 2008 Conference，February 24 - 28，2008，Phoenix，Arizona，USA.

[3] NUCCI M R D. Voluntarism in siting nuclear waste disposal facilities：just a matter of trust? [C]. Springer VS，Wiesbaden，2019. https：//doi.org/10.1007/978 - 3 - 658 - 27107 - 7_9.

[4] SEIDL R，KRUETLI P，MOSER C，et al. Values in the siting of contested infrastructure：the case of repositories for nuclear waste [J]. Journal of integrative environmental sciences，2013，10 (2)：107 - 125.

[5] KOJO M，RICHARDSON P. Stakeholder opinions on the use of the added value approach in siting radioactive waste management facilities [C]. International Conference on Environmental Remediation and Radioactive Waste Management. American Society of Mechanical Engineers，2014.

[6] BERNHARD C. Siting considerations for consolidated storage of used fuel in the United States [J]. Waste Management 2015 Conference，March 15 - 19，2008，Phoenix，Arizona，USA.

[7] KOJO M，RICHARDSON P. The use of community benefits approaches in the siting of nuclear waste management facilities [J]. Energy strategy reviews，2014，4：34 - 42.

[8] A M K，A M K，B M L. Role of the host communities in final disposal of spent nuclear fuel in Finland and Sweden [J]. Progress in nuclear energy，2021 (133). https：//doi.org/10.1016/j.pnucene.2021.103632.

Analysis of compensation for site selection of radioactive waste repository

DENG Chen-yang[1]，WANG Sai-nan[2]，XIAO Chao-fan[1]，LU Yan[1]，CHEN Ya-jun[1]

(1. China Institute of Nuclear Industry Strategy，Beijing 100048，China；2. China Nuclear Mining Science and Technology Corporation，CNNC，Beijing 101149，China)

Abstract：With the reform of the system，the change of site selection responsibility subjects，the improvement of laws and regulations，as well as the influence of nuclear phobia and “not in my back yard” effect and other factors，the site selection of radioactive waste disposal repository faces more and more difficulties. In order to solve the problem of “not in my back yard” effect，many countries have developed appropriate compensation to promote the process of waste disposal. This paper studies the compensation strategies for site selection of radioactive waste management facilities in many countries，and summarizes the negotiation process，compensation method and compensation effect of site selection compensation in various countries. The results show that the formulation of appropriate compensation measures can significantly improve public acceptance and speed up the site selection process of radioactive waste repository.

Key words：Radioactive waste；Repository；Site selection；Compensation

美国先进反应堆废物管理分析

邓晨阳[1]，王赛男[2]，陈亚君[1]，陈思喆[1]，赵　远[1]

（1. 中核战略规划研究总院，北京 100048；2. 中核矿业科技集团有限公司，北京 101149）

摘　要： 发展先进核反应堆需要开展废物的管理工作，以实现燃料循环。本文对美国不同类型先进反应堆废物的关键概念、管理策略和管理挑战进行了研究，针对不同类型的燃料、燃耗、富集度水平和拟议燃料的处理步骤，说明了先进反应堆废物流的典型体积和物理、化学及同位素特征，总结了先进反应堆废物各种管理方案、与废物管理有关的新问题。

关键词： 先进反应堆；废物管理；分析

美国2019年通过《核能创新和现代化法案》，将先进反应堆定义为“与现有商业反应堆相比具有显著改进的反应堆”。截至2021年，全球有将近140个先进反应堆（AR）设计处于概念化、开发和演示的不同阶段[1]。此类反应堆包括轻水反应堆设计，其远小于现有反应堆，以及使用不同慢化剂、冷却剂和燃料类型的反应堆概念。这些先进反应堆将产生乏燃料和其他废物流，需要适当和可接受的管理和处置策略。国际原子能机构（IAEA）指出，应在综合废物管理战略的背景下评估先进反应堆设计和运行的各个方面，以最大限度地降低废物对未来的影响[2]。然而，目前包括美国在内的许多国家的先进反应堆开发工作的重点似乎集中在燃料循环的前段，考虑后段可能仅限于现场乏燃料的管理，因此，尚不清楚如何管理先进反应堆产生的废物。本文对美国不同类型先进反应堆的废物特性进行研究，分析了不同废物的管理挑战和管理策略，并总结了美国计划于近期部署的先进反应堆的废物特性。

1　先进反应堆类型

美国正在研发的先进反应堆类型包括先进水冷堆、钠冷快堆、高温气冷堆和熔盐堆，部分热门研究的堆型如表1所示。截至目前，唯一获得美国核管会（NRC）设计认证的先进反应堆是纽斯凯尔电力公司（NuScale Power）的6万千瓦小型模块堆。2020年，美国通过了先进反应堆示范计划，能源部拨款1.6亿美元支持10种先进反应堆设计，其中Natrium钠冷快堆和Xe－100堆计划在5～7年内进行测试、许可和建设运行。eVinci微堆、BARN微堆、KP-FHR熔盐堆、SMR－160和MCFR熔盐快堆等计划在10～14年内解决技术、运行和监管挑战以进行演示；先进反应堆概念公司的小型模块化钠冷快堆概念设计、通用原子能公司的模块化快堆概念设计、麻省理工学院的卧式紧凑型高温气冷堆概念设计有望在21世纪30年代中期实现商业化的先进反应堆设计[3]。

2　先进反应堆产生的废物

2.1　先进水冷堆产生的废物

与现有的大型轻水堆相比，先进轻水堆的设计规模更小、具有更多的被动安全特性，且可以根据需要串联使用。虽然先进轻水堆可能比大型压水堆发生更多的中子泄漏，由此可能对燃料利用产生负面影响。先进轻水堆所产生的超C类废物流可能不同于现有的大型压水堆。由于先进轻水堆的堆芯

作者简介： 邓晨阳（1996—），男，硕士，研究实习员，现主要从事退役治理科技情报调研工作。

更小，堆芯外组件（包括反应堆容器、隔板、反射器和蒸汽发生器）将比大型压水堆暴露于更高的中子通量，而大型压水堆的设备距离堆芯更远。然而，通过正确使用堆芯隔板和反射器，堆芯的功率分布可以设计成类似于大型压水堆堆芯，减少堆芯外中子泄漏，并延长燃料循环周期。纽斯凯尔公司表示，其研发的 VOYGR 小堆的堆芯功率分布可能比大型 AP1000 压水堆的堆芯更均匀。

对于低放废物（包括超 C 类废物），纽斯凯尔公司表示，与目前运行的沸水堆和压水堆相比，其反应堆产生的废物量更少[4]。

表 1　美国部分正在研发的先进反应堆情况

反应堆类型	名称	公司	功率/万千瓦	燃料形式	燃料富集度
小型模块化沸水堆	BWRX-300	通用日立	30	陶瓷二氧化铀微球	低浓铀
小型模块化压水堆	VOYGR	纽斯凯尔	7.7	陶瓷二氧化铀微球	低浓铀
小型模块化压水堆	SMR-160	霍尔台克	16	陶瓷二氧化铀微球	低浓铀
熔盐堆	熔盐快堆 MCFR	泰拉能源	78	铀-氯化物熔盐	高丰度低浓铀
熔盐堆	一体化熔盐堆 IMSR	泰拉能源	19.5	铀-氟化物熔盐	低浓铀
熔盐堆	稳定熔盐堆 SSR	莫尔泰克斯	30～50	铀或钍-氯化物熔盐	高丰度低浓铀
熔盐堆	KP-FHR	卡伊洛斯	14	TRISO	高丰度低浓铀
小型模块化钠冷快堆	Natrium	泰拉能源	10～50	金属燃料	高丰度低浓铀
小型模块化高温氦冷堆	Xe-100	X 能源	8	TRISO	高丰度低浓铀
小型模块化钠冷快堆	PRISM	通用日立	31.1	金属燃料	高丰度低浓铀
小型模块化高温气冷快堆	模块化快堆 FMR	通用原子能	5	碳化硅铀燃料	高丰度低浓铀
小型模块化高温气冷快堆	能源倍增模块 EM2	通用原子能	26.5	碳化物铀燃料	高丰度低浓铀
小型模块化高温气冷堆	GT-MHR	通用原子能	30	TRISO	高丰度低浓铀
小型模块化高温气冷堆	SC-HTGR	法马通	27.2	TRISO	高丰度低浓铀
微型快堆	Aurora	奥克洛	0.15	金属燃料	高丰度低浓铀
微型高温气冷堆	BARN	BWXT	1.7	TRISO	高丰度低浓铀
微型热管冷却堆	eVinci	西屋	0.1～0.5	TRISO	高丰度低浓铀
微型高温气冷堆	模块化微堆 MMR	超安全核	0.5	TRISO	高丰度低浓铀
移动式微型高温气冷堆	Xe-Mobile	X 能源	0.1	TRISO	高丰度低浓铀
移动式微型高温气冷堆	Holos	HolosGen	0.3～8.1	TRISO	高丰度低浓铀

2.2　高温气冷堆产生的废物

与轻水堆相比，所有高温气冷堆的运行都将产生一类独特的废物流。许多高温气冷堆使用了 TRISO 燃料。该燃料的多个热解层包括半多孔缓冲层，而该缓冲层可长期保留反应堆在高温下运行期间产生的气态裂变产物。对于美国 X 能源公司的 Xe-100 堆，温度可能超过 1200 K。整个燃料组件具有与堆芯裂变反应相关的放射性核素，且基体中可能含有铀杂质和裂变产物、锂和氯等其他杂质的活化产物及氮-14、碳-13 和氧-17 活化产生的放射性碳。通过对中子辐照的包覆颗粒燃料进行观察，典型效应包括核芯膨胀、压力积累、缓冲层致密化、层间间隙形成及碳化硅抗拉强度降低。尽管尚未观察到明显的包覆失效，但所有这些现象都可能会增加颗粒失效的概率。

虽然高温气冷堆中使用的氦冷却剂本身不具有放射性，但它会受到失效燃料颗粒中放射性核素和石墨慢化剂中放射性碳粉尘的污染。正如 1967—1988 年运行的德国球床试验反应堆（先进气冷堆）所示，由于燃料球在反应堆堆芯中相互移动而发生摩擦，预计球床堆中产生的放射性碳粉尘会特别高，粉尘产生量估计从 15 千克/年到 100 千克/年不等。氦冷却剂和粉尘中的一些放射性污染物会析出或渗透到核心部件的孔隙中，使这些部件成为低放废物或超C类废物。放射性碳质粉尘也会给工人带来额外的摄入危害。此外，它可能会使反应堆的退役工作变得复杂，就像先进气冷堆一样：严重污染的堆芯也有乏燃料球卡在裂缝中，并致使石墨反射器破裂。因此，需要在运输到贮存之前用混凝土填充整个堆芯，以稳定这些材料。

到目前为止，高温气冷堆产生最多的废物是石墨。其中，一些石墨会以中子反射器和其他核心部件的形式存在，作为超C类废物或低放废物。然而，高温气冷堆产生的绝大多数石墨废物都属于TRISO燃料形式，而直接处置TRISO燃料将导致大量废物需要管理。据估计，20万千瓦球床式高温气冷堆将产生9万颗乏燃料球废物，包括每年约17吨的石墨废物。在能量标准化的基础上，X能源公司的Xe-100反应堆将产生160立方米/年的燃料球，而大型压水堆的乏燃料为6.8立方米/年。

2.3 快堆产生的废物

2.3.1 快堆运行与退役废物

钠冷快堆的运行和退役将产生多种废物流，并将产生常规运行废物，包括固体、液体和气体废物，如含钠废物、反射器和屏蔽件、控制组件、冷阱（含铯和氚）等，相关废物处理技术已经在各国得到开发，并实现工业应用。

大量含冷却剂的独特废物流是废物管理的挑战之一。钠冷快堆运行中将产生少量含钠废物，而钠冷快堆退役时将产生大量含钠废物。日本的“Joyo”产生了约120吨的一回路放射性钠，“Monju”产生了约760吨的一回路放射性钠，法国的“Rapsodie”产生了约37吨的一回路放射性钠，英国的PFR产生了约1500吨放射性废钠。美国实验增殖反应堆二号退役后，总共产生了327吨钠冷却剂，快中子通量试验装置产生了900吨钠冷却剂。泰拉能源公司表示其钠反应堆将产生800立方米的活性钠。

目前各国已经开发了多种含钠废物处理技术，并实现了工业应用，包括钠的预处理技术及稳定化技术。钠的预处理是为了去除铯和氚。RVC（玻璃体无定型碳）是一种刚性的碳泡沫，被用作填料的铯阱来除去钠中的铯。法国“Rapsodie”堆、日本的“Joyo”堆均成功应用该方法。除此之外，俄罗斯反应堆设计中也使用颗粒状的含碳材料（低灰分的反应堆级石墨和碳化吸附剂）在铯阱中进行除铯，并成功应用在BN-350堆。钠中氚去除主要通过氚在不同物质之间的扩散系数和吸附作用来实现，主要方法包括薄膜扩散、气液界面解吸收、吸附去除等。此外，还可以采用高温分解、同位素置换、氧化剂氧化分解等方法，对放射性废钠中产生的氚进行分解、置换、氧化、收集，实现放射性废钠中氚的去除。

对于放射性废钠的稳定化处理，目前较为成熟并成功应用的流程有法国CEA研发的NOAH流程和美国阿贡实验室研发的Argonne流程。

NOAH流程涉及钠与水的高度受控反应，以产生液体氢氧化钠，随后被中和。已经有多个国家的钠冷快堆使用此流程处理了大量的放射性钠。法国“Rapsodie”实验堆、“phenix”原型堆、“superphenix”示范堆及德国KNK-Ⅱ堆均成功应用了该处理方法。处理设施的能力从40到120 kg/h不等。

Argonne流程涉及使用苛性碱工艺使钠与氢氧化钠水溶液反应，以产生可装入桶中的混凝土状氢氧化钠一水合物晶体。该方法已被美国成功应用于处理EBR-Ⅰ、EBR-Ⅱ和Fermi-1堆的大量放射性钠。英国也对DFR实验堆的钠废物成功应用了此种方法。

其他大量放射性钠处理方法正在研究中，尚未实现工业规模应用，包括水蒸气处理法、二氧化碳处理法、熔融盐处理法、乙醇处理法和直接燃烧法。

2.3.2 快堆乏燃料与高放废物

快堆乏燃料及废物不适合直接在地质处置库中进行处置，必须先经过处理。快堆乏燃料水法后处理废物主要难题是高放废液的处理，其为硝酸体系，主要由裂变产物、次量锕系元素、长寿命的稀土元素和贵金属等组成。而干法后处理面临的主要难题是固体废物的处理，其包括金属废物和熔盐废物。由于快堆具有较好的次量锕系元素嬗变特性，因此，干法后处理除回收铀钚外，还同时回收次锕系元素，使得高放废物中的次锕系元素大大减少，减轻了后续废物处理及处置量。

废包壳与废端头是干法后处理的主要固体废物，其量与水法后处理相当，建议采取超压等预处理；另一主要成分为阳极未溶解的重金属和贵金属裂变产物，其可以通过金属熔炼技术铸造成金属锭，成为金属高放废物形式。干法后处理的熔盐多次循环复用，剩余的废盐渣可采取脱氯—玻璃固化处理技术、玻璃陶瓷复合固化等处理技术。根据美国的研究，金属废物中产生热量的放射性核素非常少，因此热输出可以忽略不计。金属废物和陶瓷废物均适合进行地质处置。美国已成功通过陶瓷固化工艺，将 EBR－Ⅱ乏燃料电解精炼后的稀土、活性裂变废物及盐废物固化成陶瓷废物形式。

2.4 熔盐反应堆产生的废物

熔盐反应堆有多种设计概念，适用于各种燃料循环。由于这些不同的设计，具体的废物流会有所不同，但所有熔盐反应堆设计概念都有相似之处。熔盐反应堆废物流可包括废气、与燃料相关的废物流、石墨或碳成分、金属反应堆成分及运行和退役废物。尽管许多熔盐反应堆废物不同于轻水堆类型的废物，但研究人员已经确定了管理和处置每种潜在熔盐反应堆废物的潜在途径。

2.4.1 废气

废气废物和燃料盐本身这两种废物流都将携带熔盐反应堆运行期间产生的大部分放射性核素。由于熔盐反应堆燃料为液态形式，燃料包壳不包含挥发性放射性核素。因此，稀有气体裂变产物（如 Xe 和 Kr，其也是衰变产物如 Cs、Ba、Rb 和 Sr 的前体），以及气溶胶盐、颗粒、反应性气体（I_2、Cl_2、F_2、HF)、卤化物、O_2、N_2和^3H 必须被废气系统捕获。

废气系统的部件根据设计而变化，但可以包括衰变罐、管道和过滤器组，以限制放射性核素的衰变。同时，这些部件都需要在运行期间进行维护，并根据装置内捕获的放射性物质的性质进行单独处理，以便最终处置。颗粒、气溶胶和反应性气体（I_2、Cl_2、F_2）可以固定成陶瓷废物形式；而 3H 废物更难处理，残留卤化物也是如此。惰性气体（如 Xe 和 Kr）可以贮存在废气系统中，并让其衰变。废气系统的开发仍然是反应堆设计的一个组成部分，对系统和单个组件的研究也正在进行中。例如，正在开发用于气溶胶和酸性气体去除的熔融氢氧化物洗涤器，并且已经开发了用于稀有气体分离的金属有机框架。两者都正在研究如何应用于熔盐反应堆。

2.4.2 石墨与碳废物

在一些使用石墨作为慢化剂或反射剂的熔盐反应堆设计中，将产生与碳相关的废蒸气。中子辐射损伤会影响碳基部件的寿命，对于许多反应堆设计来说，可能会导致大约每 7 年需要更换一次石墨慢化剂，这取决于反应堆通量和盐类型等因素。这些石墨部件将经历表面污染和放射性核素物质向石墨孔隙空间扩散的过程。因此，相对大量的碳基废物流可能会带来处置挑战，除非它们能够被充分净化为低放废物。为了减少高放废物的数量，这些材料可能首先需要处理（而不是直接处置）以去除裂变产物、盐和^3H，然后在处置前进行压实。

2.4.3 燃料盐

燃料盐中存在所有不同核素，包括卤化物、碱、碱土金属、稀土和锕系元素。燃料盐具有高水溶性，与轻水堆产生的陶瓷废物不同。因此，燃料盐本身的管理和处置及放射性核素的遏制构成了挑战。一种解决方案是简单地让燃料盐凝固，直接在深地质处置库（层状盐或盐丘）中进行处置。但是，水流过盐处置库或加压盐水，从而运输放射性核素。熔盐以外的地质处置库环境不适合进行直接处置，因为水有可能溶解燃料盐废物，很容易将放射性核素释放到地下。因此，大多数燃料盐处置的考虑方法是将盐处理成更持久的废物形式。

在处置盐基废物必须脱卤或卤化物形式必须稳定。目前正在考虑各种可能的废物形式，包括陶瓷或矿物废物形式、陶瓷金属、卤化物金属和可能的玻璃废物形式。许多分离技术可用于处理盐，包括还原萃取、氧化沉淀、蒸馏、熔融结晶、脱卤、磷酸化、离子交换和玻璃材料氧化和溶解系统。

固定熔盐反应堆燃料盐可能会对高放废物的体积产生重大影响。以前通过高温处理实验增殖反应堆二号乏燃料，产生了盐废物，从中产生陶瓷废物，这导致废物质量增加了 30 倍，1.72 吨实验增殖反应堆二号废物产生 50.95 吨陶瓷废物。此外，所有这些盐废物处理技术将额外产生超 C 类废物和低放废物流，相关人员必须对其进行核算和处置。与高温处理不同，此方式无须添加额外的盐来溶解熔盐反应堆乏燃料。由于氟化物和氯化物反应堆的大多数载体盐都需要同位素富集，因此相关人员制定了再循环载体盐的方案。最终，他们正在考虑将熔盐反应堆技术用于“废物燃烧”，以减少包含高放废物中锕系元素的库存。

2.4.4　金属部件与退役废物

除了石墨反应堆部件之外，金属反应堆部件将被激活，并需要作为低中放废物处置。盐和反应性气体（如 I_2、HF、Cl_2）对金属材料（如反应堆容器中的金属材料）具有很强的腐蚀性，可以考虑通过氧化还原控制将其影响降至最低。由此产生的腐蚀产物（如 Cr 和 Fe）将倾向于从反应堆初级回路中的热区转移到较冷的区域，预计这些腐蚀产物将在表面析出。退役后的金属表面将涂上盐和不溶性贵金属裂变产物（如 Mo、Pd、Rh、Tu、Tc、Nb、Sb、Ag），这些产物往往会在反应堆表面析出。而这些材料既可以被净化和回收，也可以直接在处置库中处置。

3　美国计划于近期部署的先进反应堆废物特性分析

美国计划在 10 年内部署 3 种先进反应堆，均为模块化小堆，包括纽斯凯尔公司的 VOYGR 压水堆、泰拉能源公司的 Natrium 快堆和 X 能源公司的 Xe－100 高温气冷堆。美国国家科学研究院对这 3 种先进反应堆的废物特性进行了研究，并与美国现有大型压水堆的废物特性进行了比较，以了解此类先进反应堆可能会如何影响核废物产生率和核废物管理[5]。用于对照的压水堆功率为 117.5 万千瓦，燃耗为 50 GWd/t，热效率为 34%，反应堆寿命以 60 年计。

研究发现，对于美国的一次通过式燃料循环策略，模块化小堆燃料生产的前段废物数量与传统轻水堆相近，但不同堆型后段的乏燃料特性差异较大。不过这些差异对贮存、运输和处置的影响有限，很容易通过设计优化解决。退役产生的废物属性可能因设计和退役技术选择而有很大差异。总之，与传统压水堆相比，模块化小堆的废物管理似乎没有重大挑战。具体对比情况如下：

（1）与传统压水堆相比，VOYGR 和 Natrium 产生 1.2 倍质量的贫铀废物，而 Xe－100 产生的贫铀质量与传统压水堆相当。

（2）与传统压水堆相比，由于燃耗和热电转换效率相对较低，VOYGR 产生 1.1 倍质量和体积的乏燃料，且乏燃料的衰变热和放射毒性略高（大约高出 5%）。

与传统压水堆相比，Natrium 和 Xe－100 由于燃耗和热电转换效率较高，因此乏燃料质量减少约 3/4，冷却 100 年后的衰变热减少 2/3～1/2。对于 Xe－100，乏燃料放射毒性降低 2/3，但 Natrium 由于钚含量较高，因此乏燃料放射毒性增加 1.5 倍。Natrium 的乏燃料体积减小 2/5，但 Xe－100 的乏燃料体积增加 12 倍，原因是燃料球含有大量的石墨和非燃料基体材料。

（3）模块化小堆产生的 A 类、B 类和 C 类体积受反应堆特有设计特征和退役方法的影响。VOYGR 的整体设计特征是取消了典型压水堆中使用的若干反应堆部件，但需要有一个带大型水池的反应堆厂房，内部设置 4～12 个模块。最终结果是 VOYGR 的 A 类、B 类和 C 类废物体积略小于传统压水堆，约为 0.9 倍。此外，由于缺乏反应堆厂房的详细设计信息，因此无法计算 Natrium 和 Xe－100 的 A、B 和 C 类废物体积。

（4）与传统压水堆相比，VOYGR 产生的净超 C 类废物体积较小，但每单位发电量的超 C 类废物体积增加 6 倍。VOYGR 堆芯支撑结构会被活化至超 C 类废物，如堆芯围板、格板、吊篮等。

Natrium 和 Xe－100 采用反射层组件或石墨块设计，旨在保护堆芯支承结构。这些组件可以被活化至超C类水平，具体取决于各自在堆芯内的停留时间。当这些组件满寿期停留时，与传统压水堆相比，Natrium产生的超C类废物体积增加4倍，Xe-100产生的超C类废物体积增加193倍。在反射层组件和石墨块被活化至超C类水平之前，Natrium或Xe-100不会产生超C类废物。

（5）Natrium的钠冷却剂可以借鉴传统钠冷堆的冷却剂处理方法，固化成稳定的形式。由于缺乏关于Natrium的设计信息，使用了PRISM反应堆估算钠冷却剂体积，结果发现，钠冷却剂体积约为360 m^3，小于传统压水堆低放废物总体积的1%。Xe-100的氦由于活化水平较低，因此未计入核废物处理范围。

4 结论

近年来，许多先进反应堆概念纷纷问世，其中大多数使用无水冷却剂和创新燃料，并将石墨慢化剂用于热堆。总体来说，不同的先进反应堆设计会较大地影响废物的数量和体积，而不同类型的反应堆则会产生不同的独特废物流，带来独特的废物管理挑战。与传统大型压水堆相比，先进水冷热堆并不会产生独特的废物流，且产生废物数量相似。高温气冷堆会受到废石墨和放射性碳的管理挑战。快堆冷却剂是独特的废物流，但目前国际上已有相关解决方案。熔盐堆废物成分复杂，废物管理问题尚需深入研究。此外，美国实施的是一次通过式燃料循环方案，对于实施闭式燃料循环策略的国家，需要更全面地考虑乏燃料后处理及高放废物处理的管理问题。美国、加拿大、法国等国正大力推进先进反应堆的研发和应用，并逐渐重视先进反应堆废物的管理问题，我们应借鉴国际良好经验，提前对先进反应堆废物特性及管理策略进行研究。

参考文献：

[1] ROWEN P. Bringing the back-end to the forefront：spent fuel management and safeguards considerations for emerging reactors [J/OL]. Stimson center，2021. [2023-06-16]. https：//www.stimson.org/2021/bringing-the-back-end-to-the-forefront/.

[2] International atomic energy agency [DB/OL]. Waste from Innovative Types of Reactors and Fuel Cycles：A Preliminary Study，IAEA Nuclear Energy Series No. NW-T-1.7，2019，Vienna Austria.

[3] NESBIT S P. Written testimony to U.S. senate committee on energy and natural resources [C]. 2019.

[4] MCCOMBIE C，BUDNITZ R，MANSOURI N，et al. Small modular reactors：what are the barriers to deployment?" Nuclear engineering international [EB/OL]. [2023-06-16]. https：//www.neimagazine.com/features/featuresmall-modular-reactors-what-are-the-barriers-to-deployment-9651893/.

[5] SASSANI D，PRICE L，BRADY P. Geologic disposal considerations for potential waste forms from advanced reactors [DB/OL]. Sandia National Laboratories，USA，2021. [2023-06-16]. https：//www.osti.gov/biblio/1893606.

Analysis of advanced reactor waste management

DENG Chen-yang[1], WANG Sai-nan[2], CHEN Ya-jun[1], CHEN Si-zhe[1], ZHAO Yuan[1]

(1. China Institute of Nuclear Industry Strategy, Beijing 100048, China;

2. China Nuclear Mining Science and Technology Corporation, CNNC, Beijing 101149, China)

Abstract: The development of advanced nuclear reactors requires waste management to achieve fuel cycle. The key concepts, management strategies and management challenges of different types of advanced reactor waste are studied. Typical volumes and physical, chemical and isotopic characteristics of advanced reactor waste streams are described for different types of fuel, burn-up, enrichment levels and treatment procedures of proposed fuels. Various management options for advanced reactor waste, emerging issues related to waste management were summarized.

Key words: Advanced reactor; Waste management; Analysis

世界主要国家核燃料政府与市场关系研究

刘洪军，宿吉强，张红林，石　磊

（中核战略规划研究总院，北京　100048）

摘　要：在核工业发展初期，由于核燃料产业的敏感性、放射性、核不扩散等要求，其发展完全受政府主导、体现国家意志，设立产业政策，逆周期调节，设置市场准入限制等支持国有企业发展，减少市场盲目竞争和无序扩张。近30年，世界主要核电国家核燃料产业仍然是受政府主导，如法国和俄罗斯；但部分国家对核燃料产业实施了私有化改革，如英国和美国。本文主要从不同国家政府主导下对本国的核燃料产业产生了不同的结果分析，从世界范围内分析了核燃料产业大致存在于区域性联盟内与外、国家之间内与外的两个"圈子"范围内竞争与合作关系。

关键词：核燃料；政府；竞争

研究世界主要国家核燃料政府与市场关系具有重要的理论和实践意义，把握好核燃料产业的特点，厘清政府与市场的关系、定位和要求，是实现核燃料产业高质量发展的重要前提，促进全球核能的安全、可持续发展和环境保护。

1　政府与市场的关系

不同国家政府主导参与市场协调程度影响核燃料产业发展成败。

1.1　英国

英国较早建立了完整的军、民核燃料循环工业，包括铀转化、浓缩、燃料元件制造及乏燃料后处理，也是最早生产出商业核燃料的国家。随着英国政府在20世纪90年代对英国核燃料公司（BNFL）实施私有化改革，英国的核燃料工业发展迅速跌落陷入低谷。目前，英国的铀转化设施已经彻底关闭，在运的核燃料元件厂为西屋所有，两座大型商用后处理设施也已经全部关停退役，只有政府拥有股份的Urenco浓缩环节（英国、德国、荷兰三国政府持股）仍处于发展中。曾经先进完整的核燃料循环工业如今已经支离破碎，很多环节只能依赖国际市场配置。

1.2　美国

美国通过"曼哈顿"工程建立了完整的核燃料产业体系，铀浓缩长期由能源部所有和运营，"冷战"后美国将铀浓缩资产进行私有化运营，在经营多年后破产重组。当前，美国政府不得不开始重新扶持本土核燃料产业，通过政府实施支持、输血等方式恢复美国核燃料竞争优势。

1.3　法国

法国坚持强政府主导并实行国有企业经营模式，通过行政性设立核电建设运营企业EDF及核燃料企业Orano（前身是AREVA），政府设定市场规则的同时进行必要的行政管控（如EDF在采购Orano后处理服务和核燃料供应服务时，进行价格协调），法国建立并拥有了世界最大的以核能发电为主的发电商，本国核能发电占比超过七成，同时保持了全产业链条的核燃料体系。

作者简介：刘洪军（1990—），山东潍坊人，中核战略规划研究总院助理研究员，硕士，主要从事核燃料循环产业战略规划研究。

1.4 俄罗斯

俄罗斯选择了更甚于法国的模式，政府组建了政企合一的集核武器、核电、核燃料等于一体的“大一统”企业模式，将需要政府协调的功能转为企业内部协调，实现了俄罗斯核燃料产业的发展壮大，保持了完整的核燃料产业体系，铀转化、铀浓缩、核燃料元件等均在国际市场开拓取得成功，铀浓缩甚至占国际市场40%的比例。

从结果看，法国、俄罗斯将政府功能与企业作用进行充分协调，比英国、美国过度强化市场竞争带来的结果无疑是成功的经验[1-2]。

2 “域内”的集中统一和对外市场竞争

强化“域内”的集中统一和强化对外市场竞争是关键策略。从世界范围看，核燃料产业大致存在于两个“圈子”范围内的竞争与合作关系：区域性联盟内与外、国家之间的内与外。

联盟体系竞争案例的典型是欧盟。欧洲国家为了确保本地区核能发展获得可靠的核燃料供应保障，建立了欧洲原子能共同体，相关国家签订《欧洲原子能共同体条约》，条约约束欧盟内相关国家具有明确的责任义务，规定各国采购原子能共同体内部核燃料供应的优先性，规定了从欧盟外采购核燃料合同签订需要欧盟核燃料供应局同意。为了支持欧盟内防止无序核燃料建设，欧盟原子能委员会定期发布核能发展目标及所需的核燃料规模与缺口，同时会审查成员国相关新增核燃料投资项目，对新增设施规模、投资来源国等进行审查。支持联合创新，支持建立欧盟联合核研发中心等。欧盟实行进口限制措施，长期对非欧盟产的核燃料份额限制在30%以内，并大力支持本地区核燃料企业占领国际市场。当前，欧盟统一市场内，铀转化、铀浓缩、轻水堆元件需求分别约为1.3万tU、1.2万tSWU、1800 tU，欧盟区域内铀转化、铀浓缩、燃料元件供应能力分别为1.5万tU、2.1万tSWU、3500 tU（其中西屋800 tU），核燃料各供应环节建设的生产保障能力为本土需求的120%、180%、190%，大量核燃料出口至美国及东亚地区。

世界范围内国家间的核燃料产业竞争与合作特征如下：一是各个拥有核燃料产业的国家均希望本国产业参与国际竞争并取得竞争优势，推动本国核燃料产品及服务占领相关国家市场，这些有核电而无核燃料产业的国家，也希望各核燃料国家展开充分竞争，从而可以从国际核燃料市场中获得可靠、低价核燃料供应。二是对于本国有核电也拥有核燃料产业的国家，倾向于大力支持本国核燃料企业发展（本土企业是最牢固的军民核燃料供应基础），并通过设置壁垒，减少对本土企业和产业的冲击，进而对核燃料产业安全造成风险。例如，在法国，外国投资者无法以大比例股比投资Orano集团，也无法在法国建设核燃料产业（即使建设，法国政府也有办法让EDF不采购这个企业的产品或服务），俄罗斯亦然。法国政府鼓励Orano在欧洲、北美等地建设核燃料元件厂，也支持在北美建设铀浓缩设施，这种竞争的逻辑核心是对国内集中统一，对国际鼓励竞争。

对于美国而言，由于在“冷战”结束后信奉自由主义经济至上，同时认为自身军用核燃料已经饱和，选择放开了核燃料这一关键战略性产业，此后Urenco进入美国建设铀浓缩厂、法国法码通进入美国建设了元件厂，而美国本土铀浓缩企业在竞争中破产，铀转化也在低价冲击后关停。今天，美国在本土铀浓缩企业关停近10年之际，着手恢复美国核燃料产业，由国家实验室扶持森图斯（USEC的继任者）开始超大型离心机研发，并支持建设示范工程，强化制造业回归。当前乌克兰危机之际，美国尽管制裁了俄罗斯众多个行业领域，但无奈于短期无法摆脱对俄罗斯铀浓缩的依赖，也只能屈服于现实境况，不得不加大政府支持（据悉近期政府出资40亿美元），支持在美国本土建设铀浓缩产业，替代俄罗斯铀浓缩供应。美国彻底放开核燃料市场导致本土核燃料产业断链在美国国内引发了长期和广泛的争议。

因此，加强对内的统一管控、加大对外的市场开拓竞争是取得成功的重要模式和规律。

参考文献：

[1] 石磊，张红林，刘洪军，等．国际核燃料市场分析［C］//中国核学会．中国核科学技术进展报告（第七卷）：中国核学会2021年学术年会论文集第8册（核情报分卷）．北京：中国原子能出版社，2021：66－76.

[2] 温鸿钧．国际核电市场竞争的新格局和启示［J］．中国核电，2008，1（4）：296－303.

Research on the Relationship between Government and Market of Nuclear Fuel in Major Countries in the World

LIU Hong-jun，SU Ji-qiang，ZHANG Hong-lin，SHI Lei

(China Institute of NuclearIndustry Strategy，Beijing 100048，China)

Abstract：In the early stages of the development of the nuclear industry，due to the sensitivity，radioactivity，and nuclear non-proliferation requirements of the nuclear fuel industry，its development was completely led by the government，reflecting the national will，establishing industrial policies，countercyclical regulation，and setting market access restrictions to support the development of state-owned enterprises，reducing blind competition and disorderly expansion in the market. In the past 30 years，the nuclear fuel industry of major nuclear power countries in the world has still been dominated by governments，such as France and Russia；But some countries，such as the UK and the US，have implemented privatization reforms in the nuclear fuel industry. This article mainly analyzes the different results of the nuclear fuel industry in different countries under the leadership of different governments，and analyzes the competition and cooperation relationship of the nuclear fuel industry in two "circles" around the world：within and outside regional alliances，and within and outside countries.

Key words：Nuclear fuel；Government；Competition

世界核燃料产业发展规律研究

刘洪军，张红林，宿吉强，石　磊

（中核战略规划研究总院，北京　100048）

摘　要：核燃料产业是核工业的基础工业，不同国家、不同时期、产业发展不同阶段、不同的核能发展路线、国家战略目标和路径决定了本国的核燃料产业发展走向。美国和俄罗斯两个核大国核燃料的发展都起步于军工需求和国家推动建设的科技工业体系，随着民用的市场化发展，他们两国选择了不同的路径，也形成了不同的结果。本文从遵循核燃料产业自身特点规律做出相应的战略部署，实现发展壮大本国核燃料产业的角度，去探索核燃料发展规律。

关键词：核燃料；产业；规律

自从核能的和平利用以来，全球民用核燃料产业起步到发展壮大，已有半个多世纪的历程，建立了国际交易模式与物料转移全过程监管体系，形成了当前产业组织体系和格局，各国内部政府也建立了监管和法律体系，全球核燃料产业格局在历史发展进程中不断变迁、演化、固化[1]。从世界范围的横向视角和核燃料产业发展历史的纵向视角看，核燃料起步于军工，并在核电产业带动下规模持续扩大，核燃料自身经济性、安全性和技术水平不断提升。如果遵循核燃料产业自身特点并做出相应的战略部署，实现发展壮大本国核燃料产业视为“经验”，以不遵循核燃料产业自身特点而采取的举措行为，导致本国核燃料产业萎缩甚至丧失产业能力称为“教训”，并从总结“经验”和吸取“教训”的视角探索核燃料发展规律，有以下发展规律。

1　市场与企业的关系规律

1.1　核燃料产业用户对象单一，供需关系相对刚性

核燃料自身具有专用性和不可替代性，在经济学上表现为几乎没有“需求弹性”，即使价格上涨或下跌，需求变化不大，基本保持稳定，对于供应商而言，用户单一，超额生产的核燃料产品或服务几乎没有任何用途。因此，核燃料供应体系采取计划性产能布局、生产组织和供应是最简单和高效的模式，完全市场化的机制可能带来价格的不确定性、供应稳定性风险甚至中断风险，这是核电运营商最担心也是无法承受的。过去半个多世纪以来，为了形成稳定、安全、可靠、经济可行的供应保障体系，全球进行了多种探索和实践，寻求构建稳定的全球核燃料供应体系。欧洲原子能共同体成立的初衷就是确保共同体成员国能够获得可靠的核燃料供应保障，并逐步形成统一的核燃料市场，保障内部体系供求稳定。国际上也相继提出和探索“多边核燃料供应体系”“核燃料银行”“铀浓缩中心”等十几种方案，有的取得了积极进展。在当今全球核燃料供应体系和规则下，核电运营商与核燃料供应商相互依赖，双方往往通过签订稳定长期的合同，维持价格相对稳定，确保成本可控、收益可预期，确保双方均能够保持发展。

1.2　核燃料市场规模和经营主体决定其本国核燃料的国际竞争力，规模小、主体多、缺乏竞争力，规模大、主体少、竞争力强

基于核燃料产业高投入、高风险及市场规模的有限性，只有足够大的市场规模才能刺激企业进行创新投入，在竞争中保持优势。当前，全球铀转化和铀浓缩格局既是相关国家战略的结果，也是由市

作者简介：刘洪军（1990—），山东潍坊人，中核战略规划研究总院助理研究员，硕士，主要从事核燃料循环产业战略规划研究。

场规模所能容纳的企业创新与投入产出比率的客观规律决定的。一个国家具有的一定规模的核燃料市场容量，决定了最多容纳的企业数量，如果违背这一规律，则可能出现两个企业均无法从有限的市场规模中收回科研投入，进而两个企业均难以参与国际竞争。这也是为何法国、俄罗斯、韩国、印度、加拿大、美国在相关核燃料环节，有且仅有一家核燃料企业。

2 美国与俄罗斯发展规律

核燃料作为军民两用产业，各国核燃料产业几乎均起步于军工需求和国家推动建设的科技工业体系，随着民用的市场化发展，不同国家选择了不同的路径，也形成了不同的结果。

美国在“冷战”期间，早期的核工业主要服务于核军工建设，随着民用核电的发展，庞大的核燃料产业开始用于民用核能发展。随着“冷战”的结束，美国由于已经积累了庞大的铀、钚核材料，没有武器级核材料需求，因此，美国对于核燃料产业保军强军需求不足，实行了军民分开措施，仅在产氚方面，利用商业核电反应堆生产核武器装料氚。当然，相比于工业上的军民分开，美国更强化技术革新，每年投入数百亿美元用于核能创新支持，提升核技术水平。美国在核燃料工业上的军民分线，在一定程度上导致了当前核燃料产业链的断链。当前，基于国际形势变化及美国核燃料产业链发展危机，美国开始推进核军工综合体的重塑，提升工业基础设施的应急响应和灵活应对的制造生产能力，通过对基础科学和工程能力、技术创新、基础设施及智力资产的投资，持续开展振兴工作，特别是随着美国发布《恢复美国核能竞争优势》后，开始强化民用核燃料产业能力的振兴，依靠国家基础和材料，扶持核燃料产业，但目前看，短期恢复美国核燃料产业竞争优势仍然存在较大的不确定性[2-5]。

与之相对的是俄罗斯，俄罗斯奉行以军促民、以民养军的发展战略，强调在国力条件许可的条件下发展国防科学技术，特别是军民两用技术。2007 年，俄罗斯组建原子能工业股份公司，建立国家统一的军民一体、政企合一的核能力综合体，实现军民高度融合发展，提高民用核工业企业活动的协调一致性，提高俄罗斯核工业的全球竞争力[6-8]。新公司完全归俄罗斯政府所有，统一管理军、民核工业，直接向总统负责。国家原子能公司是承担政府职能的大型企业集团，对军用、民用核能统一管理，在组织和政策上保障了俄罗斯核工业拥有良好的军民融合基础。这种体制模式也保障了核燃料产业可以得到来自民用核燃料产业的技术反哺、资金反哺。俄罗斯制定了包括核技术在内的一系列国防科技发展计划，如“关键国防技术计划”“两用技术计划”等，并出台了一系列针对重要科研基地的优惠政策和改革措施，如加大科研投入、缩编整合、转型创新等。通过出口核技术和服务，为俄罗斯维持和建设核工业提供了重要的资金保障。近年来，俄罗斯在打入国际市场方面成绩显著，实现了本国核工业的发展壮大。2022 年，俄罗斯拥有 34 台海外发电机组；铀浓缩能力世界排名第一，占全球市场的 36%；拥有全球燃料元件市场约 17%的份额；占据全球天然铀市场 14%的份额。时至今日，诸多成绩证明了俄罗斯高度集中的军民融合体制的优越性，实现了对国有资产控制，稳步扩大对外开放，积极融入世界经济体系。

参考文献：

[1] 黄洁丝．论我国核燃料循环技术发展战略［J］．现代商贸工业，2022，43（16）：232－234.

[2] 蔡先凤，龙震影．放射性废物安全管理立法：美国经验与中国借鉴［J］．宁波大学学报（人文科学版），2021，34（6）：87－98.

[3] 赵畅，郭慧芳，宋岳，等．美国拟恢复在国际核能市场的竞争优势［C］//中国核学会．中国核科学技术进展报告（第七卷）：中国核学会 2021 年学术年会论文集第 8 册（核情报分卷）．北京：中国原子能出版社，2021：21－23.

[4] 石磊，张红林，刘洪军，等．国际核燃料市场分析［C］//中国核学会．中国核科学技术进展报告（第七卷）：中国核学会 2021 年学术年会论文集第 8 册（核情报分卷）．北京：中国原子能出版社，2021：66－76.

[5] 刘洪军，石安琪，石磊，等．关于核燃料循环产业的几点思考［C］//中国核学会．中国核科学技术进展报告（第七卷）：中国核学会2021年学术年会论文集第8册（核情报分卷）．北京：中国原子能出版社，2021：166-168.
[6] 饶倩蓝，李柏良，肇博涛，等．俄罗斯核燃料闭式循环技术体系发展现状［J］．广东化工，2023，50（12）：110-112，88.
[7] 赵松，马荣芳，宋岳，等．俄罗斯国家原子能公司的创新与发展［C］//中国核学会．中国核科学技术进展报告（第六卷）：中国核学会2019年学术年会论文集第9册（核科技情报研究分卷、核技术经济与管理现代化分卷）．北京：中国原子能出版社，2019：81-86.
[8] 刘建．俄罗斯核能发展战略研究［D］．北京：中共中央党校，2017.

Research on the development law of the world nuclear fuel industry

LIU Hong-jun，ZHANG Hong-lin，SU Ji-qiang，SHI Lei
(China Institute of Nuclear Industry Strategy，Beijing 100048，China)

Abstract：The nuclear fuel industry is the fundamental industry of the nuclear industry. Different countries，different periods，different stages of industrial development，different nuclear energy development routes，national strategic goals and paths determine the development direction of the nuclear fuel industry in a country. The development of nuclear fuel by the two nuclear powers，the United States and Russia，started with military demand and the technology industry system promoted by the state. With the market-oriented development of civilian use，their two countries have chosen different paths and formed different results. This article explores the development laws of nuclear fuel from the perspective of following the characteristics and laws of the nuclear fuel industry itself and making corresponding strategic deployments to achieve the development and growth of China's nuclear fuel industry.

Key words：Nuclear fuel；Industry；Laws

美国和法国乏燃料管理政策研究

刘洪军，石　磊，宿吉强，张红林

（中核战略规划研究总院，北京　100048）

摘　要： 乏燃料具有高放射性，需要处理屏蔽和冷却，它还含有大量的长寿命同位素，这意味着其需要妥善处理。本文主要从法律法规、政策条例、乏燃料管理机构、乏燃料归属等方面，分析了美国和法国乏燃料管理现状，提出了一些经验启示，希望对推进我国乏燃料管理工作有所帮助。

关键词： 乏燃料；管理；政策

乏燃料是指核电站运行过程中产生的含有大量放射性元素的核燃料。乏燃料的处理与管理是核能发展过程中的关键环节，直接关系到核能安全、环境和社会可持续发展。通过对美国和法国在乏燃料管理政策方面的研究，充分借鉴他们的优秀管理政策和经验，有助于推动我国乏燃料管理政策的发展和完善，实现核能的可持续发展。

1　美国乏燃料管理政策

美国自 20 世纪 40 年代以来一直在产生乏燃料与高放废物。乏燃料与高放废物首先是作为核武器研究的副产物产生的，后来是作为民用核工业的副产物产生的。美国对这些材料的管理和处置记录相当长且非常复杂。

1.1　早期政策（20 世纪 40 年代末至 1982 年）

美国在 20 世纪 40 年代，对国家安全的考虑优先于对核废物安全处置的担忧，重点关注快速生产可用于制造核武器的钚，对于在钚分离过程中使用酸溶解辐照过的燃料之后产生的高放废液，当时认为将这些废液贮存在大型地下钢制储槽中作为一种隔离这些废液的中间措施已经足够了。原子能委员会于 20 世纪 50 年代后期开始研究矿井式地质处置方案并寻找潜在的盐层处置库场址。1970 年 6 月，原子能委员会宣布将位于堪萨斯州里昂（Lyons）的一座废弃盐层矿井作为高放废物与低放废物处置的潜在示范处置场址，并将为此开展调研工作。同时，原子能委员会预计里昂场址最早可能在 1974 年接收低放废物并在 1975 年接收高放废物。但是到 1971 年，堪萨斯州对该项目的反对意见开始增加，1972 年在出现了无数技术问题从而导致对里昂场址的地质完整性提出疑问之后，原子能委员会宣布将寻找替代场址，并力求建立废物的长期地表贮存设施。福特总统于 1976 年发布了一项总统令，要求美国推迟进行商业后处理和钚的循环。1977 年，卡特总统无限期延长了福特总统的上述总统令，并下令相关联邦机构将工作重点放在替代的燃料循环方案及重新评估未来乏燃料的贮存需求。出于包括费用在内的各种原因，卡特总统的这一政策后来被里根总统颠覆，但商业后处理从未恢复。在认识到履行不进行乏燃料后处理的开放式燃料循环承诺将对商业核工业界未来产生的废物数量与类型产生影响之后，一个由能源部牵头的机构间评审组于 1979 年建议，应在美国具有不同地质环境的不同地点为乏燃料与高放废物的处置库确定许多潜在场址。特别是，该机构间评审组建议“只要技术方面许可，在地区基础上确定几个处置库场址”。该评审组将建设多座地区性处置库作为消除若干担忧的一个方法[1-3]。

作者简介： 刘洪军（1990—），山东潍坊人，中核战略规划研究总院助理研究员，硕士，主要从事核燃料循环产业战略规划研究。

1.2 核废物政策（1982年至今）

1982年颁布的《核废物政策法》标志着美国处理核废物问题的努力翻开了新的篇章。《核废物政策法》规定：一是在能源部内部设定一个新机构，即民用放射性废物管理局（OCRWM），该局局长由总统任命和参议院确认。二是授权能源部与电力公司签署合同。在合同中，能源部承诺在不迟于1998年1月31日开始从核电站运离乏燃料，作为交换条件，电力公司将根据其核发电量支付一笔费用。三是要求能源部提议一个场址，并在将核废物运抵该处置场址之前设计一种核废物的“监控之下可回取贮存”（MRS）方式。四是如果需要，为民用乏燃料/高放废物提供联邦的中间贮存能力。五是授予各州相关权利，使其可以对其边界范围内的废物贮存或处置场址进行监督及能够否决能源部的选址决定，但国会两院可推翻州的决定。六是授予核管会根据环保署颁布的公共健康与环境标准对废物设施的建设与运行进行审批的责任。

2010年3月，DOE要求撤销许可证申请，奥巴马政府认为核废料储存应该得到当地的同意。核管会在2011年9月暂停尤卡山存储许可申请。2013年8月，法院命令重启NRC的尤卡山存储许可申请，2015年1月发布了《安全评估报告》（SER），2016年5月发布了《环境评估》。特朗普政府要求重启尤卡山许可申请，提出“合并临时存储”（CIS）计划。美国众议院批准能源部和核管会尤卡山许可申请活动资金，但没有对存储项目CIS提供资金。美国参议院能源和水资源拨款小组委员会批准CIS计划资金试点，但没有尤卡山资金。目前为美国政府提供资金的持续性决议不包含能源部或核管会的尤卡山项目许可活动的预算。所以现在能源部在着手如何处理乏燃料前需要等待预算僵局的解决[4-5]。

1.3 乏燃料运营管理机构

美国的政府管理机构主要包括国会和总统、能源部下属的民用放射性废物管理办公室、核废物技术评审委员会、环境保护署和核管制委员会。他们分别担当着立法、政策管理、审管、执行、咨询监督、费用管理等角色。其中，国会主要负责颁布与乏燃料管理相关的法律，为拨款提供立法方面的指导。核管制委员会主要负责建立与环境保护署一致的处置库许可证技术要求，同时还负责授予处置库建造许可证，批准核材料的接收和属地及批准处置库的关闭。根据美国立法，美国能源部全权负责高放废物和乏燃料的处理和地质处置。其下属的民用放射性废物管理办公室负责高放废物处置库的选址、场址评价、建设许可证的申请、建造运行和关闭，负责乏燃料贮存直到能源部接受。核废物技术评议委员会主要负责监督与高放废物地质处置有关的一切技术工作，包括废物运输、接收、中间贮存、场址评价、处置库设计及运行等。民用放射性废物管理办公室负责收费和管理资金平衡，评定费用是否足够并建议改变费用。

1.4 乏燃料归属权

在美国，核电站（NPP）及其他产生放射性废物的设施，其业主和营运人应在产生的乏燃料和放射性废物得到处置之前进行管理，而当乏燃料离开核电站之日起，乏燃料的归属权将转移至美国能源部（DOE）。DOE负责研发永久处置乏燃料和高放废物地质处置。

2 法国乏燃料管理政策

2.1 主要政策

法国同其他国家一样，选择对乏燃料采取处理/循环利用策略：“必须明确通过处理乏燃料及处理和整备放射性废物来努力降低放射性废物的量和毒性”。

2.2 主要管理机构

EDF对自己名下的乏燃料和所有相关废物的未来工作和处理承担责任。EDF现行策略是对乏燃料进行处理，同时提升核燃料的能量输出。法国核废物管理的有关核法律由国会制定。政府相关的管理机构有工业部、环境部、科技部、卫生部等，组建了国家政府所有的公司——国家放射性废物管理机构（ANDRA），负责法国国内所有放射性废物的长期管理和放射性废物的研究开发工作。核安全与辐射防护总局（DGSNR）作为核安全和辐射防护主管机构，DGSNR 主要从事核设施和辐射防护安全的技术和规章的管理、核安全和辐射防护监管政策的制定和实施，同时负责有关审管、核安全和辐射防护管理工作。国家评估委员会（CNE）为监督和咨询机构负责评估放射性废物的研究和开发项目，并为国会和政府提供建议。法国核安全局（ASN）负责高放废物处置监管，并依托法国核与辐射安全研究院（IRSN）作为技术支持机构，审评相关报告和技术文件，将最终审评意见和结论提交政府进行决策。核安全与信息最高委员会（CSSIN）是一个咨询机构，其工作范围包括与核安全相关的所有问题及向公众和媒体通报。法国没有专门的经费管理机构，由废物生产者对经费进行储备，根据五年计划向 ANDRA 提供资金，目前 ANDRA 负责资金管理的相关工作[6-7]。

2.3 乏燃料归属权

在法国，放射性废物产生者要负责管理其废物。即使产生者将废物运送至其他公司经营的设施处理或贮存，产生者仍要对其负责，同时不影响该公司作为核设施执照持有者的责任。因此，贮存和/或处理废物的设施的执照持有者还是要负责其设施在运行或退役期间的安全和辐射防护。对于处置设施也一样，ANDRA 仍要负责该设施在运行期间的安全和辐射防护。

3 经验启示

通过对美国、法国乏燃料政策管理现状进行研究，有以下经验启示：

一是要健全完善的法律法规体系。在核领域制定有原子能法、核废物政策法、能源政策法、环境政策法、核安全管理法规、公众与环境辐射防护法规等法律法规，对有关放射性物质运输的审管部门的职责及接口进行了明确的分工；针对放射性物质制定安全与安保、应急、公众与环境辐射防护、职业辐射防护等技术标准体系，这是乏燃料安全管理的基本依据和保障。

二是要是重视科研开发，致力于提高安全水平的研究。要重视乏燃料运输容器、运输系统开发及应急响应能力建设等方面的科研开发，投入力度巨大，国家科研院校广泛参与，提高研发水平和效率，为放射性物质安全管理奠定良好的技术基础。

参考文献：

[1] 韦悦周，吴艳，李辉波．最新核燃料循环［M］．上海：上海交通大学出版社，2016.

[2] 陆燕．国外乏燃料管理机构概况［J］．国外核新闻，2017，(11)：26－31.

[3] 伍浩松，戴定．美国能源部发布乏燃料设施选址程序草案［J］．国外核新闻，2017 (2)：31－32.

[4] 刘群．美国核电站乏燃料贮存与运输管理［J］．产业与科技论坛，2022，21 (10)：223－225.

[5] 徐健，王伟，黄庆勇等．国外核电厂乏燃料贮存方式对比研究［J］．中国核电，2021，14 (6)：901－909.

[6] 王海丹，伍浩松．法国的乏燃料与放射性废物管理［J］．国外核新闻，2013 (11)：27－32.

[7] 杨长利．法国核能概况与核燃料循环后段［M］．北京：中国原子能出版社，2015.

Research on spent fuel management policy in the United States and France

LIU Hong-jun, SHI Lei, SU Ji-qiang, ZHANG Hong-lin

(China Institute of Nuclear Industry Strategy, Beijing 100048, China)

Abstract: Spent fuel is highly radioactive and requires processing, shielding, and cooling. It also contains a large amount of long-lived isotopes, which means it needs to be properly handled. This article mainly analyzes the current situation of spent fuel management in the United States and France from the perspectives of laws and regulations, policy regulations, spent fuel management agencies, and spent fuel ownership. It proposes some experience and inspiration, hoping to be helpful for promoting China's spent fuel management work.

Key words: Spent fuel; Management; Policy

美国核材料贮存容器发展综述

赵　松，蔡　莉，宋　岳

（中国核科技信息院经济研究院，北京　100048）

摘　要：军用核材料（军用高浓铀、武器级钚）是制造核武器的核心装料，是国家核威慑力量的重要组成部分。贮存容器对库存核材料的安全、有效至关重要，但国内在这方面却无相关文献阐释。调研发现，美国军用核材料库存量大、贮存技术与容器先进、管理与贮存法规清晰，是本文研究归纳核材料贮存容器发展的有力支撑。核材料在生产、仓储、运输过程中对贮存容器的要求各异，材料种类、数量、形态、特性、用途、贮存时间、贮存与运输条件等因素也会影响选择贮存容器的选择。此外，美国在新贮存概念中提出核材料特性、质量检定、集装箱运输、装置结构设计要一体化。本文将系统性归纳介绍美国核材料贮存的发展历史，贮存容器的分类、结构特点、标准、监测计划，以及运输实践等。

关键词：核材料；贮存容器；包装与运输

过去，美国能源部的武器级钚大部分贮存在洛斯阿拉莫斯国家实验室与萨凡纳河场址，种类包括未密封的钚金属、钚氧化物、其他钚化合物、固体钚屑、钚溶液、没有辐照过的燃料、核武器部件（钚弹芯）。大多数高浓铀则主要以破碎金属、固体金属型材、圆筒状环带及氧化物的形式贮存在Y－12厂内长期低维护存储（PLMS）设施的地窖及笼室中。它们通常采用罐—袋—罐的方式贮存：由金属制成的内部容器（盛有核材料）放置于一个外表面不存在污染的包装袋中，然后将包装袋放置到外部容器（主要有哈根型容器等）中进行贮存。

新世纪以来，为消除在“冷战”结束后的冗余核材料（钚和高浓铀）库存，美国持续推进“核材料整合与贮存”计划，将多个能源部场址的非弹头冗余钚和高浓铀运至萨凡纳河场址进行贮存处置。这对核材料贮存与运输的装置（各型容器）、标准等提出了新的要求。美国在新贮存概念中提出核材料特性、质量检定、集装箱运输、装置结构设计要一体化。这一现代概念要求在装入贮存装置之前，材料是稳定的并且是检定合格的；容器内没有塑料、合成橡胶、胶带等材料；由发货人在初级（密封）容器内实施严格密封，包装要求初级容器适用于直接在贮存现场贮存。

1　核材料的贮存特性

钚和铀是化学性质非常活泼的金属元素，极易氧化和腐蚀，几乎与所有的非金属元素及其氧化物都可发生反应，反应活性随温度而提高。它们的易腐蚀性、自燃性及辐射特性，使核部件的研制、生产和贮存过程增加了很大困难，也带来诸多危害。

1.1　钚的贮存特性

无论是军用钚还是民用钚，常被加工成金属合金的形式。钚的同位素主要有钚 238、钚 239、钚 240、钚 241 与钚 242，它们都具有放射性，美国认为长期贮存严格包装的钚金属、钚氧化物才安全。与贮存有关的特性[1]如下：①金属氧化与水反应，湿气对氧化速度的影响最大，贮存气氛中的水汽会加速钚的氧化，还能直接与金属发生反应；②水、有机材料等产生的氢元素可腐蚀钚金属从而产生在室温空气中能自燃的氢化钚粉末；③钚的放射性衰变产生的 α 粒子同吸附物质、有机材料（如塑料）相互作用，或气体与核材料接触，将使有机材料化学键断裂和产生气态产物，能改变贮存容器中有机

作者简介：赵松（1990—），男，山东，高级工程师，硕士，现主要从事情报研究。

化合物的化学性质和分子结构，从而改变贮存材料或使容器密封性降低；④钚 239 衰变以 1.19×10^{-4} 摩尔/（千克钚·年）的速度产生氦，也会造成贮存容器内压力增加；⑤反应堆提取的钚中含钚 241，放出 β 后转变为强 X 射线和 γ 射线发射体的镅 241，据计算，贮存 2 年后，钚中所生成的镅 241 的辐射危害将为原来的 2 倍。

1.2 铀的贮存特性

铀的易裂变同位素主要为铀 235（天然）和铀 233（人造），美国认为可长期贮存的高浓铀固体形式是金属、合金、氧化物粉末、氧化物固体和工程材料。与贮存有关的特性[2]如下：①金属氧化与水反应，与钚一致，湿气对氧化速度的影响最大；②铀金属在加热至 250～300 ℃时，会与氢反应，形成氢化铀；③高浓铀（无论是铀 235 还是铀 233）与武器级钚相比，自发裂变中子和 γ 射线发射强度都比较弱，γ 射线能量也较低，因此，钚的贮存容器与辐射防护措施适用于铀。

2 贮存容器

不管是过去还是现在，美国根据核材料种类、形态、特性、用途、贮存时间、贮存与运输条件等因素，选择不同贮存容器。本文主要按照贮存时间进行归纳介绍。

2.1 短期贮存容器

如图 1 所示，美国军用核材料短期贮存通常采用罐—袋—罐的方式：由金属制成的内部容器（盛有核材料）放置于一个外表面不存在污染的包装袋中，然后将包装袋放置到外部容器中进行贮存，贮存时间为 5～10 年。在赛维- 4000（SAVY - 4000）型容器开发之前（约 1998—2011 年）[3]，哈根（Hagen）型容器被用作主要的外部贮存容器，它也是目前贮存于萨凡纳河场址 K 区材料贮存设施 TA - 55 贮存区中占比最多的包装容器（＞3000）。

（a） （b） （c） （d）

图 1 美国军用核材料短期贮存容器

（a）包含钚化合物的内滑盖容器，短粗圆柱形；（b）用聚氯乙烯材制包装袋包裹的扎带式内滑盖容器；（c）哈根型外部容器；（d）赛维-4000 型外部容器。[4]

SAVY4000 型系列容器包括 8 种规格（1、2、3、5、8、12 夸脱，5、10 加仑；1 夸脱＝1.101 升，1 加仑＝3.79 升）。目前已生产 2200 多个，最终将取代大小相同的目前在役的哈根式容器。2014 年 4 月，美国能源部批准通过了赛维-4000 型容器的安全分析报告，其初始设计寿命被规划为 5 年，同时还设定了相应的监测计划，以确保在使用过程中不断改进容器，进而实现其设计目的。

2.1.1 容器结构与特点

赛维-4000 型容器是一种简单的、坚实的、可重复使用的固体核材料贮存容器，最大装载功率高达 25 瓦，这个功率限制适用于所有型号（无论尺寸大小）的容器。同典型的运输部 B 型[①]装运容器相比，赛维-4000 型容器设计的主要特点之一就是简洁。图 2 展示了赛维-4000 型系列容器及主要组件，容器设计包含过滤器，作用是排出氢气，防止内压增高，从而抑制可燃气体混合物的形成。此外，过滤器还须防止放射性微粒的释放。赛维-4000 型系列容器并不是压力型容器，而是一种轻量型的、工人友好型的容器。因此，在使用过程中，过滤器只需尽量保证容器内外差压（夸脱尺寸系列容器的压差允许值为 1 千帕，加仑尺寸系列容器的压差允许值为 2 千帕）在合理范围内。

(a)

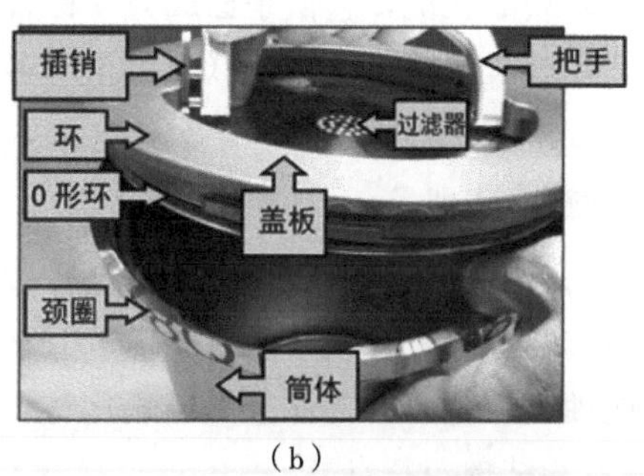

(b)

图 2 赛维-4000 型系列容器及主要组件[3]

在核材料处理过程中，采用过滤设计的容器可以快速开启和关闭，从而最大限度地降低工人所受到的外辐射剂量。同时，还可通过容器内气溶胶颗粒（吸附放射性微粒）避免内辐照危害。容器一旦关闭，可提供可靠的工程控制，并允许工人在无须呼吸机保护的情况下对其进行处理。同时，赛维-4000 型系列容器重量很轻，不仅非常便携，还可保护工人免遭重大伤害（即使容器从 3.66 米高处意外坠落）。

2.1.2 容器监测计划

贮存期间的现场监测计划与相应的高可信度统计抽样方案，构成了容器现场监测计划的基础。计划涉及金属、氧化物和残余物等各种形态的材料，结合其腐蚀性能与热特性进行研究。贮存期间的现场监测计划选取了 5 年里 24 个需要进行破坏性检测/非破坏性检测的容器、20 个只需要进行破坏性检测的容器。这种采样方式确保了在初始设计寿命（5 年）内监测数据的可用性，进而可用其支持延寿。此外，监测计划还将评估随机抽取的容器，为总体容器提供额外的数据。

监测试验包括破坏性检测与非破坏性检测，在每次使用前需要对容器和 O 形环进行在役检查。一旦发现容器缺陷，就将该容器从在役状态中移除，并提供给相应的监测计划进行评估。如果发现 O 形环等组件缺陷，则更换 O 形环等，并将缺陷 O 形环等组件提供给监测计划进行评估。

最近完成的监测活动表明，这些容器在使用过程中容易受到内部腐蚀，非常需要开发能够在原位监测这些腐蚀过程的非破坏性检查技术。通过控制腐蚀实验和模拟坑检测，对超声波测试和涡流阵列技术两种非破坏性方法进行赛维容器监测验证。结果表明，超声波测试和涡流阵列技术测试互补，可用于确定内表面的腐蚀和点蚀，涡流阵列技术还可用于确定容器内的裂缝。

---

① B 型与 A 型的区别：满足美国运输部（DOT）等相关标准，A 型突出简洁性，无繁杂的压力容器式结构或焊接式密封结构等。

(a) (b) (c) (d)

图3　多年贮存后，塑料包装袋出现降解和盛钚的内部容器出现可见腐蚀[4]

如图3所示，贮存多年后哈根型容器内部的包装袋及容器出现明显可见的腐蚀[4]，对此，贮存年限×功率/半径^{2}的数值这一参数，被指定为包装袋降解因子，用于预测TA-55贮存区容器内部的聚氯乙烯包装袋的状况，它似乎已成为一种直观的、有效的评估工具，随着贮存年限的增长和功率的增大，预计包装袋的状况会恶化（主要是降解等作用）；包装袋的恶化状况与半径^{2}呈反比，这与辐射随距离的平方而减小的预期一致。

2.2　长期贮存容器①——3013容器

新纪初，美国提出核材料长期安全贮存需求与标准。3013容器是美国能源部标准《含钚材料的稳定、包装与贮存》（DOE-STD-3013—2012）要求采用的组合型容器，适用于安全贮存至少含30%钚或铀（质量）的含钚金属或氧化物50年以上。

2.2.1　容器结构与特点

如图4所示，容器应该包含最少两个独立密封的嵌套型容器，外层容器提供压力界限，防止释放内容物，内层容器提供另外的隔离界限，对于氧化物，它也是一个内部的压力指示器。外层和内层容器应该通过焊接密封。可以选择在内层容器内使用简易容器（气密性要求低）。外层和内层容器都应满足可以使用典型的核材料衡算技术进行内容物非破坏性分析，通过放射线照相技术进行检查/监视的要求。外部容器的最小设计压力应为4920千帕，达到合规的"安全级"。

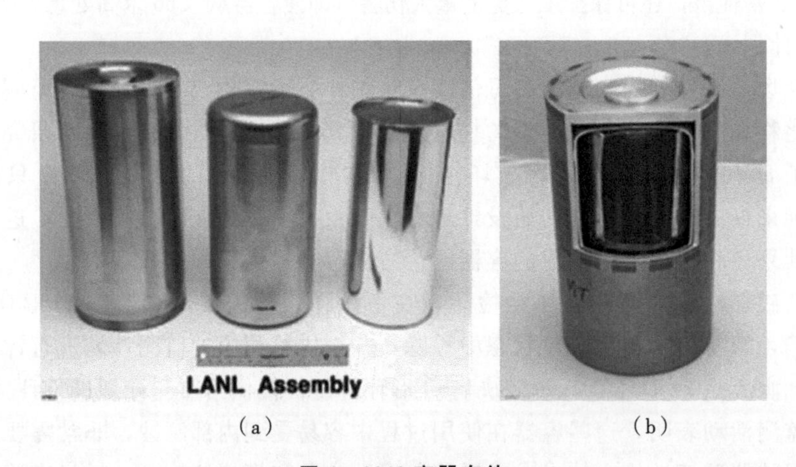

(a) (b)

图4　3013容器套件

［注：图（a）从左到右依次为外部、内部、简易容器］

① 可视为军用核材料出厂时的第一层包装。

内层和外层容器都应使用 304L 或 316L 系列不锈钢或相应材料制造，应使用高规格封闭焊接，以最小化应力腐蚀开裂。任何另外的简易容器都应采用与内层和外层容器兼容的材料制造。外层和内部容器都不应包含易燃或有机的材料。此外，也不能将橡胶垫圈和有机涂料用于任何容器，包括简易容器。加载和组装的外层容器①应该可以与一个最大尺寸为下述尺寸的直圆柱体装配在一起：①内径 127 毫米（5 英寸）；②内高 255 毫米（10.04 英寸）。

在内容物方面，填充气体不与容器或装载物发生有害反应；钚和其他易裂变同位素不超过 4.4 千克，装载物不超过 5 千克；或者，铀 233 和其他易裂变同位素金属质量不超过 5.4 千克，氧化物不超过 9.1 千克。此外，内层和外层容器应该具有独一无二的永久识别标记，如通过蚀刻或雕刻。

2.2.2　容器监测计划

贮存设施的监测计划要求对 3013 容器及盛有 3013 容器的 9975 型装运容器等进行检查，要评价贮存阵列的热效应、消防、外部爆炸的影响、核临界、抗自然灾害影响的能力和抗腐蚀性。主要的监测参数有：装载氧化物材料的内层容器压力、容器质量、泄漏或降质情况、气体组成与压力、容器侵蚀情况。

3　运输包装——装运容器

3013 容器需要放进 9975 型/9977 型装运容器进行运输和长期贮存，图 5 展示了 3013 容器与装运容器的尺寸比例[5]。它们的前身是 20 世纪 70 年代设计的 9965/9968 系列 B 型放射性材料转运容器，均为压力容器式结构，内部具有焊接式密封壳，区别为双层或单层密封壳。

(a)

(b)

图 5　美国能源部 9975 型包装桶及剖面

[注：图 (a) 左下角为 3013 容器]

3.1　容器结构与特点

9975 型装运容器是一种坚固的桶式 B 型裂变材料包装方式，可用于运输和存储钚金属及其氧化物。这种装运容器的结构部件包括外筒壳、纤维板、第一层包壳容器（CV）和第二层包壳容器、铅屏蔽层、板材，以及蜂窝状铝制冲击限幅器。它由一个容量 132.5 升（35 加仑）的不锈钢桶与一个螺栓法兰密封件组成。内部填充的隔离材料是 Celotex® 纤维板，纤维板被铅屏蔽层包裹。在屏蔽层内部是二重嵌套的第一层不锈钢容器与第二层不锈钢容器（内径分别为 5 英寸和 6 英寸），它们使用双层 O 形密封圈密封。

---

① 根据核材料不规则形状等特殊需求，可定制特殊的 3013 容器外形尺寸，如不太常见的凹形或凸形 3013 容器。

初始使用寿命从10年被延长到15年。美国在2017年对其的延寿分析认为：9975型装运容器性能十分稳健，在初始存储期里及之后的20年仍能保持密封，符合预期功能。

9977型装运容器的设计始于2005年，该容器已于2007年获得认证并投入使用。图7展示了容器的结构，包括外包装层、顶盖（配有螺栓和垫圈，可与外包装层上的螺母配合）、顶部载荷分布固定装置、底部载荷分布固定装置，以及一层内径为0.15米（6英寸）、内长为0.51米（20英寸）的查尔方特风格304L不锈钢密封壳。

3.2 格架式罐装贮存箱

格架式罐装贮存箱的结构为包含6个圆柱贮存位置的矩形不锈钢箱，箱体上面为矩形封盖，箱体底部有铲车插槽，方便运输和堆放，箱体内填充均匀性中子屏蔽材料，它是一种由天然碳化硼（B_4C，中子吸收剂）和磷酸钾镁水合物构成的陶瓷材料，可以确保铀处于亚临界状态。如图6所示，改进后，“储运合一”一体化贮存流程[6]：将3103容器放进格架式罐装贮存箱，就地密封后再运送到高浓铀材料设施，直接放入格架长期贮存，提高了处理效率。

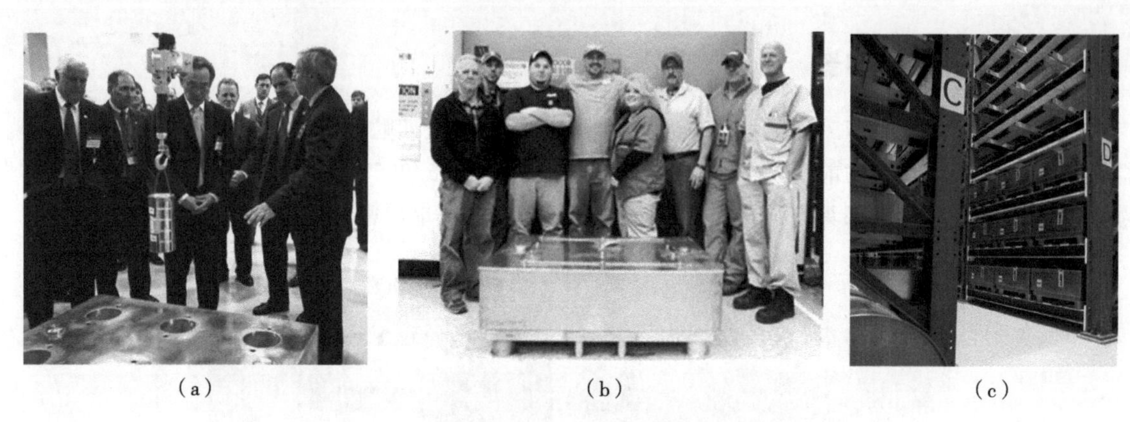

（a）　（b）　（c）

图6　Y-12厂格架式罐装贮存箱操作示范[6]

［注：图（a）为过去的操作；图（b）、图（c）为目前的厂内运输示范］

4　小结

金属钚和铀的易腐蚀性、自燃性及辐射特性，要求贮存最佳环境是自由循环的干燥空气；氢化钚必须在无氧气氛中处理和贮存；不能用有机材料贮存钚。它们的长期贮存要求严格控制部件加工和组装的环境气氛；贮存容器有可靠的密封性；贮存后要求定期对容器进行非破坏性监测。

美国能源部注重建立铀钚及其容器的安全贮存标准，并不断探索优化核材料贮存流程。目前，美国能源部某些实验室和场址，如洛斯阿拉莫斯国家实验室、萨凡纳河场址、阿贡国家实验室，都以金属形式贮存钚。正常贮存金属钚是在地下室的定型小室内，或在通风的手套箱内；定期检查3013型、赛维型等包装容器外观和通过非破坏性检测（即测定质量）检查贮存部件，以降低对操作人员的危害；监测钚贮存区域的剂量，免除辐射污染。多年经验表明，容器破损的情况是很少见的。高浓铀则被铸造成中空的直圆筒（内半径约为4.45厘米，外半径约为6.35厘米；一般质量是18千克，最大允许质量是20千克）装入3103容器，并放置到贮存箱内长期贮存。

3013容器是美国《含钚材料的稳定化、包装和贮存标准》要求采用的组合型容器，是美国能源部新世纪以来长期贮存（非弹头）武器钚和高浓铀的重要封装容器，需要放进9975型/9977型装运容器（二次封装）进行运输和贮存，9975系列容器已通过延寿分析，未来20年仍能满足性能要求。美国军用核材料短期贮存通常采用罐—袋—罐的方式，新研制的赛维型系列容器将逐步取代老旧的哈根型外部容器。

参考文献：

[1] Stabilization, packaging, and storage of plutonium-bearing materials [S/OL]. U. S. Department of Energy: DOE-STD-3013-2012, MARCH 2012.

[2] Criteria for packaging and storing uranium-233-bearing materials [S/OL]. U. S. Department of Energy: DOE-STD-3028-2000, July 2000.

[3] NEZ, DAISY J, FELDMAN, et al. Safety evaluation report for the savy 4000 series of storage containers [R]. America: DOE Office of Packaging and Transportation, 2014.

[4] SMITH, PAUL H, YARBRO, et al. Using container survey data to assign risk to nuclear material packages [C] //Institute of Nuclear Materials Management 56th Annual Meeting. Indian Wells, California, United States: INMM, 2015.

[5] BEREKET K. Understanding aging in the 9975 shipping package [C] // Institute of Nuclear Materials Management 57th Annual Meeting. Indian Wells, California, United States: INMM, 2016.

[6] Improvement for uranium storage increases safety, efficiency [EB/OL]. [2023-06-12]. https://www.energy.gov/nnsa/articles/improvement-uranium-storage-increases-safety-efficiency.

Summary of the development of US nuclear material storage containers

ZHAO Song, CAI Li, SONG Yue

(China Institute of Nuclear Information & Economics, Beijing 100048, China)

Abstract: As the core material for the manufacture of nuclear weapons, military nuclear material is an important part of the national nuclear deterrent. Storage containers are essential for the safety and effectiveness of stockpiled nuclear materials, however, there is no relevant literature in this regard in China. The survey found that the military nuclear material inventory is large, storage technology and containers are advanced, as well as management and storage regulations are clear in America, which is a strong support for the development of nuclear material storage containers. Nuclear materials have different requirements for storage containers during production, storage and transportation. Factors such as the type, quantity, form, characteristics, storage time, storage and transportation conditions of the materials also affect the choice of storage containers. In addition, the United States proposed in the new storage concept that nuclear material characteristics, quality verification, container transportation, and device structural design should be integrated. This article will systematically introduce the development history of nuclear material storage in the United States, the classification, structural characteristics, standards, monitoring plans, and transportation practices of storage containers.

Key words: Nuclear material; Storage container; Packaging and transportation

2025年前美国核力量发展规划分析

赵 松，袁永龙，李晓洁

（中国核科技信息院经济研究院，北京 100048）

摘 要：大国竞争时代，美国将核武器作为国家安全基石，在军事技术与装备需求的牵引下和科技进步的推动下，持续建设和加强核武库现代化，投入巨资对核力量进行更新换代，确保核武器的安全、可靠和作战效能，其核战略与核力量建设出现重大调整与新的动向。本文通过研究美国骨干核装备体系现状，梳理其2021财年核装备相关预算申请以及装备发展相关战略规划计划，统计2021—2025财年美国核装备研发采购总体经费投入情况和新型骨干装备预研、研制、订购、列装交付情况，分析美国未来骨干核装备体系建设发展的思路目标、体系构成、方向重点、主要变化等。

关键词：核装备体系；预算申请；战略规划计划

1 美国骨干核装备体系发展现状

美国在保持核威慑长期安全有效的战略思想指导下，建成陆海空互为补充的“三位一体”核力量装备体系（核弹头3800枚、枚陆基洲际弹道导弹400枚、弹道导弹核潜艇14艘、战略轰炸机60架等），可对全球目标实施灵活快速的先发核打击与有效的二次核反击。

美国长期保持由陆海空基核弹头及运载工具组成的“三位一体”核力量和由陆海空天基等多个要素构成的庞大复杂的核指控通信系统，如表1所示。美国现役核弹头（包括核航弹）共7个型号，其中陆基2型（W78、W87）、海基2型（W76、W88）、空基（W80、B61、B83），共计约3800枚[1]。陆基核力量部署400枚“民兵”-3洲际弹道导弹与30万吨TNT当量级别核弹头，具有快速响应的先发核打击能力，可在30分钟内对全球目标实施核打击。海基核力量拥有14艘“俄亥俄”级弹道导弹核潜艇（12艘在航，2艘检修换料），装载240枚“三叉戟”-2 D5/LE潜射弹道导弹，生存能力强，在威慑巡航中难以被发现和追踪，具备高隐蔽性和强生存性的二次核反击能力。空基核力量拥有20架B-2A隐身战略轰炸机和40架B-52H战略轰炸机，部署了当量从300吨至120万吨的3种型号核弹头，打击范围覆盖全球、突防能力强，具备机动灵活的抵近核威慑和打击能力。核指控通信系统拥有2套地面固定与2套空中指控中心，以及高度可靠的最低限度基本应急通信网，能确保总统对核力量的可靠、有效指控，防止核武器非授权使用或意外使用。

表1 美国骨干核装备①现状[1]

装备类型	装备名称	装备数量
陆基核武器装备	“民兵”-3洲际弹道导弹	400枚
	W78核弹头	600枚
	W87核弹头	200枚

作者简介：赵松（1990—），男，山东，高级工程师，硕士，现主要从事情报研究。

① 未知数量的核常兼备F15、F16及最低限度应急通信网未列入。

续表

装备类型	装备名称	装备数量
海基核武器装备	“俄亥俄”级弹道导弹核潜艇	14 艘
	“三叉戟”-2 D5/LE 潜射弹道导弹	240 枚
	W76-1 核弹头	1486 枚
	W76-2 核弹头	50 枚
	W88 核弹头	384 枚
空基核武器装备	B-52H 轰炸机	40 架
	B-2A 轰炸机	20 架
	AGM-86B 巡航导弹	528 枚
	B61-3 核航弹	230 枚
	B61-4 核航弹	
	B61-7 核航弹	184 枚
	B61-11 核航弹	
	B83-1 核航弹	138 枚
	W80-1 核弹头	528 枚
核指控通信系统	国家军事指挥中心	2 套
	全球作战中心	2 套
	E-4B 空中指挥机	4 架
	E-6B 空中指挥机	16 架

美军认为当前的核力量装备体系依然可靠，但多数已远超设计使用寿命并迅速老化，无法维持到 2025—2035 年以后，迫切需要加快现代化更新升级，主要表现在：核弹头及陆海空运载平台与载具多为 20 世纪 70 年代以前设计研制，已服役 30～60 年，远超设计使用寿命并迅速老化；战略核材料生产和加工制造能力严重萎缩，对长期保持核威慑安全可靠构成影响。

2 美国骨干核装备发展规划及预算安排

2.1 发展规划重点方向

美国落实“定制威慑”战略，全面推进“三位一体”核力量现代化，加强非战略核打击能力。为保持核威慑的长期安全、可靠、有效，美国新版《核态势评估》提出，美国核战略的首要重点是慑止对手发动任何规模的核与非核战略攻击，致力于寻求核力量的绝对优势，全面推进“三位一体”战略核力量现代化；降低核武器使用门槛，明确在针对本国及其盟友的民众、基础设施、核指控系统、网络、太空的非核战略攻击中可使用核武器；针对俄罗斯和中国等国家实施“定制威慑”战略，强调用非战略核力量强化核威慑作用。据此，美国核装备建设的主要方向为：在暂停核试验的条件下，通过延寿库存核弹头与研制新型弹头，维持核武库的规模与技术水平；全面推进陆海空主要核武器运载平台与载具更新换代；加快核指控通信系统现代化，以应对空间、网络等新威胁；发展非战略核武器装备，增加核打击分级选项[2]。

核弹头研发方面，根据《2020 年库存管理计划》，国家核军工管理局通过延寿和升级改进，更换在役核弹头中有限寿命的核材料与非核部件，改进电子系统，在延长核弹头服役寿期的同时，进一步提升核弹头性能，增强核弹头长期贮存的安全性、有效性、可靠性。在禁止核试验条件下，通过大力发展次临界实验、计算机模拟等技术并开展实验，有效验证核弹头性能，研发全新型号核弹头[3]。

陆海空运载平台与载具方面，根据海军和空军核力量发展规划，美国一方面对现有部分运载平台或载具进行延寿与现代化改造，保持“三位一体”核力量的持续安全可靠与有效；另一方面大力推动新一代运载平台和载具的研发部署，到2035年基本实现新一代弹道导弹核潜艇、战略轰炸机等运载平台的更新换代，洲际弹道导弹、新型潜射弹道导弹、海基核巡航导弹、“远程防区外”空射巡航导弹等新型载具也陆续服役。

核指控通信系统方面，美国核指挥控制系统正朝着网络化、数字化、智能化方向发展，重点加强应对太空和网络威胁、综合战术预警与打击评估能力建设，对陆上固定指挥中心、最低限度基本应急通信网进行全面的升级改造，研制E-4B空中指挥中心的替代机型等，到2035年将进一步提高其快速反应能力、抗干扰生存能力和灵活机动能力。

非战略核武器方面，以可实施全球地区性非战略核打击能力为方向，部署海基低威力核弹头，发展战略战术打击相结合的核航弹，改装部署“核常兼备”的F-35战斗机，全面提升应对敌方地区性威慑挑战的能力。

2.2 预算安排

2021—2025财年核装备研发采购总预算为1324.61亿美元，其中能源部投入585.51亿美元[4]，安排32个项目；国防部投入739.10亿美元，安排67个项目[5]。

在核弹头研发方面，能源部预算投入531亿美元，安排23个项目，依次重点投向以下5个方面：①安排52.65亿美元，开展W80-4核弹头（空射巡航导弹）延寿计划；②安排36.08亿美元，开展W87-1核弹头（陆基弹道导弹）改造计划；③安排30.07亿美元，开展B61-12核航弹延寿计划；④安排18.53亿美元，研发W93核弹头（潜射弹道导弹）；⑤安排8.55亿美元，开展W88改型370核弹头（潜射弹道导弹）改型研制。

陆海空运载平台与载具方面，海军预算投入364.35亿美元，依次重点投向以下4个方面：①安排13.3亿美元，研制“哥伦比亚”级弹道导弹核潜艇；②安排6.6亿美元，延寿与改造“三叉戟”-2 D5弹道导弹；③安排4.8亿美元，研制W93核弹头/Mk7再入飞行器（配装新型潜射弹道导弹）；④安排234.73亿美元，订购2艘“哥伦比亚”级弹道导弹核潜艇。空军预算投入348.33亿美元，依次重点投向以下6个方面：①安排132.00亿美元，研制“陆基战略威慑”系统洲际弹道导弹；②安排123.37亿美元，研制B-21战略轰炸机；③安排19.98亿美元，研制“远程防区外”核巡航导弹；④安排7.47亿美元，研制W87-1核弹头/Mk21A再入飞行器（配装“陆基战略威慑”系统洲际弹道导弹）。⑤安排27.52亿美元，研制B-52、B-2A轰炸机现代化改造；⑥安排19.56亿美元，订购B-52、B-2A战略轰炸机改装。能源部预算投入54.51亿美元，依次重点投向以下3个方面：①安排15.58亿美元，开展舰艇反应堆系统与部件技术研发；②安排12.26亿美元，开展核反应堆技术研发；③安排2.72亿美元，研制“哥伦比亚”级弹道导弹核潜艇反应堆系统。

核指挥控制通信系统方面，国防部预算投入26.42亿美元，依次重点投向以下7个方面：①安排6.35亿美元，研制E-4B“国家空中作战中心”的替代机型；②安排6.91亿美元，研制先进超视距终端系列；③安排2.64亿美元，研制军事卫星通信空间现代化装备；④安排4.54亿美元，研制E-6B“战略司令部空中指挥所”替代机；⑤安排1.84亿美元，研制“最低限度基本应急通信网”改进；⑥安排2.33亿美元，订购E-4B改装；⑦安排1.66亿美元，订购先进超视距终端系列。

3 美国未来骨干核装备体系预测分析

美国核装备基本完成新一轮现代化建设，维持规模庞大、装备性能更先进的陆海空“三位一体”核装备体系，核力量整体威慑与打击能力显著提升。

预计到2035年，美国陆海空“三位一体”核力量装备更新换代或升级改造基本完成，核力量的全球快速打击、生存突防、联合作战、灵活反应能力大幅提高，安全可靠可信水平显著增强。如图1

所示，核武库规模保持 3800 枚，核弹头型号从 7 型调整为 6 型；核运载平台和载具主要构成为“陆基战略威慑”系统洲际弹道导弹、“哥伦比亚”级与“俄亥俄”级弹道导弹核潜艇、“三叉戟”-2 D5/LE 潜射弹道导弹、B-21“空袭者”战略轰炸机、升级改造后的 B-52 战略轰炸机、“远程防区外”空射核巡航导弹等；核指控通信系统包括全面升级后的 2 套陆上指挥中心、2 套新一代的空中指挥中心及最低限度基本应急通信网。

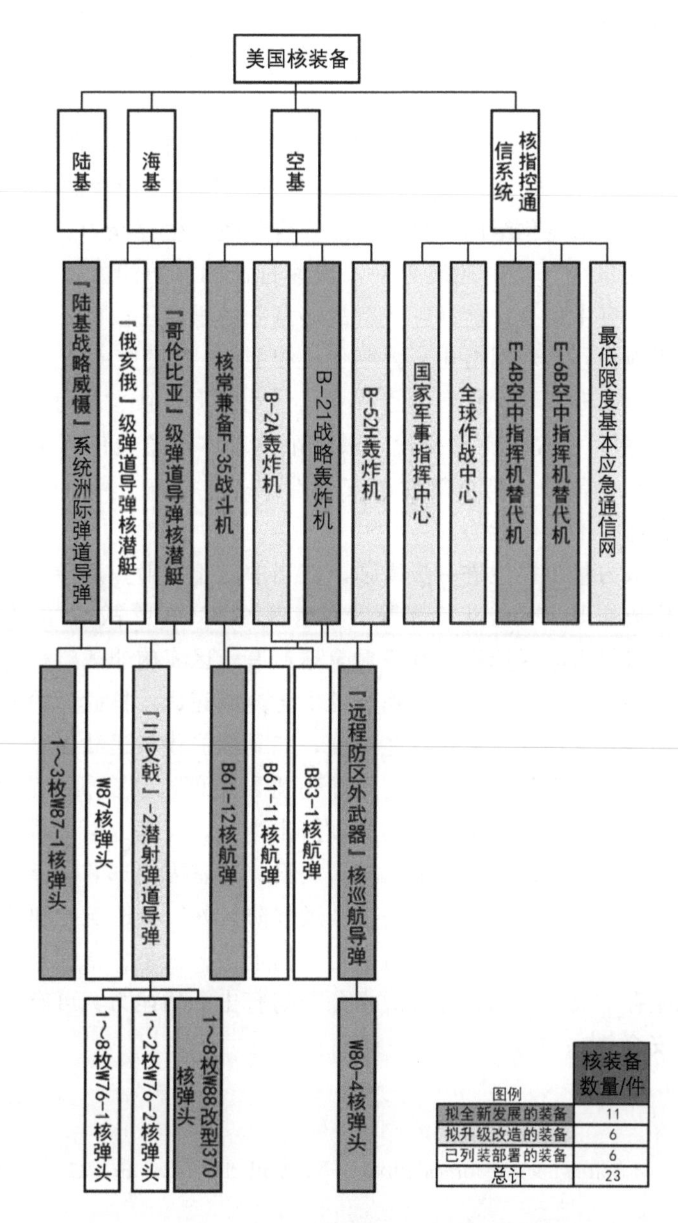

图 1　美国未来骨干核装备体系

核弹头维持规模、减少型号，综合性能全面提升。在役核弹头的延寿与升级工作基本完成，部署 1 型陆基弹头（W87-0/-1）、2 型海基弹头（W88、W76-1/-2）、3 型空基弹头（B83-1、B61-12、W80-4），比当前减少 1 型（陆基 W78），总数约 3800 枚，与目前持平。通过延寿计划和维护改进，核弹头长期贮存的安全性、有效性和可靠性大幅提升；弹头的通用性、灵活性、毁伤效能增强，采办成本和库存管理负担进一步降低。

陆基核运载平台保量升质，保持有效的先发打击威慑。陆基洲际弹道导弹完成换代，部署 400 枚“陆基战略威慑”系统取代“民兵”-3。“陆基战略威慑”系统可机动变轨，具有更高的突防能力；

打击精度高，圆概率偏差优于100米；引入模块化构架，可灵活应对技术突袭和威胁变化带来的各种挑战；采用经现代化改造的井基发射，生存能力提高，具备更快的先发核打击响应性。

海基核运载平台缩量提效，二次反击能力不降反升。弹道导弹核潜艇处于新旧更替，数量从当前的14艘（“俄亥俄”级）降至11艘（6艘“俄亥俄”级和5艘“哥伦比亚”级），携载200枚延寿改进型“三叉戟”-2 D5潜射弹道导弹，少于当前的240枚。新一代“哥伦比亚”级核潜艇采用全电推进技术和X型艉舵，静音性和操纵性更好；采用全寿期反应堆，无须中期大修，战略值班时间增长。出色的续航和隐身能力使得美国能够以更少的潜艇和潜射导弹数量提升海基核威慑和二次反击的有效性。

空基核运载平台数量大幅增加，灵活响应能力大幅提高。大幅扩充战略轰炸机规模，完成升级改造40架B-52H“同温层堡垒”，部署至少100架B-21“空袭者”取代现役的20架B-2A“幽灵”。B-21能够携载“远程防区外”空射巡航导弹（射程3000千米）和可变当量的B61-12核航弹，采用飞翼设计、先进隐身材料、高度信息化组网，具有更强联合作战和生存能力。46架升级改造的B-52H战略轰炸机只配装“远程防区外”空射巡航导弹，快速打击和突防能力强。两型战略轰炸机功能互补，使用灵活，是在地区冲突中彰显“前沿存在”战略意图的重要手段。

核指挥控制系统完成升级换代，实现网络化、数字化、智能化。2套陆上指挥中心（国家军事指挥中心和全球作战中心）完成设施升级，2套空中指挥中心（4架E-4B“国家空中作战中心”、16架E-6B“战略司令部空中指挥所”）完成更新换代，最低限度基本应急通信网全面改造，快速反应能力、抗干扰生存能力、灵活机动能力、高可靠性与安全性进一步提高，可有效防范空间和网络威胁，具备更高的综合战术预警与打击评估能力。

非战略核武器类型增加，核力量多样性进一步增强。在当前已于潜射弹道导弹上部署W76-2海基低威力核弹头的基础上，完成在F-35战斗机部署可变当量的B61-12战略/战术核航弹，进一步增加“定制威慑”战略可用的核打击分级选项，具备对全球所有地区实施非战略核打击的能力。

与现有装备体系相比，重要变化包括：一是核弹头延寿与升级完成，核武库的安全性、有效性和可靠性大幅提升，弹头的通用性、灵活性、毁伤效能增强；二是新一代核运载平台装备开始服役，三位一体核打击能力全面提升。“陆基战略威慑”系统洲际弹道导弹可机动变轨，发射井生存性增强，突防能力、打击响应性、打击精度提高，保持有效的先发打击威慑。海基方面部署了新一代的弹道导弹核潜艇及改进后的潜射弹道导弹，二次核反击能力显著提升。空基方面部署全新的B-21隐身战略轰炸机与升级改进后的B-52H远程战略轰炸机，携带“远程防区外”核巡航导弹。两型战略轰炸机功能互补，使用灵活，显著提升空基核力量的快速打击与突防能力；三是核指挥控制系统完成升级换代，具备快速反应、抗干扰生存、灵活机动、综合战术预警与打击评估能力，可有效防范空间和网络威胁，具备更高的可靠性与安全性。

参考文献：

[1] Hans M K, MATT K. United States nuclear forces 2020 [J]. Bulletin of the atomic scientists, 2020, 72 (2): 63-73.

[2] NUCLEAR POSTURE REVIEW 2018 [R/OL]. [2022-12-31]. https://media.defense.gov/2018/Feb/02/2001872886/-1/-1/1/2018-NUCLEAR-POSTURE-REVIEW-FINAL-REPORT.PDF.

[3] Fiscal Year 2020 Stockpile Stewardship and Management Plan [R/OL]. [2022-12-31]. https://www.energy.gov/nnsa/downloads/stockpile-stewardship-and-management-plan-ssmp.

[4] FY 2021 Department of Energy′s Budget Request to Congress [R/OL]. [2022-12-31]. https://www.energy.gov/cfo/downloads/fy-2021-budget-justification.

[5] UNITED STATES DEPARTMENT OF DEFENSE FISCAL YEAR 2021 BUDGET REQUEST [R/OL]. [2022-12-31]. https://www.defense.gov/Newsroom/Releases/Release/Article/2079489/dod-releases-fiscal-year-2021-budget-proposal/.

Analysis of US nuclear force development planning

ZHAO Song, YUAN Yong-long, LI Xiao-jie

(China Institute of Nuclear Information & Economics, Beijing 100048, China)

Abstract: In the era of great power competition, the United States regards nuclear weapons as the cornerstone of national security, driven by the demand for military technology and equipment and promoted by technological progress, the United States continues to build and strengthen the modernization of its nuclear arsenal, and invests huge amounts of money to upgrade its nuclear forces to ensure the safety, reliability and combat effectiveness of nuclear weapons, major adjustments and new trends have occurred in its nuclear strategy and nuclear force building. This paper analyzes the current situation of the U. S. backbone nuclear equipment system, sorts out its nuclear equipment-related budget applications and equipment development-related strategic planning plans for fiscal year 2021. Furthermore, it calculates the overall investment in the U. S. nuclear equipment R&D, as well as the procurement, pre-research, development, ordering, and installation delivery of new backbone equipment in the 2021 - 2025 fiscal years. Finally, it will study the thinking goals, system composition, direction focus, and major changes of the United States' future backbone nuclear equipment system construction and development.

Key words: Nuclear equipment system; Budget applications; Strategic development planning

传统核电国家乏燃料管理研究与经验总结

石　磊，宿吉强，刘洪军，安　岩

（中核战略规划研究总院，北京　100048）

摘　要：乏燃料是经受过辐射照射、使用过的核燃料，通常是由核电站的核反应堆产生，是核能发展的必然产物。乏燃料中包含大量的放射性元素，具有放射性水平高、处理技术难度大、安全管理要求严等特点，关系着核能的持续发展及环境和人员安全，确保乏燃料得到长期安全管理，一直以来都是全球各国发展核能的重要前提。为此，全球主要核电国家建立完善的管理体制机制，制定健全的政策法规体系，确保乏燃料管理全过程的系统性、规范性与有效性。本研究聚焦国家管理政策与法规体系，调研了法、日、韩等主要核电国家的乏燃料管理实践，并总结提炼了经验做法，为我国核电站乏燃料管理提供有关启示建议。研究表明，需要加强顶层设计，明确乏燃料管理各方责权边界，制定产业中长期发展规划等政策体系，坚持国家统筹与市场运作相结合，保障乏燃料管理长期安全。

关键词：核反应堆；乏燃料管理；政策法规

1　法国

法国是世界上少数几个拥有完整核工业体系的国家之一。截至2022年年底，法国在运商业核电机组58台，装机容量6100万千瓦，在建机组1台，全部由法国电力公司（EDF）运营管理。核电站产生的乏燃料种类包括传统的UO2乏燃料和MOX乏燃料；法国尚未后处理的乏燃料约1.4万吨(tHM)；其中，在堆湿法贮存乏燃料约4000吨，在后处理厂贮存约1万吨。

法国一直坚定不移地走闭式循环道路[1-2]，不仅掌握先进的后处理技术和工艺，还建立了相当规模的商用后处理及再循环生产能力。其中阿格厂（la Hague）后处理能力为1700 tHM/年，梅洛克斯压水堆MOX燃料厂（Melox）生产能力为195 tHM/年。法国自主建立了公、铁联运的放射性物品综合运输体系，每年运输量约5000次，同时参与投资建设了跨洋运输的海运体系，为日本等海外客户提供乏燃料后处理服务。

1.1　统筹协调后处理与核电匹配发展

法国政府发展乏燃料后处理产业的最初想法是实现与快堆的匹配发展。20世纪50年代初期，法国就提出了非常明确的快堆发展计划，确定商业化规模快堆电站的技术特征，先后建成了狂想曲试验快堆（Rapsodie），凤凰快堆Phenix与超凤凰快堆（Super-Phenix）。在20世纪70年代初期，法国原子能委员会（CEA）为了配合法国快堆发展计划，推进乏燃料后处理。然而，由于安全、经济层面的因素，法国快堆均被政府关闭，快堆商业化进程受挫，法国便做出了后处理回收的钚改用于压水堆核电站的决定。法国自1987年开始在压水堆中使用MOX燃料，截至2019年年底，法国58座压水堆中已有24座使用了MOX燃料。通过后处理再循环，为EDF每年节约了约10%的天然铀需求，共节省了约3.6万吨的乏燃料贮存需求。

1.2　立法规定了核电业主对乏燃料的管理责任

法国在乏燃料归属和后处理服务模式方面有明确的政策规定，责权利界定清晰，核电站业主作为乏燃料产生者，自始至终负责乏燃料的安全管理。《关于放射性材料和废物可持续管理规划》规定了

作者简介：石磊（1989—），男，博士，副研究员，现主要从事核燃料产业政策、战略规划、市场分析研究。

“谁产生谁负责”的原则。法国没有规定乏燃料的所有权，而是规定了法国电力对乏燃料管理的责任，并通过政府命令的方式要求核电业主 EDF 使用 MOX 燃料。同时，法国政府将产生的乏燃料是否可以后处理作为商用核电机组核准的重要论证条件。法国只有 EDF 一家核电公司，从管理责任的角度，可认为乏燃料及后处理铀钚均属于 EDF，并由 EDF 安排具体使用管理等，欧安诺（原阿海珐）为后处理服务公司。

1.3 建立乏燃料储备金制度

乏燃料储备金一般在乏燃料产生 7～10 年后，当乏燃料可以进行后处理时才收取。EDF 通过与 ORANO 签署包括运输、后处理在内的一揽子商业合同的方式采购后处理服务。EDF 每年从营收中拨出一部分资金存入储备金专门账户，作为支付乏燃料运输、后处理等环节的专项资金，并根据前一年支出情况和当年支出预算进行调整。目前，乏燃料后处理储备金余额维持在一个常量，大体能够满足未来 18 年乏燃料后处理的资金需求。根据 EDF 2019 年财务数据，2019 年 EDF 支付 ORANO 的合同总价为 8.9 亿欧元，按 2019 年总发电量 379.5 TW·h 折算，包括乏燃料运输、后处理在内的乏燃料管理成本为 0.2345 欧分/kW·h，折合人民币约 1.85 分。

1.4 政府主导建立企业间命运共同体

法国政府为落实闭式循环政策，主导 EDF 与 ORANO 签订长期后处理与再循环服务协议，促使两家企业建立长期的商业合作伙伴关系，确保法国核电产生乏燃料通过后处理实现再循环，保障法国核燃料循环产业稳步发展。法国政府直接任命了 EDF 与 ORANO 两家集团的最高决策层（董事会）近半数成员，其中还有一位成员同时兼任两家集团的董事，参与协调两家集团对乏燃料后处理与再循环的战略决策。

1.5 与国际客户利益绑定发展本国后处理产业

国际客户是法国发展乏燃料后处理产业的重要支撑。法国建设阿格后处理厂 UP3 设施时，依靠自主成熟的商业后处理经验与技术，与日本、比利时等国际客户签约合同，规定国际客户承担 UP3 设施的全部投资和最初 10 年的运行费，法国自身承担零财务成本。同时，后处理价格按成本加固定利润计算，其中利润约占总费用 25%。法国通过这种利益绑定的方式，有效减少了资金压力，平摊了投资风险，并实现了本土后处理产业的自主有序发展。

1.6 建立政府评估机制

法国成立了国家资产评估委员会（CNE），由国会和参议院的代表及一些独立于核电站业主和能源工业的专家组成，评估乏燃料管理费用。委员会发现储备金不足或者比例不匹配，可以在听取业主意见后采取必要措施，以规范经营者资金预留情况。必要时，政府部门可以责令对业主进行处罚，以补足储备金的额度。法国核电站业主应当每 3 年向政府部门提交一份报告，说明费用评估、费用计算方法及为制定用于支付储备金的资产构成和管理情况。经营者应每年向政府部门提交更新该报告的说明，并及时通知可能要修改的任何事件。

2 日本

日本国内自然资源贫乏，为保障本国能源的安全供应，自 20 世纪 50 年代以来，日本开始发展核能。福岛核事故前，日本核电发电量约占其总发电量的 1/3。福岛核事故后，日本大部分核电机组处于停运状态，目前可运行核电机组 33 台，总装机容量约 3200 万千瓦，截至 2022 年年底，仅 10 台核电机组恢复运行，装机容量接近 1000 万千瓦。

为了减少对国外铀资源的依赖，日本从核能利用开始就一直坚持走闭式核燃料循环路线，在本土和境外开展了大量乏燃料后处理，并在轻水堆中循环使用了少量 MOX 燃料，形成了较为完整的乏燃料贮存、运输和后处理产业体系[3-5]。

2.1 坚持闭式核燃料循环战略

由于国内资源贫乏，日本一直把核能视为重要的能源来源。为了提高核能利用率，增强能源安全，日本将乏燃料后处理作为其核能战略的一个要素。早在1956年，日本原子能委员会（JAEC）在出台的《原子能利用长期规划》中明确了“应尽可能在日本国内开展后处理”的核燃料循环后段基本策略。长期以来，尽管日本闭式燃料循环体系建设遭受巨大挫折，也经历福岛核事故，但日本历届政府始终坚持闭式燃料循环战略不动摇，持续推动建立自主、完整的核燃料闭式循环体系。

2.2 明确乏燃料归属权

日本核电站产生的乏燃料管理由运营单位负责安全管理，并承担相关费用，后处理回收产物再加工制成的MOX燃料也由核电业主负责循环使用，因此，日本乏燃料归属核电业主单位。

日本政府主要通过政策或设立独立机构参与管理，乏燃料后处理由商运公司（核电站合资）负责运营，政府监管其计划、经费和实施，高放废物由政府设立的支撑机构（公益性机构）负责运营。所有对反应堆、乏燃料贮存活动、后处理活动的监管都是基于《反应堆管制法》。考虑到乏燃料管理各阶段之间相互依赖，所以监管的一致性并没有被中断，乏燃料归属也没有随着管理活动的进行而改变。

2.3 建立完善的乏燃料管理机构和基金制度

2005年，日本经济产业省（METI）颁布的《乏燃料后处理基金法》建立了乏燃料后处理基金制度。该法规定：拥有核电的电力公司应根据核发电量，以“电价附加费”的方式收取，用于开展与乏燃料后处理有关的费用，收取标准为0.5日元/kW·h（2005年相当于0.034元/kW·h）。

乏燃料基金由非营利性组织原子力环境整备促进资金管理中心（RWMC）负责统一管理，基金使用指出时，先由核电业主向RWMC提出申请，并报经济产业省审批，然后由RWMC支付给核电业主，用于支付后处理相关业务。

2016年9月，日本颁布了《乏燃料后处理执行法》，取代了2005年的《乏燃料后处理基金法》，按照该法要求，日本政府新成立乏燃料后处理管理机构（SFRO），隶属经济产业省，统筹管理日本的乏燃料后处理，以及后处理基金的收取和使用。此外，新法律规定，后处理基金不再按销售电力收取，而以乏燃料重量取费并进行动态评估和调整。同时，乏燃料基金使用方式也发生变化，SFRO收取基金后，将直接与后处理服务方（JNFL）签署后处理合同，核电业主不再与JNFL签署合同。

2.4 建立乏燃料管理的商业模式

目前，日本乏燃料运输、贮存和处置相关活动采取商业模式运作。乏燃料运输、贮存、处置、后处理相应的费用由核电业主支付；处置和后处理费用均采用基金的模式保障相应费用支出。该管理模式有利于提高核电企业在核电站产生的乏燃料管理方面的责任，但是基金安全性和可靠性的管理始终是一个问题。目前，日本后处理基金和高放废物地质处置基金已经分别由两个机构管理和运营。

2.5 坚持引进与自主研发相结合的技术路线

日本六所村商业后处理厂是以法国阿格后处理厂UP3车间为参考建造的，兼顾英国和德国的一些技术，并且尽可能多地使用本国技术设备，以利于日本将来建设自己的后处理设施，这也导致了多次延期和资金远超过预算。

2.6 电力公司联盟共同承担后处理厂建造的巨额支出

日本电力公司联盟由北海道电力公司，东北电力公司，东京电力公司，北陆电力公司，中部电力公司，关西电力公司，中国电力公司，四国电力公司，九州电力公司和冲绳电力公司等10家电力公司组成，电力公司联盟作为核电站业主和日本核燃料有限公司（JNFL）91％占的大股东，共同承担了六所村后处理厂的巨额建造费用。

3 韩国

截至 2022 年年底，韩国在运核电机组 24 台，总装机容量 2300 万千瓦，在建机组 4 台，累积产生乏燃料约 1.85 万吨（tHM），目前均贮存在核电厂内，其中厂内干法贮存约 3000 吨，全部为重水堆乏燃料，在堆水池贮存约 1.55 万吨。受相关国际条约限制，韩国未进行乏燃料后处理，也尚未建成地质处置库。

现阶段，韩国主要对核电站乏燃料进行贮存管理[6-7]，并采取了多种措施延缓贮存压力。韩国 3 座压水堆电厂均通过安装高密度贮存格架或将乏燃料转运至相邻机组水池的方式解决乏燃料的满容问题。韩国已在月城（Wolsong）重水堆核电站推进厂内干式贮存设施的建设。此外，根据韩国《高放废物管理基本计划》，计划建设乏燃料离堆贮存设施。韩国乏燃料管理实践如图 1 所示。

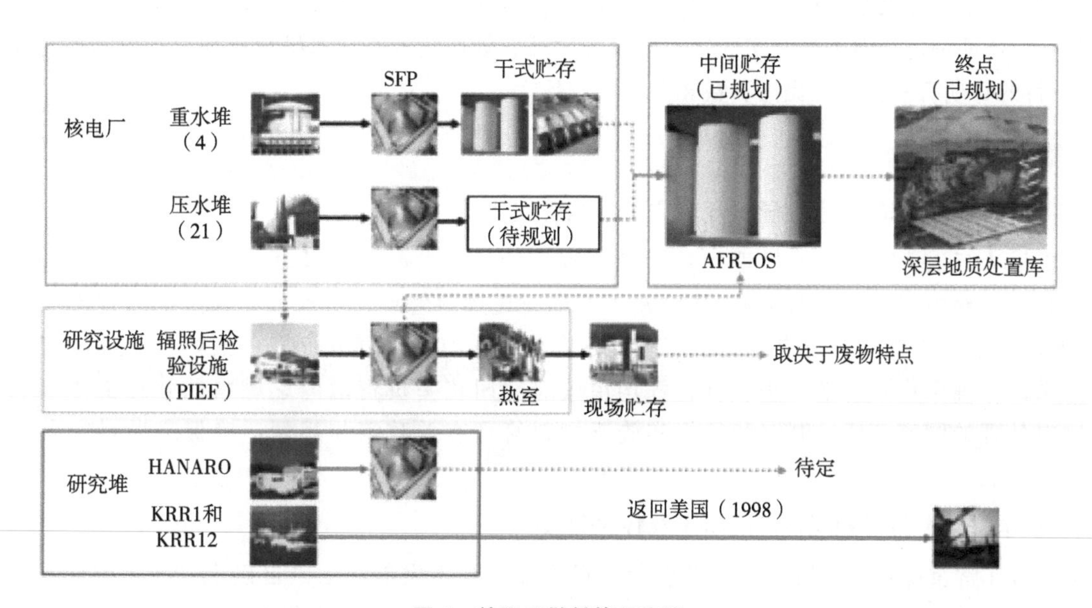

图 1 韩国乏燃料管理实践

3.1 采用“一次通过”政策并制订中长期管理计划

韩国受与美国的核不扩散协议影响，不能对乏燃料进行后处理，政策上规定乏燃料贮存后直接地质处置。2013 年 10 月，韩国成立乏燃料管理公众介入委员会（PECOS），征集公众（包括不同利益相关方和专家）意见，目的是在公众共识的基础上制定乏燃料管理的措施。2015 年 6 月，委员会向政府提交了关于乏燃料管理的最终建议。根据这些建议项，政府于 2016 年 7 月制订了《高放废物管理基本计划》（简称“基本计划”），规定了乏燃料安全管理的方法和程序。

基本计划概述如下：通过长达 12 年的选址流程选择乏燃料最终处置的候选现场；在选定现场建造并运行地下研究实验室（URL）；然后将 URL 发展至永久性处置库。这建立在预计长达 24 年的 URL 和示范研究的基础上。根据基本计划，从选址流程开始到贮存处运行预计需要 36 年的时间。

3.2 政府负责乏燃料的长期安全管理和最终地质处置

韩国高放废物（乏燃料）的长期安全管理，由政府相关部门和机构直接负责，也就是说政府直接负责乏燃料处置管理工作，遵守国内和国际上关于废物安全管理的法律法规。

3.3 核电业主承担乏燃料管理付费责任

根据韩国《电力事业法案》，自 1983 年以来，核电厂运营商每年以分期付款的方式为核电厂退役和运行期间产生的放射性废物和乏燃料的处置支付成本，从而为核电厂的后端管理准备了管理基金。

韩国贸易工业能源部（MOTIE）根据《放射性废物管理法案》（RWMA）每两年审查一次成本估算。从长期来看，政府为乏燃料处置管理经费做长期担保。

3.4 公众全过程介入

韩国高放废物/乏燃料的全过程管理始终将公众安全和环境保护放在第一位，以对生态和环境安全的方式来管理高放废物，保护人类健康和环境不受危害。基本计划提出，在公众信任的前提下执行，以透明的方式向公众披露高放废物/乏燃料管理的相关信息。此外，高放废物/乏燃料的管理应能够促进当地社区的发展及核能的可持续利用。为落实该基本计划，政府目前正在开展选址过程法案的立法、成立高放废物管理委员会和社区支持委员会等各项工作。

3.5 通过技术进步实现乏燃料的长期有效管理

韩国计划不断开发在运输、贮存和处置、减少体积和放射毒性等方面所需的技术。基本计划概述了建造一个场址特定的地下研究实验室，以及开发堆芯管理技术等技术研究计划，从而实现对高放废物/乏燃料的长期有效管理，提高利益相关方的信任度。

4 经验与启示

4.1 明确乏燃料管理的国家主导责任，完善组织管理体系

乏燃料从产生、贮存、后处理到处置及处置后的长期监护，涉及环节多、管理周期长、系统性要求高，需要国家统筹规划实施。IAEA 发布的《乏燃料管理安全和放射性废物管理安全联合公约》，明确规定了各缔约国乏燃料安全管理的国家责任，有义务建立完善的乏燃料管理政策法规及监管体系，以确保代际公平。法、日、韩均由政府部门统一负责国内乏燃料的管理工作，承担产生乏燃料处理的国家责任，制定和组织实施乏燃料管理有关政策与规划，确保乏燃料安全管理及产业持续发展。

4.2 重视本国乏燃料后处理技术的研发及体系建设

法、日非常重视乏燃料后处理等核燃料后段产业与技术发展。法国自确定“闭式循环”政策以来，一直坚持乏燃料后处理，尽管面临着经济性等诸多现实因素，国家仍然主导核燃料循环后段产业发展，保证后处理技术国际领先。此外，日本在经历福岛核事故的沉重打击及商用后处理大厂的拖期超概后，仍然坚持建设自身的乏燃料后处理能力。

4.3 国家制定乏燃料管理的中长期规划，确定技术路线

法、日、韩均制定乏燃料管理的国家顶层规划，明确乏燃料管理技术路线与目标，确保乏燃料在中长期安全管理。法国以法律的形式发布《关于放射性材料和废物可持续管理规划》，进一步明确分离嬗变、可逆性深层地质处置、贮存等技术路线及方案。制定国家政策或战略对于一个时期国家产业能力发展、技术研发、政策制定具有十分重要的意义。

4.4 采用国家统筹协调与市场化运作相结合的乏燃料管理运营模式

国家统筹协调国内乏燃料活动是法、日、韩的通用做法。以坚持后处理的法国为例，尽管根据目前的核燃料市场环境，使用天然铀原料的核燃料价格更具有竞争优势，法国政府仍然长期主导 ORANO 与 EDF 签署乏燃料后处理与再循环协议，确保产生的乏燃料得到后处理及回收制成的 MOX 燃料循环利用，推动核燃料闭式循环政策落地。在乏燃料活动执行方面，法国的乏燃料管理执行机构均通过发包或单独签订商业合同等方式，将乏燃料管理相关设施的整体运营活动或某项专业活动交由市场专业化公司实施，市场化机制提升了效率，也促进了技术进步。ORANO 作为法国乏燃料后处理的专业化公司，采用市场化的运作方式，为 EDF 及海外用户提供后处理服务。

致谢

感谢中核集团战略规划部对研究工作的资金支持。此外，部分调研资料来自战略规划总院信息所同志的分享，在此一并表示感谢!

参考文献：

[1] 刘群，张红林，石磊．日本核电站乏燃料管理实践［J］．高科技与产业化，2022，28（8）：64-67.

[2] 伍浩松，李晨曦．IAEA发布乏燃料与放射性废物管理报告［J］．国外核新闻，2022（2）：14.

[3] 徐健，王伟，黄庆勇，等．国外核电厂乏燃料贮存方式对比研究［J］．中国核电，2021，14（6）：901-909.

[4] 刘群，张红林，石磊．法国乏燃料后处理产业化发展脉络［J］．环境经济，2021（20）：56-59.

[5] 李奇伟．乏燃料和放射性废物安全管理完善之路［J］．中华环境，2020（11）：69-73.

[6] 刘敏，白云生．主要核电国家乏燃料贮存现状分析［J］．中国核工业，2015（12）：31-35.

[7] 郭志锋．韩国的放射性废物管理［J］．国外核新闻，2004（3）：24-28.

Study on the spent fuel management in different developed countries

SHI Lei, SU Ji-qiang, LIU Hong-jun, AN Yan

(China Institute of Nuclear Industry Strategy, Beijing 100048, China)

Abstract: Spent fuel is nuclear fuel that has been exposed to radiation, usually produced by nuclear reactors in nuclear power plants, and is an inevitable product of the development of nuclear energy. Spent fuel contains a large amount of radioactive elements, which are characterized by high levels of radioactivity, difficult processing techniques, and strict safety management requirements, it is related to the sustainable development of nuclear energy, as well as the safety of the environment and human life. Ensuring long-term safety management of spent fuel has always been an important prerequisite for countries around the world to develop nuclear energy. To this end, major nuclear power countries around the world have established complete management systems and mechanisms, formulated sound policies and regulations, and ensured the systematization, standardization, and effectiveness of the entire process of spent fuel management. This study focus on national management policies and regulatory systems, investigates the practices of spent fuel management in major nuclear power countries such as France, Japan, and South Korea, and summarizes experience to provide relevant inspiration and suggestions for the management of spent fuel in China. Study has shown that it is necessary to strengthen top-level design, clarify the responsibility and authority boundaries of all parties involved, and to formulate policy systems such as the long-term development plans for the industry.

Key words: Nuclear reactors; Spent fuel management; Policy and law

美国陆上军用可移动微堆最新进展及前景分析

蔡 莉，袁永龙，李光升

（中国核科技信息院经济研究院，北京 100048）

摘 要：21 世纪初，随着民用领域小型堆技术的新一轮发展，美国国会开始考虑用核反应堆满足国内外军事基地能源需求。国防部联合能源部、核工业企业着手发展“微型反应堆”的项目与相关技术，并在 2019 年组建“贝利”陆上军用可移动微型反应堆计划。本文系统梳理了美国可移动微型反应堆的发展历程，重点介绍了“贝利”军用微型反应堆的技术方案、实施方案、面临的挑战，并对其应用前景进行了分析。

关键词：可移动微型反应堆；TRISO 燃料；核安全；监管问题

1 美国可移动微堆发展历史及进展

截至目前，美国可移动微型反应堆（简称“微堆”）的发展主要分为以下 3 个阶段。

早期探索阶段。美国在第二次世界大战结束后就曾广泛探索反应堆技术的各类军事应用，1954 年启动“陆军核动力计划”研制了一批固定式和可移动式小型反应堆，后因技术和成本问题在 1977 年终止计划。

谋划论证阶段。21 世纪初随着美国军队海外作战的能源问题日渐突出，以及小型堆等民用核能技术的新一轮复兴，美国国会《2010 财年国防授权法案》要求国防部评估在军事设施建造使用核反应堆的可行性。相关机构陆续开展研究，提出军用小型反应堆应满足“可运输”的要求，并分析了反应堆在前沿和偏远作战基地使用的前景，明确了电功率 1～10 兆瓦、可通过卡车或 C-17 飞机运输等技术要求。

实质研发阶段。2019 年，国防部宣布实施“贝利”陆上军用可移动微堆计划。该计划分为两个阶段。第一阶段是为期两年（2020—2022 年）的设计阶段，通过设计竞标选拔进入第二阶段的公司。2020 年 3 月，国防部选择巴威、X-能源、西屋等 3 家公司开展反应堆设计工作，2021 年 3 月，国防部对上述公司的设计进行审查后，选择巴威和 X-能源公司继续开展设计工作[1]。第二阶段是建造和示范运行阶段（2022—2024 年），2022 年 4 月，国防部宣布在爱达荷国家实验室建造并示范反应堆原型装置，6 月宣布选用巴威公司设计方案并签订建造合同，进入实质性研发阶段。

2 “贝利”微堆的技术方案和测试方案

2.1 技术方案

与传统核电站相比，可移动微堆基本技术要求是：重量尺寸满足可移动功能、战场条件下的安全安保、快速启停和快速安装拆除、减少换料次数等。

美国国防部尚未公开“贝利”微堆具体方案。根据现有信息，反应堆将采用高温气冷堆，电功率 1～5 兆瓦。高温气冷堆是几兆瓦级电功率下有望在尺寸重量方面满足可移动要求的最佳堆型之一。

为实现可移动，反应堆装置采用模块化设计，由反应堆、能量转换、控制系统和辅助系统 4 个部分组成。每个部分都可装入符合国际标准的康乃克斯集装箱，运行时再将几个模块连接起来。

作者简介：蔡莉（1984—），女，江苏，高级工程师，学士，现主要从事情报研究。

为提升安全性并减少换料次数，反应堆采用铀-235丰度接近20%的高丰度低浓铀制成的三层各向同性碳包覆燃料（TRISO），相比核电站使用的丰度约5%的核燃料，可实现更高的铀装载，同时满足防扩散政策。TRISO燃料采用多重包容层，能在高温下更好包容裂变产物，防止核泄漏。在遭受打击发生事故的情况下，也不需要大范围人员疏散。

2.2 测试方案

测试方案包括启动测试、可移动示范和运行示范。首先，2024年前完成原型装置的反应堆制造和燃料制造，然后将其分别运往爱达荷国家实验室场址，组装后进行为期6个月的启动测试。测试将在次临界状态下进行，验证堆芯性能、反应堆集成、冷却系统和控制系统[2]。随后，反应堆系统拆解成模块，移动到运行示范设施内，再重新组装，开展为期5周的可移动性示范。最后，可移动微堆系统将被集成到工程测试微电网中，开展为期2年半的低功率到满功率运行测试，验证反应堆在正常工况、异常工况下长时间运行的能力。

3 可移动微堆面临的挑战

3.1 技术与核安全方面

美国可移动微堆研制主要将依靠已有成熟技术，但由于是首个此类反应堆，在可移动性、安全性等方面提出了全新要求，技术上仍存在多方面的挑战，包括高温慢化剂材料、热传输与能量转换、先进结构材料制造与测试、仪表与传感器、燃料测试运行数据、气体冷却剂等诸多问题。在安全方面，军用可移动微堆必须考虑军事冲突下的使用环境，特别是前沿使用的反应堆极可能成为精确制导武器的攻击对象，造成放射性物质泄漏。

3.2 原料与燃料供应方面

美国国会和政府近年来力推高丰度低浓铀TRISO燃料发展，将其作为满足多种小型核能系统的主要候选燃料方案。美国目前高丰度低浓铀原料供应方面仍有缺口，短期内将依靠能源部现有库存高浓铀稀释解决，后续将建立本土铀浓缩能力。TRISO燃料生产方面，美国有3家公司正在研发并发展生产能力：巴威公司于2019年重启TRISO燃料生产线并扩大产能；X-能源公司成立TRISO-X子公司，将开发世界上第一个商业规模的TRISO燃料制造设施；超安核技术公司已于2021年生产出全陶瓷微封装燃料（下一代TRISO燃料）。

3.3 监管与政治方面

首先，美国核管会审批许可严格。全新堆型设计获得美国核管会许可需要相当长的周期。爱达荷国家实验室2018年分析报告指出，微型反应堆的审批可能需要10～15年。2022年1月，核管会就以“潜在事故的描述以及对安全系统和部件的分类存在重大信息缺口”为由拒绝了Oklo公司Aurora微堆的建造运行联合许可证申请[3]。其次，美国军用可移动微堆涉及用陆上、空中运输的问题。在反应堆空运中，带有燃料的核反应堆一旦坠落在水中，有可能发生临界事故。1975年，美国立法要求对空中运输放射性材料进行实际的坠毁试验，此后美国从未进行此类空运。国际原子能机构《安全运输放射性材料条例》则要求放射性材料空运采用可承受严重飞机事故的C类包装，目前国际上还没有可运输装有燃料的反应堆的此类包装。即便在道路上运输整个反应堆，现有技术和许可标准也不充分，尚需完善。最后，军用可移动微堆在海外运输并运行，还须与目的地国家、途经国家达成协议、取得监管许可并解决损害赔偿问题，可能带来严峻的政治外交挑战。

4 应用前景

可移动微堆将丰富美国军事能源选项，支持多种应用场景的能源需求。首先，对前沿作战基地，可移动微堆将降低燃料运输补给的成本和伤亡人数、降低海外军事基地对当地电网的依赖。其次，未来战争中定向能等高能量密度武器装备不断应用和发展，迫切需要安全且独立性强的能源支持，如“战略支持地区”雷达等重要装备的能源保障。最后，对偏远基地和国内基地等场合，反应堆也可取代化石燃料，提高能源安全，给灾难救援提供支持等。核能的使用还将为降低军用能源的碳排放做出贡献。

5 小结

美国防部“贝利”计划 2019 年实施以来取得显著进展，反应堆工程设计现已基本完成，2022 年年中已开始反应堆建造，最快将于 2024 年在爱达荷国家实验室启动为期 3 年左右的示范运行攻关。对于样机示范，仍存在技术、进度等方面的挑战。对于未来军事应用，面临监管许可、战场风险管理、防扩散等尚未解决的问题。

参考文献：

[1] MORGAN K. The Department of Defense will build a prototype mobile nuclear microreactor to meet energy demands of US military [J/OL]. Businessinsider，2021. https：//www. businessinsider. com/project-pele-prototype-mobile-nuclear-microreactor-department-of-defense - 2021 - 9.

[2] Construction and demonstration of a prototype mobile microreactor environmental impact statement [R]. 2022.

[3] ALAN J K. Proposed U. S. army mobile nuclear reactors：costs and risks outweigh benefits [R]. 2021.

Recent progress and application prospect analysis of US land-based military mobile microreactor

CAI Li，YUAN Yong-long，LI Guang-sheng

(China Institute of Nuclear Information & Economics，Beijing 100048，China)

Abstract：At the beginning of this century，with the development of small reactor technology，the United States Congress began to consider using nuclear reactors to meet the energy needs of military bases. The Department of Defense，together with the Department of Energy and the nuclear industry，is working to develop the microreactor project and related technologies，and establish the " Pele" land-based military mobile micro reactor project in 2019. This paper systematically reviews the development history of mobile microreactors in the United States，focuses on the technical scheme，implementation scheme and challenges of " Pele" military microreactors，and analyzes its application prospects.

Key words：Mobile microreactor；TRISO fuel；Nuclear safety；Regulatory

俄罗斯新型铬镍合金包壳材料发展应用

蔡　莉，赵　松，李光升

（中国核科技信息院经济研究院，北京　100048）

摘　要： 俄罗斯博奇瓦无机材料高技术研究院成功研发新型42KhNM铬镍合金包壳材料。该材料已应用于近年来服役的“北极”级核动力破冰船燃料包壳，下一步还将用于RITM-400破冰船反应堆、SHELF-M小型反应堆、浮动核电站、VVER等的燃料包壳。与传统包壳材料相比，新型合金抗腐蚀性等性能显著提升，换料周期从原来的4年延长到12年。本文主要介绍了新型包壳材料的性能优势、局限性和解决措施，并对其应用前景进行了分析。

关键词： 铬镍合金；包壳材料；抗腐蚀性

近年来俄罗斯新型核动力破冰船建设取得快速进展，前三艘“北极”级核动力破冰船分别于2020年10月、2021年12月和2022年11月正式服役，首艘“领袖”级核动力破冰船也于2020年开始建造。“北极”级RITM-200和“领袖”级RITM-400新型核动力装置换料周期从上一代KLT-40的最长4年大幅提升到最长12年，显著提升了新型核动力破冰船的运行经济性，得益于新型铬镍合金42KhNM的研制成功。

1　俄罗斯破冰船反应堆燃料包壳发展主要阶段

博奇瓦无机材料高技术研究院（VNIINM）是俄罗斯破冰船反应堆燃料的主要研发机构，20世纪50年代首先开发了不锈钢材料燃料包壳，逐渐形成了SKG和SKGK两种成熟的燃料元件型号。70年代末以来开发了E-110和E-635锆合金包壳材料和多种破冰船燃料元件，采用E-110合金的14-10-3M型燃料元件达到当时最优水平的可靠性和经济性，换料周期最长达4年。铬镍合金42KhNM是第三代包壳材料，经过多年研发，目前已成功用于“北极”级核动力破冰船的反应堆燃料元件。采用42KhNM合金的新型燃料元件14-5/04UM换料周期延长到最长12年。

1.1　不锈钢材料包壳

俄罗斯破冰船核动力装置第一代燃料采用不锈钢材料（026Kh16N15M3）包壳，早期燃料元件为环形，后改为圆柱形棒状。由于包壳材料长时间的变形潜力耗尽，受辐照材料出现高应力，导致棒状燃料元件破损，VNIINM对026Kh16N15M3材料的运行特性、管材质量、燃料元件和堆芯设计等方面进行了改进，从而使破冰船的能量容量提高超过4倍。后来VNIINM又研发了复杂形状截面的燃料元件，其中包括SKG和SKGK燃料元件。采用SKGK型燃料元件的14-5/02型堆芯的运行结果表明堆芯燃料达到了额定的性能指标；14-5/04堆芯能量产出超过棒状燃料元件的5倍，超过SKG燃料元件堆芯的2.4倍[1]。同时，耐腐蚀钢材料026Kh16N15M3的运行特性也得到不断提高，杂质含量、燃料管几何形状精度、表面质量等要求都愈加严格。

但后续的研究和应用表明，部分燃料元件包壳中的应力可达到临界值，可能导致燃料在堆芯达到额定能量产出以前就发生破损。因此，采用026Kh16N15M3钢材料作为包壳的SKG和SKGK型燃料元件无法进一步延长破冰船反应堆堆芯的寿期特性，需研发具备更好的形变能力并能耐一回路冷却剂腐蚀的材料。

作者简介： 蔡莉（1984—），女，江苏，高级工程师，学士，现主要从事情报研究。

1.2 锆材料包壳

VNIINM 在 20 世纪 70 年代末启动了核动力破冰船燃料元件锆包壳设计与技术开发工作。相较于耐腐蚀钢材料，锆的中子吸收截面小，在应力下不易腐蚀，在受辐照状态下的塑性（形变能力）较高。使用锆合金作为燃料元件包壳，有利于降低堆芯燃料的装载量，大幅降低堆芯在达到额定能量产出之前发生燃料破损的可能性。VNIINM 最终选择了抗腐蚀性较强的 E－110 和 E－635 两种合金，并开展了设计工作，完成了燃料元件制造技术的开发。燃料元件采取了圆柱形、有肋、有补偿装置的设计方案，共有两个采用 14－10 型燃料元件的破冰船堆芯完成运行，达到额定能量产出，且冷却剂放射性保持在较低水平；采用 14－12 型燃料元件的堆芯能量产出得到了进一步提升。

但堆后检查发现，采用 E－110 锆合金包壳的燃料元件经过长时间运行后，包壳在冷却剂沸腾和高含氧量的情况下会发生点状腐蚀，格架下方部分腐蚀损伤几乎贯穿整个燃料包壳的厚度。采用 E－635锆合金包壳的燃料元件不易发生点状腐蚀，但具有降低寿期特性的缺陷，包括氧化膜厚度增大，包壳均匀腐蚀；包壳水化反应增加，包壳径向方向易形成氢化物等。

1.3 42KhNM 合金包壳

俄罗斯新一代核动力破冰船采用金属件化合物燃料成分和 42KhNM 合金包壳。铬镍合金具有较大的长期运行塑性，抗腐蚀能力也更强。由于包壳材料的热中子截面较大，堆芯中易裂变材料的装载量较锆合金包壳堆芯有所增加，但对于长时间运行的堆芯来说影响较小，而且获得了燃料元件可靠性提高的补偿。

2 相比传统包壳材料性能优势显著

42KhNM 合金含铬重量比 42%、钼 1.5%，其余为镍。VNIINM 通过安瓿试验、抗拉试验、辐照试验和堆后研究等手段，验证其抗腐蚀性和力学属性，一些关键结果如下。

一是安瓿试验显示，在反应堆运行温度下和腐蚀性介质中，钢材料样本仅几百个小时就发生断裂，42KhNM 合金样本经受 18 万小时未发生断裂，金相学研究也未发现任何变化。在事故条件下，42KhNM 合金不和水蒸气发生反应，在 1200 ℃的高温下能保持 500 秒内几乎不发生氧化。

二是燃料包壳环形样本抗拉试验显示，包壳在制造过程中经受的热过程，不会降低其力学性能。

三是研究堆和核电站 VVER－1000 等反应堆的辐照试验和堆后研究显示：①辐照下不发生腐蚀，合金表面形成厚度不足 1 μm 的致密均匀氧化物保护膜；②辐照下短时间力学属性保持在高水平，42KhNM 合金样本在反应堆运行温度和 7×10^{26} m^{-2} 中子积分通量下，保持了较高塑性，伸长率达 20%，而奥氏体不锈钢在 10^{26} m^{-2} 中子积分通量下的塑性不足 1%；③辐照下的长期延展性高，模拟燃料元件在 42KhNM 合金包壳变形程度达到 8%的情况下保持密闭性，奥氏体不锈钢包壳变形程度达到 1%～1.5%时就发生了破损；④辐照下的抗疲劳能力明显好于不锈钢材料[2]。

此外，42KhNM 合金易于制造和焊接。俄罗斯大型核燃料生产企业 MSZ 机械制造厂已经充分掌握了制造该合金管道的技术。

3 局限性及解决措施

试验发现 42KhNM 合金的不足之处是容易发生高温辐照脆化，辐照下温度超过 600 ℃时包壳的延展性降低。

VNIINM 通过研究脆化机制，提出以下改进方案，包括：①改变合金熔化方法，从开放式感应加热，改为真空感应加热，然后进行电渣重熔；②降低铬含量，相关企业已制造了铬含量分别为 41%和 38%的改型 42KhNM 合金锭块，VNIINM 计划对这两种改型合金样本进行辐照试验和堆后研究。

4 小结

俄罗斯新型 42KhNM 铬镍合金包壳材料较传统材料显示出优越性能，可支持反应堆换料周期大幅延长，为长换料周期的新型核动力发展提供了有效保障。在 RITM－200 破冰船反应堆成功应用的基础上，俄罗斯计划进一步将新型合金用于 RITM－400 破冰船反应堆、SHELF－M 小型反应堆、浮动核电站、VVER 等反应堆。

参考文献：

[1] KULAKOV G V, VATULIN A V, ERSHOV S A, et al. Development of materials and fuel elements for propulsion reactors and small nuclear power plants: experience and prospects [J]. Atomic energy, 2016 (4).

[2] KULAKOV G V, VATULIN A V, ERSHOV S A, et al. Prospects for using Chromium-Nickel Alloy 42KhNM in different types of reactors [J]. Atomic energy, 2021 (5).

Development and application of chromium-nickel alloy 42KhNM in Russia

CAI Li, ZHAO Song, LI Guang-sheng

(China Institute of Nuclear Information & Economics, Beijing 100048, China)

Abstract: The chromium-nickel alloy 42KhNM developed at VNIINM is used for the cladding on the fuel rods in Arctic class nuclear icebreakers. The alloy is promising for use in the cladding of dispersion-type fuel rods for RITM－400, Shelf-M installations and floating power units as well as VVER container-type fuel rods. Compared with the traditional cladding material, the new alloy corrosion resistance and other properties are significantly improved, the refueling cycle from the 4 years to 12 years. This paper mainly introduces the performance advantages, limitations and solutions of the new cladding materials, and analyzes its application prospect.

Key words: Chromium-nickel alloy 42KhNM; Cladding material; Corrosion resistance

美国核动力航母火灾情况分析

李光升，戴　定，蔡　莉

（中核战略规划研究总院，北京　100048）

摘　要： 2022年11月，美国“林肯”号核动力航母在执行任务时发生起火事件，造成人员受轻伤。该航母9月曾发生饮用水污染事件，短期内已发生两起作战异常事件。本文研究发现，美国海军面临着舰艇火灾等事故频发且损失重大的严重安全问题，舰艇人员存在士气低落、训练不足现象，出台的相关降低安全风险的举措尚未能有明显成效。

关键词： 核动力航母；安全事件；火灾风险

1　事件概况

2022年11月29日上午，正在距加利福尼亚州南部海岸约48千米处执行任务的“林肯”号核动力航母起火。火情发生后，船员及时扑灭了火焰。起火事件导致9名船员受轻伤，其中6人是脱水所致。目前，所有受伤船员经救治后均已出院。美海军暂未透露航母受损情况，只表示“林肯”号航母将继续在该地区执行任务。

美海军尚未公布航母起火原因。美媒分析称，管理混乱、士气低下及舰船老旧可能是引发此次火灾的原因。此次火灾已是“林肯”号短时间内发生的第二起作战异常事件。该舰曾于2022年9月底出现饮用水污染事件，含有油和化学物质的舱底水发生了泄露。

2　“林肯”号航母及美海军核动力航母情况

发生火灾事件的“林肯”号核动力航母，是美国第五艘“尼米兹”级核动力航空母舰[1]，全长332.8米，最大排水量10.4万吨，航速超30节，可搭载最多90架标准舰载机和直升机。“林肯”号核动力航母装备有两座A4W反应堆的核动力装置，采用压水堆技术，由美国西屋公司研发。单堆热功率为550兆瓦，燃料为97%的高浓铀，平均换料周期为13年。整个核动力装置包括屏蔽层在内，具有体积小、重量轻的特点，在一堆发生故障时另一反应堆还可为舰船提供动力。该舰由美国纽波特纽斯造船厂1982年启动建造、1984年铺设龙骨，并于1988年下水、1989年服役，曾于2013—2017年进行了为期4年的换料与大修，目前已经进入其寿命的中后期。

美海军通过核动力航母打击群，在全球范围内实现其前沿存在、海上控制及力量投送等目标。10艘“尼米兹”级核动力航母于1975—2009年陆续服役，自第三艘“卡尔·文森”号以后，所有的“尼米兹”级核动力航母都具备了反潜、防空和反导能力，可进行海空封锁并对海陆空作战目标进行打击。

美国目前正在以下一代“福特”级核动力航母接替将逐步退役的“尼米兹”级，首艘“福特”号已于2017年服役，采用性能更优的A1B反应堆技术[2]。A1B反应堆由美国柏克德公司研发，其显著特点是热功率进一步增大到625 MW，发电能力是A4W的3倍，轴功率也大幅提升，燃料富集度下降到93%。A1B反应堆还进一步改进了反应堆回路系统及其设备并简化了部件[3]。相比于A4W可减

作者简介： 李光升（1996—），男，河南，助理研究员，工学博士，现主要从事核科技情报研究工作。

少近50%的阀门、管道和主泵，系统更加紧凑，占用空间更小，并且使得相关人员减少50%、全寿期费用大幅减少。

3 美海军舰艇火灾事故分析

3.1 美海军舰艇火灾情况

美海军舰艇近10余年共发生15起重大火灾事故，其中6起是由危险品和易燃材料违规储存和管理引发的，4起是船厂热工作业操作不当引发的，其余则是纵火、人为过失等原因所致。美海军安全中心2021年发布的《重大火灾审查概要》称，不遵守火灾预防、检查和响应政策及程序成为导致这些火灾发生的普遍原因。此外，在这些火灾事故中，有11起因非工作日期间人员减少导致指挥和响应不及时，致使火灾损失程度加大。这些事故包括核动力航母和核潜艇火灾各1起。2008年“尼米兹”级“华盛顿”号核动力航母在前往日本途中发生火灾，12小时后火灾才被扑灭，造成37名船员受伤，维修时间约3个月并耗费7000万美元；2012年“洛杉矶”级“迈阿密”号核潜艇在大修期间发生人为纵火事件，造成7名人员受伤，潜艇因维修成本过高最终被报废。

3.2 美海军舰艇人员问题分析

美海军舰艇还存在人员士气低落、训练不足的问题，这加大了美舰艇发生事故的风险。美国政府问责办公室报告显示，仅有14%的船员可以得到充足的睡眠，多数船员只能休息不到5小时；2021—2022年，“华盛顿”号核动力航母上发生多起自杀事件，至少4人死亡。该舰正进行换料与大修，噪声、停水停电等恶劣的工作环境使得多数船员精神和心理出现问题。此外，2017年美海军初级军官的模拟器培训仅为150小时，2022年才提高到750小时。与此同时，美海军也存在整改不力的问题。早在2017年两起舰艇事故发生后，海军就出台疲劳管理政策，但2020年美国众议院调查发现海军人员士气低落、船员训练不足问题仍然存在。

3.3 美海军近年来采取的安全举措

为解决海军存在的安全风险管理问题，打破海军事故频发困境，美国2022年2月将海军安全中心级别提高，升格为海军安全司令部。海军安全司令部负责安全政策和法规的制定、安全风险管理及安全相关培训等，可向海军部长和海军作战部长直接报告，并拥有迫使作战部队指挥官接受并执行整改意见的权力。海军安全司令部将采用最新安全管理系统，相关文件正在制定并且将纳入法典。美海军目前寄希望于通过此次机构的设立或升级来解决安全风险问题，但此前为应对第七舰队事故频发问题，美海军专门成立了“西太平洋水面舰艇大队”，结果收效甚微。

4 小结

美海军舰艇火灾事故频发，给舰艇本身和人员生命安全带来了严重的危害。不遵守火灾预防、检查和响应政策及程序成为导致海军舰艇发生重大火灾的主要原因。与此同时，海军存在人员士气低落、训练不足等问题，并且屡现整改措施执行不力情况。美海军目前正在寻求通过改革安全机构设置降低舰艇安全风险，但短期内尚未见到明显成效。

参考文献：

[1] ELWARD B. Nimitz-class aircraft carriers [M]. Landon: Bloomsbury Publishing, 2011.

[2] RAGHEB M. Nuclear power-deployment, operation and sustainability [M]. London: IntechOpen, 2011.

[3] ADUMENE S, ISLAM R, AMIN M T, et al. Advances in nuclear power system design and fault-based condition monitoring towards safety of nuclear-powered ships [J]. Ocean engineering, 2022, 251: 111156.

Analysis of the fire situation of the nuclear aircraft carrier in the United States

LI Guang-sheng, DAI Ding, CAI Li

(China Institute of Nuclear Industry Strategy, Beijing 100048, China)

Abstract: In November 2022, the USS Lincoln, a nuclear-powered aircraft carrier, caught fire during a mission, causing minor injuries. The carrier suffered a drinking water contamination incident in September, which has suffered two unusual operational incidents in a short period of time. The study found that the United States Navy faced with safety problems such as frequent ship fires and heavy losses. The morale of the ship personnel was low and the training was insufficient, relevant measures to reduce safety risks had not been effective.

Key words: Nuclear-powered aircraft carrier; Security incident; Fire hazard

英国弹道导弹核潜艇火灾事件分析

李光升，蔡　莉，戴　定

（中核战略规划研究总院，北京　100048）

摘　要：2022年9月底，英国海军弹道导弹核潜艇“胜利”号在北大西洋执行任务期间发生起火事件。该事件暂未造成人员和核动力装置的损失，英国官方暂未公布潜艇具体情况。当前，英国弹道导弹核潜艇服役已久，老化问题日益严重且维修维护费用拖期，加剧了火灾等事故发生的风险，危及装备安全，给核威慑力量可靠性带来风险。

关键词：弹道导弹核潜艇；安全事件；火灾风险

1　事件概况

据英国媒体2022年11月7日报道，2022年9月底，正在北大西洋执行任务的英国“前卫”级[1]弹道导弹核潜艇“胜利”号电气柜舱的整流装置起火。火情发生后，潜艇内的4个二氧化碳喷射灭火器及时扑灭了火焰。潜艇被迫浮出水面以排出烟雾，随后返回了位于苏格兰的克莱德军事基地。未有人员伤亡及核动力装置受到影响的报道。英国官方拒绝透露潜艇的具体细节，也并未公布潜艇起火的具体原因。

2　英国核潜艇情况

“胜利”号核潜艇全长150米，最高航速超25节，排水量约1.6万吨，下潜深度250米，装备1座PWR－2压水堆，采用武器级高浓铀燃料，携带“三叉戟”潜射弹道导弹。该艇于1993年下水，1995年服役，预计将于21世纪30年代退役。

英国“冷战”时期曾建立空基和海基核威慑力量，1998年以来仅保留海基核威慑力量。英国目前共有4艘“前卫”级弹道导弹核潜艇，于1993—1999年陆续服役。英国采取“不间断海上核威慑”战略，依靠这4艘“前卫”级弹道导弹核潜艇实现在海洋中不间断、不被发现的巡逻值班及时刻准备发动攻击这一战略目标。4艘“前卫”级弹道导弹核潜艇中，1艘进行核威慑巡逻，2艘进行日常维护与训练，1艘进行维护和大修。在海上巡逻过程中，每艘“前卫”级弹道导弹核潜艇实际可携带最多8枚“三叉戟”潜射弹道导弹、40枚核弹头。英国目前拥有该导弹58枚，核弹头225枚。英国正在建造4艘下一代“无畏”级弹道导弹核潜艇接替即将退役的“前卫”级。“无畏”级采用安全性能更高的PWR－3核动力装置，首艘艇于2016年开始建造，目前处于交付的第三阶段（DP3），预计于2028年服役。

3　火灾事件分析

3.1　“前卫”级弹道导弹核潜艇大修进度落后多年，老化问题加剧火灾风险

英国“前卫”级弹道导弹核潜艇于1993—1999年就已陆续服役，服役已久且大修进度整体落后。首艇“前卫”号2015年12月开始第二次大修，原计划耗时3年多，但由于2012年陆上模式堆发现核燃料泄露而增加了计划外的换料工作，耗时近7年，2022年7月才重新服役，导致后续艇大修时间整体延后3年以上，加大了老化相关风险。

作者简介：李光升（1996—），男，河南，助理研究员，工学博士，现主要从事核科技情报研究工作。

3.2 21世纪国外核潜艇火灾事故多发，个别事故损失重大

英国“胜利”号弹道导弹核潜艇此次起火事件影响较小，但国外已有多次造成核潜艇重大损失的火灾事故发生[2]。根据目前掌握的资料，国外核潜艇火灾事故共约50起，其中，“冷战”期间发生核潜艇火灾事故31起，“冷战”结束后发生核潜艇火灾事故19起。部分火灾事故造成舰艇和人员生命的重大损失。21世纪最严重的火灾事故包括：2008年，俄罗斯“海豹”号核潜艇在海试期间起火，事故由工作人员未经批准启动灭火装置引起，造成至少20人死亡，21人受伤；2019年，俄罗斯“洛沙里克”号特种核潜艇在执行任务期间因艇上设备老化导致电路起火，造成14人死亡，潜艇内部损毁严重；2020年，法国“珍珠”号核潜艇在造船厂发生起火事故，虽未造成人员伤亡，但潜艇前部完全烧毁，钢构件结构损坏，剩余艇体只能与其他潜艇进行拼接修复。

4 小结

英国此次核潜艇起火事件虽未造成重大损失，但21世纪以来国外已有火灾事故造成潜艇损毁，部分事故还造成了重大的人员生命损失。火灾等严重事故一旦发生将打破潜艇的隐蔽性，使其被识别和跟踪。事故发生后潜艇短时间难以修复，将加剧数量本已有限的现役装备面临的作战压力，并给核威慑的可靠性带来风险。因此，警惕各个舱室的火灾影响，并有针对性地开展相关研究和评估，具有重要意义。

参考文献：

[1] GOLAN. UK postpones trident replacement amid cuts [J]. Arms control today, 2010, 40 (9): 35.

[2] HOOVER J B, BAILEY J L, WILLAUER H D, et al. Evaluation of submarine hydraulic system explosion and fire hazards [R]. Naval research lab washington dc chemistry div, 2005.

Analysis of fire incident of British ballistic missile nuclear submarine

LI Guang-sheng, CAI Li, DAI Ding

(China Institute of Nuclear Industry Strategy, Beijing 100048, China)

Abstract: At the end of September 2022, the British Navy's ballistic missile nuclear submarine "Victory" caught fire during a mission in the North Atlantic. The incident did not cause any damage to personnel or nuclear power plants, British authorities have not released details of the submarine's condition. At present, the UK's ballistic missile nuclear submarines have been in service for a long time, the aging problem is increasingly serious, and the maintenance is delayed, which increases the risk of fire and other accidents. It also endangers the safety of the equipment, and brings risks to the reliability of the nuclear deterrent.

Key words: Ballistic missile nuclear submarine; Security incident; Fire hazard

国外智能核电技术发展情况研究

魏可欣[1]，赵　宏[1]，王　墨[1]，徐　钊[2]，楚济如[2]

（1. 中核战略规划研究总院，北京　100048；2. 中国核电工程有限公司，北京　100840）

摘　要：智能核电技术是智能技术与核电技术的结合。随着人工智能、大数据等新一代智能技术的迭代及核电行业延长寿期、增强运行自主化、减少人因失误等诉求的发展，智能核电技术已成为当前主要国家竞相争夺的新高地。本文系统梳理了美国、俄罗斯、韩国等主要核电国家智能核电技术研发应用现状及发展方向，并对我国智能核电技术发展提出了启示与建议。

关键词：人工智能；智慧核电；数字孪生

智能核电技术是工业机器人、图像识别、深度自学习系统等智能技术与核电技术的结合，其应用有助于提升核电厂自主运行水平，减少各环节人因失误，在高辐射等危险工作环境能够替代部分人工劳动，有效提升核电厂运行的安全性及经济性。随着人工智能、大数据等新一代智能技术的迭代及核电行业延长寿期、增强运行自主化、减少人因失误等诉求的发展，智能核电技术已成为当前主要核电国家竞相争夺的新高地。

1　国外智能核电技术的发展历程

美国在智能核电研究领域起步最早。20世纪50年代，“人工智能（AI）”概念首次被提出，引起美国国防部高度重视，美国国家航空航天局（NASA）随即开展AI技术用于空间站的相关研究，美国空军、海军等部门相继建立人工智能研究中心。受此影响，美国能源部（DOE）召集来自工业界、大学及国家实验室等相关组织的AI技术专家，成立人工智能任务组（AI Task Team），旨在审查AI技术研究现状，确定AI技术相关工作的指导方针，开展工作确保在核能领域应用AI技术后优势最大化。1985年，任务组发布《人工智能与核能》报告[1]，提出“战略性自动化倡议（SAI）”。倡议为AI技术在核能领域应用确立了短期与长期目标。短期目标侧重于将成熟的AI技术引入在运核电厂，包括建立帮助确定燃料倒换方案的燃料装载专家系统、用于核电厂管理的决策辅助系统及增加电脑控制在核电厂控制中的比重。长期目标主要包括：开发核电厂全寿期数据库及基于数据库的决策辅助系统；开发适用于设计、制造及施工全阶段的反应堆设计软件；开发针对反应堆设计进行分析及测试的软件；实现核电厂运行、维护、整修全方位自动化。同时期，以美国田纳西大学为代表的学术界，也在实验室层面开展相关研究，内容涉及模糊逻辑、神经网络和遗传算法等先进算法技术在反应堆运行、监测及诊断中的应用。

随着全球核电行业的不断发展，以及新一代智能技术在医疗、能源、工业等领域的成功应用，全球各国普遍意识到，智能技术对提高核电运行安全性、减少人因失误、提高运行经济性拥有巨大的应用潜力。俄罗斯、法国等主要核电国家相继开展以实现核电厂长期运行、促进核电厂数字化转型、提高运行自主化等为目的的智能核电技术相关研究。经过数十年的发展，大数据、机器学习、智能机器人等技术已在核电领域，特别是在线监测及故障诊断等智能运维方面，实现一定范围的应用。2013年，国际原子能机构（IAEA）发布《核电厂结构、系统与部件监测环节的先进监控、诊断及预测技术》报告，总结了智能核电技术中核电厂监测、诊断及预测领域的全球进展。2021年10月，IAEA

作者简介：魏可欣（1996—），女，硕士，工程师，现主要从事核科技情报研究工作。

召开首届关于人工智能与核技术及其应用的技术会议，就人工智能在核领域应用潜力及其相关影响发起全球对话。当前，将智能技术应用于核电领域，提高核电厂的安全性、可靠性、经济性，加速建设“智能核电厂”，已成为全球核电行业的重要发展趋势。

2 主要核电国家智能核电技术研发应用现状及技术发展趋势

2.1 美国

2.1.1 研发应用背景

美国拥有全球数量最多的在运核电厂，核电是美国清洁电力的主要来源之一。同时，美国在小堆、熔盐堆、钠冷快堆等先进反应堆设计、研发及部署方面全球领先。考虑到较高的核电运维成本，以及核电厂大批量退役后带来的放射性废物处理问题，应用智能技术，为现有及未来核电厂降低运维成本、延长寿期、提高反应堆安全性是美国核电行业的发展方向之一。

2.1.2 研发机构及重点项目

美国政府高度重视智能核电相关项目的研发，通过能源部（DOE）主导并提供资金支持。爱达荷、橡树岭、阿贡等国家实验室，田纳西大学、麻省理工学院等美国高校，电力研究协会（EPRI）等研究机构，西屋公司、通用电气公司等核电企业及行业组织合作参与项目研发。图1是DOE及EPRI智能核电项目的梳理导图。

西屋公司、通用电气等核电企业及利益相关单位在参与政府主导项目外，根据发展需要，研发实际应用性较强的智能核电技术。成果包括：EPRI开发的“故障预测与健康管理系统”实现对欧洲核电站的在线监测功能；西屋公司开发的“可扩展开放技术平台”，实现通过传感器不间断地监测取样，将核电站数据采集到数据处理中心；通用电气公司开发的“GE Predix”平台实现将各种工业资产设备和供应商相互连接并接入云端，并提供资产性能管理和运营优化服务等。

此外，为进一步推进人工智能技术研发及能源领域应用，美国能源部（DOE）于2019年9月成立人工智能与技术办公室（AITO），定位是能源部下属人工智能相关工作的协调中心，该办公室的目标之一是应用人工智能技术确保美国核安全。该办公室暂时未开展在核电领域应用人工智能的项目。

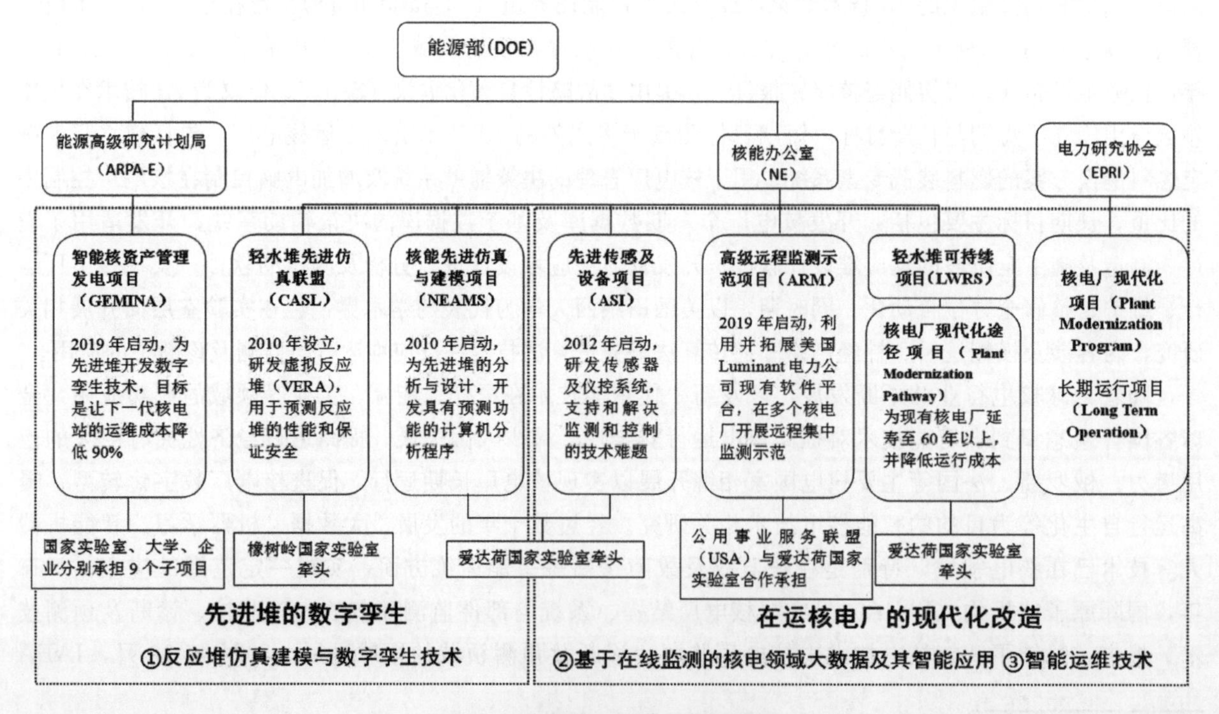

图1 美国重要智能核电项目梳理

2.1.3 主要研发方向

当前，美国智能核电技术研发主要聚焦两大方向：一是在运核电厂的现代化改造[2]。为在运核电厂研发并示范远程监测、风险预测系统、人因工程应用等技术，所得技术同时可作为先进堆的储备技术。重点项目包括核电厂现代化项目、长期运行项目[3]，以及2019年启动的高级远程监测示范项目(ARM)。二是先进堆的数字孪生技术。数字孪生技术是指利用多维度数据，通过仿真过程，对相应的实体装备在虚拟空间中进行映射，从而反映装备的全生命周期过程。先进堆作为技术尚待成熟、应用前景广阔的核电技术，适合采用数字孪生技术对其进行革新性的全生命周期优化。对此，美国于2010年启动了轻水堆先进仿真联盟（CASL）及核能先进仿真与建模项目（NEAMS)。CASL初期主要针对压水堆进行仿真建模，后续拓展至小型模块化反应堆；NEAMS则专门针对钠冷快堆等先进堆型。为进一步加速部署先进堆，能源高级研究计划局（ARPA-E）于2019年启动智能核资产管理发电项目（GEMINA)，利用数字孪生技术聚焦先进堆的智能运维技术，所得技术具有推广至任何反应堆的潜力。综合来看，无论针对在运核电厂或是先进堆，美国智能核电技术主要关注核电厂的运维阶段，重点研发技术包括远程监测、数字孪生、预测性维护、老化管理、人因工程应用等，最终目标是降低运维成本并提高运行安全性。

2.2 俄罗斯

2.2.1 研发应用背景

俄罗斯的核工业发展由俄罗斯国家原子能集团公司（Rosatom，简称“俄原集团”）统一管理。俄原集团作为政企合一的国家集团，被任命为俄“数字经济”国家计划中的重要参与者，承担了开发量子计算机等多项重要任务，掌握了坚实的数字化技术研发基础。俄原集团制定了“统一数字化战略”，内容包括参与俄罗斯的数字化、推出数字化产品及推进俄原集团内部的数字化转型。俄原集团已开发多款适用于设计建模、工业生产、企业管理等领域的数字化产品，也在探索将数字技术应用于核电厂运维、核燃料生产等核工业领域，但由于核工业安全性要求高、监管严格等原因，研究整体处于探索与尝试阶段。

2.2.2 重要数字化产品

俄罗斯的核电数字化技术主要集中于核电厂的设计与施工阶段，较成熟的数字化产品包括两类：一是通用介质、部件的建模研发软件。代表产品是名为“LOGOS”的建模软件包，包括3种软件可分别实现空气和水介质中的过程建模及设计、零部件的热特性及模式评估、静态及动态过程强度分析等功能。二是设计及施工项目管理平台。代表产品是名为“Multi－D”的核设施生命周期管理系统[4]，该系统能够使用3D模型对核电厂施工和安装过程进行详细模拟，有效提升建设项目的运行效率。Multi－D系统已成功应用于俄罗斯负责的埃及达巴核电厂（El Dabba)、印度的库坦库拉姆核电厂（Kudamkulam）及孟加拉国卢普尔核电厂（Rooppur）等建设任务。俄罗斯还利用高分辨率卫星成像、无人机监控和地面激光扫描等数字技术对核电厂建筑施工进行远程监测，以获取项目进度的及时可靠信息，评价项目质量和完整性，并帮助做出管理决策。

2.3 韩国

2.3.1 研发应用背景

韩国本土油气资源贫乏，长期依赖化石燃料进口，核能是保障能源供应安全的重要组成。2017年，时任韩国总统文在寅宣布将逐步淘汰核电，包括取消动力堆新建计划，不会将现有机组的运行时间延寿至超出设计寿命。由于文在寅政府对核电发展的消极态度，韩国核能技术的研发重点从原来的新核电厂开发和发展为主，向研发核能安全技术、将核能与医疗其他领域融合、推进核能海外出口等方向进行完善和加强，意图通过技术创新保持韩国在全球核能技术领域的领先地位，并加强核电出口竞争力。

现任韩国总统尹锡悦自 2022 年 5 月上任以来，重视核能产业发展，发布了新的能源政策，主张积极推动国内核电建设和海外核电出口，重振核能生态系统，韩国核能产业有望迎来新一轮发展机遇期。

2.3.2 战略规划

2017 年 12 月，韩国科学和信息通信技术部发布《未来核能技术发展战略》，提出了加强安全与退役研究、扩大辐射技术应用、加强海外出口支持、为核聚变等未来能源的制备提供长期支持、支持核心技术的商业化等 5 项核心战略。

2018 年 12 月，韩国科学和信息通信技术部为具体落实《未来核能技术发展战略》中的扩大核安全研究要求，制定并发布《未来核能安全力量强化方案》。该方案提出为确保未来核能安全技术研发，将把第四次产业革命的核心技术，即数据、网络及人工智能技术，以及材料、传感等尖端技术与传统核能安全技术研发相结合，从根本上改变核能安全管理的模式。还将设立未来核能技术交叉研究实验室，强化无人化、智能化领域科研院所与核相关研究机构的合作联合。

韩国原子能安全研究所（KAERI）作为韩国核心的核能技术研发机构，响应政府顶层战略，将智能核电技术研发列入自身发展规划。2022 年，KAERI 将“开发结合第四次工业革命技术等的原子能融合技术”列为其 2022 年经营目标之一。KAERI 将利用人工智能，开发通过快速、准确地诊断核电站系统设备的异常状态，防患于未然的智能型故障诊断技术、基于深度学习的高速预测事故场景的技术、用于制造超小型核电站和船舶用零部件的 3D 打印制造技术等智能核电技术[5]。

韩国水电与核电公司 2020 年正式确立了“能源 4.0 数字- KHNP”中长期路线图，将第四次工业革命技术引入核电领域。根据路线图，第一阶段将对核电厂内的各类工作流程进行标准化；第二阶段将根据标准化后的工作流程进行数据化，并建立大数据平台；第三阶段实现智能核电厂。该路线图的最终目标是基于无线通信基础设施自动化分析核电厂的各类数据，从而提高维护和运营的便利性和效率。

3 启示与建议

美国能源部（DOE）早在 1985 年发布的《人工智能与核能》报告中就为人工智能在核电领域应用确立了长期发展目标，该目标已成为全球智能核电技术的主流发展方向。全球范围内，俄罗斯、法国、韩国等主要核电国家也相继在该领域布局发力，并且已取得一定进展。近年来，随着国家出台对于智能技术与多领域技术融合发展的政策导向，我国相关部门及大型核电企业也在积极探索核能智能化技术的研发与应用。当前我国核电行业处于数字化转型阶段，智能化技术的应用更多集中在数据积累层面，未来有待加强对数据的深度挖掘分析，扩大在决策与执行层面的融合应用，从而进一步提升核电厂的安全性、经济性与协调性。

3.1 顶层谋划统筹资源加快智能核电技术发展

与美、韩等国具有相对统一的智能核电技术发展规划路线相比，我国智能核电技术研发呈现多向散发态势。建议加强顶层谋划，出台国家层面智能核电技术发展规划或路线，突出技术主线，加强研发系统性，从而真正实现智能技术与核电产业的深度融合。

3.2 推动设计与建造阶段的数字化移交

自动化程度高、少人值守的智能核电厂需要依赖从设计与建造阶段的数字化基础积累。建议加强核电工程前端的数字化、智能化建设，做好数字化移交，建立核电厂全产业链一致的数据模型。同时利用运行阶段智能核电厂建设的经验，反馈给核电工程前端设计与制造过程，提升核电厂设计的数字化、智能化水平。

3.3 注重网络及信息安全

核电领域智能化技术的发展与网络应用关系密切，信息化、数字化在带来便捷高效的同时，也伴随着安全隐患。核电项目涉及工控网、应急网、实物保护网、商网等多种网络。随着核电厂智能程度提升，各个网络内信息存储、数据流通量将大幅上涨，为网络安全带来巨大挑战。应践行核电项目安全与数字化同步规划、同步建设、同步运行思想，建立“人+技术（平台、数据）+流程”协同联动的主动防御模式。加强信息安全在“人、器、术”3个方面的纵深防御，推进新一代防火墙、互联网态势感知平台等新技术新产品的部署应用，建设全面可靠的信息安全保障体系。

参考文献：

[1] LIN K L, LIU D C, MARKUSZEWSKI R, et al. Artifical intelligence and nuclear power. Report by the technology transfer artificial intelligence task team [R]. 1985.

[2] Electric Power Research Institute. Quick Insight brief: leveraging artificial intelligence for the nuclear energy sector [R]. 2021.

[3] BOWMAN K J, HUA Z, TSAI K, et al. Advanced sensors and instrumentation project summaries [R]. Idaho National Lab. (INL), Idaho Falls, ID (United States), 2021.

[4] ZHABITSKII M, MELNIKOV V, BOYKO O. Actual problems of the full-scale digital twins technology for the complex engineering object life cycle management [C] //IOP Conference Series: Earth and Environmental Science. IOP Publishing, 2021, 808 (1): 012020.

[5] KIM D U. 연구 현장 −4 차 산업혁명 기술을 적용한 원자력발전소 감시 및 진단 기술 개발 현황 [J]. Nuclear industry, 2018, 38 (3): 49-54.

Numerical heat transfer in cylindrical nuclear reactor with reflected layer and nuclear reactor transfer

WEI Ke-xin[1], ZHAO Hong[1], WANG Mo[1], XU Zhao[2], CHU Ji-ru[2]

(1. China Institute of Nuclear Industry Strategy, Beijing 100048, China; 2. China Nuclear Power Engineering Co., Ltd, Beijing 100840, China)

Abstract: Intelligent nuclear power technology is the combination of intelligent technology and nuclear power technology. With the iteration of new generation intelligent technologies such as artificial intelligence and Big data, as well as the development of the demands of the nuclear power industry to extend the life span, enhance the autonomy of operation, and reduce human error, intelligent nuclear power technology has become a new highland that major countries are competing for. This article systematically reviews the current status and development direction of intelligent nuclear power technology research and application in major nuclear power countries such as the United States, Russia, and South Korea, and proposes inspiration and suggestions for the development of intelligent nuclear power technology in China.

Key words: Artificial Intelligence; Intelligent Nuclear Power; Digital twin

俄罗斯核工业海外经营现状及竞争力分析

魏可欣，王　墨，罗凯文，赵　宏，王　树

（中核战略规划研究总院，北京　100048）

摘　要： 俄罗斯国家原子能集团公司在全球核能市场拥有绝对领先优势。除核电、铀浓缩、核燃料等俄罗斯传统优势核能市场外，为进一步提高国际市场占有率，俄罗斯国家原子能集团公司也在大力推动核医疗、乏燃料后处理、核设施退役、西方压水堆用核燃料等新业务。俄罗斯依靠技术自主化、一站式服务、多层面出口规划、外交与金融支持增强核工业国际市场竞争力，通过设立海外公司与全球市场开发网络，提高商业效率和国际市场开拓能力。

关键词： 俄罗斯；核工业；海外经营

当前，俄罗斯核工业海外经营水平全球领先。2021年，俄罗斯国家原子能集团公司（简称“俄原集团”）海外收入较2020年增长20%，达90亿美元，十年期海外订单近1400亿美元。出色的海外经营情况与俄罗斯完备的核工业生产链、积极的政策导向、外交与融资的配套支持、适宜的海外体系架构密不可分。

1　俄罗斯核工业海外经营现状

1.1　核电出口业务世界第一

核电出口是俄罗斯核工业的核心业务之一，也是俄原集团最主要的海外收入来源。2020年，海外核电站建设收入约占俄原集团海外总收入的55%，达41亿美元。与2019年相比，海外核电站建设收入增长5亿美元，在总收入中的占比提高5%[1-2]。当前，俄罗斯海外订单共包含33台机组，海外核电站在建数量世界第一[3]。客户国主要是中欧、东欧及南亚地区国家。俄罗斯正通过长期的能源与核技术合作开拓非洲核电市场。

1.2　浓缩铀与核燃料出口国际市场份额领先

浓缩铀出口主要由俄原集团旗下TENEX公司负责，2020年国际铀浓缩市场占有率达36%，位列世界第一[2]。2020年，铀产品出口收入达17亿美元，占俄原集团海外总收入的22%，占比较2019年下降2%[1-2]。50%的铀产品销往美洲地区；32%销往欧洲地区；剩余18%主要销往亚太、中东和非洲国家。与2019年相比，美欧国家在俄罗斯铀产品出口市场的比重由72%增加至82%。

核燃料出口主要由俄原集团旗下TVEL燃料公司负责，国际核燃料市场占有率达17%，位列世界第三。2020年，核燃料出口收入达7亿美元，占俄原集团海外总收入的9%[2]。与2019年相比，核燃料出口收入下降2亿美元，在总收入中的占比下降3.5%[1-2]。当前，俄罗斯为全球70余个反应堆及少量研究堆供给核燃料，反应堆类型主要为俄罗斯设计建造的VVER系列堆。同时，俄罗斯正与法国的法马通公司合作，生产西方压水堆适用的核燃料组件，进军西方核燃料市场。此外，俄罗斯不断推进耐事故核燃料、快堆用铀钚混合氧化物（MOX）燃料的研发与测试，积极布局先进核燃料技术市场。

作者简介： 魏可欣（1996—），女，硕士，工程师，现主要从事核科技情报研究工作。

1.3 大力开拓核领域新业务

为进一步扩大海外收入来源，全方位输出本国先进核能技术，俄罗斯正大力推动海外核技术研究中心建设、乏燃料后处理、核设施退役、核医疗、小堆出口等核领域新业务[1]。

核技术方面，俄罗斯已与赞比亚、玻利维亚、乌兹别克斯坦、古巴等国达成建设多用途核技术研究中心协议，推广医疗、农业及工业领域核技术应用，培育未来核能市场。后处理与退役方面，俄罗斯能够为核电建设客户国提供乏燃料回收与后处理服务，并将参与多国核电站退役工作。核医疗方面，俄罗斯是世界最大的医用同位素供应商之一，拥有世界近 40%的医用同位素生产装置，客户遍布 30 余个国家 100 多家企业和组织。当前，俄罗斯正通过满足欧洲国家质量标准、向基础设施薄弱国家提供试验用同位素等方式开拓全球市场。小堆方面，俄罗斯计划开展多个小堆项目（装机容量 400～55 000 千瓦），目标是 2026 年年底签署第一份小堆出口合同，暂未透露意向国家。

2 俄罗斯核工业海外经营的竞争力分析

2.1 政策导向：重视顶层谋划，配套外交支持与融资保障

俄罗斯高度重视核工业出口，《俄罗斯 2030 年能源战略》与《俄联邦核工业综合体发展国家纲要》等国家战略均明确提出发展与加强俄罗斯核工业出口，极大地推动了俄罗斯核工业国际化发展。俄原集团作为俄罗斯政企合一的国家集团，通过建立中长期规划响应与落实国家核工业发展战略。2020 年 4 月通过的最新版俄原集团发展战略，将提升国际市场份额列为企业长期目标之一，并设立具体指标：到 2030 年，海外业务收入将占俄原集团 4 万亿卢布（约 558 亿美元）目标收入的一半以上。此外，据俄媒报道，俄原集团正准备向政府提交被称为“新核能计划”的国际业务拓展计划，将大力开拓小堆出口、西方压水堆核燃料出口，目标是到 2030 年，国际小堆市场占有率达 20%、国际核燃料市场占有率提高至 24%。

俄罗斯通过外交支持与融资保障，帮助俄原集团提高市场竞争力、开拓国际市场。核能合作已成为俄罗斯总统普京及政府高级官员在双边、多边国际会谈时的重要议题。俄原集团通过与俄罗斯外交部门合作，向全球 17 个国家与国际组织的俄罗斯使领馆、贸易代表团派驻海外代表，以俄罗斯政府名义从政治外交领域开拓海外核能市场[3]。此外，俄罗斯通过俄联邦财政拨款、国家主权财富基金等资金渠道，为核电出口项目提供数额不等的信贷支持。某些项目中，贷款可覆盖核电项目近 90%的成本，这对经济欠发达的新兴核电国家吸引力巨大。

2.2 体系架构：设立专业化海外公司，布局全球市场开发网络

为了便于核设施等大规模、高附加值产品出口，俄原集团于 2011 年成立海外公司（ROSATOM OVERSEAS），专门负责海外市场运营。对外，海外公司作为俄罗斯唯一接洽方，向国际客户提出核电机组、核技术研究中心建设及衍生服务的集成报价，方便客户沟通，有效减少企业内耗及无序竞争；对内，反馈客户要求，协调己方灵活调整项目方案，显著提高了俄罗斯在核设施出口市场的国际竞争力。

此外，俄原集团还拥有专属的国际市场开发网络，包括全球 14 个区域中心与 65 个国家办事处，基本覆盖全球潜在核能进口国家。这些区域中心与国家办事处由 2014 年成立的俄原集团国际网络公司统一管理与运营，负责协助集团各企业及部门在所在国开展业务、建立商业联系；推广俄罗斯核能产品与服务；寻找新的商业机会等。

2.3 产品服务：自主化程度高，“一站式”服务定位

俄罗斯拥有覆盖铀矿开采与浓缩、核燃料生产、核能机械制造、核电站设计与建造、乏燃料后处理的核工业全产业链，核能技术自主化程度极高，主要产品与服务出口不依赖第三国。美国等西方国家对俄罗斯的持续制裁，对俄罗斯核工业出口影响相对较小。核电领域，俄罗斯可提供从设计建造到

退役的全寿期服务，以及人员培训、乏燃料回收等衍生服务，能够“一站式”满足客户国对核电项目的所有需求，有效帮助客户国克服核电项目规模大、工程复杂、运行要求高等困难，国际核电市场竞争优势明显。

3 启示与建议

俄罗斯已成为全球最重要的国际核工业市场参与国、出口国。俄罗斯核能出口方式灵活，针对不同国家可提供技术合作、总包建设、融资贷款等多种模式；对于暂无核电建设需求的国家，俄罗斯也会长期合作，输出核技术应用培育未来核能市场。这种长远布局的海外开发模式具有一定借鉴意义。

一是建议加强顶层设计。核工业出口体量大，涉及单位多。建议国家层面考虑出台核工业“走出去”规划，加强各部门、各企业间协作，完善核领域出口的法律、金融等保障。

二是建议关注长期市场。可考虑依托医用同位素、核安保等现有成熟出口产品，开拓“一带一路”沿线国家、第三世界国家市场，提高这些国家对我国核能产品的信任度，培育核能应用市场，带动核电等大规模、高附加值产品出口。

三是建议提高商务领域国际化水平。“华龙一号”海外首堆的成功投运，标志着我国在技术领域已初步具备核电出口条件。长远看，推动相关商务领域国际化、专业化，将是我国核工业国际化经营健康发展的必要条件。可考虑设立集商务、法律、技术等于一体的海外公司，在重视技术研发的基础上，积极对接国际市场，提高综合竞争力。

参考文献：

[1] ROSATOM. Annual report 2019 [EB/OL]. [2021-12-30]. https://report.rosatom.ru/go_eng/atomenergoprom/go_aep_2019/AEPK_Annual_Report_2019.pdf.

[2] ROSATOM. Annual report 2020 [EB/OL]. [2021-12-30]. https://report.rosatom.ru/go_eng/go_rosatom_eng_2020/rosatom_2020_en.pdf.

[3] ROSATOM. ROSATOM - official website [EB/OL]. [2022-03-30]. https://rosatom.ru/en/index.html.

Analysis of the current situation and competitiveness of Russian nuclear industry overseas business

WEI Ke-xin, WANG Mo, LUO Kai-wen,
ZHAO Hong, WANG Shu

(China Institute of Nuclear Industry Strategy, Beijing 100048, China)

Abstract: Rosatom holds an absolute leading position in the global nuclear energy market. In addition to the traditional advantages of nuclear energy market such as nuclear power, uranium enrichment and nuclear fuel, in order to further increase its international market share, Rosatom is also vigorously promoting new businesses such as nuclear medical treatment, spent fuel reprocessing, nuclear facility decommissioning, and nuclear fuel for Western pressurized water reactors. Russia relies on technological independence, one-stop services, multi-level export planning, diplomatic and financial support to enhance the competitiveness of the nuclear industry in the international market, and improve commercial efficiency and international market development capacity by establishing overseas companies and global market development networks.

Key words: Russia; Nuclear industry; Overseas business

俄乌冲突对俄核工业供应链影响分析

魏可欣，李晨曦，孟雨晨，李光升

（中核战略规划研究总院，北京 100048）

摘　要： 俄乌冲突以来，美西方通过对俄罗斯进行进出口封锁、制裁俄海外企业等方式，全方位打击俄罗斯本土经济与工业发展。但得益于核供应链超强的韧性与自主可控性，俄罗斯核工业在本轮制裁中并未受到显著影响，国内外项目正常推进，供应链产业链正常运转。本文系统分析了俄核工业供应链具备韧性的内在原因，总结出坚持关键技术的独立自主研发、保障原料与设备的自主供应能力、推进重要环节的数字化转型、强化在全球核工业供应链中的主导地位等重要举措，可为提高我国核工业供应链韧性提供借鉴参考。

关键词： 俄罗斯；核工业；供应链

自俄乌冲突爆发以来，美西方对俄罗斯在能源、金融、科技等领域开展全方位制裁，但尚未对俄罗斯核工业造成重大打击，俄罗斯本国核能项目与海外业务仍保持正常运转，俄罗斯核工业在俄乌冲突中基本未受冲击。

1　俄核工业供应链在俄乌冲突中受影响情况

1.1　美西方对俄核工业制裁手段有限

一是出口管制与技术封锁难以奏效。俄罗斯拥有高度自主化、本土化的核工业供应链。VVER 压水堆项目中，除小部分仪电设备需从欧洲采购外，俄罗斯境内基本可全链条完成核能设备的生产。美西方无法通过出口管制、技术封锁等制裁手段破坏俄罗斯核工业供应链。二是短期对俄罗斯进口限制成本过高。俄罗斯国家原子能集团（简称“俄原集团”）是美国能源部先进反应堆示范计划所需高丰度低浓铀的唯一供应商，其旗下负责浓缩服务与天然铀贸易的 TENEX 公司 2021 年供给量分别占美国浓缩服务市场的 28％和天然铀市场的 14％。俄乌冲突爆发后，多国议员提议“禁止进口俄核能产品”，但迄今尚未发布任何禁令。2023 年 3 月，美国能源部表示，如禁止从俄罗斯进口铀及核燃料，美国需付出超 10 亿美元的替代成本。

1.2　俄罗斯本国核能项目基本不受影响

自俄乌冲突爆发以来，俄罗斯本国的核电机组建设等重要核能项目仍按计划推进。2023 年 5 月，“雅库特”号核动力破冰船首座动力堆完成制造、“乌拉尔”号核动力破冰船首座动力堆实现临界[1]；6 月，库尔斯克二期核电厂 1 号机组的反应堆压力容器比原计划提前 3 周完成安装[1]。

1.3　俄核工业海外出口受外部制裁影响可控

自俄乌冲突爆发后，俄罗斯积极维护现有合作关系，确保海外项目正常推进。俄原集团向印度、匈牙利、孟加拉国等客户国承诺工期及设备的生产运输不会受到影响。2023 年 5 月以来，孟加拉国卢普尔核电站 1 号机组安全壳预组装、土耳其阿库尤核电厂 4 号机组涡轮机厂房混凝土浇筑等既定任务按计划推进。目前，除芬兰单方面毁约外，印度、匈牙利等国均明确表示将继续与俄罗斯开展核能合作。

作者简介： 魏可欣（1996—），女，硕士，工程师，现主要从事核科技情报研究工作。

2 俄核工业供应链发展经验

2.1 坚持关键技术的独立自主研发

一是重视核领域基础科研，推动关键技术创新。俄罗斯继承了苏联20世纪中期建立的高能物理学研究院、库尔恰托夫研究院等20余所核领域科研院所，在基本粒子、加速器物理、核裂变反应堆物理等基础研究领域积淀深厚。在基础科研的牵引下，俄罗斯研发了高灵敏度反应性监测系统、铬镍耐腐蚀包壳材料生产技术等核领域关键技术，发展出VVER压水堆、空间热离子反应堆电源等具有显著特色的先进核能技术。二是利用专项计划，加速重点领域攻关。2011年，俄罗斯启动“突破”计划，整合闭式核燃料循环相关的多项研制计划，集中力量推动闭式核燃料循环的规模化、商业化应用。该计划内的铀钚氮化物燃料生产设备、BREST-OD－300快堆、乏燃料后处理设施等核心设施正按计划建造安装。

2.2 保障原料与设备的自主供应能力

一是建立核心原料与设备的本土供应链。俄原集团作为军民核工业的“国家公司”，自2007年成立以来，整合了覆盖核工业全产业链的本土化公司。铀产品、核能设备等核心产品设备均具备自主供应能力。二是加强国产化能力薄弱设备的进口替代。2014年以来，俄罗斯坚持推行“进口替代计划”，针对仪控系统、电子设备等国产化水平低、本土制造商稀缺设备，加强本土研发与生产能力。据俄原集团消息称，列宁格勒核电厂7、8号机组计划于2024年、2025年开工，项目所有设备将全部由俄罗斯国内承包商提供。

2.3 推进重要环节的数字化转型

一是推进工程项目的数字化管理。2019年以来，在“俄罗斯数字经济”国家计划的引导下，俄原集团利用增强现实、大数据等技术赋能核工业，开发出“Multi－D”核设施全生命周期管理系统等多款核能项目管理软件，通过对施工及安装全过程的3D模拟，优化资源配置，降低人因失误概率，提高运营效率。二是发展数字化先进制造能力。俄罗斯将3D打印技术视为有应用潜力的先进核级部件生产方式。俄原集团于2018年组建俄罗斯原子能增材技术公司，2020年启动首个3D打印技术中心，负责核及其他工业领域3D打印技术的研发与应用。

2.4 强化在全球核工业供应链中的主导地位

一是抢占关键原料的全球供应领导地位。俄罗斯通过2010年控股“铀一”公司增加哈萨克斯坦卡拉套铀矿、阿克巴斯套铀矿等多处海外天然铀资产，跻身全球主要天然铀供应商。世界核协会数据显示，俄原集团旗下TVEL燃料公司掌握全球38％和46％的在运铀转化与浓缩产能，是全球第一大浓缩铀供应商。二是将核能出口上升为国家战略。2014年，俄罗斯出台《俄联邦“核工业综合体”发展国家纲要》等国家战略，统筹俄核工业进出口管理，促进俄罗斯核工业走出去。2022年，俄罗斯通过“新核能发展计划”等国家规划，制定了核燃料组件国际市场占有率提高至24％等具体出口目标[2]。

3 小结

俄乌冲突下，俄罗斯凭借核工业供应链的韧性，在一定程度上克服了当前局势带来的不利影响。我国应结合实际，借鉴俄罗斯核工业发展经验，强化核领域基础研究能力，提升先进核能技术原始创新水平，加强天然铀资源的开发与贸易，保障核工业“粮食安全”，强健我国核工业供应链。

参考文献：

[1] ROSATOM. ROSATOM - official website [EB/OL]. [2022-03-30]. https://rosatom.ru/en/index.html.

[2] ROSATOM. ROSATOM annual report 2021 [EB/OL]. [2022-12-19]. https://report.rosatom.ru/go_eng/go_rosatom_eng_2021/rosatom_2021_eng.pdf.

Analysis of the impact of Russia-Ukraine conflict on the Russian nuclear industry supply chain

WEI Ke-xin, LI Chen-xi, MENG Yu-chen, LI Guang-sheng

(China Institute of Nuclear Industry Strategy, Beijing 100048, China)

Abstract: Since the conflict between Russia and Ukraine, the United States and the West have hit Russia's local economy and industrial development in an all-round way by imposing import and export blockade on Russia and sanctions on Russian overseas enterprises. However, thanks to the strong resilience and independent controllability of the nuclear supply chain, the Russian nuclear industry has not been significantly affected in the current round of sanctions, domestic and foreign projects are normally promoted, and the supply chain industrial chain is operating normally. This paper systematically analyzes the internal reasons for the resilience of the Russian nuclear industry supply chain, and summarizes important measures such as adhering to the independent research and development of key technologies, ensuring the independent supply capacity of raw materials and equipment, promoting the digital transformation of important links, and strengthening thedominant position in the global nuclear industry supply chain, which can provide reference for improving the resilience of China's nuclear industry supply chain.

Key words: Russia; Nuclear industry; Supply chain

国际快堆乏燃料后处理技术发展现状及趋势展望

赵　远，肖朝凡，戴　定，陆　燕

（中核战略规划研究总院，北京　100048）

摘　要：快堆燃料循环是我国核能发展的长远目标和必然趋势，而后处理是建设快堆闭式燃料循环系统的基础环节和关键环节，目前仍存在一系列技术难点尚待攻克。本文对世界各国针对各类快堆乏燃料后处理的技术选型、发展现状、设施部署现状等情况进行了综述，并对未来技术选型进行了展望，以期为我国快堆闭式燃料循环的建设提供参考。

关键词：快堆燃料循环；乏燃料；后处理

我国于 1983 年提出了核能发展“三步走”的战略，即热堆—快堆—聚变堆的发展路线，国际上其他发展核能的国家虽然没有明确提出核能发展“三步走”战略，但是俄罗斯、美国等核能大国的发展战略都绕不开热堆—快堆—聚变堆的路线。在能源需求逐步攀升及致力于双碳目标的今天，“三步走”战略具有更重要的战略意义，尤其是俄乌冲突爆发后，各国纷纷开始审视核能的意义，核电作为唯一可规模化替代化石能源的基荷电源，未来或将进入大规模发展的阶段。

在核能发展的过程中，必须解决铀资源供应及废物处理的问题，而热堆闭式燃料循环系统的循环次数有限，且无法实现增殖和嬗变。只有快堆闭式燃料循环系统才能解决核能发展面临的问题。因此，快堆乏燃料后处理作为其中的关键环节和必经途径，是大国发展过程中的必举之措。本文将对国际上对快堆乏燃料进行后处理的技术选择、当前发展现状、技术趋势等进行综述和分析，以期为我国快堆乏燃料后处理技术研发提供参考。

1　快堆乏燃料后处理技术发展现状

由于快堆乏燃料的燃耗很高，放射性辐射很强，释热率很高，后处理技术要求更高，多数国家仍处于实验室研究阶段，只有美、俄两国已达到中试规模或半工业规模而处于世界领先地位，此外，还有印度、日本和法国，但仅具备实验规模的后处理能力。

快堆主要包括对金属燃料、混合氧化物（MOX）燃料、混合氮化物燃料、碳化物燃料，燃料形式对快堆核燃料循环和乏燃料后处理技术路线有非常重要的影响。

1.1　金属乏燃料的后处理

金属燃料的增殖比、裂变原子密度、热导率都很高，制造技术相对容易，但在反应堆中辐照时裂变气体释放和肿胀也最严重。美国、日本、韩国、印度、俄罗斯、法国等都积极研发过这种燃料。目前，快堆金属乏燃料仅可通过干法技术对其进行处理，国际上主要采用的流程是由美国研发的电解精炼技术[1]。

20 世纪 60 年代，美国为 EBR-Ⅱ堆乏燃料的后处理研发了熔解精炼工艺。首先，对 EBR-Ⅱ乏燃料进行机械脱壳，暴露出乏燃料细棒，然后将燃料细棒装入氧化锆涂层坩埚中，进行熔解。在高温熔解的过程中，气体裂变产物及具有较高蒸气压的裂变产物元素不断挥发，实现杂质去除的过程。然后将熔融燃料倒出，其中有部分裂变产物（5%～10%）与氧化锆坩埚材料反应，生成氧化物残渣，留

作者简介：赵远（1994—），女，河北衡水人，助理研究员，工学硕士，现从事核科技情报研究工作。

在坩埚内壁，形成坩埚渣皮，而大部分（90％～95％）锕系元素和贵金属裂变产物（裂变产物合金元素）则留在熔融物中，形成金属铸锭。该工艺已发展到了中试规模，但不适合规模化生产，因此最终未能进行部署。

随后，美国开展了一体化快堆计划，其 EBR-Ⅱ堆的堆芯从 HEU－5Fs 改进成了 HEU－10Zr，自 1984 年开始，阿贡国家实验室在熔解精炼工艺的基础上，研发了电解精炼的干法后处理技术。工艺流程包括燃料剪切、液态镉阳极铀电解精炼、盐循环复用、阴极处理、喷射铸造炉和燃料制造等操作。首先，将燃料元件切割成小块，使金属燃料暴露于液态镉和熔盐电解质中，随后进行电解精炼。电解精炼流程与此前的熔解精炼工艺相比，提高了锕系元素的分离和回收效率，并减少了废物量。电解精炼的产品是沉积在阴极上的金属铀枝晶，随后利用蒸馏设备对其进行处理，去除杂质元素，获得金属铀铸锭。纯化后，在喷射铸造炉加入高浓铀，重新铸成燃料棒，返回快堆，从而构成完整的快堆燃料循环体系。具体流程如图 1 所示。

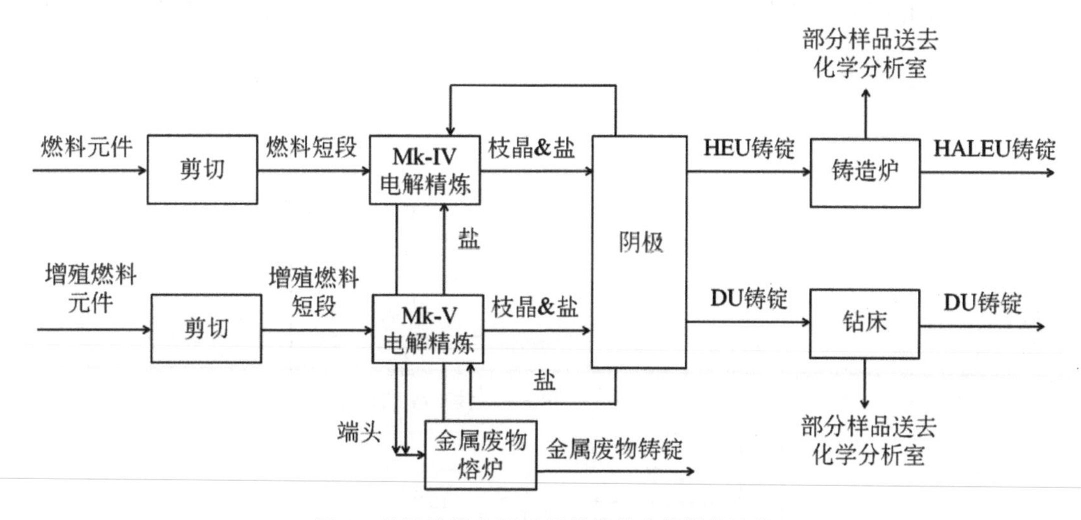

图 1　美国快堆金属乏燃料熔盐电解精炼流程

1996—1999 年，美国开发了两个工程规模的电解精炼设备，对 0.4 吨驱动乏燃料和 0.7 吨增殖乏燃料进行了后处理。美国通过吨级 EBR－Ⅱ乏燃料的电解精炼后处理，实现了对电解精炼技术的全流程示范验证。2000 年，美国国家科学院评估认为，电解精炼技术不存在技术障碍，OECD 也评价该技术的成熟度为 7 级。

日本曾积极参与美国的一体化快堆项目。日本后续基于获得的经验和数据，针对快堆金属燃料后处理技术进行了自主研发，该流程与美国的电解精炼流程类似。

1.2　MOX 乏燃料的后处理

MOX 燃料由二氧化钚和贫铀或回收铀粉末的混合物组成，热导率和裂变原子密度相对较低。与轻水堆 MOX 燃料相比，快堆 MOX 燃料钚的含量更高。MOX 燃料也能达到较高的燃耗，法国“狂想曲”快堆的燃耗曾达到约 240 GWd/MTHM 以上。目前，已有 20 多个快堆使用了 MOX 燃料，积累了 300 多堆年的快堆运行经验，也有越来越多的快堆倾向于使用 MOX 燃料。法国、俄罗斯、日本和印度的快堆仍在运行之中，2022 年 9 月，俄罗斯 BN－800 快堆全堆芯装填 MOX 燃料后首次实现满功率运行，这是世界上首座全堆芯 MOX 燃料的快堆。

快堆 MOX 乏燃料后处理技术大体有 3 种路线：水法流程、干法流程、干湿结合流程。对 MOX 乏燃料的后处理来说，目前已证明水法流程具有工业应用的可行性。

1.2.1 水法流程（PUREX 流程及其改进流程）

近几十年内，各国对快堆 MOX 乏燃料的水法后处理流程研发及部署方面开展了大量工作，其中 PUREX 流程已实现了工程规模的 MOX 燃料后处理，因此，实践证明，采用水法技术对快堆 MOX 乏燃料进程后处理是可行的[2]。

法国 UP2－400 后处理厂利用 PUREX 工艺，共处理了 10 吨凤凰快堆的乏燃料。英国于 1979—1996 年，利用 PUREX 工艺在唐瑞后处理厂对原型快堆的 MOX 乏燃料进行了后处理。印度于 2003 年开始对快堆 MOX 乏燃料后处理技术进行研发，采用的是先进 PUREX 流程，在回收铀钚的同时还回收镎、锝及次锕系元素，并在快堆或 ADS 中嬗变，锶、铯等回收后可以作为辐射源或热源继续利用。

日本于 2006 年开始实施快堆循环技术开发（FaCT）计划，经评估，日本确定了先进水法后处理为主、干法为辅的技术研发方案。日本开发了水法 NEXT 流程，主要利用简化型的 PUREX 流程回收铀钚镎，同时利用 CMPO 为萃取剂的 SETFICS/TRUEX 萃取流程分离三价镅和锔，具体流程如图 2 所示。日本于 2009 年和 2011 年对 NEXT 流程进行了热试，确认了工艺性能。

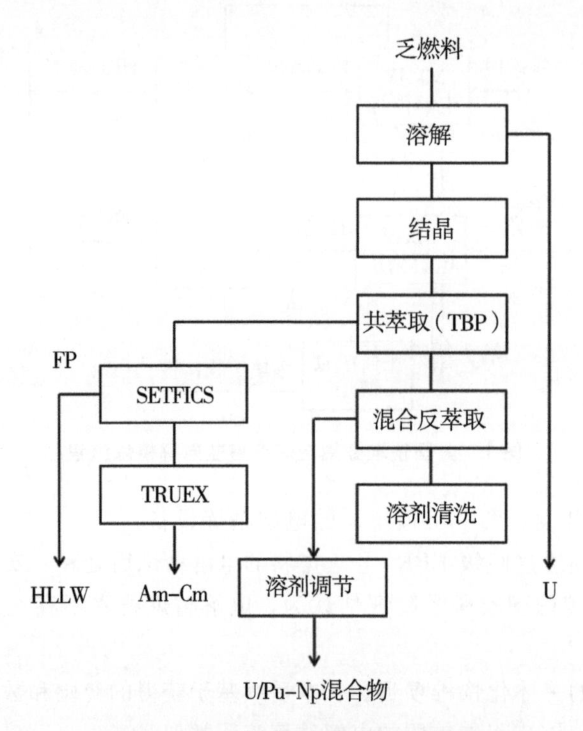

图 2　日本开发的 NEXT 后处理流程

俄罗斯的 RT－1 后处理厂利用 PUREX 水法后处理工艺，对 BN－600、BN－800 等快堆堆型的乏燃料进行了后处理。但是，RT－1 后处理厂采取的水法后处理工艺属于“脏”生产，产生的废物量很大。为了减少后处理流程产生的废物量，2022 年，俄罗斯完成了简化的水法后处理工艺研发，所做的改进包括氧化挥发法首端技术、低酸溶解过程、应用无盐试剂乙酰氧肟酸等，实现了废液的零排放，彻底转变了水法后处理技术“脏”生产的特征，达成了水法后处理技术的重大突破。简化工艺可对 BN－600、BN－800 等堆型的乏燃料进行后处理。表 1 是俄罗斯改进的简化工艺与原流程产生的废物量对比。

表 1　俄罗斯中试厂简化水法流程与现有 PUREX 水法流程废物产生量对比

放射性废物体积	PUREX 流程	中试厂简化 PUREX 流程
高放废物玻璃固化体（m^3/吨乏燃料）	约 0.6	0.1
中放废物（m^3/吨乏燃料）	约 40	3.0
低放废液（m^3/吨乏燃料）	约 100	0

1.2.2　干法流程

在干法流程方面，主要是俄罗斯提出的电化学氧化物沉积（DDP 流程）及日本在美国基础上研发的电解精炼技术。

俄罗斯 DDP 流程的发展已较成熟，达到了半工业化水平。DDP 流程如图 3 所示[3]。

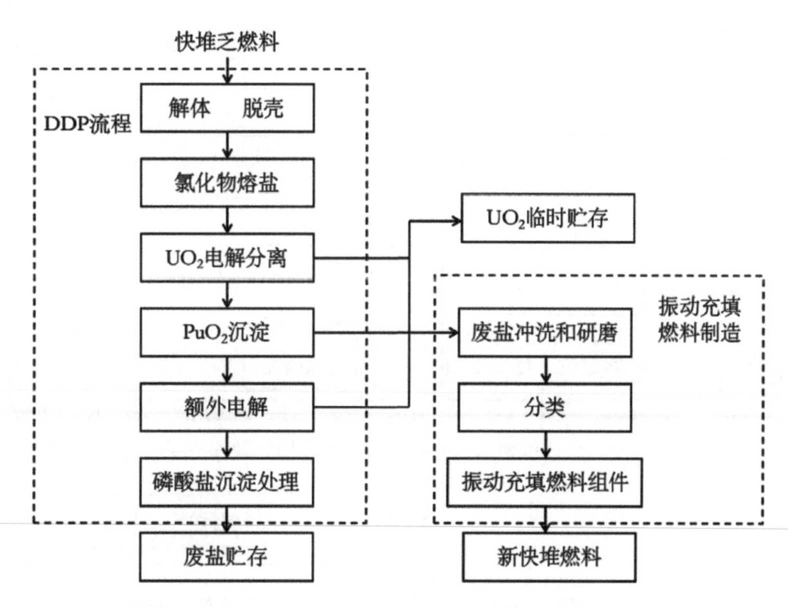

图 3　俄罗斯开发的 DDP 后处理流程

目前，俄罗斯已开发了较完备的氧化物乏燃料处理和制造的工艺和设备，并利用 DDP 流程，通过半工业规模试验，累积处理了来自 BOR－60、BN－350 等堆型共约 6 吨乏燃料，并实现了回收燃料的复用。

日本的电解精炼技术与美国类似，既能处理金属乏燃料，也能处理 MOX 乏燃料。现已建立实验室规模及半连续工程规模的高温熔盐设备，并成功运行，批次处理量为 7 千克铀。在此基础上，日本还完成了 40 吨/年后处理设施的设计和经济性评估。同时，日本也在跟踪研究俄罗斯的 DDP 流程，技术成熟度已达 3～4 级。

1.2.3　干湿结合流程

干湿结合流程是由俄罗斯提出的，主要用于处理燃耗较高而冷却时间较短的乏燃料。该技术也同样适用于混合铀钚氮化物燃料的后处理。具体见本文 2.3 节。

1.3　氮化物乏燃料的后处理

氮化物燃料性能介于氧化物燃料与金属燃料之间，增殖比、裂变原子密度、热导率高于氧化物燃料，熔点高于金属燃料。俄罗斯在氮化物燃料后处理技术上相对于其他国家进展较快，主要是由俄罗斯研发的干湿结合的后处理技术。

目前，俄罗斯正在执行“突破”计划，其目的是建立基于铅冷快堆及其闭式燃料循环设施的示范电力综合设施，包括使用铀钚氮化物燃料的 BREST－OD－300 铅冷反应堆和核燃料循环设施，其中就包括对氮化物乏燃料进行后处理的模块。该模块计划使用干湿结合的后处理技术，该技术也适用于快堆 MOX 燃料的处理。

该技术采用了氧化挥发法首端，去除了挥发性裂变产物，然后进行高温电化学过程，获得 U-Pu-Np 的合金，随后利用水法后处理技术，利用硝酸将合金溶解，最后进行结晶分离。该后处理模块计划于 2024 年开工建设[4]。具体流程如图 4 所示。

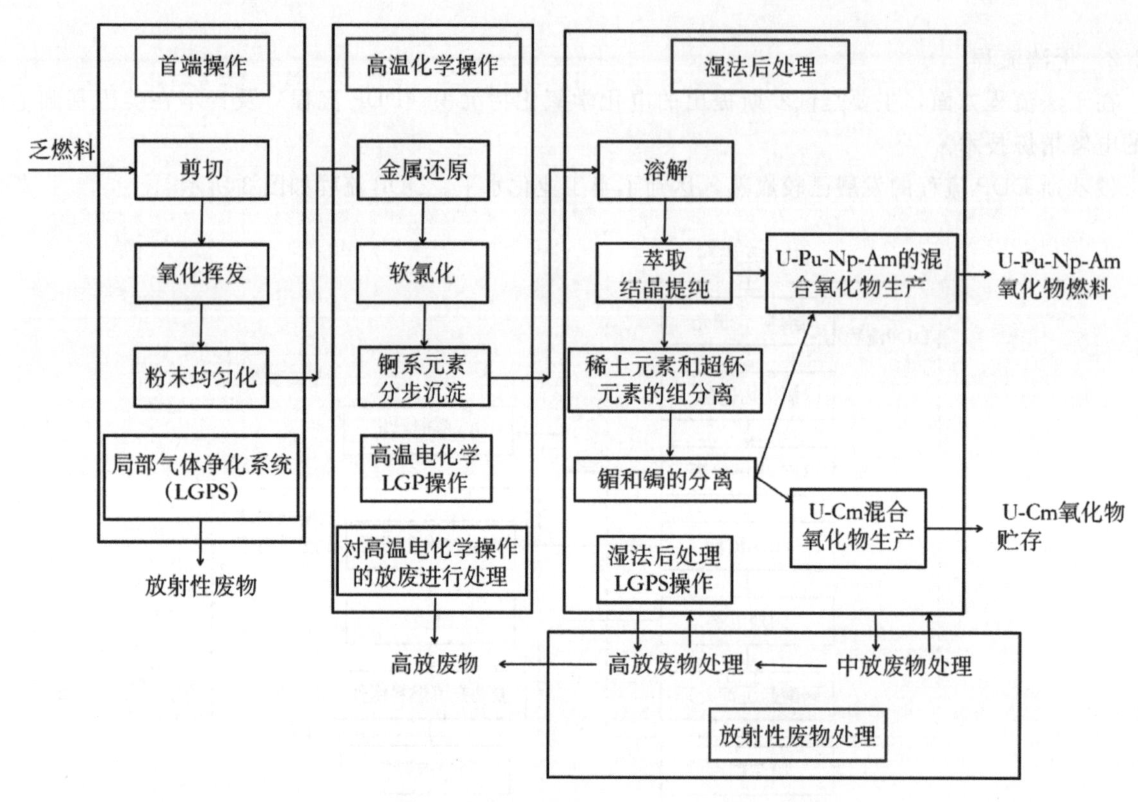

图 4　俄罗斯为氮化物燃料开发的干湿结合后处理流程

1.4　碳化物乏燃料的后处理

快堆碳化物乏燃料较难处理，目前仅印度具备碳化物乏燃料的后处理技术，即改进的 PUREX 水法后处理技术。印度于 2003 年建成并运行 CORAL 后处理设施，用于 FTBR 和 PFBR 乏燃料后处理技术的研发，该设施从 2003 年运行以来，已经采用改进 PUREX 水法流程成功处理了 25 GWd/MTHM、50 GWd/MTHM、100 GWd/MTHM、155 GWd/MTHM 的混合碳化物燃料。

2　总结及启示

2.1　快堆及其燃料循环是各核能大国的共同选择

目前，各国核能政策虽各有不同，但大都基于未来先进核能技术的考虑，积极研发配套快堆的先进后处理工艺。

美国虽然执行一次通过式循环战略，尚无在建或拟建的商业化后处理工程项目，但美国一直在进行快堆乏燃料后处理技术的研发工作，科研实力非常强大，已成功实现了对快堆金属燃料的干法后处理，目前正在大力推动先进后处理技术的商业化。

俄罗斯后处理实力同样强悍，积极推进简化水法后处理工艺、干湿结合后处理工艺的部署，其干法后处理技术成熟度也已达到较高的水平。俄罗斯正在基于简化 PUREX 工艺建设后处理中试厂，未来将具备 250 t/a 的后处理能力，基于中试厂的运行经验，俄罗斯还将建设 RT-2 后处理大厂，预计

2035 年左右投运。此外，俄罗斯正在国家规划的大力支持下积极推进一体化快堆的建设，2024 年将开始建设铅冷快堆乏燃料后处理模块。

英国未来将关注干法后处理技术的研发，现计划在 2035 年前完成快堆燃料循环技术的示范，具备中试规模，并在 2050 年左右具备工业化能力。印度在建一座中试规模的快堆乏燃料后处理示范厂。日本也已完成了 40 t/a 后处理设施的设计和经济性评估，尚无建设规划。

由此可以证明，我国积极推进快堆闭式燃料循环是正确的选择，应长期一以贯之。

2.2 部署干法后处理技术是建设快堆燃料循环的必举之措

我国核能要向前发展，必须解决铀资源供应及废物处理问题，而只有快堆才能同时实现增殖和嬗变，解决上述问题。要实现快堆闭式燃料循环，就必须部署后处理环节，这样才能充分发挥快堆核能系统的最大优势。通过对世界各国快堆乏燃料后处理技术选型及部署现状进行梳理，可以看出，水法后处理现已具备在工程规模上对快堆乏燃料进行后处理的能力。但是，由于快堆燃耗较高，钚含量较高，裂变产物较多，在利用水法技术进行后处理时，存在溶剂辐射降解、核临界、不溶残渣增多等诸多问题无法克服。而干法后处理技术具有工艺流程短、设备紧凑、适用性强等优势，也能在一定程度上规避上述问题。

2.3 干法后处理技术发展前路漫漫，集中研发刻不容缓

熔盐电解精炼和氧化物电沉积技术经过了多次处理真实乏燃料的实验验证，取得了比较满意的结果，是目前发展较为成熟的技术。但是，总体来说，现有的干法后处理技术要实现工业化还存在以下主要障碍：①高温和强腐蚀性的熔盐（特别是氟化物体系）对于强放射性环境下操作设备的要求太高；②目前各种干法流程的分离效率较低，并且多为批式操作，限制了流程的处理量；③干法大规模生产环境下，对挥发产物的管理有困难；④产生的废物种类不同于水法，废物的管理存在困难，也缺少相关法规。

因此，按照目前发展形势，干法后处理研发还不能满足快堆发展的要求，要实现工程化，达到商业应用规模，所需要克服的问题远超出人们之前的乐观预计。逐渐攀升的能源需求及双碳目标的制定，对我国核能发展提出了更高更快的需求，而我国干法后处理技术研发程度与美、俄相比仍有很大差距，可以预见，如不加紧针对干法后处理的研发进程，未来或许会在一定程度上制约我国快堆闭式燃料循环的部署，所以，依靠国家统一规划，集合各科研、工程单位的研发力量，加快对配套快堆的干法后处理技术攻关刻不容缓。

参考文献：

[1] FREDRICKSON G L，PATTERSON M N，VADEN D E，et al. History and status of spent fuel treatment at the INL fuel conditioning facility [J]. Progress in nuclear energy，2022 (143)：104037.

[2] 郑卫芳，晏太红，左臣，等．我国快堆 MOX 乏燃料水法后处理技术路线设想及若干研究进展 [C]．中国核学会 2015 年学术年会，2015：80-86.

[3] 张凯，肖益群，林如山，等．俄罗斯氧化物乏燃料电沉积流程研究进展 [J]．核化学与放射化学，2019，178 (3)：7-15.

[4] COLLEDGE，HANNAH，et al. A review of alternative finishing options for uranium/plutonium and minor actinide nitrate products from thermal and fast reactor fuels reprocessing [J]. Progress in nuclear energy，2023 (165)：104903.

Development status and prospect of fast reactor spent nuclear fuel reprocessing technologies

ZHAO Yuan, XIAO Chao-fan, DAI Ding, LU Yan

(China Research Institute of Nuclear Strategy, Beijing 100048, China)

Abstract: Fast reactor fuel cycle is a long-term goal and inevitable trend for the development of nuclear energy in China, and that reprocessing process is a fundamental and critical step in achieving a closed fuel cycle system of fast reactor. However, there are a series of technical difficulties waiting to be overcome. This article summarizes the technology selection, development, and deployment trends of other countries for reprocessing fast reactor spent nuclear fuel, also outlines future research directions, hoping to provide reference for the construction of closed fast reactor fuel cycle in China.

Key words: Fast reactor fuel cycle; Spent nuclear fuel; Reprocessing; Pyroprocessing

俄罗斯“波塞冬”核动力无人潜航器分析

赵　松，许春阳，蔡　莉

（中国核科技信息院经济研究院，北京　100048）

摘　要：核动力无人装备是采用核动力装置作为动力源的无人武器平台。近年来最值得关注的是俄罗斯最新研发的“波塞冬”核动力水下无人潜航器。核动力与无人武器平台结合是未来深海武器装备技术发展的重要方向之一，赋予了装备高度灵活、形式多样的作战能力，可能引发未来作战样式的深刻变革。研究俄罗斯“波塞冬”核动力无人潜航器技术发展，有助于为我国加强特种核动力与深海无人平台、水下武器等相融合的关键技术研究和能力建设提供情报支撑。

关键词：核动力装置；无人潜航器；技术特征

2023 年 1 月，俄罗斯“别尔哥罗德”号特种核潜艇完成了一系列“波塞冬”核动力无人潜航器模型投掷试验。这是“别尔哥罗德”号潜艇正式服役以来的首次潜艇—潜航器结合试验，旨在测试母艇发射系统的运行情况及在不同潜深发射“波塞冬”的流体力学等行为表现。“波塞冬”是俄罗斯实施非对称战略、反制美国全球反导体系的创新型战略装备之一，它的研发部署进展深受国际社会关注。

1　战略背景

俄罗斯是世界上唯一能运用核力量与美国抗衡的核大国，由于在常规军力上与美国差距较大，因而始终将核力量作为巩固其大国地位、与美战略博弈、防止冲突升级的可靠盾牌。俄罗斯高度重视核力量发展，“2018—2027 年国家军备计划”提出 2027 年实现武器装备现代化，其重点是加强核力量建设。美国指责俄罗斯的军事战略是依靠“核升级”来取得成功的。

美国于 2002 年退出《反导条约》，逐步建立全球反导体系，反导技术日趋成熟，已具备一定的洲际弹道导弹拦截能力。2019 年 1 月，美国发布新版《导弹防御评估》，首次把俄、中列为主要对手，将导弹防御对象从弹道导弹拓展到包含高超声速导弹和巡航导弹在内的所有导弹目标，开发攻防一体化的全球导弹防御体系。美国此举使美俄“冷战”时期建立的以“相互确保摧毁”为基础的战略稳定遭到进一步破坏。俄罗斯总统普京指出，美国在本土、西欧、日本、韩国部署导弹防御系统，如果俄罗斯不采取行动，所有导弹都可能被轻易拦截，最终导致俄罗斯核威慑能力“完全贬值”。

为了对冲美国的反导优势，俄罗斯采取了应对措施。一是研发先进突防系统并装配于现役洲际弹道导弹，提升其突防能力。二是开发 6 款颠覆性战略武器（至少 4 款有核能力），增加拦截难度或不可拦截。其中“波塞冬”核动力无人潜航器在极深的水下以数倍于潜艇、先进鱼雷和各种水面舰艇的速度航行，使美反导系统无法触及。

2　计划进展

“波塞冬”继承了苏联时期曾研制过的超重型核鱼雷的部分设计概念，借鉴了俄罗斯近年来发展的大排量无人潜航器的相关技术，由红宝石中央海洋技术设计局和圣彼得堡孔雀石海洋机械制造设计局历时 10 余年联合研发，已被列入俄罗斯“2018—2027 年国家军备计划”，预计 2027 年前服役[1]。

作者简介：赵松（1990—），男，山东，高级工程师，硕士，现主要从事情报研究。

2017年12月完成了为期数年的核动力系统测试；2018年年底以试验艇为母艇进行水下测试，2019年2月成功完成水下测试①；2019年4月成功下水了首艘母艇“别尔哥罗德”号，2020年6月开始海试，预计2021年9月完成所有测试并交付；原计划2020年6月下水另1型可装载“波塞冬”的核潜艇——09851型“哈巴罗夫斯克”号，但由于新冠疫情等原因推迟1年。

俄海军宣布计划部署30多具“波塞冬”用于战备值班②。目前，计划以09851型（2艘在建、1艘计划建造）和09852型共4艘特种核潜艇为运载平台③，每艘潜艇可携带6具④“波塞冬”。2021年2月，俄罗斯开始“波塞冬”从“别尔哥罗德”号特种核潜艇上的测试筹备工作，原计划于2021年年底开始测试。随潜艇的结合测试将包括航行、反应堆与核动力装置运行、鱼雷发射、“波塞冬”发射等，因适配等问题，测试可能长达数年时间。

3 特征优势

作为新型战略核武器，“波塞冬”核动力无人潜航器可随特种核潜艇装载并航行到预定区域发射，以特定的路径进行隐蔽的远程战略核打击或者核报复反击，将使敌国海军力量和沿海基础设施遭受毁灭性打击，突显其新型战略核打击手段的作用。

3.1 “波塞冬”技术特征

如图1所示，“波塞冬”结构设计紧凑，主要构成包括核战斗部（或其他负荷），制导、导航和控制系统，核反应堆动力装置，汽轮机，减速器和泵喷射推进器等。

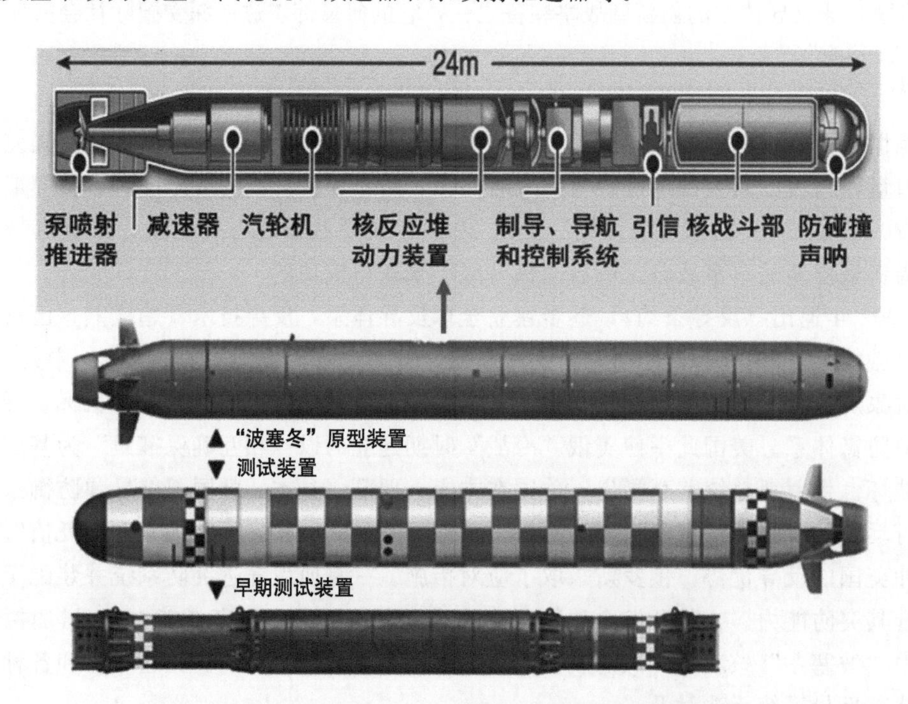

图1 “波塞冬”核动力无人潜航器内部模块示意及实物图[2]

根据俄罗斯官方披露及专家分析，“波塞冬”的主要技术特征如下。

---

① 执行水下试验的母艇可能是20120型B-90“萨罗夫”号特种常规潜艇。

② 俄罗斯已建造新的基地，用于储存这些“波塞冬”核动力无人潜航器，以及运维4艘运载母艇。

③ 值得注意的是，09851型是专门为装载“波塞冬”等设计研制的；09852型则是后期改造用于装载“波塞冬”，因而09852型交付时间更早、测试时间更短。

④ 或可外挂核潜艇进行发射，提高至8具；或可通过岸基发射，具体情况未披露。

一是采用小型先进核动力，航程长、速度快。俄罗斯总统普京称“波塞冬”可实现洲际航程，采用的新型核动力系统尺寸小但比功率极高，其体积不到俄现代核潜艇的1%，且功率提升速度快，切换到最大功率的速率比核潜艇快200倍。我国专家判断，“波塞冬”极可能采用了小型液态金属反应堆或氦氙气冷反应堆，热功率超过100兆瓦①，航速可达60～70节（110～130千米/小时）[2]。

二是可携带大当量核弹头，核常兼备。“波塞冬”的载荷舱段约占全长1/4，装载不同类型任务模块的空间条件优越。俄称可搭载200万吨TNT当量的核弹头。“波塞冬”作为多功能无人潜航器，也能搭载常规弹头及其他任务载荷。

三是采用先进设计和材料，潜深大、隐身性能好。“波塞冬”长约24米、直径约1.6米。采用高强度耐压材质壳体和特殊结构，号称可以在极深的深度航行，专家推测其潜深达1000米，远超美俄潜艇可达到的最大600米潜深。采用喷水式推进器、较大摆式舵，水流绕流噪音低，俄罗斯水声专家推算，“波塞冬”在30节（约55千米/小时）航速时，被声呐探测到的距离小于2～3千米，突破美国海底固定式声响监视系统时被探测到的概率不超过5%～15%。

四是采用先进导航、指控通信系统，实现较高定位精度。“波塞冬”为实现长航时水下自主航行，须具备先进的探测、导航、指控通信等能力。西方专家判断，“波塞冬”综合了惯性导航和海底地形匹配导航等技术，具有较高水下定位精度。

3.2 “别尔哥罗德”号技术性能

尽管“波塞冬”的航程“近乎无限”，但受制于航行时间长，导航模式、精度等，为保障其有效性和可靠性，作战运用时离不开运载母艇。其中，“别尔哥罗德”号特种作战核潜艇的主要特点是潜艇尺寸大、搭载核动力无人潜航器、执行深海探测、侦查和水下设施与网络建设任务，其主要技术参数如表1所示。

表1 “别尔哥罗德”号特种核潜艇的主要技术参数

船员	估计为110人，采用双班船员操作运行
排水量	水面排水量大于1.47万吨，水下排水量约2.4万吨
长度	约178米
宽度	约15米
航速	小于32节，航程无限
持续力	约4个月
下潜深度	按“奥斯卡”-Ⅱ级巡航导弹核潜艇估计，500～520米
推进系统	核动力装置采用了主流堆型压水堆设计，以双堆模式装艇，即装备了2座热功率190兆瓦的OK-650 M.02压水堆，使用45%丰度的中浓度铀燃料；推进系统具备静音设计，主要部件设备均采用积木工程设计和双级联减震系统，拥有显著的低声学特征；此外，增加了至少2套舷外推进器

3.3 优缺点及作战模式分析

本质上，“波塞冬”核动力无人潜航器是一艘小型无人核潜艇，具有多方面的性能优势。首先，它的潜深更大；其次，它的吨位远小于核潜艇，因此其目标特征更小，隐身性能突出，机动能力（加速度）极强；另外，通过智能化、自主化设计，发射后潜航器无须载人操控，持续力、单位体积有效载荷量极高。因此，核动力无人潜航器综合作战效能优于核潜艇。核动力无人潜航器潜深大、隐身好、机动强、无人操控等优点，使其可以全球全天候长周期隐蔽布控，目前没有有效的探测和防御手段，具有突出的战略战术价值，可成为一种全新的岛链突防和战略威慑手段，是改变海战形态的新型战略力量。

---

① 在有限的潜航器空间中实现这么高参数的核动力装置，技术水平极高。

作为水下作战装备，“波塞冬”的航行速度远低于弹道导弹等传统战略装备，从发射到抵达攻击目标可能需要数天时间；长航程时，“波塞冬”的惯性导航将累计较高的误差水平，或不可避免地上浮接收俄“格洛纳斯”全球卫星导航系统的信号修正，增加了被探测发现的风险；水下潜行时，将遭受海潮噪音及海水屏蔽等问题，不利于指挥控制指令的传递与接收。综合考虑，“波塞冬”不适合作为先发战略核打击手段，可用于二次核反击，因此被称为“末日武器”“双保险”。

我们研判，作为新型战略核武器，“波塞冬”最可能的作战模式如下：核战争爆发后，通过特种核潜艇运载至指定安全区域进行发射；结合惯性导航和海底地形匹配导航等，以正常航速至打击目标周围海域；经过位置修正，全速抵达目标附近，并引爆所搭载的最高 200 万吨梯恩梯当量的核弹头，“摧毁敌人沿海地区的重要经济设施，造成大面积放射性污染，确保给该国领土造成毁灭性破坏，使这些设施长时间内无法用于军事、经济和其他活动”。“波塞冬”还可作为一艘大、中型无人潜航器，承载常规武器或其他任务负荷，突出优点是机动能力强，航程、航时极高，但在布放和回收时对安全性、辐射防护等要求较高。

4 启示

核动力与无人武器平台结合是未来深海武器装备技术发展的重要方向之一，赋予装备高度灵活、形式多样的作战能力，可能引发未来作战样式的深刻变革。美国的全球导弹防御体系和反潜系统也对我国核力量的有效性构成严重威胁，我国有必要借鉴俄罗斯做法，发展非对称武器装备，提高我国战略威慑与反击能力。

参考文献：

[1] US Intelligence: Russia's Nuclear - Capable 'Poseidon' Underwater Drone Ready for Service by 2027 [EB/OL]. [2023 - 06 - 30]. https: //thediplomat. com/2019/03/us - intelligence - russias - nuclear - capable - poseidon - uunderwate - drone - ready - for - service - by - 2027/.

[2] One nuclear - armed Poseidon torpedo could decimate a coastal city [EB/OL]. [2023 - 06 - 30]. https: //thebulletin. org/2023/06/one - nuclear - armed - poseidon - torpedo - could - decimate - a - coastal - city - russia - wants - 30 - of - them/.

Analysis of Russia's "Poseidon" nuclear power unmanned submarine

ZHAO Song, XU Chun-yang, CAI Li

(China Institute of Nuclear Information & Economics, Beijing 100048, China)

Abstract: Nuclear power unmanned equipment is an unmanned weapon platform using nuclear -powered devices as power sources. In recent years, the most noteworthy of Russia is the latest "Poseidon" nuclear power underwater unmanned navigator. The combination of nuclear power and unmanned weapon platform is one of the important directions for the development of deep -sea weapons and equipment technology in the future. It gives the equipment highly flexible and diverse combat capabilities, which may trigger profound changes in future combat styles. Studying the development of the Russian "Poseidon" nuclear power unmanned submarine technology will help to provide intelligence support for the research and capacity building of special nuclear power with deep -sea unmanned platforms, underwater weapons and other key technologies.

Key words: Nuclear power device; Unmanned submarine; Technical characteristics

美俄双边核军控前景及可能影响分析

赵 松，宋 岳，袁永龙

（中国核科技信息院经济研究院，北京 100048）

摘　要：《新 START 条约》是美俄双边核军控硕果仅存的协议，目前已被俄罗斯暂停履行，并将于 2026 年 2 月 5 日到期终止。虽然，俄罗斯为加强战略稳定、避免军备竞赛，一贯致力于维持美俄双边核军控，但受俄乌冲突持续影响，美俄关系急速恶化，未来甚至不排除俄罗斯完全退出《新 START 条约》的情况。届时，美俄双边核军控体系将彻底瓦解，美俄核武器部署与发展计划可能发生重大变化，进一步破坏国际核军控裁军与不扩散核武器的信心，更多国家将走上寻求"拥核"的道路，严重冲击国际多边核军控体系。

关键词：核军控；未来前景；影响分析

2023 年 2 月 28 日，俄罗斯总统普京签署关于俄罗斯暂停履行《关于进一步削减和限制进攻性战略武器措施的条约》（简称《新 START 条约》）的法律，正式暂停履行条约规定的各项核查义务。此前，俄罗斯于 2022 年 8 月宣布因西方制裁等原因暂时退出条约下的设施核查机制。美俄关系持续走低，正不断冲击国际不扩散核武器体系，引发国际社会对美俄双边核军控未来发展前景的广泛担忧。

1 《新 START 条约》背景

《新 START 条约》由美国政府（时任总统奥巴马）和俄联邦政府（时任总统梅德韦杰夫）于 2010 年签署，2011 年 2 月 5 日正式生效，有效期 10 年。随着 2019 年美国政府（时任总统特朗普）退出《中导条约》，《新 START 条约》成为美俄间仅存的双边核军控条约。2021 年美国政府（现任总统拜登）和俄联邦政府（现任总统普京）同意将《新 START 条约》的有效期无条件延长至 2026 年 2 月 5 日。

1.1 主要限制

《新 START 条约》对美俄两国进攻性战略武器数量限制如下：一是部署的洲际弹道导弹、潜射弹道导弹和重型轰炸机数量不超过 700 件；二是部署在洲际弹道导弹、潜射弹道导弹和重型轰炸机上的战略核弹头数量不超过 1550 枚（每架轰炸机按携带 1 枚核弹头计数）；三是部署及未部署的洲际弹道导弹发射装置、潜射弹道导弹发射装置和重型轰炸机数量不超过 800 件。

1.2 核查措施

《新 START 条约》规定美俄双方就条约限制内容对各自的武器数量、类型、部署地点等进行数据交换，并通告数据变更情况；对洲际弹道导弹、潜射弹道导弹和重型轰炸机进行"标识"。条约允许侵入式的现场视察，以确认上述信息的准确性，双方每年可进行 18 次现场视察，包括对洲际弹道导弹、潜射弹道导弹和轰炸机基地的 10 次"第Ⅰ类"视察，以及对未部署或改装的发射装置和导弹设施的 8 次"第Ⅱ类"视察。

作者简介：赵松（1990—），男，山东，高级工程师，硕士，现主要从事情报研究。

1.3 退约、到期、延期

《新 START 条约》规定如果美俄认为条约相关的“非常事件”损害了其最高利益，则有权退约，在这种情况下，条约将在一方通知退约后 3 个月终止。根据规定，条约自生效之日起 10 年内有效（至 2021 年 2 月 5 日），可在美俄双方同意的前提下最多延长 5 年（至 2026 年 2 月 5 日）。

2 《新 START 条约》执行情况

目前，美俄两国进攻性战略武器数量均符合条约规定的 3 项限值（700/1550/800），双方每年 3 月和 6 月更新并交换数据库信息（图 1），内容包括武器数量、类型、部署地点等信息。根据美国国务院发布的最新数据，截至 2022 年 3 月 22 日，美国部署的运载工具 686 件，部署的战略核弹头 1515 枚，部署及未部署的发射装置和重型轰炸机 800 件；俄罗斯部署的运载工具 526 件，部署的战略核弹头 1474 枚，部署及未部署的发射装置和重型轰炸机 761 件[1]。

条约设施核查机制方面，自 2020 年起，美俄双方现场视察减为年均 2 次；2022 年俄乌冲突以来，美国及西方国家加大对俄罗斯的制裁力度，俄罗斯因核查员签证、航班等问题无法对美国设施进行核查，于 2022 年 8 月暂时退出设施核查机制，不再接受美国的现场视察。

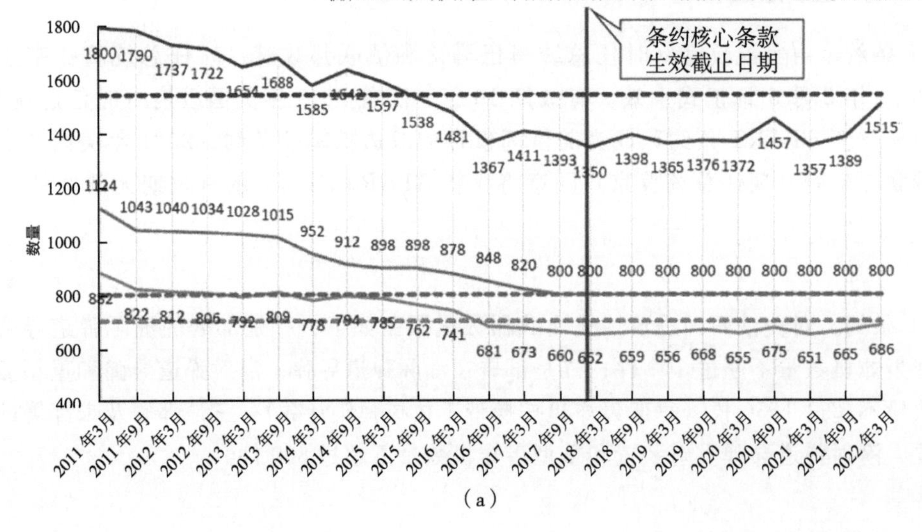

（a）

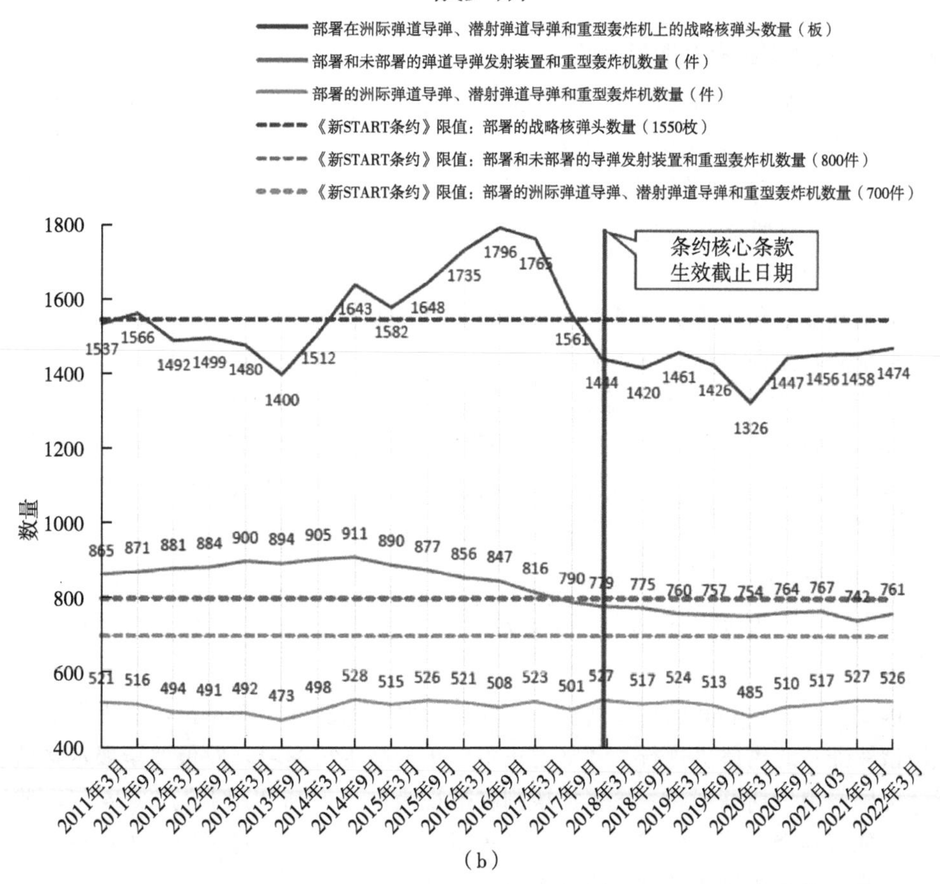

（b）

图 1　新 START 条约生效以来（2011 年 2 月至 2022 年 3 月）美俄战略核武库数据[1]

3　前景分析

《新 START 条约》是美俄双边核军控硕果仅存的协议，将于 2026 年 2 月 5 日到期终止。俄罗斯为加强战略稳定、避免军备竞赛，一贯致力于维持美俄双边核军控。美国国内主要政治势力对双边核军控褒贬不一，且受俄乌冲突持续影响，在近期同俄罗斯谈判新军控协议的可能性极低。

3.1　俄罗斯一贯主张美俄双边核军控

俄罗斯总统普京此前曾多次公开表态支持《新 START 条约》无条件延长。2022 年 9 月，俄罗斯驻美大使安托诺夫发文称《新 START 条约》到期后将冲击国际不扩散核武器体系”，意在推进美俄新军控协议的谈判。俄罗斯致力于维护双边军控预计出于 3 个方面考虑：一是期望利用美俄间仅存的双边核军控条约维持其大国地位；二是条约增加了战略核力量的透明度和可预测性，有利于维护战略稳定；三是面对条约失效后可能出现的新一轮军备竞赛，俄罗斯受限于国内经济发展水平，更难承受。

为应对导弹防御、外空、远程常规精确打击武器等新兴领域威胁，俄罗斯正大力发展“萨尔玛特”重型洲际弹道导弹、“先锋”高超声速助推滑翔飞行器、“海燕”核动力巡航导弹、“波塞冬”核动力无人潜航器及“匕首”高超声速导弹等新型核运载系统，其中，“萨尔玛特”是洲际弹道导弹，“先锋”由洲际弹道导弹携带发射，受到新 START 条约限制，而“海燕”“波塞冬”“匕首”则不受条约约束。俄罗斯寻求以此作为美俄双边核军控谈判的筹码。在此前的新 START 条约延期谈判会议上，俄方曾表示，新部署的“萨尔马特”重型洲际弹道导弹和“先锋”高超声速导弹可与俄其他核武器一起被纳入该条约。俄罗斯甚至愿将包括“海燕”核动力巡航导弹、“波塞冬”核动力无人潜航器等尚未服役的新型战略装备纳入战略稳定对话进行讨论。这显示出俄罗斯与美国延续双边核军控的意愿。

3.2 美国两党对双边核军控存在明显分歧

美国共和党普遍认为目前的《新START条约》无法限制俄罗斯庞大的战术核武器规模（俄罗斯战术核武器数量约为1912枚，美国仅230枚），和“海燕”核动力巡航导弹、“波塞冬”核动力无人潜航器、“匕首”高超声速导弹等新型战略武器装备。

民主党一贯支持军备控制和国际合作，将《新START条约》作为民主党执政的政治财产，肯定其对于维护美俄战略稳定发挥的重要作用。2020年总统竞选期间，拜登公开表态《新START条约》符合美国国家安全利益，承诺将支持条约延期并以此作为后续军控安排的基础。2021年1月20日，拜登宣示就职总统后，立即对外宣称寻求将《新START条约》延长5年；1月26日，美俄就条约无条件延长5年达成一致并互换外交照会。2021年5月，拜登政府发布《国家安全战略临时指导方针》，宣称“随着美国重新参与国际军控体系，将阻止代价高昂的军备竞赛，重建美国作为军备控制领导者的信誉”，并计划推动美俄新一轮核军控与裁军谈判。然而，2022年2月爆发的俄乌冲突对美俄军控谈判造成了很大的冲击，双方的战略谈判已经冻结。

3.3 未来双边核军控取决于美方多重因素

2026年前，美俄能否恢复军控谈判、签署新一轮双边核军控协议，取决于美国国内政治意愿和对全球核态势的判定。

目前，美国民主党和共和党已达成共识，不断加大对俄制裁和对乌军援，图谋促使俄乌冲突持久化，以此拖垮俄罗斯；北约坚决进行了“坚定正午”年度战术核演习，对俄罗斯展示强硬姿态。在胜负未定之际，美国同俄罗斯开展新一轮军控谈判将被视为向俄罗斯“示弱”。2024年，美国将进行新一届总统大选，如若拜登未能连任成功，共和党重新执政，共和党人对美俄双边新军控协议的政治意愿几近为零，必将谋求更为激进的“三边核军控”。

2022年10月13日，拜登政府发布新版《核态势评估》报告，在其面临的全球核威胁判定上认为，“到2030年前，美国将首次需要同时威慑中俄两个核大国”，因此拜登政府可能认为，美俄双边核军控在中短期符合美国国家利益，但长期将不符合其利益[2]。

4 几点认识

未来美俄双边核军控前景黯淡，若2026年2月《新START条约》到期后仍未达成新协议，美俄双边核军控体系将彻底瓦解，美俄核武器部署与发展计划可能发生重大变化，进一步破坏国际核军控裁军与不扩散核武器的信心，更多国家将走上寻求“拥核”的道路，严重冲击国际多边核军控体系。

4.1 美俄部署核武器数量可能增加

《新START条约》只对美俄部署的战略核弹头数量做出限制（从1800枚削减至1550枚），但并未限制战术核弹头数量和未部署的战略核弹头数量。实际上，美俄两国仍各自拥有超5000枚库存核弹头。2026年《新START条约》到期后，美俄均可根据需要快速增加部署的核弹头数量。其中，俄罗斯有可能在白俄罗斯部署陆基“伊斯坎德尔”短程弹道导弹和核能力战斗机等战术核武器装备，开始部署“海燕”核动力巡航导弹和“波塞冬”核动力无人潜航器等新型战略装备；美国可能在日本和欧洲国家部署中程弹道导弹或高超声速武器，将严重破坏全球战略稳定。

4.2 美俄核力量现代化计划可能加快

当前，美俄都在按部就班地部署或推进核力量全面现代化。其中，美国正在研制“新三大件”（“哨兵”洲际弹道导弹、“哥伦比亚”级弹道导弹核潜艇和B-21隐身战略轰炸机），改造核常兼备的

F－35A 隐身战斗机，全方位提升战略与非战略核威慑与打击能力；俄罗斯正在持续部署“亚尔斯”“萨尔马特”“先锋”等洲际弹道导弹系统，逐年交付 1 艘“北风”级（改进型）弹道导弹核潜艇，提升战略核武器系统的现代化占比（2021 年年底已达 88％）。2026 年《新 START 条约》到期后，美国可能加快“哨兵”洲际弹道导弹的采购进度，增加 B－21 轰炸机的采购数量，重新研发海基核巡航导弹等低威力核武器装备，甚至恢复地下核试验以测试研发的新型核弹头；俄罗斯可能加快研发新一代“雪松”陆基洲际弹道导弹和 PAK－DA 战略轰炸机，或引发两国间激烈的军备竞赛。

4.3 严重冲击国际多边核军控体系

美俄作为两个最大的核武器国家，对核裁军负有特殊优先责任，两国以可核查、不可逆方式进一步大幅削减核武器，有利于推动国际核军控进程，为最终实现全面彻底核裁军创造条件。此前，美国已退出《反导条约》《中导条约》《开放天空条约》，违背《不扩散核武器条约》，帮助澳大利亚建造核潜艇，对国际多边核军控体系造成了严重的负面影响。2026 年《新 START 条约》到期后，国际社会对核军控裁军进程迟缓和倒退的不满情绪将迅速膨胀，伊朗等中东国家或将寻求“拥核”，严重破坏国际多边核军控体系的完整性和权威性。

参考文献：

[1] New START treaty aggregate numbers of strategic offensive arms [EB/OL]. [2023－05－12]. https://www.state.gov/wp-content/uploads/2023/05/05－11－2023－FINAL－May－2023－NST－DATA－FACTSHEET－no－clear－page.pdf.

[2] National defense strategy [EB/OL]. [2022－10－27]. https://www.defense.gov/National-Defense-Strategy/.

U.S. and Russian nuclear arms control prospects and possible impact analysis

ZHAO Song, SONG Yue, YUAN Yong-long

(China Institute of Nuclear Information & Economics, Beijing 100048, China)

Abstract: The new START Treaty is the only surviving agreement of the US -Russian bilateral nuclear arms control. It has been suspended by Russia and will end on February 5, 2026. Although Russia has always been committed to maintaining the United States and Russia's bilateral nuclear military control in order to strengthen strategic stability and avoid military reserve competitions, due to the continuous influence of Russia and Ukraine's conflict, US -Russian relations have deteriorated rapidly. In the future, Russia will even completely withdraw from the new Start Treaty. At that time, the US -Russian bilateral nuclear arms control system will be completely disintegrated, and the US -Russian nuclear weapons deployment and development plan may have changed significantly, further destroying the confidence of international nuclear arms control and disarmament and non -diffusion of nuclear weapons. More countries will go to seek nuclear weapon, the international multilateral nuclear arms control system will be seriously impacted.

Key words: Nuclear arms control; Prospect; Impact analysis

美国原子能国防活动 2024 财年预算分析

江舸帆，马荣芳，付　玉

（中国核科技信息与经济研究院，北京　100048）

摘　要：美国是世界上最大的两个核武器国家之一，为了在新财年继续强化核威慑、降低核威胁、保持核科技世界领先并推进核事业的发展，2023 年 3 月 13 日，美国能源部向国会提交了《2024 财年预算申请》，为原子能国防活动申请创历史新高的 321.7 亿美元经费（相比 2023 年授权经费增加 5.9%），为新财年核力量建设提供充足的资金支持和保障。2024 财年，国家核军工管理局（NNSA）申请 238.4 亿美元经费，与上年授权经费相比增长 7.6%，NNSA 2024 财年的预算请求充分支持美国 2022 年发布的《核态势评估》报告（NPR）和《国防战略》报告（NDS），将提供必要的资源支持尖端科学和技术项目，推动核武器生产与库存的现代化工作，确保美国核威慑力量的有效性。2024 财年，环境管理办公室（EM）为国防环境清理工作申请 70.7 亿美元经费，与上年授权经费相比基本持平（增长 0.69%）。近年来，能源部每年均在国防环境清理领域投入大量资金，最终目的是恢复环境，保障能源部员工与一般公众的安全与健康。此外，能源部还为其他国防相关活动与国防职能（Function 050）下的核能相关工作申请 12.5 亿美元经费。分析美国能源部 2024 财年预算可以发现，美国在核武器库存管理的经费持续维持较高水平、持续投入巨量资金开展核武器生产现代化工作并大力支持核武器相关基础科学的研究工作。除能源部外，美国国防部也申请了 328 亿美元用于核力量建设，与 2022 年授权相比增加 3.8%，用于核武器运载系统及核指挥控制与通信系统的现代化、维护及运行。

关键词：美国；原子能国防活动；预算

1　预算基本情况

美国是世界上最大的两个核武器国家之一，为了在新财年继续强化核威慑、降低核威胁、保持核科技世界领先并推进核事业的发展，2023 年 3 月 13 日，美国能源部向国会提交了《2024 财年预算申请》，为原子能国防活动申请创历史新高的 321.7 亿美元经费（相比 2023 年授权经费增加 5.9%），为新财年核力量建设提供充足的资金支持和保障[1]。

2024 财年，国家核军工管理局（NNSA）申请 238.4 亿美元经费，与上年授权经费相比增长 7.6%，主要用于 5 个方面的工作以支持美国国家安全建设：①维持安全、可靠和有效的核武器库存；②推进国防核不扩散工作，防止恐怖组织获取核材料；③提升关键科学、技术和工程能力水平，支持核弹头的认证、评估与延寿工作；④为美国海军提供安全有效的核动力推进系统；⑤推进核安全基础设施的现代化工作。NNSA 2024 财年的预算请求充分支持美国 2022 年发布的《核态势评估》报告（NPR）和《国防战略》报告（NDS），将提供必要的资源支持尖端科学和技术项目，推动核武器生产与库存的现代化工作，确保美国核威慑力量的有效性。

2024 财年，环境管理办公室（EM）为国防环境清理工作申请 70.7 亿美元经费，与上年授权经费相比基本持平（增长 0.69%），主要在 4 个方面解决美国发展核武器造成的环境问题：①处理超铀废物与低放废物；②管理或处置乏燃料和冗余核材料；③修复被污染的土壤与地下水；④退役冗余老旧的核设施。近年来，能源部每年均在国防环境清理领域投入大量资金，最终目的是恢复环境，保障能源部员工与一般公众的安全与健康。此外，能源部还为其他国防相关活动与国防职能（Function 050）下的核能相关工作申请 12.5 亿美元经费。

作者简介：江舸帆（1996—），男，硕士，助理工程师，现主要从事国防工业情报研究。

2 预算投向

2.1 武器活动

武器活动是能源部“原子能国防活动”工作的核心。2024 财年，能源部为武器活动申请 188.3 亿美元，与上年授权经费相比增长 10%，主要用于美国核武器库存管理、核武器部件生产能力现代化、核武器相关科学、技术、工艺研究及基础设施运营维护等工作。

其中，能源部在库存管理领域申请 52 亿美元预算，与上年授权相比增长 5.1%，NNSA 正同时开展多个型号核弹头的延寿、改装和现代化工作，包括 B61－12 型核弹部件的全面更新、W88 型核弹引信等相关部件的改进和 W80－4 型核弹的炸药种类与接口调整等，以上项目实施较为顺利并均在 2022 年进入新阶段。W87－1 改造项目和 W93 研发项目正处于早期阶段，目前也取得了一定进展，库存管理的最终目标是维持美国核武器库存的有效性。

在核武器生产现代化领域，能源部申请 55.6 亿美元经费，与上年授权相比增长 8.6%，以对生产核武器材料和部件的设施、设备和基础设施进行现代化改造，并支持洛斯阿拉莫斯、萨凡纳河场址的钚弹芯生产能力建设，铀、氚、锂部件加工设施的新建与现代化等方面的工作。其中，能源部为洛斯阿拉莫斯钚弹芯生产项目申请 17.6 亿美元预算，与上年授权经费相比增加 13.7%，用于工人的雇用、培训、认证；钚弹芯生产工艺与产品的认证及设备采购、设施运营等方面，相比之下，能源部仅为萨凡纳河场址的钚弹芯生产项目申请 9.2 亿美元预算，与上年授权经费相比降低 26.8%，主要原因是将在部分设计和施工工作中使用结转资金。在预算申请中，能源部指出该项目可能面临较为严重的超期超概问题，最新的评估结果表明该项目将超概 20%～40%，工期也将延长 1～3 年。能源部正采取措施将任务细化并尽可能提前启动工作，目标是到 2030 年在该场址尽可能建立钚弹芯生产能力。

在库存技术与工艺研究领域，能源部申请 31.9 亿美元经费，与上年授权相比增长 8.4%，支持评估科学、惯性约束聚变、高级仿真与计算等方面的研究，其中，在评估科学方面，能源部支持在不进行核试验的情况下开展基础科学研究，包括进行流体动力学和亚临界实验，以及运营大量先进实验设施（如双轴闪光照相流体动力学实验装置、国家点火装置）等。在技术综合评估方面，能源部支持研究和改进现有的武器设计，并同时发展生产、储存、部署核武器所需的技术。

能源部在武器活动的其他领域也申请 48.8 亿美元，用于基础设施运营、学术项目支持、安全与安保等一系列任务。

2.2 国防核不扩散

国防核不扩散相关工作的主要目的是阻止敌对国家或组织获取核武器或可能用于核武器的材料、技术和专门知识，并应对国内外的核事故或辐射泄漏事故。2024 财年，能源部为国防核不扩散申请 25.1 亿美元经费，与上年授权经费基本持平（增长 0.8%），以从核不扩散的角度维护美国的核安全。

国防核不扩散工作主要包括：“材料管理与消除”的目的是在世界范围内消除武器级核材料，支持使用高浓铀的研究堆、同位素生产设施的关停工作；“全球材料安全”的目的是与其他国家合作提高核设施的安全性以防止核材料被恐怖组织或国家利用；“不扩散和军备控制”的目的是支持国际核保障监督制度，推动军控条约的谈判与执行；“核不扩散研究”的目的是在传感器研发、卫星探测等领域开展研究，增强核事件与事故的检测能力；“设施建设”目前重点开展冗余钚处置（SPD）项目的设施建设工作；“核反恐与事件响应计划”的目的是提升能源部的核应急能力，对全球范围内发生的事件或事故做出快速响应。

2.3 海军反应堆计划

海军反应堆（NR）计划相关的预算主要用于美国海军核动力推进任务，包括反应堆和设备的设计与技术开发、反应堆和设备的运行和维护、海军乏核燃料处置等工作。2024 财年，能源部为海军反应堆计划申请 19.6 亿美元，与上年授权相比降低 5.6%，主要原因是海军乏燃料管理项目进度未达预期要求，能源部修订了该项目的预算与时间表，并将项目周期延长两年。

海军反应堆计划开展的工作主要包括："海军反应堆运行和基础设施维护"支持能源部维持其陆上模式堆、实验室的运行并处理海军产生的乏核燃料，其中 S8G 陆上模式堆的换料将在 2023 财年内结束，因此能源部并未继续为该项目申请预算。"海军反应堆技术开发要求"支持能源部加强对海军核动力关键技术的研究，保证美国海军舰队的作战能力并确立美国海军的世界领先与主导地位，其中"哥伦比亚级核潜艇反应堆系统开发"项目已进入最后阶段，能源部仅申请 5290 万美元用于反应堆系统的分析、测试等收尾工作。

2.4 国防环境清理与其他费用

国防环境清理相关的 70.7 亿美元预算主要用于以下场址的清理工作：汉福德场址、爱达荷国家实验室、NNSA 相关场址（包括劳伦斯利弗莫尔国家实验室、桑迪亚国家实验室、洛斯阿拉莫斯国家实验室和内华达场址）、橡树岭国家实验室及周边场址、河流保护办公室相关场址和废物隔离中试厂（WIPP）。2022 财年，环境管理办公室完成了布鲁克海文国家实验室的清理工作，待清理的厂址数量正逐渐减少，目前的工作重点是处理汉福德场址储蓄罐中的液态高放废物。

在以上工作之外，能源部还为员工工资、福利、差旅费等其他支出申请 5.4 亿美元资金，以及与其他核安保企业合作和其他支持性工作。

3 分析与启示

3.1 美国在核武器库存管理的经费持续维持较高水平

库存管理工作支持能源部维持设计、生产和认证国家核武库的能力，通过维持核武库的安全、安保和有效保护美国。美国 2022 年 11 月发布的《核态势评估》要求用延寿后的 B61-12 取代 B-61-3/4/7 并部署在 F-35A 战机上、为 W80-4 弹头提供全额资金、完成 W88 Alt 370 计划并继续 W93 弹头研发计划以支持其"三位一体"核力量的建设，能源部继续在以上项目维持较高投入符合《核态势评估》对于库存管理的要求[2]。值得注意的是，在 2024 财年的预算申请中，能源部表示根据 2022 年《核态势评估》最终取消装载 W80-4 弹头的海基巡航导弹项目，其后续走向仍需持续关注。

3.2 美持续投入巨量资金开展核武器生产现代化工作

在核武器生产现代化领域，美国维持对初级、次级、非核部件生产现代化及氚生产和铀浓缩等方面的较大投入，并重点支持钚弹芯生产能力的建设。美国国会在 2020 年《国防授权法案》中要求在 2030 年美国能源部应具备年产 80 枚钚弹芯的能力，其中洛斯阿拉莫斯国家实验室年产 30 枚，萨凡纳河场址新建设施年产 50 枚。2024 年，洛斯阿拉莫斯钚现代化项目将到达生产第一枚新钚弹芯的里程碑节点，目前主要开展钚弹芯生产工艺和钚弹芯产品的评估与认证工作。而萨凡纳河场址的钚弹芯生产项目仍处于起步阶段，主要工作包括建筑和设施的设计、长周期采购的准备及部分场地的准备等。

3.3 美国大力支持核武器相关基础科学的研究工作

美国高度重视核武器相关基础科学的发展，2024 财年预算中，能源部维持了在基础科学领域的较高投入。能源部实验室系统是美国科研事业的中坚力量，是美国开展战略性基础研究和前沿技术探索的重要平台，能源部在预算中为这些实验室提供大量支持，其研究方向与先进成果值得密切关注。

3.4 美国国防部继续重点推进 6 个核现代化项目

除能源部外，美国国防部也申请了 328 亿美元用于核力量建设，与 2022 年授权相比增加 3.8%，用于核武器运载系统及核指挥控制与通信系统的现代化、维护及运行。2024 年，国防部将推进"哨兵"洲际弹道导弹、远程防区外空射巡航导弹（LRSO）、"哥伦比亚"级战略核潜艇、"三叉戟-Ⅱ"

型弹道导弹、B－21战略轰炸机和F－35战斗机升级等6个核现代化项目，预计到2030年，美军新“三位一体”核力量将初步形成，核威慑与核打击能力将进一步增强[3]。

参考文献：

[1] Department of the energy FY 2023 President's budget [EB/OL]. [2022－03－24]. https: //www. energy. gov/cfo/articles/fy－2023－budget-justification.

[2] 2022 Nuclear posture review [EB/OL]. [2022－10－27]. https: //s3. amazonaws. com/uploads. fas. org/2022/10/27113658/2022－Nuclear-Posture-Review. pdf.

[3] Defense budget materials-FY2024 [EB/OL]. [2022－03－15]. https: //www. energy. gov/cfo/articles/fy－2023－budget-justification.

Budget analysis of US atomic energy defense activities in fiscal year 2024

JIANG Ge-fan, MA Rong-fang, FU Yu

(China Institute of Nuclear Information and Economics, Beijing 100048, China)

Abstract: America is one of the two largest nuclear weapon states in the world. In order to continue to strengthen nuclear deterrence, reduce nuclear threats, maintain the world's leading position in nuclear technology and promote the development of the nuclear industry in the new fiscal year, on March 13, 2023, the Department of Energy (DOE) submitted the Budget Application for Fiscal Year 2024 to Congress, requesting a record high of $32.17 billion for atomic energy defense activities (an increase of 5.9% compared to the authorized funding in 2023), provide sufficient financial support and guarantee for the construction of nuclear power in the new fiscal year. In fiscal year 2024, the National Nuclear Security Administration (NNSA) applied for $23.84 billion in funding, an increase of 7.6% compared to the authorized funding last year, the NNSA budget request for fiscal year 2024 fully supports the Nuclear Posture Review (NPR) and National Defense Strategy (NDS) reports issued by the United States in 2022, and will provide the necessary resources to support science and technology projects, promoting the modernization of nuclear weapons production and inventory, ensure the effectiveness of American nuclear deterrent force. In fiscal year 2024, the Environmental Management Office (EM) applied for $7.07 billion in funding for defense environmental cleanup, which was basically the same as the authorized funding last year (an increase of 0.69%). In recent years, DOE has invested a large amount of funds in the field of defense environmental cleanup, with the ultimate goal of restoring the environment and ensuring the safety and health of employees and the general public. In addition, DOE has requested $1.25 billion for other defense activities and nuclear power activities under the Defense Function 050. Analyzing the budget of DOE for the 2024 fiscal year, it can be found that America continues to maintain a high level of funding for nuclear weapons inventory management, continues to invest significant funds in the modernization of nuclear weapons production, and vigorously supports research in basic science related to nuclear weapons. The Department of Defense (DOD) has also applied for $32.8 billion for nuclear power construction, an increase of 3.8% compared to the authorization in 2022, for the modernization, maintenance, and operation of nuclear weapon delivery systems and nuclear command, control, and communication systems.

Key words: America; Atomic defense activities; Budget

印度核能三阶段发展战略实施情况

江舸帆，马荣芳，仇若萌，杨　力

（中国核科技信息与经济研究院，北京　100048）

摘　要：1954 年 11 月，“印度核武器之父”霍米巴巴在“为和平目的发展原子能”会议上提出了核能发展的三阶段计划，时任印度总理尼赫鲁也出席了会议。4 年后的 1958 年，印度正式通过了三阶段核能发展战略。印度核能发展战略的第一阶段是开发基于铀循环的加压重水反应堆（PHWR），第二阶段开发以钚（由第一阶段的重水堆提供）为燃料的快中子增殖反应堆（FBR），第三阶段开发采用钍—铀燃料循环的先进核能系统。这项战略也包括有关乏燃料后处理、废物管理和安全与环境监测方面的技术开发，最终目标是充分利用印度本国庞大的钍资源储备。21 世纪以来，印度发表的有关钍的论文数量仅次于美国，印度原子能部 2022 年披露的《2020—2021 年度报告》宣称，印度仍将继续坚持这一能源路线，进行钍资源的大规模开发和利用。目前，核电计划的第一阶段目标已实现，正处于第二阶段，集中力量开发快堆及配套燃料循环体系，同时也在向第三阶段迈进。正是以该计划为“幌子”，印度为核武器计划生产了军用核材料钚。印度三阶段核电发展计划包括 3 种类型核反应堆（热堆、快堆、钍基燃料反应堆）与配套燃料循环及相关技术开发。通过实施该计划，虽然印度核科技工业整体水平与西方先进国家相比还有差距，但在快堆、乏燃料后处理、钍燃料技术开发等方面均取得了重大成就。目前，印度核能计划第二阶段的原型快堆即将投产，第三阶段的先进重水堆即将开始建造，在钍基熔盐堆等领域也取得了一些技术突破，其发展动向值得关注。

关键词：印度；核能；战略

2022 年 8 月，印度最大的电力生产商国家火力发电公司（NTPC）宣布，将与印度核电公司成立合资子公司，推动哈里亚纳邦两座核反应堆的建设，与印度核电公司在中央邦建造两座 700 兆瓦反应堆的合资公司的计划也在酝酿之中，这可能是 NTPC 从煤电向核电重大战略转变的信号。2022 年 9 月 14 日，法国外交部部长卡特琳·科隆纳在与印度总理莫迪会谈时表示，法国将继续与印度在马哈拉施特拉邦的杰塔普核电站项目上进行合作。这些信息表明，在能源自主化和减碳的背景下，核能仍是印度能源发展的重要组成部分和未来不可或缺的清洁能源。

印度政府早在 1958 年，就基于“铀贫钍丰”的资源现实正式制定了三阶段核能发展战略，2022 年披露的《印度原子能部 2020—2021 年度报告》详细描绘了印度核能发展的技术路线，并披露了各项目的实施进展[1]。印度核能发展战略的第一阶段是开发基于铀循环的加压重水反应堆（PHWR），第二阶段开发以钚（由第一阶段的重水堆提供）为燃料的快中子增殖反应堆（FBR），第三阶段开发采用钍—铀燃料循环的先进核能系统。这项战略也包括有关乏燃料后处理、废物管理和安全与环境监测方面的技术开发，最终目标是充分利用印度本国庞大的钍资源储备。

1　第一阶段目标基本实现

印度核能发展第一阶段的主要任务是开发以天然铀作为燃料的加压重水反应堆，在发电的同时进行钚的生产。印度对加压重水堆的研究始于 20 世纪 50 年代的 CIRUS 反应堆，这座研究堆由加拿大援建，美国提供重水。20 世纪 70 年代印度进行核试验后，全球各核大国对印度的核材料与核技术进行了一定程度的封锁，印度开始独立发展重水堆技术。印度早期建设的加压重水堆的电功率多为 220 兆瓦和 540 兆瓦，之后印度开始重视单机容量的提升，2021 年投入运营的格格拉帕尔 3 号机组电功

作者简介：江舸帆（1996—），男，硕士，助理工程师，现主要从事国防工业情报研究。

率达到700兆瓦。目前，印度拥有18个在运、3个在建，以及若干规划中的加压重水堆，总装机容量超过5000兆瓦，部分反应堆的容量因子达到国际先进水平。总体来说，印度已基本达成第一阶段的目标，实现了加压重水堆燃料循环技术和重水生产技术的自主化和工业化，之后将减少加压重水堆相关的研发投入。

2 第二阶段工作仍在推进

印度核能发展第二阶段的主要任务是发展快中子增殖堆，燃烧第一阶段加压重水堆生产的钚，在产生能量的同时引发燃料增殖层中铀-238和钍-232的裂变，生产铀-233和钚-239。印度的快中子增殖实验堆（FBTR）于1985年首次达到临界，经过两次停堆大修和不断升级改造，额定热功率已由最初的8兆瓦提升到40兆瓦。

基于FBTR的数据和研究成果，印度启动了原型快中子增殖反应堆（PFBR）计划。PFBR于2004年开始建设，额定电功率为500兆瓦，最初预计2011年完工，但由于技术原因出现多次推迟。目前，PFBR的临界被推迟至2022年10月，正在进行的调试工作也在一定程度上受到新冠疫情的影响。但是，接近40年的快堆运行经验，使印度在快堆领域积累了一定的技术基础。目前，印度开发了具有自主知识产权的钠冷快堆工程设计软件，具备自主设计快堆并开展分析评价的能力；在石墨涂层、高温合金、无缝钢管等材料领域取得了技术突破，实现了反应堆关键结构及设备的本土化制造；可自主生产碳基快堆核燃料并正在进行快堆金属陶瓷燃料的研发；由英迪拉甘地原子研究中心（IGCAR）建造的卡尔帕卡姆后处理厂已建成并投入使用，年处理能力为100吨，可开展钍基快堆乏燃料的后处理工作。

3 第三阶段项目处于实验室探索阶段

印度核能发展第三阶段的主要任务是利用先进重水堆（AHWR）系统或其他反应堆系统，燃烧快堆产生的铀-233，最终实现钍—铀燃料循环。第三阶段的相关工作包括KAMINI研究堆、先进重水堆、高温堆系统、加速器驱动系统及钍燃料循环等相关技术的开发。目前第三阶段的大部分项目仍处于实验室阶段。

3.1 KAMINI研究堆

KAMINI研究堆是目前世界上唯一一座使用铀-233作为燃料的反应堆，于1996年首次临界。该反应堆使用轻水冷却和慢化，与FBTR相邻建造，并从FBTR中直接获取铀-233作为燃料。目前，KAMINI研究堆以30千瓦的最大热功率水平运行，为铀-233的应用提供经验，同时作为中子活化研究、燃料辐照、中子射线照相和中子探测器测试的研究平台。印度目前正在对反应堆的部分驱动系统、控制系统和安全系统进行升级，以提升反应堆的安全性和易维护性。

3.2 先进重水堆

先进重水堆是电功率300兆瓦的垂直压力管式反应堆，使用钍铀混合氧化物和钍钚混合氧化物燃料，可以利用快堆产生的铀-233和钚-239。相比于传统的加压重水堆，先进重水堆可以使用沸腾的轻水进行冷却，从而降低冷却剂成本；使用自然循环的方式循环冷却剂，并设有重力驱动水池等被动安全系统，具备固有安全性；具有较低的功率密度和中子通量，使得核素转换与停堆后反应堆的重启都更加容易。印度第一座先进重水示范堆原计划2012年开工，但由于各种原因直到现在仍未启动建设工作。目前，已经完成了反应堆的设计工作和安全壳系统模拟实验装置建设，正在进行反应堆各系统的验证。

3.3 高温堆系统与加速器驱动系统

高温堆系统是印度为实现核能制氢目标设计和开发的反应堆系统，相关计划已经启动。反应堆将以铀-233作为燃料，堆芯设计紧凑，能够为热化学制氢和煤裂解等工业领域提供稳定的热源。目前，印度已在高温堆的铅冷系统、包覆颗粒燃料、碳基结构组件、耐高温合金等技术上取得一定进展。

加速器驱动系统（ADS）能够将钍转化为其他可裂变材料，并进行放射性废物的处理。目前，印度已在直线和回旋加速器领域实现了一定的技术积累，巴巴原子研究中心（BARC）即将开始建设高能中子源，后续工作仍处于概念构想阶段。

3.4 钍—铀燃料循环

在设计多种反应堆的同时，印度同样关注钍—铀燃料循环中涉及的技术。在燃料循环前端技术方面，快堆产生的铀-233通常混有铀-232杂质，而铀-232衰变后产生的核素具有较高放射性，因此，印度正在发展激光同位素分离技术和远程燃料制造技术，目前已在包覆凝聚制粒和芯块浸渍等燃料制造领域取得了一定的进展。在后处理技术方面，钍和钍的氧化物性质不活泼，印度采用钍雷克斯流程（THOREX）分离乏燃料中的钍。目前，印度已经掌握了处理辐照过的钍氧化物的技术，并将提取的铀-233制成燃料用于KAMINI反应堆或先进重水堆物理实验中。

印度为核能发展第三阶段制定了宏大的目标，包括大规模部署钍基燃料核电站、大幅提升核电的经济性与安全性，以及实现核能非电力应用（如海水淡化和制氢）等。但是，目前第三阶段的大部分项目仍处于实验室探索阶段，距离商业应用仍有很长的一段距离，预计可能会在目前研发的多种技术路线中选择其中的1～2种作为最终发展方向，并制定工业化方案。

4 小结

印度国内传统能源的储量相对较少，但钍资源占全世界探明储量的1/3。为了在保持能源自主化的同时满足能源需求，印度充分考虑本国国情后制定并实施三阶段核能发展战略。目前，核能已成为印度安全、清洁、经济的重要能量来源，从近期印度政府与能源企业的诸多动向来看，未来核能在印度仍将得到持续的发展。

目前，印度已基本实现其核能发展战略第一阶段的技术目标，加压重水堆相关技术的研发已达到成熟的技术水平，加压重水堆也已成为印度国内核电的主要堆型；第二阶段印度快中子增殖实验堆已积累了多年的运行经验，原型快中子增殖反应堆按计划也将在2022年内达到临界，与快中子增殖堆相关的工作正在持续推进；第三阶段印度在铀-233和钍资源的开发利用等领域处于领先地位，在碳化物燃料加工、重水堆乏燃料后处理等领域也走在世界前列，主要技术目标钍—铀燃料循环系统相关的研发工作已取得较大进展[2]。

尽管原型快中子增殖反应堆和先进重水堆等设施的建设与投产一再延期表明印度钍铀燃料循环的发展并非一帆风顺，核能发展计划第三阶段中大量项目仍处于实验室探索阶段，尚未最终确立最终技术路线也表明印度主导的钍—铀燃料循环研究离工业应用还有很大距离，但印度仍将坚持其核能政策，其后续技术研发与应用进展值得我国持续关注。

参考文献：

[1] Department of atomic energy（DAE）annual report 2020 - 2021［EB/OL］.［2022 - 04 - 12］. https://dae.gov.in/writereaddata/Annual2020 - 2021e.pdf.

[2] Shaping the third stage of Indian nuclear power programme［EB/OL］.［2022 - 07 - 10］. https://dae.gov.in/node/sites/default/files/3rdstage.pdf.

Progress in the implementation of India's three stage nuclear energy development strategy

JIANG Ge-fan, MA Rong-fang, QIU Ruo-meng, YANG Li

(China Institute of Nuclear Information and Economics, Beijing 100048, China)

Abstract: In November 1954, Baba, the "father of India's nuclear weapons," proposed a three-stage plan for the development of atomic energy at the conference on "utilization of atomic energy for peaceful purposes", at which Prime Minister Nehru of India also attended. Four years later, in 1958, India officially adopted a three-stage nuclear energy development strategy. The first stage of India's nuclear energy development strategy is the development of a pressurized heavy water reactor (PHWR) based on the uranium cycle, the second stage is the development of a fast breeder reactor (FBR) fueled by plutonium (provided by the first stage of the heavy water reactor), and the third stage is the development of an advanced nuclear energy system using the thorium uranium fuel cycle. This strategy also includes technology development related to spent fuel reprocessing, waste management, and safety and environmental monitoring, with the ultimate goal of fully utilizing India's vast thorium resource reserves. Since the 21st century, the number of papers published on thorium in India has been second only to that of the United States. *The 2020 – 2021 Annual Report of the Department of Atomic Energy disclosed in* 2022 states that India will continue to adhere to this energy route and conduct large-scale development and utilization of thorium resources. Currently, the goal of the first stage of the nuclear power plan has been achieved, and it is currently in the second stage, concentrating on developing fast reactors and supporting fuel cycle systems, while also moving towards the third stage. It was under the guise of the plan that India produced military nuclear material plutonium for its nuclear weapons program. India's three stage development plan includes three types of nuclear reactors (thermal reactor, fast reactor, thorium-based fuel reactor), supporting fuel cycles, and related technology development. Through the implementation of this plan, although the overall level of India's nuclear technology industry still lags behind that of advanced Western countries, significant achievements have been made in such areas as fast reactors, spent fuel reprocessing, and thorium fuel technology development. Currently, the prototype fast reactor of the second phase of India's nuclear energy program is about to be put into production, and the construction of the advanced heavy water reactor of the third phase is about to begin. Some technological breakthroughs have also been made in areas such as thorium-based molten salt reactors, and their development trends deserve attention.

Key words: India; Nuclear energy; Strategy

2022年国外核装备领域发展综述

张　莉，蔡　莉，李晓洁

（中核战略规划研究总院，北京　100048）

摘　要：2022年，大国竞争日趋激烈，国际核安全形势错综复杂，美国与北约相继调整了核威慑战略政策，突出强调中俄核威胁，提出了对中国的更具针对性和挑战性的定制核威慑战略。美国与俄罗斯全面推进陆海空新一代战略核武器装备研制。美国为确保国家铀战略需求，加速落实铀供应策略。核动力成为太空与极地领域大国竞争的重要着力点。

关键词：核战略；核装备；核材料；核动力

2022年，在俄乌冲突背景下，美西方与俄罗斯继续对立，国际核安全形势错综复杂。美国拜登政府发布新版核战略，强调要继续推进"三位一体"核力量现代化建设，突出核力量对中俄的威慑作用。俄罗斯更加重视核力量作为国家安全基石的作用，全力保障新一代战略核武器装备的研制部署。核动力成为太空与极地领域大国竞争的重要着力点。

1　美西方调整核战略，强调对中俄的核威慑

1.1　美国发布新版核战略文件，突出核威慑与军控作用

10月27日，美国国防部发布新版《核态势评估》报告[1]，极力渲染大国竞争和阵营对抗，突出核威慑作用。在安全环境与威胁方面，先中后俄，首次将中国作为首要核威胁战略竞争对手，提出"将在20世纪30年代首次同时面对中俄两个拥有现代化、多样化核武器的核大国"。在定制核威慑方面，对中国的定制核威慑措施更具针对性和挑战性，明确提出"将保持灵活的威慑战略和力量态势"，运用"海基低当量核武器、远程轰炸机、核常兼备战斗机和空射核巡航导弹"等核装备加强对中国的威慑。在"延伸威慑"方面，注重发挥印太盟友作用，提升盟友在核危机决策中的参与度，推动美国核威慑力量与盟友非核威慑力量的整合。在军控方面，重新强调军控对保持战略稳定、防止军备竞赛的重要性，意图拉中国加入美俄核军控谈判。

1.2　北约调整军事战略，重新强调核与常规威慑

6月29日，北约发布第8版《战略概念》文件，明确未来10年北约的核心战略任务是"威慑与防御、危机预防与管理、安全合作"，表明北约的军事战略重心已经从"灵活反应"重新转向"威慑（包括核威慑与常规威慑）"。文件宣布俄罗斯仍是北约主要对手，但首度提及中国，强调中国对北约构成战略挑战。新文件宣称将加强与印太地区新老合作伙伴进行对话与合作，企图将北约从地区性军事联盟升级为全球军事联盟，如拉拢日韩澳新等非北约国家，通过所谓"重塑中国周边战略"对中国进行围堵。

2　推动新型战略核武器研制，加速新一代核力量体系建设

2.1　美国全面推进新一代"三位一体"核装备体系建设

2022年，美国持续推进核装备现代化，不断增强核威慑与打击能力。一是研制下一代陆基洲际弹道导弹。4月，空军将下一代陆基洲际弹道导弹正式命名为"哨兵"（LGM-35A）[2]，并启动导弹

作者简介：张莉（1977—），女，研究员，现从事外军核武器装备科技信息研究工作。

工程与制造开发阶段。7月，开展“哨兵”新型Mk21A再入飞行器发射试验，但因火箭助推器爆炸而试验失败，计划于2023年进行“哨兵”的首次试射。二是继续建造“哥伦比亚”级弹道导弹核潜艇。6月，海军举行“哥伦比亚”级核潜艇首艇龙骨铺设仪式。12月，授予美国通用动力电船公司51亿美元合同，采购第二艘“哥伦比亚”级核潜艇。未来计划2024财年、2026财年和2027财年各采购1艘。三是加速推动空基核力量多样化发展。9月，空军开展了B-52H战略轰炸机换装发动机的风洞测试。该机计划换装F-130涡扇发动机，将于2025年起开始测试，2035年前完成全部改装；同月，空军核武器中心正式批准F-35A战斗机挂载B61-12核航弹的初始设计方案，已启动该机的核作战资格认证工作[3]。12月，空军首次公开展示新一代隐身战略轰炸机B-21，计划2023年首飞，2025年形成初始作战能力。

2.2 俄罗斯加快研制部署新一代战略核武器装备

2022年，俄罗斯以加强生存和突防能力为重点，牵引核装备现代化，增强战略核力量的有效性与可靠性。一是新一代陆基洲际弹道导弹“萨尔马特”完成研制。4月，“萨尔马特”陆基洲际弹道导弹首次全飞行测试成功，进入批量生产阶段。该导弹可携带10～15枚分导核弹头，搭载“先锋”高超声速滑翔飞行器。俄罗斯计划部署7个“萨尔马特”导弹团共46枚导弹。二是加快新一代弹道导弹核潜艇与新型海基战略核武器研制部署。1月，第6艘“北风之神”——A级潜艇下水。该艇共计划建造10艘，预计未来5年将全部建成部署。7月，首艘可携带“波塞冬”核动力无人潜航器的特种核潜艇“别尔哥罗德”号交付海军。计划2027年列装的“波塞冬”核动力无人潜航器集成了多项前沿技术，将对美国形成非对称打击能力。三是研改并举推动空基核武器现代化。俄罗斯正在重建图-160生产线，计划生产50架。1月，首架全新生产的图-160M2战略轰炸机完成试飞。俄罗斯还在改造现役的16架图-160，安装新型发动机航空电子设备、导航和雷达。12月，首架现役改造后的图-160M1战略轰炸机试飞成功，未来5年将完成10架现役图-160的现代化改造。此外，空军表示PAK-DA隐身轰炸机设计方案已经确定。该轰炸机将与图-160M2共享多个系统，计划2027年开始初期生产，2028年或2029年开始批量生产。

3 落实核材料供应策略，保障核材料国防需求

3.1 加速落实铀供应策略，确保国家铀战略需求

3月，美国国家核军工管理局宣布铀加工设施项目达到重要里程碑。该设施是美国核基础设施现代化的重要组成部分，为核武库高浓铀战略任务提供关键支持。5月，美国能源部表示正在制定全面的铀供应战略，包括建立完整的高丰度低浓铀供应链，以满足国家的铀需求。7月，美国国家核军工管理局启动国家战略铀储备程序，计划从国内铀企业采购385吨战略铀储备。11月，美国能源部与美国离心机运营公司签订合同，在派克顿浓缩设施启动和运行16台先进离心机级联，开展高丰度低浓铀生产示范，计划2024年建成产能900千克/年。

3.2 推动“双场址”方案，钚弹芯计划取得新进展

为确保W87-1、B61-12等新型核武器研制计划的按期完成，美国高度重视钚弹芯生产“双场址”建设方案的实施。1月，美国国家核军工管理局宣布洛斯阿拉莫斯国家实验室钚弹芯生产项目取得重要进展，“去污和退役”子项目获批开工，标志着该场址钚弹芯新产能建设工作启动。计划2026年完成生产设施建造，达到年产30个钚弹芯的目标。

4 推动核动力技术发展，拓展军事应用

4.1 启动首个可移动微型原型装置建造，推动军用能源供应创新

美国能源部和国防部正在推动微型反应堆技术开发。6月，国防部与巴威公司签订总价3亿美元

合同，计划于 2024 年在爱达荷国家实验室建成首个可移动微堆原型，2027 年示范运行，投运后可为美军前沿军事基地或重要设施提供大功率能源供应。

4.2 开发核热推进技术，加速核动力空间应用

5 月，美国国防部设立“核动力先进推进与电源”计划，开展下一代小型航天器核推进和核电源技术示范工作，可实现小型航天器携载大功率武器在地月间的灵活机动，构建月球空间的战术作战能力。同月，国防高级研究计划局发布“敏捷地月空间行动验证火箭”计划第二阶段和第三阶段招标，计划在 2026 年完成空间核热推进系统的飞行示范。

4.3 继续建设核动力破冰船，保障北极航行能力

10 月，俄罗斯第 3 艘 22220 型核动力破冰船“乌拉尔”号完成海试任务，测试了核反应堆、蒸汽涡轮机组、船舶电力推进等系统，即将交付使用。11 月，第 4 艘“雅库特”号核动力破冰船下水，预计 2024 年交付。22220 型是世界上最大和动力最强的核动力破冰船，首批两艘“北极”号和“西伯利亚”号已分别于 2020 年和 2021 年交付。

4.4 持续开展聚变研究，激光点火取得重大突破

12 月，美国国家点火装置聚变试验首次实现“净能量增益”。试验通过 192 路激光输入了 2.05 兆焦能量，产生了 3.15 兆焦的聚变能量，意味着世界首次激光聚变点火成功，成功验证聚变自持燃烧产生能量增益的可行性，可为美国核武器库存管理计划及未来聚变能源利用提供重要支撑。

5 几点认识

2022 年，在大国竞争战略下，核威慑仍是核大国国防建设的最高优先事项。未来国外核装备领域发展将聚焦以下几个方面。

5.1 加速陆海空战略核武器装备现代化，激化核军备竞争

美俄正在全面加强新一代战略核武器装备研制与部署。美国将于 2023 年完成新一代隐身轰炸机首飞和新一代洲际弹道导弹的首次试射。俄罗斯“萨尔马特”新一代陆基洲际弹道导弹也将在 2023 年进行批量列装，并将配装“先锋”高超声速武器。英法也正在大力推动新一代弹道导弹核潜艇的研制工作。预计未来美俄核军备竞赛将进一步升温。

5.2 加强核材料与核武器研制能力建设，保障核武库安全可靠和有效

美国国家核军工管理局的军用核材料预算相比 5 年前已经翻了一倍。其新版《核态势评估》报告明确表示，未来将继续加强军用氚、锂和浓缩铀等核材料生产与加工能力建设，推动钚弹芯生产设施建造，发展惯性约束聚变、次临界实验等核武器研制技术发展，以支撑新型核弹头的研制和生产，确保美国核武库现代化目标实现。

5.3 核动力成为大国在太空、极地等领域战略竞争的重要着力点

美俄法日等国的太空军事化步伐正在加快，太空正从传统的预警、指控通信等军事应用向直接攻击作战演进，研制可用于太空战术作战的武器，如安装了大功率激光武器载荷的航天器等。此外，美俄等国在北极地区的战略竞争也日趋激烈。小型核动力作为解决太空大功率武器及极地军事设施和装备能量供应的重要方案，受到美俄等军事强国的高度重视。未来各国将着力推进小型核动力技术的军事应用。

参考文献：

[1] 2022 Nuclearposture review［EB/OL］.［2022 - 10 - 27］. https：//crsreports. congress. gov/product/pdf/IF/IF12266.

[2] Sentinel: The Ground Based Strategic Deterrent [EB/OL]. [2022 - 11 - 20]. https: //www. northropgrumman. Com /space /sentinel.
[3] B61 - 12 production begins [EB/OL]. [2022 - 11 - 18]. https: //www. sandia. gov/labnews/2022/02/11/b61 - 12 - production- begins/.

Overview of foreign nuclear weapons development in 2022

ZHANG Li, CAI Li, LI Xiao-jie

(China Institute of Nuclear Nuclear Industry Strategy, Beijing 100048, China)

Abstract: In 2022, with the increasingly fierce competition among major powers and the complicated international nuclear security situation, the United States and NATO have adjusted their nuclear deterrence strategic policies one after another, highlighting the nuclear threat from China and Russia, and putting forward a more targeted and challenging customized nuclear deterrence strategy against China. The United States and Russia are advancing the development of new-generation strategic nuclear weapons on land, sea and air. In order to ensure the national uranium strategic needs, the United States accelerated the implementation of uranium supply strategy. Nuclear power has become an important point of competition between major powers in the space and polar fields.

Key words: Nuclear strategic; Nuclear equipment; Nuclear materials; Nuclear power

2022 年美国战略武器发展分析

孙晓飞，李晓洁，赵　松

（中核战略规划研究总院，北京　100048）

摘　要：美国拜登政府继续推动本国核力量现代化建设，布局研制新一代战略武器装备。拜登政府 2022 年 10 月发布新版《核态势评估》报告，明确指出“核威慑仍是国家的最高优先事项，并且是综合威慑的根本”，并强调要对“三位一体”核力量、核指挥控制与通信，以及核武器基础设施进行现代化，以确保对中国、俄罗斯两个核大国实施威慑。同时，美国防部正在加紧研发新兴战略武器技术，加紧高超声速武器研发，重点加强导弹防御预警能力建设。

关键词：核战略；核装备；核材料；核导弹

在大国竞争战略下，美国拜登政府继续推动本国核力量现代化建设，布局研制新一代战略武器装备。拜登政府 2022 年 10 月发布新版《核态势评估》报告[1]，明确指出“核威慑仍是国家的最高优先事项，并且是综合威慑的根本”，并强调要对“三位一体”核力量、核指挥控制与通信，以及核武器基础设施进行现代化，以确保对中国、俄罗斯两个核大国实施威慑。

1　战略武器新发展

2022 年，美国持续推进核武器装备升级换代与现代化改造，加紧研发测试高超声速武器，重点发展天地联合预警探测能力和海基拦截能力，增强战略导弹拦截效能，全面提升战略力量实战威慑能力[2-3]。

1.1　研制下一代陆基洲际弹道导弹

2022 年 4 月，美国空军将下一代陆基洲际弹道导弹正式命名为“哨兵”（LGM - 35A），目前处于工程与制造开发阶段。计划配装该导弹的 W87 - 1 核弹头研制工作可能因钚弹芯能力问题延迟，预计导弹服役初期仍将配装现役的 W78 和 W87 核弹头。7 月，空军开展了 W87 - 1 核弹头的新型 Mk21A 再入飞行器的发射试验，因火箭助推器发生爆炸而失败。“哨兵”计划于 2023 年年底进行首次试射。

1.2　建造“哥伦比亚”级战略核潜艇首艇

2022 年 6 月，美国海军举行“哥伦比亚”级战略核潜艇首艇铺设龙骨仪式。根据美国海军 2023 财年预算申请，“哥伦比亚”级潜艇未来 5 年的研发采购经费合计约 375.02 亿美元，美国海军将于 2024 财年、2026 财年和 2027 财年各订购 1 艘“哥伦比亚”级潜艇。

1.3　加速推动空基核力量多样化发展

2022 年 5 月，首架 B - 21 战略轰炸机原型机完成了载荷校准等一系列地面测试试验，并于 12 月 2 日首次公开展示，计划 2023 年进行首飞试验，2025 年形成初始作战能力，目前有 6 架原型机正在组装测试。2022 年 9 月，美军开展了 B - 52H 战略轰炸机换装发动机的风洞测试。该机计划换装 F - 130 涡扇发动机，将于 2025 年起开始改装测试，2035 年前完成全部改装。2022 年 5 月，美国空军核武器中心正式批准 F - 35A 战斗机挂载 B61 - 12 核航弹的初始设计方案。目前，F - 35A 战斗机的核作战资格认证工作已移交空中作战司令部，进行初始作战认证[4]。

作者简介：孙晓飞（1981—），男，学士，研究员，现从事外军核武器装备科技信息研究工作。

1.4 加紧高超声速武器研发，重点加强导弹防御预警能力建设

2 型高超声速导弹试验成功。2022 年 7 月，美国洛克希德马丁公司的 AGM－183A“空射快速反应武器”（ARRW），以及雷神公司和诺斯罗普格鲁曼公司的“超声速吸气式武器”（HAWC）相继试射成功。加强导弹防御预警能力建设。2022 年 5 月，美国雷神公司开发的首部“低层防空反导传感器”雷达进行一系列测试，验证作战环境中的探测能力。2022 年 8 月，美国太空军第 6 颗也是最后 1 颗天基红外系统导弹预警卫星 SBIRS GEO－6，搭载“宇宙神”－5 火箭成功发射，标志着美军“天基红外系统”部署完毕；同月，美国北方司令部结束了用于导弹防御的“远程识别雷达”的测试，并计划未来几个月内投入使用。

2 发展特点与规律

2.1 推进装备换代，保持陆基核力量总体规模

美国空军计划采购 659 枚“哨兵”导弹，2029 年起开始 1∶1 逐一替代“民兵”－3 导弹，2036 年完成全部部署。“哨兵”导弹系统仍采用现役“民兵”－3 导弹的固定式地下发射井，将于 2023 年起开始对这些发射井进行升级改造。

2.2 海基核武器平台缩量提效

首艘“哥伦比亚”级战略核潜艇计划 2028 年交付海军，2031 年服役。美军共计划建造 12 艘，虽然相比现役“俄亥俄”级少了 2 艘，但是该潜艇采用全电推进技术和 X 型艉舵，静音性和操纵性更好；采用 S1B 型全寿期反应堆，无须中期大修，战略值班时间增长，因此实际作战效能反而提升。

2.3 空基核力量保持多样化发展

正在研制的 B－21 新型战略轰炸机采用全向宽频隐身技术，具备强突防能力；可携载核航弹及多型常规航弹，实施临空轰炸和打击深埋目标，亦可携载“远程防区外武器”巡航导弹遂行防区外远程打击。B－52H 轰炸机将换装新的航空发动机、航电设备等，继续服役至 2050 年。对部分 F－35A 隐身战斗机实施改装，使其具备执行核打击任务的能力，丰富核打击手段和方式。

2.4 加速发展高超声速武器

美国空军 AGM－183A 高超声速导弹计划 2023 年服役并形成初始作战能力，2027 年年底前大批量列装。此外，美国陆军和海军的高超声速导弹（同型导弹不同发射方式）分别计划于 2023 年和 2025 年开始部署。

2.5 高度重视弹道导弹预警与探测感知能力建设

针对高超声速武器威胁，美国高度重视预警探测能力建设，研发多个预警卫星与雷达系统，包括“下一代过顶持续红外”导弹预警卫星系统、“高超声速和弹道跟踪太空传感器”“远程识别雷达”“低层防空反导传感器”雷达等，全面提升对包括高超声速武器在内的预警探测、精确跟踪、目标识别与毁伤评估能力，为美国导弹防御提供支持。

3 未来发展趋势

3.1 建成更强大的战略核威慑与打击能力

美国将继续推进陆海空战略核运载平台更新换代，保量增质。一是研制“哨兵”陆基洲际弹道导弹导弹，提高陆基核力量生存能力与先发核打击响应速度。二是建造“哥伦比亚”级战略核潜艇，进一步提升二次反击能力。三是研制 B－21 战略轰炸机取代 B－2A，与改造后的 B－52H 轰炸机互补，显著提升空基快速打击与突防能力。

3.2 加强全球快速打击能力建设

美国将加快高超声速武器的试验和部署，将形成陆海空基灵活部署发射的全球快速打击能力，与传统的弹道导弹等打击方式相比，更加难以探测拦截，打击置信度更加可靠，并可能配装核弹头。

3.3 完善全球导弹防御系统

美国将继续完善陆基和海基中段防御系统，形成以本土为后盾，以亚太、中东和欧洲为重点区域的一体化、多层全球导弹防御系统，构建成以天基红外卫星、无人机载红外系统、地基雷达、海基雷达组成的精确预警探测跟踪网络，并形成对高超声速导弹预警探测的能力[5]。

参考文献：

[1] 2022 Nuclear posture review [EB/OL]. [2022-10-27]. https://crsreports.congress.gov/product/pdf/IF/IF12266.

[2] HANS M K. ROBERT S N. United States nuclear weapons 2023 [J/OL]. Bulletin of the atomic scientist, 2023, 79 (1): 28-52 [2023-03-03]. https://www.tandfonline.com/doi/full/10.1080/00963402.2022.2156686.

[3] HANS M K. ROBERT S N. United States nuclear weapons 2022 [J/OL]. Bulletin of the atomic scientist, 2022, 78 (3): 162-184 [2023-03-03]. https://www.tandfonline.com/doi/full/10.1080/00963402.2022.2062943.

[4] NNSA strategic integrated roadmap FY2020-FY2045 [EB/OL]. [2023-03-03]. https://www.energy.gov/sites/default/files/2021-04/20210429%20-%20FY2020%20SIR.pdf.

[5] NATO 2022 strategic concept [EB/OL]. [2023-03-03]. https://www.nato.int/cps/en/natohq/topics_210907.htm.

Development of strategic arms in the United States in 2022

SUN Xiao-fei, LI Xiao-jie, ZHAO Song

(China Institute of Nuclear Industry Strategy, Beijing 100048, China)

Abstract: United States continues to promote the modernization of its nuclear force and layout the development of a new generation of strategic weapons and equipment. The Biden administration released the new Nuclear Posture Assessment report in October 2022, which clearly stated that "nuclear deterrence remains the highest priority of the country and is the foundation of Integrated deterrence", and emphasized the need to modernize the "trinity" nuclear forces, The Nuclear Command, Control, and Communications (NC3) system, as well as nuclear weapons infrastructure, to ensure deterrence against the two nuclear powers (China and Russia). At the same time, the US Department of Defense is intensifying the research and development of emerging strategic weapon technologies, accelerating the development of hypersonic weapons, and focusing on strengthening missile defense and early warning capabilities.

Keywords: Nuclear strategy; Nuclear weapon; Nuclear materials; Nuclear missile

美国直接聚变驱动发动机发展研究

袁永龙，高寒雨，李晓洁
（中国核科技信息与经济研究院，北京　100048）

摘　要：随着人类探索太空的脚步迈向更深更远，对空间推进技术也提出了更高的要求。直接聚变驱动发动机是基于普林斯顿反场构型核聚变反应堆设计发展而来的一种紧凑型核聚变发动机，直接将核聚变反应产生的巨大能量转化为航天器的推力，可极大缩短载人火星探测等深空探测任务的飞行时间，极大提高人类开展深空探测任务的范围和能力，为深空探测和星际间航行带来巨大变革。美国已建成了相关实验装置，正在推进该技术的发展。文章介绍了直接聚变驱动发动机的原理、系统结构和发展历程，重点研究了美国直接聚变驱动发动机技术的发展现状，以及普林斯顿等离子体物理实验室开发的普林斯顿反场构型核聚变反应堆实验装置的相关进展，并分析了采用直接聚变驱动发动机执行火星探测任务、冥王星探测任务和其他星际间航行任务的优势。

关键词：深空探测；核聚变；直接聚变驱动；普林斯顿反场构型

随着人类探索宇宙的脚步向更深更远的太空迈进，对空间推进技术也提出了更高的要求。目前航天任务广泛采用的化学火箭由于推进剂质量的限制，大大制约了航天器的有效载荷和活动范围。核聚变具有极高的能量密度，基于核聚变技术的空间推进系统具有高比冲、高比功率等优势，能为航天器带来更快的速度，可显著缩短航天器飞往火星及其他更远天体的时间，极大提高人类开展深空探测任务的能力，为深空探测和星际间航行带来巨大变革。

1　直接聚变驱动原理

直接聚变驱动（DFD）发动机是基于美国普林斯顿等离子体物理实验室的塞缪尔·科恩教授于2002 年提出的普林斯顿反场构型（PFRC）核聚变反应堆设计发展而来的一种火箭发动机，可直接将核聚变反应产生的巨大能量转化为航天器的推力，不需要中间能量转换过程。美国国内近年来提出了多种“直接聚变驱动”发动机的设计方案。

普林斯顿反场构型核聚变反应堆以氘和氦-3（D-^{3}He）作为燃料，这可减少聚变反应带来的中子辐射，从而减小屏蔽的尺寸和质量。带有奇宇称旋转磁场的射频等离子加热系统将氘和氦-3 两种气体加热到等离子态。通过反场构型（FRC）设计将等离子体约束在反应堆中央区域，对于功率 1～10 兆瓦的反应堆，等离子体约束区域的半径为 20～40 厘米，长度约 2 米。反场构型采用线性排列的螺线管形磁线圈约束等离子体，通过磁场约束等离子体是实现核聚变反应的一种途径，若磁场线无须穿透固体表面便能形成封闭的磁场结构是最有效的办法。“国际热核聚变实验堆”计划建造的托卡马克装置是通过环形排列的磁线圈将等离子体约束在环形腔室中，但结构非常复杂，反场构型提供了一种替代选择。反场构型中磁线圈呈线性排列（形成圆柱形腔室），产生均匀的轴向磁场，等离子体流垂直于磁场流动。与此同时，外部线圈施加一个旋转磁场，磁场围绕装置轴向旋转，当旋转频率处在特定范围内时，等离子体中的电子将与磁场共同旋转，形成电流并使中心磁场反转。与其他磁约束等离子体装置相比，此种约束方式可在更高的等离子体压力下工作，使聚变功率密度在给定的磁场强度下更高[1]。反场构型的磁场示意，如图 1 所示。

作者简介：袁永龙（1994—），男，硕士，助理研究员，现主要从事核战略、空间核动力等研究工作。

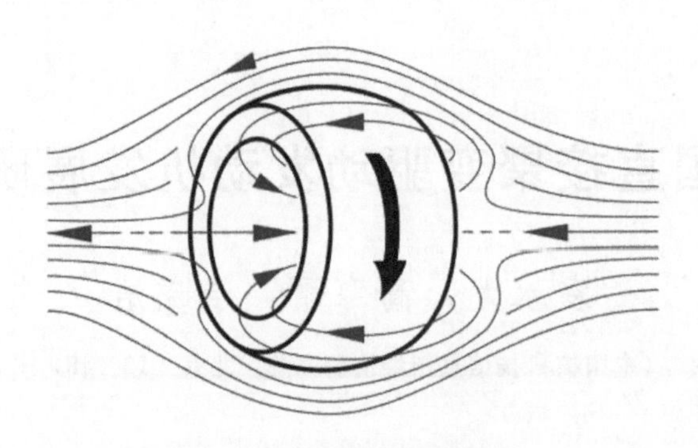

图 1　反场构型的磁场示意

等离子体在射频加热系统的持续加热下发生核聚变反应，聚变产物从磁喷嘴高速喷出，产生推力。为提高发动机的推力，从气体箱中引入氘气，氘气先经过电离形成等离子体流，之后流经 D-^{3}He 聚变区域外加热，最后和聚变产物共同从磁喷嘴喷出，喷出速度可达 50～20 000 千米/秒。这股由氘气形成的等离子流增加了喷出时的质量流量，从而提高了发动机的推力。通过改变氘气流量，可对直接聚变驱动发动机的推力和比冲进行调节。磁喷嘴处的线圈可引导喷出的等离子体流的方向，从而获得定向推力。用于约束等离子体的线圈和磁喷嘴处的线圈均采用高温超导体材料，可显著降低冷却要求。直接聚变驱动发动机的其他主要部件还包括布雷顿循环发电机，可为航天器供电。直接聚变驱动结构示意，如图 2 所示。

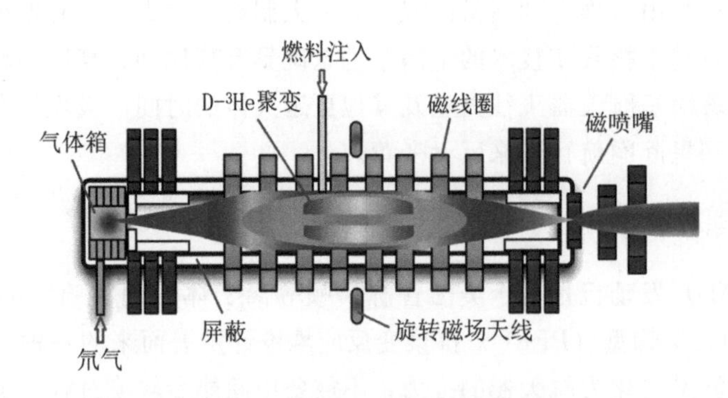

图 2　直接聚变驱动结构示意

2　美国直接聚变驱动发动机发展现状

美国能源部、国防部、国家航空航天局为普林斯顿反场构型核聚变反应堆的早期开发提供资金支持。按照美国普林斯顿等离子体物理实验室的设计，直接聚变驱动发动机功率为 1～10 兆瓦，装置长约 10 米，直径约 2 米，整体结构非常紧凑。普林斯顿等离子体物理实验室已开发了 PFRC-1 和 PFRC-2 实验装置，根据 PFRC-1 的发动机建模结果预测，每兆瓦聚变功率可产生 2.5～5 牛的推力，比冲能达到 10 000 秒，同时还可提供 200 千瓦的电功率。PFRC-2 实验装置的目标是演示通过射频将离子加热到 1 keV，目前 PFRC-2 正在升级改造中（图 3）。后续的 PFRC-3A/B 实验装置将进一步提高离子温度和能量约束时间，将等离子体加热到 5 keV，演示 D-^{3}He 聚变反应。最后的 PFRC-4 实验装置将是一个全尺寸的 PFRC 核聚变反应堆。

由于核聚变具有极高的能量密度，采用直接聚变驱动发动机几乎不用考虑节省燃料和能量的问题。直接聚变驱动发动机可将航天器在星际间的飞行速度加速到 70 千米/秒，甚至更高，一般航天器在星际间的飞行速度通常为 20～50 千米/秒，飞行速度的提高可大大缩短航天任务的时间。对于载人探测任务，增加航天器飞行速度，缩短飞行时间，可减轻太空长期低重力环境导致的航天员肌肉萎缩，并显著减少航天员受到的太空辐射。

图 3　PFRC－2 实验装置

3　美国直接聚变驱动发动机未来任务设想

目前美国国内提出的基于直接聚变驱动发动机的深空探测任务设想包括前往火星、冥王星及其他更远天体等。普林斯顿卫星系统公司副总裁表示，直接聚变驱动发动机可以产生高出其他系统几个数量级的比功率，减少航行时间并增加有效载荷，从而使人类能够更快速地到达深空目的地。

3.1　火星探测任务

对于火星探测任务，目前从地球往返火星的时间为 2～3 年，甚至更长，航天器在抵达火星轨道后将不得不在轨道上飞行 1 年多时间，以等待最佳返回地球的飞行轨道。直接聚变驱动发动机可使航天器从地球往返火星的时间缩短至不到 1 年。根据普林斯顿卫星系统公司提出的设想，由多台直接聚变驱动发动机提供推力，总功率 30 兆瓦，推力在 300～400 牛。航天器的速度约 50 千米/秒，到达火星轨道停留 30 天后即可返回地球，往返时间仅需 310 天[2]。

3.2　冥王星探测任务

对于冥王星探测任务，根据普林斯顿卫星系统公司提出的设想，一台功率 2 兆瓦的直接聚变驱动发动机以 5～10 牛的推力，可将有效载荷 1000 千克的航天器在 4 年时间内送往冥王星。抵达冥王星后，还能为航天器上的仪器设备和通信提供近 2 兆瓦的电功率，这将增加航天器上相关仪器设备的设计选择，并使数据传输速率超过 100 万 kbit/s。作为对比，美国 2006 年发射的“新地平线”号探测器的有效载荷仅 30 千克，从地球发射 9.5 年后才飞越冥王星，且受限于功率水平（不到 250 瓦），数据传输速率仅有 1 kbit/s，因此传输回地球的数据信息有限[3]。

4　小结

为航天运输系统发展更加高效的推进装置对于载人航天和太空探索具有重要意义。直接聚变驱动发动机相比传统的化学火箭发动机，可显著缩短航天器飞往火星及其他更远天体的时间，极大提高人类开展深空探测任务的能力。美国对基于普林斯顿反场构型核聚变反应堆设计的直接聚变驱动发动机已进行了多年研究，目前正在不断迭代升级相关试验装置。同时，美国国内也提出多种利用直接聚变驱动发动机进行深空探测的任务构想。随着我国航天事业迈向深空的步伐越来越快，未来对空间推进系统的要求也会越来越高，直接聚变驱动发动机作为一种前沿的推进技术，将来技术一旦成熟可能为深空探测和星际间航行带来巨大变革，相关技术进展值得关注。

参考文献：

[1]　Princeton Plasma Physics Laboratory. The princeton field reversed configuration: a new paradigm in fusion power [R]. Princeton: Princeton Plasma Physics Laboratory, 2022: 2－4.

[2] MICHAEL P, GARY P, YOSEF R, et al. Direct Fusion Drive for a Human Mars Orbital Mission [R]. Princeton: Princeton Satellite Systems, 2014: 1-2.
[3] STEPHANIE J T, MICHAEL P, SAMUEL A C, et al. Fusion-enabled pluto orbiter and lander [R]. Princeton: Princeton Satellite Systems, 2017: 8-10.

Research on the development of direct fusion drive engine in the United States

YUAN Yong-Long, GAO Han-Yu, LI Xiao-Jie

(China Institute of Nuclear Information and Economicss, Beijing 100048, China)

Abstract: With the pace of space exploration deeper and further, higher requirements are put forward for space propulsion technology. The direct fusion drive (DFD) is a compact nuclear fusion engine developed based on the Princeton Field Reversed Configuration (PFRC) nuclear fusion reactor of Princeton Plasma Physics Laboratory. The DFD engine directly convert the huge energy generated by nuclear fusion reaction into spacecraft thrust, which can greatly shorten the flight time of deep space exploration missions such as manned Mars exploration, greatly improve the scope and capability of human deep space exploration missions, and bring great changes to deep space exploration and interplanetary navigation. Princeton Plasma Physics Laboratory has already built PFRC experimental devices and is pushing forward the development of DFD technology. In this paper, the principle, system structure and development history of DFD engine are introduced, the current development of DFD engine technology in the United States and the progress of the PFRC nuclear fusion reactor experimental devices developed by Princeton Plasma Physics Laboratory are studied. The advantages of using DFD engine for missions to Mars, Pluto and other interplanetary voyages are also analyzed in the paper.

Key words: Deep space exploration; Nuclear fusion; Direct Fusion Drive; Princeton Field Reversed Configuration

美“哥伦比亚”级核潜艇项目成本与风险分析

马荣芳，江舸帆，付　玉

（中国核科技信息与经济研究院，北京　100048）

摘　要：弹道导弹核潜艇（SSBN）是美国“三位一体”核力量的重要组成部分，是美国执行核打击任务、核报复任务的最终手段。2009年，为替代原有的“俄亥俄”级核潜艇，美国确定将设计新一代战略核潜艇并在之后将其命名为“哥伦比亚”级。2010—2023年，美国海军和美国能源部分别投入了109亿美元和16.51亿美元用于该型潜艇的研发工作，预计还将为首艇的采购投入152亿美元。尽管已经进行了大规模的资金投入，“哥伦比亚”级核潜艇项目仍面临着严重的超期超概风险，并对美国国防工业基础和美国海军的其他项目带来了较大的冲击。

关键词：“哥伦比亚”级；弹道导弹核潜艇；预算；风险

弹道导弹核潜艇（SSBN）是美国“三位一体”核力量中生存能力最强的一支，是美国执行核打击任务、核报复任务的最终手段。美国海军现役的14艘“俄亥俄”级核潜艇于1977—1991财年采购，1984—1997年陆续服役，最初设计使用寿命为30年，后延长至42年，将于2027—2040年依次退役。新一代“哥伦比亚”级核潜艇计划的目标是设计和建造12艘潜艇，以取代现役的“俄亥俄”级核潜艇。

1　项目背景

1.1　研制历程

美国国防部2007年开始研究下一代“海上战略威慑系统”，2009年9月确定设计新的潜艇以替代“俄亥俄”级。2016年，“哥伦比亚”级弹道导弹核潜艇计划被确定为SSBN-826项目，此前称为“俄亥俄替代计划”（ORP）或SSBN（X）计划。该项目于2011年2月实现“里程碑A”节点列入国防采办项目，2017年1月达到“里程碑B”节点进入工程和生产研制（EMD）阶段，2019年首艇开工建造。

1.2　关键性能指标

“哥伦比亚”级核潜艇装备了新型S1B反应堆，静音性更好、隐身效果更强；采用全寿命堆芯，预期使用寿命42年，整个寿命周期内无须换料，但是仍需要进行中期非换料大修；配备比机械驱动系统更安静（即更隐秘）的电动推进系统；水下排水量为20 815吨（“俄亥俄”为18 750吨）；配备与“俄亥俄”级相同尺寸的16个潜射弹道导弹发射管（直径87英寸，约2.2米）；横梁（即直径）由“俄亥俄”级的42英尺（约12.8米）增加到43英尺（约13.1米），长度与“俄亥俄”级相同，为560英尺（约170.7米）。另外，“哥伦比亚”级核潜艇将尽可能保持与“弗吉尼亚”攻击型潜艇的系统共性（泵、阀门、声呐），以降低设计、采购、维护和物流方面的成本。

2　成本分析

2022年6月，美国政府问责署（GAO）的一份报告对选定的国防部主要武器采办项目进行了评估，该报告指出，截至2021年2月，“哥伦比亚”级核潜艇项目的预计总采办（开发加采购）成本为1119亿美元，包括142亿美元的研发成本和977亿美元的采购成本。美国海军2023财年的预算文件

作者简介：马荣芳（1989—），女，硕士，高级工程师，现主要从事国防工业情报研究。

则估计“哥伦比亚”级核潜艇项目的预期总成本约1127亿美元，即每艘潜艇的平均成本为93.9亿美元。

2.1 研制成本

2010年，美国海军和能源部分别开始为“俄亥俄替代计划”（ORP）的潜艇研制申请资金。其中，能源部负责研发新型潜艇的核动力推进装置，海军负责研制其他的装置和系统。

2.1.1 核动力推进装置研制成本

2010—2023年，美国能源部累计投入16.51亿美元用于新型潜艇的核动力推进装置研发，这些经费主要用于反应堆堆芯设计与开发、蒸汽发生器和其他部件的设计验证等几个方面的工作。目前，各项工作已进入评估调试的最终阶段，预计2027年前完成所有研发工作[1]。

2.1.2 其他设计开发成本

2010—2023年，美国海军共投入109亿美元用于新型战略核潜艇导弹舱、控制系统等的设计研发，其中2014—2018年每年的研发投入均超过10亿美元。目前，该项目的总体研发设计工作已进入收尾阶段[2]。

2.2 采购成本

潜艇项目确定为海军的最高优先项目，目前已正式批准建造2艘潜艇，其中2021财年采购的第一艘将于2027年10月交付，2024财年采购的第二艘将于2030年10月交付。其余的10艘潜艇将于2026—2035财年每年采购1艘，2033—2042财年每年交付1艘。

长期以来，美国海军计算装备成本的方法是将新艇的设计/非经常性工程成本（DD/NRE）纳入该级别第一艘船舶的总采购成本中。目前，海军估算的第一艘“哥伦比亚”级核潜艇的采购成本约152亿美元，其中近66亿美元属于DD/NRE成本，其余的86亿美元是第一艘潜艇的实际建造成本。在海军2023财年的预算中，共申请58亿美元经费用于“哥伦比亚”级核潜艇的采购，其中31亿美元用于采购第一艘潜艇，28亿美元的提前采购资金（AP）将用于第二艘潜艇。以当年的美元计算，海军预估第2、第3、第4艘核潜艇的采购成本分别为93亿美元、83亿美元、82亿美元。

3 项目风险

3.1 首艇拖期风险

美国海军计划2031年实现“哥伦比亚”级首艇威慑巡航，但是目前面临着技术挑战和资金方面的延误风险，预留的缓冲时间也又相应较少，有可能将对海军的既定计划造成影响。“哥伦比亚”级核潜艇项目目前已至少报告了2个技术挑战：2017年关于电机的技术风险和2018年报告的首艇导弹发射管焊接问题[3]。虽然这两个技术挑战最终没有延误进度，但已大大消耗了为导弹发射管项目预留的缓冲时间。2031年实现首艇巡航整体面临着项目工期紧张、部分关键技术成熟度不高等问题，可能会使进度延误风险进一步上升。

3.2 超概风险

美国海军舰艇的建造成本超出预期已成为相对普遍的现象，美国国会预算办公室（CBO）和美国政府问责署（GAO）认为，“哥伦比亚”级潜艇项目同样存在成本增加的重大风险。2020年8月，美国海军的估计表明，哥伦比亚级潜艇首舰的采购成本有55%的可能性超出预期，而后续第2～12艘核潜艇的采购成本仍有49%的可能性超出预期。

为控制成本，海军确定了将“弗吉尼亚”级核潜艇的部分设计和技术用于“哥伦比亚”级核潜艇，在建造时使用的设备、部件也尽可能重合的思路，因此在制定预算时对成本的估计过于乐观。美国海军为“哥伦比亚”级核潜艇签订的“成本＋激励”模式的合同相比于传统的固定价格合同也更容易带来成本增加的风险。

3.3 工业基础方面的挑战

美国核潜艇生产能力依赖两个私有的造船厂，即通用动力—电船公司（GD/EB）和亨廷顿英格尔工业公司—纽波特纽斯造船厂（HII/NNS）。自 2026 年起，这两座造船厂及其他潜艇部件供应商需要每年交付 2 艘“弗吉尼亚”级攻击核潜艇和 1 艘“哥伦比亚”级战略核潜艇，这引发了各方对于美国核潜艇生产能力的担忧。美国海军《2023—2052 财年造舰计划报告》提出，为确保供应商和熟练工人稳定性，降低生产风险，应为造舰计划提供更多的工业基金支持。

3.4 对海军其他项目的冲击

美国海军 2026—2035 财年预计每年采购一艘“哥伦比亚”级核潜艇，仅此一项即需要每年花费超过 80 亿美元。另外，考虑到“哥伦比亚”级核潜艇项目面临的种种风险，海军如果挪用其他项目资金来填补“哥伦比亚”项目的资金缺口，极有可能给海军其他项目的实施带来不利影响，甚至造成冲击。

4 结论

弹道导弹核潜艇生存力强、隐蔽性好、机动性高、部署灵活，一直是美国战略核力量现代化的重点。“哥伦比亚”级作为美海军第五代战略核潜艇，续航、隐身、作战等方面的能力均有大幅提升，将成为美国保持水下优势、提升战略威慑的重要支柱。虽然美国海军在开发设计过程中，已尽可能地利用已有技术和设备基础，期望降低新型潜艇的成本，“哥伦比亚”级核潜艇造价依旧高昂，预估单艇成本已达到 94 亿美元，2031 年实现首艇巡航还面临着工期紧张、部分关键技术成熟度不高等问题。

参考文献：

[1] Department of the navy FY 2023 president's budget [EB/OL]. [2022-03-29]. https://www.secnav.navy.mil/fmc/fmb/Pages/Fiscal-Year-2023.aspx.

[2] Department of the energy FY 2023 president' s budget [EB/OL]. [2022-03-24]. https://www.energy.gov/cfo/articles/fy-2023-budget-justification.

[3] Columbia class submarine: program lacks essential schedule insight amid continuing construction challenges [EB/OL]. [2023-01-24]. https://www.gao.gov/products/gao-23-106292.

Cost and risk analysis of American columbia-class submarine program

MA Rong-fang, JIANG Ge-fan, FU Yu

(China Institute of Nuclear Information and Economics, Beijing 100048, China)

Abstract: The Ballistic Missile Nuclear Submarine (SSBN) is an important component of the nascent nuclear triad of America, and is the ultimate means for America to carry out nuclear strike and retaliation missions. In 2009, to replace the original Ohio class SSBNs, America decided to design a new generation and later named it the Columbia class. From 2010 to 2023, the Navy and the Department of Energy respectively invested $ 10.9 billion and $ 1.651 billion in the research and development of this type of submarine, and it is estimated that $ 15.2 billion will be invested in the procurement of the lead ship. Despite large-scale funding investments, the Columbia class SSBNs project still faces serious risks of overdue and over budget, and has a significant impact on the US defense industry foundation and other projects of the Navy.

Key words: Columbia class; The Ballistic Missile Nuclear Submarine (SSBN); Budget; Risk

日本计划提升医用放射性同位素自给率

李晨曦，魏可欣，付 玉

（中核战略规划研究总院，北京 100048）

摘 要：作为核医学成像和放射治疗的物质基础，医用同位素对整个核医疗产业的发展起决定性作用。日本原子能委员会2022年5月31日发布《促进医用放射性同位素生产和应用行动计划》，将通过4项措施提升关键医用同位素自给率，包括：提升关键医用同位素自给率并实现稳定供给；完善核医学诊疗体系；产政研合作推进国产化；加强基础设施建设。面对快速扩大的核诊疗市场规模，日本计划通过医用同位素的国产化，保障供应安全并提升其经济性。

关键词：医用同位素；核医学诊疗；自给率；经济性

2022年5月31日，日本原子能委员会（简称“原委会”）发布《促进医用放射性同位素生产和应用行动计划》（简称“行动计划”），明确了本国医用放射性同位素产业的发展目标和未来将采取的措施。

1 行动目标

近年来，随着核医学成像技术和靶向放射性药物的日渐普及，日本核诊疗市场规模快速扩大：2015—2020年，市场规模从40亿美元增至60亿美元，预计到2025年将进一步增至140亿美元。作为核医学成像和放射治疗的物质基础，医用同位素对整个核医疗产业的发展起决定性作用。

日本目前的医用同位素供应高度依赖进口。2009—2010年，国外多座研究堆的意外停运和自然灾害对空运的影响曾导致日本钼-99供应短缺。因此，日本于2011年7月公布“日本锝制剂[①]1稳定供应行动计划”。然而由于本国大多数研究堆在福岛核事故后陆续停运，这一计划未得到有效执行。为保证医用同位素的供应安全，原委会颁布了此项新的行动计划。该行动计划提出，为保障医用同位素的供应安全并提升其经济性，日本将推进医用同位素供应国产化作为首要目标，同时高度重视完善核医学诊疗机制，并就此提出为期10年的4个具体行动目标：一是利用国产化的钼-99/锝-99m构建稳定的核医学诊断体系；二是使用国产医用同位素治疗患者；三是进一步普及核医学诊疗手段；四是将以核医疗为中心的放射性同位素相关应用领域打造成为日本优势产业。

2 具体措施

为实现上述目标，日本将采取以下4项措施。

一是提升关键医用同位素自给率并实现稳定供给，包括钼-99/锝-99 m、锕-225和砹-211。对于钼-99/锝-99 m，日本将使用JRR-3研究堆和加速器生产，计划到2027年将自给率提升至30%。对于锕-225这一稀缺且在癌症治疗方面效果极佳的同位素，日本计划到2026年使用加速器和常阳试验快堆实现锕-225的批量生产。对于有着良好应用前景的砹-211，日本在生产技术方面已拥有世界领先的研究成果，计划到2028年通过临床试验证实砹化钠这一放射性药物在核医学治疗中的有效性。

作者简介：李晨曦（1996—），女，河南，研究实习员，文学硕士，现主要从事核科技情报研究工作。

① 1钼-99衰变会生成锝-99 m。后者是一种重要的医用放射性同位素，主要用于单光子发射计算机断层成像技术（SPECT）显像，其全球范围内的使用量约占所有医用同位素使用量的80%。日本是仅次于美国的全球第二大钼消费国，其消费量约占全球钼-99产量的15%。

二是完善核医学诊疗体系。一方面，日本将增设核医学治疗病房，以将患者的平均等待时间从2018年的3.8个月缩短至2030年的2个月；另一方面，日本将加速引进国外研发的放射性药物，包括加快对进口企业申请进行审查的速度，适时对放射性药物标准进行修改，并完善相关运输、使用和管理标准。

三是产政研合作推进国产化。在基础研究、非临床试验和临床试验阶段，政府、研究堆和加速器运营机构、放射性同位素研发人员、放射性同位素分离和提取企业、制药企业应合作推进医用同位素国产化。这一合作机制能够为相关工作提供充足资金，加速推进医用同位素的研发、生产和应用。

四是加强基础设施建设。推进有关放射性同位素研发、生产和应用的基础设施和供应链建设，加强人才培养。日本计划到2025年在国内外供给侧与需求侧之间建立必要的沟通机制，同时积极开展国际合作，参与国际放射性同位素供应链建设。此外，日本将在放射性同位素研发、放射性药物研发和核医学诊疗领域大力开展人才培养工作。

3 启示建议

随着日本核医学诊疗体系的不断完善，其医用同位素需求量持续快速增长。长期以来，日本大多数放射性同位素依赖进口，主要包括波兰、荷兰、比利时、捷克、澳大利亚、南非等[1]。然而上述国家的多座研究堆当前面临着严重老化的问题，将在2030年前后关闭[2]。因此，日本制定了医用同位素研发、生产和应用行动计划，目的是提高自给率，保障供应安全，且大幅提升其经济性。

随着经济发展和人民生活水平的不断提高，我国医用同位素有着极为广阔的发展空间。然而当前我国在技术水平、成果转化、产品生产等方面面临较大困难，目前的医用同位素供应主要依赖进口①。为保障医用同位素供应安全，满足人民日益增长的健康需求，推进健康中国建设，建议：一是加强医用同位素研产用一体化发展的顶层谋划、政策引导和制度创新，加快技术研发、行政审批和成果转化速度，同时充分发挥市场在资源配置中的决定性作用，形成政府引导、市场主导的医用同位素推广应用体系；二是设立专门经费渠道，为医用同位素研发、生产和应用技术研究提供稳定的资金支持，同时重视人才培养，不断提升产业自主可控水平；三是加强国际合作和交流，推动与世界主要医用同位素生产国建立技术交流和成果共享机制，加快实现医用同位素国产化。

参考文献：

[1] JADVAR, DELARA A, PATRICK M C. Supply issues in nuclear medicine [J]. Clinical nuclear medicine, 2023, 48 (2): 170 - 172.

[2] VOGEL W V, MARCK S VAN DER C, VERSLEIJEN M W J. Challenges and future options for the production of lutetium - 177 [J]. European journal of nuclear medicine and molecular imaging, 2021, 48 (8): 2329 - 2335.

① 我国2021年6月发布的《医用同位素中长期发展规划（2021—2035年）》指出，当前我国自主生产的碘-131、锶-89仅满足国内20%的需求，镥-177仅满足国内5%的需求，其他常用堆照医用同位素全部依赖进口。

Japan plans to promote the self-sufficiency of medical isotopes

LI Chen-xi, WEI Ke-xin, FU Yu

(China Institute of Nuclear Industry Strategy, Beijing 100048, China)

Abstract: As the basis of nuclear medical imaging and radiation therapy, medical isotopes play a decisive role in the development of the nuclear medical industry. Issuing *The Action Plan for Promoting the Production and Application of Medical Isotopes* on May 31, 2022, the Japan Atomic Energy Commission aimed at improving the self-sufficiency of key medical isotopes through four measures, including improving the self-sufficiency of key medical isotopes and achieving stable supply, improving nuclear medicine diagnosis and treatment system, promoting the cooperation between industry, government and research centers, and stepping up infrastructure construction. Facing the rapid expansion of nuclear diagnosis and treatment market, Japan plans to ensure supply security and improve the economic benefits through the domestic production of medical isotopes.

Key words: Medical isotopes; Nuclear medicine therapy; Self sufficiency; Economic benefits

波兰与美韩合作推进核电厂建设

李光升，赵培源，戴　定

（中核战略规划研究总院有限公司，北京　100048）

摘　要：2022 年 11 月，波兰政府确认首座核电厂采用美国西屋第三代压水堆技术，并计划引进韩国先进压水堆技术。随着波兰与美韩核能合作的确立，波兰与美韩之间同盟关系日益加深，波兰也可借此推进能源转型。加速推动本国核电部署，实现多样化的能源供应和气候目标。此外，波兰还可摆脱对俄罗斯能源的依赖，保证能源安全和独立。

关键词：核能合作；核电厂；能源安全

2022 年 11 月 2 日，波兰政府正式决定该国首座核电站将由美国西屋公司采用 AP1000 技术建设。这是美国工业史上最大的民用核项目之一，也是自 2007 以来的首个项目。与此同时，波兰还与韩国水电核电公司达成意向，计划采用 APR1400 技术在波兰中部建设一座核电站。随着波兰与美韩核能合作的确立，波兰与美韩之间的同盟关系日益加深。

1　波兰核能发展情况

波兰煤炭储量位居欧洲首位，国内电力主要依赖煤炭等化石能源。2021 年该国煤炭发电量约占总发电量的 72％，天然气发电量占比为 8％。波兰进口的天然气和石油中，55％的天然气、66％的石油来自俄罗斯。目前，波兰国内核电仍处于启动建设阶段，仅有一台在运的 MARIA 研究堆[1]位于波兰国家核研究中心。波兰曾于 1984 年在扎尔诺维茨建设苏联设计的 VVER－400/213 的两台机组[2]，每台机组的装机容量为 42.7 万千瓦，但由于切尔诺贝利核事故的影响导致建设终止。铀矿开采加工方面，波兰对国内 0.2％的铀矿石进行开采、加工和出售，共获得 800 万吨的原材料（按纯铀计算），在 1972 年年底因成本和资源问题而结束。

在核能政策方面，波兰受到欧盟能源政策的影响。2005 年欧盟提出使能源供应多样化，发展零碳或低碳的清洁能源。作为欧盟的成员国，波兰政府于 2009 年在《面向 2030 年的波兰能源政策》中提出将在 21 世纪 20 年代发展核电。在 2021 年修订的《面向 2040 年的波兰能源政策》中提出，计划于 2033 年投运第一座核电站。2022 年 3 月，波兰内阁再次对能源政策进行了修订，提出要保证能源安全和独立。2022 年 8 月还通过了修订的对筹备和实施核电设施投资及相关投资的法案，缩短了投资实施的时间。

2　波兰与美韩核能合作情况

2.1　波兰与美国的核能合作情况

波兰首座核电厂是该国估值 400 亿美元核电项目的第一期，由波兰国有企业 PEJ 公司负责投资、建设和运营，并由美国西屋公司提供反应堆技术。核电厂的初步选址是波兰北部的波罗的海沿岸，将陆续部署 3 台 AP1000 机组，总装机容量为 375 万千瓦，计划于 2026 年启动建设，首台机组于 2033 年投运。美国政府还表示将推动 PEJ 公司选择美国柏克德公司（Bechtel）成为该项目采购、工程和施工的承包商。

作者简介：李光升（1996—），男，河南，助理研究员，工学博士，现主要从事核科技情报研究工作。

美国此次向波兰出口的是西屋 AP1000 大型压水堆。AP1000 反应堆是在第三代核电技术，设计寿命为 60 年，采用了非能动技术，提高了安全性和经济性。该反应堆是首个获美国核管会设计认证的第三代反应堆技术，并通过了英国、欧洲和加拿大的设计认证且中国已有 4 台在运 AP1000 机组。美国目前有两台在建 AP1000 机组，均于 2013 年开始建设，计划于 2023 年投运。

2.2 波兰与韩国核能合作情况

韩国此次与波兰达成的意向中表示将向波兰出口其 APR1400 反应堆。韩国水电与核电公司和波兰民营发电厂 ZEPAK、波兰国有电力公司将合作开展该核电项目。三方将采用 APR1400 技术，在波兰蓬特努夫地区建造核电站，取代该地区在运的火力发电厂，并于 2022 年年底前制定资金、工程等方面的计划，目前该核电厂场址的评估工作正在进行中。

APR1400 是韩国在 OPR1000 基础上开发的第三代先进压水堆技术，设计寿命为 60 年，该技术设计目前已经通过了欧盟用户要求和美国核管会认证。韩国目前国内在运 APR1400 机组 3 台，在建机组 3 台。阿联酋布拉卡核电厂也已有 4 台 APR1400 机组部署，截至 2022 年 11 月，其中 3 台已投运，4 号机组目前处于建成前的最后调试阶段。韩国此次若最终完成与波兰的出口交易，将是韩国自 2009 年以来时隔 13 年再一次出口新一代核电技术。

3 对波兰与美韩核能合作的分析

3.1 波兰与美、韩开展核能合作旨在达成气候目标，摆脱对俄能源依赖

波兰受限于自身能源使其电力主要依赖于煤炭等化石能源，给气候目标的实现带来压力。波兰出台能源政策，提出发展核电、开展核能合作旨在达成气候目标，推动能源转型。与此同时，波兰天然气、石油等化石能源多来源于俄罗斯，俄乌冲突导致欧洲能源短缺、价格暴涨，从而加快了波兰发展多样化能源供应的进程。此次波兰与美韩合作是为了加快在国内部署核电，摆脱对俄罗斯能源的依赖，尽快实现多样化的能源供应。此外，波兰作为北约盟国，通过核能合作可进一步加强与美国的同盟关系，并强化与韩国的合作关系。

3.2 美国与波兰开展核能合作旨在强化地缘政治，保持核能技术在全球的领导地位

美国此次与波兰开展核能合作、出口核电技术，旨在实现其加强地缘政治的目标。美国借此以波兰为“范本”，将波兰等欧洲国家的能源从对俄罗斯的依赖转向依赖美国，进而控制欧洲各国能源，在欧洲推行其霸权主义。

美国向波兰出口核能技术，也是为了保持美国在核能技术领域的全球领导地位，使美国核能领域可以保持世界级的研发能力，为该国核工业高素质人才的培养提供助力。此外，核能合作还将帮助美国工业开拓全球市场，为美国提供了超 10 万个就业岗位，推动其国内经济发展。

3.3 韩国与波兰开展核能合作是为推动本国核能行业发展，开拓欧洲市场

为推动核电发展，韩国企划财政部、外交部、国土交通部等国家机关牵头成立核电出口战略推进委员会，促进韩国核电的出口。此次积极与波兰进行合作、出口 APR1400 技术，韩国将借此开拓欧洲等全球市场。与此同时，受俄乌冲突影响，欧洲各国武器装备紧缺，韩国向波兰等欧洲国家出售大量军火，为其在欧洲的核能合作创造了机遇，加强了与波兰等欧洲国家的合作关系，增强了其国际影响力。

4 小结

核电是波兰实现能源转型、达成气候目标的重要助力。波兰此次与美韩的核能合作对三方而言均是共赢，既有利于波兰推动能源转型、推进多样化能源供应、加快核电部署，又有利于美国实现其加强地缘政治的目标、保持其核能技术领先地位，同时也有利于韩国为核电开拓全球市场、扩大国际影响力。

波兰作为美国在北约的重要盟国，与美国在军事、能源、经济方面有着紧密合作。此次波兰与美韩合作推进国内核电厂建设、开展民用核能合作，其实质是波兰与美韩两国加强国家战略性同盟关系。美国更是想以此为契机，寻求在欧洲乃至全世界进行核能合作，使得各国能源对其产生依赖，实现加强地缘政治的目的，巩固其在北约等多边组织中的领导地位，维护美国在全球的霸权地位。

参考文献：

[1] KUBOWSKI J. Development of a dynamics model for the research reactor maria [J]. Nuclear technology, 1980, 47 (1): 59-69.

[2] IAEA. Country nuclear power profiles [R]. Austria: Vienna International Center, 2020.

Poland is cooperating with the United States and South Korea on nuclear energy

LI Guang-sheng, ZHAO Pei-yuan, DAI Ding

(China Institute of Nuclear Industry Strategy, Beijing 100048, China)

Abstract: In November 2022, the Polish government confirmed the adoption of Westinghouse 3rd generation pressurized water reactor technology for its first nuclear power plant, and plans to introduce advanced pressurized water reactor technology from South Korea. With the establishment of nuclear energy cooperation between Poland and the United States and South Korea, the alliance between Poland and the United States and South Korea is deepening, and Poland can also push forward the energy transition , accelerate the deployment of domestic nuclear power, diversify energy supplies and climate target. In addition, Poland can get rid of its dependence on Russian energy and ensure energy security and independence.

Key words: Nuclear energy cooperation; Nuclear power plant; Energy security

美国受控核聚变研发进展综述

付　玉，仇若萌，马荣芳，李晨曦，江舸帆

（中核战略规划研究总院，北京　100048）

摘　要： 受控核聚变将从根本上解决世界能源问题，推动人类文明取得飞跃进步。美国政府长期重视和支持核聚变技术研发，能源部近 10 年年均投入 10 亿美元以上，建设了 DIII－D、NSTX、NIF、OMEGA、FRCHX 等聚变实验装置，民间机构也纷纷涌入核聚变研究，提出了 CFR、SPARC、C－2 等创新型核聚变概念。美国核聚变研究多路推进，实现了在磁约束聚变、惯性约束聚变和磁惯性约束聚变 3 类技术路线上的全面布局，部分研发工作近期取得一些重要进展，提出了非常乐观的发展预期，有望助推受控核聚变应用加速实现。

关键词： 核聚变；进展；美国；研发

核聚变是在极高温度、高密度条件下，两个较轻原子核结合成较重原子核并释放出巨大能量的过程，具有清洁无碳、燃料来源充足、能量密度高、无临界核安全风险、放射性废物少等诸多优点。美国从 20 世纪 50 年代开始探索受控核聚变研究，政府长期予以重视和支持，能源部近 10 年年均经费投入 10 亿美元以上[1]，实现在磁约束聚变、惯性约束聚变和磁惯性约束聚变 3 类技术路线上的全面布局，并持续推动相关项目发展。近年来美国民间核聚变研究热度提升，三阿尔法能源、联盟聚变系统等多个初创公司纷纷开展核聚变探索，谷歌、洛克希德·马丁等巨头公司也纷纷通过投资、技术合作等方式，直接或间接地参与核聚变研发。借助在资金、数据、算法、算力、人工智能等方面的优势，新进者有望助推美国核聚变研究加速发展。

1　磁约束聚变

磁约束聚变是指利用磁场将由聚变燃料组成的高温等离子体约束在有限的体积内，使其受控地发生原子核聚合反应，释放出能量，主要的磁场构型包括托卡马克、磁镜、仿星器、等离子体环形箍缩等。目前，美国的磁约束受控聚变研究项目/装置主要有 DIII－D、国家球形环实验装置（NSTX）、紧凑型聚变反应堆（CFR）、经济可靠紧凑聚变堆（SPARC）等。

1.1　DIII－D 聚变实验装置[2]

美国通用原子公司 DIII－D 是美国最大的托卡马克聚变实验装置，1986 年投入运行，位于加州圣迭戈。环形真空室截面为 D 型，大半径 1.7 m，小半径 0.6 m，主要用于开展磁约束聚变基础研发，为未来建造实用聚变反应堆进行理论探索与技术储备。2017—2019 年 DIII－D 进行了最新一次升级改造，增加了一套高功率微波加热系统和双向中性束注入加热系统，改进了中性束注入加热控制系统，升级了诊断设备。升级后的 DIII－D 最大环向磁场强度 2.17 T，最大等离子体流强度 2 MA，最大加热功率 24 MW，最大脉冲运行时长 10 s，最大电子密度 $1.5\times10^{20}/m^3$，最高温度 1.74 亿℃。

1.2　NSTX 托卡马克装置[3]

普林斯顿等离子物理实验室的 NSTX 是一种低环径比的球形环托卡马克装置，1999 年投入运行，具有低环向磁场、大等离子体电流、高比压等优势特征。2012—2015 年 NSTX 升级为 NSTX－U，改进了中心柱螺线管，增加了第 2 个中性束注入加热器。升级后，真空室大半径由 0.85 m 增大到

作者简介： 付玉（1991—），男，硕士研究生，助理研究员，现主要从事核科技情报研究。

0.93 m，中心柱半径由 0.185 m 增大到 0.315 m，最大环向磁场强度由 0.55 T 提升至 1 T，最大加热功率由 13 MW 提高至 20 MW，最大等离子体流强度由 1 MA 提升至 2 MA，最大脉冲运行时长由 1 s 增加至 6.5 s，聚变性能综合指标提升 5～10 倍。2016 年末，NSTX－U 部分线圈被发现存在缺陷，此后停机进行检查和修复。

1.3 CFR 设计[4]

CFR 概念设计由洛克希德·马丁公司于 2010 年提出，采用磁镜技术路线。真空室近似呈圆柱形，内部中间布置两个超导线圈，两侧外部对称布置 7 个磁镜线圈（电流方向与超导线圈相反），通过中性束注入方式加热等离子体。两个超导线圈产生会切磁场，约束中心区等离子体，两侧线圈产生磁镜场，约束逃出中心区的等离子体。2015 年，洛克希德·马丁公司公布了其建造的 T4 实验装置的部分数据：电子最高温度 2.3 亿℃，密度 1016/m^3。洛克希德·马丁公司 2018 年申请了 3 项同等离子体加热、线圈冷却和等离子体磁约束相关的专利，2019 年透露更加强大的 T5 实验装置于当年底投入运行，并计划 2033 年后实现聚变堆商业应用。

1.4 SPARC 设计[5]

麻省理工学院 2014 年提出 SPARC 概念设计，2018 年与联盟聚变系统公司合作启动开发和建造实验堆。SPARC 为托卡马克技术路线，使用高温超导线圈，采用可拆解的模块化设计，方便老化及损坏部件的更换，设计真空室大半径 1.85 m，小半径 0.57 m，环向磁场 12.2 T，等离子体流强度 8.7 MA，聚变功率 140 MW，能量增益 2 以上。实验堆 2021 年开始建设，计划 2025 年投入运行。

2 惯性约束聚变

惯性约束聚变利用高功率激光、X 射线等脉冲式地向聚变燃料靶丸注入能量，使其形成高温高压高密度等离子体，在燃料原子核由于自身惯性还来不及飞散的极短时间内发生聚变反应。目前，美国的惯性约束受控聚变研究项目/装置主要有国家点火装置（NIF）、欧米伽（OMEGA）等。

2.1 NIF 聚变实验装置[6-7]

NIF 是全球最大的激光间接驱动（也被称为激光 X 射线驱动）聚变实验装置，2009 年建成，位于劳伦斯利弗莫尔国家实验室，主要开展核武器研究和核探索聚变点火。NIF 占地整体长 215 m，宽 120 m，主要由高能量激光系统、靶室和诊断系统等组成，设计可将 1.8 MJ、500 TW 的 192 路激光入射到靶室中央的反应室。反应室呈胶囊形，内表面镀金，经入射激光照射产生 X 光，X 光对反应室中的氘氚燃料靶丸进行加热加压，使其内爆发生核聚变。激光间接驱动聚变方案的优势是相对易于实现对称压缩，缺点是燃料靶丸吸收激光能量的效率较低。美国持续探索提升 NIF 内爆压缩能量和对称性的措施，如提高激光能量、改进反应室和靶丸设计、升级反应室支承方式等。2022 年 12 月，NIF 实现以 2.05 MJ 输入激光能量，驱动产生 3.15 MJ 核聚变能量，取得“净能量增益”重大突破。

2.2 OMEGA 聚变实验装置[8]

OMEGA 是全球最大的激光直接驱动聚变实验装置，1995 年投入运行，位于罗切斯特大学。设施整体高约 10 m，长约 70 m，拥有 60 条激光束，可以 60 TW 的功率直接向靶室中的低温固态氘氚燃料靶丸发射 30 kJ 能量，使其发生核聚变。2008 年，扩展激光系统（OMEGA EP）投入使用，含有 4 条千焦耳级激光束线，其中两条 2.6 kJ 的拍瓦级短脉冲束线可以和 OMEGA 原有的激光束线联合开展聚变打靶实验。直接驱动聚变方式的优势是燃料靶丸吸收激光能量的效率较高，缺点是对燃料靶丸进行对称压缩的难度较大。由于激光系统能量较低，所以 OMEGA 并不能实现聚变点火，单次实验迄今实现的最大聚变中子产额仅为 1.6×10^{14} 个，其主要目的是验证激光直接驱动聚变理论并探索提升燃料压缩对称性所需的相关技术。如果相关理论和技术得到验证，美国将把 NIF 改造为激光直接驱动聚变方案并示范聚变点火。

3 磁惯性约束聚变

磁惯性约束聚变同时使用磁约束和惯性约束控制核聚变反应，首先将聚变燃料制成磁化等离子体靶，然后将磁化靶传输到靶室内的套筒中，利用套筒内爆压缩等离子体使燃料原子核聚变。磁惯性约束聚变可产生比磁约束聚变更高的等离子体密度并减少所需约束时间，可比惯性约束聚变更好地使燃料升温。美国的磁惯性约束受控聚变研究项目/装置主要有反场构型加热实验装置（FRCHX）、C－2系列装置、等离子体射流磁惯性约束聚变（PJMIF）等。

3.1 FRCHX 装置[9]

FRCHX 由洛斯阿拉莫斯国家实验室与美国空军研究实验室联合建设，2010 年起开始运行，位于科特兰空军基地，用于开展磁化靶聚变技术探索和可行性验证。FRCHX 使用 θ 箍缩方法将氘氚燃料制成反场构型（FRC）磁化等离子体靶，随后将磁化靶传输到铝制套筒，然后以电磁内爆方式压缩套筒，使等离子体中的原子核聚变。FRCHX 可以产生寿命约 19 μs 的高温高密度反场构型等离子体靶，金属套筒的收缩比约为 19，可以将 1.36 T 的初始磁场压缩到 540 T，压缩后的等离子体温度可达 0.58 亿 ℃，密度约 1025/m^3，每次实验可产生 1×10^{12}个中子。FRCHX 目前面临的最大挑战是磁化靶寿命不足，未来主要的努力方向是获得更加稳定、持久的磁化等离子体靶。

3.2 C－2 系列装置[9-10]

C－2 系列装置由三阿尔法能源公司在 2009 年后陆续建成，用于研究采用磁化等离子体团对撞方法实现受控的 p＋11B→3α 聚变。三阿尔法能源公司得到多家风投资助，已募资 8.8 亿美元，并与谷歌合作开发聚变所需先进算法。C－2 系列装置呈近似圆柱形结构，在两端使用 θ 箍缩方法产生反场构型磁化等离子体团，然后将两个磁化等离子体团高速传输到中央真空室，使二者碰撞融合成一个更加稳定的磁化等离子体团。p＋11B→3α 反应的优势是没有中子产生，便于辐射防护和聚变能导出，缺点是反应截面较小，聚变实现难度较大。磁化等离子体团对撞方法的约束能力比单纯 θ 箍缩方法约束能力高 10 倍以上，可产生毫秒级的稳定磁化靶，主要问题是生成磁化靶的等离子体密度太低（＜1020/m^3）。2015 年，C－2 升级为 C－2U，实现等离子体温度 1000 万℃，持续 5 ms；2017 年，C－2W“诺曼”聚变实验装置建成，长约 24 m，最大直径约 7 m，重约 27 t，实现等离子体温度 5000 万 ℃。该公司已启动开发新一代“哥白尼”装置，预计 2023 年建成，设计等离子体温度 1 亿℃以上；还计划 20 年代后期开始建设“达芬奇”商用示范聚变堆，设计实现等离子体温度 30 亿℃。

3.3 PJMIF 概念[9-11]

洛斯阿拉莫斯国家实验室于 2000 年左右提出等离子体射流磁惯性约束聚变（PJMIF）概念。PJMIF 反应器整体呈球形，内壁上对称安装多台等离子体喷枪。运行时向反应器中相向注入多个由聚变燃料生成的磁化等离子体团，它们在反应器中心碰撞形成融合磁化靶；随后等离子体喷枪朝磁化靶喷出多道高速等离子体射流，射流在磁化靶周围形成等离子体套筒并压缩磁化靶，使其升温、升压，进而发生聚变。PJMIF 使用等离子体作为套筒，内爆压缩阶段不会产生套筒碎片，便于燃料回收和能量输出。基于 PJMIF 的等离子体套筒实验装置（PLX）于 2010 年启动建造，直径约 2.7 m，最多可安装 60 台等离子体喷枪。喷枪产生的射流脉冲质量约 1 mg，长度约 10～30 cm，直径约5 cm，粒子密度约 1×10^{22}/m^3，速度约 67 km/h。PLX 预期滞止状态下的等离子体套筒惯性约束能力在空间、时间及压强方面分别达到厘米、微秒及兆帕量级。

4 小结

由于聚变技术方案多样、涉及学科领域广泛、发展过程存在较多不确定性，所以除上述国内的聚变研究项目/装置外，美国还广泛参与国际核聚变研究，包括国际热核聚变实验堆（ITER）、德国“W7－

X”仿星器、韩国超导托卡马克先进研究装置（KSTAR）等，希望通过外部合作汲取技术和经验，避免遭遇技术突袭。

从数十年的研发实践看，受控核聚变在约束等离子体破裂抑制、抗辐照内壁材料、耐高热部件、高增益能量输出等方面仍面临诸多挑战。尽管美国多个聚变研究项目对外宣称不久就可实现应用，不过这可能更多的是为争取政策和资金支持造势，短期内实现受控核聚变实际应用存在较大难度。根据美国国家科学、工程和医学院今年初发布的研究报告[12]，美国在2040年左右建成实用的受控核聚变装置，是有望实现的。

参考文献：

[1] US Department of Energy. Budget request to congress [EB/OL]. [2021-05-11]. https://www.energy.gov/cfo/listings/budget-justification-supporting-documents.

[2] DIII-D Team. DIII-D capabilities and tools for plasma science research [R]. San Diego: DIII-D Team, 2019.

[3] Princeton Plasma Physics Laboratory. NSTX-U project home page [EB/OL]. [2021-10-08]. https://nstx-u.pppl.gov/.

[4] Lockheed Martin Corporation. Compact fusion [EB/OL]. [2021-10-08]. https://www.lockheedmartin.com/en-us/products/compact-fusion.html

[5] Plasma Science and Fusion Center of Massachusetts Institute of Technology. SPARC [EB/OL]. [2021-10-08]. https://www.psfc.mit.edu/sparc.

[6] HOGAN W, MOSES E, WARNER B, et al. The national ignition facility [EB/OL]. [2021-10-08]. https://www-pub.iaea.org/mtcd/publications/pdf/csp_008c/pdf/if_3.pdf

[7] National Nuclear Security Administration United States Department of Energy. Stockpile stewardship and management plan [R]. Washington, DC: NNSA, 2018.

[8] University of Rochester. Omega laser facility [EB/OL]. [2021-10-08]. https://www.lle.rochester.edu/index.php/omega-laser-facility-2/.

[9] 杨显俊，李璐璐．磁惯性约束聚变：通向聚变能源的新途径［J］．中国科学，2016，46（11）：17-34.

[10] Tri Alpha Energy. Fusion power [EB/OL]. [2021-10-08]. https://tae.com/fusion-power/.

[11] FAANCIS THIO Y C, Dr DOUGLAS F. Physics: plasma-jet-driven magneto-inertial fusion (PJMIF) [EB/OL]. [2021-10-08]. https://www.openaccessgovernment.org/physics-plasma-jet-driven-magneto-inertial-fusion-pjmif/47442/.

[12] National Academies of Sciences, Engineering, and Medicine. Bringing fusion to the U.S. grid [M]. Washington: The National Academies Press, 2021.

Review of R&D progress of controlled nuclear fusion in the United States

FU Yu, QIU Ruo-meng, MA Rong-fang, LI Chen-xi, JIANG Ge-fan

(China Institute of Nuclear Industry Strategy, Beijing 100048, China)

Abstract: Controlled nuclear fusion will fundamentally solve the world's energy problems and promote the progress of civilization. The United States government has long valued and supported nuclear fusion technology research and development. The Department of Energy has invested more than $1 billion annually in the past 10 years to build and operate fusion experimental facilities such as DIII-D, NSTX, NIF, OMEGA and FRCHX. Non-governmental organizations have also poured into nuclear fusion research and proposed various conceptual designs such as CFR, SPARC and C-2. Nuclear fusion research in the US is promoted in multiple ways and has achieved a comprehensive layout in technical routes of magnetic confinement fusion, inertial confinement fusion and magnetic inertial confinement fusion. Some projects have recently made some important progress and put forward very optimistic development expectations, which are expected to help accelerate the nuclear fusion applications.

Key words: Nuclear fusion; Progress; United States; R&D

俄罗斯核燃料铁路运输情况概述

仇若萌，付　玉，江舸帆，马荣芳

（中核战略规划研究总院，北京　100048）

摘　要：核燃料运输属于放射性物质运输，必须确保安全，防止污染环境。核燃料中使用的大多数材料在其整个燃料循环过程中都会经过多次运输。核燃料运输属于放射性物质运输，必须确保安全，严防污染环境。核燃料组件常用的运输方式有陆运（公路、铁路）、海运和空运。在西欧、亚洲和美国，核燃料运输最常用的方式是卡车运输。俄罗斯和东欧地区幅员辽阔，铁路网发达，铁路运输最常用。

关键词：核燃料铁路运输；俄罗斯；放射性物质运输；核燃料循环

核燃料中使用的大多数材料在其整个燃料循环过程中都会经过多次运输。核燃料运输属于放射性物质运输，必须确保安全，严防污染环境。核燃料组件常用的运输方式有陆运（公路、铁路）、海运和空运。在西欧、亚洲和美国，核燃料运输最常用的方式是卡车运输。俄罗斯和东欧地区幅员辽阔，铁路网发达，铁路运输最常用。

1　铁路运输的组织管理

核燃料组件铁路运输的参与方主要包括：政府监管机构、放射性物质运输公司、承运机构、燃料组件供应商及核电站运营商。

1.1　政府监管机构

根据俄罗斯《原子能利用联邦法案》，原子能安全监管机构主要负责运输许可证的审批与发放、运输过程中核材料和放射性物质的管理。2001年3月19日，俄罗斯联邦政府发布题为《关于核材料、放射性物质及相关产品运输过程中核与辐射安全的政府监管机构》的第204号决议，规定俄罗斯原子能部①（Minatom）为俄罗斯核材料和放射性物质的政府监管机构，同时还规定政府监管机构的任务、职能、权利和责任。俄罗斯原子能部统一负责俄罗斯乏燃料、新燃料和核材料等放射性物质的运输工作，组织和协调有关放射性材料运输过程中核和辐射安全的联邦法规和规则草案的制定[1]。

俄罗斯建立了严格的放射性物质运输许可证审批制度。放射性物质运输公司及其采用的运输容器必须获得政府监管机构颁发的运输许可证，才能从事相应的放射性物质运输工作。目前，为了在俄罗斯运输放射性物质，必须获得以下许可证书：

（1）放射性物质类型许可；

（2）运输容器设计许可；

（3）货物运输许可；

（4）特殊情况下装运许可。

作者简介：仇若萌（1992—），男，助理研究员，现主要人事核工业情报研究工作。

① 2007年俄罗斯国家原子能公司（Rosatom，简称“俄原公司”）成立后，政府监管机构的职能也从俄罗斯原子能部统一划归俄原公司。

1.2 放射性物质运输公司

放射性物质运输（Atomspetstrans）公司是燃料组件铁路运输的主体，主要负责燃料组件运输的组织实施，并对本公司及客户的运输业务进行全流程监督，部分公司还承担运输容器的设计、审核与制造工作。

Atomspetstrans 公司成立于 2000 年 3 月 29 日，其前身是一家国有企业。公司成立之初规模较小，员工约 100 人，主要负责向俄罗斯铁路公司提交放射性物质运输请求和铁路运输的财务核算工作。2013 年，俄罗斯通过机构改革重组，将俄原公司中负责放射性物质运输的部门整体划归到 Atomspetstrans公司。到目前为止，Atomspetstrans 公司在俄罗斯境内有 6 家分支机构，员工约 2500 人，是俄原公司在俄罗斯国内唯一授权进行放射性物质运输的专业化公司，其主要职责包括：

（1）放射性物质运输的组织实施；

（2）与有关组织就放射性材料实物保护问题展开合作；

（3）运输容器设计监管；

（4）与客户协调运输计划和条件，并完成行业数据库信息备份；

（5）检查运输货物与事故卡信息是否相符，是否适合已安排的运输类型（货运轨道车辆、辅助轨道车辆及安保措施等）；

（6）对照全行业数据库，检查运输载具和运输容器的许可证文件，保证运输行为合理合法；

（7）与铁路当局和地方政府合作，实时监控运输载具和运输容器的位置和移动情况。

依照俄原公司制定的放射性物质运输事业发展规划，Atomspetstrans 公司现阶段的主要任务：优化公司在财务活动、物流运输和安全监管方面的流程，升级车辆设施，开展技术研发，提供安全高效的放射性物质铁路运输技术解决方案。

1.3 承运机构

俄罗斯铁路公司是一家国有企业，负责管理铁路基础设施并经营货运列车服务，是燃料组件铁路运输的承运机构，主要负责协同 Atomspetstrans 公司完成燃料组件的铁路运输工作。

为了在发生放射性物质运输事故时能够迅速有效地做出反应，监管机构、运输公司及承运机构制定了预防事故和消除潜在后果的预案。承运机构和运输公司也有自己的行动计划和事故发生时的准备程序，并为每一种货物准备事故反应卡。放射性事故的危险程度由负责押运人员根据放射性物质运输时所附的事故卡初步确定，该人员还负责对事故进行第一时间处置。

1.4 燃料组件供应商及核电站运营商

燃料组件供应商主要负责新燃料组件的生产制造，核电站则是乏燃料组件的主要产生地。除此之外，燃料组件供应商和核电站运营商还负责以下工作：

（1）对运输容器的设计和制造过程进行现场监督，并根据监督结果对设计文件进行修改；

（2）对直接参与燃料组件运输的人员进行安全培训；

（3）在装运前检查运输容器外包装，并在必要时进行清洁去污。

2 运输载具及运输容器

燃料组件包含易裂变材料，需借助专门的运输容器、载具及装载设备进行运输，以避免其在运输过程中受损，还需要通过控制容器内装运的组件数量来避免临界。对于新燃料组件，辐射水平可以忽略不计，不需要屏蔽；对于乏燃料组件和 MOX 燃料组件，由于其放射性水平较高，需使用专门设计的带有整体屏蔽的容器进行运输[2]。

2.1 运输载具

特维尔火车制造厂目前是俄罗斯唯一一家制造放射性物质铁路运输车厢的工厂。

俄罗斯用于核燃料组件铁路运输的货运车厢是TK系列，主要型号包括：TK-6、TK-10、TK-11、TK-13、TK-VG-18，目前的主力型号是TK-10和TK-13。其中，TK-VG-18专门用于运输核潜艇和核动力破冰船的乏燃料组件。

2.2 运输容器

核燃料的运输容器须适应-40～70 ℃的温度变化，并保持足够强度（在低温下不会发生脆性断裂），还要承受运输过程中的加速度、振动和共振作用并确保闭锁装置的可靠性和整个容器的完整性，即便遭遇极端情况也不至于因放射性物质泄漏而危害环境[3]。

放射性物质的运输容器主要有两类：

第一类（A型）：只允许用于少量的放射性物质，其数量限值取决于装运物的危险程度。由于数量很小，即便容器破损造成放射性物质外泄，也不会产生很大危害。这类容器须经过试验（如环境温度、压力、湿度对容器的影响，振动、撞击、承压、载荷影响等）以保证在正常的运输条件下不会损坏，但在事故情况下允许破损。

第二类（B型）：允许用于较大量的放射性物质，设计要按事故情况考虑。这类容器须经过严格的事故运输条件试验以确保安全。试验项目：从9 m高处落到硬地面上；从1 m高处落到一个直径15 cm、长20 cm的短钢棒头上；温度800 ℃、持续30 min的火烧；浸没于15 m深的水中8 h等。容器在依次进行系列试验后，应达到的要求有：运输物质仍保持在内壳之内，材料处于次临界状态，不漏水，屏蔽层仍具备防护作用，除气体和冷却剂外不释放任何放射性物质，释放的冷却剂的放射性活度不超过装运物总放射性活度的0.1%等。

一般新燃料组件运输采用A型容器，乏燃料组件和MOX燃料组件运输采用B型容器。但是，新燃料组件在有慢化剂（如水）的情况下，有发生链式裂变反应的危险，因此在使用A型容器装运核燃料时，也必须经过对B型容器要求的试验。试验后装运物不一定要全保持在容器内，但绝不允许发生不可控的链式裂变反应。

新燃料组件。俄罗斯采用TK-S系列运输容器来运送新燃料组件，总共使用了50多种不同规格的子型号，重量从几十千克（用于燃料棒运输的TK-S35）到6.5 t（用于比利比诺核电站燃料组件运输的TK-S7M）不等。所有型号的新燃料运输容器都按照B型容器的要求进行了测试，并且均具备运输许可证。

乏燃料组件。俄罗斯采用TUK系列运输容器来运送乏燃料组件。其中，TUK-19和TUK-32主要用于研究堆乏燃料组件运输；TUK-18主要用于核潜艇和核动力破冰船乏燃料组件运输；TUK-10和TUK-13主要用于动力堆乏燃料组件运输。新型的TUK-1410运输容器重量达100 t，可容纳18个重达9 t的VVER反应堆乏燃料组件，耐高温性能也更加突出。

3 小结

随着越来越多的核电机组投入发电，核燃料的运输需求也会快速增加。铁路运输适用于数量多、距离长的运输，但需要构建一定规模的铁路网。因此，未来发展公路、铁路、海路等多种运输方式联合运输核燃料的综合物流是大势所趋。

参考文献：

[1] AGAPOV M A. Ensuring nuclear and radiation safety during the transport of radioactive materials in Russia [EB/OL]. [2023-03-09]. https://nap.nationalacademies.org/read/11320/chapter/14.

[2] DROZDOVA S. Transportation of fresh nuclear fuel from OAO "Mashinostroitelny Zavod" [EB/OL]. [2023-03-09] (2004-07-01). https://www.osti.gov/etdeweb/biblio/20519664.

[3] YAKOVLEV V Y. Transport packaging DN30 with uranium hexafluoride [EB/OL]. (2020-06-15) [2023-03-09]. https://www.wnti.co.uk/wp-content/uploads/2021/01/RUS-2397-BUF-96T-E.pdf.

Overview of nuclear fuel railway transportation in Russia

QIU Ruo-meng, FU Yu, JIANG Ge-fan, MA Rong-fang

(China Institute of Nuclear Industry Strategy, Beijing 100048, China)

Abstract: Nuclear fuel transportation belongs to the transportation of radioactive substances, and safety must be ensured to prevent environmental pollution. Nuclear fuel transportation is an indispensable part of the nuclear fuel cycle, and improper handling can lead to an excess backlog of nuclear fuel. Therefore, improving the efficiency of nuclear fuel transportation and shortening the transportation time are of great significance for enhancing the economy of the nuclear fuel cycle. The commonly used transportation methods for nuclear fuel components include land transportation (road, railway), sea transportation, and air transportation. Russia has a vast territory and a developed railway network, with railway transportation being the main mode of transportation for its nuclear fuel components. This report summarizes the organization and management of nuclear fuel railway transportation in Russia, and also introduces the transportation vehicles and containers related to nuclear fuel railway transportation in Russia. Finally, a summary is provided.

Key words: Nuclear fuel railway transportation; Russia; Radioactive material transportation; Nuclear fuel cycle

俄罗斯 Shelf－M 微堆技术发展概述

仇若萌，马荣芳，付　玉，李晨曦

（中核战略规划研究总院，北京　100048）

摘　要： 微堆是典型的军民两用技术，已成为核大国反应堆技术发展方向之一。根据美国能源部的定义，微堆是指足够小到可以用卡车运输，能够帮助应对一些地区能源挑战的紧凑反应堆，电功率一般在 0.1 万～2 万千瓦。俄罗斯没有微堆的说法，其相应功率的反应堆属于小型反应堆的范畴。Shelf-M 微堆采用一体化压水堆设计，电功率 1 万千瓦，以模块化形式交付，俄罗斯拟将其用于俄罗斯远东地区萨哈（雅库特）共和国基础设施能源供应。本报告首先介绍了俄罗斯微堆技术发展背景，随后介绍了 Shelf-M 微堆技术及难点，还分析了 Shelf-M 微堆技术未来的应用前景。

关键词： 微堆技术；俄罗斯；Shelf-M；压水堆

2023 年 6 月，俄罗斯国家原子能公司（Rosatom，简称"俄原公司"）与远东楚科奇自治区政府已就在该地区建造采用俄罗斯最新 Shelf-M 微堆技术的小型示范电站项目的合作达成协议。俄原公司估计，Shelf-M 小型示范电站将在 2024 年前完成设计工作，将在 2030 年前投入商运[1]。微堆技术是典型的军民两用技术，已成为核大国反应堆技术发展方向之一。俄罗斯发展 Shelf-M 微堆技术，将为其微堆军事化应用提供参考范例，同时为北极地区提供多样化能源供应选项。

1　背景情况

根据美国能源部的定义，微堆是指足够小到可以用卡车运输，能够帮助应对一些地区能源挑战的紧凑反应堆，电功率一般在 0.1 万～2 万千瓦。俄罗斯没有微堆的说法，其相应功率的反应堆设计属于小型反应堆的范畴。1954 年，俄罗斯首座商用核电站在奥布宁斯克投运，电功率 0.5 万千瓦。自此以后，俄罗斯一直致力于微堆技术研发和应用，在技术开发和安全运行领域积累了丰富经验。1963 年，俄罗斯在奥布宁斯克"莱朋斯基"物理与动力研究所建造并运行了一座 TES－3 履带式移动核电站，该电站采用压水堆设计，电功率 0.15 万千瓦。1976 年，俄罗斯楚科奇自治区的比利比诺核电站完全投运，由 4 台 EGP－6 机组组成，每台机组电功率 1.1 万千瓦，目前 1、3、4 号机组已退役，2 号机组仍在运。

2019 年 11 月，多列扎利动力工程科研设计院（NIKIET）科学技术委员会批准采用 Shelf－M 微堆技术核电站的设计方案。2022 年 1 月，俄原公司第一副首席执行官科马罗夫称，NIKIET 正在开展 Shelf－M 微堆项目研究，并称这种反应堆运输快捷、维护简单，具有良好的应用前景。2022 年 6 月，俄原公司与萨哈（雅库特）共和国签署协议，拟在该地区建设一座采用 Shelf－M 微堆设计的示范电站。2022 年 8 月，NIKIET 中标 Shelf－M 微堆技术开发项目，将负责 Shelf－M 反应堆装置及主要设备的研发设计工作，该项目总金额 39.87 亿卢布（约 6660 万美元），共分 6 个阶段，计划 2024 年底前完成。NIKIET 预计，Shelf－M 微堆示范电站将于 2023 年完成场址选择，2025 年开工建设，2030 年前正式投运[2]。

2　Shelf－M 微堆技术特点及难点

Shelf－M 微堆采用一体化压水堆设计，热功率 3.6 万千瓦，电功率最高 1 万千瓦，运行寿期 60 年，可在－60～40 ℃的温度范围内运行，具备以下技术特点：

作者简介： 仇若萌（1992—），男，助理研究员，现主要从核工业情报研究工作。

（1）换料周期长。Shelf－M 微堆采用铀－235 丰度 19.7%的高丰度低浓铀燃料，较传统低浓铀燃料单位体积内易裂变材料更多，能量密度更高，且符合防扩散要求，可将反应堆换料周期延长至 8 年。

（2）模块化形式交付。Shelf－M 微堆系统以高度预制的模块化形式交付，反应堆部件集成在长 14 米、内径 8 米的圆柱形动力舱内，称为“能量胶囊”。反应器设备安装在“胶囊”后部，汽轮发电设备安装在“胶囊”前部。除动力舱外，还有一个辅助系统模块。

（3）安全性好。一是能动与非能动安全系统相结合，固有安全性好；二是反应堆外围安全壳可防止内部放射性物质扩散，还可确保安全壳内反应堆部件免受台风、飓风、降雪和结冰等外部环境变化及直升机或飞机撞击的影响；三是配备自动化仪控系统，具备在无人干预的情况下长时间自主运行的能力，可实现反应堆系统设备技术和安全参数远程控制，还可实现远程运行维护或停堆；四是辅助系统模块中包含温度调节系统，可保证模块内环境温度始终低于 50 ℃。

（4）功率可调。Shelf－M 微堆运行功率可根据所在电网实际需求在 20%～100%最大设计功率范围内调节，每秒最大变化范围为最大设计功率的 1%。另外，核电站总输出功率还可通过在反应堆装置中添加“能量胶囊”来增加。

（5）可运输。Shelf－M 微堆动力舱可通过铁路（特殊货运车厢）、公路（重型车辆）及水路运输，其余模块可直接通过传统运输方式进行运输。另外，反应堆系统在特定地点完成供电或供热任务后，安全壳中的反应堆装置可移动到新地点或返回制造厂。

“能量胶囊”的设计是 Shelf－M 微堆目前面临的最主要的技术难点。NIKIET 低功率核电站项目总设计师库利科夫指出，Shelf－M 微堆目前交付“能量胶囊”的重量约为 400 吨，其中大部分是安全壳等保护性外部容器，以保证运输过程中反应堆安全、避免放射性物质泄漏。但是，这一质量将增加其公路运输的难度和成本。如何优化“能量胶囊”设计，缩小其质量和体积，是 NIKIET 未来主要的技术攻关目标。

3 小结

Shelf－M 微堆示范电站一旦建成投运，将保障俄罗斯雅库特地区基础设施能源供应，还将进一步推动俄罗斯微堆技术发展和商业化进程。

为俄罗斯微堆军事化应用提供参考范例。微堆能够支持前沿和偏远军事基地供电等军事任务，增强作战基地的能源供应独立性和遭袭之后迅速恢复供电的能力。作为俄罗斯主要战略竞争对手，美国已率先开展微堆军事应用探索：“贝利”计划移动式军用微堆已完成设计方案选择和制造合同签订，艾尔森空军基地固定式军用微堆也即将启动供应商选择和建造许可证申请工作。Shelf－M 微堆的技术研发和建造示范，将为俄罗斯军用微堆发展提供重要参考范例。

为俄罗斯北极地区提供经济可靠的能源供应选项。俄罗斯北极地区油气等矿产资源丰富、航运前景广阔且军事地位重要，俄罗斯将其视为战略资源基地和未来重点发展地区。但是，终年气候寒冷、遍布永久冻土带等恶劣的自然条件既大大增加了该地区的输电成本和燃料运输成本，又对能源供应的稳定性和可靠性提出了更高要求。Shelf－M 微堆一次装料可连续运行数年，和传统化石燃料相比可大幅降低燃料运输或电力输送所产生的巨额费用，经济性更好；另外，Shelf－M 微堆几乎可在任何气候和环境条件下运行，且不依赖于风能、太阳能等自然条件，可靠性和独立性更强。预计 Shelf－M 微堆未来将为俄罗斯北极地区经济社会发展、北极航道建设及国土安全提供经济可靠的能源供应选项。

参考文献：

[1] Word Nuclear News. Rosatom and Yakutia planning for SHELF－M small nuclear plant [EB/OL].（2022－06－17）[2022－07－17]. https：//www. world－nuclear－news. org/Articles/Rosatom－and－Yakutia－planning－for－SHELF－M－small－nuc.

[2] Internaional Nuclear Engineering. Rosatom to build Shelf - M microreactor by 2030. [EB/OL]. (2023 - 06 - 21) [2022 - 07 - 21]. https://www.neimagazine.com/news/newsrosatom - to - build - shelf - m - microreactor - by - 2030 - 10955643/.

Overview of the development of Shelf-M microreactor technology in Russia

QIU Ruo-meng, MA Rong-fang, FU Yu, LI Chen-xi

(China Institute of Nuclear Industry Strategy, Beijing 100048, China)

Abstract: Microreactor is a typical dual-use technology for both military and civilian purposes, and has become one of the development directions of nuclear power reactor technology. According to the definition of the United States Department of Energy, a micro reactor is a compact reactor that is small enough to be transported by truck and can help meet the energy challenges in some regions. Its power is generally between 10 000 kW and 20 000 kW. There is no mention of microreactors in Russia, and their corresponding power reactors belong to the category of small reactors. The Shelf-M micro reactor is designed as an integrated pressurized water reactor, with an electric power of 10 000 kilowatts, and delivered in a modular form. Russia plans to use it for the energy supply of infrastructure in the Sakha (Yakut) Republic in the Russian Far East. This report first introduces the development background of Russian microreactor technology, followed by the introduction of Shelf-M microreactor technology and its difficulties, and also analyzes the future application prospects of Shelf-M microreactor technology.

Key words: Microreactor technology; Russia; Shelf-M; Pressurized water reactor

美国军用高浓铀现代化计划进展

高寒雨，袁永龙，李晓洁

（中核战略规划研究总院，北京　100048）

摘　要： 高浓铀是核武器的重要装料，也是海军反应堆、产氚堆、研究堆燃料的重要原料。为调研美国军用高浓铀现代化工作的进展程度，从预算申请、官方文件、技术报告等方面深入挖掘美国目前正在开展的各项工作。当前美国军用高浓铀现代化工作的最主要目标是关闭带来严重核安全风险的老旧加工厂房，将其中的加工能力与库存转移至新建与现有设施中。为了达到这一目标，美国正在新建铀加工设施、研发新型工艺、维护现有设施及转移高浓铀库存。美国正在积极推进军用高浓铀现代化工作，除新建设施外，其余工作基本按照进度进行。

关键词： 军用高浓铀；加工工艺；铀加工设施

近年来，美国以“铀计划”为牵引，大力升级改造军用高浓铀加工基础设施与研发新型技术。2023年4月，《2024财年美国能源部预算》报告称铀加工设施预算大幅上涨约40%，达85亿～89.5亿美元，工期再次拖后约3年，至2028年底或2029年初[1]，“铀计划”的既定目标无法按期完成。除新建设施外的其他工作正在有序进行，美国军用高浓铀现代化计划进展值得关注。

1　“铀计划”制订背景

高浓铀是核武器的重要装料。据《斯德哥尔摩和平研究所2023年鉴》估计，目前美国拥有361 t军用高浓铀[2]。美国国家核军工管理局的Y－12厂负责加工、处置和贮存军用高浓铀，为海军反应堆加工铀燃料，开发核弹头及其铀部件的生产技术。美国军用高浓铀面临四大问题：①基础设施老化，主要加工设施9212号厂房存在严重核安全隐患，可能导致放射性物质泄漏，运行维护成本不断上升，设备停运、流程中断频繁发生；②加工工艺危险，可能使工人遭受放射性污染等危险；③积压库存管理混乱，过去数十年积压了大量易燃材料，没有保存完整记录，发生过多起火灾和爆炸[3]；④加工流程效率低下，加工过程中需要在多座厂房之间运输材料。

为推进高浓铀能力现代化，2014年美国国家核军工管理局国防计划办公室专门设立“铀计划”，原计划总体目标是到2025年底建成铀加工设施，升级改造加工能力，目前推迟到2028年底或2029年初。

2　“铀计划”的具体内容

“铀计划”包括4个部分：①新建加工设施，替代9212号厂房的加工任务；②研发新型能力，提高铀加工工艺的效率和效果；③维护现有设施，延长老旧厂房的使用寿期；④转移高浓铀材料，降低老旧设施的安全风险。除去新建设施的费用，“铀计划”预计需要8.5亿美元。

2.1　新建加工设施

铀加工设施是美国整个核安全事业最大的投资项目之一，计划配有铸造、特种氧化物生产、回收与衡算能力。2004年美国就提议建设该设施，但建造过程一波三折，终于在2017年敲定最终计划，经费从14亿～35亿美元飙升至65亿美元，投运时间从2018年推至2025年[4]。然而，今

作者简介： 高寒雨（1990—），女，硕士，高级工程师，现主要从事核工业情报研究工作。

年美国再次提出增加投资与延长工期，目前计划 2028 年底或 2029 年初建成，投资 85 亿～89.5 亿美元。原因包括三方面：一是美国国家核军工管理局前期对该设施成本过度乐观估计、未对项目进行有效监督；二是承包商未充分管理和整合分包商的设计工作、未及时向美国国家核军工管理局通报进展与问题、项目管理流程和制度存在缺陷等；三是近年来受新冠疫情、制造业回流等外部环境影响，通货膨胀、技术工人短缺、供应链紧张等问题导致核军工基础设施建设项目普遍出现成本上涨、工期延误等情况。

该设施共包括 7 个子项目，目前已完成现场准备、现场基础设施和服务项目、变电站 3 个项目，其余 4 个项目分别为机电厂房、主工艺厂房、回收和衡算厂房、工艺辅助设施，其中机电厂房计划 2022 年建成，其他 3 座设施计划 2026 年底至 2029 年初建成[5]。2022 年 3 月 31 日，铀加工设施项目达到重要里程碑，所有厂房建筑都已完全封顶，从厂房集中建设转向设备安装调试。

2.2 研发新型能力

美国自 2013 年开始研发新型高浓铀加工能力，将之前加工产生的副产品、废液与碎屑转化或纯化为固体氧化铀用于储存，铀金属（高纯度铀锭）用于加工成核武器铀部件或海军反应堆铀燃料的原料。目前，“铀计划”需要 4 项能力：电解精炼、煅烧、材料直接熔化与直接电解还原工艺，旨在逐步将 9212 号厂房的铀加工能力转移至 Y－12 厂现有设施中。目前，前三项工艺取得重大进展，即将或已经启用，最后一项外包给私营公司。

（1）电解精炼工艺：一种基于电化学金属的铀纯化工艺，将核武器铀部件的副产品转化为铀金属，连同煅烧工艺，取代目前的湿法化学加工工艺（纯化与氧化还原工艺）；计划于 2023 年启用，即将完成设备安装与运行前测试。

（2）煅烧工艺：一种基于干法后处理的铀转化工艺，将含铀溶液（如清理建筑物管道和容器产生的溶液）转化为氧化铀（干燥固体），以便存储与处理；计划于 2023 年启用，即将完成设备安装与运行前测试。

（3）材料直接熔化工艺：一种在熔炉中收集和重熔机床车屑（铀金属）的工艺，可将废铀金属进行清洁、压块和存储，取代目前的车屑清除工艺。该工艺包括前端装载炉和底部装载炉，2023 年将继续开发前端和底部装载炉部件，计划于 2024 年全部启用。

（4）直接电解还原工艺：该工艺为一种高浓铀转化和纯化工艺，将天然铀或贫化铀氧化物转化为纯度较高的高浓铀金属，之前由于资金有限、技术成熟度低等原因放弃自主研发，目前外包给拥有成熟工艺的 BWX 技术公司，约 2023 年开始供应，直到 Y－12 厂约于 2030 年完成工艺研发。

2.3 维护现有设施

由于资金紧张、工程进度慢等原因，美国将原计划配置在铀加工设施中的能力转移或保留在现有的 3 座厂房中。这 3 座厂房建于 20 世纪 50—60 年代，电气、通风等配套设施老化严重，之前发生过数十起火灾和爆炸，需要尽快维护与改造。2017 年，美国制订了现有的 3 座厂房的延寿计划，将运行时间延长到 21 世纪 40 年代。美国国家核军工管理局估计，延寿计划每年将花费约 2500 万美元，为期 10 年，总计约 2.5 亿美元。

2.4 转移高浓铀材料

美国计划将储存在 Y－12 厂老旧设施中的大部分浓缩铀转移到高浓铀材料设施中，降低老旧设施发生安全事件的风险。自 2015 年来，美国已将 50 多吨浓缩铀从老旧设施转移到该设施。2019 年，这项工作已完成约 77%，预计可在 2023 年按计划完成剩余工作。

3 小结

美国 Y－12 厂老旧设施与工艺极大可能带来严重核安全风险，亟须建造现代化设施与研发新型工艺。2004 年美国正式决定新建铀加工设施，开启高浓铀现代化工作，历经 20 年曲折发展，对我启示有以下三点。

（1）严格把控建设项目经费与进度。美国对铀加工设施项目管理不善，导致经费大幅飙升、进度严重拖期，极大影响了高浓铀加工成本与产品交付时间。美国从铀加工设施的设计控制中吸取了 4 个教训：加强对项目的监督管理，增加工程、核安全等领域的技术专家作为监督管理人员；完善分包商设计集成工作；改进与承包商之间的沟通流程；开发用于识别和跟踪主要技术和工程问题的管理流程等。

（2）充分评估现有工艺技术难度。美国自主研发的 4 项新型能力都使用的是现有工艺，然而从研发到应用花费了约 10 年时间。对于技术成熟的商业工艺，由于核工业的特殊性，在处理易裂变材料时（尤其是高浓铀），必须考虑其临界安全问题，确保各个工艺流程的材料质量或浓度小于临界安全限值，需要重新调整和改进工艺。因此，在使用现有工艺时，需要充分评估技术改进的难度，做好进度规划，提高研发效率。

（3）提前谋划各项能力建设进展。美国高浓铀能力现代化工作已进行了近 20 年，从前期规划到研发设计，再到制造建设（尤其是设施建造、技术研发方面），期间遇到了管理不善、经费超概、工期滞后、资金不足、技术进展缓慢等多重难题，因此需要加强顶层设计，统筹协调，提前布局，系统推进，才能稳扎稳打推进能力现代化建设。

参考文献：

[1] Stockholm International Peace Research Institute. SIPRI yearbook 2023 [R]. Stockholm: Stockholm International Peace Research Institute, 2023.

[2] U. S. Department of Energy. Department of energy FY 2024 congressional budget request [R]. Washington: U. S. Department of Energy, 2023.

[3] U. S. Department of Energy. Highly enriched uranium working group report [R]. Washington: U. S. Department of Energy, 1996.

[4] U. S. Government Accountability Office. Modernizing the nuclear security enterprise - a complete scope of work is needed to develop timely cost and schedule information for the uranium program [R]. Washington: U. S. Government Accountability office, 2017.

[5] U. S. Government Accountability Office. Modernizing the nuclear security enterprise - uranium processing facility is on schedule and budget, and NNSA identified additional uranium program costs [R]. Washington: U. S. Government Accountubility office, 2020.

Progress on the U. S. military HEU modernization program

GAO Han-yu, YUAN Yong-long, LI Xiao-jie

(China Institute of Nuclear Industry Strategy, Beijing 100048, China)

Abstract: Highly enriched uranium (HEU) is essential for nuclear weapons and fuels of naval reactors, tritium-production reactors, and research reactors. In order to investigate the progress of the US military enriched uranium modernization, this paper digs deep into the work currently being carried out in the United States from budget requests, official documents, and technical reports. The primary goal of the current U. S. military uranium enrichment modernization efforts is to phase out former processing plant that pose serious nuclear safety risks and to transfer processing capacity and stocks to new and existing facilities. To achieve this, the U. S. is building new uranium processing facilities, developing new processes, maintaining existing facilities, and transferring highly enriched uranium stocks. The U. S. is actively promoting the modernization of military enriched uranium, and the rest of the work is basically on schedule, except for building Uranium Processing Facility.

Key words: Military HEU; Processing technology; Uranium processing facility

近十年美国军用核材料经费投量投向分析

高寒雨，李晓洁，赵　松

（中核战略规划研究总院，北京　100048）

摘　要：军用核材料包括钚、铀、氚、锂，是核武器的重要装料。近十年美国军用核材料经费逐步攀升，在美国能源部2024财年预算报告中，军用核材料申请经费达50亿美元，较2022财年增长36%，反映出美国全力保障核武库所需军用核材料供应，为核力量现代化奠定坚实基础。其中，钚经费体量大，增速快，工作重点是2030年前批量制造钚弹芯；高浓铀、贫铀、军用锂、特殊材料等核武器次级经费先降后增，工作重点是制造核武器次级部件；军用氚与铀燃料经费体量小，增速平稳，工作重点是增加军用氚产量与研发自助铀浓缩技术。

关键词：军用核材料；经费投量投向；核力量现代化

美国军用核材料包括军用钚、高浓铀、军用氚、军用锂等核武器的核心部件或重要装料，以及产氚堆所需的军用铀燃料。目前，美国拥有38.4 t军用钚、361 t军用高浓铀[1]、442.4 t军用锂库存、19 t可稀释为军用铀燃料的冗余高浓铀[2]，这些材料均不再继续生产。除正在生产的军用氚外，其他4种材料的工作重心转向实现年产80个钚弹芯的制造能力、升级改造高浓铀与军用锂的加工能力、建立国内自主军用铀燃料生产能力。近十年，随着核力量现代化的全面推进，美国逐渐加大经费投入力度，2024财年达到50亿美元[2]，创历史新高，反映出美国全力保障核武库所需军用核材料供应，为核力量现代化奠定坚实基础。

1　近十年经费投量投向变化

美国军用核材料经费主要包含多个方面内容：生产运行、技术研发、设施维护、设施新建等。近十年，美国军用核材料经费投量如下（表1、表2）。由于美国能源部自2022财年开始调整了项目设置[3]，核武器初级经费仍仅为军用钚，核武器次级经费不再像以前一样细分为高浓铀、贫铀、军用锂等，而是整体打包为一个版块；军用氚与铀燃料整合成一个版块，未像之前一样分别给出各自经费。因此，2022财年之后的经费数据与此前经费不在一个维度，须将2022财年之前与之后的经费分开比较。

表1　2022—2024财年美国军用核材料经费　单位：亿美元

项目	2022财年拨款	2023财年拨款	2024财年申请
军用钚—核武器初级			
生产运行	7.88	8.25	8.96
钚事业支持	1.07	0.89	0.88
钚弹芯生产项目	3.50	5.88	6.70
萨凡纳河钚加工设施	4.75	12.00	8.58
TA-55再投资项目第三阶段	0.27	0.30	0.30
超铀废物设施	0.30	0.25	0
化学与冶金研究替代项目	1.38	1.38	2.27
总计	19.16	28.96	27.69

作者简介：高寒雨（1990—），女，硕士，高级工程师，现主要从事核工业情报研究工作。

续表

项目	2022 财年拨款	2023 财年拨款	2024 财年申请
高浓铀、贫铀、军用锂、特种材料等—核武器次级			
核武器次级能力现代化	4.88	5.36	6.67
锂加工设施	1.68	2.17	2.11
铀加工设施	6.00	3.62	7.60
总计	12.56	11.15	16.38
军用氚与铀燃料			
军用氚与铀燃料能力现代化	4.89	5.07	5.93
氚精加工设施	0.27	0.73	0
总计	5.16	5.90	5.93
全部总计	36.88	46.01	50.00

表 2 2014—2021 财年美国军用核材料经费概况 单位：亿美元

项目	2014 财年拨款	2015 财年拨款	2016 财年拨款[2]	2017 财年拨款[2]	2018 财年拨款[2]	2019 财年拨款[2]	2020 财年拨款	2021 财年拨款	新建设施占比
军用钚	2.39	2.09	4.06	3.55	4.07	5.86	7.98	16.05	50%
高浓铀	3.18	3.62	4.81	6.25	7.22	8.21	10.09	10.57	78%
铀燃料	1.06	0.97	0.50	0.50	0.60	0.50	1.60	1.60	0
军用氚	0.84	1.40	1.05	1.10	1.98	2.90	3.14	3.39	6.5%
军用锂	—[1]	—	—	—	—	0.48	0.61	1.48	72%
总计	7.47	8.08	12.92	13.52	16.03	20.11	23.42	33.09	—

1. 由于此前涉及军用锂经费分散在各个项目中，无法统计，并非无经费支持。

2. 2016—2019 财年曾设立“战略材料保障”项目，工作内容包括军用钚、铀、锂和氚的回收循环、贮存、核材料集成、战略规划等，2020 财年后取消，分散在各个军用核材料项目中，故表中未单列项目，仅体现在总体经费中。

军用钚：总体呈现快速上升趋势，经费体量大，占军用核材料总经费 60%以上。经费从 2020 财年开始大幅上涨，2023 财年达 24.2 亿美元，是 2019 财年的近 6 倍。2014—2018 财年，主要投向为制造、鉴定和认证钚弹芯，以及为科学评估制造高精度钚装置；2019 财年，开始着手准备增加钚弹芯制造能力，启动第一座制造设施改造项目；2020 财年，启动多个基础设施升级改造项目——TA-55 钚设施继续投资项目、超铀液体废物设施、化学和冶金研发更换项目，以及开展各项准备工作，经费翻倍；2021 财年，在扩大上一财年工作的基础上，启动第 2 座制造设施改造项目，经费再次翻倍；2022 财年，继续推进相关工作；2023 财年，多个基础设施项目开工建造，第 2 座制造设施预算大幅增加，经费继续攀升。

高浓铀：总体呈现先增后降趋势。2017 财年开始迅速增长，2021 财年达 12.2 亿美元，增幅 80%，此后逐渐回落，2023 财年经费约 8.1 亿美元，年均下降 19%。军用铀分为核武器部件与海军堆所需的高浓铀，以及产氚堆所需的低浓铀。高浓铀方面，新型工艺即将部署应用，旧厂房清退与新设施建造进入尾声。2014—2018 财年，主要投向为推动高浓铀材料与加工能力的转移工作，同时开发 3 项新型铀加工技术；2019 财年，加快工作进度，制定并执行旧厂房清退战略；2020—2021 财年，铀加工设施迎来建设高峰期，经费投量达到顶峰；2022—2023 财年，3 项新技术中的两项从采购和安装转向启动和调试，铀加工设施所有厂房建筑都已封顶，从厂房集中建设转向设备启动调试。

铀燃料：军用氚产量的提升使得铀燃料需求随之增加，开始进行实验规模的自主铀浓缩示范离心级联。2014—2019 财年，主要投向为推进自主铀浓缩工艺研发；2020 财年，通过稀释军用铀加大产氚堆铀燃料供应；2021—2023 财年，继续供应铀燃料、研发浓缩工艺的同时，设计与建造自主铀浓缩示范离心级联，经费小幅增加。

军用氚：总体呈现增长先快后慢趋势。2018—2019 财年涨幅达 80%，之后涨幅平稳，2023 财年经费约 4.4 亿美元。2014—2016 财年，主要投向为逐步提升氚产量；2017 财年，提出新的产氚目标——到 2025 财年将氚产量提升至每个辐照周期（18 个月）2500 g；2018—2019 财年，由于燃料成本增加，提氚设施扩大运行，经费上涨 90%；2020—2022 财年，为响应新的产氚目标开始大幅提升氚产量，各项配套能力随之提升，2023 财年将生产目标进一步提升至 3300 g（最大产能），各个设施即将达到满负荷运行模式，随着产能提升与建设进度经费逐步增加，年均涨幅 11%。

军用锂：经费涨幅大，但总体体量小。2023 财年经费约 2.9 亿美元，是 2019 财年的近 6 倍，但相比其他材料经费体量较小，仅占总经费的 7%。2019 财年专设军用锂项目，同时启动锂加工设施项目；2019—2023 财年，经费增长主要原因为启动锂加工设施建造项目，以及从 2021 财年开始，为向 B61-12 弹头延寿计划交付更多氘化锂-6 部件，采取多项保障措施，如维护现有设施、采购新的设备、研发新型工艺等。

2 重点投资方向与进展

军用钚：一是改造斯阿拉莫斯国家实验室的钚设施，钚设施于 1978 年投运，是美国目前唯一的钚弹芯生产设施，目前设施设备日益老化，需要采购安装新的设备与扩建培训中心与人员控制设施，2023 年预计该设施总投资约 39 亿美元；二是改造萨凡纳河工厂的钚加工设施，钚加工设施的前身为此前尚未完全建成的 MOX 燃料制造设施，目前需要继续完善主要加工厂房与其他支持设施的设计，2023 年预计该设施总投资或高达 111 亿美元；三是扩大制造能力，正在培训人员、维护与采购设备、资格认证、生产非核部件、管理材料等。当前工作目标为于 2024 年制造第一个钚弹芯，约 2027 年每年制造 30 个；计划 2028 年洛斯阿拉莫斯国家实验室的钚设施投运，2035 年萨凡纳河工厂的钚加工设施投运。

高浓铀：一是新建设施，正在新建铀加工设施，建造费用占比达 78%；二是扩大加工能力，正在安装与测试新设备、继续研发新工艺、优化占地面积、转移高浓铀库存等。当前工作目标为 2028 年底或 2029 年初投运铀加工设施，将主要加工能力转移到新设施中。

铀燃料：一是扩大稀释能力，继续寻找可用于生产军用氚的高浓铀原料进行稀释，并为军用氚提供更多低浓铀燃料；二是研发新型铀浓缩工艺，准备设计铀浓缩示范厂。当前工作目标为 2044 年之前继续使用现有浓缩铀库存，同时研发新型工艺，重建自主浓缩铀生产线。

军用氚：主要是扩大生产能力，重点在增加产氚棒的辐照数量，同时还在提升产氚配套能力，如产氚棒研发、测试、运输、提取等。当前工作目标为增加各个环节的产氚能力，力争 2025 年前达到每个辐照周期（18 个月）生产 3300 g 氚的目标。

军用锂：一是新建设施，已经启动锂加工设施建造项目，2023 年预计总投资约 16.5 亿美元；二是扩大加工能力，正在恢复之前使用的加工工艺、研发新型加工工艺、升级改造实验室等基础设施、安装备用设备等。当前工作目标为 2031 年投运锂加工设施，将主要加工能力转移到新设施中，并使用新型工艺。

3 小结

美国大力推行核武库现代化，对军用核材料的需求加大。通过对军用核材料的需求分析，美国军用核材料经费近十年增长 5 倍主要是由于美国正在推进核武库现代化改造，延寿或升级五型核弹头。

其中，B61-12与W88改进370弹头今年开始全面生产，W80-4、W87-1、W93弹头或将于2026年、2030年、2040年开始全面生产，都需要重新制造或更新钚弹芯、铀部件、氘氚储存器、氘化锂-6部件，对军用核材料的需求进一步增加。

近十年工作重点是基础设施现代化工作。从经费投向来看，近十年美国正在着力解决军用核材料面临的设施老旧、生产加工能力不足或缺失等问题。美国军用核材料主要生产加工设施大多建于20世纪40—70年代，部分严重超过设计寿命，建筑结构和工艺设备不断老化。此外，由于对军用核材料需求增加，美国正在研发新型工艺、投资升级设施设备等，全力提升产能以满足未来军事需求。

美国军用核材料现代化工作周期长、风险高。军用核材料工艺复杂，安全要求高，研制周期长。从前期规划到研发设计，再到制造建设（尤其是设施建造、技术研发方面），美国军用核材料现代化工作遇到了经费超概、工期滞后、研发资金不足、技术进展缓慢等多重难题，存在较大的项目管理与技术研发风险。美国是否能够按期完成目标任务存在不确定性，或可能影响弹头研制等核武器发展计划，进而拖慢美国核力量现代化进程。

参考文献：

[1] Stockholm International Peace Research Institute. SIPRI Yearbook 2023 [R]. Stockholm: Stockholm International Peace Research Institute, 2023.

[2] U. S. Department of Energy. Department of energy FY 2024 congressional budget request [R]. Washington: U S. Department of Energy, 2023.

[3] U. S. Department of Energy. Department of energy FY 2023 congressional budget request [R]. Washington: U. S. Department of Energy, 2022.

Analysis of the U. S. military nuclear materials funding arrangements and inputs in the past decade

GAO Han-yu, LI Xiao-jie, ZHAO Song

(China Institute of Nuclear Industry Strategy, Beijing 100048, China)

Abstract: Military nuclear materials, include plutonium, uranium, tritium, and lithium, are essential for nuclear weapons. In the past decade, the U. S. military nuclear materials funding has gradually increased. According to the US Department of Energy's fiscal year 2024 budget report, the military nuclear materials budget reached 5 billion dollars, an increase of 36% over fiscal year 2022, reflecting the United States'full efforts to ensure the supply of military nuclear materials required for its nuclear arsenal which lays a solid foundation for the nuclear forces modernization. Among them, plutonium budget are large and growing rapidly, and the focus is to manufacture plutonium pits before 2030; nuclear weapon secondary budge, such as highly enriched uranium, depleted uranium, lithium and special materials, has been reduced first and then increased, and the focus is to manufacture secondary components; tritium and uranium fuel budget is small and the growth rate is stable, and the focus is to increase military tritium production and developing domestic uranium enrichment technology.

Key words: Military nuclear materials; Funding arrangements and inputs; Nuclear forces modernization

俄乌冲突中乌克兰核设施安全风险分析

高寒雨，李晓洁，袁永龙

（中核战略规划研究总院，北京 100048）

摘 要：在俄乌冲突中乌克兰核设施遭到多次炮击或武器威胁，面临放射性物质泄漏、核材料扩散、堆芯熔毁等严重核安全与安保风险。这是历史上首次在大型核设施附近发生军事行动，引发国际社会高度关注。本报告旨在评估正在进行的战争对乌克兰核电站造成的风险，并从这些事件中得出初步结论，以改善冲突中核电站的核安全与安保。

关键词：核设施；核安全风险；俄乌冲突

2022年2月俄乌冲突爆发后，乌克兰核设施遭到多次炮击或武器威胁，面临放射性物质泄漏、核材料扩散、堆芯熔毁等严重核安全与安保风险。这是历史上首次在大型核设施附近发生军事行动，引发国际社会高度关注。尽管《联合国宪章》《日内瓦公约》《国际法》《国际原子能机构规约》等明确规定不得向用于和平目的的核设施发起任何武装攻击和威胁，但在军事冲突时，乌克兰核设施及核材料安全与安保问题受到极大挑战[1]。

1 俄乌双方采取的核安全措施

乌克兰针对核设施安全采取以下应急措施：一是关闭核电机组。战前，乌克兰13台核电机组在运，2台停堆维修。为尽可能降低风险，截至2023年3月乌克兰关闭7台核电机组，8台在运。二是增强安保力量。增派武装部队，募集民兵力量，提高核电站安保与实物防护戒备等级。三是确保内部通信。为防止电话通信或互联网中断，额外安装内部通信工具，确保战时保持内部沟通顺畅。四是储备应急物资。储备充足的柴油燃料，确保断电时反应堆冷却装置正常运行。例如，扎波罗热核电站每座反应堆都储备了3台备用发电机和可用7天的柴油燃料。

俄罗斯针对乌克兰核设施采取以下措施：一是快速接管预防破坏。随着军事力量的推进，俄罗斯快速接管所控地区核设施，防范其他势力进行破坏。二是维持设施正常运行。俄军为保障核设施安全运行，与核设施运营方达成协议，允许核设施工作人员继续正常工作，并监测辐射水平。三是发布视频安抚民心。俄军在控制切尔诺贝利核设施两天后发布视频，显示核设施安全运行，对外传递保障核设施安全意图，营造负责任大国形象，安抚乌克兰民众心理。四是明确目的防范抹黑。俄罗斯国防部明确表示，控制乌克兰核设施只为防止遭极端组织破坏，造成核事故并栽赃俄罗斯。

2 核设施可能面临的风险

俄乌冲突中，最直接的核风险来自乌克兰核设施，可能面临以下多种风险。

（1）导弹误击或蓄意破坏

军事冲突中，核设施可能受到导弹、火炮等现代武器装备的误击或遭蓄意破坏。例如，乌克兰2座核废物处置设施分别遭受炮击；实验中子源所在建筑物2次因炮击受损；多枚导弹飞过乌克兰核电站上方，特别是扎波罗热核电站多次遭到炮击造成破坏，7次失去外部电力供应，只能依靠应急柴油发电机，上述事件所幸未造成严重后果。

作者简介：高寒雨（1990—），女，硕士，高级工程师，现主要从事核工业情报研究工作。

（2）网络攻击

核设施可能成为网络攻击的目标，危及核设施安全运行。例如，2008—2010 年，美国与以色列使用“震网”病毒瘫痪伊朗核设施。2015 年，俄罗斯通过网络攻击中断乌克兰电力供应。

（3）核材料扩散

超过 2000 t 高放射性乏燃料贮存在扎波罗热核电站。此外，乌克兰每座核电站存有可用两年的核燃料。极端组织可能会趁战乱之际盗窃反应堆核燃料或乏燃料，制成脏弹对城市或民众进行攻击。

（4）堆芯熔毁

如果电力基础设施被击中，核电站与电网断开，备用发电机出现故障或燃油不足，可能会破坏反应堆的冷却系统，导致堆芯熔毁，伴随发生火灾或爆炸，破坏设施结构，导致放射性物质释放到设施以外。

（5）人员不足

战争期间，核电站工作人员可能无法轮班休息；如果出现装置或部件损坏，技术人员可能无法到达核设施进行紧急维修；一旦出现事故，参与救援的消防人员、工作人员可能无法及时到位。

3 未来风险预测

目前，国际核领域专家普遍认为放射性物质泄漏、核材料扩散、堆芯熔毁等情况发生的可能性相对较小。即使最终出现核事故，切尔诺贝利核事故也不会再次发生。按照风险发生可能性的高低，对乌克兰核设施未来面临的几种核安全与安保风险进行简要分析。

风险一：放射性物质泄漏。核设施被导弹误击或遭蓄意破坏，反应堆结构受损，发生放射性物质泄漏。

可能性较低。乌克兰核电站均为俄罗斯设计的 VVER 型压水堆（水-水高能反应堆），采用纵深防御策略，实施多道安全屏障，堆芯包容在 20 cm 厚的钢制密封压力容器内，外部采用厚约 1.1 m 钢筋混凝土、内衬 8 mm 钢板的安全壳结构，可抵抗一般性的炮弹打击或外部撞击。然而，乌克兰核电站采用单层安全壳，防护能力有限，难以承受导弹等现代武器打击，一旦被破坏将造成严重的放射性物质泄漏。此外，不排除极端组织可能蓄意破坏核设施，故意制造安全事件。

风险二：核材料扩散。在军事冲突中，由于可能的安保漏洞，造成放射性材料失窃或被抢，被极端组织用于制造脏弹，对城市或民众进行攻击。

可能性极低。乌克兰核设施中贮存核材料主要由堆芯核燃料、乏燃料与中低放废物等构成，前两者具有极强的放射性，在缺乏专业知识和专用设备的情况下无法取出和运输；后者经过废物整备处置，无法制成脏弹。

风险三：堆芯熔毁。例如，失去外部电力供应，且备用电源失效，反应堆堆芯可能因无法冷却而熔毁，伴随火灾或爆炸，破坏设施结构，放射性物质大量泄漏，发生类似日本福岛的核事故。

可能性极低。乌克兰每座核电站都配有备用发动机与柴油，保证在断开电网的情况下维持反应堆冷却系统正常运行。即使备用发电机被炸毁，在及时进行人工干预的情况下，反应堆也可紧急停堆；即使干预失败、堆芯熔毁，安全壳也可以包容放射性物质，防止其泄漏对环境和公众造成污染。

切尔诺贝利核事故不会再次发生。切尔诺贝利核电站的石墨沸水堆存在重大设计缺陷，工作人员多次违规操作，酿成极为严重的核事故。扎波罗热核电站 6 台机组都为 VVER 型压水堆，与切尔诺贝利核电站的堆型设计存在根本区别，安全性更高，不会出现瞬发超临界的严重事故。

4 建议

2023 年 4 月，英国皇家联合服务协会发布《危险目标：民用核基础设施与俄乌冲突》专题报告，提出改善军事冲突中核设施安全与安保的 3 组建议[1]：

（1）为确保乌克兰核安全与安保，国际社会应：

① 确保核电站工作人员的人身安全和切身利益，包括配备充足人员；

② 确保冲突结束后，有足够的工作人员恢复扎波罗热核电站运行；

③ 酌情将乏燃料安全运输到干式储存设施；

④ 评估高放废物储存设施的可用性，并在必要时认证更多储存能力；

⑤ 向应急服务和核电站运营商提供化学、生物、辐射和核、应急响应及其他必要设备、培训和支持；

⑥ 定期更新乌克兰核设施应急发电机的燃料供应情况及卡霍夫卡水库的水位情况；

⑦ 确保柴油燃料、维修部件等乌克兰核电站安全运行所需材料的安全供应；

⑧ 对蓄意制造的放射性事件采取威慑措施，对任何此类事件都将做出强烈回应。

（2）为减少未来冲突中对核安全与安保的潜在威胁，国际社会应：

① 作为国家威胁评估、设计基础威胁和更广泛的国防和安全规划的一部分，考虑并采取必要的预防和缓解措施；

② 将对军事进攻和占领核设施的考虑因素纳入国际原子能机构核安全与安保标准；

③ 在新建核电站的设计中加强实物防护；

④ 加固现有核电站。

（3）为确保核电站运行区的核安全与安保，国际社会应：

① 在核电站周围建立 1 公里的非军事区；

② 授予核电站关键安全、安保和应急响应系统特殊保护状态；

③ 在核电站周围作战的军队及相关国家的核监管机构或其他当局建立解除冲突电话热线；

④ 制定有关在核电站附近实施网络和电磁活动产生影响的法规。

5 小结

这是人类历史上首次在大型核设施附近爆发军事冲突，引发国际社会严重关切。乌克兰核设施多次遭到炮击或武器威胁，对其核安全与安保构成严峻挑战。未来几十年全球核反应堆数量预计将不断增长，很可能这将不是最后一次大型核设施直面军事冲突带来的风险。通过目前研判，乌克兰核设施被直接攻击的可能性较小，不太可能发生严重核安全与安保事故，切尔诺贝利核事故不会再次发生。国际社会应采取多项措施，特别是制定在核电站附近开展军事行动的应对措施降低乌克兰核设施面临的直接风险，减少未来冲突对核安全与安保的潜在威胁。

参考文献：

[1] DOLZIKOVA D, WATLING J. Dangerous targets: civilian nuclear infrastructure and the war in Ukraine [EB/OL]. (2023-04-28) [2023-08-01]. https://www.rusi.org/explore-our-research/publications/special-resources/dangerous-targets-civilian-nuclear-infrastructure-and-war-ukraine.

Analysis of Ukraine's civilian nuclear infrastructure safety during Russia-Ukraine conflict

GAO Han-yu, LI Xiao-jie, YUAN Yong-long

(China Institute of Nuclear Industry Strategy, Beijing 10048, China)

Abstract: Russia and Ukraine conflict on 24 February 2022 saw the strike or threat on nuclear infrastructure in Ukraine, which would possibly lead to radioactive material leaks, nuclear material proliferation, core meltdown and other severe nuclear safety and security risk. This is first instance of an operational nuclear power plant directly targeted as part of a military operation which has aroused great concern in the international community. This paper seeks to assess the risks the ongoing war poses to nuclear power plant in Ukraine and to draw preliminary conclusions from these events to improve the safety and security of nuclear power plant in conflict.

Key words: Nuclear infrastructure; Nuclear safety risk; Russia-Ukraine conflict

日本钠冷快堆进展研究

付　玉，江舸帆，仇若萌，马荣芳，李晨曦

（中核战略规划研究总院，北京　100048）

摘　要： 日本锲而不舍地推进快中子反应堆开发。在科研设施方面，先后建造了"常阳""文殊"快堆，不过二者皆遭遇严重事故，"文殊"快堆被迫退役，现已完成堆内乏燃料移除，"长阳"近日通过重启安全审查，最快将于2025年恢复运行。在科学技术方面，日本一方面持续推进自主研发，近期开发了ARKADIA综合设计评估方法，提出了使用粒子法更加快速简便地模拟蒸汽发生器破损引发的钠水反应，开发了包含碳化硼和不锈钢材料的热物性数据库；另一方面积极寻求国际合作，先后参与法国、美国的快堆研发计划，持续提升快堆开发技术能力。

关键词： 日本；快堆；钠冷；进展

快中子增殖反应堆（简称"快堆"）因为可以更高效地利用铀资源，实现放射性废物的减容减毒，同时具有更好的防扩散性能，是第四代先进核能系统的优选堆型，受到核工业界的广泛关注。钠冷快堆是用金属钠作为冷却剂的反应堆。

1　钠冷快堆发展历史

日本快堆技术起步很早，从1961年就开始了相关研究。1970年日本开始建造第一座钠冷实验快堆"常阳"，1977年达到临界状态。"常阳"快堆使用混合氧化物（MOX）燃料，原始输出功率50 MW，后于1979年、1983年和2000年将输出功率分别提高至75 MW、100 MW和140 MW。"常阳"2007年发生堆内螺栓脱落事故，暂停运行至今，其为后来的"文殊"原型快堆研发积累了宝贵经验。日本原子能机构（JAEA）2020年9月向日本原子能规制委员会提交重启"常阳"的新安全标准适应性审查申请。2023年5月，日本原子能规制委员会拟决定批准"常阳"反应堆重启，认为JAEA提出的应对钠火灾或堆芯损坏的措施符合监管标准，有望在征求公众意见后正式批准"常阳"重启。JAEA计划于2024年末恢复"常阳"运行，主要用其开展燃料和材料的辐照试验、研究放射性废物减容减毒技术和生产医用放射性同位素，以及为研发高燃耗燃料与高性能材料提供支持。

1985年，日本启动"文殊"钠冷原型堆的研发工作。"文殊"原型堆使用MOX燃料，设计热功率为714 MW，1994年投入运行，1995年因发生钠泄漏事故停运，后于2016年宣布退役。2018年，日本原子能规制委员会批准JAEA提交的"文殊"快堆退役计划。退役工作将持续至2047年，主要包括取出堆内乏燃料、取出钠冷却剂、拆除设备和拆除反应堆厂房4个阶段。2022年10月，JAEA已将堆内全部乏燃料转移至冷却水池。

2014年，日本开始参加法国的ASTRID快堆计划，双方在快堆燃料、严重事故和其他技术领域方面开展了深入合作，该计划于2019年8月被法国政府暂停。2020年1月，日法双方关于发展快堆的第二个五年协议生效，在前期工作的基础上，新的研发重点转向快堆的安全性，日本的快堆路线也从环路设计转移到池式设计。2020年9月，JAEA表示"由于高可靠性和出色的经济性，钠冷快堆是第四代核能系统中最有前景的技术之一"。

2022年1月，JAEA宣布将与三菱重工公司和三菱快堆系统公司通过技术合作共同参与美国泰拉能源公司和美国能源部合作推动的钠冷快堆开发计划，各方将共享与先进钠冷快堆技术相关的数据和资源。

作者简介： 付玉（1991—），男，硕士研究生，助理研究员，现主要从事核科技情报研究。

2 近期研发进展

JAEA 发布《2021—2022 年研发工作综述》[1]，披露了其近期在快堆研究方面的工作进展。

2.1 先进综合设计评估方法

快堆和先进反应堆研发部门正开发先进的综合设计评估方法（ARKADIA）。ARKADIA 是一套贯穿整个核电厂生命周期的先进反应堆知识和人工智能辅助设计集成方法，包括知识管理系统、虚拟电厂寿命系统和增强的 AI 辅助优化系统 3 个用于快堆研发的系统，这 3 个系统通过 AI 辅助平台进行集成，可用于设计指标评估和设计选项自动优化。

ARKADIA 的评估范围包括日本和海外的尖端技术、安全性提升技术、放射性废物减容减毒技术、快堆经济性提升技术、燃料循环技术（燃料制造与后处理），以及安全准则、规范和标准的开发/标准化等。

2.2 反应堆设计

在钠冷快堆中，每个燃料组件上方都安装有用于监测堆芯工作状态的管路。反应堆上部堆芯构件（ACS）设计开发的重点之一就是将热电偶和失效燃料检测定位系统等进行集成。JAEA 基于 3D - CAD 的方法开展了 ACS 相关的研究工作，这也是日法两国快堆研发合作项目的一部分。

另外，JAEA 还通过改善控制棒计算方法提高大型快堆功率分配计算的精度，利用辐照诱发的点缺陷行为评估方法来优化堆芯材料合金成分。

2.3 安全性提升

在严重事故中，必须确保反应堆内堆芯受损材料的长期可冷却性。虽然用作控制棒的碳化硼的熔化温度为 2273 K，但由于其会与包壳管中使用的不锈钢接触发生化学反应，碳化硼可能在其熔化温度以下即发生熔化。JAEA 开展了严重事故下快堆堆芯受损材料迁移行为研究，开发了包纳碳化硼的不锈钢材料的热物理性质数据库，用于研发和改进严重事故分析计算模型。

为了提高快堆安全性，JAEA 研究了使用浸入式直接热交换器的余热排出系统。该系统可在电厂失去外部电源的情况下工作，对来自堆芯的高温钠进行冷却，再使其通过自然循环返回堆芯。

为防止堆芯破裂事故发生，JAEA 开发了带内导管结构的燃料组件，开发了用作燃料包壳的氧化物掺杂强化钢材料。

2.4 后处理

JAEA 开发了基于轻稀土元素和重稀土元素行为差异的色谱萃取技术，可以提高三价次锕系元素的回收率。另外，还利用中子共振成像技术研究改进色谱萃取流程，以提高次锕系元素的回收纯度。

3 小结

虽然日本的快堆研发道路一波三折，但日本政府从未动摇发展快堆的决心。日本是世界上为数不多具备自主设计、建造、运行快堆能力的国家之一，在快堆领域拥有深厚的技术基础。福岛核事故后，日本的核能发展路线更加注重安全性，今后与快堆相关的研发工作也将更加聚焦于提升安全性和经济性。

参考文献：

[1] Jopan Atomic Force Research Institute. JAEA R&D review [R]. Ibaraki - ken: Japan Atomic Energy Agency, 2006.

Research on the development of sodium-cooled fast reactor in Japan

FU Yu, JIANG Ge-fan, QIU Ruo-meng, MA Rong-fang, LI Chen-xi

(China Institute of Nuclear Industry Strategy, Beijing 100048, China)

Abstract: Japan persistently promotes the development of fast neutron reactors. The "Joyo" and "Minju" fast reactors have been built successively, nevertheless both have suffered serious accidents. The "Minju" fast reactor was forced to retire and removal of spent fuel from the reactor was completed. "Joyo" was approved to resume operation after a safety review and will restart as soon as 2025. Japan continues to promote independent R&D on fast reactor technology. Recently, Japan developed the ARKADIA comprehensive design evaluation method, proposed a particle method to simulate the sodium-water Chemically Reacting Flows caused by steam generator damage more quickly and conveniently and developed a thermophysical database containing boron carbide and stainless steel materials. In addition, Japan cooperates with France and the United States by participating in their fast reactor R&D programs to leverage international resources to improve its fast reactor development capability.

Key words: Japan; Fast reactor; Sodium-cooled; Development

日本核工业组织管理体系概况

杨　涛，龚　游，刘乙竹

（中国原子能科学研究院，北京　102413）

摘　要：日本高度重视核工业发展，拥有门类齐全、系统的核工业体系和扎实的核科技研发能力，全国从事核科技研发的专门或相关单位达 600 余家，形成了完备的核工业产业链，这离不开其完善的核工业组织管理体系。经过几十年的发展，日本核工业形成了以《原子能基本法》为指导，内阁首相领导决策，内阁府、经济产业省、环境省、文部科学省、外务省五大政府部门统筹管理，JAEA 等核科研机构具体执行，各社会团体和专业化公司共同参与的组织管理体系，为推动日本核工业建设和发展提供了重要支撑。

关键词：日本；核工业；监管

日本拥有完备和系统的核工业组织体系，包含决策、管理、执行层面等分工明确的机构（图 1）。

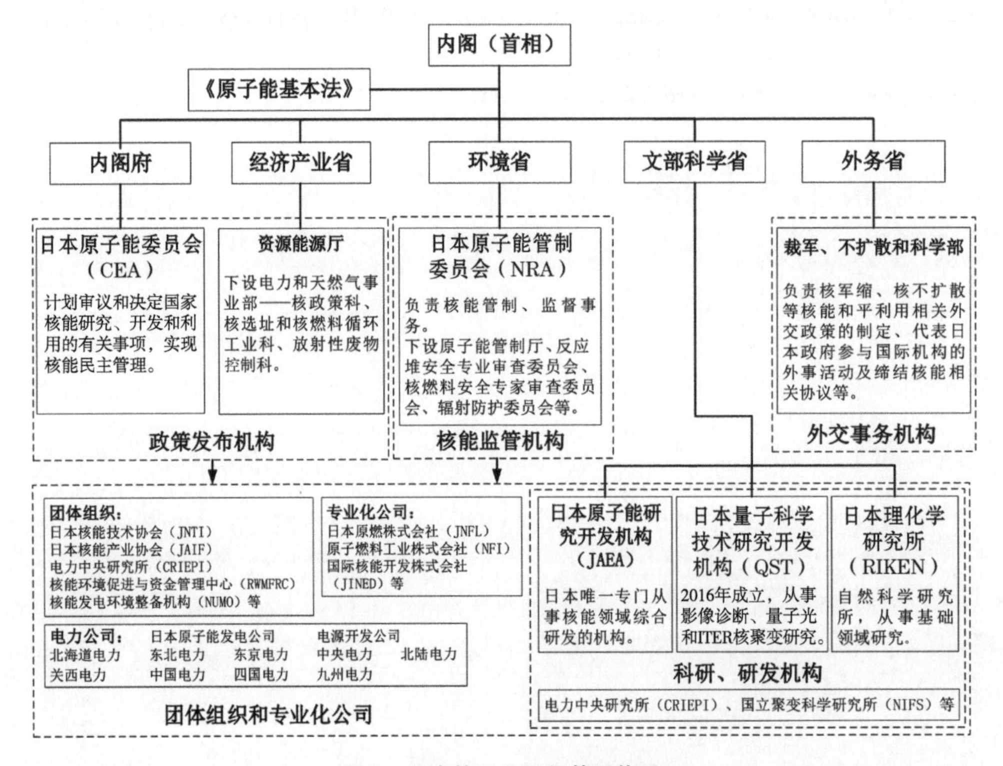

图 1　日本核工业组织管理体系

日本于 1955 年颁布了《原子能基本法》，规定了日本原子能政策的基本方针。日本核工业由内阁政府主导，各省厅发布相关政策并参与管理，各研究机构及专业化公司负责政策落实并助力实现核能和平利用，共同建立了强大的核工业体系[1]。本文主要介绍与日本核工业有关的主要政府主管机构、主要科研机构及相关社会团体和专业化公司，从组织模式及管理体系上对日本核工业情况作简要概述。

作者简介：杨涛（1992—），男，研究生，助理研究员，现主要从事图书情报工作。

1 主要政府主管机构

内阁是日本的最高行政机关，总理日本国务。首相（内阁总理大臣）是内阁的首长和日本政府首脑，领导各行政机关运作。日本内阁由内阁官房、其他内阁机构（国家安全委员会、人事院、内阁法制局）、中央省厅行政机构（1府12省厅）组成。在中央省厅行政机构中，日本与核能政策有关的部门主要包括内阁府、经济产业省、环境省、文部科学省与外务省[2]。此外，总务省、厚生劳动省、农林水产省、国土交通省也在各自领域参与核能相关工作。

在日本核能法规体系中，《原子能基本法》位于最高层级，其根本性地确立了日本对于核能利用的基本理念，即通过鼓励对原子能的研究、开发和利用，确保未来能源，促进科学和技术进步，推动工业发展，提高人类社会福祉和生活水平。

1.1 内阁府

内阁府负责管理日本的经济财政、科学技术、防灾政事及各级政府的制度等。内阁府下设日本原子能委员会（CEA），该委员会作为制定日本核政策大纲的最高行政机构，目的是计划审议和决定国家核能研究、开发和利用的有关事项，并实现核能民主管理。CEA主要行使以下职责：①研究、开发和利用核能；②协调行政机关核能使用的相关事务；③收集和调查有关核能使用的材料，编制和调查统计数据；④依法规划、审议和决定管辖的事务和其他核能利用的重要事项。福岛核事故后，CEA进行了大规模的削减，仅保留一个专业小组委员会——放射性废物专业小组委员会。此外，CEA还设置了事务局——原子能政策担当室，负责CEA的综合事务并协调各核能相关行政机构。

1.2 经济产业省

经济产业省是日本经济、工业发展及矿产资源、能源资源供应的行政管理部门。经济产业省下属资源能源厅负责发布煤炭、石油、煤气等及新能源（核能、太阳能、风能等）相关政策，确保矿产资源和能源的稳定高效供应，并促进其合理利用。资源能源厅下设电力和天然气事业部，主管核能利用和处置相关事项。电力和天然气事业部下设的与核有关的单位包括核政策科、核选址和核燃料循环工业科、放射性废物控制科。

核政策科主要负责：①核能相关政策；②与能源利用有关的核能技术发展；③与JAEA在技术上建立核燃料循环所需的有关业务。

核选址和核燃料循环工业科主要负责：①确保核原料和核燃料材料的稳定和高效供应；②核原料和核燃料材料相关事项；③与核原料和核燃料材料及放射性废物有关的能源利用技术发展；④发展、改进和协调与经济产业省管辖的核处置有关的处置业务；⑤推进核电设施建设。

放射性废物控制科主要负责：①与能源有关的放射性废物技术发展；②发展、改进和协调与经济产业省管辖的核处置有关的处置业务。

1.3 环境省

环境省负责环境保护、防止公害、废弃物对策及环境整备。环境省下设日本原子能管制委员会（NRA），负责核能管制、监督事务。NRA作为环境省的外局，取代了之前的原子能安全保安院及原子能安全委员会。NRA设有4个审议委员会，分别是：反应堆安全专业审查委员会、核燃料安全专家审查委员会、辐射防护委员会、国立研究开发法人审查委员会。NRA之下还设有原子能管制厅作为委员会的事务局，在日本全国各核能设施附近设有事务所，以就近履行监督工作。此外，环境省还设立了原子能安全人才育成中心，负责NRA职员的教育培训，以及反应堆和核燃料相关操作主管的国家资格考试管理。

1.4 文部科学省

文部科学省负责统筹日本国内的教育、科学技术、学术、文化和体育等事务，下设日本原子能研究开发机构（JAEA）、日本量子科学技术研究开发机构（QST）、日本理化学研究所（RIKEN），是日本核工业科技研发的主要机构（“2 主要科研机构”中详细概述）。

1.5 外务省

外务省主要负责核军缩、核不扩散等核能和平利用相关外交政策的制定，代表日本政府参与国际机构的外事活动，以及缔结核能相关协议等。外务省已签署的核能和平利用相关国际条约包括尽早通报核事故公约、核事故或辐射紧急情况下援助公约、核安全公约、放射性废物安全公约、核损害补充赔偿公约（CSC）、核材料实物保护公约修正案、制止核恐怖主义行为国际公约等；签署的核军缩相关条约包括不扩散核武器条约（NPT）、全面禁止核试验条约（CTBT）和禁止生产核武器用裂变材料条约（FMCT）等。

2 主要科研机构

2.1 日本原子能研究开发机构（JAEA）

JAEA成立于2005年10月1日，是日本唯一一家专门从事核能领域综合研发的机构，由日本核燃料循环开发机构（JNC）和日本原子能研究所（JAERI）两个机构合并而成。JAEA的职责是在确保安全的前提下，系统、全面地开展核能领域研发和高效利用，确保能源稳定供应，解决环境问题，开展科技产业革新，并推广研发成果，为社会和人民谋福利。

JAEA下辖六大研究和开发部门，分别是：快堆和先进反应堆研发部（下设高温气冷堆研究开发中心、敦贺综合研究开发中心），福岛研发部（下设退役国际共同研究中心、楢叶远程技术开发中心、大熊分析研究中心），核安全研究和应急准备部（下设安全研究中心、核应急援助和培训中心），核燃料退役和废物管理技术开发部（下设地层处置研究开发推进部门），敦贺区退役示范部（下设原型快堆文殊退役管理部门、先进热堆普贤退役管理部门），核科学研究部（下设尖端基础研究中心、核基础工程研究中心、物质科学研究中心、J-PARC中心）。

JAEA目前主要从事工作有：①东京电力公司福岛第一核电站事故处理相关研发；②对核安全监管等提供技术支持及安全研究；③进行提高核能安全性的研究开发及有助于核不扩散和核安全的活动；④核能基础研究与人才培养；⑤快堆、先进堆的研究开发；⑥核燃料循环有关的后处理、燃料制造及放射性废物处理处置的研究开发等；⑦敦贺地区核设施退役示范活动；⑧加强与产学官合作并开展促进社会信任的活动。根据中长期计划，JAEA重点研究领域放在：应对福岛第一核电站事故、提高核能安全性研究、核燃料循环研发、放射性废物处理处置技术开发4个方面。

JAEA目前拥有多个研发基地，它们遍布日本各地，担负不同科研任务，并拥有反应堆、加速器、放化等众多大型核科研设施（表1），包括文殊（Monju）快中子原型堆、先进热中子堆普贤（Fugen）、实验堆常阳（Joyo）、高温工程试验堆（HTTR）、材料试验堆（JMTR），同步辐射光源，反应堆退役、高放废物研究中心等。

表1 JAEA研发中心和大型核科研设施

JAEA研发中心	具体研究内容
幌延地下研究中心	高放废物研究
敦贺事业总部	文殊（Monju）快中子原型堆、先进热中子堆普贤（Fugen）退役
人形峠环境工程中心	铀浓缩厂退役
播磨同步辐射光源RI实验室	光子与同步加速器辐射科学

续表

JAEA 研发中心	具体研究内容
东浓地科学中心	从事地层科学研究
大洗研究所	实验堆常阳（Joyo）、高温工程试验堆（HTTR）、材料试验堆（JMTR），以及快堆循环商业应用在内的先进反应堆研究
福岛研究开发中心	环境科学、辐射监测、远程操作设备（机器人）、放射性废物等研究
青森研究开发中心	反应堆退役、环境样品微量元素分析等
东海地区	核科学研究所、J-PARC 中心、核燃料循环工程研究所

2.2 日本量子科学技术研究开发机构（QST）

2016 年，日本放射线医学综合研究所和 JAEA 的量子束部门和核聚变部门重组合并，组建 QST，该机构隶属于文部科学省管辖。QST 主要进行影像诊断学、量子光（电离辐射、高强度激光、同步辐射）和国际热核聚变实验堆（ITER）核聚变方面的研究。

2.3 日本理化学研究所（RIKEN）

RIKEN 是日本资本主义之父涩泽荣一于 1917 年设立的大型自然科学研究机构，二战期间曾为日本的核研究机构。目前，RIKEN 主要在物理、工程、化学、数学和信息科学、计算科学、生物学和医学等基础领域开展研究。RIKEN 的下属研究单位仁科加速器研究中心，主要从事核基础物理方面的研究，该中心的重离子加速器设施（RIBF）中的超导回旋加速器（SRC）是目前世界上光束能量最大的回旋加速器。RIKEN 下还设有同步辐射科学研究中心，拥有“SPring - 8”大型同步辐射设施和“SACLA”X 射线自由电子激光设施。

2.4 其他

日本电力中央研究所（CRIEPI）是一个研究机构，从事与电力业务相关的科学技术、经济和政策的研究与开发。其下设能源转型研究部——核技术研究所，致力于开发支持商业轻水反应堆发电厂运行和维护的基础技术、开发合理的废物辐射安全保障方法、根据低剂量辐射的生物效应评估、开展辐射防护研究和信息传播及开发创新的核燃料循环和新型反应堆等。电力中央研究所还拥有核风险研究中心（NRRC），旨在帮助日本核工业界不断评估和管理核设施的风险，从而保证核设施及民众的安全。

日本还成立了国立聚变科学研究所（NIFS），旨在通过理论、实验和精确观测，开展核聚变技术研究。

3 相关社会团体和专业化公司

3.1 主要社会团体

日本核能技术协会（JNTI）与核电运营商独立，致力于发展技术基础，促进自主安全活动，是成立于 2005 年的一般社团法人，旨在支援和引导核能产业界。

日本核能产业协会（JAIF）以前是文部科学省所管的社团法人，后随公益法人制度改革转变为一般社团法人。JAIF 旨在促进核技术的开发利用，以后代的可持续发展做出贡献为目标，最大限度地和平开发利用核能。

核能环境促进与资金管理中心（RWMFRC）是从事与处置相关的研究和资金管理的组织。主要开展关于低、高放射性废物和 TRU 废物处置的地质、海洋环境和处置技术的调查研究，并开展相应宣传活动。

核能发电环境整备机构（NUMO）负责将乏燃料产生的高放废物（玻璃固化体）等进行最终处置（地层处置）。该机构负责最终处置项目的所有环节，包括最终处置场建设地点的选择、最终处置的实施及处置场关闭后的管理。

3.2 主要专业化公司

日本原燃株式会社（JNFL）是一家日本非上市公司，从事核燃料循环的商业应用。JNFL 拥有诸多工厂和设施，包括后处理厂、玻璃固化废物储存中心、MOX 燃料制造厂、铀浓缩厂、低放射性废物处理中心。该公司的业务范围包括：①铀浓缩；②乏核燃料的后处理；③临时储存从海外后处理厂返回的核燃料材料和废物；④低放射性废物的处置；⑤混合氧化物燃料制造；⑥铀、低放射性废物、乏燃料等的运输；⑦与上述活动相关的其他业务。

原子燃料工业株式会社（NFI）成立于 1972 年，是东芝能源系统株式会社的全资子公司，是一家综合性核燃料公司。作为日本唯一的沸水堆和压水堆燃料制造商，为日本几乎所有核电站提供高质量的燃料。NFI 还进行 MOX 燃料制造和先进反应堆燃料开发［如高温气冷反应堆（HTR）］。此外，NFI 还提供反应堆堆芯管理和安全规划方面的相关软件和维护，以及结构无损检测服务。

国际核能开发株式会社（JINED）是经济产业省领头，由日本国内的 9 家电力公司、3 家制造商和产业革新投资机构出资，该公司为日本境外获得核电项目开展提案活动及相关调查工作。

3.3 电力公司

1951 年，日本建立了 9 个电力公司，即北海道、东北、东京、中部、北陆、关西、中国、四国和九州电力公司。九大电力公司与冲绳地区的冲绳电力公司一起，分别管理全国 10 个区域的发电、输配电建设和运营业务。1952 年和 1957 年，又先后建立了日本电源开发公司（J-POWER）和日本原子能开发公司（JAPC），从事水电、煤电和核电的开发。由于日本的电力行业主要由私有、独立的地区性电力公司组成，这些公司间紧密的合作是电力行业高效运行的首要条件。因此，电力公司共同成立了电气事业联合会（FEPC），以促进电力行业的协调运行。

4 结论

日本拥有完备的核工业组织管理体系，政策出台、核能监管、科学研究、外交宣传等机构各司其职，共同为日本核工业产业保驾护航。日本原子能委员会、经济产业省出台相关政策，引领日本核工业发展方向；环境省负责监管，确保核安全与事故应急决策；文部科学省统筹管理核领域相关研究单位，统领 JAEA 等研究机构进行核产业链各环节研发，为日本核工业发展提供技术支撑；外务省负责外事活动的统筹管理，制定核军缩、核不扩散、核能和平利用等相关外交政策。日本涉核团体组织也致力于技术发展、应用和推广，促进了日本核工业的进步。此外，日本各有关公司在燃料制造、重型设备制造、核燃料循环、退役治理、电力供应等环节开展了持续深入研究，共同推进日本核工业体系不断发展壮大。

参考文献：

［1］ 刘尚源，杜建，魏然，等．日本核能法规标准体系及监管机制研究［J］．中国标准化，2021，592（19）：246-252.

［2］ 伍浩松．日本核工业概况［J］．国外核新闻，2011（3）：17-27.

Overview of organization and management system of nuclear industry in Japan

YANG Tao, GONG You, LIU Yi-zhu

(China Institute of Atomic Energy, Beijing 102413, China)

Abstract: Japan attaches great importance to the development of the nuclear industry. It has a complete and systematic nuclear industry system and solid research and development capabilities of nuclear science and technology. There are more than 600 specialized or related institutions engaged in nuclear science and technology research and development nationwide. Japan has established a complete nuclear industry industry chain. All these can not do without its perfect organization and management system of nuclear industry. In the past decades of development, Japan has formed a sound organization and management system of the nuclear industry. In the system, "Atomic Energy Basic Act" is the law for guidance, the Prime Minister of the Cabinet takes leadership and makes decisions. Cabinet Office; Ministry of Economy, Trade and Industry; Ministry of Environment; Ministry of Education, Culture, Sports, Science and Technology; Ministry of Foreign Affairs coordinately make overall management, JAEA and other nuclear research institutions take implementation, and various social groups and specialized companies participate in the management. The system provides important support for promoting growth and development of Japan's nuclear industry.

Key words: Japan; Nuclear industry; Supervise

日本发布推进医用放射性同位素生产和应用的行动计划

刘乙竹，龚　游，王新燕，宋敏娜，杨　涛

（中国原子能科学研究院，北京　102413）

摘　要：目前，日本国内所需的许多放射性同位素尚不能实现国产化供应，特别是医疗诊断中应用最多的钼-99和锝-99 m由于种种原因全部依赖于进口。在此背景下，日本发布了《推进医用放射性同位素生产和应用的行动计划》。从国家战略层面统筹部署了利用研究堆和加速器开展同位素研发和推动同位素临床应用的行动方案，提出了未来十年要力争实现的四大目标和相应的行动举措。通过多方合作切实推进医用放射性同位素的国产化研发和供应，不断提升国民福祉，保障经济安全。本文将对其中重点内容进行分析解读。

关键词：医用放射性同位素；日本；行动计划

2022年5月31日，日本原子能委员会（AEC）发布了《推进医用放射性同位素生产和应用的行动计划》[1]（以下简称《行动计划》），从国家战略层面统筹部署了利用研究堆和加速器开展同位素研发和推动同位素临床应用的行动方案，提出了未来十年要力争实现的四大目标和相应的行动举措。该行动计划强烈呼吁日本相关中央部委、国立研发机构、高校及企业等利益相关方联合行动，采取针对性措施切实推进国产医用放射性同位素研发和供应，不断提升国民福祉，保障经济安全。

1　《行动计划》背景

放射性同位素在医疗和工农业领域的应用日益频繁，尤其是在医疗领域。通过普及使用放射性同位素进行诊断和治疗，一方面将充实日本的医疗体制，从而为提高国民福祉作出贡献；另一方面将产生较高的经济效益，有助于保障经济安全。当前，世界许多国家均将医用放射性同位素生产和应用的研究上升到国家政策的高度。在这种背景下，日本政府在2021年6月发布的《增长战略后续行动》中提出“要推进利用研究堆进行放射性同位素的生产”，加快推动放射性同位素的国产化研究和自主化供应[2]。

2021年11月，AEC增设了“医用放射性同位素生产和应用专业分会”，针对推进以医用为首要用途的放射性同位素生产和应用的问题同相关中央部委等进行研讨，最终制订形成了《行动计划》。该行动计划在经过多次讨论修订后已被日本原子能规制委员会（NRA）审核通过，并于2022年5月31日正式发布。

2　国际近期动向

2.1　美国和欧盟

欧美国家从战略层面出发，投入了大量资金，加速构建基于研究堆和加速器的放射性同位素的生产和供应网络。

美国能源部（DOE）设立了同位素项目（IP），统一推进美国国内短缺的放射性同位素和浓缩稳定同位素的生产和供应，并布局开展同位素新型制备工艺的研发，在全美国构建放射性同位素的生产供应网络。该项目在DOE的2022财年预算中获得了9000万美元，较2017财年增长了约3倍。此外，DOE还设立了同位素研发和生产项目（IDPRA），积极地为大学和研究机构提供财政援助，以期维持放射性同位素的供需平衡。

作者简介：刘乙竹（1993—），女，馆员，现主要从事核科技情报工作。

欧盟委员会于2021年2月通过《医疗电离辐射应用战略议程》（SAMIRA）行动计划，并将“确保医用放射性同位素的供应”列为优先项目之一，同时推进旨在加快开发和引进新型放射性同位素及其生产工艺的欧盟放射性同位素储备计划（ERVI）。2021年5月，作为欧盟“地平线2020”项目之一的医用放射性同位素项目（PRISMAP）启动，来自13个国家的23个合作伙伴将构建一个放射性同位素的供应链网络，为医学研究提供高纯度级的新型放射性同位素。

2.2 日本

日本放射性同位素大多依赖进口，随着研究堆逐渐重启，将加快推进国产化研发进程。

在日本国内，日本原子能研究开发机构（JAEA）、日本理化学研究所（RIKEN）分别利用其拥有的研究堆和加速器生产了多种放射性同位素。但由于政策要求，从1995年开始日本国内生产的放射性同位素仅限于需求量大的钴-60、铱-192和金-198。对于医疗诊断中应用最多的钼-99、锝-99m，虽进行了技术开发，但也因种种原因，目前全部依赖于进口。2011年，日本曾制订行动计划提出了利用材料试验堆JMTR和沸水堆核电站生产钼-99和锝-99 m，但受福岛核事故影响，该行动计划难以实施。

目前，日本国内核医学治疗对放射性同位素的需求还在不断增加。核医学治疗的恶性肿瘤病例在1997—2017年的20年间增加了约4.5倍。随着2021年JAEA拥有的JRR-3研究堆恢复运行，面向钼-99和锝-99m生产的辐照试验也正在开展。同时，“常阳”实验快堆也于2023年5月通过NRA的安全审查，预计于2025年3月重启。重启后JAEA计划利用其生产锕-225，应用该放射性同位素的药剂在治疗前列腺癌方面因其显著效果而备受关注[3]。

3 行动举措

该《行动计划》提出了四大目标，力争在10年内全部完成：一是通过钼-99和锝-99 m的部分国产化构建稳定的核医学诊断体系；二是向接受核医学治疗的患者提供国产放射性同位素；三是在医疗一线普及核医学治疗；四是在医用放射性同位素领域打造日本“优势”。为此，该《行动计划》提出以下四方面行动举措。

3.1 推进钼-99、锝-99m、锕-225、砹-211 4种重要放射性同位素的国产化和稳定供应工作

3.1.1 目标

一是对于钼-99和锝-99m，应尽可能在2027财年①内通过研究堆生产能满足约三成国内需求的产量，并供应给国内使用；二是对于锕-225，计划在2026财年前使用“常阳”实验快堆对生产工艺进行示范；三是对于砹-211，计划在2028财年验证放射性药物^{211}At-NaAt的有效性。

3.1.2 举措

对于钼-99和锝-99m。一是打通JRR-3产钼-99和锝-99m的分离、提取、浓缩等技术环节，构建政府、同位素生产方、制药企业间的协作体制，确保2023财年前打通JRR-3产钼-99和锝-99m的供货渠道；二是JAEA在2025财年前开始向相关制药企业供应研究堆JRR-3产的钼-99和锝-99m，实现供应量占全年国内需求量二至三成的生产目标；三是推进制药企业自行使用加速器产放射性同位素等新工艺，并要求厚生劳动省进行药物认证审查、修改放射性药物标准等；四是当钼-99和锝-99m遇突发情况无法按规定正常运输时，国土交通省可在考虑安全因素的前提下灵活运用制度继续运输；五是参与制定国际供应链的探讨，以确保在满足国内需求且尚有盈余的前提下实现对外出口。

对于锕-225。一是以利用锕-225的α射线靶向同位素制剂的早期药物申请为目标，加快启动临床试验的步伐，通过生产方、政府、研发方三者的合作，开始正式使用加速器生产锕-225；二是在

① 日本财年计算方法是从每年4月1日至次年3月31日。

“常阳”实验快堆恢复运行前，由JAEA领头进一步探讨保障锕-225的原料镭-226的供应方案，包括与国际供应网络的对接，以应对未来不断扩大的需求；三是鼓励灵活利用竞争性研究经费等制度，促进大学和研究机构针对锕-225的靶向同位素治疗开展多种工艺研发。

对于砹-211。一是通过竞争性研究经费等机制支持大学和研究机构开展砹-211放射性药物的相关基础和应用研发，并扩展非临床领域的研发；二是通过“短寿命放射性同位素供应平台”等项目构建砹-211的生产供应网络，实现砹-211的稳定供应；三是加强从砹-211生产到新型放射性药物制备的全工艺流程的知识产权保护，从而维持和发挥“日本优势”。

3.2 完善医疗一线放射性同位素应用的制度和体制

3.2.1 目标

一是在2030财年前，将接受核医学治疗，包括使用今后新引进的核医学治疗药物的平均等待月数控制在平均2个月的水平；二是调查其他国家对钍-227的应用及监管情况，从国家层面讨论是否修改法律法规，并得出结论；三是在推广使用方面，解决是否采用与现存的PET制剂相同的储存管理机制来储存镓-68PET制剂的问题，在此基础上，从国家层面讨论是否修改法律法规，并得出结论。

3.2.2 举措

完善可开展核医学治疗的病房。一是继续推进使用采取适当防护措施和防污染措施的普通病房，即“特殊措施病房”，减少开展核医疗所需的大规模设施改造和维护经费；二是鼓励学术协会和相关公益法人向医疗机构宣传和普及特殊措施病房的使用事宜。

完善核医学治疗新药应用的制度和体制。一是调查国外钍-227的应用情况和管制情况，同时与管制方合作梳理出日本国内的临床试验方法和作为药物的应用形态、这些应用形态各自的钍用量、安全保障方案等，在此基础上，从国家层面探讨是否修改法律法规，并得出结论；二是就PET4核素之外的镓-68等PET制剂是否采取与现有PET制剂相同的储存管理体制进行梳理，从国家层面探讨是否修改法律法规，并得出结论；三是针对以镥-177药物为代表的海外新型放射性药物在本土的用药申请，应当在用药审批、放射性药物标准的修改等方面采取适当应对措施。

3.3 推进放射性同位素的国产化研发

3.3.1 目标

一是在2025财年前，掌握利用研究堆等生产钼-99和锝-99m的国产化技术，力求满足约三成的国内需求；二是在2026财年前完成“常阳”实验快堆生产锕-225的工艺验证，并采取一系列举措建立锕-225国产化所必需的体制；三是在2023财年前完善核医学治疗药物非临床试验的相关指南。

3.3.2 举措

推进有助于放射性同位素生产和应用的研究。一是从国家层面和长远角度出发，为设施完善、技术开发、燃料采购、乏燃料管理等所需的经费和人力提供支持；二是搭建“短寿命放射性同位素供应平台”，使具备研究堆和加速器生产放射性同位素能力的机构形成网络，并促进这些机构与利用放射性同位素的研究人员之间进行匹配；三是从国家层面促进放射性同位素的生产者—研发者—政府三方间的合作，并完善用于非临床试验和临床试验的设备；四是发挥风投企业在推动大学和研究机构的研究成果转化中的作用，鼓励中央政府和地方政府采取灵活的支持措施，加快研究成果转化的速度。

完善放射性药物非临床试验相关制度。一是厚生劳动省应在2023财年前制定核医学治疗药物非临床试验的相关指导方针；二是关于在非临床试验阶段中接受以放射性同位素给药的动物等为代表的、含有放射性同位素试料的处理，在2024财年前理清开展研究的具体方法、安全保障措施及要求修改相关内容时的管制措施等。在此基础上，从国家层面探讨是否修改法律法规，并得出结论。

3.4 强化放射性同位素生产和应用的研究基础、人才及网络

3.4.1 目标

一是在关注与禁止垄断法等法律法规之间关系的同时，探讨统筹日本国内外供需双方的必要能力，在2023财年前确定工作的方向，在2025财年前建立和完善相应的体制；二是重新考虑必须进行焚烧、固化、存储和处置的医用放射性污染物的解决方案，建立、完善和处置合理化相关的规定。

3.4.2 举措

培养从事放射性同位素生产和应用的人才。一是探讨包括加速器、研究堆、放化处理设施在内的多种设施间人才培养交流合作方式；二是在修订药学教育模式核心课程的相关讨论中，探讨放射性同位素相关教育教学的定位；三是灵活运用核医学专科医生、诊疗放射技师、医学物理师等与核医学治疗相关的医疗工种，特别是针对医学物理师，医院必须完善相关机制，更加积极地聘用专职人员。

强化推进放射性同位素国产化的供应链。一是研究制定鼓励本土制药企业使用国产放射性同位素的激励机制，以便在与国外产品的竞争中获胜；二是在放射性同位素流通相关的国际合作中采取战略性措施，包括参与双边合作，参加国际供应链框架的规划，探讨发生供应问题时的替代手段等；三是在废物的处置方面切实推进掩埋设施的布局等工作，在项目选址的同时要探讨有助于与当地和谐共存的措施，如利用放射源和放射性同位素开展与先进医疗、农业、工业等相关的研究活动等。

4 总结

目前，欧洲和美国都制定了放射性同位素供应战略，并正在实施相关项目，加速构建基于研究堆和加速器的放射性同位素生产和供应网络。日本国内所需的许多放射性同位素尚不能实现国产化供应，特别是医疗诊断中应用最多的钼-99和锝-99m由于种种原因全部依赖于进口。在此背景下，日本发布了《行动计划》。

日本将依照此计划，通过推动钼-99、锝-99m、锕-225、砹-211等重要放射性同位素的国产化和稳定供应工作，在放射性同位素领域打造“日本优势”，构建稳定的核医学诊疗体系。计划到2027财年，日本国产的钼-99将可以满足本国约30%的需求，在2026财年前使用“常阳”实验快堆对锕-225生产工艺进行示范。在2030财年前缩短核医学治疗等待时间，并从国家层面完善核医学治疗药品审批和管制制度。另外，还将培养从事放射性同位素生产和应用的专业人才，强化推进放射性同位素国产化的供应链。通过多方合作切实推进医用放射性同位素的国产化研发和供应，不断提升国民福祉，保障经济安全。

参考文献：

[1] 原子力委員会．医療用等ラジオアイソトープ製造・利用推進アクションプラン [EB/OL]．(2022-05-31) [2023-02-05]．http://www.aec.go.jp/jicst/NC/senmon/radioisotope/kettei/kettei220531.pdf.

[2] 内閣官房．成長戦略フォローアップ [EB/OL]．(2021-06-18) [2023-02-05]．https://www.cas.go.jp/jp/seisaku/seicho/pdf/fu2021.pdf.

[3] 原子力規制委員会．国立研究開発法人日本原子力研究開発機構大洗研究所（南地区）高速実験炉原子炉施設の試験研究用等原子炉設置変更許可申請書に関する審査の結果の案の取りまとめ [EB/OL]．(2023-05-24) [2023-05-29]．https://www.nra.go.jp/data/000432547.pdf.

Japan releases action plan to promote the production and application of medical radioisotopes

LIU Yi-zhu, GONG You, WANG Xin-yan,
SONG Min-na, YANG Tao

(China Institute of Atomic Energy, Beijing 102413, China)

Abstract: At present, Japan has not yet realized domestic supply of many radioisotopes needed in the country, especially the most used in medical diagnosis, molybdenum-99 / technetium-99m, all relying on imports for various reasons. In this context, Japan has formulated "Action Plan for Advancing the Production and Application of Medical Radioisotopes". The action plan lays out arrangements at the national strategic level to promote research and development of isotopes and their clinical application by using research reactors and accelerators, and puts forward four major goals and corresponding action measures to be achieved in the coming ten years. It is designed to effectively advance domestic research, development and supply of medical radioisotopes through multi-party cooperation to continuously improve the nationals' well-being and to ensure economic security. This article will analyze and interpret the key elements.

Key words: Medical radioisotopes; Japan; Action plan

日本质子治疗现状及对我国的启示建议

刘乙竹　龚　游

（中国原子能科学研究院，北京　102413）

摘　要：日本是世界上质子治疗技术最发达的国家之一，目前已拥有19座质子治疗设备。近日，东京江户川医院宣布将引进超小型质子治疗设备，使东京地区拥有首座质子治疗设备。质子治疗技术是目前国际上最先进的放射治疗技术之一，本文将介绍国内外质子治疗技术发展现状，并重点介绍日本质子治疗小型化设备研发情况，以期为我国质子治疗技术发展提供参考。

关键词：质子治疗；日本；小型化

1　质子治疗简述及国内外现状

质子治疗技术是目前国际上最先进的放射治疗技术之一，由于布拉格峰特性，能准确定位肿瘤病灶区域，肿瘤前的正常组织器官等只受到相应1/3～1/2的剂量，肿瘤后的正常组织器官几乎不受辐射伤害[1]。与传统放射治疗相比，患者生存率更高，治疗的副作用更低。质子治疗的临床适应症包括不可切除或不完全切除的局部侵犯性肿瘤及对辐射耐受性差的肿瘤[2]，包括脑和脊髓肿瘤、眼部病变、头颈部肿瘤、胸腹部肿瘤、盆腔肿瘤、儿科肿瘤等[3]。

根据国际粒子治疗协作委员会（PTCOG）2023年5月公布的数据[4]，目前已有20余个国家或地区的108个质子治疗中心正在运行中，主要分布在美国、日本和欧洲。目前约有33个质子治疗中心正在建设中，38个质子治疗中心计划建设。截至2022年底，全世界范围内约有31万肿瘤患者接受过质子治疗。

2　日本质子治疗现状

2.1　设备配置

日本是世界上质子治疗技术最为发达的国家之一。1979年，日本放射线医学综合所开始进行质子治疗的临床试验，1983年日本筑波大学开始进行质子治疗的临床试验。1998年，日本国立癌症研究中心东医院引进了世界第二台医用质子治疗设备并开始广泛临床应用。截至2023年5月，日本共有25座粒子束治疗设备，其中包括18座质子治疗设备、6座重离子治疗设备、1座质子重离子兼有的治疗设备[5]。

尽管日本全国共有19座质子治疗设备，但由于空间限制等原因，目前东京地区尚未拥有质子治疗设备。日本东京人口众多，癌症患者人数也相对较多，目前东京的癌症患者如果想接受质子治疗必须前往其他县的大医院，为就诊带来不便。2022年12月，B dot Medical公司与东京江户川医院签署基本协议，引进该公司研发的首个超小型质子治疗设备。2023年4月，双方再次签署推动实现“东京江户川癌症中心构想计划”的协议，其中引进B dot Medical公司的超小型质子治疗设备，建立质子治疗中心便是该计划的重要一环，其工期约为两年半，建成后东京江户川医院将成为东京地区首个配置质子治疗设备的医院。

作者简介：刘乙竹（1993—），女，馆员，现主要从事核科技情报工作。

此次东京江户川医院选择 B dot Medical 公司产品原因：一是其超小型的质子治疗设备占地小、成本低；二是 B dot Medical 公司同样位于日本东京江户川区，对于后续的维护工作十分便捷。

2.1.1 传统的质子治疗设备

目前，传统质子治疗设备主要包括加速器、束流传输系统、旋转机架治疗室等。传统的质子治疗设备重达 200 多 t，高度约为 12 m，相当于 3 层楼高。单个治疗室占地面积约一个网球场大小。

日本国立癌症研究中心东医院的质子治疗设备由 1 台回旋加速器和 2 个旋转机架治疗室组成，是日本国内第一座安装在医院的质子治疗设备，自 1998 年以来一直提供治疗。该设备质子的最大能量设置为 235 MeV，可使质子线到达人体内 25 mm 的深度，其速度大约是光速的 60%，相当于 1 s 内绕地球四周半[6]。

2.1.2 质子治疗设备的小型化研发

传统的质子治疗设备占地较大，引进成本高昂。目前，小型化质子治疗设备越来越受到市场的青睐，各设备生产商纷纷开展缩小旋转机架和加速器体积等的研发。

B dot Medical 公司是日本量子科学技术研究开发机构（原日本放射线医学综合研究所）于 2017 年成立的初创公司，其开发出高 4 m，重约 20 t 的超小型质子治疗设备。费用方面从现有产品造价约 50 亿日元（约 2.5 亿元）减少到约 25 亿日元（约 1.3 亿元）[7]。B dot Medical 公司目标为未来 10 年内在全球销售 700 台，包括在日本销售 100 台。

B dot Medical 公司的超小型质子治疗设备采用突破性技术，设计了一种“非旋转机架”，该技术使用超导电磁铁让质子束弯曲，从而实现从多个方向集中照射。此外，治疗台水平移动 180°，机架垂直和环形移动 140°，能够对结构复杂的病灶进行集中照射，同时最大限度地减少对周围正常组织的损害。该技术可极大缩减质子治疗设备的体积，推进在先前难以引进质子治疗的城市地区及因成本昂贵拒绝考虑引进的医院引进质子治疗，从而促进设备数量的大幅增加[8]。

2.2 患者人数及治疗费用

据日本医用原子能技术研究振兴财团 2022 年更新的数据显示[9]，日本粒子束治疗设备（包括质子治疗设备和重离子治疗设备）登记患者人数 2017—2021 年分别为 4645、6673、7956、8068、8128 人次，五年间就诊人数增长迅速。日本筑波大学是最早将质子治疗应用于肝癌的医疗机构，据其数据统计，在肝癌方面进行质子治疗后的三年患者生存率为 57%，显著提升了肝癌患者的预后效果。

目前日本质子治疗费用约 300 万日元（约 15 万元），预计采用小型化设备后治疗费用有望进一步降低。另外，以下 8 种癌症已纳入日本医疗保险范围：①儿童肿瘤（局部实体恶性肿瘤）；②局部骨和软组织肿瘤（难以通过手术进行根治性治疗）；③头颈部的恶性肿瘤（不包括口腔和咽部的鳞状细胞癌）；④局部和局部晚期的前列腺癌（不包括有转移的）；⑤肝细胞癌（大于 4 cm）；⑥肝内胆管癌；⑦局部晚期胰腺癌；⑧局部结直肠癌（手术后复发）。个人仅需承担一至三成的治疗费用，大大降低了患者的负担。上述⑤至⑧为 2022 年 4 月新纳入医保范围的病症，相信随着质子治疗的推广和应用，后续医疗保险适用范围会进一步扩大[10]。

3 我国质子治疗现状

我国的质子治疗起步相对较晚，但近年来发展迅速。目前，中国内地已有 16 家医院获得质子治疗设备配置许可，另外也有一些暂未获得配置许可但在建或拟建项目的医院。PTCOG 数据显示，已经开展治疗的医院包括山东省淄博万杰肿瘤医院（2004 年 ①）、上海质子重离子医院（2014 年）、上海交通大学医学院附属瑞金医院肿瘤质子中心（2021 年）、合肥离子医学中心（2022 年）。其中，上

---

① 国际粒子治疗协作委员会（PTCOG）官网数据显示的开展临床试验治疗的时间。

海交通大学医学院附属瑞金医院肿瘤质子中心应用了上海艾普强粒子设备有限公司研发的首台国产质子治疗设备。

中核集团也积极布局质子治疗市场。其中，中核扬州质子治疗中心项目已开工建设，实行国际、国内两条治疗线同步运行。进口治疗设备由比利时 IBA 公司负责，国产治疗设备由中国原子能科学研究院负责。

近年来，国内有多家质子治疗中心正在逐步有序开展相关建设工作，随着陆续投运，将来质子治疗占传统放疗的比例会大幅度增加。目前，我国质子治疗费用约 28 万元，暂时还未纳入医疗保险，部分商业补充医疗保险已将质子治疗纳入保险报销范围。

4 总结与展望

日本拥有较多先进的质子治疗专用设备，且治疗经验较为丰富。日本东京将引进超小型质子治疗设备，该设备重量约为传统设备的 1/10、高度为 1/3、成本为 1/2，占地小、成本低，在方便日本东京癌症患者治疗的同时，有望进一步降低治疗费用。

我国的质子治疗设备近年来有了明显的增速，今后会有多家质子治疗中心陆续投入临床运行，进而加速我国质子治疗技术的发展[11]。中国工程院院士赵宪庚在 2023 年 5 月 24 日举办的 2023 年核技术应用产业国际大会上表示，我国核医疗发展需求将呈现爆发式增长，核医疗发展前景极为广阔。我国首都北京等大城市的综合性医院可参考日本经验推进引进小型化质子治疗设备，并积极开展国产小型化质子治疗设备的研发，进一步降低质子治疗系统的设备建设和运营成本，从而降低医疗成本，为患者提供先进且高性价比的治疗技术。

参考文献：

[1] 方春锋，侯俊，徐寿平，等．质子治疗系统原理及其应用 [J]．中国医学装备，2021，18 (4)：187 - 192.

[2] 刘玉连，赵徽鑫，张文艺，等．质子放射治疗的现状与展望 [J]．中国医学装备，2017，14 (7)：139 - 143.

[3] 胡惠清．肿瘤治疗的新进展：质子治疗 [J]．中国医学装备，2004，1 (1)：51 - 52.

[4] Particle Therapy Co-Operative Group. Particle therapy facilities in clinical operation [EB/OL]．[2023 - 05 - 20]．https：//www. ptcog. site/index. php/facilities-in-operation-public.

[5] 医用原子力技術研究振興財団．日本の粒子線治療施設の紹介 [EB/OL]．[2023 - 05 - 20]．https：//www. antm. or. jp/05_treatment/04. html.

[6] 国立がん研究センター 東病院．陽子線治療装置 陽子線治療装置の全体像 [EB/OL]．[2023 - 05 - 20]．https：//www. ncc. go. jp/jp/ncce/clinic/radiation_oncology/consultation/pbt/system. html.

[7] Business Insider. 25 億円にコスト半減。がんの陽子線治療を「誰にでも届く医療」に…ビードットメディカルが挑む“巨大装置の小型化”[EB/OL]．[2023 - 05 - 20]．https：//ww w. businessinsider. jp/post - 264410.

[8] 日刊ゲンダイヘルスケア.「超小型陽子線治療装置」開発のカギは回転しないガントリー [EB/OL]．[2023 - 05 - 20]．https：//hc. nikkan - gendai. com/articles/277592? page=2.

[9] 医用原子力技術研究振興財団．各粒子線施設における治療の登録患者数（年度別）[EB/OL]．[2023 - 05 - 21]．https：//www. antm. or. jp/05 _ treatment/info/ryuusisen-kanja _ 2022. pdf.

[10] 筑波大学附属病院．陽子線治療センター，治療費について [EB/OL]．[2023 - 05 - 21]．https：//www. pmrc. tsukuba. ac. jp/about_proton_therapy/cost. html.

[11] 周涛，穆向魁．肿瘤质子治疗国内外应用现状 [J]．中国医刊，2022，57 (10)：1049 - 1051，1038.

Current status of proton therapy in Japan and suggestions for China

LIU Yi-zhu, GONG You

(China Institute of Atomic Energy, Beijing 102413, China)

Abstract: Japan is one of the most advanced countries in the world in terms of proton therapy technology, and currently has 19 proton therapy facilities. Recently, Edogawa Hospital in Tokyo announced that it will introduce ultra-compact proton therapy equipment, making it the first proton therapy facility in the Tokyo area. Proton therapy technology is one of the most advanced radiation therapy technologies in the world. This paper will introduce the current status of proton therapy technology development in foreign countries and China, and focus on the development of compact proton therapy equipment in Japan, in order to provide reference for the development of proton therapy technology in China.

Key words: Proton therapy; Japan; Compact

日本新版快堆战略路线图解读及启示建议

刘乙竹，龚　游，宋敏娜

（中国原子能科学研究院，北京　102413）

摘　要：2022年12月，日本政府更新了于2018年制定的快堆战略路线图，重点围绕钠冷快堆、轻水冷却快堆和熔盐快堆3种快堆技术进行系统评价，明确指出将钠冷快堆作为未来快堆技术的优先发展方向，设定了2023—2028年的里程碑目标，进一步明确了政府、日本原子能研究开发机构（JAEA）、电力公司等相关方的职责，并提出建立中枢指挥机构，以确保2024年开始进行示范快堆的概念设计，2050年前实现示范运行。

关键词：快堆；日本；路线图

1　内容概要

快堆战略路线图[1]由日本经济产业省快堆开发委员会战略工作组制定，是日本快堆发展的顶层文件。新修订的快堆战略路线图主要包括国内外核能和快堆开发潮流、快堆开发方向、快堆技术竞争结果及今后开发计划四部分内容。

1.1　国内外核能和快堆开发潮流

在碳中和目标和俄乌冲突的背景下，各国出于保障能源安全等需要重新审视核能的重要性。快堆战略路线图指出，中国和俄罗斯计划在21世纪30年代实现快堆商用，发展势头强劲；美国、英国、法国、加拿大等发达国家也纷纷推进预算和法律方面的制度建设，加速快堆技术研发。

1.2　快堆开发方向

日本指出快堆开发目标应具备以下特性：安全性、可靠性、经济性、环境友好性、资源有效利用性、防核扩散性、灵活性和市场性。

1.3　快堆技术竞争结果

日本快堆技术评价委员会从包括钠冷快堆、轻水冷却快堆和熔盐快堆的技术方案中，选择钠冷快堆作为优先发展对象，计划从2024年开始进行示范堆的概念设计。

1.4　今后开发计划

快堆战略路线图规划了2023—2028年示范快堆的研发时间节点和里程碑目标，进一步明确各相关方的任务职责，并提出建立中枢指挥机构以加强项目管理。

2　重点内容及变化

日本2018年发布的快堆战略路线图指出要在2019—2023年进行多种快堆技术竞争，并在2024年后缩小技术范围，推进重点技术研发。目前正处于快堆研发阶段的转折点，日本经济产业省快堆开发委员会战略工作组于今年设立了“快堆技术评价委员会”，对多种快堆技术进行评价[2]。日本2022年修订的快堆战略路线图主要新增了快堆技术竞争结果，并进一步细化今后开发计划的时间节点和相关细节，更加明确了各相关方的任务职责。

作者简介：刘乙竹（1993—），女，馆员，现主要从事核科技情报工作。

2.1 开展了池式钠冷快堆研究，明确将钠冷快堆作为优先方向

日本快堆技术评价委员会认为钠冷快堆在技术成熟度、市场前景、研发和国际合作体制建设及安全标准应对等方面具有突出优势。由于长期未开展快堆项目建设，供应链稳定性亟待补强，日本计划从 2024 年开始进行示范快堆的概念设计，以确保快堆技术对 2050 年碳中和的贡献。此外，快堆战略路线图指出通过日法合作开展了钠冷罐式快堆研究，并强调其厂房概念设计可灵活满足商业堆功率规格增加和小型化的需求，在抗震性、安全性、经济效益等方面表现良好，具备发展前景。

对于轻水冷却快堆，日本提出可将其作为快堆商用前的过渡性方案，探讨其替代现有轻水堆进行 MOX 燃料循环以实现钚-239 回收复用的可行性。

对于熔盐快堆，日本提出要在大学等学术机构开展基础研究。

2.2 快堆燃料技术路线选择保持战略灵活性，将根据未来发展情况及需求决定

日本 2016 年 12 月发布的“快堆开发方针”中指出，应继续开展使用 MOX 燃料的钠冷快堆研发。在新修订的快堆战略路线图中未明确指出今后所选择的燃料技术，仅表示要通过 JAEA 的设施进行示范验证和积极利用国际合作开展研究，具体燃料技术选择将在 2026 年决定。JAEA 作为快堆燃料循环技术研发的主导者，其 2022—2029 年长期规划中表示将推进 MOX 燃料及金属燃料生产研发[3]。此外，快堆战略路线图也提出将通过日美合作开展金属燃料的研发。

2.3 设定未来快堆研发时间路线，计划于 2050 年前开始运行示范快堆

2018 年快堆战略路线图指出，日本计划在 21 世纪下半叶正式实现快堆商业运行，在 21 世纪中叶实现一定规模的快堆运行。新修订的快堆战略路线图指出示范堆有望在 2050 年前投入运行。根据国内外轻水堆和“文殊”原型快堆的建造经验，基本设计和许可阶段大约需要 10 年，详细设计和建造阶段大约需要 10 年。此外，燃料制造设施必须在反应堆之前投运，制定了以下研发时间路线：

① 2023 年夏季：确定示范快堆的功率规格，并选定承担该概念设计及其相关技术开发、未来生产建造等核心企业。

② 2024—2028 年左右：开展示范快堆的概念设计和必要的研发，具体包括衰变热排出技术评估、堆芯熔毁事故预防技术评估、先进燃料辐照考验等。此外，计划在 2026 年针对燃料技术进行探讨并确定技术选择，力争在 2028 前开展燃料系统概念设计。

③ 2028 年左右：根据反应堆概念设计结果和制度建设状况判断能否过度到基本设计阶段，并规划 2030 年后的活动。

2.4 进一步明确政府、JAEA、电力公司等相关方的职责，并建立中枢指挥机构以确保示范快堆顺利投运

2.4.1 政府

通过能源基本计划等明确未来核电发展方向，确保必要的技术研发和基础建设预算，并推进制度建设。各政府机构进行合理分工，经济产业省负责快堆厂房设施的开发、轻水堆循环和快堆循环的共性技术开发、金属燃料循环的技术开发等。文部科学省负责基础研究，以及 MOX 燃料循环的技术开发及基础设施的维护和建设。

2.4.2 JAEA

维护并共享快堆研发特有的基础设施，继续主导开展包括堆芯燃料设计技术、严重事故安全分析技术、燃料循环技术等技术研发，并向民间进行技术转让。

2.4.3 电力公司

对快堆发展方向和规格发表意见，提供轻水堆建造、运行和维护经验，参与政府主导的开发项目。

2.4.4　制造商

选定核心制造商，汇集日本国内供应商快堆研制基础，维持并提升供应链能力。

2.4.5　中枢指挥机构

设立该机构以协调各相关方，结合 JAEA 的研发能力和电力公司的项目管理能力，推进包括燃料循环在内的快堆整体研发工作。

3　启示与建议

日本高度重视快堆发展，在已建成投运的“常阳”实验快堆和“文殊”原型快堆基础上，从国家层面制定快堆开发方针和快堆战略路线图等顶层文件，加快推进示范快堆在 2050 年前投运。同时，鉴于一体化快堆作为快堆发展的高级阶段和必然选择，通过同厂址建设快堆、后处理厂、燃料制造厂和废物处理设施，可大幅提升裂变核能系统的整体安全性和经济性，实现高效闭式燃料循环，日本专家也提出了设计方案，开展了可行性研究和相关技术研发。当前，我国快堆事业正在快速发展。实验快堆已建成投运，示范快堆也即将建成，一体化快堆正在开展关键技术研究。日本的快堆研发布局可为我国快堆事业发展提供重要参考价值，本文对此提出以下建议：

一是我国应在坚持实行“热堆—快堆—聚变堆”核能发展三步走的战略基础上，从国家层面制定并完善快堆及燃料循环技术长期发展的总体规划，强化顶层设计。

二是我国应在今后快堆项目规划建设中进一步强化组织管理，明确统一领导部门、参与部门及其职责，统筹协调相关政府部门、科研院所、核电公司等各方优势协同推进快堆项目技术研发和工程建设。

三是由相关政府部门牵头，组织核领域各方力量共同推进一体化快堆研发，为长期保障能源安全提供核能解决方案。

参考文献：

[1] 原子力関係閣僚会議．戦略ロードマップ［EB/OL］．(2022-12-23)［2023-02-05］．https：//www.cas.go.jp/jp/seisaku/genshiryoku_kakuryo_kaigi/pdf/r41223_siryou.pdf.

[2] 経済産業省．高速炉の多様な技術間競争を踏まえた2024年以降の高速炉開発の在り方［EB/OL］．(2022-09-23)［2023-02-05］．https：//www.meti.go.jp/shingikai/energy_environment/kosokuro_kaihatsu/kosokuro_kaihatsu_wg/pdf/018_01_00.pdf.

[3] 国立研究開発法人日本原子力研究開発機構．国立研究開発法人日本原子力研究開発機構の中長期目標を達成するための計画（中長期計画）(令和4年4月1日～令和11年3月31日)［EB/OL］．(2022-03-24)［2023-05-05］．https：//www.jaea.go.jp/01/pdf/keikakuR4.pdf.

Japan's new fast reactor strategy roadmap interpretation and inspiration suggestions

LIU Yi-zhu, GONG You, SONG Min-na

(China Institute of Atomic Energy, Beijing 102413, China)

Abstract: In December 2022, the Japanese government updated its strategic roadmap for fast reactors developed in 2018, focusing on the systematic evaluation of three fast reactor technologies: sodium-cooled fast reactors, light water-cooled fast reactors, and molten salt fast reactors, specifying sodium-cooled fast reactors as the priority development direction for future fast reactor technology, setting milestone targets between 2023 and 2028, further clarifying the responsibilities of the government, the Japan Atomic Energy Agency (JAEA), power companies, and other relevant parties, and proposing the establishment of a central command structure to ensure that conceptual design of demonstration fast reactors begins in 2024 and demonstration operation is achieved by 2050.

Key words: Fast reactor; Japan; Roadmap

拜登政府新版《国家安全战略》解读

宋敏娜，龚　游，杜静玲，夏　芸

（中国原子能科学研究院，北京　102413）

摘　要：2022年10月12日，美国拜登政府发布新版《国家安全战略》（以下简称《战略》）[1]，提出当前美国正处于“决定性十年”，中国是其第一竞争对手，俄罗斯是直接威胁。美国将优先考虑全面战胜中国，同时遏制俄罗斯。为此，美国将实施现代工业和科技创新战略、建立最强大的国家联盟、现代化军事力量及以安全、可靠和有效的核威慑为根本的综合威慑。当前美国对中国实施以核威慑为根本的“综合威慑”战略，我国应高度警惕美国核力量发展动向，并立足“底线思维”，全力加快推进国防建设，确保我国核威慑和核反击能力可信可靠。

关键词：国家安全战略；决定性十年；竞争；核威慑

1　背景

美国《国家安全战略》（以下简称《战略》）是每届政府向国会提交的安全报告，旨在分析美国面临的安全环境并提出对应战略，内容涵盖政治、军事、外交、经济、科技、文化等领域。《战略》阐明了美国政府关于国家安全的基本理念和目标，是美国国家安全的顶层战略，为政府其他部门制订相关计划和战略提供依据，如为国防部制定的《国防战略》提供依据。迄今为止，包括此版《战略》在内，美国共有10届政府、7位总统向国会提交了18份《战略》。

拜登上台后不久即于2021年3月签署了《临时国家安全战略指南》，阐述了其在国家安全方面的初步目标，并取代特朗普政府2017年版《战略》[2]。按原计划，拜登政府应于2021年底或2022年初发布新版《战略》，因俄乌冲突爆发，新版《战略》需要适应新的战略形势，故发布时间延迟。

2　重点内容解读

新版《战略》总共48页，主要包括未来竞争、投资增强实力、全球优先事项和区域战略四部分内容。新版《战略》延续了与中国和俄罗斯竞争的主旋律，在未来竞争部分首先强调了中国、俄罗斯对美国的威胁，在此基础上制定了3项增强实力的战略方针、3项全球优先事项和7项区域战略。以下内容值得重点关注。

2.1　重新判定国际环境

在对国际环境的判定上，《战略》首次将中国视为第一竞争对手，将俄罗斯视为直接威胁，美国将在2020—2030年这“决定性十年”内，优先考虑全面战胜中国，同时遏制俄罗斯。

《战略》提出的3项战略方针均旨在全面战胜中国。一是实施现代工业和科技创新战略，加强对关键基础设施和技术的投资，试图从经济发展、能源安全和国防安全领域战胜中国；二是建立最强大的国家联盟，形成合力企图构建对中国的“一体化威胁”效果，旨在遏制中国在技术、网络空间、贸易和经济等领域的发展；三是现代化军事力量及实施以核威慑为根本的综合威慑，做好随时作战准备，以防对中国外交或威慑失败。

《战略》基于3项战略方针，提出3项全球优先事项均围绕“竞争中国”开展：一是优先考虑全面战胜中国，尤其是要在印太地区与中国竞争；二是合作应对共同挑战，同时与中国等非“志同道

作者简介：宋敏娜（1984—），女，湖南郴州人，副研究员，工学硕士，现主要从事核科技情报工作。

合”的国家保持激烈竞争；三是加强与盟友和合作伙伴密切合作及制定符合美国利益的“道路规则”。这表明美国全球优先事项的目的是与中国展开激烈竞争并取胜。

《战略》提出7项区域战略（印太地区、欧洲、西半球、中东、非洲、北极及南极），其中在印太地区战略中提出南海航行自由、重申将我国钓鱼岛列入《美日安保条约》，继续支持以《台湾关系法》、中美三个联合公报和“对台六项保证”为指导的对台政策，这实际上是拜登政府以我国领土与主权核心利益要挟中国，并以此拉拢印太地区盟友共同围堵遏制中国。

2.2 加强核威慑战略

在国防方面，实施以安全、可靠和有效的核威慑为根本的综合威慑，为应对中国和俄罗斯两个核大国做好战略竞争准备。

《战略》首次将综合威慑纳入其中，并将实施综合威慑列为全面战胜中国的方针之一，明确表示要维持和加强威慑以应对“中国步步紧逼的挑战”。这表明拜登政府实施综合威慑的根本目的是要遏制以中国为代表国家的崛起，保持其全球霸主的地位。

《战略》强调综合威慑是美国《国防战略》的基石，核威慑是综合威慑的根本，一支安全、可靠和有效的核力量可威慑战略攻击、向盟友提供“延伸威慑”及在威慑失败时确保达成自身目的。这表明拜登政府不仅将核威慑列为美国国防部的重中之重，还违背了其竞选时对核武器“唯一目的”的承诺（即仅用于威慑或应对核攻击）。

《战略》妄加揣测中国正在部署现代和多样化的全球和地区核力量，目的是为美国军队现代化、核力量全面升级及加强盟国“延伸威慑”寻找理由。事实上，美国正在对“三位一体”核力量、核指挥、控制和通信系统（NC3）及核武器生产基础设施进行全面现代化。这表明拜登政府将以核威慑为根本的综合威慑作为工具来推进其地缘政治目标，不仅与防止核战争、避免核军备竞赛的国际期待背道而驰，也完全违背其竞选时反对新弹头研制、降低对核武器依赖的承诺。

2.3 强化供应链安全

在科技工业方面，支持技术创新，加强对关键基础设施和技术的投资，强化供应链安全，确保对中国科技竞争优势。

《战略》强调技术是当今地缘政治竞争及国家安全、经济和民主的核心，将实施现代工业和科技创新战略列为全面战胜中国的方针之一。这表明拜登政府将科技置于国家战略优先地位，并将其作为对中国竞争战略的核心。

《战略》提出要大力发展微电子、先进计算与量子、人工智能、生物技术与制造、先进电信和清洁能源等关键技术领域，通过加强投资和自身科技创新，保持其竞争优势。这表明拜登政府对中国科技竞争的重点将放在上述关键技术领域。事实上，拜登上台之后就频频发布相关法案或指令来推进这些领域的创新发展，如《2022芯片和科学法案》、生物制造相关的法案及推动量子信息科学发展的两项总统指令等。

《战略》提出与盟友共同推进构建国际技术生态系统，促进与联盟和合作伙伴的数据共享，加强与印太联盟在关键和新兴技术、下一代数字基础设施等方面的交流与合作，确保基础技术、专门技能和核心数据不被竞争者使用。这表明拜登政府将以“供应链”作为对中国科技竞争的关键突破口，在全球构建包括数据、技能、技术及设施在内的排华供应链，目的是遏制中国高科技企业发展，保持其全球科技领导地位。

3 小结与启示

拜登政府2022年发布的新版《战略》在阐述未来竞争环境、明确保持竞争优势、规划全球优先事项、布局各地区战略方向的同时，强调了拜登政府将立足“决定性的十年”，促进实现美国重要利益的战略愿景。与以往美国《战略》相比，此次《战略》的重点已将中国明确列为美国的“首要竞争对手”及“最大地缘政治挑战”。

当前美国对中国实施以核威慑为根本的“综合威慑”战略，并已加快对中国全面战略竞争和围堵的步伐，中美战略博弈加剧。我国应高度警惕美国核力量发展动向，并立足“底线思维”，全力加快推进国防建设，确保我国核威慑和核反击能力的可信可靠。同时，加大对核材料、核动力的研究力度，布局一批核领域基础研究重大设施，密切关注人工智能、量子技术等与国防安全息息相关的颠覆性技术的全球发展趋势，前瞻布局相关研发领域，抢占全球核科技创新制高点，助推我国国防和军队现代化建设。

参考文献：

[1] The White House. National security strategy [EB/OL]. (2022－10－12) [2022－11－14]. https://www.whitehouse.gov/wp-content/uploads/2022/10/Biden-Harris-Administrations-National-Security-Strategy－10.2022.pdf.

[2] The White House. National security strategy [EB/OL]. (2017－12－18) [2022－11－14]. https://trumpwhitehouse.archives.gov/wp-content/uploads/2017/12/NSS-Final－12－18－2017－0905.pdf.

Interpretation of the biden administration's national security strategy

SONG Min-na, GONG You, DU Jing-ling, XIA Yun

(China Institude of Atomic Energy, Beijing 102413, China)

Abstract: On October 12, 2022, the Biden administration of the United States released a new version of the National Security Strategy, proposing that the United States is currently in a "decisive decade", and China is the primary competitor, as well as Russia is a direct threat. The United States will prioritize overall victory over China while containing Russia. To this end, the United States will implement a modern industrial and technological innovation strategy, build the strongest national alliance, modernize its military forces, and implement comprehensive deterrence based on safe, reliable, and effective nuclear deterrence. At present, the United States is implementing a "comprehensive deterrence" strategy based on nuclear deterrence against China. We should be highly vigilant against the development of the US nuclear forces, and based on "bottom-line thinking" to make every effort to accelerate national defense construction, ensuring the reliability and Trustworthy of our nuclear deterrence and nuclear counterattack capabilities.

Key words: National security strategy; Decisive decade; Competition; Nuclear deterrence

美国先进反应堆及其燃料循环发展分析

宋敏娜，龚　游，刘乙竹，杜静玲，夏　芸

（中国原子能科学研究院，北京　102413）

摘　要：先进反应堆是一种创新型核能技术，其在国防、能源和经济建设中具有重要作用。美国旨在通过部署先进反应堆来完善其核能供应链，并重建全球核能领导地位。本文结合美国近期在先进核能发展方面的一些举措，分析了美国先进反应堆及其燃料循环发展具有以下特点：①全面布局先进反应堆技术研发，积极规划示范工程建设；②加快先进核燃料开发，确保先进核能规模化部署；③积极建设闭式燃料循环体系，确保先进核能可持续发展。

关键词：核能；先进反应堆；燃料循环

1　背景介绍

美国是第一个使用核能发电的国家，且已成为全球轻水堆及铀燃料的主要生产商和供应商。美国现有在运核电机组 92 台，均为轻水堆。这些机组为美国提供了约 20% 的电力，是美国迄今为止最重要的无碳能源和最可靠的能源。然而，当前美国核工业面临两大挑战：一是随着俄罗斯成为核技术的主要出口国，美国全球核能领导地位受到挑战；二是现有轻水堆因设计寿命临近到期即将陆续结束运行，能源供应的可靠性将受到影响。因此，美国一直在寻求核能创新，以确保其在核领域的领先地位并弥补清洁能源的缺口。

先进反应堆是一种集可持续性、经济性和安全可靠性于一体的创新性核能技术，在国防、能源和经济建设中均具有重要作用。美国正在积极推动先进反应堆及其燃料循环部署，以实现核能创新。近年来，美国密集出台了一系列政策和规划，包括《核能加速创新通道倡议》《2017 年核能创新能力法案》《核能创新和现代化法案》《先进反应堆开发与部署愿景和战略》《先进反应堆示范计划》等，统筹协调政府、研究机构及工业界等各方力量，大力支持技术研发和关键配套设施建造，目标是在 2030 年左右建成两座先进反应堆示范工程、2050 年实现先进反应堆商业化部署。

2　美国先进反应堆部署进展

美国正在积极推进不同的先进反应堆设计方案，且多数为小型反应堆，技术路线包括三代先进轻水堆和四代高温气冷堆、钠冷快堆、铅冷快堆、气冷快堆、熔盐堆和热管堆，详细情况如表 1 所示。

先进模块化水冷堆方面，美国纽斯凯尔电力公司设计的 50 MWe NuScale 先进水冷小堆设计已通过美国核管会的设计认证，获得设计合格证，是目前商业化进度最快的设计。基于该设计，纽斯凯尔电力公司又将单个模块机组提升至 77 MWe，并于 2023 年初向美国核管会提交了设计认证申请。根据当前规划，NuScale 首座小堆拟建于爱达荷国家实验室（INL），总装机容量 462 MWe，将包含 6 个 77 MWe 级模块，计划于 2029 年建成首个模块。

先进非水冷堆方面，美国能源部“先进反应堆示范计划”（ARDP）资助的两项设计正在推进示范工程建设，现已明确首堆厂址，计划在 2028 年底前建成。其中一项是美国 X 能源公司设计的 80 MWe Xe-100 高温气冷堆，首堆将建在陶氏（Dow）公司位于美国墨西哥湾沿岸的厂址，Xe-100

作者简介：宋敏娜（1984—），女，湖南郴州人，副研究员，工学硕士，现主要从事核科技情报工作。

的战略目标是部署全球，目前意向客户有加拿大、英国、韩国等；另一项是泰拉能源公司设计的 345 MWe Natrium 钠冷快堆，首堆将建在怀俄明州诺顿（Naughton）燃煤电厂附近。

专用堆和微堆方面，美国国防部的两座微堆建设正在积极推进中。一座是“贝利”项目，计划于 2024 年在 INL 建成并示范的首座原型军用移动式微堆，该堆选用 BWX 技术公司设计的高温气冷堆（HTGR），并使用三元结构各向同性（TRISO）高丰度低浓铀（HALEU）燃料；另一座是计划于 2027 年在艾尔森空军基地建成的固定式微堆，功率为 1～5 MWe，计划于 2023 年完成供应商选择并申请建设许可证。

表 1　美国先进反应堆技术一览表

先进反应堆技术		电功率/MWe	燃料类型	冷却剂	设计认证单位（美国方）
先进模块化水冷堆	BWRX－300	300	氧化物	轻水	通用电气-日立核能公司（GE－Hitachi）
	SMR	225	氧化物	轻水	西屋公司（Westinghouse）
	SMR－160	160	氧化物	轻水	霍尔台克国际公司（Holtec International）
	BWRX－300	60	氧化物	轻水	纽斯凯尔电力公司（NuScale Power）
先进非水冷堆	熔融氯盐快堆（MCFR）	1000	熔盐	熔盐	泰拉能源（TerraPower）/南方公司（Southern Company）
	Elysium Industries	1000	熔盐	熔盐	Elysium 工业公司（Elysium Industries）
	TWR 行波堆	600	金属	钠	泰拉能源公司
	PRISM 创新型小型模块动力堆	311	金属	钠	通用电气-日立核能公司
	SC HTGR 蒸汽循环高温气冷堆	100～300	TRISO	氦	法马通美国公司（Framatome－US）
	GT－MHR 燃气轮机模块式氦冷反应堆	～300	TRISO	氦	通用原子能公司（General Atomics）
	ThorCon 熔盐堆	250	熔盐	熔盐	美国马丁格尔公司（Martingale）
	LFTR 液体氟化钍反应	250	熔盐	熔盐	Flibe 能源公司（Flibe Energy）
	EM2 能量倍增模块堆	240	碳化物	氦	通用原子能公司
	LFR 示范铅冷快堆	210	氧化物（氮化物）	铅	西屋公司
	LFR－AS－200	200	氧化物	铅	美国水利矿业公司（Hydromine）
	Yellowstone	200	熔盐	熔盐	黄石能源公司（Yellowstone Energy）
	IMSR 一体化熔盐堆	190	熔盐	熔盐	美国陆地能源公司（Terrestrial Energy）
	CBCG	～100	氧化物（初始）	铅铋	哥伦比亚流域集团公司（CBCG）
	ARC－100 先进堆概念	100	金属	钠	先进反应堆概念公司（ARC）
	XE－100 小型球床反应	48	球床	氦	X 能源公司（X－Energy）
	KP－FHR 氟盐冷却高温堆	待定	球床	熔盐	卡伊洛斯电力公司（Kairos Power）
专用堆和微堆	MMR 模块化微堆	5～10	全陶瓷基体	氦	美国超安全核公司（US Ultra Safe Nuclear）
	eVinci 热管微堆	0.2～25	弥散	热管	西屋公司
	Holos 气冷模块化微堆	3～81	TRISO	氦/CO_2	HolosGen 公司
	Aurora 热管微堆	1.5	金属	热管	奥克洛公司（Oklo）

3 美国核燃料循环需求与现状

过去70多年里，美国曾多次倾向闭式燃料循环政策。其后处理研发起步于20世纪50年代，并先后建成了3座乏燃料商业后处理厂。到20世纪70年代，美国出于防扩散考虑，由鼓励闭式循环转向鼓吹“一次通过”循环，并停止了乏燃料后处理。直至现在，美国因实施“一次通过”循环，核电站已经累积贮存了86 000 t商业乏燃料。由于尤卡山地质处置库仍陷于政治僵局中，至今还没有可行的地质处置库选址计划，随着核电站运行燃料库存的增加，压力将进一步加剧。

当前，美国正在积极推进先进反应堆的研发、示范和部署，并强调要提高资源利用率、最小化废物、增强安全性、可靠性及防核扩散性，满足这些要求的先进反应堆及其燃料循环技术才具有发展前景，并将有可能在2050年前进行部署[1]。铀原料方面，美国正在积极谋划建立国内安全可靠的HALEU燃料供应链，以满足美国先进反应堆的关键材料需求。燃料制造方面，美国正在加快开发多种先进核燃料元件，包括TRISO颗粒燃料、金属合金燃料、金属燃料、碳化物燃料、氮化物燃料及熔盐液体燃料等，以解决缺乏关键核燃料的问题。先进燃料循环技术方面，正在重点研究先进后处理和快堆嬗变技术，同时更加重视燃料循环安全性的提高及成本的降低。

美国积累了一定的商业后处理经验，并一直保持着较强的后处理科研能力及生产潜力，相关研发活动也仍在持续开展。2022年初，美国提出“乏燃料能源化”计划[2]，并提出要建一座后处理能力为200 t/年的中试厂，为部署具有经济性的先进商业后处理厂提供参数。对于乏燃料后处理厂的建设，下一步的重点是优化成本效益。

4 结语

通过系统梳理美国先进反应堆的部署进展及燃料循环的需求与现状，可以分析得出美国先进反应堆及其燃料循环发展具有以下特点：

① 全面布局先进核能研发，积极规划示范工程建设。美国正在全面布局多种堆型的先进反应堆技术，并且功率覆盖范围广，包括了大、中、小型反应堆。小堆在国防和能源领域具有重大应用前景，美国重点发展小堆技术，并制订了“先进反应度堆示范计划”（ARDP），以确保于2030年左右建成小堆示范工程。

② 加快先进核燃料开发，确保先进核能规模化部署。美国正在加快建立国内先进反应堆燃料原材料HALEU的可靠供应链，同时基于HALEU开发多种先进核燃料元件，以确保先进反应堆规模化部署。此外，美国正着力建造一座多功能快中子试验堆，以大幅缩短先进核燃料的研发周期。

③ 积极建设闭式燃料循环体系，确保先进核能可持续发展。美国正在积极开展先进燃料闭式循环技术研发，并提出“乏燃料能源化”计划，以有效实现废物的资源化利用，解决美国当前商业乏燃料贮存的巨大压力。未来将重点提高后处理厂的经济性，谨慎稳妥地推进后处理中试厂的建造。

参考文献：

[1] National Academies Press. Merits and viability of different nuclear fuel cycles and technology options and the waste aspects of advanced nuclear reactors (2022) [R]. Washington：The National Acndemies Press，2022.

[2] U. S. Department of Energy. Converting UNF radioisotopes into energy (CURIE) [R]. Washington：U. S. Department of Energy，2022.

Analysis of the advanced reactors and nuclear fuel cycle development in the United States

SONG Min-na, GONG You, LIU Yi-zhu, DU Jing-ling, XIA Yun

(China Institude of Atomic Energy, Beijing 102413, China)

Abstract: Advanced reactor is an innovative nuclear energy technology, and plays an important role in defense, energy and economic development. The United States aims to improve its nuclear energy supply chain and rebuild global nuclear energy leadership by deploying advanced reactors. Combining the recent measures about advanced nuclear energy in the United States, we have analyzed the development of advanced reactors and their fuel cycles in the United States, with the following characteristics: ①Comprehensively lay out advanced reactor technology research and, and actively plan the construction of demonstration projects; ② Accelerate the development of advanced nuclear fuel to ensure the nuclear energy developping in large-scale; ③Actively build a fuel closed cycle system to ensure the sustainable development of advanced nuclear energy.

Key words: Nuclear energy; Advanced reactor; Nuclear fuel cycle

美国高丰度低浓铀国内供应链布局研究

宋敏娜，龚　游，刘乙竹，夏　芸

（中国原子能科学研究院，北京　102413）

摘　要：高丰度低浓铀（HALEU）是指铀-235 丰度在 5%～20%，是先进反应堆开发和部署所需的关键材料。据估计，美国到 2030 年将需要超过 40 吨的高丰度低浓铀，但当前美国国内生产能力无法满足这一需求。因此，美国能源部正致力于建立国内高丰度低浓铀供应链。目前正在探索 3 种解决方案：①利用电化学处理工艺回收乏燃料中的高浓铀；②利用混合锆萃取工艺（ZIRCEX）回收乏燃料中的高浓铀；③通过开发、示范和商业化铀浓缩技术，建立长期可持续的高丰度低浓铀生产能力。预计到 2050 年，美国高丰度低浓铀年产约 520 吨。

关键词：高丰度低浓铀；供应链；铀浓缩；先进反应堆

1　高丰度低浓铀需求

1.1　美国先进反应堆示范计划的关键材料

先进反应堆系统在提供清洁能源、创造新的就业机会和建设更强大的经济方面具有巨大潜力，当前全球在设计和建造小型模块化反应堆及大型非轻水堆方面竞争日趋激烈。美国能源部于 2020 年 5 月启动了“先进反应堆示范计划”（ARDP），目的是资助国内工业界加速美国先进反应堆的开发和示范，进一步加强美国在先进核技术领域的领导地位。

美国现有 20 多家开发商正在开发先进反应堆，大多数设计都需要使用高丰度低浓铀燃料。因为相比于铀-235 丰度小于 5%的传统低浓铀燃料，高丰度低浓铀中铀-235 的丰度在 5%～20%，可提供更长的堆芯寿命、更高的燃料效率和更好的燃料利用率，单位体积可产生的功率更大，能使大多数先进反应堆实现更小型化的设计。

1.2　美国高丰度低浓铀商业供应能力缺乏

美国能源部根据 2020—2050 年先进反应堆部署时间表及总装机容量情况估计，2027 年先进反应堆首次示范将需要少量高丰度低浓铀，2030 年将需要超过 40 吨高丰度低浓铀，到 2050 年这一需求量将达到约 520 吨/年，其中约 2/3 用于换料，1/3 用于启动新的反应堆[1]。目前，美国能源部和美国国内商业供应高丰度低浓铀的能力不足以支持先进反应堆的开发和部署。

首先，美国能源部国家核军工管理局（NNSA）的高浓铀（HEU）、高丰度低浓铀和低浓铀主要用于其防御和防核扩散任务，其大部分 HEU 储备用于海军反应堆计划和核武器库存，因此不能用于商用先进反应堆部署。库存中的其他 HEU 将分配用于供应全球研究堆和医用同位素生产设施，并满足关键的国防和太空需求。在考虑上述库存分配后，可用于商用先进反应堆高丰度低浓铀制造的 HEU 非常少，不足以满足先进反应堆示范和部署的近期需求。此外，将这些资源用于支持先进反应堆的示范和部署将危及重要的核安全和防核扩散任务。

其次，美国国内没有可靠的高丰度低浓铀商业供应来源，不能供应足够数量的先进反应堆燃料以满足近期示范需求。在当前国际环境下，美国能够从全球唯一高丰度低浓铀供应商俄罗斯国家原子能公司（ROSATOM）获得高丰度低浓铀燃料的概率很低。一些开发商在无法获得这种燃料的情况下

作者简介：宋敏娜（1984—），女，湖南郴州人，副研究员，工学硕士，现主要从事核科技情报工作。

可能会被迫重新评估其先进反应堆计划，这可能会严重影响美国先进反应堆的开发和部署。因此，保障高丰度低浓铀的可靠商业供应是美国先进核技术供应链的最高优先事项。

2 高丰度低浓铀可获得性计划

《2020年能源法案》授权美国能源部通过核能办公室制订和实施一项“高丰度低浓铀可获得性计划”，以支持高丰度低浓铀用于美国国内民用研究、开发、部署和商业用途。该计划包括以下两项重要任务。

2.1 成立高丰度低浓铀联盟

美国能源部于2022年12月7日宣布成立高丰度低浓铀联盟，目的是开发稳定的高丰度低浓铀市场[2]。该联盟的宗旨包括：①向美国能源部提供关于国内商业用途高丰度低浓铀的需求信息；②购买的高丰度低浓铀供联盟成员在该计划下用于商业用途；③根据该计划使用高丰度低浓铀开展示范项目；④确定可提升高丰度低浓铀供应链可靠性的可行机会。

该联盟成员包括来自美国铀浓缩、核燃料生产和其他从事燃料循环前端业务的机构，任何参与核燃料循环的美国实体、协会和政府部门，以及由美国能源部酌情决定其设施位于盟国或伙伴国家的组织。核能办公室通过该联盟与联盟成员建立沟通机制，希望联盟成员在先进核反应堆和相关基础设施的部署及商业化方面发挥关键作用。该联盟还将提供一个论坛，美国国防部可以通过该论坛与个别成员合作，支持高丰度低浓铀用于民用国内示范和商业用途。

2.2 开发高丰度低浓铀供应链，由少量生产到示范生产，最后实现商业供应

高丰度低浓铀将以各种化学形式存在于整个供应链中，如氧化物、六氟化物、金属，其商业部署需要考虑以下问题：是否需要额外的燃料循环基础设施或对现有基础设施进行升级改造；美国能源部与私营企业在包括但不仅限于采矿、转化、浓缩、运输和燃料制造等方面，所需采取的行动及其合作方式；需要考虑可行的运输方案、监管问题、财务挑战、人力资源等方面。

为满足美国国内高丰度低浓铀的需求，美国制定了由少量生产到示范生产，最后实现商业供应的高丰度低浓铀供应策略[3]。美国能源部正在探索以下三种解决方案：一是电化学处理回收HEU；二是混合锆萃取工艺（ZIRCEX）回收HEU；三是资助私营企业建立新的浓缩铀商业生产能力。前两种方案均是从现有乏燃料中回收HEU（丰度大于20%），再进行稀释以制得高丰度低浓铀，但是产量较小，可用于暂时解决近期需求。第三种方案需要的时间周期较长、投入的资金量大，一旦实现，商业化年产量将可达到近1吨甚至更高，可以解决长期持续且大量的需求。

3 高丰度低浓铀生产现状

3.1 电化学处理工艺（MET）

电化学处理方案由爱达荷国家实验室（INL）负责实施，原材料是在美国能源部实验增殖堆EBR－Ⅱ上辐照过的3吨HEU金属燃料[4]。这些金属铀燃料经过辐照后产生了一些裂变产物和次锕系元素，需要去除这些元素后再进行利用。该方案将这些辐照过的金属铀燃料放入高温熔盐电解精炼装置中，从裂变产物和超铀元素中回收金属铀，采用真空蒸馏法从回收的铀中去除电解精炼盐，然后将经过清洗后的铀（丰度大于20%）与低浓缩铀混合以制得丰度为19.5%～19.75%的高丰度低浓铀。最后，通过高温加热重新定型回收的金属铀，并浇铸成剂量小、尺寸小、更适于操作的金属铀铸锭（一个约3～7千克），以支持加工成新的高丰度低浓铀燃料。

2018年，INL通过EBR－Ⅱ驱动燃料处理生产了3.86吨潜在的高丰度低浓铀原料。当前正在进行处理的EBR－Ⅱ驱动燃料预计将再生产6吨，共可生产多达10吨的高丰度低浓铀原料，用于支持与美国奥克洛公司（OkloInc）合作的Aurora微堆示范项目。美国能源部计划于2028年12月31日之前完成所有EBR－Ⅱ驱动燃料棒的处理，2024年12月可获得5吨高丰度低浓铀原料。

3.2 混合锆提取工艺（ZIRCEX）

2019年6月，INL计划采用ZIRCEX，进行高丰度低浓铀的全尺寸工程规模示范生产以支持先进反应堆部署。ZIRCEX处理的原材料是美国能源部管理的乏燃料，通过将乏燃料溶解在盐酸中，以基本去除核燃料的锆或铝包壳，再使用“非常紧凑、模块化的溶剂萃取系统”从裂变产物中提纯铀，然后将提取到的铀丰度稀释至20%以下，最后再进行固化和燃料加工。

该方案目前仍处于研究阶段，INL正在对未辐照材料进行小型试验，为新ZIRCEX中试研究做准备。2022年，INL首次利用未辐照锆燃料在材料回收中试厂（MRPP）中成功完成ZIRCEX瞬时反应速率测试，该中试厂位于INL的材料与燃料综合体（MFC）内，下一步是进行辐照锆燃料的研究。阿贡国家实验室、橡树岭国家实验室和太平洋西北国家实验室也正在与INL合作开展该项目。

3.3 新浓缩铀生产线

2019年11月，美国能源部和美国森图斯能源公司（Centrus Energy）签订了为期三年、价值1.15亿美元（2021年6月美国能源部网站将数据更新为耗资1.7亿美元）的高丰度低浓铀示范项目合同，在俄亥俄州派克顿的美国离心机工厂部署一系列铀浓缩离心机，并通过级联方式利用浓缩六氟化铀气体生产高丰度低浓铀。在这项示范项目的基础上，美国能源部于2022年11月宣布继续为森图斯能源公司的子公司美国离心机运营公司提供约1.5亿美元的成本分摊奖励，用于制造和示范离心机浓缩级联。该奖项第一年将提供3000万美元用于启动和运行16台级联先进离心机。

目前，该高丰度低浓铀示范项目已建造16台AC－100M型先进离心机，并已完成大部分设施的制造和组装工作。预计在2023年12月31日前可示范生产20千克丰度为19.75%的高丰度低浓铀，从2024年开始将以900千克/年的产能继续生产。成功实现示范生产后，AC－100M技术将进行商业部署。

4 结语

美国正在加快先进反应堆的示范和部署，而高丰度低浓铀是整个部署计划中最关键的材料。美国在短期内（到21世纪20年代中期）重点关注的核领域两大优先事项是高丰度低浓铀的供应安全和先进反应堆示范。美国通过《2020能源法案》明确实施“高丰度低浓铀可获得性计划”，构建由美国能源部主导推动、INL等核领域国家实验室主要实施研究、核燃料供应商等私营企业积极参与的供应体系，统筹考虑近期和长远的供应需求，近期通过回收利用乏燃料来支持先进反应堆示范，长远通过加快布局重建国内铀浓缩能力，以支撑先进反应堆的运行和部署。预计到2050年，美国高丰度低浓铀年产约520吨。

与此同时，美国正在加快推进高丰度低浓铀先进燃料示范工程。为提升燃料制造试验台及工程规模燃料示范与工艺验证方面的能力，美国能源部正计划在INL材料与燃料综合体内建立一个灵活且可重新配置的高丰度低浓铀燃料制造设施，目前正处于预概念设计阶段。

参考文献：

[1] DIXON B, KIM H S. Estimated HALEU requirements for advanced reactors to support a net-zero emissions economy by 2050 [R]. Washington: U.S. Department of Energy, 2021.

[2] Office of Nuclear Energy, U.S. Department of Energy. Notice of establishment: high-assay low-enriched uranium (HALEU) consortium [R]. Washington: U.S. Department of Energy, 2022.

[3] REGALBUTO C M. Addressing HALEU demand [R]. Washington: U.S. Department of Energy, 2020.

[4] VADEN D. Isotope characterization of HALEU from EBR-Ⅱ driver fuel processing [R]. Washington: U.S. Department of Energy, 2021.

Research on the layout of HALEU's domestic supply chain in the United States

SONG Min-na, GONG You, LIU Yi-zhu, XIA Yun

(China Institude of Atomic Energy, Beijing 102413, China)

Abstract: High-Assay Low-Enriched Uranium (HALEU), defined as the uranium-235 enrichment in the range of 5% to 20%, is a key material required for the development and deployment of advanced reactors. It is estimated that the United States will need more than 40 metric tons of HALEU by 2030, but current domestic production capacity in the United States cannot meet this demand. Therefore, the U. S. Department of Energy (DOE) is working to establish a domestic HALEU supply chain. Three solutions are currently being explored: ①using electrochemical processing to recover high-enriched uranium from spent fuel; ②using hybrid zirconium extraction process (ZIRCEX) to recover the HEU in spent fuel; ③Establish long-term sustainable HALEU production capacity through development, demonstration and commercialization of uranium enrichment technology. It is estimated that by 2050, the annual production of HALEU in the United States will be about 520 metric tons.

Key words: HALEU; Supply chain; Uranium enrichment; Advanced reactor

全球核聚变供应链面临的机遇和挑战

付 玉，马荣芳，李晨曦，仇若萌，江舸帆

（中核战略规划研究总院，北京 100048）

摘 要：聚变行业协会（FIA）通过对26家聚变企业和31家供应商的调研，发现全球聚变企业2022年的供应链支出超过5亿美元，预计10年后可达70亿美元，到行业进入成熟期时每年的产业链支出将达到数万亿美元。受访企业普遍反映聚变供应链存在三方面挑战：一是难以兼顾扩产能与控风险；二是面临地缘政治风险；三是供应链创新性不足。对于促进聚变供应链更好发展，FIA提出六方面建议：一是增加对聚变企业投资；二是探索风险分担机制；三是建立全球性供应链交流机制；四是借鉴利用其他行业的经验和能力；五是合作制定行业标准；六是完善监管体系。

关键词：聚变；供应链；机遇；挑战

2018年成立的聚变行业协会（FIA）是一个由来自美国、英国、加拿大、德国、法国、瑞典、日本等国的37家私营核聚变技术开发企业和69家供应商组建的非营利组织，总部位于美国华盛顿特区，致力于加强聚变企业同政府部门的协调合作，推动核聚变商业化应用。2023年5月，FIA发布《聚变产业供应链：机遇和挑战》报告[1]，基于对26家聚变企业和31家供应商的调研，评估了全球聚变供应链产值空间、关键需求和突出问题，并提出若干发展建议。

1 供应链产值空间

虽然聚变项目大多处于理论研究、方案设计和实验室探索等初步阶段，但FIA的调研显示，全球聚变企业2022年的供应链采购支出已超过5亿美元，产值分布如表1所示。

表1 2022年全球聚变企业供应链产值分布

项目	比例
非聚变专用的专业部件	36.40%
原材料	31.83%
承包工程	17.04%
聚变专用部件	4.06%
商业通用部件	3.73%
软件	3.32%
专业服务	1.95%
施工承包	1.29%
燃料	0.39%

业界认为聚变即将从实验室研究走向市场应用，许多聚变企业计划在未来10年内陆续建设实验堆和示范堆，然后大规模建设商用堆。FIA研判至建设首座聚变示范堆时，每年的供应链支出将达70亿美元；预计聚变产业将在2035—2050年进入成熟期，届时每年的产业链支出将达到数万亿美元。此外，2021年彭博社预测聚变产业总值可达40万亿美元。

作者简介：付玉（1991—），男，硕士研究生，助理研究员，现主要从事核科技情报研究。

2 关键产品和服务需求

FIA调研的26家聚变企业中，48%的企业采用磁约束聚变路线，24%的企业采用磁惯性约束路线，8%的企业采用惯性约束路线，8%的企业采用非高温式激光聚变路线，其余企业采用静电约束、μ介子催化聚变、磁-静电混合约束等技术路线。因技术路线存在差异，受访企业所需的关键产品和服务需求有所不同，总体情况如表2所示。

表2 26家聚变企业反馈的关键产品和服务需求 单位：家

关键产品和服务需求	当前需求企业数量	认为目前存在供应问题的企业数量	认为10年后此项需求将大幅增长的企业数量	认为未来会出现供应问题的企业数量
真空泵	24		14	6
精密工程和制造服务	24	3	14	4
控制软件	21		12	3
功率半导体	20	5	12	8
氘、氚等气态聚变燃料	19	3	13	8
人员招聘	19		13	6
特种金属（如优质钢）	17		12	5
普通金属（如镍、铜）	16		6	5
工程、采购和建筑企业	16		13	4
热管理技术	14		13	7
天然锂	14		10	5
第一壁材料	14	3	11	6
法律服务	14		8	3
低温设备	13		10	7
磁铁	12	4	10	
射频加热	10		7	3
浓缩锂	10		8	
高温超导材料	9	4	10	4
激光器	6		5	5
稀土金属	6		7	7
激光组件（如二极管、激光玻璃）	5		5	3

对于上述关键产品和服务需求，19.2%的受访聚变企业通过购买通用材料和部件并自行组装自主解决，61.5%的企业部分依赖专业供应商，19.2%的企业严重依赖专业供应商。

3 存在的突出问题

FIA调研发现，受访企业普遍反映聚变供应链存在三方面挑战。

3.1 难以兼顾扩产能与控风险

多数聚变企业认为供应商要扩大产能规模、提升供货速度、降低产品成本才能满足未来聚变大规模应用需求。由于新建产能需要时间，聚变企业希望供应商提前规划和尽快投资扩大产能，避免未来因供应短缺影响聚变快速普及。虽然多数供应商认为聚变会成为一个重要的产业，能够为他们带来巨大的发展机遇，但聚变落地应用的时间存在不确定性，而且并非每一种聚变技术路线都会成功，所以马上扩大产能将面临较大投资风险。供应商希望聚变企业提前与其签订长期供货合同，为其建立可以抵消风险的财务金融机制，并与其加强沟通和信息共享。

3.2 面临地缘政治风险

面对当前的地缘政治环境，许多受访对象认为国际关系和地缘政治对聚变产业规模化发展具有重要影响。特别是，美国和欧洲的聚变公司认为，某些具有地缘政治风险的国家在部分稀有原材料和专业技术产品方面占据垄断地位，担心这些国家可能会利用其垄断优势，迫使聚变制造业在其本土发展，或对聚变领域的重要技术实施管制。

3.3 供应链创新性不足

部分聚变企业指出，一些供应商是在政府资助聚变项目的扶持下成长起来的，虽然他们拥有成熟的技术，但往往安于既有环境、习惯照章行事，创新性较弱，不能对新的变化和需求做出快速响应。聚变企业多为创业公司，对于创新性和反应速度具有很高要求，需要传统聚变供应商与之加强衔接协调，更好适应彼此。

4 发展措施建议

根据调研获取的信息，为促进聚变供应链更好发展，FIA 提出六方面建议。

4.1 增加对聚变企业投资

许多聚变企业获得的资金仅能支撑其自身短期运营，供应商根本无法得到长期订单保障。社会资本和政府部门应该明确聚变长期投资规划，重点在概念堆验证和示范堆建设阶段加强对聚变企业的支持。政府还应采取财政补助、税收抵免、融资担保等此类已应用于其他清洁能源行业的激励措施，鼓励对聚变产业链投资，帮助供应商更有信心扩大产能。

4.2 探索风险分担机制

为保证供应商投入巨资建设的产能能够获得合理回报，需要各方建立风险分担机制。业内“垂直整合”是一个重要的方式，即聚变企业的投资方也要向配套的供应商投资，可直接投资，也可由聚变企业入股供应商的方式间接投资。这样还便于供应商深入了解聚变企业的预期需求和风险水平，为发展新技术和建设新产能作出更好的商业与融资决策。此外，政府应采取措施，确保政府投资和官方机构开展的聚变项目同私营聚变企业有机合作，避免无序竞争。

4.3 建立全球性供应链交流机制

组建连接聚变企业和供应商的全球性组织，建立收录聚变企业和供应商信息的数据库，及时根据其需求和能力变化对数据库进行更新。这样可帮助供需双方更好建立联系，利于促成更多合作，能够快速响应不断变化的需求，及时克服瓶颈问题。此外，应组织年度交易会、推介会、在线网络研讨会等线下线上交流活动，帮助供应商了解聚变企业需求，促成聚变企业和供应商建立长期可靠的合作伙伴关系。

4.4 借鉴利用其他行业的经验和能力

汽车产业是供应链全球化的典型。汽车企业通过零部件的标准化和模块化，与一级供应商建立了牢固的关系；通过允许供应商深度参与解决方案制定，来推动供应商加强创新。因此，要与其他行业加强交流，邀请他们参加聚变供应链活动，学习借鉴其成功经验。此外，航空航天等行业的企业在某些技术和制造方面具有独特优势，可用来为聚变产业服务，所以应该积极向他们宣介聚变产业的巨大机遇，吸引更多其他行业从业者参与进来。

4.5 合作制定行业标准

由于目前的聚变研发多停留在实验室阶段，聚变企业需要的和供应商提供的多为定制化产品与服务，标准化不足既增加了成本，又不易于推广。聚变规模化发展需要业内专业机构加强合作，协同制定行业标准，标准框架的建立将极大有利于提升行业发展速度，扩大行业增长空间。

4.6 完善监管体系

目前的裂变核能监管要求非常严苛，如果将其用于聚变监管，可能产生多种不利影响，许多聚变企业和供应商可能因此退出聚变业务。因此，FIA 建议并正在推动政府建立既能保护公众健康和安全，又利于支持创新的监管体系，对商业聚变采取不同于裂变的监管方式，甚至将聚变监管与裂变监管永久彻底分离。

参考文献：

[1] FIA. The fusion industry supply chain：opportunities and challenges [R] . Washington：FIA，2023.

Fusion industry supply chain：opportunities and challenges

FU Yu，MA Rong-fang，LI Chen-xi，QIU Ruo-meng，JIANG Ge-fan

(China Institute of Nuclear Industry Strategy，Beijing 100048，China)

Abstract：Through research and analysis of 26 fusion enterprises and 31 suppliers，the Fusion Industry Association (FIA) found that the global supply chain expenditure of fusion enterprises exceeded ＄500 million in 2022，and is expected to reach ＄7 billion in ten years. By the time the industry becomes mature，the annual industry chain expenditure will reach several trillion dollars. The surveyed enterprises generally reflect that there are three challenges in the fusion supply chain. Firstly，it is difficult to balance scale with risk. Secondly，it faces geopolitical risks and thirdly，the supply chain lacks innovation. To promote better development of the fusion supply chain，FIA proposes six recommendations. They are ①increasing investment in fusion to support the supply chain；②exploring risk sharing mechanisms；③building a global network of suppliers；④benefitting from other industries；⑤standardization；⑥changing Regulatory frameworks.

Key words：Nuclear fusion；Supply chain；Opportunities；Challenges

2022年核大国力量及工业能力态势报告

张　莉，蔡　莉，李晓洁

（中国核科技信息与经济研究院，北京　100048）

摘　要：2022年，地缘局势进一步动荡恶化，大国竞争更为激烈。全球核武器库存仍保持较大规模，美国与俄罗斯仍占绝对优势。美国发布新版《核态势评估》报告，俄罗斯继续强调维持强大的核威慑力量是其首要的政治和军事任务。主要核武器国家积极推进核力量现代化建设，关键核武器装备项目取得重要进展；“核门槛”国家持续扩大核武库，着力增强核打击能力。

关键词：核战略；核武器；核潜艇；核反应堆

当前，地缘局势进一步动荡恶化，大国竞争加剧。乌克兰危机凸显核力量在大国安全博弈的战略威慑作用，核武器的国家安全战略基石作用进一步凸显。

2022年6月，斯德哥尔摩国际和平研究所发布2022年年鉴，评估全球核态势认为，“除非核武器大国采取措施，否则预计未来几年全球核武库将出现冷战以来的首次增长”。年鉴公布了9个拥有核武器国家的最新核弹头库存情况，分别为美国、俄罗斯、英国、法国、中国、印度、巴基斯坦、以色列和朝鲜，总数约为12 705枚。其中，约3732枚部署在作战部队，约2000枚保持高度作战警戒状态。主要核武器国家在保留强大核威慑力量的同时，持续推进核武器及其科研生产能力现代化。

1　国外核力量总体态势

1.1　美国和俄罗斯调整核战略，加剧大国核军备竞争

2022年10月，美国发布新版《核态势评估》[1]报告，严重破坏国际战略稳定。新版《核态势评估》报告包括安全环境、威慑面临的挑战、核武器在美国战略中的作用、定制核威慑战略、延伸核威慑战略、军备控制、核不扩散与反恐怖主义等8个部分。与上版报告相比，新版报告在“安全环境”方面，将中国作为首要核威胁战略竞争对手；在“定制核威慑战略”方面，对中国威慑措施更加具体，明确提出“将保持灵活的威慑战略和力量态势”“运用海基低当量核弹头、远程轰炸机、核常两用战斗机和空基核巡航导弹等核装备加强对中国的威慑”；在“延伸核威慑战略”方面，更注重发挥印太盟国的作用；在“军备控制”方面，重申军控的重要性。美国新版核战略继续巩固“定制战略”和加剧大国竞争思想，进一步表露出美国政府“美国优先”和“霸凌主义”立场，将严重威胁、破坏全球安全与稳定。

早在2020年，俄罗斯就首次公开了核威慑政策，强调维持强大的核威慑力量是其首要的政治和军事任务，明确公布了4种使用核武器的情况：如果俄罗斯或其盟友遭到了弹道导弹袭击，可能会使用核武器；如果俄罗斯或其盟友遭到核武器或其他大规模杀伤性武器的攻击，将以核武器进行报复；如果攻击支撑俄罗斯战略威慑力的关键政府或军事场所，俄罗斯可能会发动核打击；俄罗斯可能使用核武器来击败一场将“国家的生存置于危险之中”的常规武器战争。

随着俄乌冲突的加剧，美国西方同俄罗斯之间围绕“核威慑”的竞争态势更加剑拔弩张。

作者简介：张莉（1977—），女，研究员，现主要从事核科技情报研究工作。

1.2 英国和法国重新审视核发展政策，加大核力量发展投入

随着美国和俄罗斯核军备竞赛的升温，英国政府近年来扭转了数十年的逐步裁军政策，突然宣布大幅增加英国核库存上限并不再公布具体数量，明确核力量建设目标是“在21世纪60年代开始拥有可靠、独立和有力的核威慑力量”。法国对新形势下核威慑战略进行了全面阐述，增加投入发展核力量，启动第三代弹道导弹核潜艇初步设计，并计划于2035年服役首艇，以应对新的军备竞赛风险。

1.3 “核门槛”国家，着力增强核打击能力

印度全力发展远程核运载装备。巴基斯坦的核战略围绕印度展开，寻求建立“全方位威慑态势”，应对印度宣称的大规模报复政策。以色列为确保其在中东地区的军事优势，进一步采取“核模糊”政策。朝鲜进一步着力提升核武器实战化能力，当前已进行6次核试验，能够制造采用钚或铀的原子弹，实现了一定程度的小型化，并成功试验了氢弹装置。

2 各国核力量现状与发展重点

2.1 美国强调核力量“先发制人”及全球打击、随时打击，持续推进核力量现代化升级

美国持续构建“三位一体”战略核力量结构，作为其霸权基石，并不断巩固其核力量优势。美国陆基共配备约800枚核弹头，部署了400枚洲际弹道导弹。“民兵3”导弹射程13 000千米，可在30分钟左右打击全球重要目标，是实施先发制人战略核打击的主力。海基在美国核力量中占比最大，具备实施大规模核反击的能力，共有1920枚核弹头，部署14艘弹道导弹核潜艇、240枚潜射弹道导弹。空基部署两型共约60架战略轰炸机，共配备1080枚核弹头，其中850枚是战略核武器，另外230枚为非战略核弹头；300枚核弹头部署在轰炸机基地，另有约100枚战术核弹头部署在欧洲。战略轰炸机航程可达14 000千米，可灵活部署运用，既可隐身突防，又可防区外发射核巡航导弹，遂行战略核打击任务[2]。同时，美国在欧洲部署约150枚非战略核武器。

综合分析，美国未来发展重点：一是着力提升核装备突防性能与毁伤效能。通过研改核弹头与新型核导弹，大幅提高核装备的安全性、可靠性与毁伤效能；研制部署B-21隐身轰炸机，显著增强全球机动突防打击能力。二是进一步推进海基运载平台更新换代。建造部署“哥伦比亚”级新一代弹道导弹核潜艇，将部署12艘，2030年实现巡航威慑，确保海基核威慑长期安全、可靠、有效。三是进一步提高核装备抵近部署能力。研改核常兼备F-35A隐身战斗机，发展低威力B61-12核航弹和W76-2核弹头，可抵近部署，“定制威慑”手段更加丰富。

2.2 俄罗斯强调“三位一体”现代化建设、研发制衡美国的非对称性“撒手锏”武器

俄罗斯“三位一体”核力量体系中，陆基弹道导弹占比最大，现代化比率最高，共部署306枚固定井或公路机动发射的洲际弹道导弹，可配装1185枚核弹头，具备威慑美国和北约全境的核威慑打击能力。“亚尔斯”导弹占比近60%，射程达11 000千米，具备较强的机动生存能力和变轨突防能力。镇国重器“萨尔马特”导弹可携带10枚75万吨级分导式弹头，分别打击15个不同目标，射程超过18 000千米，超过“民兵3”导弹5000千米，命中精度约200米。

海基新型弹道导弹核潜艇具备全球隐蔽核反击能力。在现有6艘“北风之神”和5艘“德尔塔Ⅳ”两个级别导弹核潜艇的基础上，未来再建造4艘“北风之神”。俄罗斯现有两种共计68架具有核能力的重型远程轰炸机，能运载580枚核空射巡航导弹，具备全球核轰炸能力。

综合分析，俄罗斯未来发展重点：一是加快新一代核运载工具和平台的研制与部署，如“萨尔马特”“雪松”导弹、“北风之神A”级核潜艇、PAK-DA轰炸机等，提升核装备的突破生存能力；二是研制制衡美国全球反导和反潜系统的非对称性撒手锏武器，如“波塞冬”核动力无人潜航器和“雨燕”核动力巡航导弹等，服役后将极大提高其核威慑与反击能力。

2.3 英国、法国推进核平台和运载工具研发，进一步强化核威慑

英国加强海基核力量建设，现有 4 艘“前卫”级弹道导弹核潜艇，48 枚潜射弹道导弹和 225 枚核弹头，其中 120 枚是战备弹头，导弹射程 12 000 千米。英国正在研发新一代的“无畏”级弹道导弹核潜艇，计划建造 4 艘，前两艘已开工建造，首艇最早可能于 21 世纪 30 年代初开始服役[3]。

法国在役 4 艘“凯旋”级弹道导弹核潜艇，48 枚潜射弹道导弹、240 枚核弹头，导弹射程 9000 千米。空基 50 架战斗轰炸机、50 枚空射巡航导弹、50 枚核弹头。法国在其当前“二位一体”核力量的基础上，正在研发新一代的 M51－3 潜射弹道导弹，建造 SNLE－3G 级弹道导弹核潜艇，首艇已开始建造，计划于 2028 年下水，2035 年开始服役。

2.4 其他有核国家积极提升核力量

印度初步建成“三位一体”核打击体系。陆基部署约 50 枚弹道导弹，射程可达 3200 千米，可机动发射；海基建成 1 艘弹道导弹核潜艇，用于测试、培训；空基部署 48 架进口的“幻影”和“美洲豹”战斗轰炸机，目前重点发展中、远程洲际弹道导弹与弹道导弹核潜艇。

巴基斯坦拥有 4 种近程、2 种中程陆基弹道导弹，共计 106 枚，核战斗机约 36 架，正在发展新型海基巡航导弹。

朝鲜核武器实现了一定程度的小型化，正在开展导弹研发，推动核武器实战化。

3 核大国持续推进核武器研制能力提升，强化相关技术领先优势

3.1 美国继续推进先进核军工体系建设，全面提升军工核能力

为构建灵活反应的核武器联合体，以保持核武库安全、可靠和有效，美国加快调整工业布局，实现高度集中。计划将军用钚、高浓铀、军用氚研发生产，核武器的装配和拆卸及高能炸药的生产，重要环境试验等工作由多个单位分别集中整合到 5 个单位（堪萨斯城工厂、Y－12 国家安全联合体、萨凡纳河工厂、潘得克斯工厂、内华达国家安全实验场）。同时，3 个国家实验室（洛斯阿拉莫斯国家实验室、劳伦斯利弗莫尔国家实验室、桑迪亚国家实验室）也生产少量的核武器部件。

加强核设施更新改造，拟安排近 80 个项目，包括 2021 年完成锂－6 生产装置新建工程、2022 年完成氚设施改造、2025 年完成高浓铀处理装置一期工程。

核武器研发生产力量集中于能源部直属的 8 个“核武器联合体”：美国 3 个核武器国家实验室，主要负责核武器的设计与试验/实验；4 个核武器工厂是堪萨斯城工厂、Y－12 国家安全联合体、萨凡纳河工厂、潘得克斯工厂，负责核武器部件生产与组装及退役弹头的拆除；内华达国家安全实验场主要进行包括次临界试验在内的核武器研发实验活动，并保持地下核试验能力。

为保持核武器研制技术、研发能力世界领先，美国开展的科学、技术和工程研究，包括先进数值模拟与计算、惯性约束聚变点火与能量高增益、武器物理与基础科学、武器初级与次级工程技术等，维持恢复地下核试验的能力；建造大型科研设施及实验装置，开展多项实验。例如，建造“红杉”等超级计算机开展数值模拟与计算、建造国家点火装置开展核爆模拟、联合锕系研究装置开展冲击物理实验、建造双轴 X 射线装置开展流体动力学实验、带核材料的次临界实验、高能炸药爆轰实验、武器效应实验等外场实验。

冷战后，美国、俄罗斯、英国、法国军用核材料大量冗余（表 1），逐步关停核材料生产设施，全面停止高浓铀和军用钚等材料的生产，但近年来，为提升军用核材料和核弹头研发生产能力，美国正积极恢复产氚能力满足库存需求，并拟在 2031 年和 2039 年分别建成新的军用钚和高浓铀处理与技术研发能力。2019 年已将氚生产能力提高了 2～3.5 倍，计划到 2025 年满足 36 个月生产 2 千克氚的能力；重要核部件钚弹芯生产能力在 2026 年达每年 30 个，在 2030 年达每年 50～80 个。

表 1　美国、俄罗斯、英国、法国军用高浓铀和钚库存　　单位：吨

	高浓铀	钚
美国	361（2020 年底）	87.8（2020 年底）
俄罗斯	599（2021 年初）	128（2019 年）
英国	21.9（2006 年）	3.2（1998 年）
法国	19～31（2020 年底）	5～7（2020 年底）

注：国际易裂变材料小组 2023 年 7 月数据[4]。

3.2　俄罗斯多举措优化提升核军工科研生产能力

俄罗斯拥有目前全球在运数量最多的研究堆装置，运行研究堆和临界装置 60 座，在建 2 座，拥有 5 座高功率研究堆。为集中管理核武器科研生产体系，俄罗斯国家原子能公司对俄罗斯核工业，包括核武器科研生产机构与核武器综合体进行统一规划管理。通过整合能力，调整布局，精简结构，有力支持核力量发展。同时，发展多种试验技术能力，核装备设计和维护活动。通过高质量科学技术基地计划，瞄准新兴技术突破点，新建多种科研设施；翻新苏联遗留的科研基地，打造新一代科研基础能力。

4　小结

近年来，美国和俄罗斯等国为保持核力量与工业能力优势，出台相关战略政策，稳步推进核力量及核科研生产能力现代化，一些核装备与技术关键项目取得重大进展。从近年来的全球核态势发展，可以看出核力量维护国家主权和安全的战略基石作用愈加明显。我国应按照既定方针部署与我国大国地位匹配的现代化核力量，确保核威慑和核反击能力的可靠、可信；支持基础军用核技术研发，鼓励核领域技术创新，持续完善先进、高效、协同的新时代核科研体系，为建设核强国提供有力支撑。

参考文献：

[1] 美国国防部．核态势评估报告［R］．中国核科技信息与经济研究院，译．华盛顿：美国国防部，2022.

[2] KRISTENSEN M H，KORDA M. Nuclear notebook：how many nuclear weapons does the United States have in 2022?［EB/OL］．(2022－05－10)［2023－03－03］．https：//thebulletin. org/premium/2022－05/nuclear-notebook-how-many-nuclear-weapons-does-the-united-states-have-in－2022.

[3] Gov. UK. The UK's nuclear deterrent：what you need to know［EB/OL］．［2023－03－03］．https：//www. gov. uk/government/publications/uk-nuclear-deterrence-factsheet，GOV，UK，MAY，2022.

[4] International Panel on Fissile Materials：About IPFM［EB/OL］．(2022－07－23)［2023－03－03］．https：//fissilematerials. org/ipfm/about. html.

2022 Nuclear force and industrial capability posture report

ZHANG Li, CAI Li, LI Xiao-jie

(China Institute of Nuclear Information and Economics, Beijing 100048, China)

Abstract: In 2022, the geopolitical situation is further volatile and worsening, and the great power competition is more intensified. The global stockpile of nuclear weapons remains large, and the United States and Russia still dominate. The United States released a new "Nuclear Posture Review", and Russia continues to stress that maintaining a strong nuclear deterrent is its top political and military priority. Major nuclear-weapon states have actively promoted the modernization of their nuclear forces and made important progress in key nuclear weapons equipment projects. "Nuclear threshold" countries continue to expand their nuclear arsenals and strive to enhance their nuclear strike capabilities.

Key words: Nuclear strategic; Nuclear weapon; Nuclear submarine; Nuclear reactor

2022年俄罗斯战略武器发展分析

孙晓飞，李晓洁

（中核战略规划研究总院，北京　100048）

摘　要：2022年，在俄乌冲突背景下，全球核安全受到严重挑战。俄罗斯以加强生存和突防能力为重点，牵引战略武器现代化与更新换代。海基核力量是俄罗斯国防建设的重中之重，“北风之神-A”级弹道导弹核潜艇与“波塞冬”核动力无人潜航器等新一代战略核武器装备正在加快研制部署。俄罗斯高超声速武器发展处于世界前沿，正在加快构建陆海空“三位一体”高超声速武器体系。

关键词：俄罗斯；核力量；弹道导弹核潜艇；高超声速武器

2022年，在俄乌冲突背景下，全球核安全受到严重挑战。深陷俄乌冲突泥潭的俄罗斯更是将核武器视为维护国家安全的终极手段，全力保障核力量现代化进程，研发多种核运载平台，以确保战略核力量的有效性与可靠性。

1　战略武器新发展

1.1　推动新型陆基洲际弹道导弹测试与换装

研制和部署“萨尔马特”陆基洲际弹道导弹。“萨尔马特”际基洲际弹道导弹将接替目前服役的“撒旦”陆基洲际弹道导弹，具有威力大、射程远、突防能力强的特点，可携带10个重型或15个中型分导核弹头，还能搭载“先锋”高超声速滑翔飞行器。导弹可跨越北极或南极，绕开现有的导弹防御系统。2022年4月，该导弹首次试射成功，已进入全面生产阶段。俄罗斯计划配装7个“萨尔马特”导弹团，共部署46枚导弹，与目前服役的“撒旦”导弹的数量相当。

继续部署“亚尔斯”洲际弹道导弹。2022年，俄罗斯继续用“亚尔斯”洲际弹道导弹替换“白杨”导弹。“亚尔斯”洲际弹道导弹是俄罗斯新研制并已经部署的固体燃料洲际弹道导弹，有井基发射和机动发射两种型号。由于产能限制，俄罗斯正以每年1～2个导弹团（9～18枚导弹）的速度退役“白杨”公路机动导弹，换装“亚尔斯”公路机动型导弹。整个换装工作预计将在2024年完成[1]。

1.2　加快海基战略核武器研制部署，研制“波塞冬”核动力无人潜航器

加快建造“北风之神”级战略核潜艇。2022年，俄罗斯共有10艘战略核潜艇服役，其中5艘“德尔塔Ⅳ”级，3艘“北风之神”级，2艘“北风之神-A”级。“北风之神-A”级是俄罗斯第四代，也是最新一代战略核潜艇“北风之神”级的改进型。俄罗斯计划共建造10艘“北风之神”级战略核潜艇，其余5艘目前处于不同阶段。预计2023年前交付第6艘和第7艘，2027年前完成其余3艘的建造[2]。

研制“波塞冬”核动力无人潜航器。俄罗斯正在研发“波塞冬”核动力无人潜航器。该潜航器集成了多项前沿技术群，特征突出，包括航程长、速度快、可携带大当量核弹头、潜深大、隐身性能好、定位精度较高等，列装后可形成非对称打击能力。“波塞冬”核动力无人潜航器计划于2027年交付。2022年7月，首艘可携带“波塞冬”核动力无人潜航器的特种核潜艇“别尔哥罗德”号交付海军。第2艘“哈巴罗夫斯克”号正在建造。每艘潜艇携带6具“波塞冬”核动力无人潜航器[3]。

作者简介：孙晓飞（1981—），男，本科，研究员，现主要从事外军核武器装备科技信息研究工作。

1.3 研改并举推动空基核武器现代化

加快推进战略轰炸机能力提升，其中包括两项内容：一是对现役图-160型战略轰炸机进行深度现代化改造，开发并安装新研发的发动机及新型航空电子设备、导航和雷达系统。改造后的型号称为"图-160M1"。预计将在2027年完成10架图-160M1战略轰炸机改造。二是重新生产经过全面改进后的图-160M2战略轰炸机，弥补战略轰炸机数量不足的问题。2022年1月，首架全新生产的图-160M2战略轰炸机首次试飞，标志着俄罗斯开始恢复战略轰炸机制造能力。俄罗斯计划生产50架图-160M2战略轰炸机。

继续研制隐身轰炸机。2022年俄罗斯空军表示PAK-DA隐身轰炸机设计方案已经确定。该机将与图-160M2战略轰炸机共享多个系统，计划于2023年进行初步测试，2026年进行稳态测试，2027年开始初期生产，2028年或2029年开始批量生产。鉴于俄乌冲突现状，以及俄罗斯的经济水平，国际社会对于俄罗斯航空业是否有足够的能力同时开发和生产两型战略轰炸机尚有很大争议[4]。

1.4 积极发展和部署高超声速战略武器，首次用于实战

俄罗斯高超声速武器发展处于世界前沿水平，研制和部署"匕首"空射弹道导弹、"先锋"高超声速滑翔飞行器、"锆石"舰载高超声速巡航导弹三型高超声速战略武器，其中前两型已经服役[5]。

"匕首"空射弹道导弹基于俄罗斯"伊斯坎德尔"导弹研制，可携带常规弹头与核弹头。2022年3月，俄罗斯首次利用"匕首"空射弹道导弹打击了乌克兰设施，使该导弹成为世界上首型用于实战的高超声速武器。"先锋"高超声速滑翔飞行器被俄罗斯视为重要的二次核打击战略武器装备，也可用于打击敌国弹道导弹防御体系，为其他战略打击武器扫清障碍。该武器于2019年12月开始服役，配装改造后的"三棱匕首（RS-18）"洲际弹道导弹。2021年底完成多巴罗夫斯基导弹团的总计6枚的部署工作，2022年正在装备第二个导弹团，未来计划配装"萨尔马特"洲际弹道导弹。"锆石"是舰载高超声速巡航导弹，能够以6～8马赫的速度飞行，最大射程约1000千米。2022年5月，该导弹试射成功后，俄罗斯国防部称其首批将装备在22350型护卫舰上[6]。

1.5 加紧构建现代化的反导预警系统和战略反导拦截系统

俄罗斯导弹防御系统主要由导弹预警雷达、地面太空监视系统和拦截系统等组成。2022年的主要进展如下[7]：

一是持续加强反导预警系统能力建设。发展预警卫星，提升地面太空监视能力。俄罗斯继续部署第三代"统一太空系统"天基预警卫星系统，计划到2024年完成10星组网，部署完毕后将命名为"穹顶"系统，形成全球导弹预警能力。部署"沃罗涅日"新型导弹预警雷达，提升导弹攻击预警能力。该雷达共有4种型号，目标水平探测距离可达6000千米，垂直探测距离可达8000千米，目前已经部署10部。2022年8月，俄罗斯表示，正在继续加强北极、南部、远东和西部的雷达站建设，计划于2024年完成对国土全境的战略预警系统覆盖。

二是继续推进A-235战略反导拦截系统建设。A-235战略反导拦截系统是A-135系统的改进型，拥有3层拦截体系，且首次使用"动能拦截器"，2014年首次试射。2021年11月15日成功击毁"宇宙-1408"号卫星的发射试验充分验证了俄罗斯的反导弹及反太空能力。

2 发展特点与规律

2.1 将海基核力量作为国防建设的重中之重

俄罗斯将战略核力量作为国防建设的重要部分，全力保障其现代化。俄罗斯武器装备经费中重要部分流向核力量建设。在核力量体系里，海基投入最大，"北风之神"级战略核潜艇密集下水入役，"波塞冬"核动力无人潜航器项目破阻前行。相比于海基核力量的建设投入，俄罗斯陆基和空基核力量的支持相对有限，只能凭借现有的技术基础和有限财力维持。例如，陆基"亚尔斯"洲际弹道导弹虽然已于2010年开始入役，但由于产能限制，至今尚未完成全面换装。

2.2 强调战略武器的突防性能

为对抗敌国导弹防御系统的威胁，俄罗斯采取了配备分导式多弹头、增加诱饵、发展速燃助推技术、机动变轨、隐身等措施，特别是隐身技术方面，除传统的隐身外，等离子体隐身等隐身技术，能够显著降低被雷达发现概率。本征材料、纳米隐身材料等新型材料将应用于导弹武器。俄罗斯还在发展高超声速滑翔弹头、隐身轰炸机等多种能够实现强突防的作战装备。

2.3 战略核导弹保留多种发射方式

俄罗斯还将继续发展战略导弹机动发射技术体系。机动发射可利用发达的公路网或铁路网进行快速机动部署，作战使用中可利用各种自然或人造环境进行隐蔽，灵活的战术可为武器系统躲避敌方侦察和打击提供有效保证。俄罗斯战略火箭部队目前部署了多种发射井式和移动式洲际弹道导弹。俄罗斯曾经开发“巴尔古津”铁路机动发射弹道导弹的技术，可作为未来增加战略导弹发射多样性的重要技术储备。

2.4 核动力技术呈现深海、空天等领域应用拓展趋势

核动力具有能量密度高、使用寿命长的特点，俄罗斯在持续提升核动力技术水平的同时，不断扩大核动力技术的应用场景。俄罗斯研发“波塞冬”核动力无人潜航器和“海燕”核动力巡航导弹，谋求实现武器“无限”航程[5]。

3 未来趋势

3.1 继续推进新型战略导弹换装，实现陆基弹道导弹全面换代

随着“萨尔马特”洲际弹道导弹的服役，未来俄罗斯陆基弹道导弹将由“萨尔马特”和“亚尔斯”两型新研制导弹构成。但由于产能限制，完成全面换装将需要较长时间。

3.2 建成强大的战略核潜艇舰队，部署非对称战略武器

未来俄罗斯将继续推进其余 5 艘“北风之神-A”级战略核潜艇的建造，替代现役的“德尔塔Ⅳ”级，完成战略核潜艇现代化。继续研制并部署“波塞冬”核动力无人潜航器，形成对对手核威慑的“非对称”优势。

3.3 继续提高战略轰炸机规模与现代化水平，研制新型隐身轰炸机

俄罗斯将完成现役战略轰炸机改造，逐步扩大图-160M2 改进型战略轰炸机生产，提高空基核力量规模，未来还将继续推动 PAK-DA 隐身轰炸机研制。

3.4 建成陆海空“三位一体”高超声速武器体系

俄罗斯“匕首”空射弹道导弹已经实战化验证，“先锋”高超声速滑翔飞行器也已少批量部署到陆基洲际弹道导弹。未来随着“锆石”舰载高超声速巡航导弹的服役，俄罗斯将全面建成陆海空“三位一体”高超声速武器体系。

3.5 构建多层预警和全方位覆盖的战略反导体系

俄罗斯正在加紧构建以天基和陆基为主的双层反导预警系统，形成对除南极圈外的全球弹道导弹发射探测能力和本土全方位覆盖能力，同时继续换装 A-235 战略反导拦截系统，最终建成能够有效应对弹道导弹威胁的战略反导体系。

参考文献：

[1] Russian nuclear forces，2022 [EB/OL]. [2023-05-08]. https://thebulletin.org/wp-content/uploads/2022/02.

[2] Russian strategic nuclear forces [EB/OL]. [2023-03-05]. https://russianforces.org/.

[3] Russia's nuclear weapons: doctrine, forces, and modernization [EB/OL]. [2022 - 12 - 11]. https://crsreports.congress.gov/product/pdf/R/R45861/6.
[4] Russia's new strategic nuclear weapons: a technical analysis and assessment [EB/OL]. [2022 - 04 - 21]. https://www.iiss.org/online-analysis/online-analysis/2022/06/russias-new-strategic-nuclear-weapons-a-technical-analysis-and-assessment/.
[5] Poseidon unmanned underwater vehicle [EB/OL]. [2023-03-05]. https://www.militarytoday.com/navy/poseidon.htm.
[6] Kinzhal air-launched ballistic missile [EB/OL]. [2022 - 05 - 06]. https://uploads.fas.org/2019/11/FAS-ALBM.pdf.
[7] Russia's new nuclear weapon delivery systems [EB/OL]. [2023-03-05]. https://www.jstor.org/stable/pdf/resrep19984.8.pdf.

Analysis of Russia's strategic weapons development in 2022

SUN Xiao-fei, LI Xiao-jie

(China Institute of Nuclear Industry Strategy, Beijing 100048, China)

Abstract: In 2022, in the context of the Russia-Ukraine conflict, global nuclear security has been seriously challenged. Russia focuses on strengthening its survival and penetration capabilities, leading the modernization and upgrading of strategic weapons. Sea-based nuclear forces are the top priority of Russia's national defense construction, and the development and deployment of new-generation strategic nuclear weapons equipment such as the "Borei-A" class ballistic missile nuclear submarine and the "Poseidon" nuclear-powered unmanned underwater vehicle are being accelerated. Russia is at the forefront of hypersonic weapon development in the world, and is speeding up the construction of land, sea and air "triad" hypersonic weapon system.

Key words: Russia; Nuclear force; Ballistic missile nuclear submarine; Hypersonic weapons

圣迭戈实验室放射性物品运输包装试验设施研究

李 熙，王 莹

（中国工程物理研究院科技信息中心，四川 绵阳 621900）

摘 要： 运输包装的固有安全性是保证放射性物品运输安全的前提。美国圣迭戈实验室基于相关法规对放射性物品运输包装试验的要求，结合包装试验的破坏性和不可重复等特点，建设了完整的试验设施，开展了广泛的运输包装设计、试验和评估活动。本文简要梳理了圣迭戈实验室力学性能、热综合、水浸没、移动仪器数据采集、LS-DYNA软件等试验及配套设施建设，以期为我国建设放射性物品包装试验设施和配套装置提供借鉴和参考。

关键词： 放射性物品；运输包装；试验设施；圣迭戈实验室

近年来随着核工业的高速发展，特别是核电发展的需要，涉及放射性物品、核燃料和乏燃料的运输活动日益增多。放射性物品的泄漏会造成严重的后果，因此其运输的安全性就显得尤为重要。运输包装是放射性物品在运输过程中用于包容、屏蔽和保持次临界状态的容器，放射性物品包装的固有安全性是放射性物品运输安全的前提。为确保放射性物品运输的安全，保护公众健康，保护环境，国际原子能机构（IAEA）早在1961年就出版了《放射性物质安全运输条例》（“Regulations for Safe Transport of Radioactive Material”），对放射性物品包装的设计、制造、认证、使用、修理和维护作了严格的要求，同时明确了放射性物品运输包装的试验要求，并随着新技术、新设备的应用及运输实践经验的积累而不断更新。

美国作为世界第一核大国，在“条例”的基础上，建设了非常全面的关于放射性材料运输的法规[1]，其中关于运输包装的内容主要包括美国核能管理委员会（Nuclear Regulatory Commission，NRC）法规第10篇第71部分（10 CFR 71）“放射性物质的包装和运输”，以及《美国联邦法规》第49篇第173部分（49 CFR 173）“托运人——对装运和包装的一般要求”中关于危险材料运输的相关内容[2]。法规为放射性物品运输包装的安全性提供了统一的质量监督和审查要求[3]。实现放射性物品运输安全性审查认证的一种重要方法是证明运输包装可以通过物理试验，满足正常条件和模拟事故条件下包装密封并限制外部辐射剂量率的要求。针对运输包装的试验验证，最重要的是建立满足要求的配套试验设施[4]。美国进行放射性物品运输技术相关研究的主要机构是圣迭戈实验室（Sandia Laboratory），该实验室基于法规的要求，建设了力学性能、热综合、水浸没装置及相关的信息收集处理设备。

放射性物品的泄漏会造成不可挽回的严重后果，因此对运输包装试验装置的研究具有重要意义。通过对圣迭戈实验室相关试验设施、配套设备进行研究，观察其建设规模、试验完备性及试验能力，以期为我国建设放射性物品包装试验和配套设施、提高放射性物品包装性能的试验验证能力和安全分析水平提供借鉴和参考。

1 圣迭戈实验室放射性物品运输包装研究概况

圣迭戈实验室作为美国能源部国家安全实验室，70年来为美国最具有挑战性的国家安全问题提供必要的科学与技术研究。圣迭戈实验室从20世纪60年代开始开展放射性材料运输技术的相关研究，创建并领导了一个国际团队来评估在世界范围内运输放射性物品的安全影响，凭借位于新墨西哥

作者简介： 李熙（1995—），男，四川绵阳人，研究实习员，主要从事学科情报与服务工作。

州阿尔伯克基的验证和认定科学实验综合体（VQSEC）独特的实验和计算能力，可以创建和模拟大多数极端操作和异常环境，来对放射性物品包装进行正常条件和事故条件下的试验验证，如图1所示[5]。

图1　圣迭戈验证和认定科学实验综合体示意

圣迭戈实验室主要遵从10 CFR 71和49 CFR 173的法规要求（表1、表2）建设试验和配套设施，法规根据需要运输材料的形式来确定试验要求。

表1　10 CFR 71法规要求

运输条件	试验要求
正常运输条件	热综合试验、压力试验、振动试验、喷水试验、自由跌落试验、角跌落试验、堆叠试验、贯穿试验
假设事故条件	自由跌落试验、压碎试验、贯穿试验、耐热试验、浸没试验
钚航空运输事故条件	物理测试的累积效应、自由跌落试验
特殊形式放射性物质测试	冲击试验、撞击试验、弯曲试验、耐热试验
LSA-Ⅲ材料测试	浸没试验

法规对试验的要求可以归纳为三类试验，力学试验包括：冲击试验、撞击试验、弯曲试验、自由跌落试验、堆叠试验、贯穿试验、压力试验和振动试验；热试验包括：耐热试验、耐寒试验；水试验包括：浸没试验和冲击试验。圣迭戈实验室分别建设了力学试验设施、热试验设施和水试验设施，开展了广泛的放射性物品运输包装的设计、试验活动，并对收集到的数据进行材料性能研究、理论计算、模拟仿真、安全分析等手段的综合评估，测试、记录和分析放射性物品包装的响应性[6]。

表 2 49 CFR 173 法规要求

运输条件	试验要求
A 型包装测试	喷水试验、自由跌落试验、堆叠试验、贯穿试验
B 型和易裂变材料容器	自由跌落试验、贯穿试验、耐热试验、浸没试验
LSA-Ⅲ材料测试	浸没试验
特殊形式放射性物质测试	冲击试验、撞击试验、弯曲试验、耐热试验

2 圣迭戈实验室的试验设施

2.1 力学试验能力与设施

圣迭戈实验室进行力学性能相关试验的主要设施包括空中缆绳设施、火箭橇轨道设施和跌落塔。利用空中缆绳设施（Aerial Cable Facility，ACF）结合各种靶面，能够开展高速或低速的引导式和非引导式跌落、冲击、堆叠、贯穿及动态压碎试验。该设施将火箭橇和自由下落结合起来，提供可控制条件下重复冲击试验的手段，可在高度仪器化的测试场地中精确模拟各种环境。空中缆绳设施由峡谷间长度为 1524 m 的钢丝缆绳组成，缆绳能将重达 36 t 的试验包提起、悬挂到 30 m 的高度，较轻的试验包的最大高度能达到 213 m。试验包能以 244 m/s 的速度，从垂直角度到与水平呈 30°角的方向冲击靶面，并且可以严格控制和测量攻角。各种冲击目标位于平行于缆绳的峡谷上方，根据法规要求，不同试验包有不同的冲击靶，如压紧的地面和具有刚性的表面[7]。圣迭戈实验室有一个刚性靶（Unyielding Target）重达 910 t，如图 2 所示，能测试最高重达 91 t 的试验货包。刚性靶长 10.4 m，宽 4.9 m，深 7.6 m，在钢筋混凝土上装有长 8.5 m，宽 3 m，厚 0.1～0.2 m 的钢制甲板。该靶可用于 9 m 自由下落试验。对于某些需要较高速度的测试，空中缆绳设施还可以采用火箭橇辅助推进技术。火箭橇沿着位于缆绳下方的橇轨道移动，并使用连接火箭橇和测试对象的缆绳将测试包向下加速到预定的速度。

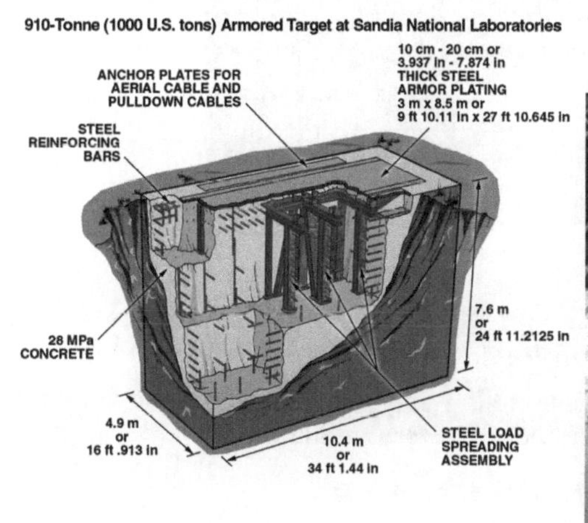

(a)

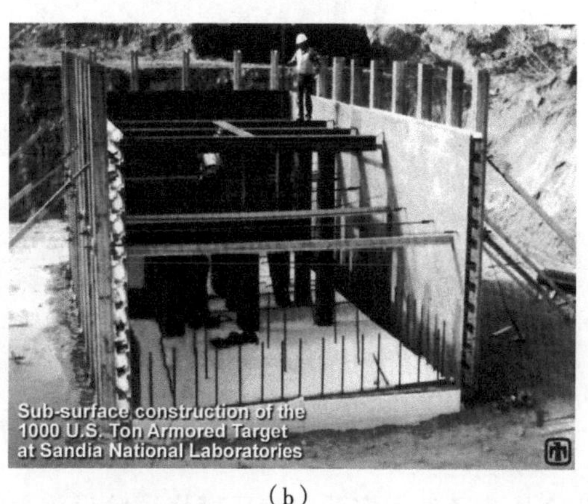

(b)

图 2 圣迭戈实验室 910 t 刚性靶示意

(a) 刚性靶仿真模型；(b) 刚性靶实体照片

圣迭戈实验室火箭橇轨道综合体（Rocket Sled Track Complex，RSTC）由两条滑车轨道和试验台组成，可以为水平方向的高速冲击、撞击、空气动力学、加速度和其他相关测试提供受控环境。20 世纪 70 年代末期建造的轨道长 610 m，轨距为 1.43 m，用于全尺寸运输系统冲击试验。使用火箭推进滑车轨道加速试验系统，速度能达到 200 m/s。火箭橇轨道的一端是 1250 t 的混凝土模拟桥墩，另一端是设计抵抗 20 900 t 冲击的巨大混凝土台，这条轨道主要用于大型包装的试验。后建成的火箭橇轨道长 3050 m，轨距为 0.56 m，可用于单轨或双轨配置，可以在轨道末端构建不同的靶，以满足不同的测试条件。使用火箭橇水平加速可以使运输系统很容易达到正常运输的速度，试验单元最大速度取决于包装的质量和形状。目前，该火箭橇轨道已达到大于 1800 m/s 的峰值速度。这条火箭橇轨道主要用于非常高速的测试，可以提供加速度、速度和应力等测试数据。

圣迭戈实验室 56 m 高的跌落塔（Drop Tower）能够为各种尺寸的测试项目提供模拟事故运输和中等冲击速度等受控环境，测试装置的温度调节范围为-65～100 ℃，可测试包装最大重量高达 680 kg，测试冲击靶包括泥土、钢筋混凝土、钢板或制定的靶面。跌落塔提供自由跌落和引导跌落功能，垂直速度接近 30 m/s。跌落塔还具有电机辅助下拉、上拉或提升功能，可以为重量 150 kg 的测试单元提供上拉/振动组合环境测试，频率为 20～2000 Hz。该设施主要用于对模型或小型包装的冲击和动态压碎测试。

圣迭戈实验室的力学试验设施单独或配合使用，可以完成除弯曲试验外相关法规所要求的力学性能试验，具有完备的力学试验能力。

2.2 热试验能力与设施

圣迭戈实验室的热试验设施主要有开放式池火设施、辐射加热设施和电炉等。开放式池火设施的最大尺寸达到 18 m×9 m，使用 JP-8 燃料（万能燃料）可以支持最长 2 h 的燃烧持续时间，能够测试的最大货包尺寸为 12 m×3 m×3 m，最大质量为 135 t。在池火周围可以放置一组 6 m 高的风屏，从而将包装位置的风速降低 70%～80%。试验过程中池火的温度、热通量水平和气体速度要求符合 10 CFR 71 法规，即平均火焰温度至少为 800 ℃，火力持续至少 30 min。由于法规允许通过其他热试验方法对包装进行热试验，为包装提供等效的总热量输入，因此圣迭戈实验室也通过辐射灯阵列和电炉模拟热试验。模拟热试验可对热通量和温度进行控制，为满足法规要求，电炉温度最多可调节至 1100 ℃，热通量可调节至 200 kW/m^2，达到测试温度的上升时间需小于 30 s。

图 3　圣迭戈实验室静风燃烧试验设施示意

除此之外，圣迭戈实验室静风燃烧试验设施也能够开展热试验。该设施是相对封闭的火灾试验设施，3 m×3 m 的池子置于立方体测试室的地板上，如图 3 所示。水冷墙对火焰辐射热损失提供适当的试验条件，流入测试室的空气由 4 个变速风机控制，该设施旨在满足适当的空气条件要求的同时提供大型开放式池火测试的热环境。

2.3 水试验能力与设施

圣迭戈实验室的水试验相关试验主要在拥有 91 m 高跌落塔的水冲击设施（Water Impact Facility）中完成，它能为高速水冲击测试、喷水试验、重力辅助跌落测试和浸没试验提供受控的试验环境。跌落塔下建有一个梯形水池，水池表面长 57 m，宽 36 m，池深 15.2 m，水池底部截面为 9 m×6 m。另外，在水池底部，有一根直径为 1.8 m，向下延伸 9 m 的管，使得水下测试的总深度达到了 24 m。水池可对大多数货包进行深度 15 m 以上的浸没试验，可对直径小于 1.7 m 的货包进行 24 m 以上的浸没试验，如图 4 所示。

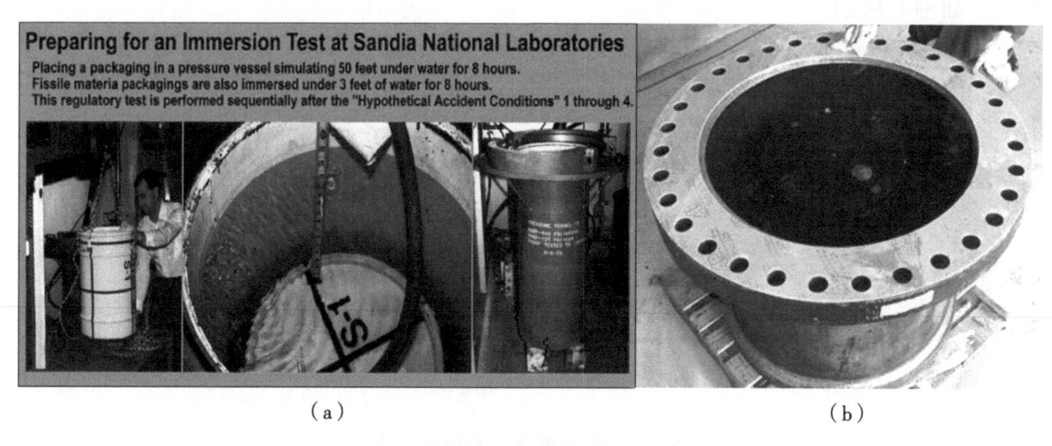

(a)　　　　(b)

图 4　圣迭戈实验室水试验设施示意

(a) 浸没试验现场；(b) 水试验设施实物

2.4　数据收集与处理能力

圣迭戈实验室能够利用遥测和有线仪器提供全方位的数据收集和处理。除每个试验设施的数据收集功能外，移动仪器数据采集系统（MIDAS）等设备还可用于支持包装测试。这套独特的独立移动系统建在长 13.4 m 的拖车内，装配有结构、热数据获取系统，在自由跌落试验、压碎试验、贯穿试验、热试验和浸没试验中可以获得试验的现场数据，如图 5 所示。MIDAS 能够采集和处理多达 72 个通道的基于瞬变结构的压阻式或电压信号，还可以采集并处理多达 100 个通道的温度数据。MIDAS 是根据严格的质量保证计划开发和记录的，以确保准确和可靠的响应数据。

除了仪器数据收集，圣迭戈实验室还具有实用的高速摄像能力。数字摄像机用于记录测试期间的冲击和序列包装响应。摄像的帧速率范围从每秒 24 帧（实时速度）到每秒 250 000 帧，包装测试的标称帧速率扩展到约每秒 2000 帧，所拍摄高速胶片的数据是按时间编码的，以允许与仪器数据相关联。

(a)　　　　(b)

图 5　MIDAS 外观 (a) 及内部 (b) 示意

2.5　建模与分析能力

圣迭戈实验室使用 LS－DYNA 软件等结构分析软件，模拟包装结构和事故条件，从而可以在包装设计过程中和试验前评估包装设计的安全性。这些软件都是采用有限元方法建立，冲击试验的分析可以基于应力或应变，大多数包装容器是根据 ASME 锅炉和压力容器规范设计的，通过分析可以证明合规性并给出一些安全边界裕量，再将有限元分析结果与实际冲击试验数据进行比较，以验证模型和分析工具，如图 6 所示。

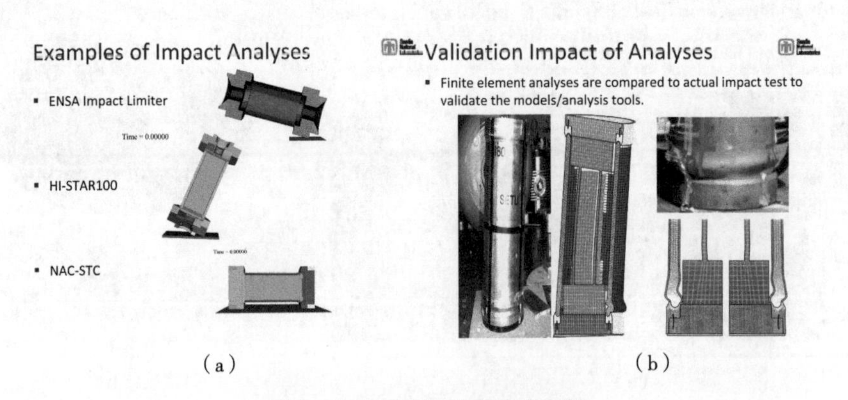

（a）　　　　（b）

图 6　分析与验证冲击试验示例

（a）仿真冲击试验示例；（b）实际冲击试验与仿真冲击试验的比较

对于热试验分析，法规允许使用统一的热边界条件进行分析，温度为 800 ℃，火焰发射率为 0.9，表面吸收率至少为 0.8，对流系数适合于吞噬的火灾环境。为了与测试结果进行比较，必须模拟实际的火灾或熔炉环境，这需要进行燃烧、流体动力学、辐射与包装内热传递的耦合分析。对于热试验分析的验证，在对池火进行建模的基础上，测试过程中配备有大量仪器，以提供具有时间和空间变化的充足数据，与分析结果进行比较。

2.6　其他试验能力

圣迭戈实验室还拥有两台离心机，一台半径为 10.6 m 的离心机位于室外的圆形安全壳内；另一台半径为 8.8 m 的离心机位于地下，并被高架装配大楼所覆盖，如图 7 所示。

两台离心机均由液压马达驱动。地下离心机可以将重达 7300 kg 的包裹加速到 100 G，或将较轻的包裹加速到约 300 G，室外离心机可以将 4500 kg 的包裹加速到 45 G。由于具有大动态负载能力，测试包可以从旋转离心机中释放出来，并以接近 130 m/s 的速度撞击。研究人员使用这些设施对防事故运输集装箱进行了冲击试验。此外，支持运输包装测试的其他能力还包括机械弯曲测量、仪器校准、射线照相、振动与冲击、以及气象测量设施等，这些功能可用于支持从比例模型到全尺寸原型的包装测试[8]。

（a）　　　　（b）

图 7　圣迭戈实验室离心机示意

（a）室外离心机示意；（b）地下离心机示意

3. 结语

圣迭戈实验室建设了 3 个大规模的综合性试验设施，可以完成除耐低温试验外法规中要求的所有试验项目，较为全面地模拟运输过程中可能发生的事故情况。同时，依托于美国强大的工业基础，其信息采集处理、计算机模拟仿真技术也相当先进，可以结合试验结果对运输包装进行综合评估，为提高放射性物品安全运输水平发挥了积极的作用，具有丰富的运输包装检验试验设施和能力。

我国是核大国，但是在放射性物质运输领域的相关研究工作起步较晚。近年来包括中核 404 在内的多家科研单位逐步开展放射性物品运输包装试验验证相关工作，建设了一些专用试验设施，并初步具备了包装的结构分析、力学分析、热工分析、屏蔽分析等评估能力，但是相关软件评估的精确度还有待提高。自主可控的核心工业分析软件是我国至今还没有攻破的“卡脖子”问题之一。为了应对这些“卡脖子”问题，我国政府出台了一系列政策法规，积极联系企业、高校等研究机构共同攻关，这些措施必将为放射性物质运输、工业软件难题的攻克发挥重要作用。

参考文献：

[1] 张雷，赵兵，王学新，等．放射性物质运输货包试验工作进展［J］．辐射防护通讯，2010，30（6）：1－6.

[2] KELLY D L，BOLES J L FERRELL P C，et al. Packaging engineering and testing capabilities at DURATEK federal services INC. Northwest Operations USA［J］. International journal of radioactive materials transport，2001，12（2－3）：157－164.

[3] Standard review plan for transportation packages for spent fuel and radioactive material：final report（NUREG－2216）［EB/OL］．［2022－06－21］．https：//www. nrc. gov/reading－rm/doc－collections/nuregs/staff/sr2216/index. html.

[4] DOUGLAS J，AMMERMAN D J. Radioactive material transport package safety［R］. Atlantic City：Northeast High－Level Radioactive Waste Transportation Task Force Fall Meeting，SAND2016－11268PE，2016.

[5] Validation and qualification sciences experimental complex overview［EB/OL］．［2022－06－29］. https：//www. sandia. gov/vqsec/overview/.

[6] HOHNSTREITER G F，UNCAPHER W L，BICKEL D C，et al. Test facilities for radioactive materials transport packages at Sandia National Laboratories，USA［J］．International joumal of radioactive，1991，2（4－5）：81－89.

[7] DOUGLAS J，AMMERMAN D J. Testing and certification for SNF transportation containers［C］//Denver：WIEB High－Level Radioactive Waste Committee Fall Meeting，2016.

[8] 李国强，王学新，赵兵．美国放射性物质货包试验技术简介［J］．辐射防护，2008，28（9）：329－334.

Study on the test device of transport packaging for radioactive materials in San Diego Laboratories

LI Xi, WANG Ying

(China Academy of Engineering Physics, Mianyang, Sichuan 621900, China)

Abstract: The inherent safety of transport packaging is the premise to ensure the safety of transporting radioactive materials. Based on the requirements of relevant laws and regulations for the transport packaging test of radioactive materials, San Diego Laboratories has built a complete test facility and carried out a wide range of transport packaging design, testing and evaluation activities in combination with the destructive and non-repeatable characteristics of the packaging test. This paper briefly summarizes the mechanical properties, thermal synthesis, water immersion, mobile instrument data acquisition, LS-DYNA software and other tests and supporting facilities construction of San Diego Laboratory, in order to provide reference and reference for the construction of radioactive material packaging test facilities and supporting devices in my country.

Key words: Radioactive substances; Transport package; Test facility; San Diego Laboratories

美英澳核潜艇合作的核扩散风险分析

赵学林，宋 岳，赵 畅

（中核战略规划研究总院，北京 100048）

摘 要： 美英澳核潜艇合作开启了核武器国家向无核武器国家非法转让大量武器级核材料的危险先例，是教科书级别的核扩散行径。三国此举严重违背《不扩散核武器条约》的目的和宗旨，对国际原子能机构现行的保障监督体系构成极大挑战，损害《南太平洋无核区条约》精神，破坏东盟国家建立东南亚无核武器区的努力，并带来核安全、核潜艇军备竞赛、导弹技术扩散等诸多方面的隐患和危害，对全球战略平衡与稳定也将产生深远消极影响。本文结合美英澳核潜艇合作的基本情况，对三国此举的核扩散风险及其他危害进行深入分析，并尝试提出国际社会如何应对这一共同挑战的思考建议。

关键词： 美英澳核潜艇合作；美英澳三边安全伙伴关系；《不扩散核武器条约》

1 基本情况

2021 年 9 月 16 日，美国、英国与澳大利亚三国发表联合声明，宣布建立三边安全伙伴关系（AUKUS)，开展多种先进国防技术合作，加强在印太地区的军事能力。作为 AUKUS 框架下的首个合作项目，美国和英国将协助澳大利亚建造至少 8 艘核潜艇，具体方案将在未来 18 个月内商定。为此，澳大利亚取消了已开展多年的由法国建造常规动力潜艇的项目。

除核潜艇外，澳大利亚下一步还将通过 AUKUS 获得一系列远程打击能力，包括“战斧”巡航导弹、联合空对地防区外导弹、远程反舰导弹、高超声速导弹及精确打击制导导弹等，并形成制导武器本土制造能力。

2021 年 11 月 22 日，美国、英国和澳大利亚三国共同签署《海军核动力信息交换协议》，正式允许澳大利亚获取美国和英国机密的核潜艇信息。澳大利亚国防部部长彼得・达顿在声明中表示，这份协议将有助于澳大利亚就核潜艇采购项目完成预计 18 个月的前期研究；协议还将为澳大利亚人员提供建造、操作和维护核潜艇相关培训。

2021 年 12 月 9 日，由美国、英国和澳大利亚三国成立的“先进能力”联合指导小组举行会议，承诺在 2022 年初完成与“先进能力”相关的工作计划，并磋商更多合作领域，而不仅限于最初确定的网络能力、人工智能、量子技术及其他水下能力等 4 个重点领域。

2021 年 12 月 14 日，由美国、英国和澳大利亚三国成立的“澳核潜艇项目”联合指导小组举行会议，重申此前承诺，即尽可能早地将澳大利亚核潜艇投入使用，并商定三国在未来 18 个月内的后续步骤，安排各工作组详细审查在澳大利亚建造核潜艇所需的关键行动。

2 美英澳核潜艇合作的核扩散风险分析

2.1 严重违背《不扩散核武器条约》的目的和宗旨

作为目前世界上最具普遍性和约束力的核不扩散条约，《不扩散核武器条约》在防止核武器扩散方面发挥了至关重要和不可替代的作用，是当前国际核不扩散体系的基石。美国和英国作为核武器国家，借助核潜艇合作直接向无核武器国家输出成吨的武器级核材料，足以制造 64～80 枚核武器，是

作者简介： 赵学林（1994—)，男，内蒙古通辽人，工程硕士，工程师，现从事核情报研究工作。

教科书级别的核扩散行径；澳大利亚作为无核武器国家，公然接受数量如此巨大的武器级核材料，无异于“一只脚跨过了核门槛”。该条约的目的和宗旨是防止任何形式的核扩散，三国核潜艇合作严重违背条约的目的和宗旨。

2.2 直接违反《国际原子能机构规约》

国际原子能机构是负责和平利用原子能活动的政府间国际组织，《国际原子能机构规约》是机构建立和运行的法律基础，也是机构制定和执行保障监督措施的法律依据。《国际原子能机构规约》第二条规定了机构的目标，即“机构应谋求加速和扩大原子能对全世界和平、健康及繁荣的贡献。机构应尽其所能，确保由其本身或经其请求，或在其监督或管制下提供的援助不致用于推进任何军事目的”。美国和英国拟向澳大利亚转让的武器级核材料与核潜艇设备、反应堆等物项及相关技术援助，明显出于“军事目的”，国际原子能机构若贸然对三国核潜艇合作实施保障监督，将直接违反《国际原子能机构规约》。

2.3 对国际原子能机构现行的保障监督体系造成极大挑战

保障监督是机构核查一个国家是否履行其不将核计划和核活动转用于核武器目的的国际承诺的活动。①在法律层面，美英澳核潜艇合作开启了核武器国家向无核武器国家非法转让武器级核材料的先例，严重违反《不扩散核武器条约》的目的和宗旨，而该条约是机构所有全面保障监督体系的母法。机构在严格遵守《国际原子能机构规约》规定的前提下，能否及如何对三国核潜艇合作实施保障监督将面临严峻的法律挑战，特别是有关全面保障监督协定第 14 条的解释、适用及执行等问题也都未形成国际共识。②在技术层面，由于没有先例，如何在保护敏感信息的前提下达到有效监测的目的长期困扰国际社会，三国核潜艇合作也为国际原子能机构带来了巨大的保障监督与核查技术挑战。

2.4 严重损害国际无核武器区条约

无核武器区是指有关地区内的国家集团在自由行使其主权的基础上，通过条约而自愿建立并被联合国大会所承认的没有核武器的地区。作为区域性核不扩散机制，无核武器区是国际核不扩散体系的重要组成部分。美英澳核潜艇合作对其带来不利影响：①严重损害《南太平洋无核区条约》精神。《南太平洋无核区条约》不仅禁止核武器，还禁止用于和平目的的核爆炸装置，以及决不允许向海洋里倾倒核废料及其他放射性物质，对核活动的限制非常坚决彻底，体现了南太平洋岛国和人民的共同诉求。而美英澳核潜艇合作使澳大利亚获得成吨的武器级高浓铀，使南太平洋地区笼罩在核扩散的阴霾之下，严重损害《南太平洋无核区条约》精神。②破坏东盟国家建立东南亚无核武器区的努力。未来澳大利亚核潜艇必将涉及进入东南亚水域相关问题，引发各国高度关切，并对东南亚地区国家产生现实威胁，破坏东盟国家建立东南亚无核武器区的努力。

3 美英澳核潜艇合作带来的其他危害

3.1 三国此举存在严重核安全风险

澳大利亚在不具备相应事故处置能力和经验的情况下操作运行核潜艇，一旦发生事故，大量放射性核废物将流入海洋，不仅直接违反《南太平洋无核区条约》，还将严重破坏全球海洋环境并危及人类健康。

3.2 将引发核潜艇军备竞赛

美国、英国和澳大利亚三国之间的核潜艇交易将促使其他国家重新考虑其核潜艇选项，在追求核潜艇或表达过类似意愿的无核武器国家之中释放新的扩散动力。建造和运营这些核潜艇所需的资源和技术令大多数国家望而生畏，但美英澳核潜艇合作所开启的恶劣先例，很可能会刺激部分国家如法炮制拥有核潜艇，进而引发核潜艇军备竞赛，甚至寻求突破核门槛，刺激地区国家发展军力，推高军事冲突风险，给世界和平与稳定带来巨大威胁。

3.3 对全球战略平衡与稳定产生深远消极影响

美国、英国和澳大利亚组建三边安全伙伴关系并开展核潜艇合作，实质是以意识形态划线，打造新的军事集团，这将加剧地缘紧张态势和军事冲突风险。核潜艇不仅具备机动的战略打击能力，还有携带核武器的潜力，澳大利亚依附美国和英国强化集团军事能力，将对核武器国家间的核平衡乃至全球战略稳定产生深远消极影响。

4 思考建议

鉴于上述事态发展，国际社会应敦促美国、英国和澳大利亚三国立即撤销此错误决定，同时共同行动维护国际核不扩散体系，防止国际秩序再被侵蚀。

4.1 敦促美国、英国和澳大利亚立即撤销有关错误决定

美国和英国作为《不扩散核武器条约》核武器国家，应摒弃陈旧的“冷战”思维和狭隘的地缘政治观念，马上停止危险的核扩散行径，立即撤销有关错误决定，忠实履行国际核不扩散义务，多做有利于国际核不扩散机制和世界和平安全的事。澳大利亚作为《不扩散核武器条约》无核武器国家，在机构全体成员国通过协商一致确定解决方案之前，应本着对本国人民和国际社会负责任的态度，停止与美国和英国的危险合作。

4.2 呼吁国际社会采取务实行动共同维护国际核不扩散体系

我们同时呼吁国际社会采取务实行动，捍卫《不扩散核武器条约》的目的和宗旨，共同维护国际核不扩散体系的完整性、有效性和权威性。一是共同推动国际原子能机构尽早成立所有成员国均可参加的特别委员会性质的机制，专题讨论对无核武器国家核潜艇动力堆及其相关核材料实施保障监督所涉及的法律与技术问题，并向机构理事会和大会提交建议报告；二是在国际多边裁军及防扩散机制内进行更广泛的讨论，如五核国、安理会、联大一委、裁谈会等，特别是应在《不扩散核武器条约》第十次审议大会上单设议题，审议美英澳核潜艇合作所涉武器级核材料转让及其保障监督等影响《不扩散核武器条约》各方面的问题；三是以此为警醒，从实际出发，抓紧完善当前国际核不扩散体系的全面性，明确法律文书中相关条款适用范围，以免被某些别有用心的国家恶意利用、混淆视听。通过实施库存管理，美国在维持核威慑、核弹头延寿、研发新型核弹头、开发不依赖核试验的先进核武器技术等方面取得了重大进展，其工程经验和技术进展值得关注。

Nuclear proliferation risk of nuclear-powered submarines collaboration in the context of AUKUS

ZHAO Xue-lin, SONG Yue, ZHAO Chang

(China Institute of Nuclear Industry Strategy, Beijing 100048, China)

Abstract: The nuclear-powered submarines collaboration in the context of AUKUS would set a dangerous precedent for the transfer of weapons-grade nuclear materials from nuclear-weapon states to non-nuclear-weapon ones, committing a blatant act of nuclear proliferation. Such move by the three countries is a serious violation against the objective and mission of the "Treaty on the Non-Proliferation of Nuclear Weapons" (NPT), a direct contravention to the Statute of the International Atomic Energy Agency (the Statute of IAEA), and a great challenge to the IAEA's current safeguards system. It ran counter to the spirit of the "South Pacific Nuclear Free Zone Treaty", and also undermined the ASEAN countries'efforts to establish the Southeast Asia Nuclear Weapon-Free Zone. This article provides an in-depth analysis of the nuclear proliferation risks and other hazards of the three countries'actions, based on the basic situation of nuclear-powered submarines collaboration. It also attempts to propose suggestions for the international community to address this common challenge.

Key words: AUKUS nuclear-powered submarines collaboration; AUKUS; NPT

美国新型核武器研制方案初步分析

宋　岳，赵学林，赵　畅
（中核战略规划研究总院，北京　100048）

摘　要：综合美国政府文件、军方官员证词及核武器国家实验室披露的有关信息，美国已明确新型海基核弹头W93/Mk7研制技术策略：一是所有关键核部件将基于目前部署和以前验证过的核设计，不需要核试验认证；二是将采用现代化技术提高安全性、安保性和灵活性，以便应对未来威胁；三是将采用更易于制造、维护和认证的设计。美国发展新型核武器提升核军事能力，意在谋求绝对军事优势和核霸权，将对国际战略平衡与稳定产生深远负面影响，值得国际社会高度关注。

关键词：美国；核武器；战略稳定

1　美国新型核武器研制基本情况

1.1　有关背景

冷战时期，美国相继研制了近百型号核武器。20世纪90年代初暂停核试验后，美国采取了不研制新型核武器、只对现役型号核武器进行延寿和更换部件的核武器发展策略。但2018年特朗普政府发布的《核态势评估报告》提出美国将维持研制和生产新型核弹头的能力[1]。为此，美国能源部国家核军工管理局于2020年提出发展新型海基核弹头W93/Mk7的策略。

1.2　项目情况

美国《2021财年国防授权法》分别拨款0.53亿美元和0.32亿美元，用于启动W93核战斗部和Mk7再入器论证项目。2021年1月，美国能源部国家核军工管理局联合海军正式启动新型海基核弹头W93/Mk7研制程序的第1阶段“概念研究”工作，评估潜在的武器设计方案。拜登政府继续支持新型海基核弹头W93/Mk7项目。美国《2022财年国防授权法》分别拨款0.72亿美元和0.62亿美元，用于推进W93和Mk7方案论证，并计划于2022年启动该项目第2阶段“可行性研究”工作，以确定第1阶段武器设计方案的技术可行性。

1.3　技术策略

《W93/Mk7采办项目》文件明确提出新型海基核弹头W93/Mk7研制技术策略：一是所有关键核部件将基于目前部署和以前验证过的核设计，不需要核试验认证；二是将采用现代化技术提高安全性、安保性和灵活性，以便应对未来威胁；三是将采用更易于制造、维护和认证的设计[2]。

2　美国新型核武器研制方案初步分析

2.1　W93标志着美国核武库现代化策略出现重大转变

《全面禁核试条约》下，为确保核武库的长期有效性，美国采取延寿策略，在拆解抽检并修复核部件表面老化瑕疵的基础上，通过技术手段认证核部件库存状态，重新评估安全性和可靠性，并及时更换有时限要求的关键部件、升级非核子系统，实现延长核武器服役寿期的目的[3]。但随着钚弹芯等关键核部件的进一步老化，未来延寿策略面临的不确定性进一步增加，美国已通过改进工艺重新恢复

作者简介：宋岳（1989—），男，汉族，黑龙江佳木斯人，理学硕士，高级工程师，现从事核情报研究工作。

了钚弹芯生产能力，计划从 2030 年起年产至少 80 枚钚弹芯，核武器发展即将向“替换”钚弹芯的模式过渡。未来，新型海基核弹头 W93/Mk7 很可能选择有核试验血统（如 W89、W91）且综合性能更优的物理包设计，借鉴 2005 年开展的“可靠更换战斗部计划”（RRW）研究成果，通过新生产钚弹芯等其他可替换核部件的现代化技术，实现武器的“安全性、安保性、可靠性”和“易于制造、维护、认证”等理念，满足禁核试条件下长期保持核武器库存可靠性与核威慑的战略要求。这是美国对核武器现代化策略的重大调整，标志着美国核武库将从“延寿”和“替换”向“新研”模式转变，具有里程碑意义。

2.2 新型海基核弹头 W93/Mk7 表明美国不依赖核试验的核武器研制能力显著提升

20 世纪 90 年代初美国暂停核试验和停止生产新型核武器后，由于核武库中每种型号弹头都经过核试验认证，因此在一个时期内，美国核武器延寿及维护有效性的途径主要是更换有限寿命部件；随着核武器技术发展，为确保核武器的安全性、安保性和可靠性，提高作战性能，美国逐步采用钝感化爆装药，更换可靠性更高的引爆控制系统和超级引信等；决定使用新工艺生产的钚弹芯；未来更是考虑不经核试验鉴定重新研制新型核武器。这表明美国基于高性能科学计算数值模拟、实验室高精密度物理仿真、次临界实验及已有核试验数据的核武器的研制技术取得了新突破。

2.3 W93 核战斗部和 Mk7 再入器配套开发或是美国研制新型核武器系统的开端

核战斗部方面，威力选择上，可能比 W76 和 W88 更灵活、更适中；安全性上，可能增加钝感高能炸药和耐火弹芯设计；总体设计上，将更兼顾重量、尺寸和可靠性等指标。再入器方面，美国储备了大量先进技术，如高超声速滑翔、机动变轨和隐身材料等，针对其他国家反导能力的不断提升，预计 Mk7 在航程、速度、制导、机动、隐身、抗干扰、体系化等方面性能都将有较大提升，突防能力和打击精度将进一步提高。预计新型海基核弹头 W93/Mk7 将在综合性能更优的同时全面提升美国海基核力量实战能力，并开启美国研制新一代核武器系统进程。

3 小结

美国研制新型海基核弹头 W93/Mk7，增加核力量灵活性和多样性，提高突防能力和打击精度，利用海基核力量可抵近部署、隐蔽性好、突袭能力强、弹道多样化等特点，进一步增强对发射井等硬目标的先发打击能力，体现了更强的战略威慑性，将对敌战略预警、导弹防御、射前生存带来新的更大挑战。美国发展新型核武器提升核军事能力，意在谋求绝对军事优势和核霸权，将对国际战略平衡与稳定产生深远负面影响，值得国际社会高度关注。

参考文献：

[1] Los Alamos National Laboratory. Envisioning the W93: what will the navy's nuclear deterrent look like in the 2030 [R]. Los Alamos: Los Alamos National Laboratory, 2021.

[2] National Nuclear Security Administration. W93/Mk7 acquisition program, factsheet 2022 [R]. Washington: National Nuclear Security Administration, 2022.

[3] U. S. Department of Energy. Stockpile stewardship and management plan 2020 [R]. Washington: U. S. Department of Energy, 2020.

Preliminary analysis of the US new nuclear weapon development program

SONG Yue, ZHAO Xue-lin, ZHAO Chang

(China Institute of Nuclear Industry Strategy, Beijing 100048, China)

Abstract: Based on US government documents, testimony of military officials and information disclosed by nuclear weapon laboratories, the United States has made clear the technical strategy for the development of a new sea-based nuclear warhead W93/Mk7. Firstly, all key nuclear components will be based on currently deployed and previously verified nuclear designs, and no nuclear test certification is required. Secondly, it will use modern technology to improve safety, security and flexibility in response to future threats. Thirdly, it will adopt a design that is easier to manufacture, maintain and certify. The development of new type of nuclear weapons by the United States to enhance its nuclear military capabilities is intended to seek absolute military superiority and nuclear hegemony, which will have a far-reaching negative impact on international strategic balance and stability, and deserves high attention from the international community.

Key words: United State; Nuclear weapon; Strategic stability

人工智能技术在核领域运用及影响分析

宋　岳，赵　畅，赵学林

（中核战略规划研究总院，北京　100048）

摘　要：人工智能科技迅猛发展，正引领一批科学理念和先进技术加速进入军事领域，新军事技术和先进武器装备竞争愈加激烈，进而顺应并影响世界格局的调整。核武器拥有巨大毁伤效能，人工智能在军事核领域的应用将对大国间战略稳定乃至国际安全产生重大影响。本文从核运载系统、核指挥控制与通信系统（NC3）、非核战略能力等方面探讨人工智能在其中的作用机理和体系贡献，分析判断其对核态势乃至国际战略格局的影响。

关键词：人工智能；核；作用机理

1　人工智能在军事核领域的应用及前景

1.1　人工智能与核运载系统

一是导弹等先进打击武器。导弹智能化，是指赋予导弹逐步呈现智能自主行为的过程，使导弹控制模仿或代替人的思维。智能化导弹是将先进的弹道、巡航、超音速导弹与人工智能技术深度融合的新型装备，它具备智能感知、智能决策、智能控制、智能协同、智能突防的优良特征。目前，先进高速精确打击武器与人工智能被世界强国视为最优先关注的军事技术领域，以先进高速飞行器为载体、人工智能为核心，二者相辅相成、互为一体，使武器优势得到更彻底的发挥，产生更多更灵活的作战形式和决策选择，足以对未来战争产生革命性影响，有可能成为新的战略制高点。2020年12月，由美国空军试验中心完成的“金帐汗国”自主弹药蜂群技术项目首次飞行验证试验中，F-16战斗机投掷的2枚“合作型小直径炸弹”建立了弹间通信，以自主方式合作发现了两个高优先级目标。演示使用的小直径炸弹配备了可收集战场空间信息的反GPS干扰源导引头、用于制导武器间无线通信的软件和装有协同算法程序的弹载处理器。从美军导弹智能化的发展现状、发展趋势、发展影响等方面分析，可以看出美军反舰、巡航、防空反导等各类导弹将加速迈向高智能阶段，将在提升战争智能化程度、加快战场作战节奏、促进联合作战、重塑装备发展理念等方面产生深远影响。

二是核武器运载平台。无人自主能力是指机器在没有人工输入的情况下，利用计算编程与环境的交互，执行任务的能力。拥有核武器的国家历来限制无人系统在核运载平台中的作用，以便保持人类对核武器使用的积极控制。然而，这种情况正在发生改变。相较于人类，自主系统具有一些独特优势。一是速度快，可以更快地执行某些任务；二是更加灵活，可以减少对人员和持续通信的需要；三是适于执行3D任务，即枯燥、肮脏、危险的任务；四是部署范围更广，如深海、极地、外空等。利用人工智能实现某些特定功能的核运载平台已经出现。早在2015年，俄罗斯电视台在报道中曾泄露了一张名为“状态-6”的核动力无人潜航器方案图。2018年3月，俄罗斯总统普京在国情咨文中证实了俄罗斯正在研发可携带核弹头的“波塞冬”核动力无人潜航器，并宣称该系统是对美国发展导弹防御的回应。“波塞冬”核动力无人潜航器由小型核动力驱动，可携带大威力核弹头，实现深海潜航、洲际航程、自动控制、高速攻击，可通过爆炸、冲击波引发海啸对敌航母战斗群、沿海防御工事和基

作者简介：宋岳（1989—），男，黑龙江佳木斯人，理学硕士，高级工程师，现从事核情报研究工作。

础设施等目标实施打击。情报显示，“波塞冬”核动力无人潜航器可能采用了人工智能技术躲避敌人的反潜部队。核动力与无人武器平台结合是未来深海武器装备技术发展的重要方向之一，赋予装备高度灵活、形式多样的作战能力，可能引发未来作战样式的深刻变革[1]。

1.2 人工智能与NC3

决策是人工智能中可能会对其产生重大影响的关键领域。取决于核力量强弱、决策文化等因素，不同国家对人工智能在NC3中的作用可能有不同的看法。

一是“周长”系统。出于对领导人被“斩首”而导致丧失核报复能力的担忧，苏联曾于1985年部署了一套半自动化的报复系统——“周长”，西方称为“死亡之手”。该系统旨在保证苏联对敌国的核打击做出回应。要发动任何报复性打击，系统需执行一个“如果—就”(if－then)的基于规则的程序，即如果系统开启且同时满足核武器击中苏联领土、没有与苏联总参谋部作战室的通讯联系的条件，系统就将启动预设程序，将核指挥控制权限下放。“周长”系统是一个由光、辐射、地震和压力传感器组成的网络，可以探测苏联领土的核爆炸。如果该系统被激活并探测到核爆炸，它将检查与苏联总参谋部的通信。如果没有在预定时间内收到停止命令，系统将绕过决策层，将核发射指挥权移交给地下掩体中的值班人员，但人始终在决策回路中。

二是“算法战”。人工智能的发展会使决策支持系统更趋智能化，并有可能对军事指挥决策产生深刻影响。2017年4月26日，美国国防部副部长罗伯特·沃克签发备忘录，宣布由国防部情报和作战支援主管沙纳汉中将领导的“算法战”跨职能小组成立，并从当日起启动并统一领导美军“算法战”相关概念及应用研究活动。“算法”通常是指解题方案准确而完整的描述，是一系列解决问题的清晰指令，而美军将它与“作战”这一概念紧密联系起来，旨在加快推进利用大数据、机器学习等人工智能技术的军事应用，以谋求和维持未来的军事优势。自主武器、无人系统、智能识别、智能算法和大数据分析这些颠覆性技术的组合使用可以称为“算法战”，其提出者罗伯特·沃克是美国“第三次抵消战略”的“设计师”。“算法战”已在美军联合全域指挥与控制体系建设中发挥着关键性赋能作用。而逐步形成的核与非核力量整合指挥、联合运用的作战意念，则强调联合作战指挥控制体系与NC3之间更具兼容性，更易建立更加密切的关联。当前，人工智能进入NC3的主要切入点有两个，一是在新一轮NC3现代化进程中以“算法战”科技为核心，使其核指挥控制系统具有更强、更灵活的应急响应和决策能力；二是以人工智能科技为倍增器，应用于NC3网络平台的攻防对抗，将使网络安全措施更趋缜密，进而改善核力量关键部位的安保环境。但总体而言，人工智能尚不成熟，无法独立于人类控制而执行高风险任务，如核任务[2]。

1.3 人工智能与非核战略能力

一是防空反导预警与防御。以高超声速武器为代表的作战力量正不断挤压防御方的响应时间。当高超声速武器发起攻击时，防御方可能仅有十几分钟的响应时间，特别是在搭载核弹头时，在如此短暂的时间内依托现有技术做出精准决策和行动，是极其困难的。只有探索通过人工智能科技提高防空和导弹防御力量的快速响应能力，才能有效抵御敌方贡献。

首先，美军在高超声速武器防御领域的人工智能应用着眼于传感器系统。为对其他国家的高超声速武器进行有效的预警探测，美国导弹防御局寻求太空传感器的提升，最新计划是在充分利用现有天基传感器资源的基础上，扩充建设能够对高超声速、中段和末端机动等先进精确打击武器实施射前侦察、发射后全程捕获跟踪、探测识别、目标引导和杀伤评估的太空新体系架构。经过智能化的预警系统有助于增强态势感知能力，并在数据日益饱和的环境中快速处理大量信息，识别威胁真伪和威胁等级，为导弹防御拦截等决策和实施提供更为精准、快捷的技术支撑。高超声速防御体系将成为未来美国导弹防御的发展重点。

最后，美国将以现有导弹防御体系为基础，通过改进和新研发，在末段、末段和滑翔段、末段和再入滑翔段，利用动能、非动能等手段分层防御高超声速武器。引入人工智能科技，逐步增加各环节的智能化深度，形成对高超声速武器和弹道导弹的一体化防御能力。人工智能对提升导弹防御体系综合性能表现出巨大的应用潜力，其对综合信息的处理能力之高、速度之快，足以使未来战争的紧凑程度提升至全新高度。

二是解除武装打击。人工智能在情报、监视和侦察领域的常规应用可能会产生战略影响。美国学者研究认为，武器精度和侦查能力的提高正在削弱核力量的生存能力。通过利用海量监控数据对机器学习算法进行训练，可以大幅提高针对敌方核武器部署数据的处理速度，进而实现对核力量的实时跟踪，并通过实施常规快速精确打击或低当量核打击，提高解除武装打击的可能性，即先发制人摧毁对手的核反击力量[3]。

2 人工智能对核威慑的潜在影响分析

人工智能技术是一把双刃剑，其对核威慑的影响仍有待研究。一些情况下，人工智能的应用有助于提高核国家之间的战略稳定性；另一些情况下，可能截然相反。核作战部队应随时准备在接到通知后立即发射核武器，同时决不允许未经授权或意外发射，但同时满足这两个标准实际上是不可能的。人工智能在核领域的应用必须绝对安全，但核战争潜在的灾难性后果使我们很难决策到底多安全才算绝对安全。此外，人工智能的潜在影响还可能由于其技术发展轨迹的不确定性而被放大。

一方面，构建高效数字化网络空间以竞逐指挥优势，在获取反映作战对象和外部环境等数据的基础上，通过嵌入智能技术提高信息收集、处理和使用效率，为指挥决策和任务部署提供更加完整及时的优势信息；能够优化流程，压减任务规划周期，保证以最快速率向部队传达命令和指示。这对成功实施战略预警及核反击作战行动至关重要。此前的信息系统面向的是数据处理，但难以对知识进行综合处理。而采用数据分析技术和知识检索算法，可对不同领域数据信息进行全面智能化处理。系统内置的多种算法，可同时实现对数据库和知识库的分析和计算，将物理空间与意识空间更紧密联系起来，促进人与战争、人与作战环境的结合，为指挥控制提供依据和最佳验证途径。例如，基于大数据、深度学习等技术，提升雷达和遥感卫星的侦测响应速度，提高海量数据检测和精准处理的能力，从而及时获得全球安全态势感知信息，包括核武器生产、试验、部署及行动等动向；美军提出“马赛克战”概念，设想构建一个由先进计算机和算法支持，以传感器、作战集群和指挥机构为主干的分布式网络，实时或近实时地判断战场态势的变化，设计并推演不同的军力组合形式，快速优选方案，提高指挥控制效率。

另一方面，一些国家正在通过智能技术升级黑客攻击、篡改数据、修改输入和释放病毒等“武器化”软件，通过网络空间捕捉核指挥控制链中更多物理系统的漏洞，从而暗中操纵网络对其展开进攻，构成对核力量的潜在威胁。例如，使用智能恶意软件渗透、利用和破坏其情报获取及传递网络；利用智能增强工具，操纵、干扰情报收集，误导算法产生数据分类错误，编制“深度造假”情报，持续弱化情报信息的置信度；采取入侵、破坏、欺骗的方式，对核指挥控制与通信、情报监视与侦察、预警与自动化等关键系统进行攻击，导致其发生不可预测或短时间内无法检测的错误、故障或异常操作行为。同时，以人工智能系统为目标的网络攻击，能够让攻击者获取对方武器系统的机器学习算法，破解对方的人脸识别体系，访问对方的数据库，获取对方国防与军事系统的核心机密信息。

3 几点思考

随着社会进步和科学技术的发展，各种新技术竞相呈现，相互结合，触动了核力量的威慑效能和战略地位，给国家核安全构成了威胁。以人工智能为核心的新技术发展将直接影响国际核态势，影响国际战略格局与核军控外交的趋势。必须充分认识到，人工智能技术尚处于快速发展阶段，人工智能发展前景的不确定性客观上决定了其对核威慑影响的不确定性，因此现阶段尚无法充分认识和理解人工智能对核威慑的绝对影响，该项工作需要持续跟踪研究。

参考文献：

［1］ BOULANIN V，SAALMAN L，TOPYCHKANOV. Artificial intelligence，strategic stability and nuclear risk，2020［R］. Stockholm：Stockholm International Peace Research Institute，2020.

［2］ GEIST E，LOHN J A. How might artificial intelligence affect the risk of nuclear war，2018［R］. Santa Monica：Rand Corporation，2018.

［3］ HOROWITZ C M，SCHARRE P，VELEZ-GREEN A. A stable future? The impact of autonomous systems and artificial intelligence，2019［R］. Philadelphia：Perry World House at the University of Pennsylvania，2019.

Application and impact analysis of artificial intelligence technology in nuclear field

SONG Yue，ZHAO Chang，ZHAO Xue-lin

(China Institute of Nuclear Industry Strategy，Beijing 100048，China)

Abstract：The rapid development of artificial intelligence technology is leading a number of scientific ideas and advanced technologies to accelerate their entry into the military field，and the competition for new military technologies and advanced weapons is becoming increasingly fierce，which affects the adjustment of the world pattern. Nuclear weapons have a huge destructive effect，and the application of artificial intelligence in the military nuclear field will have a significant impact on the strategic stability between major powers and even international security. This paper discusses the function mechanism and system contribution of artificial intelligence in nuclear delivery system，nuclear command control and communication system (NC3)，and non-nuclear strategic capability，and analyzes and determines its impact on nuclear posture and even international strategic pattern.

Key words：Artificial intelligence；Nuclear；Mechanism

俄罗斯宣布暂停《新削减战略武器条约》核查

赵学林，赵　畅，宋　岳

（中核战略规划研究总院，北京　100048）

摘　要：2022年8月8日，俄罗斯外交部表示，美国对俄制裁使俄方视察人员无法按照《新削减战略武器条约》（简称“新START条约”）规定进入美国境内进行现场视察，俄罗斯被迫暂停双边核查机制。“新START条约”是美国和俄罗斯间仅存的双边核裁军条约，对维护美国和俄罗斯乃至全球战略稳定具有特殊重要作用，俄罗斯此举反映出国际战略安全与军控体系正面临新的挑战。文章分析提出，美国单边制裁严重干扰美俄军控履约核查进程，对国际核裁军进程造成消极影响，为世界战略安全形势带来新的困难，损害国际安全。开展美俄双边核裁军问题研究有助于我们更好地认识和理解国际核态势与核军控形势。

关键词：《新削减战略武器条约》；核裁军；核军控

1　基本情况

新START条约于2010年4月由美国总统和俄罗斯总统签署，2011年2月生效，2021年2月美国和俄罗斯同意无条件延期5年。2019年美国和俄罗斯相继退出《中导条约》，使得新START条约成为目前美国和俄罗斯间仅存的双边核裁军条约。条约对美国和俄罗斯进攻性战略核武器的数量做出了明确限制，并包含一系列核查措施，对美国和俄罗斯乃至全球战略稳定起到“压舱石”作用。

就核查机制而言，条约规定美国和俄罗斯每年都要允许对方到本国进行18次现场视察活动，重点对拥有部署和未部署进攻性战略武器的场址进行视察。根据美国国务院网站资料，自条约生效以来，美国和俄罗斯均充分利用现场视察活动的机会，累计已开展328次现场视察。2020年因受疫情影响，美国和俄罗斯只各自进行了2次视察，此后持续中断，即使条约延期后也未再恢复。2022年3月，美国以俄乌冲突为由宣布对俄罗斯实施系列制裁，其中包括对俄罗斯所有航班关闭领空，此举直接导致俄方现场视察人员无法乘坐飞机进入美国境内。俄罗斯就此向美国提出有关制裁违反条约核查中的对等原则，但始终未收到美国的回复，遂做出暂停条约核查机制的决定。

2　初步分析

2.1　俄罗斯暂停新START条约核查机制有多重考量

一是在技术上具有合理性。核查机制对确保条约有效执行、建立缔约方互信及增强条约可靠性具有重要作用，应以各方权利对等为前提，美国对俄罗斯实施制裁使俄罗斯无法继续有效核查，而美国视察人员依旧有权进入俄罗斯境内有关设施现场视察，俄罗斯对此表达关切并采取相应措施合情合理。二是在政治上具有必然性。美国和俄罗斯间政治互信严重缺失是当前国际战略安全与军控体系出现不确定性的根本原因，俄乌冲突进一步加剧美国和俄罗斯对立，美国和俄罗斯间战略稳定对话随之中断，进而影响了军控履约进程。三是在外交上体现出主动性。美国总统拜登在《不扩散核武器条约》（NPT）第十次审议大会召开前高调宣称愿与俄罗斯就新START条约后续军控条约展开会谈，俄罗斯利用条约核查机制问题主动出击，为未来谈判争取更多筹码。

作者简介：赵学林（1994—），男，蒙古族，内蒙古通辽人，工程硕士，工程师，现从事核情报研究工作。

2.2 美国和俄罗斯恢复新START条约核查机制仍有回旋余地

当前美国和俄罗斯均认可新START条约在维护战略平衡与稳定方面所发挥的重要作用。俄罗斯出于维持大国地位、增强战略稳定及避免军备竞赛等需要，一贯支持维护新START条约，即使在此次暂停条约核查机制声明中也表示，“俄罗斯在所有与核查相关的问题得到解决后将立刻收回暂停接受核查的决定”。美国拜登政府多次表态肯定新START条约是美国和俄罗斯间战略稳定的支柱性条约，符合美国国家安全利益，支持以此为谈判后续军控条约的基础。可以预计，未来美国和俄罗斯若就此进行广泛深入技术讨论，仍有可能恢复现行条约核查机制。但随着美国和俄罗斯关系持续紧张对立，不排除未来在新START条约履约问题上出现新的挑战。

2.3 美国和俄罗斯对新START条约后续军控条约存在不同关切

新START条约将于2026年2月到期，美国和俄罗斯均有意愿谈判达成后续军控条约，但双方核心关切存在严重分歧。俄罗斯曾向美国提出“安全等式”概念，强调后续军控条约应涵盖影响战略稳定的所有因素，包括核与非核、进攻性及防御性战略武器，特别是俄罗斯始终将美国导弹防御系统视为重要战略威胁，坚持将其纳入条约限制范围。对美国而言，由于新START条约未能解决与俄罗斯在非战略核武器数量的差距，对俄罗斯开发多款新型战略运载系统也未形成约束，因此后续军控条约应对其达成某种形式的限制。

3 几点认识

3.1 美国毁约退群，美俄双边核军控体系硕果仅存

冷战期间，美国和苏联两国都维持了规模庞大的核武库，都想借助核武器的巨大毁伤力慑止对方发动进攻。为了降低核战争风险，美国和苏联先后达成系列军控条约，通过建立信任措施等手段缓和紧张局势。冷战结束后，美国和俄罗斯仍在战略武器上互为对手，通过军控谈判继续各自核武库裁减，逐步形成了由《反导条约》、《中导条约》及削减和限制进攻性战略武器系列条约等共同构成的美俄双边核军控体系。2001年，为放手发展导弹防御系统，美国宣布退出《反导条约》；2019年，美国以俄罗斯违约为由宣布退出《中导条约》；面对新START条约即将到期，2020年6—8月，美国和俄罗斯举行三轮战略稳定对话，但未就条约延期问题达成共识，美国不断为条约延期设置新的附件条件。尽管在最后一刻美国同意与俄罗斯将新START条约延期5年，但美国核军控消极举措带来的负面影响恐怕仍要持续很长时间。

3.2 美国谋求霸权，威胁全球战略平衡与稳定

美国为一己私利公然为美俄双边军控履约制造麻烦，完全无视俄方正当合理诉求，两个拥有最大核武库的核武器国家间将数十年来首次面临相互监督和彼此透明机制被完全破坏的风险，为多边核裁军创造前提的持续努力也将受到消极影响。美国出于自身地缘政治考虑，按照自身需要破坏现行军控体系的行为十分危险。为谋求军事领域战略优势，意图实现“绝对安全”，获得不受限制的向对手进行军事政治施压的能力，美国正肆意破坏稳定维护机制。新START条约将于2026年2月到期，美国中断与俄罗斯战略稳定对话，干扰条约履约双边核查进程，为后续军控安排提出诸多不合理诉求，引发国际社会广泛关注与批评。美国政府正在以“恢复军控领导地位”为口号，将军控作为削弱对手、加强自身实力的手段，谋求获得政治上主动和军事技术上的优势，这些也正是美国霸权主义和强权政治在战略安全领域的延伸。

4 结语

新START条约是美国和俄罗斯间仅存的双边核裁军条约，对维护战略稳定与国际安全具有特殊重要作用。美国单边制裁严重干扰美俄军控履约核查进程，对国际核裁军进程造成消极影响，为世界

战略安全形势带来新的困难，损害国际安全。

美国和俄罗斯作为拥有世界最大核武库的两个国家，应切实履行核裁军特殊、优先的历史责任，以可核查、不可逆和有法律约束力的方式，进一步大幅、实质削减各自核武库，为最终实现全面、彻底核裁军创造条件。特别是美国应立即停止错误行为，积极回应俄方正当合理关切，以实际行动降低核武器在国家安全中的作用，补齐对国际核裁军事业的赤字，为世界和平与安全做出应有的贡献。

Russia announced a moratorium on verification of the “New START”

ZHAO Xue-lin，ZHAO Chang，SONG Yue

(China Institute of Nuclear Industry Strategy，Beijing 100048，China)

Abstract: On August 8，2022，the Russian Ministry of Foreign Affairs said that the United States sanctions against Russia made Russian inspectors unable to enter the United States for on-site inspection in accordance with the provisions of the “New START”，and Russia was forced to suspend the bilateral verification mechanism. The “New START” Treaty is the only bilateral nuclear disarmament treaty between the United States and Russia，which plays a particularly important role in maintaining strategic stability between the United States and Russia，as well as globally. Russia's move reflects the new challenges facing the international strategic security and arms control system. The article analyzes and points out that the US unilateral sanctions seriously interfere with the US-Russia arms control compliance verification process，have a negative impact on the international nuclear disarmament process，bring new difficulties to the world strategic security situation，and damage international security. The study of bilateral nuclear disarmament between the United States and Russia can help us to better understand the international nuclear posture and nuclear arms control situation.

Key words: “New START”；Nuclear disarmament；Nuclear arms control

美国智库提出“综合军控”概念动向分析

赵 畅，宋 岳，赵学林

（中核战略规划研究总院，北京 100048）

摘 要：2022年1月，美国战略与国际研究中心发布《战略竞争时代的综合军控》报告（以下简称“报告”），从当前国际战略安全环境、不断发展的技术格局和信息生态系统等方面分析国际军备控制面临的难题，提出“综合军控”概念。美国智库提出的军控方式有借鉴意义，后续应针对具体问题和场景，对军备控制的存在形式、约束内容、实施方式、核查技术等具体内容进行研究，找出合适的模式和方法。本文分析提出，随着各国军备发展中技术和军兵种之间的兼容程度日益加深，军控机制和内容也在变化，必须紧盯军用科技各领域先进技术发展趋势及相互作用的机理，预测其对国际战略格局的影响和对国家安全的冲击，对各类军控动因进行归纳分析、综合研究，为国家战略决策提供更坚实的支撑。

关键词：核军控；战略稳定；战略安全

1 美国提出“综合军控”概念

2022年1月，美国战略与国际研究中心发布《战略竞争时代的综合军控》[1]报告（以下简称“报告”），该报告认为竞争日益激烈的安全环境使得进一步削减核武器和运载系统的前景变得渺茫，但在战略稳定、降低风险和防止军备竞赛方面的根本利益仍然存在。然而，军备控制要取得成功，就必须适应当前的安全环境，充分考虑迅速发展的技术和信息因素，并备选相应的结构、形式和参与模式，以建立军控与战略威慑相适应的综合军控。

1.1 制约军控的四个重要因素

一是军控和战略竞争不可分割。军控分析必须讨论威慑力量及其在当前安全环境下的变化。美国已提出“综合威慑”的新战略概念，即利用全方位、多领域和多层次的防御战略及高度相关的军事技术来对抗俄罗斯和中国；对技术领域和武器系统采取综合管理方法；与盟友和伙伴更好地进行战略威慑一体化合作，包括延伸威慑保证、在军控和降低集体风险方面做出新的努力。

二是“综合威慑”手段不再局限于完全依靠核武器。除利用核之外，太空、网络和先进的常规能力（如高超声速运载系统和导弹防御系统）等也被列入其中。尽管实施综合威慑战略的重要性得到了广泛认可，但其涉及范围广且要素复杂，给战略稳定性带来新的风险和挑战。

三是世界范围的军民两用、高度相关的军事技术格局已经出现。它从三方面对军控产生广泛的影响：一是技术使战略稳定及刺激危机升级和军备竞赛的风险增加；二是先进技术被用于民用和军用部门，使军控的范围、适用性、实施和核查变得更为复杂；三是某些技术不受军控条约管控，而将其纳入法律机制需经艰难的磋商。

四是不断发展的信息生态系统。当前，高度数字化和易于武器化的信息生态系统正在形成。在线平台和数字工具的日益普及使信息更加民主化的同时，也助长了信息的操纵和滥用，破坏了可信和权威信息的传统来源。以开源分析和调查形式出现的新兴信息生态系统在获取、处理、分析、改变和传播信息的技术优势，将改变军控的性质和军控条约谈判、监测、核查和执行方式，也会影响国家技术手段在监测和核查军控条约履约情况方面的作用。

作者简介：赵畅（1995—），女，北京人，文学学士，助理研究员，现从事核情报研究工作。

1.2 军控亟需应对稳定和升级概念的演变

当前，战略安全环境比冷战时期更具复杂性和多样性，竞争更激烈，潜在冲突也是多层面的，各层级之间的界限更加模糊，未来的冲突不太可能逐步变化。核常能力高度融合会产生更多样化的战略效果，核与非核危机之间的明确界限也不可能持续存在。现在比以往任何时候都更加亟需探索更宽泛的军控形式，充分认识稳定和升级演变的新现状，在基于综合威慑的安全模式中将军控与威慑相结合以降低军备竞赛和危机的风险，提高危机的稳定性。

1.3 提出“综合军控”概念

军控在竞争与合作之间提供了一种有助于稳定的机制，可以减少危机和冲突升级的风险。但在当前的安全和技术环境下，仅靠传统的军控机制已不足以应对危机升级和军备竞赛风险。《新削减战略武器条约》是管理美国和俄罗斯战略力量平衡的最后一个正式机制，将于 2026 年 2 月到期。《禁止化学武器公约》和《禁止生物武器公约》等使多边机构面临核查和履约压力。有理由担心军控条约已经成为过去。

而综合军控的方式将取决于政治、经济和技术因素的结合，将考虑高度复杂、多极安全环境中战略稳定面临的新风险和一体化威慑的战略趋势。不仅可以探索双边或三边协定中的综合军控，还可以探索更宽泛的减少核和常规应用先进技术风险的多边军控措施，充分发挥合作伙伴、盟友和现存机构的作用。

1.4 实现综合军控的思路

综合军控应基于三大原则：增强稳定性、包容多元性和加强弹性。军控仍是实现战略稳定、管理危机升级和军备竞赛风险的有力工具。综合军控必须是多域、多边和灵活的，将要求合作伙伴和盟友拥有更大的能力、更高的参与度和更多的授权。

增强稳定性：军控是战略竞争的建设性因素；减轻安全压力，降低有核武器国家之间的战争风险；解决多领域和技术类型的稳定性挑战；重点关注在危机场景下将先进技术应用于决策干扰、预测性监控、自主打击等危险行为。

包容多元性：扩展军控条约中跨领域、非对称方法的应用；将生物基因编辑或进攻性网络攻击等新技术纳入条约；优先考虑盟友、合作伙伴和其他重要利益相关方的观点；为降低风险的多边合作创造积极因素；通过五个常任理事国等多边论坛用好现有的稳定和降低风险机制。

加强弹性：强化争端解决机制；增加军控技术研发投资，改善远程监测、加强技术核查，提高人们对技术合规性的信心；扩大运行、技术和政策人员队伍；军控条约及机构的开源监测和核查正规化、专业化；确保整个军控进程的信息安全。

2 思考与认识

2.1 综合考虑军控问题势在必行

随着各国军备发展中技术和军兵种之间的兼容程度日益加深，军控机制和内容也在变化。军控必须紧盯军用科技各领域先进技术发展趋势及相互作用的机理，预测其对国际战略格局的影响和对国家安全的冲击，对各类军控动因进行归纳分析、综合研究，为国家战略决策提供更坚实的支撑。在开展国际战略安全形势评估时，必须考虑地缘政治博弈态势与先进军事技术发展的互动演化，开展军备、军控和国际环境分析，应注重以技术为切入点，持续开展有针对性的运筹博弈和策略政策研究。

2.2 美国智库提出的军控方式有借鉴意义

后续应针对具体问题和场景，对军备控制的存在形式、约束内容、实施方式、核查技术等具体内容进行研究，找出合适的模式和方法。现阶段，可充分发掘已有国际平台，运用好各种渠道开展军控工作。预想将来可能的讨论内容，研究提出实际应对预案。

2.3 战略安全与军控日益受到高度关注

当前，世界之变、时代之变、历史之变正以前所未有的方式展开[2]，国际社会正经历罕见的多重风险挑战。地区安全热点问题此起彼伏，局部冲突和动荡频发，新冠疫情延宕蔓延，单边主义、保护主义明显上升，各种传统和非传统安全威胁交织叠加。和平赤字、发展赤字、安全赤字、治理赤字加重，世界又一次站在历史的十字路口[2]。当今世界各国面临世所罕见的多种风险挑战，人类社会陷入前所未有的多重安全困境。"世界需要什么样的安全理念、各国怎样实现共同安全"，已成为摆在所有人面前的时代课题。

2.4 共同安全、合作共赢应是军控重要原则

要秉持共同安全理念，尊重和保障每一个国家的安全；要重视综合施策，统筹维护传统领域和非传统领域安全，协调推进安全治理；要坚持合作之道，通过政治对话、和平谈判来实现安全；要寻求可持续安全，通过发展化解矛盾，消除不安全的土壤[3]。只有基于道义和正确理念的安全，才是基础牢固、真正持久的安全，才是国际战略与军控的重要原则。

参考文献：

[1] 美国战略与国际研究中心．战略竞争时代的综合军控［EB/OL］．［2023-03-27］．https：//nuclearnetwork. csis. org/integrated-arms-control-in-an-era-of-strategic-competition/.

[2] 聚焦二十大报告：这些提法引人关注［EB/OL］．［2023-03-21］．https：//www. gov. cn/xinwen/2022-10/16/content_5718883. htm.

[3] 全球安全倡议概念文件［EB/OL］．［2023-03-20］．https：//www. chinanews. com/gn/2023/02-21/9957352. shtml.

Analysis of the trend of the concept of "Integrated Military Control" proposed by US think tanks

ZHAO Chang，SONG Yue，ZHAO Xue-lin

(China Institute of Nuclear Industry Strategy，Beijing 100048，China)

Abstract: In January 2022，the Center for Strategic and International Studies of the United States released the report "Integrated Arms Control in the Era of Strategic Competition" (hereinafter referred to as "the report")，which analyzes the problems faced by international arms control from the current international strategic security environment，the evolving technological landscape，and the information ecosystem，and proposes the concept of "integrated arms control". The arms control approach proposed by the US think tank is of reference significance. Subsequent studies should be carried out on the form of existence，constraint content，implementation mode，verification technology and other specific contents of arms control in light of specific problems and scenarios，so as to find appropriate models and methods. This paper analyzes and points out that with the deepening of compatibility between technologies and arms in the arms development of various countries，the arms control mechanism and content are also changing. It is necessary to pay close attention to the development trend and interaction mechanism of advanced technologies in various fields of military science and technology，predict their impact on the international strategic pattern and national security，and conduct inductive analysis and comprehensive research on various arms control motivations，so as to provide more solid support for national strategic decision-making.

Key words: Nuclear arms control；Strategic stability；Strategic security

俄罗斯退出《开放天空条约》的影响分析

宋　岳，赵学林，赵　畅

（中核战略规划研究总院，北京　100048）

摘　要：2021 年 12 月 18 日，俄罗斯宣布正式退出《开放天空条约》。俄罗斯外交部声明指出，美国是《开放天空条约》"崩溃"的始作俑者，俄罗斯虽尽可能寻求折中方案，但未得到其他缔约国回应，条约制度退化的所有责任在美国。本文系统梳理了事件基本情况和有关动向，深入分析了美国和俄罗斯相继退出《开放天空条约》的动机及其带来的影响，并基于对当前国际军控复杂形势、军备发展与军备控制的辩证关系的认识，提出了几点认识与思考。

关键词：《开放天空条约》；军控；建立信任措施

1　基本情况

1.1　《开放天空条约》概况

《开放天空条约》于 1992 年签署，2002 年生效，目前共有 32 个缔约国（白俄罗斯、比利时、波黑、保加利亚、加拿大、克罗地亚、捷克、丹麦、爱沙尼亚、芬兰、法国、格鲁吉亚、德国、希腊、匈牙利、冰岛、意大利、拉脱维亚、立陶宛、卢森堡、荷兰、挪威、波兰、葡萄牙、罗马尼亚、斯洛文尼亚、斯洛伐克、西班牙、瑞典、土耳其、乌克兰、英国，吉尔吉斯斯坦签约但未批约，美国和俄罗斯先后退约）。条约规定缔约国应允许其他缔约国派遣飞机在本国领空全境进行航空侦察，被侦察国无权以国家安全为由拒绝侦察飞行，且需提供侦察机起降机场、机组人员后勤保障等服务[1]。

1.2　近年来美国和俄罗斯围绕《开放天空条约》已出现多次争端

美国对俄罗斯的指责主要有四个方面：一是俄方限制在加里宁格勒、莫斯科及俄罗斯与格鲁吉亚南奥塞梯和阿布哈兹接壤地区的 10 千米范围内实施观察飞行；二是俄方指定使用位于克里米亚的机场进行加油，用以彰显对克里米亚的主权；三是 2019 年俄方拒绝美国和加拿大提出的对俄军"中部-2019"战略演习进行观察飞行的申请；四是俄罗斯使用开放天空图像，以精确制导武器瞄准美国及欧洲的关键基础设施。

俄罗斯主要指责美国更改在夏威夷群岛进行观察飞行的特殊程序，限制俄罗斯在西卡姆军事基地的最大飞行范围，长期拒绝俄罗斯新型侦察机入境，拒绝为俄方观察飞行提供足够数量的中间机场，以及取消部分机组成员夜间休息站等[2]。

1.3　美国和俄罗斯相继退出将使《开放天空条约》名存实亡

2020 年 5 月，美国特朗普政府宣布退出《开放天空条约》，经 6 个月的过渡期于当年 11 月正式退约。2021 年 5 月，拜登政府宣布不会重返《开放天空条约》。随后，俄罗斯总统普京于 6 月 7 日签署废止《开放天空条约》的法令，启动为期 6 个月的退约程序，并于 12 月 7 日正式退约[3]。作为条约主要缔约方的美国和俄罗斯相继退约，使条约适用范围缩小 80%，条约实际作用必将大大降低。

作者简介：宋岳（1989—），男，黑龙江佳木斯人，理学硕士，高级工程师，现从事核情报研究工作。

2 初步分析

2.1 《开放天空条约》意在增进缔约国间军事互信，实际意义有限

《开放天空条约》作为《欧洲常规武装力量条约》的核查措施，目的是通过完善监督军事活动和遵守军控领域条约的机制，提升透明度，促进各国间信任，防止因误判而导致不应发生的军事冲突。但从条约规定的具体执行来看，签约国互相侦察的手段和范围是有限制、受监督的，而侦察遥感和隐蔽伪装也是一对变量，条约的实际意义有限。

2.2 美国航空侦察装备落后但航天侦察技术能力领先，退约于美国有利

在航空侦察装备方面，条约执行以来美国主要使用装备光学相机和红外探测仪的 OC－135B 侦察机；俄罗斯装备新型多任务空中监视系统的新一代“图”－214 侦察机于 2018 年通过认证，是所有缔约国中首型携带条约明确允许所有四类遥感设备的飞机（条约允许使用的传感器有四类：光学相机，分辨率 0.3 米；摄像机，分辨率 0.3 米；红外扫描设备，分辨率 0.5 米；合成孔径雷达，分辨率 3 米），使俄罗斯获取有价值信息的能力大幅提高。俄罗斯国防部官员表示，“在《开放天空条约》中引入先进技术方面，我们比合作伙伴领先 6～7 年”。在航天侦察技术能力方面，美国大幅领先，足以弥补在《开放天空条约》框架内所能得到的信息资源。

2.3 美国和俄罗斯先后退约使国际军控体系再次受到冲击，全球安全形势不确定性增大

美国以俄罗斯违约为由单方面退出《开放天空条约》，拒绝对话协商解决彼此关切。俄罗斯虽努力寻找可能的妥协解决办法，但美国欧洲盟友拒绝向俄罗斯保证不会将其在俄罗斯领空飞行时收集的信息交给美国。当前，《开放天空条约》的主要作用在于增进互信和缓解军事紧张，为消除欧洲地区紧张局势提供透明度和可预测性。虽然在美国和俄罗斯卫星侦察能力不断提升的背景下，飞行侦察的实际作用弱化，但对于其他航天侦察能力有限的国家而言，《开放天空条约》仍然是维持欧洲安全形势不可或缺的制度框架。美国退约进一步破坏现行国际军控制度，损害欧洲盟友利益，削弱欧洲军事安全体系，使欧洲和国际安全形势更趋恶化。

3 认识与思考

2001 年，为放手发展导弹防御系统，美国宣布退出《反导条约》；2019 年，美国以俄罗斯违约为由宣布退出《中导条约》；2020 年 5 月，美国再次以俄罗斯违约为由宣布退出《开放天空条约》；面对“新 START 条约”即将到期，2020 年 6—8 月，美国和俄罗斯举行三轮战略稳定对话，但未就条约延期问题达成共识，美国不断为条约延期设置新的附件条件。尽管在最后一刻美国同意与俄罗斯将“新 START 条约”延期 5 年，但美国军控消极举措带来的负面影响恐怕仍要持续很长时间。

美国先后退出《反导条约》、《中导条约》和《开放天空条约》，屡屡践踏国际准则，致使国际规则体系激烈动荡，军控机制受到严重冲击。拜登政府上台后，美国军控政策逐步回归理性，与俄罗斯延长《新削减战略武器条约》并重启战略稳定对话。但在实际举措上，拜登政府与特朗普政府并无太大区别，仍然坚持将大国竞争作为战略核心，其实质是以“恢复军控领导地位”为口号，寻求塑造于己有利的军控规则体系。为谋求军事领域战略优势，意图实现“绝对安全”，获得不受限制的向对手进行军事政治施压的能力，美国正肆意破坏稳定维护机制。

参考文献：

[1] CLEAR W K，BLOCK E S. The treaty on open skies [R]. Defense Treat Reduction Agency，1999.

[2] BROOKES P. Stay in the open skies treaty for now [R]. The Heritage Foundation，2020.

[3] WOOLF F A. The open skies treaty：background and Issues [R]. Congressional Research Service，2021.

Analysis of the impact of Russia's withdrawal from the "Treaty on Open Skies"

SONG Yue, ZHAO Xue-lin, ZHAO Chang

(China Institute of Nuclear Industry Strategy, Beijing 100048, China)

Abstract: On December 18, 2021, Russia announced its formal withdrawal from the "Treaty on Open Skies". The Russian Ministry of Foreign Affairs stated that the United States was the initiator of the collapse of the "Treaty on Open Skies". Although Russia tried to seek a compromise solution, it did not receive a response from other contracting parties. The United States is responsible for the degradation of the treaty system. This paper systematically combs the basic situation and relevant trends of the event, deeply analyzes the motivation of the United States and Russia to withdraw from the "Treaty on Open Skies" one after another and its impact, and based on the understanding of the current complex situation of international arms control, the dialectical relationship between arms development and arms control, puts forward several understandings and thoughts.

Key words: "Treaty on Open Skies"; Arms control; Confidence-building measures

日内瓦裁军谈判会议发展情况综述

赵学林，赵　畅，宋　岳

（中核战略规划研究总院，北京　100048）

摘　要：日内瓦裁军谈判会议（以下简称“裁谈会”）是国际社会唯一多边裁军谈判论坛。裁谈会拥有最具代表性的成员国、充分维护成员国利益的议事规则，以及丰富的谈判经验和专业的谈判队伍。裁谈会及其前身曾达成多项军控、裁军和防扩散条约，对维护国际和平与安全做出了历史性贡献，作为多边裁军机制的重要组成部分，其地位和作用不可替代。近年来，裁谈会未能就其工作计划达成一致，也因此未能开展实质性审议工作，其主要原因是在当前国际安全形势下，各国在裁军和安全领域的相关议程和政策不尽相同，各方对裁谈会工作重点、优先事项也产生了不同的看法。本文系统梳理了近年来裁谈会的发展历程、议题、议事规则及与其他裁军机构间的联系，论述了裁谈会的地位和作用，分析提出政治因素等干扰使基于协商一致议事规则的裁谈会陷入僵局，出现了抛开裁谈会“另起炉灶”等主张，损害了裁谈会的权威地位。文章最后进行了总结与展望，指出裁谈会作为国际社会唯一多边裁军谈判论坛，其地位和作用不可替代，各成员国应坚持协商一致原则，充分照顾各方合理安全关切，切实维护裁谈会的权威性和有效性，共同促进国际和平与安全。

关键词：裁谈会；核裁军；核军控

1　基本情况

1.1　裁谈会的发展历程

1952年，联合国大会（以下简称“联大”）通过第502（Ⅱ）号决议，在安理会下设立联合国裁军委员会，负责讨论裁军问题，但1959年后只偶尔举行会议。从1960年起，国际裁军谈判由一系列机构进行，先后是十国裁军委员会（1960年）、十八国裁军委员会（1962—1969年）、裁军委员会会议（1969—1978年），最后是裁谈会（1978年至今）。

1978年，联大召开第十届特别会议，同时也是第一届专门讨论裁军问题的特别会议。会议通过了一系列相关决议和决定，其中包括《大会第十届特别会议最后文件》（以下简称《最后文件》）。《最后文件》授权成立一个成员数额有限并在协商一致基础上做出决定的单一多边裁军谈判论坛，即裁谈会。

1.2　裁谈会的议题

裁谈会讨论的范围几乎覆盖所有多边军控及裁军问题，目前主要关注以下问题：①停止核军备竞赛和核裁军；②防止核战争，包括一切有关事项；③防止外层空间的军备竞赛；④保证不对无核武器国家使用或威胁使用核武器的有效国际安排；⑤新型大规模毁灭性武器和此种武器的新系统，放射性武器；⑥综合裁军方案；⑦军备透明；⑧审议并通过年度报告和任何其他宜向联大提出的报告。以上8项也是自2013年以来裁谈会每年所设置的议题。

1.3　裁谈会的议事规则

裁谈会参照《最后文件》中的有关规定确立了自己的议事规则，对其职能和组成，每年的工作安排、议程和工作计划，以及向联大提交的报告等内容做出了明确的要求，主要包括：裁谈会应以协商一致方式进行其工作和通过其决定；如不能就所谈判项目实质做出决定，则应考虑以后审议；如认为

作者简介：赵学林（1994—），男，内蒙古通辽人，工程硕士，工程师，现从事核情报研究工作。

似乎具有就一项条约草案或其他草案案文进行谈判的基础时，本会议可设立附属机构，如特设小组委员会、工作小组、技术小组或政府专家小组等；在每一届年会开始时通过该年的议程，并以议程为基础制订工作计划，后者将提交本会议审议和通过；本会议应于届会结束时通过年度报告，并通过主席向联合国大会提出一次报告，或于适当时提出多次报告等。

1.4 裁谈会与其他裁军机构间的联系

《联合国宪章》规定，联合国在裁军领域负有中心作用和首要责任，裁谈会作为国际社会唯一多边裁军谈判论坛，与联合国系统内其他裁军机构之间存在着特殊的联系。首先，裁谈会由联大第一届专门讨论裁军问题的特别会议授权成立，并明确其职能；其次，裁谈会通过自己的议事规则和议程，同时要考虑联大提出的建议及其成员提出的提案，并每年向联大提交一次或多次报告；再次，作为联合国主要的审议、政策制定和代表机关，联大可对包括裁军在内的所有问题进行审议和采取行动，其附属机构联大一委、裁审会等负责具体审查裁谈会的相关报告；最后，裁谈会的预算包含在联合国预算之内，会议也在联合国日内瓦办事处进行，联合国秘书处、裁军事务厅人员向裁谈会及其附属机构提供组织和行政支持。此外，还由联合国日内瓦办事处现任总干事担任裁谈会秘书长及联合国秘书长驻裁谈会个人代表。

2 裁谈会的地位和作用

2.1 裁谈会及其前身曾达成多项构成多边军控、裁军与防扩散体系的支柱性条约

裁谈会及其前身拥有辉煌的历史，曾达成《不扩散核武器条约》《禁止为军事或任何其他敌对目的使用改变环境的技术的公约》《禁止在海洋和洋底及其下面设置核武器和其他大规模毁灭性武器条约》《禁止细菌（生物）及毒素武器的发展、生产及储存以及销毁这类武器的公约》《关于禁止发展、生产、储存和使用化学武器及销毁此种武器的公约》《全面禁止核试验条约》等重大多边军控、裁军与防扩散条约，为促进国际和平与安全做出了突出贡献。

2.2 裁谈会成员国具有广泛代表性，能够反映当今国际和平与安全、军控及裁军领域的基本格局

裁谈会成立初期有37个成员国，1996年接纳奥地利等23国为其成员国，1999年接纳厄瓜多尔等5国，目前共有65个成员国。裁谈会不同于封闭性的裁军与防扩散机制，它的成员有广泛代表性。从最初的37国到现在的65国，它涵盖了发达国家与发展中国家，不同地区和集团的重要成员，特别是包括所有拥有核武器及有一定核能力的国家。截至2020年，裁谈会还收到了希腊等27个非成员国要求成为其成员国的申请。此外，根据裁谈会的议事规则，非成员国亦可申请参加有关讨论。在裁谈会谈判达成的军控条约，能够反映国际社会的共同利益，有助于维护国际社会的共同安全。

2.3 裁谈会拥有充分维护成员国利益的议事规则，体现出民主和法治精神，具备良好的国际法基础和制度保障

《最后文件》明确规定，裁谈会以协商一致的方式进行工作，并通过其议事规则。在表决机制方面，联大就所指定的重要问题进行表决时需要成员国2/3多数票才能通过，而其他问题则以简单多数票决定；联大一委的决定由出席并参加表决的成员国票数过半数做出。以协商一致为核心的议事规则是裁谈会区别于联大和其他多边裁军机制的根本特征。协商一致既可保证所达成的条约能反映全体成员国的共同意志，又可保证所达成的条约得到有效实施。

3 裁谈会现状及面临的问题

自1996年8月《全面禁止核试验条约》谈判结束以来，裁谈会一直陷入僵局。除1998年和2009年外，裁谈会未能就其工作计划达成一致，也因此未能开展实质性审议工作。其主要原因是在当前国际安全形势下，各国在裁军和安全领域的相关议程和政策不尽相同，各方对裁谈会工作重点、优先事

项也产生了不同的看法；另外，受到政治因素干扰，各方参与裁军进程的信心和政治意愿也有所减弱[1]。

在上述背景下，裁谈会内部出现了一些消极动向，包括将裁谈会陷入僵局归咎于其机制，特别是基于协商一致的议事规则；或认为有关各方都参加的公开、透明、平等的政府间谈判进程耗时太长，主张部分国家达成或通过非政府间进程推动谈判；或主张抛弃裁谈会，“另起炉灶”，将一些核心议题移出裁谈会。以上种种无疑将损害裁谈会的权威地位，并对国际军控和裁军进程产生消极影响。

4 总结与展望

裁谈会陷入僵局的根源不在于其议事规则，而是有关各方缺乏坚定、真诚的政治意愿，特别是部分国家奉行绝对安全理念和双重标准，将自身安全凌驾于别国安全之上，甚至将军控与裁军作为发展自己、打压别国的工具和手段，对多边军控条约谈判进程和国际安全环境造成了恶劣影响。裁谈会作为国际社会唯一多边裁军谈判论坛，其地位和作用不可替代。各成员国应坚持协商一致原则，充分照顾各方合理安全关切，切实维护裁谈会的权威性和有效性，共同促进国际和平与安全。

参考文献：

[1] 杨京德，王昭．中国希望各方珍惜和维护裁谈会工作良好势头［N］．人民日报，2011－03－01（3）．

Overview of the development of the conference on disarmament in Geneva

ZHAO Xue-lin，ZHAO Chang，SONG Yue

（China Institute of Nuclear Industry Strategy，Beijing 100048，China）

Abstract：The Geneva Conference on Disarmament (hereinafter referred to as the “CD”) is the only multilateral disarmament negotiating forum of the international community. The CD has the most representative member states，rules of procedure that fully safeguard the interests of member states，as well as rich negotiation experience and a professional negotiation team. The CD and its predecessors have reached multiple arms control，disarmament，and non-proliferation treaties，making historic contributions to the maintenance of international peace and security. As an important component of the multilateral disarmament mechanism，its status and role are irreplaceable. In recent years，the CD has been unable to reach an agreement on its work plan and therefore has not been able to carry out substantive deliberations. The main reason is that in the current international security situation，countries have different agendas and policies in the field of disarmament and security，and different views have emerged on the focus and priorities of the CD's work. This article systematically reviews the development process，topics，rules of procedure，and connections with other disarmament bodies of the CD，discusses the status and role of the CD，analyzes and points out that political factors and other disturbances have stalled the CD based on the consensus rules of procedure，and there have been calls to abandon the CD and “start a new job”，which has damaged the authority of the CD. As the only multilateral disarmament negotiating forum in the international community，the status and role of the CD are irreplaceable，and member states should adhere to the principle of consensus，fully accommodate the legitimate security concerns of all parties，earnestly maintain the authority and effectiveness of the CD，and jointly promote international peace and security.

Key words：Conference on Disarmament (CD)；Nuclear disarmament；Nuclear arms control

美国拜登政府大幅增加核力量建设经费动向分析

赵　畅，宋　岳，赵学林

（中核战略规划研究总院，北京　100048）

摘　要： 2023年3月13日，拜登政府公布了2024财年国防预算申请报告，预算重点是落实2022年《国家国防战略》《核态势评估报告》《导弹防御评估》报告等顶层战略性文件的要求。在美国2024财年国防预算增长3.2%的情况下用于核力量建设的预算增长了6.2%，用于核力量建设的预算占比相比2023财年有了较大增加。表明美国仍继续加紧核力量的现代化，增强其核威慑能力，这延续了美国2022年《国家国防战略》的总基调，即核威慑仍是美国最高优先事项。有关情况值得关注。

关键词： 核力量；核军工；核武器

1　美国2024财年国防预算申请概况

美国2024财年国防预算申请报告总额8863亿美元，较2023财年批准拨款8586亿美元增长了3.2%。值得注意的是，核力量预算565亿美元，较2023财年增加33亿美元，增长了6.2%，约占国防预算总额的6.4%。

1.1　“一体化威慑”概念进一步强化

“一体化威慑”预算共1253亿美元，较2023财年申请预算1051亿美元增长了19.2%。主要包括5个部分：①“核力量现代化”377亿美元，用于支持新一代核运载系统研制，以及核指挥、控制与通信系统的现代化；②“导弹防御”298亿美元，其中为关岛的防御投资15亿美元；③“远程火力打击”110亿美元，用于具备初步的全域高超声速能力，增加高生存力的亚音速武器数量并提高能力；④“太空和天基系统”333亿美元，以确保太空和天基系统安全地用于军、民和商业行动；⑤“网络空间活动”135亿美元，以减少被攻击面并加强各军事部门和国防机构网络数据的安全等。

1.2　武器装备采购和研发预算创历史新高

美国国防部武器装备采购和研发预算达3150亿美元，较2023财年申请预算2760亿美元增长14.1%。武器装备采购1700亿美元，研究、开发、试验与鉴定预算1450亿美元，其中包括：空军装备611亿美元；指挥、控制、通信、计算机和情报（C4I）系统145亿美元；反导装备148亿美元；导弹及弹药306亿美元；海军装备481亿美元；太空和天基系统261亿美元；陆军装备139亿美元；科学技术178亿美元；人工智能18亿美元等。

1.3　美国国防部战备预算继续增加

美国国防部战备预算达1460亿美元，较2023财年申请预算1347亿美元增长8.4%。包括陆军288亿美元，海军528亿美元，海军陆战队44亿美元，空军399亿美元，太空军33亿美元，特种作战司令部97亿美元，联合能力71亿美元。

2　美国国防部核力量预算继续大幅提高，旨在全面提升核威慑能力

美国国防部负责核力量运行及核运载系统研制生产等工作。其中一部分预算将用于支持5个重大

作者简介： 赵畅（1995—），女，北京人，文学学士，助理研究员，现从事核情报研究工作。

核武器装备项目（表 1）。美国目前在役的“三位一体”核运载系统主要包括 6 类装备：“民兵”－Ⅲ洲际弹道导弹、“三叉戟”－Ⅱ潜射弹道导弹、AGM－86B 空射巡航导弹、“俄亥俄”级弹道导弹核潜艇、B－2A 战略轰炸机及 B－52H 战略轰炸机。美国国防部正组织力量，加紧 4 类新装备研制，并对“三叉戟”－Ⅱ潜射弹道导弹进行升级改进，实现更新换代、全面提升核打击能力，同时确保核威慑持续到 2080 年前后。

表 1　国防部 5 个重大核武器装备项目预算统计　　单位：亿美元

重大核武器装备项目	2022 财年实际拨款	2023 财年批准拨款	2024 财年预算	2024 财年较去年增加
新一代 LGM－35A“哨兵”洲际弹道导弹研制	24.8	36.2	42.8	6.6
新一代“哥伦比亚”级弹道导弹核潜艇研制	51.6	62.7	62.1	－0.6
新型 B－21“突袭者”远程战略轰炸机研制	28.8	48.0	53.2	5.2
新一代远程防区外核巡航导弹（LRSO）研制项目	5.8	9.8	9.8	0
“三叉戟”－Ⅱ潜射弹道导弹延寿	15.9	17.2	19.3	2.1
合计	126.9	173.9	187.2	13.3

2.1　新一代 LGM－35A“哨兵”洲际弹道导弹研制项目

2024 财年预算 42.8 亿美元，较 2023 财年批准拨款 36.2 亿美元增加 6.6 亿美元，增长 18.2%。“哨兵”洲际弹道导弹将替换现役的“民兵”－Ⅲ洲际弹道导弹。拟于 2023 年底首飞，2029 年具备初始作战能力，2036 年实现 400 枚的全面作战能力。

2.2　新一代“哥伦比亚”级弹道导弹核潜艇研制项目

2024 财年预算 62.1 亿美元，与 2023 财年批准拨款几乎持平。该项目于 2011 年启动，计划建造 12 艘。潜艇采用了新型核反应堆，在服役 40 年的全寿期内无须换料，将于 2030 年 10 月起逐步替换现役的“俄亥俄”级弹道导弹核潜艇，可一直服役到 2080 年之后。

2.3　新型 B－21“突袭者”远程战略轰炸机研制项目

2024 财年预算 53.2 亿美元，较 2023 财年批准拨款 48 亿增加 5.2 亿美元，增长 10.8%。该项目于 2014 年启动，美国空军计划至少采购 100 架。B－21 核常兼备，拟于 21 世纪 20 年代中期交付，在具备初始作战能力后的 2 年内具备核能力，用于取代 B－2 和 B－1（不执行核任务）战略轰炸机。

2.4　新一代远程防区外核巡航导弹（LRSO）研制项目

2024 财年预算 9.8 亿美元，与 2023 财年批准拨款持平。能够穿透复杂的先进综合防空系统，远距离快速打击且突防能力增强。拟于 2030 年具备初始作战能力，共采购 1000～1100 枚，以替代现役的 AGM－86B 空射巡航导弹，可配装于 B－52H、B－2A 和未来的 B－21 轰炸机。

2.5　“三叉戟”－Ⅱ潜射弹道导弹延寿项目

2024 财年的预算 19.3 亿美元，较 2023 财年批准拨款 17.2 亿美元增加 2.1 亿美元，增长 12.2%。“三叉戟”－Ⅱ潜射弹道导弹近期已延寿，可部署于“俄亥俄”级和“哥伦比亚”级弹道导弹核潜艇；2022 财年将启动新一轮现代化改造，延长导弹寿命的同时提升导弹的突防、精确打击能力，提高灵活性和适应性；拟于 2039 财年开始部署“哥伦比亚”级弹道导弹核潜艇，可服役到 2080 年。

3　开展核武器活动，着重实现核弹头和核军工能力现代化，确保保持安全可靠有效的核武库

美国能源部 2024 财年的核武器预算 188.3 亿美元，较 2023 财年批准拨款增加 17.2 亿美元，增

长10.0%。其中，167亿美元（约占核武器预算89%）将用于开展核弹头、军用核材料、基础设施维护与现代化及先进技术发展等工作（表2），剩余11%用于国防核安全、学术项目等。

表2　美国能源部核武器工作预算统计　　单位：亿美元

	2022财年批准拨款	2023财年批准拨款	2024财年预算	2024财年较去年增加
核弹头维护与现代化	46.4	49.4	52.0	5.1%
核材料/部件生产现代化	41.6	51.2	55.6	8.6%
先进技术研发	28.7	29.5	32.0	8.4%
基础设施运行维护与现代化	24.9	26.0	27.7	6.3%
安全资产运输	3.3	3.4	3.6	3.7%
国防核安全	8.4	8.7	10.2	16.6%
学术项目和支持	1.1	1.1	1.5	36.1%
信息技术与网络安全	4.1	4.5	5.8	29.8%
合计	159.2	171.1	188.3	10.0%

3.1　核弹头维护与现代化

2024财年核弹头维护与现代化预算52亿美元，较2023财年批准拨款增长5.1%。其中大部分预算（60%，31.2亿美元）用于开展B61-12、W80-4、W88改型370、W87-1、W93等5型核弹头现代化项目。其中，10.1亿美元将用于W80-4项目；10.7亿美元将用于W87-1项目，较2023年批准拨款增长了57.2%；3.9亿美元将用于W93项目，较2023年批准拨款增长了62%。

3.2　核材料/部件生产现代化

2024财年核材料/部件生产现代化预算55.6亿美元，较2023财年批准拨款增长8.6%。将主要用于钚材料、钚弹芯、氚材料、铀材料、锂材料的生产加工储存，满足核武库需求。其中，27.7亿美元将用于钚材料操作和钚弹芯生产能力重建。拟于2024年制造出第一个战备用钚弹芯，2026年建立年产至少30个钚弹芯的能力，尽可能在2030年建立年产至少80个钚弹芯的能力；7.6亿美元将用于Y-12工厂有关铀处理设施的建设，较2023年批准拨款增长109.9%。

3.3　先进技术研发

2024财年先进技术研发预算32亿美元，较2023财年批准拨款增长8.4%。重点开展评估科学、先进模拟与计算、惯性约束聚变、工程与综合评价、武器技术与制造成熟等技术发展，为“基于科学”的核弹头库存决策和行动提供科学依据。

3.4　基础设施运行维护与现代化

2024财年基础设施运行维护与现代化预算27.7亿美元，较2023财年批准拨款增长6.3%。其中绝大部分预算（92.4%）将用于现有设施的运行、维护，确保现有设施以安全和安保方式运行。

4　小结

综上，在美国2024财年国防预算增长3.2%的情况下用于核力量建设的预算增长了6.2%，用于核力量建设的预算占比相比2023财年有了较大增加。表明美国仍在继续加紧核力量的现代化，增强其核威慑能力，这延续了美国2022年《国家国防战略》的总基调，即核威慑仍是美国最高优先事项。

4.1　美国促进印太和全球的“一体化威慑”

美国2024财年国防预算申请强调了促进对印太地区和全球的“一体化威慑”，将在未来继续支持乌克兰、欧洲盟友及合作伙伴，对抗持续威胁，实现核威慑力量现代化，加强网络、生物、外空等能力，支持国防研发和国防技术工业设施建设，加强供应链和工业基础等。美国在未来投资中着重发展能力、优化结构，确保建立一支有杀伤力、可持续、有弹性、反应灵敏的联合部队，同时继续保持高水平的部队准备状态，为当今和未来的战斗做好准备。

4.2 美国正以先进技术构建灵活定制的核威慑能力

解析美国核力量现代化的细节，可以看出美国正着力以隐身和动力技术提升新一代战机能力属性和穿透制空的协同功能；以智能技术助力远程防区外巡航导弹和重力核炸弹的自主化性能；以计算模拟和制造技术拓展核弹头威力可调、改进、改型和重新研制的途径；招募和留住技术熟练、多样化的员工和人才队伍等。

参考文献：

[1] U. S. Department of Defense. Department of Defense releases the president's fiscal year 2024 defense budget [EB/OL]. [2023-03-20]. https://www.defense.gov/News/Releases/Release/Article/3326875/department-of-defense-releases-the-presidents-fiscal-year-2024-defense-budget/.

[2] Office of the Chief Financial Officer. FY 2024 budget justification [EB/OL]. [2023-03-20]. https://www.energy.gov/cfo/articles/fy-2024-budget-justification.

[3] Office of the Chief Financial Officer. FY 2023 budget justification [EB/OL]. [2023-03-20]. h ttps://www.energy.gov/cfo/articles/fy-2023-budget-justification.

[4] United States Department of Defensefiscal year 2023 budget request [EB/OL]. [2023-03-20]. https://comptroller.defense.gov/Portals/45/Documents/defbudget/FY2023/FY2023_Budget_Request.pdf.

Analysis of the trend of the U. S. government's substantial increase in nuclear force construction funds

ZHAO Chang, SONG Yue, ZHAO Xue-lin

(China Institute of Nuclear Industry Strategy, Beijing 100048, China)

Abstract: On March 13, 2023, the U. S. government released the application report for the Military budget for fiscal year 2024. The budget focuses on implementing the requirements of top-level strategic documents such as the "National Defense Strategy", the "Nuclear Posture Review" and the "Ballistic Missile Defense Review" for 2022. With the US Military budget increasing by 3.2% in fiscal year 2024, the budget for nuclear force construction has increased by 6.2%, and the proportion of the budget for nuclear force construction has increased significantly compared with fiscal year 2023. This indicates that the United States continues to accelerate the modernization of its nuclear power and enhance its nuclear deterrence capability, which continues the overall tone of the United States' 2022 "National Defense Strategy", that nuclear deterrence remains the highest priority for the United States. The situation is worth paying attention to.

Key words: Nuclear force; Nuclear military industry; Nuclear weapon

《AUKUS 核合作》报告解读分析

赵学林，宋　岳，赵　畅
（中核战略规划研究总院，北京　100048）

摘　要：2022 年 3 月 11 日，美国国会研究部发布《AUKUS 核合作》报告，披露美国、英国与澳大利亚三国于 2021 年 11 月签署的《海军核推进信息交换协议》的更多细节。该协议签署为美英澳核潜艇合作扫清了美国内法律障碍，标志着三国迈出实质性第一步，有关情况值得关注。本文系统梳理了《AUKUS 核合作》报告发布背景及其中主要内容，分析了《AUKUS 核合作》报告的重要作用，并结合美英澳核潜艇合作对国际核不扩散体系的冲击，提出了几点思考与认识。

关键词：美英澳核潜艇合作；美英澳三边安全伙伴关系；国际核不扩散体系

1　报告发布背景

2021 年 9 月 15 日，美国、英国与澳大利亚三国发表联合声明，宣布建立“三边安全伙伴关系”（AUKUS）。作为 AUKUS 框架下的首个合作项目，美国和英国将协助澳大利亚建造至少 8 艘核潜艇，具体方案将在未来 18 个月内商定。为此，澳大利亚取消了已进展多年的由法国建造常规动力潜艇的项目。2021 年 11 月 22 日，美国、英国与澳大利亚三国共同签署《海军核推进信息交换协议》，允许澳大利亚获取美国和英国机密的核潜艇信息。澳大利亚国防部部长彼得·达顿在声明中称，协议有助于澳方就核潜艇采购项目完成预计 18 个月的前期研究，还将为澳方人员提供建造、操作和维护核潜艇相关培训。2021 年 11 月 1 日，美国总统拜登向国会提交《海军核推进信息交换协议》，经国会为期 60 天的审查后，协议于 2022 年 2 月 8 日正式生效。

2　报告主要内容

2.1　披露《海军核推进信息交换协议》更多细节

报告指出，协议将允许美国、英国与澳大利亚三国交换“研究、开发、设计、制造、运行、调节和处置军用反应堆所必需的海军核推进信息”，包括“受限制数据”（报告指出，美国《原子能法》将“受限制数据”定义为包括“关于在能源生产中使用特种核材料的所有数据”。《原子能法》和《美国联邦法规汇编》能源卷第 810 部分第三节将特种核材料定义为钚、铀-233 及浓缩铀）。协议有效期至 2023 年 12 月 31 日，经各方同意后最多可延长 2 年。任何一方均可提前六个月发出书面通知并终止参与协议。协议还有规定严控信息知悉范围的专门条款：如果任何一方严重违约，其他各方可“要求归还或销毁”已传输数据；任何一方不得将协议管辖的任何信息传达给任何“未经授权的人或超出”该方“管辖或控制的范围”；与 AUKUS 框架内的第三国交流此类信息的国家必须得到信息来源国的许可。

2.2　介绍美国与英国、澳大利亚双边核合作协议有关情况

报告回顾，美国和澳大利亚于 1957 年首次签署民用核合作协议，1979 年更新、2010 年续签，“明确禁止转让其规定的受限制数据”，以及“敏感核科学技术、敏感核设施和主要关键部件”。作为《不扩散核武器条约》（NPT）的无核武器国家，澳大利亚接受国际原子能机构的全面保障监督，以“向国际社会提供可信的保证，确保核材料和其他特定物项不会从和平核用途中被转用”。

作者简介：赵学林（1994—），男，内蒙古通辽人，工程硕士，工程师，现从事核情报研究工作。

美国与欧洲原子能共同体于1958年签订核合作协议，1995年续签，为美国与英国间核合作提供了法律框架。而随着英国退出欧盟及其与欧洲共同体的法律联系，美国与英国于2018年重新签署双边核合作协议，该协议于2020年12月31日生效，并持续30年。此外，美国与英国曾于1958年签署《美英共同防御协议》，随后美国向英国转让了一座核潜艇工厂和相关的海军核动力堆燃料。该协议于2014年修订，并延长至2024年，旨在“为控制和传输美国和英国间的潜艇核推进技术、核信息和材料，以及向英国转让非核部件提供必要的要求”。

2.3 说明美国《原子能法》中核合作相关规定

美国《原子能法》第144节第c条第二款规定，允许美国核管会和国防部在美国总统授权下“与该国交流或交换关于军用反应堆研究、开发或设计的受限制数据”；美国总统必须确定“拟议的合作”和数据交流“将促进共同防御和安全而不是对其构成不合理的风险”。第123节第a条规定，拟议协议应包括合作的条款、条件、期限、性质和范围，并列出协议的强制性标准。核合作协议应包含：保证对转让的核材料和设备永久持续实施保障监督；要求在无核武器国家实施国际原子能机构的全面保障监督协定；禁止未经美国同意重新转让材料或受限制数据；要求接受国对转让的核材料保持实物安全；禁止接受国将转让的物项或技术用于任何核爆炸装置或其他任何军事目的；规定如果合作国引爆核爆炸装置、终止或废除国际原子能机构保障协定，美国有权要求其归还转让的核材料和设备，以及使用这些材料和设备生产的任何特种核材料。

3 几点认识

3.1 协议签署为美英澳核潜艇合作扫清了美国内法律障碍

美国1946年《原子能法》限制美国与包括英国在内的其他国家共享核武器信息，但经修订后的1958年《原子能法》修正案授权美国核管会和国防部在美国总统授权下，向其他国家转让核武器相关信息和部分部件，以及用于海军推进系统的核反应堆及相关信息。与此同时，考虑到美国与澳大利亚间双边核合作协议明确禁止转让上述敏感信息，美国总统拜登向国会提交《海军核推进信息交换协议》，授权美国核管会和国防部就转让海军核推进信息展开工作。

3.2 协议签署标志着美英澳核潜艇合作迈出实质性第一步

一段时间以来，美国、英国与澳大利亚三国政府面临国内质疑声音不断，AUKUS核潜艇合作起步遇阻。但协议签署后，该进程明显加速。2021年12月14日，由三国成立的“澳核潜艇项目”联合指导小组举行会议，商定三国在未来18个月内的后续步骤，安排各工作组详细审查在澳大利亚建造核潜艇所需的关键行动。2022年3月7日，澳大利亚总理斯科特·莫里森与国防部部长彼得·达顿发表联合声明称，将在澳大利亚东海岸建造一个新的潜艇基地，用以停靠未来的核潜艇，同时支持美国与英国核潜艇定期访问。这是澳大利亚自20世纪90年代以来新建的首个重要军事基地，总投资将超过100亿澳元。

3.3 协议签署再次凸显三国合作核扩散风险

美英澳核潜艇合作将开启核武器国家向无核武器国家转让武器级核材料的危险先例，是赤裸裸的核扩散行径。三国此举严重违背《不扩散核武器条约》的目的和宗旨，直接违反《国际原子能机构规约》，对国际原子能机构现行的保障监督体系构成极大挑战，损害《南太平洋无核区条约》精神，破坏东盟国家建立东南亚无核武器区的努力，并带来核安全、核潜艇军备竞赛、导弹技术扩散等诸多方面的隐患和危害，对全球战略平衡与稳定也将产生深远消极影响。鉴于澳大利亚曾有寻求发展核武器的野心和历史，特别是近年来澳大利亚国内拥核论调再次沉渣泛起，国际社会必须对美英澳核潜艇合作保持高度警惕。

Interpretation and analysis of the "AUKUS Nuclear Cooperation" report

ZHAO Xue-lin，SONG Yue，ZHAO Chang

(China Institute of Nuclear Industry Strategy，Beijing 100048，China)

Abstract：On March 11，2022，the US Department of Research released the "AUKUS Nuclear Cooperation" report，revealing more details of the "Naval Nuclear Propulsion Information Exchange Agreement" signed by the US，UK，and Australia in December 2021. The signing of this agreement clears legal barriers within the United States for cooperation on nuclear submarines between the United States，Britain，and Australia，marking a substantive first step by the three countries. The relevant situation is worth paying attention to. This article systematically reviews the background and main content of the "AUKUS Nuclear Cooperation" report，analyzes the important role of the "AUKUS Nuclear Cooperation" report，and proposes several thoughts and understandings based on the impact of the three countries' nuclear submarine cooperation on the international nuclear non-proliferation system.

Key words：AUKUS nuclear-powered submarines collaboration；AUKUS；International nuclear nonproliferation system

国际核态势与核军控形势综述

赵学林，赵　畅，宋　岳
（中核战略规划研究总院，北京　100048）

摘　要：当前，世界之变、时代之变、历史之变正以前所未有的方式展开，国际战略格局、全球治理体系、世界地缘政治棋局、综合国力竞争发生重大变化，世纪变局中危与机并存。在此背景下，国际核态势日趋复杂多变，国际核军控形势也不断面临新的挑战。本文结合核领域热点问题，全面概述了近年来国际核态势与核军控形势深刻调整演变，并作出了总结与展望。

关键词：核态势；核军控；核不扩散

1　当前国际核态势

1.1　美国和俄罗斯仍继续保持绝对核优势

尽管美国和俄罗斯核武库较冷战高峰时期已大幅削减，但相较于其他拥核国家仍维持绝对优势。据美国智库报告，截至2023年初，美国拥有约5244枚核弹头（包括现役核弹头3708枚及退役待拆解核弹头1536枚），俄罗斯拥有约5889枚核弹头（包括现役核弹头4489枚及退役待拆解核弹头1400枚），合计占比超过全球总量90%。在此基础上，美国和俄罗斯均大力推进"三位一体"核力量现代化进程。

美国将核威慑作为国家最高优先事项和"一体化威慑"的基石，接续推进研制部署新一代核武器系统，其中陆基以"哨兵"新一代洲际弹道导弹替换"民兵"-Ⅲ导弹，海基以新一代"哥伦比亚"级战略核潜艇替换"俄亥俄"级核潜艇，空基以新型B-21战略轰炸机替换B-2A、B52H轰炸机，并以远程防区外空射核巡航导弹取代AGM-86B导弹。美国加快核军工基础设施转型升级和核指挥控制与通信系统现代化，力图在大国战略博弈背景下继续保持核领域绝对战略优势。

俄罗斯持续现代化、多样化其核武库，其中陆基研发换装"萨尔玛特""亚尔斯"等先进洲际弹道导弹，海基重点以更先进的"北风之神"级战略核潜艇全面替换老旧潜艇，空基对现役"图"-160和"图"-95两系列战略轰炸机进行改造升级，并积极研发下一代隐身轰炸机。俄罗斯还创新发展"先锋""匕首""锆石"等多型高超声速导弹、"海燕"核动力巡航导弹、"波塞冬"核动力无人潜航器等新型战略运载系统，着力构建"非对称能力"。

1.2　相关拥核国家竞相发展核力量

除美国和俄罗斯外，其他相关拥核国家竞相发力，拥核自重、以核示强、借核造势，新一轮核军备竞赛已实质性展开。英国发布《竞争时代的全球化英国》报告，宣称将继续维持可信核威慑，到2030年将核武库上限提高至260枚，并不再公布具体部署数量。法国计划在2019—2025年投入350亿欧元进行海、空基核力量现代化建设。法国最新一代弹道导弹核潜艇进入工程研制阶段，未来将进一步提高战略核威慑与打击能力。印度初步形成"三位一体"核力量体系，"烈火"系列导弹已构建近、中、远程搭配作战体系，威慑打击能力逐步提高。巴基斯坦已形成以陆基为核心、空基为补充的核力量体系，正寻求发展海基核力量。

作者简介：赵学林（1994—），男，内蒙古通辽人，工程硕士，工程师，现从事核情报研究工作。

1.3 俄乌冲突对国际核态势产生深远复杂影响

一是核武器维护国家安全基石作用更加凸显。俄罗斯倚仗庞大多样核武库，灵活运用核威慑手段，展现出以核武器维护国家安全利益的强大决心意志，有效慑止美国及北约大规模军事介入。二是国际核不扩散体系面临新的挑战。日本、韩国等国家已借题发挥，竞相鼓噪效仿北约“核共享”安排，美国趁势强化地区“延伸威慑”安排祸乱亚太和平稳定。波兰主动要求美国在其境内部署核武器，白俄罗斯通过修宪公投删除原有“无核”条款，俄罗斯总统普京宣布将在白俄罗斯部署战术核武器。当前，以《不扩散核武器条约》为基石的国际核不扩散体系正面临新的挑战。三是军事冲突中核设施安全安保受各方高度关注。

1.4 新兴作战能力影响核威慑效能发挥

当前，新一轮科技革命已成为推动军事变革最具活力的因素，以快速精确打击、高超声速武器、军事智能、网络攻防、太空对抗等为代表的新兴作战能力和以核导为主轴的战略威慑力量日益相互交织，推动战略形态、战争理念、作战模式创新发展，对国际核态势产生深远复杂影响。以高超声速武器为例，具备运载核武器潜力的高超声速导弹是显性战略核威慑与可靠核投送能力的有机统一，投入战场使用时可展示打击决心、实现战略意图，但存在可能导致核升级的风险。

2 当前国际核军控形势

2.1 美国和俄罗斯双边核裁军难以为继

随着美国在2001年、2019年先后退出《反导条约》和《中导条约》，《新削减战略武器条约》成为目前美国和俄罗斯间仅存的双边核裁军条约。2022年8月，俄罗斯以美国制裁为由宣布暂停该条约双边核查机制。2023年1月，美国国务院发布《新削减战略武器条约》年度履约报告，对俄罗斯发起违约指控。次月，俄罗斯总统普京宣布“暂停参与”《新削减战略武器条约》。与此同时，受俄乌冲突等影响，美国和俄罗斯间战略稳定对话也陷入停滞，双方围绕《新削减战略武器条约》后续军控安排的分歧也日益加大。两个拥有世界最大核武库的国家数十年来将首次面临相互监督和彼此透明机制被完全破坏的风险，这不仅破坏了多边核裁军的前提条件，也抬升了爆发核危机的风险。

2.2 多边核军控进程举步维艰

2022年8月，《不扩散核武器条约》第十次审议大会在联合国举行，全面审议核裁军、核不扩散、和平利用核能领域履约情况，各缔约国围绕下一步国际核军控议程展开激烈博弈。但由于各方分歧严重，大会未能通过最终成果文件。此次大会也是当前国际战略安全与军控形势的一个缩影。在大国战略博弈和乌克兰危机背景下，美国利用军控手段，拉拢盟友伙伴、遏制打压对手发展，转嫁自身核裁军特殊优先责任。五核国内部分歧加重，核武器国家与无核武器国家间矛盾也日趋显现，国际多边核军控领域的失序乱象持续发展。

2.3 地区热点防扩散问题复杂难解

历经多轮谈判，伊核问题仍陷僵局。美国拜登政府上台后，公开表示愿重回2015年《伊朗核协议》。2021年4月至2022年3月，伊朗与英国、法国、俄罗斯、中国、德国等国先后举行8轮恢复履约谈判，各方围绕核领域问题形成初步共识，但美国和伊朗就解除制裁问题仍分歧严重。2022年6月，美国西方推动国际原子能机构理事会通过决议，指责伊朗未能有效澄清保障监督相关未决问题，伊朗采取安装更多先进离心机等措施予以反制。《伊朗核协议》恢复履约谈判目前仍处于僵局。

2.4 美英澳核潜艇合作严重冲击国际核不扩散机制

2021年9月，美国、英国和澳大利亚三国宣布建立“三边安全伙伴关系”（AUKUS）并开展核潜艇合作。鉴于该合作不仅会造成破坏地区和平稳定、加剧军备竞赛等后果，还将开启核武器国家向无核武器国家非法转让成吨武器级核材料的危险先例，并由此引发严重核扩散风险，国际社会对此高度关注，质疑、谴责和反对声迭起。三国为给该合作披上合法性外衣，多次与国际原子能机构总干事和机构秘书处接洽，积极推动商谈核潜艇合作所涉核材料保障监督事宜，更是为核领域全球治理带来了政治、法律与技术等方面的多重困境。对此，在中方建议下，国际原子能机构理事会及大会已连续7次以协商一致方式通过单独正式议题，专门审议美英澳核潜艇合作冲击国际核不扩散机制各方面的问题。

3 总结与展望

国际核态势日趋复杂多变，国际核军控形势也不断面临新的挑战，这既是百年变局在核领域的投射，也是国际战略与安全形势的又一缩影。在世界百年变局和世纪疫情交织叠加、世界进入新的动荡变革期的大背景下，全球战略安全环境不断恶化，军备竞赛与军事冲突风险加剧，国际核裁军与核不扩散体系面临严峻挑战，和平利用核能领域矛盾突出[1]。为了世界的和平与安宁，国际社会必须立即行动起来，坚定维护国际军控裁军与防扩散体系，坚决反对一切形式的核扩散行为。

参考文献：

[1] 严瑜．坚定维护国际核不扩散体系［N］．人民日报海外版，2022-08-04（1）．

Overview of the international nuclear posture and nuclear arms control situation

ZHAO Xue-lin，ZHAO Chang，SONG Yue

(China Institute of Nuclear Industry Strategy，Beijing 100048，China)

Abstract：At present，the world，times，and history are changing in an unprecedented way. The international strategic pattern，global governance system，world geopolitical chess game and Comprehensive National Power competition have undergone major changes. In this context，the international nuclear situation is becoming increasingly complex and changing，and the international nuclear arms control situation is also constantly facing new challenges. This article provides a comprehensive overview of the profound adjustment and evolution of the international nuclear situation and nuclear arms control situation in recent years，taking into account hot issues in the nuclear field，and provides a summary and outlook.

Key words：Nuclear posture；Nuclear arms control；Nuclear nonproliferation

美国2022年《核态势评估》报告解读分析

宋　岳，赵　畅，赵学林

（中核战略规划研究总院，北京　100048）

摘　要：2022年10月，美国国防部发布新版《国防战略》报告，为体现拜登政府以“一体化威慑”为核心的国防战略，《核态势评估》报告和《导弹防御评估》报告作为其附件一并发布。新版《核态势评估》报告进一步强化核武器在美国国家安全政策中的作用，细化“定制”核威慑战略，谋求以核军控打压遏制对手核力量发展，并加快推进美国“三位一体”核力量全面现代化及核军工转型升级。

关键词：《核态势评估》；核政策；核军控

1　拜登政府新版《核态势评估》报告主要内容

新版《核态势评估》报告由核心提要、核威胁挑战、核武器作用、核威慑战略、地区核威慑、核军控、核力量、核军工等8部分组成，可归纳为5个方面。

1.1　在核威胁判定上，明确6大核威胁来源，提出4类核威慑挑战

一是明确6大核威胁来源。新版《核态势评估》报告认为，国际安全环境持续恶化，核大国军事对抗风险加剧，依次将中国、俄罗斯、朝鲜、伊朗、核扩散、核恐怖主义视为美国面临的核威胁。①中国，中国推动核武库扩张、现代化和多样化，初步建成“三位一体”核力量，到2030年可能拥有1000枚核弹头，意图建立具有高度生存能力、可靠性和有效性的庞大多样化核武库，可能以核武器胁迫美国及其盟友和伙伴，是美国国防领域步步紧逼的全面挑战；②俄罗斯，俄罗斯提高核武器在国家安全中的作用，稳步推进核力量全面现代化，拥有多达2000枚非战略核武器，并同步发展多种新型战略进攻性武器，对美国及其盟友和伙伴构成持久生存威胁。报告还称，中国、俄罗斯持续提升整合网络、太空、信息、先进常规打击等非核能力，对核力量进行补充；③朝鲜，朝鲜持续提升、扩大并多样化核、弹道导弹、非核能力，对美国及印太地区构成持久且日益增大的威胁；④伊朗，伊朗目前未谋求发展核武器，但正在开展受《伊朗核协议》限制的核活动，引发美国极大关切；⑤核扩散，安全环境变化、伊朗和朝鲜核活动、俄乌冲突等可能加剧核扩散风险；⑥核恐怖主义，制造大规模杀伤性武器的知识、物项和技术持续扩散，对美国及其盟友和伙伴构成威胁。

二是提出4类核威慑挑战。新版《核态势评估》报告提出，安全环境恶化给美国核威慑带来4方面挑战：①竞争对手提高核武器在国家安全中的作用，导致冲突升级的风险加剧，特别是俄罗斯可能为赢得地区冲突或避免战败首先使用非战略核武器；②为应对中国的核扩张及核战略调整，美国可能需要调整自身核战略和核力量；③美国如同时与中国、俄罗斯发生冲突，可能需要以核武器应对；④网络、太空、空中和水下等领域能力发展给威慑效能发挥和管理冲突升级带来挑战。

1.2　在核武器作用上，强调核武器具有不可替代的独特威慑效果，提出“根本作用”核宣示政策

一是强调核武器具有不可替代的独特威慑效果。新版《核态势评估》报告强调，在可预见的未来，核武器将继续发挥其他武器所不能替代的独特威慑效果，明确美国核武器发挥三方面作用：①慑止战略攻击，强调核武器不仅用于慑止一切形式的核攻击，还用于慑止可导致严重后果的非核战略攻

作者简介：宋岳（1989—），男，黑龙江佳木斯人，理学硕士，高级工程师，现从事核情报研究工作。

击；②保护盟友和伙伴安全，强调延伸威慑是美国同盟体系的基础和核心，并有助于防止盟友和伙伴发展核武器；③在威慑失效时实现美国的目标，强调在威慑失效时使用核武器，以对美国及其盟友和伙伴最有利的条件和尽可能低的损伤程度结束冲突，声称美国不会故意以核武器瞄准平民或民用目标。报告同时强调"防范未知风险"不再是美国核武器的作用。

二是提出"根本作用"核宣示政策。新版《核态势评估》报告申明美国核武器的"根本作用"是慑止对美国及其盟友和伙伴的核攻击，美国只在极端情况下才会考虑使用核武器，以维护美国及其盟友和伙伴的重大利益。声称美国不会对签署《不扩散核武器条约》并遵守核不扩散义务的无核武器国家使用或威胁使用核武器。明确指出重点考虑到盟友可能受到非核战略攻击的影响，美国现阶段不会采纳"唯一目的"或"不首先使用"核宣示政策。

1.3 在核威慑战略上，制定针对不同威胁和不同地区的"定制"核威慑战略

一是针对不同威胁"定制"核威慑战略。①对中国，将采用灵活的威慑战略和军力态势，向中国明确传达核武器不能阻止美国保护盟友和伙伴，也不能胁迫美国以不可接受的条件终止冲突，防止中国认为可以通过使用核武器获得优势，具体手段包括 W76－2 海基低当量潜射核弹头、战略轰炸机、核常两用战斗机、空射核巡航导弹等；②对俄罗斯，将以"三位一体"核力量应对大规模核攻击，以搭载 B61－12 核航弹的 F－35A 核常两用战斗机、W76－2 海基低当量潜射核弹头、"远程防区外"空射核巡航导弹应对俄罗斯地区核威胁，确保俄罗斯不会对使用核武器的后果做出误判，并降低俄罗斯发动针对北约的常规战争和在常规冲突中使用非战略核武器的信心；③对朝鲜，向其表明只要对美国及其盟友和伙伴使用核武器就会导致政权终结，将以核武器慑止朝鲜非核战略攻击，并对朝鲜核扩散行为进行追究；④对伊朗，美国依靠非核优势来慑止伊朗开展地区侵略，同时不允许伊朗获得核武器。新版《核态势评估》报告同时强调，在制定和执行"定制"核威慑战略时，将采取一系列措施管理升级和误判风险，如加强对网络和太空威胁的防御、开发能够控制升级风险的作战概念和作战能力、对武器和指控系统进行抗压测试、消除与对手间的误判并加强对话等。

二是针对不同地区"定制"核威慑战略。①在欧洲—大西洋地区维持强大且可信的核威慑，指出美国的战略核力量和前沿部署，核武器为欧洲和北美之间提供重要政治和军事纽带，在继续推进 F－35A 核常两用战斗机和 B61－12 核航弹部署的同时，增加对俄罗斯的监视、演习，提高北约核常两用战斗机戒备状态、生存能力等，加强北约核与非核能力整合，强化盟友核任务分担；②在印度—太平洋地区维持强大且可信的核威慑，强调对印太地区及盟友和伙伴安全的承诺坚定不移，将构建集能力、概念、部署、演习和定制策略于一体的综合方案，加强与日本、韩国、澳大利亚等盟友的延伸威慑对话磋商，在保持核力量灵活部署能力的基础上，通过战略核潜艇到港访问和战略轰炸机巡航等提高美国战略力量在该地区显示度，协同核与非核要素、利用盟友和伙伴的非核能力，支持美国核威慑任务。

1.4 在核军控政策上，重新强调军控作用，明确双边、多边核军控构想

一是重新强调军控作用。新版《核态势评估》报告称，美国致力于降低核武器在国家安全中的作用，将重新强调军控、防扩散、降低核风险、阻止军备竞赛，打造集威慑与军控于一体的全面平衡战略，明确将通过军控手段限制对手核能力发展，助力美国核威慑效能发挥。

二是明确双边核军控构想。①对俄罗斯，强调俄罗斯仍是美国核军控重点，但未来美国和俄罗斯核军控谈判中应考虑中国核力量增长因素，明确美国将继续履行美俄《新削减战略武器条约》，并已准备好与俄罗斯就该条约到期后的新军控框架进行谈判，优先关注提高透明度和降低核风险；②对中国，声称尽管中国一直不愿与美国军控对话，但美国已准备好与中国围绕消除军事冲突、危机沟通、信息共享、相互克制、降低风险、新兴技术及未来核军控路径等战略议题进行接触，提出中国应暂停生产核武器用易裂变材料，或向国际社会保证其民用核设施不会用于生产军用核材料。此外，美国强调为未来的军控协议做好储备，提高核查与监测技术能力，加强军控人才培养。

三是明确多边核军控构想。①防扩散，支持《不扩散核武器条约》、国际原子能机构及其保障监督体系、无核武器区等，致力于加强国际核不扩散体系，对伊朗进行有原则的外交努力，对朝鲜采取经校准的外交手段并继续致力于朝鲜半岛完全、可核查的无核化，将推动五核国就核政策、降低核风险、核军控核查等进行交流；②核禁试，承诺努力推动《全面禁止核试验条约》生效，支持条约组织筹委会、国际监测系统和国际数据中心的建成投运、现场视察机制的建立，强调条约一旦生效，俄罗斯、中国有义务遵守“零当量”禁核试标准。

1.5 在核能力发展上，继续推进“三位一体”核力量、核指挥控制与通信系统、核军工基础设施全面现代化

一是“三位一体”核力量现代化。①陆基，以配装 W87－0/Mk21 和 W87－1/Mk21A 核弹头的新一代“哨兵”洲际弹道导弹，一对一替换现役 400 枚“民兵”－Ⅲ洲际弹道导弹，强调项目延期将增加成本和风险，必须投入充足经费。②海基，对新一代“哥伦比亚”级战略核潜艇投入充足经费，共建造 12 艘，2030 年开始交付，替换现役 14 艘“俄亥俄”级战略核潜艇；推进“三叉戟”－Ⅱ D5 潜射弹道导弹第二轮延寿计划；继续 W88 核弹头延寿和 W93/Mk7 新型核弹头研发。③空基，对新一代 B－21 新型战略轰炸机投入充足经费，至少采购 100 架；对新型“远程防区外”空射核巡航导弹及其配装的 W80－4 核弹头投入充足经费；退役 B83－1 核重力炸弹，发展新的对深埋加固目标的打击能力。④非战略核力量，保留 W76－2 海基低当量潜射核弹头，但定期评估其威慑价值；取消新型海基核巡航导弹研制项目，原因是能力冗余、经费限制及军控作用有限等；继续以 F－35A 核常两用战斗机和 B61－12 核航弹替换北约现役 F－15E 及 B61－3/4 核航弹。

二是核指挥控制与通信系统现代化。明确核指挥控制与通信系统 5 项基本功能：探测、预警和攻击特征评估，核作战规划，决策支持会议，接收和执行总统指令，管理和指挥核力量；将增强对网络、太空和电磁脉冲等威胁的防御，加强综合战术预警和攻击评估能力，改进核指挥所和通信链，发展先进的决策支持技术，整合作战规划与行动。

三是核军工基础设施全面现代化。强调冷战结束后美国核军工主要以库存武器维护为主要任务，部分生产基础设施已经拆除，其他生产能力无法继续维持，要求必须对核军工基础设施进行重建、翻修和现代化，并为此提出以“风险管理战略”“生产韧性计划”“科技创新倡议”为三大支柱的核军工转型升级战略。①“风险管理战略”，加强美国国防部和能源部国家核军工管理局协调整合，将一系列核现代化计划进行优先级排序，识别评估风险，监测核威慑任务的整体推进状况；②“生产韧性计划”，全面推进钚弹芯、铀加工设施、锂加工设施、氚材料供应、高能炸药研制及抗辐加固微电子元器件等的生产能力现代化，涵盖初次、次级、氚和非核部件在内的武器全要素生产能力，旨在提高核军工生产灵活性、供应链的安全性和韧性、生产能力裕量，消除单点故障；③“科技创新倡议”，聚焦利用科学和技术手段提高武器设计和生产现代化水平，缩短研发和生产周期，降低成本。

2 美国核态势调整分析

总的来看，拜登政府有意强化核武器在美国国家安全政策中的作用，进一步加强核威慑与核打击能力，同时注重新兴军事技术对核威慑效能发挥的影响，并有意以核军控打压遏制对手核力量建设发展。

2.1 进一步提高核武器地位作用

在大国竞争背景下，美国进一步强化核武器在国家安全战略中的作用，确定“打一场、慑一场”的总体军事目标。美国新版《核态势评估》报告继续宣称仅在极端情况下使用核武器，但首次明确“与两个拥有核武器的国家几乎同时发生冲突将是一种极端情况”，主要强调避免多向开战，要求在参与一场全域冲突的同时，以核武器慑止其他方向的“机会主义侵略”。

2.2 持续强化战略核打击能力。

美国长期对对手核力量规模、质量和作战能力保持高度警觉，正在抓紧实施包括核指挥控制与通信系统在内的核力量及基础设施更新和现代化。在整体能力上，重点提高生存和响应能力，提升力量部署、信息传递和应对方案的灵活性，增强对极端环境的适应性；在作战功能上，侧重加强精确打击、突防、弹道多样化、武器再调配和战场评估等关键属性。美国战略核打击能力不断提升，体现了更强的战略威慑性，意在继续扩大对对手的核战略优势[1]。

2.3 加快推动核军工转型升级

多重因素叠加耦合促使美国加快推进核军工转型升级。政治上，在大国竞争背景下，核武器地位作用进一步凸显；军事上，美国有满足禁核试条件下长期保持核武库“安全、安保、可靠”和“易于制造、维护、认证”等需求；技术上，钚弹芯等关键核部件的进一步老化可能导致核威慑面临失效风险。目前，缺乏可靠的生产能力已成为美国核军工基础设施面临的最急迫挑战。为此，美国寻求利用科学和技术优势，引入现代化、低成本生产技术和方法，加快提高核军工基础设施灵活性和响应性。

3 结语

拜登政府对美国核政策、核战略、核力量、核军控等相关内容进行调整，其基本出发点是各国如能效仿并降低核武器在国家安全中的作用将有助于维持美国军事霸权地位。新版《核态势评估》报告提出所谓核武器“根本作用”，以模糊隐晦的表述回避掩盖其拒绝放弃先发制人核打击的真实意图，同时达到配合其“一体化威慑”国防战略实施、抢占核军控道义制高点的目的，取消个别武器型号也更多是出于能力冗余和经费限制等诸多因素的现实考量。实际上，拜登政府仍致力于推进美国“三位一体”核力量、核指挥控制与通信系统、核军工基础设施全面现代化。

美国是世界上拥有最大核武库的国家，始终负有核裁军特殊优先责任。然而，作为校准美国核战略与核政策航向的一次机会，新版《核态势评估》报告却走回了渲染大国竞争、鼓吹阵营对抗的老路。纵观拜登政府核政策调整，几乎全盘延续了此前费用高昂的“三位一体”核力量现代化计划。不仅如此，美国还对中国正常的核力量现代化指手画脚、妄加揣测。该报告充斥冷战思维与零和博弈理念，折射出美国谋求绝对军事优势的霸权逻辑。

参考文献：

[1] KRISTENSEN M H，KORDA M. United States nuclear weapons，2022 [R/OL]．(2022-05-09) [2023-03-10]．https：//doi. org/10. 1080/00963402. 2022. 2062943.

Interpretation and analysis of the 2022 US "Nuclear Posture Review Report"

SONG Yue, ZHAO Chang, ZHAO Xue-lin

(China Institute of Nuclear Industry Strategy, Beijing 100048, China)

Abstract: In October 2022, the US Department of Defense released a new version of the "Defense Strategy" report. In order to reflect the Biden administration's defense strategy centered on "integrated deterrence", the "Nuclear Situation Assessment" report and the "Missile Defense Assessment" report were both released as annexes. The new version of the Nuclear Posture Review report further strengthens the role of nuclear weapons in US national security policies, refines the "customized" nuclear deterrence strategy, seeks to suppress the development of adversary nuclear forces through nuclear arms control, and accelerates the comprehensive modernization of US "trinity" nuclear forces and the transformation and upgrading of nuclear industry.

Key words: "Nuclear Posture Review"; Nuclear policy; Nuclear arms control

“别尔哥罗德”号核潜艇简况

孟雨晨，杨　鹏，王兴春

（中核战略规划研究总院，北京　100048）

摘　要：“别尔哥罗德”号核潜艇于 2022 年 7 月 8 日正式交付俄罗斯海军。该潜艇是在“奥斯卡Ⅱ”级巡航导弹核潜艇的基础上研制的，艇长 184 米，是目前世界上最长的潜艇，能够在北极海域开展各种科考和救援行动，还可搭载被称为“末日武器”的“波塞冬”核动力无人潜航器。“别尔哥罗德”与“波塞冬”将于 2026 年形成战斗力，有助于进一步加强俄罗斯核打击和核威慑力量。

关键词：俄罗斯；核潜艇；战略威慑

2022 年 7 月 8 日，“别尔哥罗德”号核潜艇（以下简称“别尔哥罗德”）正式交付俄罗斯海军。该潜艇是目前世界上最长的潜艇，可搭载被称为“末日武器”的“波塞冬”核动力无人潜航器（以下简称“波塞冬”）。“别尔哥罗德”正式入役为俄罗斯海军增加了一张慑战一体的新“王牌”，将进一步提升俄罗斯战略核威慑力量。

1　研制背景

“别尔哥罗德”是在苏联时期建造的 949A 型（北约代号“奥斯卡Ⅱ”级）巡航导弹核潜艇的基础上研制的，由苏联红宝石设计局设计[1]，1992 年 7 月开始在北德文斯克造船厂建造；苏联解体后，由于缺乏资金，1994 年被迫停工；2012 年俄罗斯海军宣布对该潜艇进行设计改进，同年 12 月正式归入“09852”型潜艇计划，以首个“波塞冬”核动力无人潜航器平台的名义继续建造；2019 年举行下水仪式，近期正式交付海军。根据俄罗斯国防部计划，由“别尔哥罗德”和“波塞冬”组成的武器系统将在 2026 年形成战斗力。

2　技术特点

“别尔哥罗德”采用双壳体结构，艇长 184 米，宽 18.2 米，水下航速最高可达 32 节，海上自持力可达 120 昼夜，可载员 130 人。艇内装有 4 具 533 毫米和 2 具 650 毫米鱼雷发射管，可发射重型鱼雷和反潜导弹，用于自卫作战。该艇比标准 949A 型巡航导弹核潜艇长 30 米，是世界上最长的潜艇，具有 4 个技术特点。

2.1　可搭载“波塞冬”

“别尔哥罗德”可作为水下移动基地，携带多达 6 枚“波塞冬”。据外媒推测，“波塞冬”长约 24 米，直径约 1.5 米，具有优异的隐蔽性和充沛的动力，最大潜深超过 1000 米，静音效果达到世界最先进水平，使用液态金属冷却反应堆，能做到高低功率迅速转换，有利于躲避敌方鱼雷、潜艇攻击；采用超空泡技术，巡航范围达到近万海里，具备跨洲打击能力；可携带 200 万吨 TNT 当量核弹头，并能自主计算击中目标的最优路线。“别尔哥罗德”与“波塞冬”这一组合，具有强大的隐蔽能力和突防能力，能够从水下对敌方航母战斗群、海军基地和沿海城市造成毁灭性打击。

作者简介：孟雨晨（1997—），女，北京人，翻译学硕士，助理工程师，现主要从事核科技情报研究工作。

2.2 隐蔽性强

“别尔哥罗德”采用特殊设计的航行螺旋桨，并配备了螺旋桨毂涡流扩散器，能够最大限度地降低航行过程中的噪音。双壳之间的舷空间内可填充一定消音材料，起到静音、减振作用。外部安装消声瓦片，内部使用更先进的传动轴，噪声水平大幅下降[2]。潜艇可在水下长时间坐底，释放潜航器隐蔽航行执行任务，使敌方难以发现并及时采取防御措施。

2.3 动力充足

“别尔哥罗德”不仅可以为自身提供动力，还可为搭载的潜航器及潜艇提供动力。有外媒报道，该潜艇配备了3座反应堆，包括2座位于艇内部的OK-650V型动力堆，以及1座位于甲板上的热功率为2.8万千瓦的双回路压水堆。甲板上的压水堆配备有一台涡轮发电机组，主要用于为包括深海探测系统在内的各种系统供电。

2.4 可完成深海作业

“别尔哥罗德”能够在北极海域开展各种科考和救援行动，其水下作业系统包括“大键琴2R-PM”无人潜航器和18511型“大比目鱼”深海作业潜艇。“大键琴2R-PM”无人潜航器长6.5米，采用常规动力，安装声呐、电磁探测器、声波仪等传感器及摄像机，用于执行水下侦察、测绘和追踪任务。“大比目鱼”深海作业潜艇是一种核动力深海工作站，采用半埋方式泊入“别尔哥罗德”腹部对接区，有利于艇员在两艘潜艇之间快速换乘；艇体使用钛合金打造，水下排水量约1000吨，能够使用机械臂在海底完成设备安装、标本取样等任务。

3 战略意义

“别尔哥罗德”是全球最庞大的核潜艇之一，也是一艘核常兼备、军民两用的多功能特种核潜艇，入列俄罗斯海军后进一步加强了俄罗斯核打击和核威慑能力，对俄罗斯具有重大战略意义。

3.1 加强俄罗斯非对称力量

俄罗斯近年来持续发展多种非对称力量，以保持自身在重要军备发展上的优势地位，避免在与美国、北约军事力量抗衡过程中陷入被动[3]。在这一策略下，“别尔哥罗德”将成为俄罗斯制衡美国的利剑，使其能够扬长避短、出奇制胜，大大增强俄罗斯非对称优势。“别尔哥罗德”和“波塞冬”组成的武器系统具有强大威慑力，与弹道导弹核潜艇相比更加隐蔽安全，避免了空中导弹打击更易被拦截的风险，对美国航母编队等重要目标构成重大威胁，显著提升俄罗斯战略核威慑力量，改变了在海军战略装备方面与美国存在差距的不利局面。

3.2 打破传统潜艇作战模式

“别尔哥罗德”的出现在海军领域和核动力应用方面都具有划时代的意义。“别尔哥罗德”是一个水下移动基地，其携带和发射“波塞冬”的过程可全部在水下进行；“波塞冬”能够利用核动力在水下将核弹头输送近万海里，给敌方沿海城市和海军基地造成毁灭性打击。这一打击过程不依赖水面和空中力量，能够避开敌方搜索和攻击。这打破了潜艇传统的伴随作战方式，形成了一种全新的打击手段。

3.3 拓展核潜艇使用范围

“别尔哥罗德”可搭载多种无人潜航器，大大拓展了其使用范围。无人潜航器发展至今，已从执行反鱼雷、侦察跟踪、水文调查、海底勘探、水下通信、充当诱饵或假目标等辅助性、支援性任务，发展到反潜、反舰、对沿海目标打击、水下封锁、特种作战等更复杂、更直接的军事行动。基于这一趋势，未来核潜艇将有更多用武之地。

3.4 强化北极争夺优势

近年来，北极圈内国家对北极地区的争夺越来越激烈。俄罗斯在证明其大陆架延伸到北极后，提出权益主张，但其海底探测活动受到其他国家的挑战。“别尔哥罗德”使俄罗斯拥有“深海利器”，其搭载的无人潜航器可对北冰洋海底进行各种研究勘探活动，强化俄罗斯在北极争夺中的优势。

参考文献：

[1] SARKISOV A A. Some historical lessons from the development of naval nuclear power engineering in the Soviet Union/Russia [J]. Herald of the Russian academy of sciences, 2021, 91 (3): 311-326.

[2] RAGHEB M. Nuclear naval propulsion [M] //Nuclear Power-Deployment, Operation and Sustainability. London: IntechOpen, 2011.

[3] MARINOV M. Redefining the strategic nuclear balance. Novel strategic offensive weapons systems [C] // Сборник доклади от научна конференция “Знание, наука, иновации, технологии”. Велико Търново: Институт за Знание, Наука и Иновации ЕООД, 2022, 1 (1): 473-487.

On the nuclear-powered “Belgorod” submarine

MENG Yu-chen, YANG Peng, WANG Xing-chun

(China Institute of Nuclear Industry Strategy, Beijing 100048, China)

Abstract: The nuclear-powered submarine “Belgorod” has been delivered to the Russian Navy on July 8, 2022. Its design is a modified version of “Russia's Oscar Ⅱ” class guided-missile submarines. At more than 184 meters, the Belgorod is the longest submarine in the ocean today. The submarine is designed to address diverse research tasks, implement research and rescue operations and can carry deep-water rescue and autonomous unmanned submersible vehicles on its board. The “Belgorod” submarine, capable of carrying and launching “Poseidon-type” underwater drones (or torpedoes), will bc put into operation in 2026. They will be able to deal devastating blows to enemy naval bases and coastal cities from underwater, helping to further strengthen Russia's nuclear strike and deterrence capability.

Key words: Russia; Nuclear-powered submarine; Strategic deterrence

日本核聚变技术及产业发展研究

王　墨，赵　宏，罗凯文

（中核战略规划研究总院，北京　100048）

摘　要：日本是国际热核聚变实验堆（ITER）计划的重要参与国之一，核聚变相关研究起步较早，研发经验丰富，技术水平居世界先列。当前，日本主要有两个核聚变研究设施，分别为日本国家量子科学与技术研究院（QST）的托卡马克装置JT－60SA和日本国家聚变科学研究所（NIFS）的仿星器装置LHD。近年来，日本将核聚变发展提升到战略高度，加大创新研发投入，实施产业化布局，强化国际合作，积极提升该领域国际竞争力。本文将系统梳理日本核聚变技术发展脉络，结合最新出台的相关政策战略性文件，对日本核聚变技术及产业发展进行研究，借鉴其经验，为我国核聚变技术发展及产业布局提供参考。

关键词：核聚变；产业发展；日本

1　日本核聚变技术发展概况[1]

1.1　发展历程

日本的核聚变相关研究工作始于20世纪50年代。1957年2月，日本内阁办公室下属的日本原子能委员会（JAEC）召开了第一次核聚变反应会议，讨论了日本核聚变研究战略。1958年2月，日本成立“核聚变研究协会”，后发展为日本等离子体科学与核聚变研究学会（JSPF）。1958年4月，日本原子能委员会成立“核聚变专家委员会”；1959年5月，日本科学委员会（SCJ）成立“聚变特别委员会”，进一步开展受控核聚变的规范化研究。

在受控核聚变的发展方向上，日本科学家与工程师存在分歧，理论物理学家认为应集中于基础等离子体的研究，而实验物理学家和工程师则认为应该尽快建造一个可与西方国家相媲美的聚变研究实验装置。20世纪60年代中期，日本教育、文化和科学省（MOE）领导的理论基础研究派和日本科学技术厅（STA）领导的实验物理研究派，各自独立开展受控核聚变研究。为了集中资金使研究效率最大化，日本在1989年5月成立了日本国家聚变科学研究所（NIFS）。

21世纪初，MOE与STA合并为文部科学省（MEXT），但核聚变的基础研究框架并未改变，日本原子能机构［JAEA，前身为日本原子能研究所（JAERI）］进行核聚变能源的研究和开发，日本国家聚变科学研究所（NIFS）从学术角度开展核聚变研究。

1.2　主要技术路线

目前，世界范围内存在5种主要核聚变技术路线，分别是磁约束聚变、惯性约束聚变、磁-惯性约束聚变、静电混合聚变与介子催化聚变。其中，磁约束聚变与惯性约束聚变为世界主要研究路线。日本在这两条技术路线上均有布局。

1.2.1　磁约束聚变

日本两个主要核聚变研究设施都属于磁约束聚变，分别为日本国家量子科学与技术研究院（QST）的托卡马克装置JT－60SA和日本国家聚变科学研究所（NIFS）的仿星器装置LHD。

作者简介：王墨（1983—），女，高级工程师，现主要从事核工业战略规划及技术情报等研究工作。

（1）托卡马克装置JT－60SA

20世纪60年代末，在苏联用托卡马克装置实现超过1 keV的等离子体约束后，日本建造了托卡马克装置JFT－2，并于1972年4月开始相关实验。1985年，日本设计并制造的大型托卡马克实验装置JT－60开始运行，与美国托卡马克核聚变试验反应堆（TFTR）、JET并列为世界三大托卡马克装置。经多次改型，JT－60于2020年升级为JT－60SA。2021年2月，JT－60SA以25.6 kA的电流通电，达到其完整设计磁场。JT－60SA全面运行时，预计能够维持100 s的高温氘气等离子体的平衡当量高温。相较于国际热核反应堆ITER，JT－60SA的尺寸大致为ITER的1/2，体积大致为ITER的1/8。自2023年5月30日重新开始运行以来，包含托卡马克等离子体的真空容器和围绕机器核心的低温箱恒温器进展顺利。目前，低温箱和其内部的氦气管都已经成功进行了泄漏测试。

（2）仿星器装置LHD

LHD（大型螺旋装置）与JT－60SA同样运用磁约束原理，具体磁场构型为仿星器，是世界上第二大超导仿星器，仅次于德国马克斯·普朗克等离子体物理研究所的Wendelstein 7－X（W7－X）反应堆。仿星器具有运行稳定、点燃后无须外界能量等优点，但线圈和线圈支撑结构的制造和组装复杂。LHD使用中性束注入、离子回旋射频（ICRF）技术和离子回旋共振加热（ECRH）技术加热等离子体。

LHD于1987年完成设计，1998年开始投入运转，1999年使用3 MW中性束注入，2005年达到3900 s的等离子体状态维持。2006年，LHD添加了新氦冷却器，截至2018年已累计实现10次长期运行，最大水平达到11.833 kA。在2020年的氚等离子体实验中，LHD成功使电子和离子温度达到1亿℃。未来，LHD研究团队有望研究出产生1亿℃等离子体的方法。

1.2.2　惯性约束聚变

日本对于高功率激光器的惯性核聚变研究，始于名古屋大学的IPP合作研究，由大阪大学进一步推动，并于1983年完成高功率激光器GEKKO Ⅻ的建造，是世界上为数不多的大型激光设施之一，在激光聚变研究中发挥了重要作用。

2022年底，与日本GEKKO Ⅻ同属惯性约束聚变技术路线的美国国家点火装置（NIF）首次实现净能量增益（即反应产生的能量大于驱动反应发生的能量），使惯性约束聚变受到广泛关注。惯性约束的思路产生于20世纪60年代激光出现后，利用激光功率高、脉冲短的优势，可以在等离子体还没有来得及飞散之前，即行完成加热、聚合、燃烧等全过程聚变反应。相比作为清洁能源应用，惯性约束聚变更适合军事用途。NIF的点火过程，实际等同于由激光器引爆超小型氢弹的过程，可以在几乎没有辐射污染的情况下，研究、记录氢弹数据。

1.3　国际合作

1.3.1　参加ITER及BA计划

欧盟（欧洲原子能共同体）、中国、日本等35个国家和地区联合开展核聚变试验堆ITER建设和运行计划，日本负责主要设备的建造工作。截至2022年12月末，工程进度约完成78%。此外，作为ITER计划的补充，日本和欧盟通过BA计划（Broader Approach）开展广泛的联合研究，欧洲有关国家机构通过提供装置部件与服务的形式参与JT－60SA的合作项目，包括比利时核能研究中心（SCK－CEN）；德国卡尔斯鲁厄理工学院；西班牙能源、环境和技术研究中心（CIEMAT）；法国原子能和替代能源委员会（CEA）；意大利Consorzio RFX；意大利国家新技术、能源和可持续经济发展机构等。这些合作为日本核聚变由实验堆向示范堆发展提供了所需的装置和技术基础。

1.3.2　其他双边和多边合作

在核聚变领域的双边合作中，日本与美国、欧盟等建立了研究合作机制，每年召开一次会议，进行信息共享和意见交换。在多边合作方面，日本积极参加国际原子能机构（IAEA）和国际能源署（IEA）的各种国际会议，在IEA框架下积极开展研究合作和学术交流。

2 日本核聚变发展战略

2.1 发展路线图

2020 年 12 月 25 日，日本发布《2050 碳中和绿色增长战略》[2]，在核能领域重点关注小型模块堆、高温堆和核聚变 3 个方向，首次提出了日本核聚变技术发展路线图。

根据该路线图，到 2025 年，日本要利用 JT-60SA 实验堆进行 ITER 补充实验，完成 ITER 项目的设备制造，并在国内完成示范堆的概念设计和关键技术研发。到 2030 年左右，ITER 开始运行并开展等离子体控制实验，日本核聚变示范堆开展工程设计和实际规模的技术研发，2040—2050 年，ITER 开始进行核聚变反应，开展关于氘-氚燃烧控制的工程实验和核聚变工程技术验证，日本核聚变堆进行产业化示范验证。

2.2 核聚变能源创新战略

2023 年 4 月 14 日，日本为促进能源领域科技创新，又发布了《核聚变能源创新战略》[3]，将核聚变的产业化发展提上日程。作为瞄准今后 10 年的战略，日本提出新的核聚变发展愿景，即"面向作为世界的下一代能源的核聚变的实用化，利用技术优势抓住市场先机，促进核聚变的产业化发展"。其战略意图主要体现在四个方面：一是应对日益增长的气候变化与能源安全需求；二是通过创造核聚变相关产业为经济增长做出贡献；三是在世界主要国家重视核聚变发展的背景下加大投入力度，充分参与国际竞争；四是加速核聚变所需机器设备研发，以确保其核聚变领域技术及人才优势，增强产业竞争力。该战略从产业培育战略、技术开发战略和战略推进体制 3 个方面建立了核聚变产业发展的顶层战略规划。

（1）产业培育战略

当前，世界各国对核聚变的重视日益增强，投资规模增加。日本也希望抓住这一向海外市场发展的重要时机，促进民间企业参与核聚变示范堆开发，以确立未来的核聚变产业生态系统为目标，广泛构筑产学研一体化的基础。

一是加强技术人才的储备和培养。通过 ITER 计划等培养的产业技术人才是日本发展核聚变的重要人才来源之一，随着日本核聚变实验堆和 ITER 工程的研发进展，需要进一步储备和培养核聚变人才。为了确保技术力量、人才供应链，有必要构建支撑核聚变要素、技术的产业结构，特别是具有共同技术基础的核聚变加速器、原子能等领域，也要加强人才储备。

二是促进产业界对核聚变积极参与。以日本国内示范堆和 ITER 等国际合作项目为抓手，吸引包括风险投资、研发生产供应、基础设施建设在内的产业界更多参与核聚变开发，通过设定示范堆里程碑节点等手段广泛吸引投资。强调日本应加强关键技术和供应链的自主可控，梳理关键技术图谱，重视激活本国产业，建立激励机制。日本想成为核聚变技术出口国，应增加核聚变示范堆研发计划主体，提升国际市场竞争力。

三是振兴核聚变相关技术产业群。以培养核聚变产业为目的设立新的工厂，促进民间企业关于核聚变的信息交换和商务匹配等，对政府主导的核聚变能源论坛进行发展性改组，计划于 2023 年成立核聚变产业协议会，促进政府主管机构与科研单位及相关企业的合作。重点投资核聚变相关核心技术领域，确保产品供应链安全并力图凭借技术领先优势占领国际市场。同时，加大对核聚变关联领域和通用领域的投入，如能源、医疗、AI 分析、模拟、大数据通信等，在扩大核聚变产业集群的同时，促进民间企业的进一步参与。

四是建立健全的相关安全法规制度。在内阁设立以技术人员、法律专家、一般市民为成员的工作组，在政府指导下研究从促进核聚变产业发展的角度研讨相关安全法律法规的建设。为了获得海外市场，也要效仿在法规建设方面领先的美国和欧盟等国家和地区，通过国际协调制定核聚变相关法规并实现标准化。具体举措包括策划并参与在 Agile Nations 框架下开展的"国际核聚变法规的建立途径"工作组讨论等。

（2）技术开发战略

为满足未来战略博弈需求，形成具有战略自主性的核聚变技术组合，日本除通过实验堆和 ITER 等项目推进核聚变核心技术开发外，还支持开拓未来可能性的前瞻性研究。

一是强化对小型化等颠覆性新兴技术的政策支持。很多国家和民间企业致力于研发先进技术和多种堆型，这些独创性的新兴技术有可能成为撒手锏。鉴于此，日本从 2023 年起在核聚变技术方面也开始对开拓未来可能性的创新挑战提供政策支持，着眼于产业化和共同基础技术的形成，为促进研究机构和民间企业的合作提供帮助。

二是通过 ITER 计划/BA 计划获得核心技术。日本在负责 ITER 主要设备的同时，通过 BA 计划开展了示范堆开发所需的研究，为了继续获得核聚变的核心技术，将继续推进这两项合作。

三是加快未来示范堆研发的相关研究。为加速示范堆的设计进程，积极引入促进民间企业深入参与的机制，进一步推进示范堆的研究开发。

四是继续推进聚变能基础学术研究。聚变能是多种技术的集合，未来创新发展存在不确定性，为攻克众多尚未解决的课题，将继续推进作为广泛基础的学术研究，为核聚变产业发展提供支撑。

五是以引进包括初创企业在内的民间新技术为宗旨，推进核聚变示范堆开发行动方案。以 ITER 计划等研究成果为基础制定行动方案，灵活吸收有利于技术进步和成本控制的新兴技术，根据需求引入民间企业技术研发力量或开展国际技术合作。

（3）战略推进体制

为有力推动政府、科研机构和企业在核聚变领域的合作，日本特制定以下框架用于推进《核聚变能源创新战略》的实施。

一是建立政府高层级主导的领导机制。形成由日本内阁牵头，科技创新推进事务局主导，相关省厅配合推进的领导机制，共同推进核聚变产业化的创新战略。为应对市场变化和技术进步，将基于科学决策原则定期修订战略内容。

二是建立产学研相结合的研发体制。以开发核聚变示范堆为目标，构筑以日本国家量子科学与技术研究院为中心，各学术机构和民间企业联合开展技术研发的体制，以培养能够成为核聚变商业化主体单位的民营企业。

三是加快技术创新和人才培养步伐。在日本国家量子科学与技术研究院设立核聚变技术创新基地，立足于 ITER 和 BA 计划中积累的技术传承，尽早开展核聚变技术转化和产业化相关工作，包括设置联络民间企业的技术协调员，以及将设施设备提供给民间企业等。有计划地加强学校和企业多梯队人才培养，广泛引进海外核聚变相关人才，加强向 ITER 和 JT－60SA 等国内外大型计划派遣科研和产业界青年人才，战略性培养核聚变研发力量，优化职业发展路径，防止人才流失。

四是广泛开展公众沟通活动。为了提高核聚变的社会接受度，推进核聚变的产业化，由文部科学省牵头组织，日本国家量子科学与技术研究院、核聚变科学研究所和相关大学的科研人员参与，将以往个别实施的宣传活动形成体系化的公众沟通机制，从战略层面加深国民对核聚变的理解。

3　日本核聚变产业化发展现状[4]

为进一步加强创新融合发展，日本积极推进核聚变产业化，在产学研环节引入民间企业，近年来有多家核聚变商业化公司成立并运营。

2019 年诞生于日本京都大学的技术初创公司 Kyoto Fusioneering 公司，近期获得由日本政府基金 JIC Venture Growth Investments 带领，包括三菱公司、关西电力公司、J-Power、三井物产公司、日本国际石油开发帝石控股公司等公司参与提供的 C 轮融资，出资金额约 100 亿日元。Kyoto Fusioneering公司专门为商业聚变反应堆开发最先进的技术，包括回旋管系统、氚燃料循环技术等。

在被称为“回旋振荡管（Gyrotron）”的先进等离子体加热装置开发方面，该公司的技术处于世界领先地位，并因此获得了英国原子能管理局的订单。

此外，致力于建造日本第一个激光驱动商用核聚变反应堆的EX-Fusion公司，2022年上半年已完成1.3亿日元种子轮融资，目前还在积极争取更多资金推动其技术研发[5]；另一家成立于2021年10月的企业Helical Fusion公司，止在积极推动稳定运转螺旋形的实用化，推进零部件的开发等。

4 结论

近几年，核聚变领域研究在全球范围内均有所升温，研发工作开始出现从国家主导转向以民间为主体的趋势，并且已有多家核聚变初创公司取得积极进展，预计未来该领域的竞争会越来越激烈。虽然有消息称美国、英国等国家有望将实现聚变发电商业化的时间表提前至21世纪30年代，略早于日本目前设定的时间节点，但整体趋近，这在一定程度上也说明日本在聚变领域的技术水平仍属于世界先列，日本也可能在未来发力并成功实现追赶。

此外，日本已形成的核聚变领域创新发展顶层设计，即《核聚变能源创新战略》，为日本核聚变技术及产业未来的顺畅发展提供了良好的政策环境，同时也为日本争取核聚变领域国际地位打下基础。预计日本未来将进一步推动核聚变技术研究及产业化发展布局，并极有可能积极参与国际核聚变领域设计、安全等多方面规则、标准的制定。

参考文献：

[1] LAVCHI H, MATSVOKAK, KIMURA K, et al. History of nuclear fusion research in Japan [C] //Makuhari: Proceedings of the 12th Asia pacific physics conference (APPC12), 2013.

[2] 経済産業省，等. 2050年カーボンニュートラルに伴うグリーン成長戦略 [EB/OL]. (2021-06-18) [2023-06-18]. https://www.meti.go.jp/press/2020/12/20201225012/20201225012-2.pdf.

[3] 総合イノベーション戦略推進会議. フュージョンエネルギー・イノベーション戦略 [Z]. 2023-04-14.

[4] 铃木健二朗，等. 全球核聚变发电研发竞赛，日本打造联合体制 [EB/OL]. (2023-05-17) [2023-07-20]. http://cn.nikkei.com.

[5] EX-Fusion、シードで総額18億円の資金調達を実施 [DB/OL]. (2023-05-30) [2023-07-22]. https://ex-fusion.com/news/pr20230706.

Research on nuclear fusion technology and industrial development in Japan

WANG Mo, ZHAO Hong, LUO Kai-wen

(China Institute of Nuclear Industry Strategy, Beijing 100048, China)

Abstract: Japan is one of the important participants in the International Thermonuclear Experimental Reactor (ITER) program, whose nuclear fusion-related research started early. It has rich experience in nuclear fusion research and development, and is in the leading position in the world in terms of nuclear fusion technology. At present, there are mainly two nuclear fusion research facilities in Japan, namely the tokamak device JT-60SA of the National Institutes for Quantum Science and Technology (QST) and the simulator device LHD of the National Institute for Fusion Science (NIFS). In recent years, Japan has promoted the development of nuclear fusion to a strategic height, increased investment in innovative R & D, implemented industrialization layout, strengthened international cooperation, and actively enhanced international competitiveness in this field. This paper will systematically sort out the context of the development of nuclear fusion technology in Japan, combined with the latest relevant policy strategic documents, study the development of nuclear fusion technology and industry in Japan, and learn from its experience, to provide reference for the development of nuclear fusion technology and industrial layout in China.

Key words: Nuclear fusion; Industrial development; Japan

韩国核工业能力建设发展概述

赵　宏，魏可欣，王　墨

（中核战略规划研究总院，北京　100048）

摘　要：韩国是全球重要核能国家之一，经过数十年的发展，具备良好的核工业基础及核科技研发能力。由于文在寅政府对核电发展的消极态度，前些年韩国核科技研发的重点从传统的新型反应堆设计，调整为以核安全技术为核心的先进核能技术研发，意图通过技术创新保持韩国在全球核能技术领域的领先地位，并增强核电出口竞争力。而新一任总统尹锡悦自2022年5月上任以来，高度重视核能产业发展，发布了新的能源政策，主张积极推动国内核电建设和海外核电出口，重振核能生态系统。未来韩国核能产业有望迎来新一轮发展机遇期。

关键词：韩国；核工业；发展

韩国是全球重要核能国家之一，经过数十年的发展，具备良好的核工业基础及核科技研发能力。韩国前总统文在寅执政期间曾提出“将摒弃以核能为中心的能源政”，并终止所有新建核电计划。不过，现任总统尹锡悦2022年7月公布了新的能源政策，提出到2030年实现核电占比30%以上、出口10座核电站、开发小型模块堆等一系列核能发展目标。未来韩国核能产业有望迎来新一轮发展机遇期。

1　韩国核工业体系概况[1]

韩国于1957年正式加入国际原子能机构（IAEA）后开始发展核能，1958年通过《原子能法》；1962年首座反应堆（小型研究堆）达到临界；1978年首台商业核电机组（由美国西屋公司建设的压水堆机组古里1号）投运。韩国通过颁布顶层法律、建立国家层面管理体系、创建企业及科研机构等，全面推动核工业技术能力发展。

1.1　主要组织管理机构

韩国与核能监管相关的政府部门主要包括韩国原子能委员会（AEC），韩国核安全与安保委员会（NSSC），韩国贸易、工业和能源部（MOTIE）及韩国科学技术信息通信部（MSIT）。

韩国原子能委员会是韩国核工业的最高决策机构，由总理担任主席。韩国核安全与安保委员会直接向总统汇报，职责包括许可、检查、执法、事件响应和应急响应、防扩散和保障、进出口控制和实物保护等。韩国贸易、工业和能源部负责能源政策、核电站建设和运营、核燃料供应和放射性废物管理，韩国电力公司、韩国水电核电公司、韩国核燃料公司、核环境技术研究所及重型工程业务等均由该部门管理。韩国科学技术信息通信部全面负责核能研发，下设空间、核能与大科学政策局。

1.2　主要企业及科研单位

（1）韩国电力公司（KEPCO）

韩国电力公司为韩国电力工业巨头企业，旗下与核电相关的企业和科研机构包括韩国水电核电公司、韩国核燃料公司、韩国电力技术公司、韩国电厂服务与工程公司、韩国电力研究院及核环境技术研究所。

韩国水电核电公司运营着韩国所有核电机组，其下属单位核环境技术研究所负责管理核电站及放射性废物，包括建设乏燃料仓库及开发核废物玻璃固化技术。韩国核燃料公司向韩国所有核电站供应

作者简介：赵宏（1992—），女，助理研究员，现主要从事国际核领域战略规划及技术情报等研究工作。

核燃料，具备压水堆燃料及坎杜型重水堆燃料制造能力。韩国电力技术公司是韩国最大的电力工程设计、咨询和工程总承包企业，拥有核反应堆系统设计、核电站辅助系统综合设计等能力。韩国电厂服务与工程公司是一家专业运维公司，业务包含为核电站提供调试维护检修、设备变更及复原工程等全方位维护检修服务。韩国电力研究院是韩国电力公司下属的研究与规划院，在改善核电站运营方面技术领先，拥有世界级的安全分析技术、蒸汽发生器安全改善程序、实时反应堆控制和保护技术等。

（2）斗山重工业集团有限公司（DHIC）

斗山重工业集团有限公司是韩国最重要的重工业制造商之一，业务覆盖核反应堆、汽轮机、发电机等设备制造，铸锻件生产及新能源设备供应等。韩国核电站当前主要设备均由斗山重工集团有限公司制造，包括反应堆容器、蒸汽发生器、反应堆容器内部构件、稳压器、反应堆冷却剂泵等。

（3）韩国原子能研究院（KAERI）

韩国原子能研究院是韩国最重要的核能研究机构，主要开展韩国标准核电站设计和建造、核燃料国产化、研究堆国产化及放射技术研发等工作。主要研究方向包括虚拟反应堆技术，核燃料安全技术，地震、火灾及多机组风险等安全问题应对技术，安全系统和人因绩效提升技术，事故高辐射区初评价技术等。

2 韩国核工业技术能力分析[1]

2.1 核电设计与建设

韩国政府一直以来重视核电自主化发展，先后经历了国外企业交钥匙工程、韩企作为分包商参与建设工作、韩企担任总承包商并由国外分包商提供技术支持和转让等多个阶段，最终发展为拥有自主研发核电技术且具备自主建设核电能力。

截至2023年5月31日，韩国在运核电机组共25台，总净装机容量约2449万千瓦；在建核电机组3台，装机容量共计约402万千瓦[2]。2022年，韩国核发电量首次超过1760亿千瓦时，同比增长11.4%；在该国总发电量中占比达29.6%，同比上升2.2个百分点，创2016年（30.0%）以来新高[3]。

（1）大型压水堆设计与建设经验丰富

韩国自20世纪80年代中期开始进行韩国标准核电站设计，起初是以美国堆型为基础开发压水堆。APR1400型压水堆于1999年完成基本设计，于2003年5月获得韩国核安全研究所设计认证，2019年通过美国核管理委员会设计认证。目前，韩国国内已建成3台APR1400核电机组，在建的3台机组也采用APR1400技术。韩国2007年启动拥有完全自主知识产权的150万千瓦APR+三代加压水堆设计研发。根据该设计，堆芯共有257个燃料组件，比APR1400多16个；厂房壁和辅助厂房壁进行了加固，更能抵抗飞机撞击；采用模块化结构，建造周期预计仅36个月，远少于APR1400的52个月。

（2）积极推进小型模块化反应堆设计研发

韩国原子能研究院早在1997年就启动了33万千瓦一体化小型压水堆“系统集成模块化先进反应堆”（SMART）的研发。SMART具有集成蒸汽发生器和先进的非能动余热排出系统，安全性大幅提高。堆芯由57个燃料组件组成，换料周期36个月，设计使用寿命60年，主要为满足电网规模较小或需要进行海水淡化国家的需求而设计，也可用于地区供暖或为工业设施提供工艺热，发电成本为6～10美分/千瓦时，经济性明显优于天然气电站和燃油电站。2019年9月，韩国与沙特阿拉伯签署了关于共同推进SMART项目商业化的谅解备忘录，并计划在沙特阿拉伯建造一座SMART小堆。

此外，韩国电力工程建设公司长期进行小型模块化反应堆BANDI-60S研发工作。BANDI-60S是一个6万千瓦双回路压水堆，设计用于浮动核电站，堆芯有52个燃料组件，换料周期为48～60个月，设计使用寿命60年；采用块状设计（主要部件通过喷嘴到喷嘴直接连接，而不使用连接管），可消除大面积冷却液损失事故的风险；压力容器高11.2米，直径2.8米，除蒸汽发生器外，包括控制棒驱动器在内的大部分主要部件均位于压力容器内。

2.2 核燃料循环

韩国铀矿资源贫乏，天然铀主要依赖进口，来源国家包括哈萨克斯坦、加拿大、澳大利亚、尼日尔等。2021 年，韩国的天然铀需求量为 4270 吨。由于受美国核合作协议条款约束，韩国没有铀浓缩厂，不具备大规模铀浓缩能力。目前，韩国有一座 1998 年建成投产的铀转化厂，主要采用干转化工艺流程。韩国具备核燃料制造能力，位于大田的燃料制造厂压水堆燃料产能为 700 吨/年，坎杜型重水堆燃料产能为 400 吨/年。由于不具备后处理能力，且受美国合作协议限制，韩国目前采用乏燃料中间贮存策略，将核电机组的乏燃料暂时贮存在现场的燃料池中。韩国计划于 2035 年建成并投运一座具有 2 万吨贮存能力的中间贮存设施。

2.3 核科技研发

为保障国家能源供应安全，韩国积极推动核科技研发，建立国家核技术基础，并支持核出口。韩国原子能研究院作为研发主体，主要开展反应堆设计和核燃料研发、核安全研究、放射性废物管理、辐射和放射性同位素应用及基础技术研究。其中，基础技术研究包括液态金属反应堆开发、坎杜堆中压水堆乏燃料的直接使用、激光应用和研究堆利用。

在第四代反应堆方面，韩国 2012 年提出开发一种池式第四代钠冷快堆原型堆（PGSFR）并将其列入国家项目，并已得到美国支持，计划于 2028 年建成示范快堆。在核聚变研究方面，韩国是国际热核聚变试验堆（ITER）计划的成员国之一。其超导托卡马克先进反应堆于 1995 年 12 月启动建设，2007 年 9 月竣工，这座耗资 3.3 亿美元的设施是全球第 8 个聚变装置，并在 2021 年创下成功将超 1 亿摄氏度的等离子体保持超过 30 秒的世界纪录。

3 韩国核工业发展走向分析

经数十年的发展，韩国已形成良好的核工业基础及核科技研发能力。由于文在寅政府对核电发展的消极态度，近些年韩国核科技研发的重点从传统的新型反应堆设计，调整为以核安全技术为核心的先进核能技术研发，意图通过技术创新保持韩国在全球核能技术领域的领先地位，并增强核电出口竞争力。2022 年 5 月，尹锡悦总统上任，根据其当年 7 月发布的能源政策，预计在此届政府的支持下，韩国核工业有望迎来新一轮快速发展，具体体现在 3 个方面[4]。

3.1 重启核电建设

为重建可行且合理的能源结构，韩国将重启核电建设。新政府将核能视为能源结构中的重要一环，提出到 2030 年将核电占比扩大到 30%的目标。这意味着在确保安全性的前提下，韩国现有核电机组都将继续保持运行，同时，此前叫停的新韩蔚 3 号和 4 号机组也将重启建设工作。

3.2 进一步加强先进核安全技术研发

韩国贸易、工业和能源部与韩国科学技术信息通信部共同推动了一项“提高运行核电厂安全关键技术开发项目”计划，拟在 2022—2029 年投资 6424 亿韩元。此前，韩国政府对于核能的消极态度很大程度上受到了福岛核泄漏事故的影响，未来若要继续推进核能发展，并得到社会主流舆论支持，加强对于核安全技术的研发预计将成为重要课题之一。

3.3 大力推进核电出口

韩国计划于 2030 年实现出口 10 座核电站。韩国和美国两国领导人已于 2022 年 5 月达成共识，未来将共同推进先进反应堆及小型模块化反应堆的开发和出口，韩国电力公司、韩国现代工程建设公司等韩国核电相关企业已与美国西屋公司签署合作协议。韩国和美国形成的核电同盟未来将成为全球核电市场的强有力竞争者。

为形成合力推动核电出口，韩国于2022年8月专门成立了核电出口战略推进委员会（以下简称“推进委”），其组成单位包括韩国企划财政部、外交部、国土交通部等9个相关部门；韩国电力、韩国水力原子能、进出口银行等10个公共机关；贸易协会等9个民间机关，以及专家等，将为核电站合作企业进行项目工程推介，并定制出口战略等[5]。2022年10月，韩国与波兰签署APR1400核电机组建设谅解备忘录，时隔13年再次出口新一代核电站[6]，可见其核电出口战略已取得一定成效。

4 结论

韩国现任总统尹锡悦领导的政府高度重视核能产业发展，决心重振核能生态系统。新发布的能源政策主张积极推动国内核电建设，与大力推动海外核电出口的战略形成内外联动，能够进一步扩大韩国在核电领域的影响力。鉴于韩国已具备良好的核工业技术基础，又成立了官民合作体联手推进核电出口，韩国在全球核电市场中的竞争力将进一步提高。未来韩国核能产业有望迎来新一轮发展机遇期。

参考文献：

[1] WNA. Nuclear power in South Korea [DB/OL]. [2023-05-30]. world-nuclear. org/information-library/country-profiles/countries-o-s/south-korea. aspx.

[2] IAEAPRIS. Country statistics：Korea，Republic of [DB/OL]. [2023-05-31]. https：//cnpp. iaea. org/countryprofiles/KoreaRepublicof/KoreaRepublicof _ tables. htm.

[3] 中华人民共和国商务部．韩国去年核电发电量和发电比重均创新高 [EB/OL]. [2023-03-28]. busan. mofcom. gov. cn/article/todayheader/202303/20230303399449. shtml.

[4] WNN. New energy policy reverses Korea's nuclear phase-out [EB/OL].（2022-07-05）. [2023-05-31]. world-nuclear-news. org/Articles/New-energy-policy-reverses-Korea-s-nuclear-phase-o.

[5] 中华人民共和国商务部．韩成立核电出口战略推进委员会 [EB/OL].（2022-08-19）. [2023-05-31]. kr. mofcom. gov. cn/article/jmxw/202208/202208033 42350. shtml.

[6] WNN. South Korea's KHNP signs letter of intent on Polish nuclear [EB/OL].（2022-10-31）. [2023-05-31]. world-nuclear-news. org/Articles/South-Korea-s-KHNP-signs-letter-of-intent-on-Polis.

Overview of the development of nuclear industry capacity building in South Korea

ZHAO Hong, WEI Ke-xin, WANG Mo

(China Institute of Nuclear Industry Strategy, Beijing 100048, China)

Abstract: South Korea is one of the most important nuclear energy-producing countries in the world, which has a good nuclear industry foundation and capability in nuclear science and technology R&D. Due to the negative attitude of Moon Jae-in government towards the development of nuclear power, in previous years, the focus of South Korea's nuclear science and technology research and development has been adjusted from traditional new reactor design to advanced nuclear energy technology research and development with nuclear safety technology as the core, with the intention of maintaining South Korea's leading position in the global nuclear energy technology field through technological innovation, and enhancing the competitiveness of nuclear power exports. Since taking office in May 2022, the new president, Yoon Suk Yeol, has attached great importance to the development of the nuclear energy industry, issued a new energy policy, and advocated actively promoting domestic nuclear power construction and overseas nuclear power exports, and revitalizing the nuclear energy ecosystem. In the future, South Korea's nuclear energy industry is expected to usher in a new round of development.

Key words: South Korea; Nuclear industry; Development

能源转型背景下的全球清洁能源投资发展趋势研究

王　墨，赵　宏，王　树

（中核战略规划研究总院，北京　100048）

摘　要： 为应对日益紧迫的气候变化及能源安全双重挑战，能源行业可持续发展逐渐成为世界各国的共识。主要国家陆续加大了能源转型力度，化石燃料投资持续下降，清洁能源经济迅速发展，核能行业投资持续增长。2022 年全球能源投资增长近 10%，其中近 2/3 预计将投向包括核能在内的清洁技术。清洁能源投资未来发展趋势主要体现在技术研发投资将进一步加强，核能促进能源低碳转型的作用越发得到重视，各国政府陆续出台配套政策以建立清洁能源竞争优势。面对行业未来的挑战和机遇，应该加强先进核能技术的研发，积极探索核能与其他产业广泛的耦合应用，加强核能国际合作，以保持核能投资增长的强劲动能。

关键词： 能源转型；清洁能源投资；核能发展

近年来，为应对气候变化，世界各国陆续公布了净零排放目标和路线图，对能源行业产生了深远的影响。俄乌冲突爆发以来，世界尤其是欧洲各国的能源安全面临日益紧迫的挑战，客观上加速了各国能源转型的步伐。2022 年以来，全球能源行业的投资呈结构性增长，尤其是包括核能在内的清洁能源投资呈快速增长趋势，为能源行业的未来发展带来了利好机遇，同时也形成了新的风险点。核能作为清洁低碳的基荷能源，在保障能源转型中起重要支撑作用，应该抓住当前清洁能源投资的增长趋势，促进核能产业与可再生能源的协同可持续发展。

1　世界能源投资现状

2022 年以来，全球经济从新冠肺炎疫情的打击中逐渐复苏，在清洁能源投资强劲增长的推动下，全球能源投资反弹近 10%，各国逐步采取更积极的政策应对能源危机。据国际能源署预测，2023 年全球能源投资将达到 2.8 万亿美元，其中近 2/3 预计将投向包括核能在内的清洁技术，充分体现了全球能源的结构调整，主要有以下几个特点。

1.1　化石燃料投资持续下降

过去几年是能源行业极度混乱的时期，成本、气候问题、能源安全问题和工业战略问题的叠加，使得推动能源可持续发展逐渐成为共识[1]。随着投资者将注意力转向更清洁的能源，化石燃料投资继续下降，原因包括可再生能源竞争力不断增强、对气候变化和空气污染的担忧不断增加等。

1.2　清洁能源经济迅速发展

国际能源署研究表明[2]，新的清洁能源经济正在出现，且发展速度之快出乎很多人的意料。2023 年清洁能源投资的增长速度将达到 24%，远远高于化石燃料投资 15%的增速，在化石燃料上每投入 1 美元，就有 1.7 美元投入清洁能源，五年前化石燃料和清洁能源的投资比例为 1∶1。主要投资领域包括可再生能源、核能、电网、储存、低排放燃料、能效提升、电气化等。更多国家将气候和能源安全目标紧密结合，加强了对清洁能源的政策支持，寻求在加强自身工业能力的同时实现能源清洁低碳转型。

作者简介： 王墨（1983—），女，高级工程师，现主要从事核工业战略规划及科技情报研究工作。

1.3 核能行业投资持续增长

在净零排放目标的指引下，越来越多的国家正在重新评估由核技术来提供低排放且可调度的电力。2022 年全球核能发电投资约为 530 亿美元，2023 年预计增幅或达 100 亿美元，并将继续逐年增长。除核能发电外，利用核能供热、供气、制氢等多用途利用也呈现出较好的发展前景，核能与石化行业及可再生能源的耦合发展成为核能行业投资新的增长点。

2 能源行业面临的主要挑战

2.1 降碳减排

随着人口的增长和经济的发展，全球对能源的需求也将日益增长[3]，这势必与减少温室气体排放以避免灾难性的气候变化形成一定矛盾，既要满足能源需求又要减少温室气体排放。如何平衡能源需求与减排目标是各国都面临的严峻挑战。

2.2 供应链安全

确保供应链韧性和安全是能源行业面临的紧迫挑战之一。关键矿产、燃料和部件对许多清洁能源技术至关重要，包括电动汽车、风力涡轮机和太阳能板等，但其供应链往往很复杂，容易受到干扰。确保供应链安全可持续将是决策者和投资者在未来几年内面临的一个关键挑战。

2.3 市场适应性

能源转型要适应不断变化的市场动态。由于技术创新、政策转变和消费者偏好的变化，能源产业正在经历重大变化。能源行业公司必须迅速适应这些变化，以保持强劲竞争力。

2.4 社会和环境影响

能源生产会对当地社区和生态系统产生重大影响。投资者在做出投资决定时越来越关注环境、社会和治理因素。能源公司必须采取措施，尽量减少负面影响，在碳排放、生态保护、社区建设等方面加强公众沟通。

3 清洁能源投资未来发展趋势

3.1 技术研发投资将进一步加强

各国寻求提升其在新兴清洁能源经济中的竞争力，主要途径在于加强新技术研发和开发更多电气化终端用途[4]。这一势头由可再生能源和电动汽车引领，其他领域，如电池、热泵和核能也做出了重要贡献。尽管存在原材料成本波动和补贴减少的不确定性，但在电动汽车和电池研发制造方面的投资仍然强劲。德国在 2022 年 12 月宣布为电池研究项目提供超过 1.5 亿欧元的资金。中国提出了一个国家创新平台，以联合大学和行业的研发力量，实施到 2030 年新能源储存技术大规模商业化的发展计划。

3.2 核能促进能源低碳转型的作用越发得到重视

国际能源署 2022 年曾发布《核电与保障能源转型》的研究报告[5]，认为在应对可再生能源季节性与波动性问题上，核能作为稳定可调度的基荷能源，是能源清洁低碳转型的有效保障。各国也越发重视核能的积极作用，主要发达经济体和中国都加强了对核能发展的支持。法国和英国提高了对新核反应堆设计的资助；加拿大 2023 年的预算提案为包括核能在内的清洁能源研究计划提供额外资金；日本正讨论立法将核电厂运行寿期延长到 60 年以上；韩国的第十个电力计划将核能发电占比目标大幅提升至 2036 年达到 35%。多国政府计划延长现有核电厂运行寿期，或将更多核电纳入其发电组合。这表明，核能可以在未来的能源市场中发挥重要作用。政府政策、公众意见和技术进步等因素将影响核电的发展速度和发展趋势。

3.3 新政策陆续出台以建立清洁能源竞争优势

2023 年 2 月，欧盟委员会提出了一项绿色交易产业计划，以多管齐下的方式实现其清洁能源转型的承诺，应对美国的通货膨胀削减法案，也旨在解决欧洲大陆对中国清洁能源技术的高度依赖。该战略有四个主要支柱：一是可预测和简化的监管环境；二是更快地获得资金；三是提高技能；四是开放贸易以建立有弹性的供应链。

作为第一支柱的一部分，2023 年 3 月欧盟委员会提出的《净零工业法》旨在提供适合扩大净零工业规模的监管环境，其总体目标是到 2030 年欧洲每年至少有 40%的清洁能源设备由境内制造。该法案为太阳能光伏和热能、电池、热泵和地热技术、电解器和燃料电池、可持续沼气/生物甲烷技术、“碳捕集、利用与封存”（CCUS）和电网技术等 7 项战略性净零排放技术制定了 2030 年制造目标。其他技术，如先进的核电和小型模块化反应堆也将从该法案的措施中受益。为了实现这些目标，该法案引入了具体的政策措施，包括建立“一站式商店”快速跟踪净零技术的取证程序，在公共招标中纳入供应链标准以支持多样化，并投资于欧洲劳动力的技能提升。但法案没有为鼓励境内制造业的发展制订直接的资金或补贴计划。如果要实现法案设定的目标，成员国需要投入巨额资金。据估计，与完全由进口电池来满足需求的情况相比，到 2030 年，要实现该法案规定的 550 GWh 欧产电池的目标，需要额外花费 119 亿美元。

不仅是欧盟，其他能源消费大国也陆续出台了一系列支持清洁能源发展的政策，以期树立自身能源生产和供应的竞争优势。例如，美国批准了《通胀削减法案》：太阳能光伏、风能、储能和核能均可一定程度获得投资税收抵免，实行生产抵免（单位能源）和投资抵免（资本成本），并为电网和清洁电力设备制造提供财政支持；日本政府计划批准核电站的延寿许可，使运行年限提高至超过 60 年；韩国计划将燃煤发电量的比例降至 15%，到 2036 年将核发电量占总发电量的比例从 2021 年的 10%提高到 35%，将可再生能源占总发电的比例从 10%提高到 31%；印度尼西亚宣布了能源转型伙伴关系计划：加快燃煤发电厂的关闭，投资 200 亿美元的初始资金，到 2030 年将可再生能源发电量占比至少提升至 34%，到 2050 年实现电力部门的净零排放。

3.4 清洁能源投资增量有待平衡

尽管对清洁能源的预期乐观，但 2022 年的清洁能源投资积极势头在各国或各行业之间的分布并不均匀。国际能源署研究指出，约 90%的清洁能源投资增量来自发达经济体和中国，尤其是中国作为清洁能源大国，引领着许多领域的投资趋势。当关注清洁能源投资的地理分布时，可以发现确实存在相当的不平衡，几乎所有增长都来自发达经济体和中国，许多其他新兴市场经济体则难以为清洁安全的能源转型筹集足够的资本。清洁能源投资增长的不平衡说明全球能源清洁低碳发展仍面临风险。清洁能源投资必须在其他地方也同步增长，才能确保基础广泛、安全的能源转型。

4 结论

随着世界能源经济向清洁低碳方向过渡，对清洁能源技术研发、生产和供应保障方面的投资将持续增长。核能作为具有清洁性和稳定性的基荷能源，在保障能源低碳转型中将起到越加重要的作用，各国对核能发展的政策支持和保障也越发完善。包括核能在内的清洁能源投资增长率能否继续保持，很大程度上取决于能否在新兴和发展中经济体加速部署清洁能源。面对行业未来的挑战和机遇，应该加强先进核能技术的研发，积极探索核能与其他产业广泛的耦合应用，加强核能国际合作，以保持核能投资增长的强劲动能。

参考文献：

[1] 瓦斯拉夫·斯米尔．能源转型：数据、历史与未来［M］．高峰，江艾欣，译．北京：科学出版社，2018.

[2] International Energy Agency. World energy investment 2023 [R]. Paris: IEA Publications, 2023.
[3] International Atomic Energy Agency. Energy, electricity and nuclear power estimates for the period up to 2050 [R]. Vienna: IAEA, 2019.
[4] 全球能源互联网发展合作组织．全球清洁能源开发与投资研究［M］．北京：中国电力出版社，2020.
[5] International Energy Agency. Nuclear power and secure energy transitions: from today's challenges to tomorrow's clean energy systems [R]. Paris: IEA Publications, 2022.

Research on the trends of global clean energy investment under the background of energy transition

WANG Mo, ZHAO Hong, WANG Shu

(China Institute of Nuclear Industry Strategy, Beijing 100048, China)

Abstract: In order to cope with the increasingly urgent challenges of climate change and energy security, the sustainable development of the energy industry has gradually become the consensus of all countries in the world. Major countries have stepped up energy transition efforts, fossil fuel investment continues to decline, clean energy economy is developing rapidly, and the investment in the nuclear energy industry continues to grow. Global energy investment increased 10% in 2022, of which nearly 2/3 went to clean technologies, including nuclear power. The future development trend of clean energy investment is mainly reflected in that technology R & D investment will be further strengthened, the role of nuclear energy in promoting low-carbon energy transition has been paid more and more attention, and governments have published supporting policies to establish clean energy competitive advantages. In the face of the future challenges and opportunities of the industry, we need to strengthen the research and development of advanced nuclear energy technology, actively explore the extensive coupling application of nuclear energy and other industries, and strengthen international cooperation in nuclear energy, so as to maintain the strong momentum of nuclear energy investment growth.

Key words: Energy transition; Clean energy investment; Nuclear energy development

先进反应堆技术在实现碳中和目标中的作用研究

王　墨，赵　宏，魏可欣
（中核战略规划研究总院，北京　100048）

摘　要： 核电技术，特别是先进反应堆，在绿色能源转型中发挥了重要作用。中国核反应堆技术实现了从第二代到第三代的跨越，并在第四代反应堆技术的各条路线上不断进步。从中长期核能发展的角度来看，先进核能在应对气候变化挑战和保障供应安全方面对能源清洁低碳转型可以起到重要作用，闭式燃料循环可以提高铀资源的利用率，改善乏燃料的安全管理条件，使核能开发更加环保。先进核能，如高温气冷堆和小型模块化反应堆在供热、供气等综合利用领域将发挥更大作用。未来应加强对核能的投资和政策支持，以促进更先进的技术发展。

关键词： 先进反应堆；碳中和；闭式燃料循环

1　核能在能源清洁低碳转型中的重要作用

1.1　应对气候挑战

核电能量密度大，生产过程中几乎不产生碳排放。据测算，一台百万千瓦级核电机组全生命周期实际温室气体排放量为 11.9 $gCO_2/kW \cdot h$，低于太阳能光伏发电，与风电相当；年度发电量接近 80 亿千瓦时，相当于减少二氧化碳排放 640 万吨，约等于 240 万辆家用小汽车的年度碳排放之和，相当于植树造林 1.8 万公顷，同时还减排二氧化硫等其他大气污染物，清洁低碳的优势十分明显。同时，核电运行稳定、可靠、换料周期长，适用于电网基本负荷及必要的负荷跟踪，是当前乃至未来一段时间内唯一可以大规模替代化石能源的基荷电源。以核电的稳定供应能力为基础支撑，通过与风、光等可再生能源互为补充、协同发展，核电在构建以新能源为主体的新型低碳电力系统中的地位和作用将更加彰显。核电在中国能源结构中占比越高越有利于整个电网系统的安全，越有利于电网对风、光等间歇性可再生能源的大比例消纳。

1.2　保障能源供应

经济社会发展对加快能源发展、增加电力供给，提出了更高要求。中国虽是能源大国，但人均能源资源占有率较低，分布也不均匀，能源结构长期以煤炭为主，随之带来一系列的资源开发、运输、排放问题，给中国节能减排、环境保护带来很大压力。同时，中国石油、天然气对外依存度逐年增高，较高的能源对外依存度及当前变幻莫测的国际形势，大大增加了中国油气资源进口的风险，进而影响我国的能源安全和国家安全[1]。实现能源结构多元化、降低对单一能源品种的依赖，是全球各国共同的战略选择。核能作为一种清洁能源，技术已经成熟，安全可靠性得到了实践验证。发展核电可以改善中国的能源结构，提高能源供给能力，缓解运输压力，降低能源对外依存度，对提高能源效率和电网运行的安全可靠性、保障国家能源安全乃至经济安全，具有重要的战略意义。

1.3　闭式燃料循环

闭式燃料循环有助于实现核能的可持续发展。从中长期核能发展的角度来看，预计核能装机容量将继续增长，核能的可持续发展将面临铀资源、乏燃料安全管理和长期废物管理等挑战[2]。闭式燃料循环技术的好处包括提高铀资源的利用率、改善乏燃料的安全管理条件、最大限度地减少高放射性废

作者简介： 王墨（1983—），女，高级工程师，现主要从事核工业战略规划及科技情报研究工作。

物。促进核能可持续发展是重要且必然的选择。提高铀资源的利用率意味着对天然铀的需求量将减少，有效降低核燃料循环前段，如勘探、开采、转化和浓缩过程中的排放，核能的环境友好性将进一步提高，这与核能作为清洁能源的定位更加一致[3]。闭式燃料循环还可以将需要深度地质处理的高放射性废物的体积减少四倍以上，并进一步降低毒性，高放废物的安全监管期将有望大幅缩短。

2 中国支持核能发展的政策

2.1 积极有序发展

2021 年 3 月 5 日，国务院总理李克强在第十三届全国人民代表大会第四次会议上作《政府工作报告》时提出，“在确保安全的前提下积极有序发展核电”。作为“十四五”的开局之年，《政府工作报告》中用“积极有序”一词为“十四五”时期中国核电发展工作定调，将对中国核电产业实现高质量发展产生重要的推动作用。这是近十年来，《政府工作报告》在提及发展核电时首次用“积极”一词来表述，也是自 2017 年的《政府工作报告》中重申“安全高效发展核电”以来，再次在政府工作报告中明确提及核电发展（2010—2020 年未提及），中国核电也将进入“积极有序发展”的新阶段。

“积极”意味着核电不再被动地作为填平补缺的电源品种，将主动发挥不可或缺的作用。随着能源电力系统清洁低碳化转型加快及煤电的逐步退出，核电作为“零碳”能源体系的基荷电源，其支撑电网消纳高比例新能源的作用正愈发凸显，核电与风、光等新能源协同发展的局面将加快形成，提升区域能源安全保障水平。

“有序”意味着核电建设将保持合理的发展节奏与布局，扭转核能发展不平衡不充分的局面。日本福岛核事故后，中国核电项目审批曾出现连续三年的断档期，导致中国“十三五”核电发展目标未能完成，产业配套能力下降，人才流失严重。“十四五”将是中国核电发展的关键期，在推动能源供给，建立清洁低碳能源供应体系的过程中，有序推动核电建设节奏平稳，保持核电建设的合理规模，避免出现无序发展局面；有序推进核电技术进步，推进先进核能技术示范项目落地，不断夯实和提高我国核电产业核心能力；有序提升产业配套能力，依托项目建设，加快核电装备制造、工程建设能力提升，培养专业的人才队伍，打造世界范围内的核电技术竞争力。

2.2 “1＋N”政策体系

为推动实现“碳达峰、碳中和”目标，在政策层面，中国引入了“1＋N”政策体系来支持产业和技术创新。“1”是设计新发展理念的指导性文件；“N”包括能源、交通、建设等方面的详细实施计划，以及科技创新、金融政策等方面的支持计划，以构建绿色、低碳、循环发展的经济体系，提高能源利用效率，提高非化石能源消费比重，减少碳排放和提高生态系统碳汇能力作为主要目标，分解为 10 个方面的 31 项主要任务，明确发展路线图，在行业和企业层面，对每个行业和龙头企业都提供相应的政策支持。相关政策文件包括《关于完整准确全面贯彻新发展理念做好碳达峰碳中和工作的意见》[4]《2030 年前碳达峰行动方案》[5]，其中强调要“积极安全有序发展核电”，并提出一系列具体措施，进一步明确了核电在构建中国清洁低碳、安全高效的能源体系中的地位和作用，为中国核能产业高质量可持续发展提供了新机遇。

2.3 绿色债券支持项目

2021 年 4 月，中国发布了新版《绿色债券支持项目目录》（以下简称《目录》），将核装备制造、核电站建设和核电站运营纳入清洁能源产业。在《目录》的支持下，仅 2021 年一年的债券发行量就达到了 6000 亿元，清洁能源占比接近 50％。2022 年 7 月，欧洲议会同意将核能和天然气纳入《欧盟可持续金融分类目录》，这将有助于核能从绿色债券中获得更多支持，并带来新的发展机遇。

3 中国先进核能技术发展方向

目前，全球能源正处于向清洁低碳转型发展的重要时期。全球核能界正在探索和开发新一代先进核能技术，以期解决当前核能发展中的安全、经济和环保等相关问题，同时为核能的清洁低碳供能拓宽了综合应用场景，提升了核能的安全性和可持续发展要求[6]。根据国际原子能机构（IAEA）数据统计，截至 2020 年底，全球有 78 种先进堆型的概念设计。在先进反应堆研发中，压水堆和快堆是核能技术发展的主流方向。世界各核电大国都在积极研发包括第三代核电技术、第四代核能系统、小堆等先进核电技术，并积极向商业化应用方向进行拓展。

3.1 小型模块堆

多用途模块式小型堆科技示范工程于 2021 年 7 月 13 日在海南昌江核电现场正式开工，2023 年 7 月首个反应堆核心模块竣工发运，成为全球首个开工建设的陆上商用模块化小堆。该示范工程采用中核集团玲龙一号（ACP100）技术，发电功率 12.5 万千瓦，建成后年发电量可达 10 亿千瓦时，能满足 52.6 万户家庭生活所需。同时相当于减少二氧化碳排放 88 万吨，相当于植树造林 750 万棵。其推广应用能够优化能源结构、减少我国化石能源的消耗，大幅促进节能减排，助力实现“双碳”目标。

3.2 快堆

以快堆为牵引的先进核燃料循环系统具有两大优势[7]：一是能够大幅提高铀资源利用率，可将天然铀资源的利用率从压水堆的约 1%提高到 60%以上；二是可以嬗变压水堆产生的长寿命放射性废物，实现放射性废物的最小化。快堆技术的发展和推广，对促进我国核电可持续发展和先进燃料循环体系的建立，对核能的可持续发展具有重要意义。目前，我国已初步建立起钠冷快堆技术的研发体系和标准规范体系，全面掌握了快堆物理、热工、力学及总体、结构、回路、仪控、电气设计技术，在铅冷快堆、钠冷快堆等技术路线上均取得了关键性突破。

3.3 高温气冷堆

高温气冷堆是一种先进第四代核电堆型技术，具有安全性好、效率高、经济性好和用途广泛等优势。高温气冷堆通过核能—热能—机械能—电能的转化实现发电，能够代替传统化石能源，实现经济和生态环境协调发展。2021 年，我国高温气冷堆核电站示范工程 1 号反应堆实现成功并网。高温气冷堆重大专项继续围绕示范工程调试、运行、维修、辐射防护等相关技术领域开展深入研究，初步形成通过科技创新保障机组长期安全稳定运行并促进产业发展的良好局面。2021 年 9 月，中核集团、清华大学、宝武集团等多家单位共同发起成立高温气冷堆碳中和制氢技术产业联盟，聚焦关键核心技术问题展开协同攻关，推动高温气冷堆制氢技术发展。

3.4 聚变堆

核聚变是未来的理想能源，具有燃料丰富、产能多、污染少和不产生放射性废物等优点，但是也存在着技术难关多、对材料要求高、资金投入大和实现时间不确定等困难。国际上通过合作和技术共享进行聚变堆的研究[8]。国际热核聚变实验堆（ITER）计划于 2006 年诞生，35 个合作国家，包括欧盟成员国（加上英国和瑞士）、中国、印度、日本、韩国、俄罗斯和美国，是当今世界规模最大、影响最深远的国际大科学工程。ITER 计划用 4.5 年完成安装，到 2025 年进行第一次等离子体放电，最终验证核聚变商业化应用的可行性。2020 年 7 月 28 日，ITER 安装启动仪式在法国该组织总部举行。

中国在稳态高参数磁约束聚变研究领域已处于国际前沿。由中国科学院等离子体物理研究所自主设计、研制并完全拥有其知识产权的“东方超环”（EAST）装置，是世界首个全超导托卡马克装置，与 ITER 具有类似加热方式和偏滤器结构，具备在百秒量级条件上全面演示和验证 ITER 未来 400 秒科学研究的能力。2021 年中国 EAST 装置相继实现了可重复的 1.2 亿摄氏度 101 秒等离子体运行和

1.6 亿摄氏度 20 秒等离子体运行，创造了该类型实验装置运行的新世界纪录；12 月 30 日又以 1056 秒的长脉冲高参数等离子体运行创造了高温等离子体运行时长的新纪录。另外，由中国科学院等离子体物理研究所联合国内相关单位开展的中国聚变工程实验堆（CFETR）工程设计已完成，其聚变堆主机关键系统综合研究设施（CRAFT）园区工程基本建成，为 CRAFT 主体工程建设和运行奠定了基础。

中核集团核工业西南物理研究院对中国环流二号（HL－2A）装置主要部件的升级改造完成。中国环流三号（HL－3）装置通过现场竣工验收，进一步论证了装置实验运行目标并做好了装置相关升级建设布局，为后续开展高参数高性能聚变等离子体科学实验奠定基础[9]。

4 结论

中国核能产业将通过加大核科技创新投入力度、加强基础研发和原始创新，在更高科技前沿实现产业内涵式高质量发展。自主三代压水堆核电技术将持续改进优化，进一步提升安全性和经济性，形成改进优化的机型系列。高温气冷堆、钠冷快堆有望通过技术创新实现示范项目的推广，并拓展应用场景。铅冷快堆、熔盐堆等先进核能技术的基础科研工作将进一步夯实，逐步由概念走向科研示范。聚变技术将持续取得新的突破。随着国家“双碳”目标的持续推进、能源安全战略的深化落实，核能将持续积极安全有序发展。预计“十四五”期间，我国将保持每年 6～8 台核电机组的核准开工节奏，核电装机规模将进一步加快扩大，发电量将大幅增加。当前国内权威机构普遍将核能作为我国实现低碳转型发展的必要选项，综合各机构的预测，为适应我国实现碳中和目标的发展要求，支撑我国清洁低碳能源体系和新型电力系统的建设，预计到 2035 年，核能发电量在我国电力结构中的占比需要达到 10%左右；到 2060 年，核能发电量在我国电力结构中的占比需要达到 20%左右，与当前 OECD 国家的平均水平相当。

参考文献：

[1] ZHANG T K，LI M R，YIN W P. The report on the development of China's nuclear energy（2022）[M]. Beijing：Social Sciences Academic Press，2022.

[2] International Energy Agency. Nuclear power and secure energy transitions：from today's challenges to tomorrow's clean energy systems [R]. Paris：International Energy Agency，2022.

[3] YE Q Z，PAN Q L，et al. The reasons for developing nuclear power [M]. Beijing：Atomic Energy Press，2021.

[4] CPC Central Committee，State Council. The opinions on the complete，accurate and comprehensive implementation of the new development concept and the work of carbon peaking and carbon neutrality [R]. Beijing：CPC Central Committee，State Council，2021.

[5] CPC Central Committee，State Council. The carbon peak action plan by 2030 [R]. Beijing：CPC Central Committee，State Council，2021.

[6] International Energy Agency. Nuclear power in a clean energy system [R]. Paris：International Energy Agency，2019.

[7] Chinese Nuclear Society，Vision of China's Science. Technology and society in 2049：nuclear energy technology and clean energy [M]. Beijing：China Science and Technology Press，2020.

[8] International Atomic Energy Agency. Energy，electricity and nuclear power estimates for the period up to 2050 [R]. Paris：International Energy Agency，2019.

[9] BAI Y S，SHEN R H，ZHANG M，et al. Study on the status and development prospect of nuclear power in China's future energy structure [M]. Beijing：Atomic Energy Press，2018.

Research on the role of advanced reactors technologies in achieving carbon neutral goals

WANG Mo, ZHAO Hong, WEI Ke-xin

(China Institute of Nuclear Industry Strategy, Beijing 100048, China)

Abstract: Nuclear power technology, especially advanced reactors, has played an important role in the transformation of green energy. China's nuclear reactor technology has achieved a leap from the second generation to the third generation, and has made continuous progress on all fronts of the Generation Ⅳ reactor technology. From the perspective of medium to long-term nuclear energy development, advanced nuclear energy can play an important role in addressing the challenges of climate change and ensuring supply security for clean and low-carbon energy transformation. Closed fuel cycles can improve the utilization rate of uranium resources, improve the safety management conditions of spent fuel, and make nuclear energy development more environmentally friendly. Advanced nuclear energy, such as High-temperature gas-cooled reactor and Small modular reactor, will play a greater role in comprehensive utilization of heat supply, gas supply and other fields. In the future, investment and policy support in nuclear energy should be strengthened to promote the development of more advanced technologies.

Key words: Advanced reactors; Carbon neutrality; Closed fuel cycle

同位素
Isotope

目　录

基于 Geant4 模拟^{89}Zr 核素生产

王天泉，张就辉，张　虎，王瑞敏，张伟光，樊　卫

（中山大学肿瘤防治中心核医学科，广东　广州　510000）

摘　要： 正电子放射性核素^{89}Zr 具有较长的半衰期，是 PET 免疫显像使用的理想核素之一。它可以通过小型回旋加速器生成的低能质子辐照^{89}Y 靶体反应得到。根据对^{89}Zr 核素活度的需要，可根据辐照时长、入射质子能量和靶体厚度等多个条件对产额的影响，为其制订合适的生产计划。由于生产过程具有放射性及准备周期较长，因此我们可以采用蒙特卡罗方法仿真这一生产过程，得到不同生产条件下的产额，为具体的核素生产提供数据指导。本文采用 Geant4 程序，首先通过仿真得到了^{89}Y（p，n）^{89}Zr 核反应在不同入射质子能量下的反应截面，当入射质子能量为 13 MeV 时，^{89}Y（p，n）^{89}Zr 反应截面为 859.8 mb。然后改变固体靶厚度和入射质子能量，得到了在不同能量、不同靶体厚度下^{89}Zr 核素的饱和时产额。通过仿真得到的数据，可以为核素的生产提供精确的指导。

关键词： 蒙卡仿真；反应截面；核素产额

^{89}Zr 核素半衰期为 78.41 小时，衰变方式包括电子俘获和正电子衰变两种方式，是 PET 免疫显像使用的理想金属核素之一[1]。它容易与氮、硫、氧等原子的配体形成相对稳定的配合物，可以用于标记小分子，如单克隆抗体、前列腺特异性膜抗原、奥曲肽、多肽分子，以及用于制备纳米颗粒等[2]。^{89}Zr 可由低能的质子回旋加速器照射^{89}Y 靶体通过^{89}Y（p，n）^{89}Zr 核反应生产制备[3]。由于自然界中钇只有一种同位素^{89}Y，因此钇固体靶的制备相对容易很多，最终生成的放射性杂质种类比较少。

本文的主要目的是通过 Geant4 程序模拟质子轰击^{89}Y 靶，得到该过程涉及的核反应过程。通过分析模拟结果，得到^{89}Y（p，n）^{89}Zr 核反应的反应截面，然后根据不同的入射质子能量、靶体厚度等条件，通过仿真得到不同情况下^{89}Zr 核素的饱和产额，为未来^{89}Zr 核素的生成与应用制订精确的生产计划。

1　方法

1.1　仿真工具

本次仿真工作使用 Geant4 10.07 软件。Geant4 是由欧洲核子中心开发的蒙特卡洛仿真程序。它使用 C++程序完成仿真系统的搭建和仿真结果信息的提取。Geant4 程序适用于粒子在物质中的输运，其应用范围十分广泛，包括高能物理、核物理、加速器物理、医学物理和空间科学等多个方面[4-5]。

在仿真中，采用 G4GeneralParticleSource（GPS）方法构建放射源，通过该方法，可以方便地定义射线的能量分布、种类和位置分部等一系列信息。本仿真研究中，物理过程采用 QGSP_BIC_AllHP、G4EmStandardPhysics_option3、G4DecayPhysics 和 G4RadioactiveDecayPhysics 等物理模型。其中 QGSP_BIC_AllHP 模型有弹性散射、非弹性散射和俘获等多个过程，适用于能量低于 200 MeV 的质子、氘、氚和 α 粒子与物质相互作用。该模型采用 G4TENDL 提供的反应截面，质子与^{89}Y 反应截面数据来自 TALYS 的计算结果。因此，当有更加精确的截面时，我们可以更新本文的计算结果。

作者简介： 王天泉（1993—），男，硕士，回旋加速器物理师。

1.2 仿真系统

由于钇在自然界中只有^{89}Y一种同位素，因此仿真中设置靶体材料为纯净的^{89}Y。图1所示为Geant4模拟质子轰击^{89}Y靶体示意图。质子束流与靶体均是半径为3 mm的圆形，^{89}Y靶的密度为4.47 g/cm^3。在模拟计算^{89}Y（p，n）^{89}Zr反应截面时，^{89}Y固体靶厚度设置为10 μm。当计算^{89}Zr核素产额时，靶体厚度在0.05～0.60 mm均匀分布，间隔为0.05 mm。模拟的质子能量在2.5～22.5 MeV分布，间隔为0.5 MeV。

图1　Geant4模拟粒子轰击^{89}Y靶体示意

1.3 反应截面

在仿真中，我们可以通过反应类型、反应产物确定核反应道，从而确定通过核反应生成目标核素的数量，计算该核反应的反应截面。反应截面表示一个粒子入射到单位面积内只含有一个靶核的核子上所发生的反应概率[6]。记单位面积内入射的粒子数量为i，单位面积上的靶核数为n_s，发生的核反应数量为n'，则反应截面σ可以表示为式（1）：

$$\sigma = \frac{n'}{in_s}。 \tag{1}$$

当靶体截面为S时，设靶体内靶核数为N，发生的核反应数量为N'，入射粒子数量为I，则反应截面σ表示为式（2）：

$$\sigma = \frac{SN'}{IN}。 \tag{2}$$

1.4 放射性核素产额

在仿真中，我们通过生成核素的生命周期判断核素是否属于放射性核素，然后根据核素生成方法确认核素生成来源，如来自放射性衰变或质子引起的核反应。

由稳定的带电粒子束流轰击靶体，在单位时间内通过核反应生成的放射性核素的数量是稳定的，然后生成的放射性核素会发生衰变[6]。记核素生成率为P，衰变常量为λ，$N(t)$表示照射开始后t时刻的放射性原子核数目，则放射性核素数量N的变化率为式（3）：

$$\frac{\mathrm{d}N}{\mathrm{d}t} = P - \lambda N。 \tag{3}$$

根据初始条件，即$N(0)=0$，可以计算得到生成的放射性核素数量随时间的变化表达式为式（4）：

$$N(t) = \frac{P}{\lambda}(1 - e^{-\lambda t})。 \tag{4}$$

放射性核素的活度A随时间变化表达式为式（5）：

$$A(t) = P(1 - e^{-\lambda t})\text{。} \tag{5}$$

2 结果

2.1 反应截面

通过 Geant4 模拟质子轰击^{89}Y 固体靶过程，统计^{89}Y（p，n）^{89}Zr 反应个数，根据式（2）计算得到反应截面结果。图 2 所示为 Geant4 模拟计算结果与实验结果的对比。实验数据分别来自 2009 年 H. M. Omara、1992 年 Zhao Wenrong 和 1991 年 V. N. Levkovski 等的实验结果[3, 7-8]。通过对比发现，当入射质子能量低于 14 MeV 时，模拟计算得到的截面与不同的实验结果均互相存在差异。当入射质子能量高于 14 MeV 时，得到的模拟计算结果与三者的实验结果符合良好。总体上看，通过模拟计算得到的结果与实验结果是一致的。通过模拟结果可以发现，当入射质子能量小于等于 4 MeV 时，该反应截面为小于 1 mb。在入射质子能量为 13 MeV 时，^{89}Y（p，n）^{89}Zr 反应截面达到最大值 859.8 mb。当入射质子能量大于 13 MeV 时，随着入射能量的升高，反应截面逐渐降低。

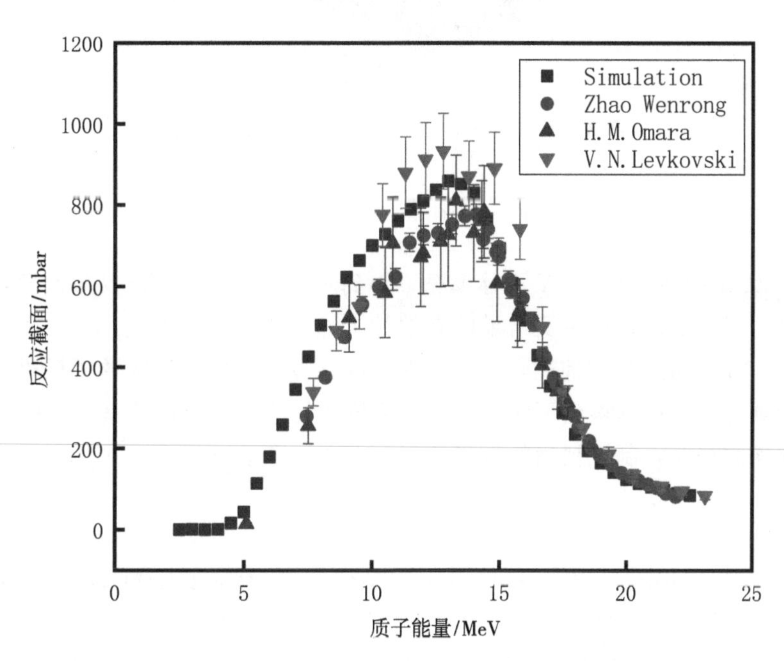

图 2　Geant4 模拟计算与实验得到^{89}Y（p，n）^{89}Zr 反应截面对比

2.2 89Zr 产额

通过模拟入射质子能量范围为 2.5～22.5 MeV、轰击厚度为 0.05～0.60 mm 的^{89}Y 固体靶，本研究得到了不同条件下^{89}Zr 核素的饱和产额，根据式（5）可以计算在特定辐照时间下^{89}Zr 活度。图 3 所示为模拟计算不同条件下^{89}Zr 的饱和活度。通过图 3 可以看到，当靶体厚度小于等于0.60 mm时，对于同一厚度的^{89}Y 固体靶，随着入射质子能量的升高，^{89}Zr 的饱和活度先升高后降低。例如，当靶体厚度为 0.30 mm、质子能量为 14.0 MeV 时，对应的饱和活度最高为 132.3 mCi/μA；对于厚度较大的固体靶，如当靶体厚度大于 0.2 mm、入射质子能量一定时，随着靶体厚度的增加，^{89}Zr 核素的产额也逐渐增加。当靶体厚度增加时，对应的^{89}Zr 最大饱和活度所需要的入射质子能量同样增加。这是因为当靶体的厚度增加时，靶体对入射质子的阻止本领增加，可以捕获更多的质子，或者与更多的质子发生相互作用，如当入射质子能量为 14.0 MeV，靶体厚度从 0.2 mm 增加到 0.4 mm 时，对应的^{89}Zr 饱和活度从 110.9 mCi/μA 增加到 172.3 mCi/μA。根据模拟计算的结果，可以为^{89}Zr 核素的生产提供精确的指导，确定合适的靶体厚度、入射质子能量及轰击时间等多个参数。

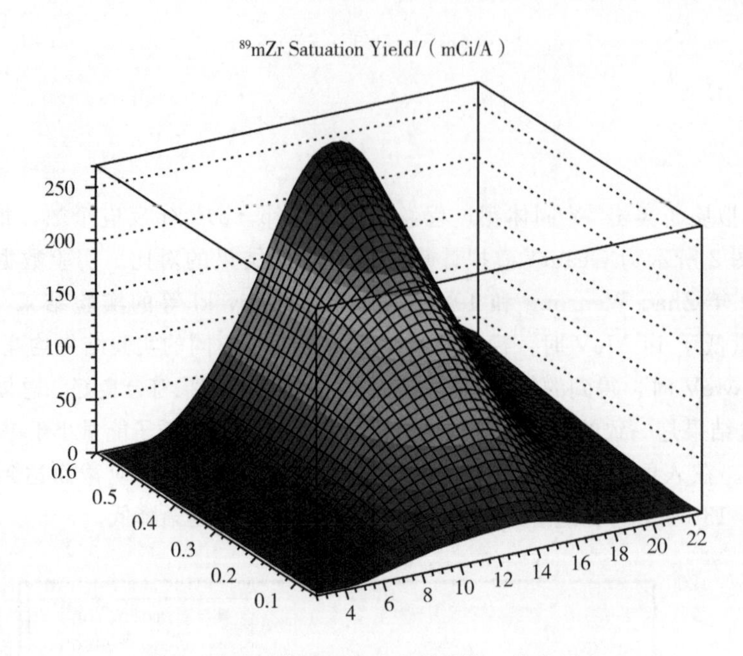

图3　蒙卡计算不同轰击条件下^{89}Zr饱和活度

3　结论

本文通过Geant4模拟质子轰击^{89}Y固体薄靶，得到了^{89}Y（p，n）^{89}Zr反应截面，仿真计算结果与实验结果符合良好，证明了仿真程序及结果的有效性。然后模拟了能量在2.5～22.5 MeV的质子轰击厚度为0.05～0.60 mm的^{89}Y固体靶，得到了在不同能量、不同厚度靶体等条件下^{89}Zr的饱和活度产额，根据饱和产额，可以计算得到不同时间条件下核素的活度。依据仿真得到的不同轰击条件，可以根据工作中对核素的需要，制订精确的生产计划，提高生产效率。

参考文献：

[1] SINGH B. Nuclear data sheets for A = 89 [J]. Nuclear data sheets, 2013, 114 (1): 1-208.

[2] GREEN D, FAREEDY S B, OSBORNE J R, et al. 679 A Pilot Study of ZR89-J591 positron emission tomography (PET) imaging in men with prostate cancer undergoing radical prostatectomy [J]. The journal of urology, 2013, 189 (4S): e278-e279.

[3] KASBOLLAH A, EU P, COWELL S, et al. Review on production of 89Zr in a medical cyclotron for PET radiopharmaceuticals [J]. Journal of nuclear medicine technology, 2013, 41 (1): 35-41.

[4] AGOSTINELLI S, ALLISON J, AMAKO K, et al. Geant4—a simulation toolkit [J]. Nuclear instruments and methods in physics research Section A: accelerators, spectrometers, detectors and associated equipment, 2003, 506 (3): 250-303.

[5] ALLISON J, AMAKO K, APOSTOLAKIS J, et al. Recent developments in Geant4 [J]. Nuclear instruments and methods in physics research Section A: accelerators, spectrometers, detectors and associated equipment, 2016, 835: 186-225.

[6] 卢希庭．原子核物理［M］．北京：中国原子能出版社，1981.

[7] OMARA H M, HASSAN K F, KANDIL S A, et al. Proton induced reactions on 89Y with particular reference to the production of the medically interesting radionuclide 89Zr [J]. Radiochimica acta, 2009, 97 (9): 467-471.

[8] WENRONG Z, QINGBIAO S, HANLIN L, et al. Investigation of Y-89 (p, n) Zr-89, Y-89 (p, 2n) Zr-88 and Y-89 (p, pn) Y-88 reactions up to 22 MeV [J]. Chin J Nucl Plys, 1992, 14 (7): 7-14.

Simulation of ^{89}Zr nuclide production based on Geant4

WANG Tian-quan, ZHANG Jiu-hui , ZHANG Hu, WANG Rui-min,
ZHANG Wei-guang, FAN Wei

(Deparment of Nuclear Medicine of SunYat-Sen University Cancer Center, Guangzhou, Guangdong 510000, China)

Abstract: The positron radionuclide ^{89}Zr has a long half-life and is one of the ideal nuclides for PET immune imaging. It can be generated by irradiation of ^{89}Y targets with low-energy protons generated by small cyclotrons. According to the needs of ^{89}Zr nuclide activity, appropriate production plans can be formulated according to the influence of multiple conditions such as irradiation duration, incident proton energy and target thickness. Due to the radioactive nature of the production process and the long preparation period, we can simulate this production process using Monte Carlo methods to obtain yields under different production conditions to provide data guidance for specific nuclide production. In this paper, the Geant4 program is used to obtain the reaction cross-section of the ^{89}Y (p, n)^{89}Zr nuclear reaction at different incident proton energies. The results showed when the incident proton energy is 13 MeV, the cross section is 859. 8 mb. And then we change the target thickness to obtain the yield of ^{89}Zr nuclides at different energies and different target thicknesses. The data obtained from the simulation can provide precise guidance to produce nuclides.

Key words: Monte Carlo simulation; Cross section; Isotope Yield

含磺酸根共价有机骨架材料的合成及其在核素分离中的初步探究

李　瑶，吴如雷，杨　磊，王维滇，吴宇轩，梁积新*，向学琴*

（中国原子能科学研究院核技术综合研究所，北京　102413）

摘　要： 共价有机骨架材料（COFs）是一类由有机单体通过强共价键连接而形成的新型结晶多孔聚合物，基于COFs材料高度有序和高化学稳定性的优良性质，近年来 COFs 材料在分离、催化、传感等领域的应用十分广泛。本文聚焦于其在核素分离领域的应用，通过理论设计并使用溶剂热法以 2，5-二氨基苯磺酸和 2，4，6-三甲酰基间苯三酚为单体合成了一种含磺酸根 COF，进行了 SEM、XRD 等多种表征手段，确认了其多孔且规则的结晶结构，并初步探究了其对溶液中 Yb^{3+}、Lu^{3+}、Nd^{3+}、Zr^{3+}、Gd^{3+}、Ce^{3+}、Sm^{3+}、Tm^{3+}、Y^{3+}、Sr^{2+}、Eu^{3+} 离子的静态吸附效果。研究结果显示，在 pH 为 0、温度为 25 ℃的条件下，磺酸根 COF 对 1 mg/mL 的金属离子溶液吸附 15 min后，每克样品的吸附量均可达 10 mg/g 以上。本工作为含磺酸根 COFs 材料后续用于核素分离研究奠定了基础。

关键词： 共价有机骨架；核素分离；吸附材料

放射性核素会自发发生衰变，释放出辐射能量，因此被广泛应用于医学、工业等领域，如既可用β辐射治疗小型肿瘤，又可释放γ射线用于成像的 Lu-177[1]，可用于缓解骨骼续发性癌症疼痛的 Sm-153，可用于缓解前列腺癌和骨癌疼痛的 Sr-89 等，因此这些核素的制备与分离成为研究的热门。传统的分离方法包括化学分离法等，近十余年来随着新型的多孔材料共价有机骨架材料（Covalent Organic Frameworks，COFs）的迅猛发展，COFs 材料已在核素分离领域展现了独特的优势和潜在的应用价值[2]。

COFs 材料是一种根据“网状化学”的拓扑学设计理念，通过共价键连接的、具有高度有序排列的结晶二维高分子或三维高分子材料，因此从延展空间上分为 2D COFs 和 3D COFs[3]。在 2D COFs 中，构筑单元通过共价键连接在二维平面内呈一定周期性排列，之后通过 π.π 键的相互作用，在三维空间内形成正对或错层的堆积结构；在 3D COFs 中，构筑单元本身就为非平面构型，再通过共价键连接后在三维方向上拓展，并且通常会出现结构穿插现象。

从化学角度来看，COFs 是完全可以设计的[4]，可以通过自下而上和后修饰的方法对其结构和官能团进行精准的设计和控制。自下而上的构建方法操作简单，即将带有官能团的单体与另一单体通过缩合反应连接，通过一步反应即可合成 COFs 材料，材料的形状和孔隙大小都可以通过选用不同的单体来控制。

基于 COFs 材料具有可预测性、多孔的结构，其在核素分离领域有很大的研究价值和潜在的应用前景[5]。四川大学马利建课题组合成了儿种可用于对溶液中的铀进行选择性吸附的 COFs 材料，其中包含对铀选择性系数较高的 CCOF-SCU1、吸附容量较高的新型苯并咪唑固相萃取剂 COF-HBI 及

作者简介： 李瑶，中国原子能科学研究院硕士研究生，研究方向为放射性同位素技术。

通讯作者： 向学琴，E-mail：649185331@qq.com。

梁积新，E-mail：liangjixin99@yahoo.com。

基金项目： 国家自然科学基金新型功能化共价-有机骨架材料的设计、合成及其对 176Yb/177Lu 的选择性分离行为与机理研究（U2067211）。

肟基功能化后的 TCD－AO 等。这些材料均是以相应的 COF 材料为平台，经后期功能化来提升官能团数量，通过偕胺肟等功能基的配位作用高选择性地吸附铀酰离子。类似的还有 Ma 等人[6]对比了修饰前 COF-TpAb 和偕胺肟功能化后的 COF-TpAb-AO 的吸附能力及形貌特征，可以看出功能化之后的 COF 具有更大的吸附容量及更高的选择性。

值得关注的是，COFs 材料在核素分离方面的研究也是从近几年才开始的，目前报道的已合成出来的材料和涉及的核素种类还不够系统和全面，而且当前的研究也仅仅局限于实验室阶段，距离应用于真实环境中的核素分离还有很长的路要走。因此，本研究的展开正是补充这一研究缺口，设计并合成了一种磺酸根 COF，使用此磺酸根 COF 对多种核素离子进行吸附，为将来磺酸根 COF 应用于核素分离领域的研究奠定了基础。

1　实验内容

1.1　实验仪器与实验材料

本研究所使用的真空干燥箱、电热鼓风干燥箱来源于天津市泰斯特仪器有限公司；超纯水机来自默克密理博；电子天平来自赛多利斯；循环水式多用真空泵来自郑州长城科工贸有限公司；数控超声波清洗器来自昆山市超声仪器有限公司；旋片式真空泵来自浙江台州求精真空泵有限公司；恒温振荡器来自北京佳源兴业科技有限公司。本研究所使用的化学试剂三醛基间苯三酚、2，5－二氨基苯磺酸、N，N－二甲基甲酰胺均采购于上海麦克林生化科技有限公司；正丁醇和二氯苯来自 damas-beta；乙酸（冰醋酸）、二氯甲烷来自国药集团化学试剂有限公司；乙醇（无水乙醇）、丙酮来自北京市通广精细化工公司。

1.2　实验方法

1.2.1　含磺酸根 COF 的合成

磺酸根 COF 的合成途径如图 1 所示。

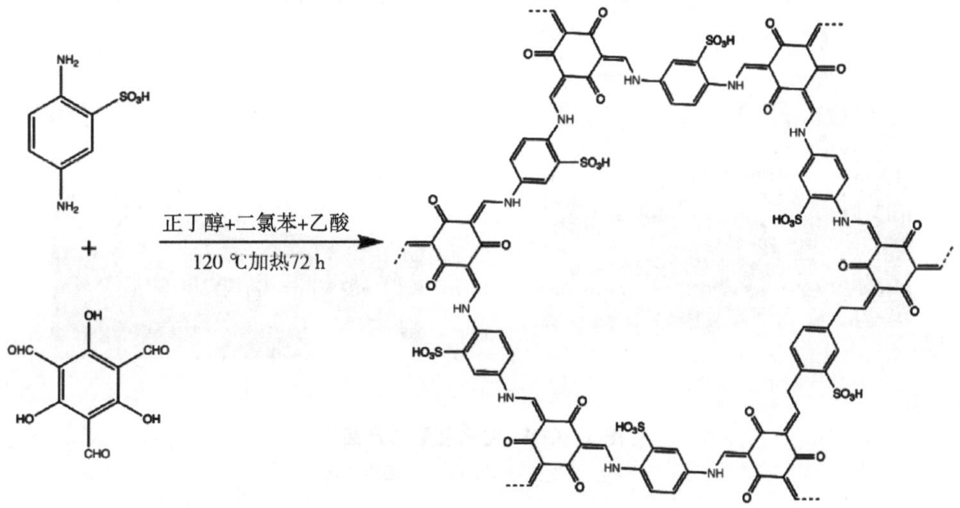

图 1　磺酸根 COF 的合成途径

（1）加样：将单体 0.3 mmol（63 mg）2，4，6－三甲酰基间苯三酚、0.45 mmol（84.7 mg）2，5－二氨基苯磺酸和 1.5 mL 正丁醇与 1.5 mL 二氯苯加入厚壁耐压管，超声以充分混匀，再加入乙酸水溶液；然后进行冷冻—排气—解冻循环（用液氮冷冻厚壁耐压管中液体，打开离心泵抽气一分钟，再通入氩气一分钟，然后解冻），循环 3 次，以达到排出管内氧气的效果（图 2）。

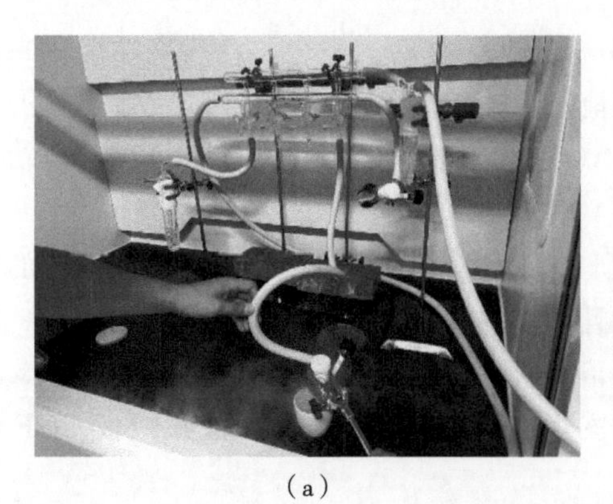
(a)

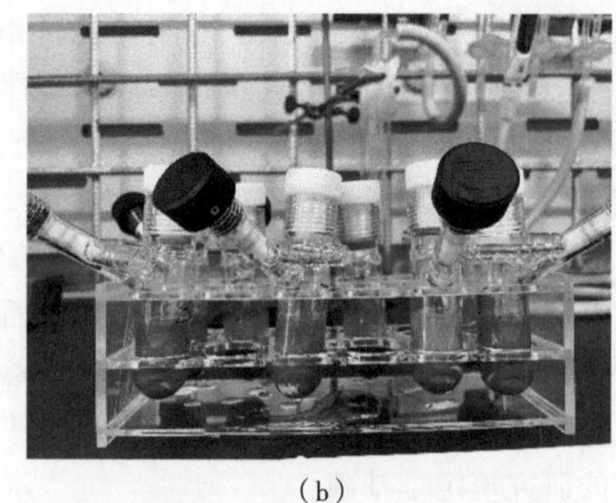
(b)

图 2　COFs 合成装置与过程

(a) 冷冻—排气—解冻装置；(b) 加样至厚壁耐压管中

(2) 加热：将密封好的厚壁耐压管置于烘箱中，在 120 ℃的条件下，加热 72 h 使其反应。

(3) 洗涤：将反应后的样品取出，冷却至室温后开始洗涤，分别使用 DMF、二氯甲烷、乙醇、丙酮 4 种溶剂依次洗涤，在洗涤过程中，使用约 10 mL 溶剂充分浸泡被洗产物，以溶解产物中的有机试剂，浸泡约 10 min 后，使用砂芯过滤装置抽滤，砂芯上放置孔径为 0.22 μm 的滤膜，每种溶剂重复洗涤 3 次。

(4) 干燥：将洗涤后的样品收集起来，置于真空干燥箱在 60 ℃下干燥 12 h，干燥后将样品收集。

COFs 纯化装置与产品如图 3 所示。

(a)

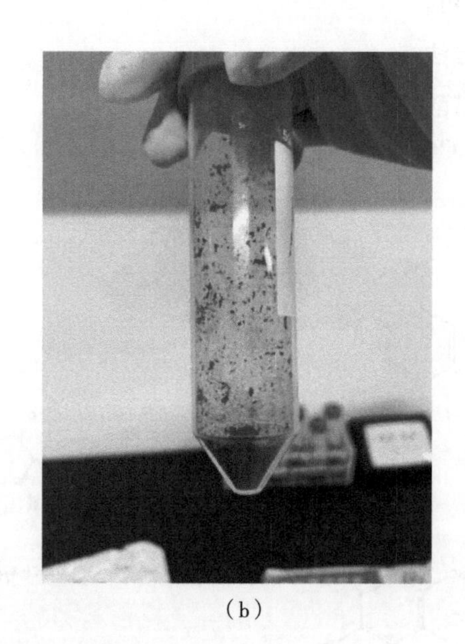
(b)

图 3　COFs 纯化装置与产品

(a) 抽滤洗涤装置；(b) 干燥后样品

1.2.2　COF 的表征

采用红外光谱（IR）和 XPS 表征已合成磺酸根 COF 化学成分，采用扫描透射电镜（SEM）、透射电子显微镜（TEM）和 XRD 表征其微观和晶体结构。

1.2.3　COF 对多种离子静态吸附实验

(1) 配制含有 Yb^{3+}、Lu^{3+}、Nd^{3+}、Zr^{3+}、Gd^{3+}、Ce^{3+}、Sm^{3+}、Tm^{3+}、Y^{3+}、Sr^{2+}、Eu^{3+} 的溶液。称量一定量的硝酸盐，使用 1 mol/L 稀硝酸溶解，配制各离子浓度为 1 mg/mL 的溶液。

（2）吸附：分别称取 10 mg 的 COF 材料加入 10 mL 的离心管，在离心管中加入 600 μL 配制好的溶液，密封后放入恒温振荡箱在 25 ℃下振荡 2 h，取出后使用微孔过滤膜分离出上清液，使用 ICP-MS 测试吸附前后溶液离子浓度。

2　实验结果与讨论

2.1　磺酸根 COF 结构表征

通过与文献对比，在 IR 的键中，约在 1272 cm^{-1}（—C—N）和约 1586 cm^{-1}（—C ═ C）处的特征峰表明了 β-烯酮氨基的骨架结构，与预期设计的结构相符（图 4）。

通过分析 XRD 的结果可知，所得 COF 在 $2\theta=5°$以前出现强烈而尖锐的衍射峰，可归属于（100）晶面，在 $2\theta=26°$之后出现较宽的衍射峰，可归属于（002）晶面，符合重叠堆叠（AA），此结果显示合成后的样品结晶情况良好，符合预期设计（图 5）。从扫描电子显微镜（SEM）和透射电子显微镜（TEM）的结果来看，所合成磺酸根 COF 呈多孔线形网状结构（图 6），且具有分层堆叠的情况（图 7）。由 XPS 结果（图 8）可以观察到材料由 C、N、O 3 种元素组成。

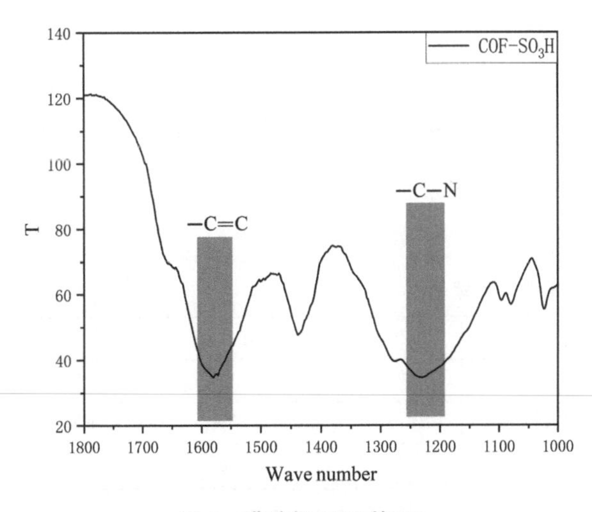

图 4　磺酸根 COF 的 IR

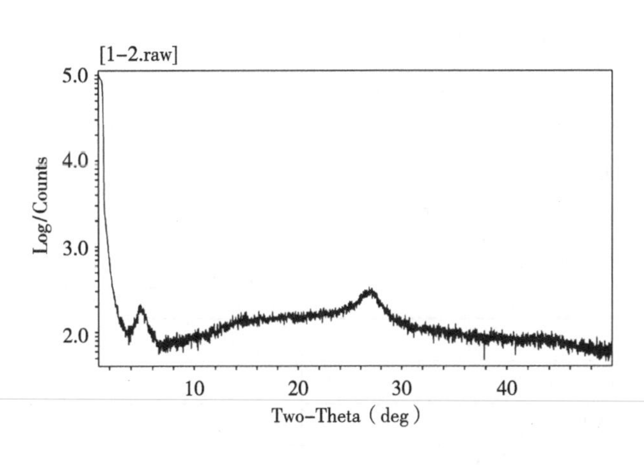

图 5　磺酸根 COF 的 XRD

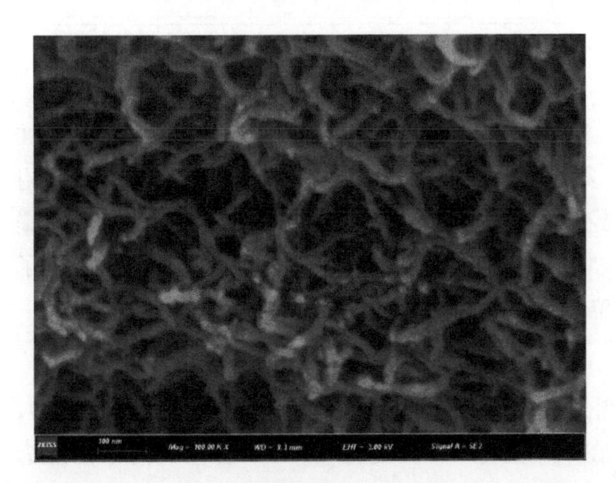

图 6　磺酸根 COF 的 SEM

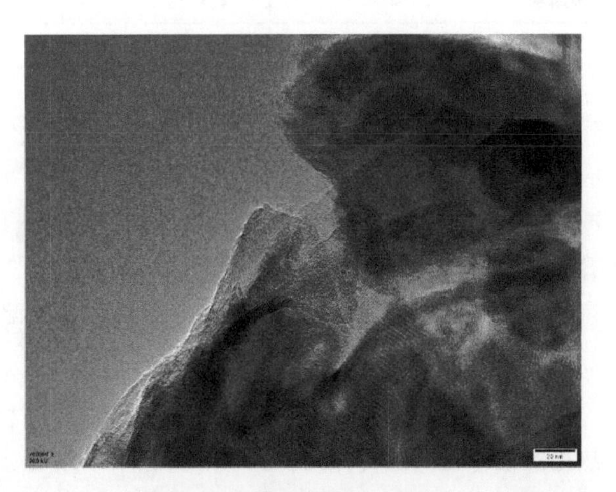

图 7　磺酸根 COF 的 TEM

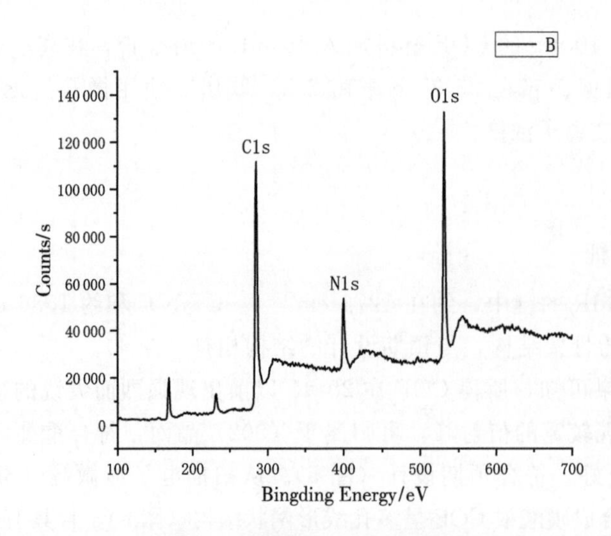

图 8　含磺酸根 COF 的 XPS

2.2　静态吸附结果

COF 对 Yb^{3+}、Lu^{3+}、Nd^{3+}、Zr^{3+}、Gd^{3+}、Ce^{3+}、Sm^{3+}、Tm^{3+}、Y^{3+}、Sr^{2+}、Eu^{3+} 均的静态吸附实验结果如表 1 所示，使用 ICP-MS 测量吸附前后溶液中各离子浓度，并计算出 Kd 值 $\left(\frac{n_{吸附前}-n_{吸附后}}{n_{吸附后}}\times\frac{V}{m}\right)$、吸附率 $\left(\frac{n_{吸附前}-n_{吸附后}}{n_{吸附前}}\times 100\%\right)$ 和各种离子的吸附量 $\left(\frac{n_{吸附前}-n_{吸附后}}{m}\right)$。

表 1　含磺酸根 COF 吸附多种离子结果

离子	Yb^{3+}	Lu^{3+}	Nd^{3+}	Zr^{3+}	Gd^{3+}	Ce^{3+}
Kd/（mL/g）	8.91	18.61	10.15	7.27	13.35	15.18
吸附率	12.93%	23.67%	14.47%	10.80%	18.20%	20.19%
每克样品吸附量/（mg/g）	7.74	12.06	8.94	5.4	10.32	12.72
Kd/（mL/g）	2.86	11.75	11.35	14.73	15.53	
吸附率	4.55%	16.37%	15.90%	19.71%	20.56%	
每克样品吸附量/（mg/g）	2.76	7.74	10.02	12.3	9.66	

本研究仅探究了在 pH 值为 0、温度为 25 ℃、各金属离子浓度为 1 mg/mL、吸附剂质量为 10 mg，吸附时间为 15 min 的条件下，磺酸根 COF 对多种离子的吸附情况。在此条件下，材料的吸附率并未达到 100%，并且 Kd 值和每克样品吸附量也不高，因此改变实验条件还将对吸附效果有所提升。本实验中磺酸根 COF 吸附效果最好的是 Lu^{3+}，对 Sm^{3+} 的吸附效果较差，造成这种差异，除了有实验条件的因素，磺酸根官能团与不同离子的配位络合能力应为最主要的原因。

2.3　结论

已合成含磺酸根 COF 符合预期理论设计，材料形貌、结晶情况良好，后续将对其酸碱稳定性、热稳定性等性质进行探究。从吸附实验结果来看，在 pH 值为 0、温度为 25 ℃、各金属离子浓度为 1 mg/mL、吸附剂质量为 10 mg、吸附时间为 15 min 的条件下，本研究合成的磺酸根 COF 对 Yb^{3+}、Lu^{3+}、Nd^{3+}、Zr^{3+}、Gd^{3+}、Ce^{3+}、Sm^{3+}、Tm^{3+}、Y^{3+}、Sr^{2+}、Eu^{3+} 均有一定吸附，但尚未探究出最佳吸附条件，后续将继续探究不同 pH 值、温度、溶液浓度等条件对吸附的影响；而且本材料在相同条件下对不同离子的吸附能力有一定差异，利用这一差异，未来也可将此材料应用于溶液中多种离子的分离，为后续含磺酸根 COF 用于核素分离奠定了一定基础。

参考文献：

[1] 郭志锋．放射性同位素的医学应用 [J]．国外核新闻，2004 (6)：5.

[2] 张美成，郭兴华，李小锋，等．共价有机框架材料及其在关键核素分离中的应用进展 [J]．核化学与放射化学，2019，41 (1)：24.

[3] SEGURA J L，ROYUELA S，RAMOS M M．Post-synthetic modification of covalent organic frameworks [J]．Chemical society reviews，2019，48 (14)：3903 - 3945.

[4] YUSRAN Y，FANG Q，QIU S．Postsynthetic covalent modification in covalent organic frameworks [J]．Israel journal of chemistry，2018 (9/10)：58.

[5] SAN-YUAN，DING，WEI，et al. Covalent Organic Frameworks (COFs)：from design to applications [J]．Chemical society reviews，2013，42 (2)：548 - 568.

[6] QI S，AGUILA B，EARL L D，et al. Covalent organic frameworks as a decorating platform for utilization and affinity enhancement of chelating sites for radionuclide sequestration [J]．Advanced materials，2018，30 (20)：1705479.

Synthesis of sulfonate-containing covalent organic framework and the preliminary investigation on its application to nuclides separation

LI Yao，WU Ru-lei，YANG Lei，WANG Wei-dian，WU Yu-xuan，LIANG Ji-xin*，XIANG Xue-qin*

(China Institute of Atomic Energy，Institute of Neclear Technology，Beijing 102413，China)

Abstract：Covalent organic framework (COFs) are a new kind of crystalline porous polymers formed by organic monomers connected by strong covalent bonds. Based on their highly ordered and highly chemically stable properties，COFs have been widely used in separation，catalysis，sensing and other fields in recent years. In this paper，we focus on their applications in the field of nuclide separation，and synthesize a sulfonate-containing COF by theoretical design and using the solvothermal method with 2，5 - diaminobenzenesulfonic acid and 2，4，6 - tricarbonylresorcinol as monomers，followed by various characterization methods such as SEM and XRD to confirm their porous and regular crystalline structures，and initially investigate their effects on Yb^{3+}、Lu^{3+}、Nd^{3+}、Zr^{3+}、Gd^{3+}、Ce^{3+}、Sm^{3+}、Tm^{3+}、Y^{3+}、Sr^{2+}、Eu^{3+} in solution. The results of the study showed that the adsorption amount of each gram of sample could reach more than 10 mg/g after 15 minutes of adsorption of 1 mg/mL of metal ion solution by $COF-SO_3H$ at pH=0 and temperature 25 ℃. This work lays the foundation for the subsequent use of $COF-SO_3H$ for nuclide separation studies.

Key words：Covalent organic framework；Nuclide separation；Adsorbent material

羟肟基功能性离子液体萃取分离裂变^{99}Mo

王维滇，吴如雷，吴宇轩，杨　磊，李　瑶，赵婧妍，向学琴，梁积新*

（中国原子能科学研究院核技术综合研究所，北京　102413）

摘要：^{99}Mo是重要的医用放射性核素，从辐照低浓铀裂变产物中分离^{99}Mo是今后生产^{99}Mo的主要方式。本工作合成了一种羟肟基功能性离子液体1-辛基-3-（4-羟基-3-（（异亚硝基）甲基）苄基）咪唑双三氟甲烷磺酰亚胺盐（[ImC_8SO] NTf_2），并以[ImC_8SO] NTf_2作为萃取剂、正辛醇作为稀释剂，构建萃取体系（[ImC_8SO] NTf_2）-正辛醇体系）应用于Mo（Ⅵ）的萃取分离研究。该离子液体萃取体系在低酸度（[H^+]为0.001 mol/L）条件下萃取率超过90%，在短时间内（5 min）萃取率超过85%，使用1 mol/L的氨水可将近70%的Mo（Ⅵ）反萃至水相中。研究结果显示了该离子液体用于从辐照铀靶件中分离裂变^{99}Mo的潜在价值。

关键词：^{99}Mo；功能性离子液体；萃取

1　实验背景

^{99m}Tc（$T_{1/2}$＝6.02 h）是当前核医学临床诊断应用最为广泛的放射性同位素，全球每年使用^{99m}Tc进行临床显像诊断超过4000万人次，约占临床诊断用放射同位素的70%[1-3]。^{99m}Tc在临床使用上主要通过^{99}Mo-^{99m}Tc发生器制得。^{99}Mo（$T_{1/2}$＝65.9 h）主要通过分离辐照^{235}U裂变的产物获得，其中，采用辐照高浓铀（HEU，^{235}U富集度大于90%）靶件生成^{99}Mo工艺成熟，但受限于核不扩散条约，目前^{99}Mo的主要生产方式转向辐照低浓铀（LEU，^{235}U的富集度小于20%）[4-6]。^{235}U裂变产物复杂，包含十几种元素、上百种核素，从^{235}U的高放裂变产物中分离纯化^{99}Mo是一项需要涉及很多分的工艺复杂工作。目前，已有大量的方法被应用于裂变^{99}Mo的分离，如离子交换法、萃取法、沉淀法等[7-12]。其中，溶剂萃取法操作简单、负载率大，适用于^{99}Mo的大规模工业化分离。

离子液体（ionic liquids，ILs）是一类由有机阳离子、有机或无机阴离子组成的在室温或在100 ℃以下成液态的熔盐。离子液体具有蒸汽压较低、毒性低、导电性好、溶解性能优异、化学性质稳定等特点，近年来受到各国科学家的广泛关注，在萃取分离、合成、催化、电化学等领域都有较多的研究和应用。其中，功能性离子液体是含有特定功能基团的离子液体，功能性离子液体在金属离子萃取、稀土分离、放射化学等领域有着重要的应用[13]。Quijada - Maldonado[14]等以双（2-乙基己基）磷酸（D2EHPA）为萃取剂，以[C_4mim][NTf_2]和[C_8mim][NTf_2]离子液体为稀释剂，从酸性介质中萃取Mo（VI），并与传统煤油萃取体系进行比较。结果表明，离子液体体系对Mo（VI）的萃取效率明显高于煤油萃取体系。刘泉等[15]研究了双功能性离子液体[A336][P204]对钼的萃取率与萃取时间、水相酸度、盐析剂Na_2SO_4浓度及萃取剂浓度有关，与传统的P204和P204＋TBP体系对比，双功能性离子液体[A336][P204]对钼的萃取率更高，反萃取效果更好。中国原子能科学研究院的专利[16]以α-安息香肟为萃取剂、离子液体[$C_n$mim] PF_6（n＝4～8）为稀释剂构建的萃取体系用于快速分离纯化裂变^{99}Mo，并基于此构建了完整的快速分离纯化^{99}Mo的工艺流程，在此工艺中，采用离子液体体系萃取^{99}Mo，^{99}Mo的回收率大于95%，Sr、Zr、Cs等杂质的去除率大于98%。

作者简介：王维滇（1998—），男，在读硕士研究生，现主要从事放射性同位素分离工作。

基金项目：本工作获得核技术创新联合基金项目“功能性离子液体萃取分离^{99}Mo及其辐射稳定性研究”（U1967216）的支持。

鉴于α-安息香肟能与MoO_4^{2-}发生配位，本工作结合现有研究成果，设计合成了一种带有羟肟基官能团的功能性离子液体，并研究了它在不同酸度、浓度、温度、萃取时间等对Mo（Ⅵ）的萃取效率的影响；确定该离子液体体系对Mo（Ⅵ）的萃取最优条件；评价该离子液体体系在萃取分离^{99}Mo时对主要裂变杂质Sr、Zr、Ce、Cs等的选择性分离效果，并选择合适的反萃条件，为优化从LEU铀铝合金靶件中分离裂变^{99}Mo的工艺打下研究基础。

2 实验部分

2.1 实验仪器与化学试剂

2.1.1 实验仪器

高分辨电感耦合等离子体质谱（ICP-MS）：Element型；电子天平：Sartorius BS100S；Milli-Q超纯水系统：Advantage 10。

2.1.2 实验材料

水杨醛［分析纯（AR）级］，国药集团化学试剂有限公司；多聚甲醛［分析纯（AR）级］，国药集团化学试剂有限公司；浓盐酸［分析纯（AR）级］，北京化学试剂研究所有限责任公司；N-辛基咪唑［分析纯（AR）级］，上海麦克林生化科技股份有限公司；氢氧化钠［分析纯（AR）级］，国药集团化学试剂有限公司；盐酸羟胺［分析纯（AR）级］，国药集团化学试剂有限公司；双三氟甲基磺酰亚胺锂［分析纯（AR）级］，上海麦克林生化科技股份有限公司；钼酸钠［分析纯（AR）级］，Strem Chemicals，lnc；正辛醇［分析纯（AR）级］，上海麦克林生化科技股份有限公司；浓硝酸（优级纯、MOS），国药集团化学试剂有限公司。

可调式移液器：5～200 μL、100～1000 μL、500～5000 μL，Brand公司。

2.2 实验方法

2.2.1 功能性离子液体的合成和表征

羟肟基类功能性离子液体的合成参考[17]的合成方法，具体合成路径示意如图1所示。

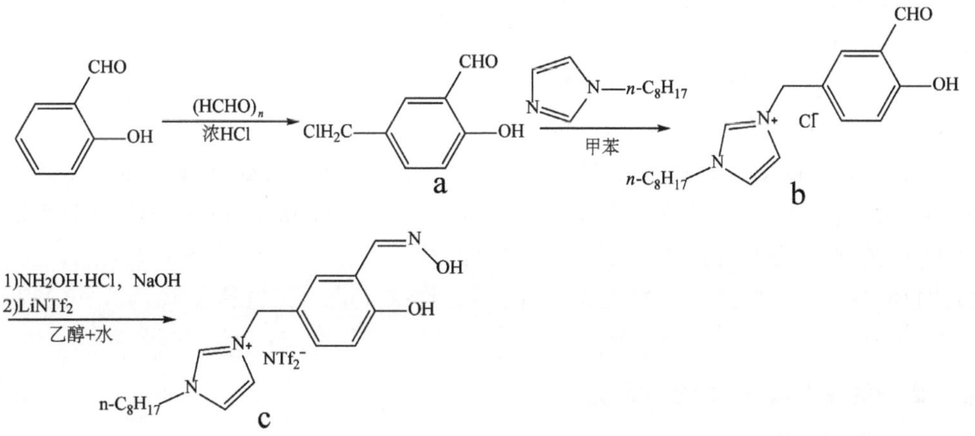

图1 离子液体合成路径示意

中间体a的合成：在烧瓶中加入6 g（0.2 mol）多聚甲醛、0.1 g $ZnCl_2$（催化剂）和60 mL浓盐酸，待多聚甲醛溶解后，加入19.92 mL（0.2 mol）水杨醛，室温下反应24 h，过滤，饱和$NaHCO_3$溶液洗涤固体至表面无气泡产生，热的正己烷重结晶产物，干燥。

中间体b的合成：在烧瓶中加入25.5 g（0.15 mol）化合物a，加入60 mL甲苯加热溶解后，再加入29.35 mL（0.15 mol）1-辛基咪唑，70 ℃下反应6 h，反应结束后，冷却过滤，用甲苯反复洗涤产物4～5次，干燥。

产物c的合成：4 g（0.1 mol）NaOH与7 g（0.1 mol）盐酸羟胺加30 ml水溶解，35 g（0.1 mol）b加入30 mL+60 mL乙醇溶解，室温下混合反应4 h，在加入28.7 g（0.1 mol）的双三氟甲基磺酰亚胺锂盐（$LiNTf_2$）室温下反应1 h，分液，有机相用去离子水洗4～5次至洗过的去离子水加入硝酸银无浑浊产生，有机相加入丙酮旋蒸除去溶剂。

2.2.2　萃取实验研究

有机相由离子液体萃取剂和稀释剂正辛醇按一定比例组成，以下简称体系，水相为一定浓度的Na_2MoO_4溶液。将一定体积的有机相和水相加入离心管中，置于恒温振荡器中振荡，充分混合，离心分离，取一定量水相分析其中Mo的浓度，计算萃取率（E）和分配比（D）。

$$E=\frac{C_b-C_a}{C_b}\times 100\%, \tag{1}$$

$$D=\frac{V_a}{V_o}\times\frac{C_b-C_a}{C_a}。 \tag{2}$$

式（1）与（2）中C_b为萃取前水相中Mo的初始浓度，μg/L；C_a为萃取后水相中Mo的浓度，μg/L;，V_a为水相体积，mL；V_o为有机相体积，mL。

3　结果与讨论

3.1　羟肟基类功能性离子液体的合成

得到中间产物a 18.42 g，产率为54.17%。产品进行了批次合成。核磁共振分析结果：^1H-NMR（400 MHz，$CDCl_3$）δ11.07（1H，s），9.90（1H，d），7.59（1H，t），7.56（1H，dt），7.00（1H，dd），4.60（2H，m）。红外光谱分析结果：FT-IR（KBr，cm^{-1}）3211（ν_{O-H}），2871（ν_{Ar-H}），2744（ν_{CO-H}），1654（$\nu_{C=O}$），1616（ν_{Ar}），1584（ν_{Ar}），1483（ν_{Ar}），1260（ν_{C-O}），1147（δ_{C-H}），850（γ_{O-H}）。

干燥得到中间产物b 50.88 g，产率为93.87%。核磁共振分析结果：^1H-NMR（400 MHz，$CDCl_3$）δ11.05（1H，s），10.61（1H，s），10.01（1H，s），8.13（1H，d），7.93（1H，s），7.63（1H，dd），7.46（1H，m），7.04（1H，m），5.70（2H，d），4.28（2H，q），1.91（2H，p），1.27（10H，m），0.84（3H，t）。红外光谱分析结果：FT-IR（KBr，cm^{-1}）ν3129（ν_{O-H}），2931（ν_{C-H}），2860（ν_{CO-H}），1670（$\nu_{C=O}$），1611（$\nu_{C=N}$），1558（ν_{Ar}），1503（ν_{Ar}），1453（ν_{Ar}），1366（ν_{C-O}），1253（ν_{C-N}），1149（δ_{C-H}），852（γ_{O-H}）。

产物c的核磁分析结果：^1H-NMR（500 MHz，DMSO）δ11.36（1H，s），10.30（1H，s），9.23（1H，q），8.30（1H，s），7.79（2H，d），7.63（1H，dd），7.46（1H，m），7.04（1H，m），5.70（2H，d），4.28（2H，q），1.91（2H，p），1.27（10H，m），0.84（3H，t）。红外光谱分析结果：FT-IR（CH_3COCH_3，cm^{-1}）ν3146（ν_{O-H}），2922（ν_{C-H}），2860（ν_{Ar-H}），1708（$\nu_{C=O}$），1626（$\nu_{C=N}$），1560（ν_{Ar}），1496（ν_{Ar}），1451（ν_{Ar}），1346（ν_{C-O}），1183（ν_{C-N}），1128（δ_{C-H}），1052（δ_{C-O}），790（γ_{O-H}）。

3.2　功能性离子液体萃取Mo的条件研究

3.2.1　酸度对萃取率的影响

配制一系列酸浓度不同Mo浓度相同（Mo浓度为5×10^{-4} mol/L）的溶液，按摩尔比准确量取一定量的离子液体和正辛醇配成一定浓度的离子液体萃取体系，离子液体浓度为5×10^{-2} mol/L，温度25 ℃条件下，振荡40 min，离心后充分分层，测定水相中的Mo浓度，按公式（1）计算萃取率（图2）。

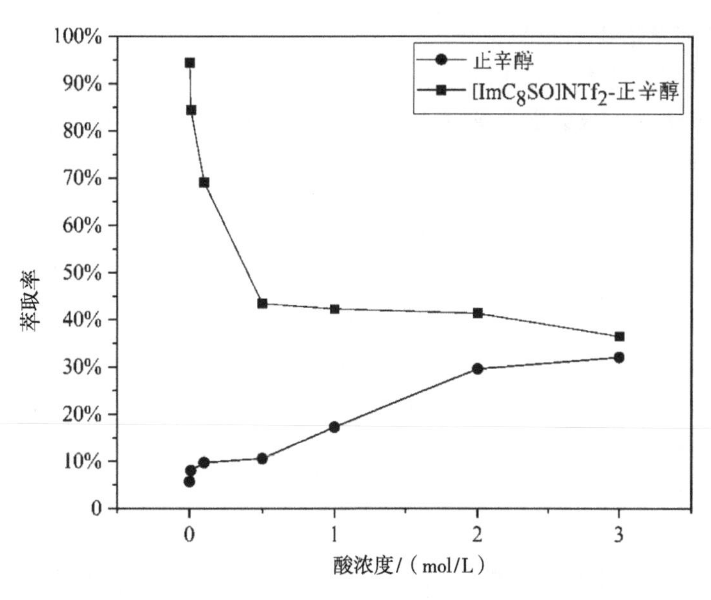

图 2　离子液体体系酸度对 Mo 萃取的影响（25 ℃）

由图 2 可知，水相酸度较低时萃取率较高，当［H^+］小于 1 mol/L，水相中［H^+］越低，萃取率越高，随着水相中［H^+］增大，萃取率显著降低，［H^+］大于 1 mol/L 时，随着酸浓度增加，萃取率有小幅下降。这是因为在高酸度下稀释剂正辛醇对 Mo（Ⅵ）有少量的萃取。研究表明[18]，在不同酸浓度下水相中 Mo 的存在形式不同，在酸浓度很低时，Mo（Ⅵ）主要以 MoO_4^{2-}和 $HMoO_4^-$的形式存在，另一项研究显示[19]，Mo（Ⅵ）与 α-安息香肟发生配位生成沉淀时 Mo（Ⅵ）的存在形式主要是 MoO_4^{2-}，这也解释了离子液体体系在较低酸度下能有较高的萃取率。因此，在较低酸度条件下的萃取，大幅减少了萃取过程中的酸用量，节约了萃取成本。

3.2.2　时间对萃取率的影响

保持 Mo 浓度为 5×10^{-4} mol/L，［H^+］为 0.001 mol/L，离子液体浓度为 5×10^{-2} mol/L 等条件不变，改变振荡时间考察离子液体体系对 Mo（Ⅵ）的萃取率的影响。实验结果如图 3 所示，在5 min 内，Mo（Ⅵ）的萃取率便超过了 85%，该离子液体体系能够实现对 Mo 的快速萃取，随着振荡时间增加，Mo（Ⅵ）的萃取率小幅增大，到 40 min 后萃取率基本保持不变，萃取率达到 93%。

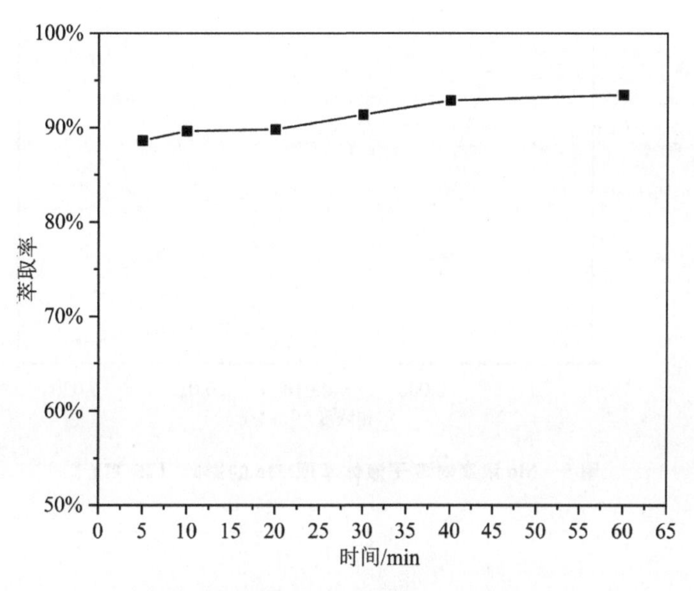

图 3　时间对 Mo 萃取的影响（25 ℃）

3.2.3　离子液体浓度对萃取率的影响

其他条件不变，考察不同离子液体浓度条件下的萃取规律，研究结果如图 4 所示。从图中可以看出，随着离子液体浓度增加，萃取率显著增大，离子液体浓度为 0.02 mol/L 时，萃取率超过 90%，提高离子液体浓度更加有利于萃取。

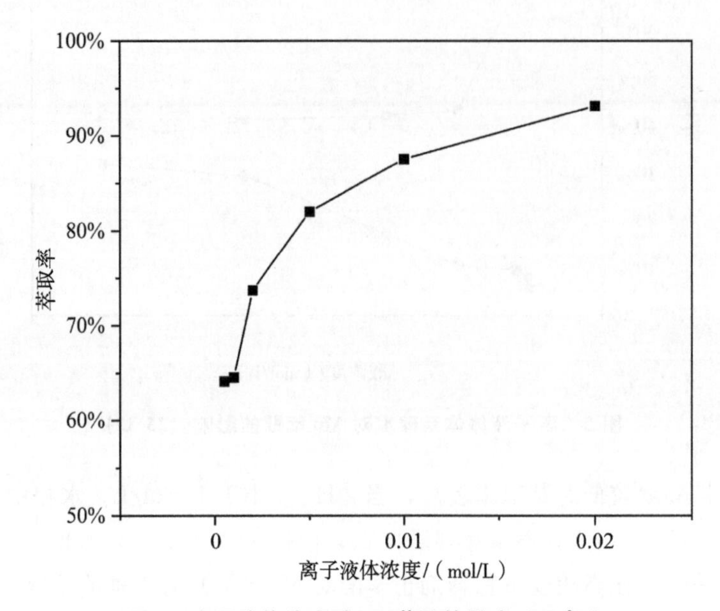

图 4　离子液体浓度对 Mo 萃取的影响（25 ℃）

3.2.4　Mo（Ⅵ）浓度对萃取率的影响

其他条件不变，改变水相浓度，考察不同水相浓度对萃取的影响，研究结果如图 5 所示。可以看出，随着 Mo 浓度增加，萃取率显著下降，在低浓度下更有利于萃取，当 Mo 浓度为 0.02 mol/L 时，萃取率仅为 4.25%。

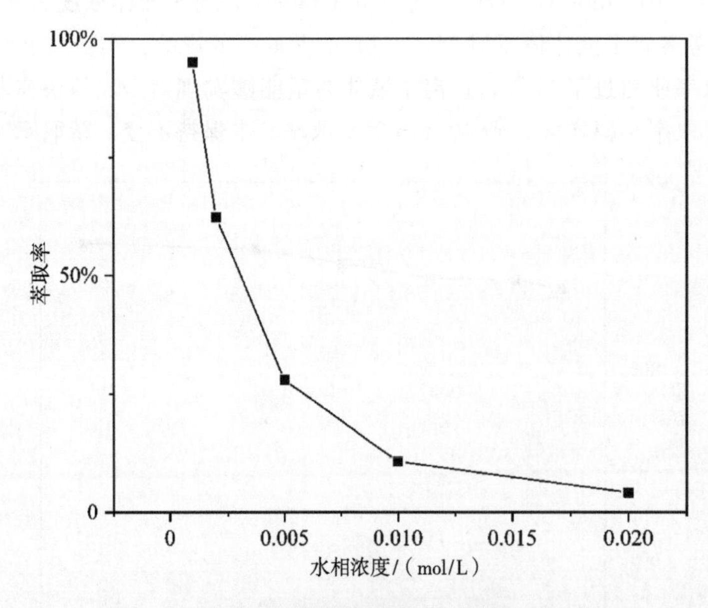

图 5　Mo 浓度对离子液体萃取 Mo 的影响（25 ℃）

3.2.5　Mo（Ⅵ）反萃取研究

选用 1 mol/L HNO_3 和 1 mol/L 氨水进行反萃取研究，结果表明，在 25 ℃下，1 mol/L HNO_3 在 10 min 内可将 43.3％的 Mo 从有机相反萃到水相中，1 mol/L 氨水在 10 min 内可将 68.67％的 Mo 从有机相反萃到水相中，选用氨水比 HNO_3 反萃效果更好。

4　结论

本文介绍了一种含羟肟基功能性离子液体的制备，并详细讨论了该离子液体作为萃取剂构建的萃取体系在 HNO_3 介质中对 Mo（Ⅵ）的萃取条件及反萃取条件。

在 HNO_3 介质中，Mo（Ⅵ）的萃取率与水相中 HNO_3 浓度有关，HNO_3 浓度越低，萃取率越高，减少溶液中［H^+］有利于提高萃取率。在低酸度（［H^+］为 0.001 mol/L）条件下，Mo（Ⅵ）的萃取率在 5 min 超过 85％，用 1mol/L 氨水在 10 min 内可将 68.67％的 Mo 从有机相反萃到水相中，研究结果显示了该离子液体用于从辐照铀靶件中分离裂变 ^{99}Mo 的潜在价值。

参考文献：

［1］ 梁积新，吴宇轩，吴如雷，等．中国发展 LEU 生产医用 ^{99}Mo 技术的机遇与挑战［J］．同位素，2023，36（2）：270－278.

［2］ 李琦，杨玥．全球放射性医用同位素生产与需求现状分析［C］//中国核学会．中国核科学技术进展报告（第七卷）——中国核学会 2021 年学术年会论文集第 7 册（同位素分卷、辐射研究与应用分卷、核技术工业应用分卷、核农学分卷、辐照效应分卷、放射性药物分卷）．北京：中国原子能出版社，2022.

［3］ 罗宁，王海军，孙志中，等．医用同位素钼-99 制备新技术与市场情况［J］．科技视界，2019（27）：6－7，16.

［4］ 何遥，刘飞，张锐．高浓铀靶裂变法生产钼-99 发展的综述［J］．同位素，2018，31（3）：157－164.

［5］ 李紫微，韩运成，王晓彧，等．医用放射性同位素～（99）Mo/～（99m）Tc 生产现状和展望［J］．原子核物理评论，2019，36（2）：170－183.

［6］ 罗志福，吴宇轩，梁积新．用于医用核素钼-99 的制备方法［J］．同位素，2018，31（3）：129－142.

［7］ 黄文博，梁积新，吴宇轩，等．Al_2O_3 色层法从低浓铀靶件中分离 ^{99}Mo 条件研究［J］．同位素，2021，34（1）：54－60.

［8］ MUSHTAQ，IQBAL M，MUHAMMAD，et al. Management of radioactive waste from molybdenum－99 production using low enriched uranium foil target and modified CINTICHEM process［J］. Journal radioanalytical nuclear chemistry，2009，281（3）：379－392.

［9］ 王清贵，向学琴，梁积新，等．α-安息香肟分离裂变钼的条件研究［J］．中国原子能科学研究院年报，2015（000）：175.

［10］ MONIR T，El－DIN A S，El－NADI E，et al. A novel ionic liquid－impregnated chitosan application for separation and purification of fission 99Mo from alkaline solution［J］. Radiochim acta，2020，108（8）：649－659.

［11］ IQBAL，EJAZ M. Chemical separation of molybdenum from uranium and fission product nuclides［J］. J. radioanal chem，1978，47（1－2）：25－28.

［12］ AL－JANABI M A A，KALEEFA H A，JALHOOM M G，et al. Radiochemical separation of99Mo from natural uranium irradiated with thermal neutrons［J］. Journal radioanalytical nuclear chemistry，1987，111：165－175.

［13］ 沈兴海，徐超，刘新起，等，离子液体在金属离子萃取分离中的应用［J］．核化学与放射化学，2006，28（3）：129－138.

［14］ QUIJADA－MALDONADO E，TORRES M J，ROMERO J. Solvent extraction of molybdenum（VI）from aqueous solution using ionic liquids as diluents［J］. Separation and purification technology，2017，177：200－206.

［15］ 刘泉，陆明杰，汪慧刚，等，用双功能性离子液体［A336］［P204］从硫酸体系中萃取钼［J］．湿法冶金，2020，39（6）：507－510.

［16］ 梁积新，吴如雷，吴宇轩，等．放射性裂变产物钼-99 的分离方法：CN115094251A［P］. 2022－09－23.

[17] ZHANG Q, YANG H J, HUI J C, et al. Efcient solvent - free synthesis of cyclic carbonates from the cycloaddition of carbon dioxide and epoxides catalyzed by new imidazolinium functionalized metal complexes under 0. 1 MPa [J] . Catalysis letters, 2020, (150): 2537 - 2548.
[18] CRUYWAGEN J J. Protonation, oligomerization, and condensation reactions of vanadate (V), molybdate (vi), and tungstate (vi) [J] . Advances in inorganic chemistry, 1999 (49), 127 - 182.
[19] HWANG D S, CHOUNG W M, KIM Y K, et al. Separation of 99Mo from a simulated fission product solution by precipitation withα - benzoinoxime [J] . Journal of radioanalytical and nuclear chemistry, 2002, 254 (2) : 255 - 262.

Study on extraction separation of fission ^{99}Mo using functional ionic liquid with hydroxamic group

WANG Wei-dian, WU Ru-lei, WU Yu-xuan, YANG Lei, LI Yao, ZHAO Jing-yan, XIANG Xue-qin, LIANG Ji-xin*

(Department of Nuclear Technology, China Institute of Atomic Energy, Beijing 102413, China)

Abstract: ^{99}Mo is an important medical radionuclide, and the separation of ^{99}Mo from the fission products of irradiated low enriched uranium is the main way to produce ^{99}Mo in the future. In this work, a functional ionic liquid ($[ImC_8SO]NTf_2$) with hydroxamic group was synthesized. The extraction system ($[ImC_8SO]NTf_2$) -n-octanol system) was constructed with $[ImC_8SO]NTf_2$ as extractant and n-octanol as diluent and applied to the extraction separation of Mo (Ⅵ) . The percentage extraction of the ionic liquid extraction system is more than 90% under the condition of low acidity ($[H^+]$ is 0. 001 mol/L), in a short time (5 min) percentage extraction over 85%, and nearly 70% Mo (Ⅵ) can be strip from organic phase using 1 mol/L of ammonia . The results show that the ionic liquid has the potential to be applied to the separation of fission ^{99}Mo from irradiated uranium targets.

Key words: ^{99}Mo; Functional ionic liquid; Extraction

基于三维纳米结构氧化锌辐伏电池的镍-63 化学镀工艺探究

姚元杰[1]，郭昱辰[1]，张　磊[1]，李　雪[1]，姜同心[2]，伞海生[2]，张利峰[1,*]

（1. 中国原子能科学研究院，核技术综合研究所，北京　102413；2. 厦门大学，萨本栋微米纳米科学技术研究院，福建　厦门　361005）

摘　要： 为了提高辐伏电池的能量转换效率，使用宽禁带半导体氧化锌作为换能材料，并采用大比表面积的三维纳米结构。但是，三维纳米结构的复杂性增大了同位素镍-63 加载的难度，因此需要探索出一种能实现镍-63 加载的方法及工艺。本实验使用稳定镍元素模拟镍-63，选择化学镀方法进行镍加载工艺探究。使用的化学镀液配方为：$NiCl_2 \cdot 6H_2O$ 0.1mol/L，$NaH_2PO_2 \cdot H_2O$ 0.2mol/L，$C_6H_5O_7Na_3$ 0.07 mol/L，CH_3COONa 0.06 mol/L，溶液 pH 为 8.5。工艺参数为：温度 80 ℃，施镀时间 30～40 min，在化学镀之前进行活化处理。对镀层进行 SEM 形貌表征、EDS 元素分析、XRD 物相分析，获得的镀层均匀致密，无明显缺陷，纯净无杂质，实现了三维纳米结构氧化锌的镍加载。该化学镀工艺可以应用于放射性镍-63 的加载，且可以进一步优化配方以降低镀层中磷的含量。

关键词： 辐伏电池；三维纳米结构；氧化锌；化学镀；镍-63

1　研究背景

辐伏电池，又称辐射伏特同位素电池，作为一种直接转换的放射性同位素电池，因其寿命长、能量密度高、易于微型化、环境适应性强等优点，在深海、深空、极地、沙漠等极端恶劣环境下具有广阔的应用前景。1953 年，Rappaport 首次制备出了以 50 mCi 的 $^{90}Sr/^{90}Y$ 为放射源、Si 为换能器件的辐伏电池[1]。1974 年，美国的 Donald W. Douglas 实验室将其制备的 ^{147}Pm 辐伏电池应用于心脏起搏器，使用寿命可达 10 年[2]，这是辐伏电池首次取得实际应用成功。不过由于当时同位素分离技术以及半导体制备技术等的限制，该领域一直未获得关键性的突破。辐伏电池理论最大能量转换效率可达 30%～40%，但是由于电池结构设计以及理论模型研究的不足，目前报道的辐伏电池能量转换效率很难超过 5%，限制了辐伏电池的发展和应用。因此，使用性能更优异的半导体、采用更合理的结构是十分必要的。

对辐伏电池而言，半导体的禁带宽度越大，极限转换效率就越高。而氧化锌（ZnO）作为第三代半导体材料，禁带宽度为 3.37 eV，有着高达 34%的理论转换效率。且 ZnO 材料具有安全无毒、化学稳定性强、成本较低等优点，生长也十分容易，可以通过外延生长制备，也可以在较低温度下通过湿法刻蚀制备，能在大体积、高质量的同质衬底上生长高质量的 ZnO 薄膜[3]。同时，ZnO 材料具有极强的抗辐射性能，在高能电子束、质子、重离子轰击下，没有产生永久的晶格缺陷，而生成的弗兰克尔缺陷能够快速复合而湮灭[4]。可见 ZnO 是一种理想的辐伏电池换能材料。

而与传统的二维结构相比，采用三维纳米结构可以获得更大的比表面积，进而能够显著提高能量转换效率，有着以下四个原因：①换能器件的三维纳米结构使得其能在相同的体积内加载更多的放射性同位素；②放射性同位素发出的 2π 方向的 β 粒子都能进入半导体，因此，β 粒子的收集效率显著

作者简介： 姚元杰（1999—），男，四川乐山人，2021 年获得四川大学材料物理专业学士学位，现于中国原子能科学研究院攻读核技术及应用硕士学位，主要从事辐伏电池的同位素加载以及辐伏电池制备研究。

基金项目： 国家重点研发计划青年科学家项目（2022YFB1903200）、国家自然科学基金“叶企孙”基金（U2241284）。

增加；③纳米级厚度的放射源能有效减小甚至避免放射性同位素源的自屏蔽效应；④三维纳米结构的有效结区面积明显延长[5]。但是，三维纳米结构的几何形貌远比二维结构复杂，这极大地增加了同位素加载的难度。

化学镀是靠溶液中的化学反应提供电子将金属离子还原出来，无须外电源的化学沉积过程。化学镀方法具有镀膜均匀致密、容易操作、成本较低、无须外加电源和环境污染小等特点[6]。该方法作为在复杂表面结构镀镍的最常使用方法之一，也是可能实现在三维纳米结构上加载 Ni－63 的最简单、最方便的方法。考虑到 Ni－63 的放射性以及其与稳定 Ni 相同的物理、化学性质，在本工艺探究中使用稳定 Ni 元素模拟 Ni－63 进行实验。

2 实验部分

2.1 实验试剂与仪器

本实验采用的试剂有六水氯化镍、一水次磷酸钠、氯化钯、二水氯化亚锡、氢氧化钠、乙酸钠、柠檬酸钠、盐酸、丙酮、乙醇、高纯水等。其中氯化钯为国药的分析纯试剂，其余试剂为阿拉丁的分析纯试剂。现在常见的化学镀液配方大多使用硫酸镍作为主盐，但 Ni－63 以 $^{63}NiCl_2$ 的形式存在，若使用硫酸溶液体系，则需要增加体系转换的步骤，增加了实验的难度和不确定性，因此选择氯化镍作为主盐。乙酸钠、柠檬酸钠混合体系既能作为络合剂，也可以起到稳定溶液 pH 的作用。

采用的仪器有电子天平、恒温烘箱、酸度计、烧杯、容量瓶、扫描电子显微镜（型号为 ZEISS Gemini 300）、X 射线衍射仪（型号为日本理学 SmartLab－SE）等。使用恒温烘箱为化学镀提供所需的高温环境，相比于水浴加热而言操作更加简单，更容易应用于 Ni－63 的加载。

本实验使用的三维纳米结构 ZnO 基片由厦门大学萨本栋微米纳米科学技术研究院制备提供。

2.2 工艺流程

次磷酸盐体系化学镀镍要求基体必须具备一定的催化活性，而 ZnO 半导体不能够催化氧化还原反应，需要在化学镀前进行活化，在表面引入具有催化活性的金属元素，其中最常用和最有效的是钯活化。三维纳米结构 ZnO 表面化学镀镍的工艺流程为：清洗、敏化、活化、还原、化学镀、水洗、醇洗、烘干。在常见的化学镀镍中，通常在敏化前还有粗化一步，目的是使非金属材料的表面粗糙化，以增加表面与金属镀层的接触面积和结合力。但在本次实验中，由于三维纳米结构本身具有较大的比表面积，且可以看作是粗糙的表面，因此不需要再进行粗化而破坏了基片表面的结构。

2.2.1 清洗

三维纳米结构 ZnO 基片表面可能沾有灰尘、油脂等污垢，因此在实验前需要进行清洗，丙酮、乙醇等有机试剂可以很好地溶解油脂，能够清洗掉基片表面的油污。首先将基片浸泡在丙酮中 10 min，之后取出基片，使用高纯水冲洗掉丙酮，用无尘纸吸干水分后放入乙醇中浸泡 10 min，同样取出基片后用高纯水冲洗，洗净后吸干水分，这样基片表面的各种污垢就得以清洗干净。

2.2.2 敏化

敏化是在非金属表面形成一层具有还原作用的液体膜。非金属材料表面化学镀镍最适合的敏化剂是氯化亚锡（$SnCl_2$），它在非金属材料表面的吸附过程并不发生在敏化液中，而是在用水清洗时发生水解，产生微溶性化合物：

$$SnCl_2 + H_2O \rightarrow Sn(OH)Cl \downarrow + H^+ + Cl^- \quad (1)$$

Sn（OH）Cl 微溶于水，在凝聚作用下沉积在非金属表面，形成一层敏化膜。

敏化液由 $SnCl_2 \cdot 2H_2O$ 以及 6 mol/L 的盐酸溶液配制而成：首先称量 0.595 g 的 $SnCl_2 \cdot 2H_2O$ 于烧杯中，加入 20 mL 高纯水以及 0.5 mL 的盐酸溶液后搅拌，静置至固体粉末完全溶解，使用容量瓶定容至 50 mL，得到 10 g/L $SnCl_2$（0.06 mol/L HCl）溶液。

将配制的敏化液稀释10倍，使用胶头滴管滴加到基片表面覆盖所有的ZnO薄膜，放置10 min后漂洗掉敏化液。

2.2.3 活化

表面化学镀镍用钯盐做活化剂。活化就是当表面吸附有敏化膜的基片浸入含有 $PdCl_2$ 的活化液时，钯离子（Pd^{2+}）与吸附在表面的还原性 Sn^{2+} 发生反应，还原成钯原子（Pd）：

$$Sn^{2+} + PdCl_4{}^{2-} \rightarrow Sn^{4+} + Pd + 4Cl^- \quad (2)$$

Pd吸附在三维纳米结构ZnO表面，成为基片的活化中心。当这种具有活化中心的基片浸入化学镀液时，就会在其表面催化化学镀而形成镀层。

活化液由 $PdCl_2$ 以及6 mol/L的盐酸溶液配制而成：首先称量0.0244 g的 $PdCl_2$ 于烧杯中，加入20 mL高纯水后搅拌，由于 $PdCl_2$ 微溶于水，静置2 h后固体粉末部分溶解，仍有少量未溶解。滴加0.5 mL盐酸溶液，搅拌一段时间后 $PdCl_2$ 完全溶解，使用容量瓶定容至50 mL，得到0.488 g/L $PdCl_2$（0.06 mol/L HCl）溶液。

将配制的活化液稀释10倍，使用胶头滴管滴加到基片表面覆盖所有的ZnO薄膜，放置10 min后漂洗掉活化液。

2.2.4 还原[7]

由于ZnO基片具有复杂的表面结构，很可能在漂洗过后表面仍然会附着有少量的 Sn^{2+} 以及 Pd^{2+}，因此，在化学镀之前增加还原这一步骤，使用次磷酸钠彻底还原残留的 Sn^{2+} 和 Pd^{2+}：

$$H_2PO_2{}^- + Pd^{2+} + 3OH^- \rightarrow HPO_3{}^{2-} + Pd + 2H_2O \quad (3)$$

$$H_2PO_2{}^- + Sn^{2+} + 3OH^- \rightarrow HPO_3{}^{2-} + Sn + 2H_2O \quad (4)$$

基片活化后如果直接进行化学镀，表面吸附的 Pd^{2+}、Sn^{2+} 会与 Ni^{2+} 竞争而被还原，共沉积在镀层中，影响镀层的质量。Pd^{2+} 进入镀液，还会影响镀液的寿命。而还原步骤把 Pd^{2+} 和 Sn^{2+} 彻底还原，不仅避免了危害，还为后续化学镀镍中 Ni^{2+} 还原提供更多的活化中心，利于化学镀中 Ni^{2+} 的还原。

将基片浸泡在20 mL的还原液（25 g/L的 NaH_2PO_2 溶液）中，放置30 min，之后取出基片，使用高纯水漂洗干净。

2.2.5 化学镀镍

化学镀镍的机理尚未完全确定，现在普遍承认的机理是原子氢理论。该理论认为真正的还原物质是被吸附的原子态活性氢，并不是 $H_2PO_2^-$ 与 Ni^{2+} 直接作用，还原剂 $H_2PO_2^-$ 是活性氢的来源。$H_2PO_2^-$ 不止放出活性氢原子，它还分解成 HPO_3^{2-}、H_2，析出P。该理论较好地解释了Ni-P的沉积过程，还不排斥反应过程的氧化还原特征。反应过程如下：

$$H_2PO_2^- + H_2O \rightarrow HPO_3^{2-} + H^+ + 2H \quad (5)$$

$$Ni^{2+} + 2H \rightarrow Ni + 2H^+ \quad (6)$$

$$H_2PO_2^- + H \rightarrow H_2O + OH^- + P \quad (7)$$

$$H + H \rightarrow H_2 \quad (8)$$

本实验使用的化学镀液配方为：$NiCl_2 \cdot 6H_2O$ 0.1mol/L，$NaH_2PO_2 \cdot H_2O$ 0.2mol/L，$C_6H_5O_7Na_3$ 0.07 mol/L，CH_3COONa 0.06 mol/L，溶液pH为8.5。取镀液10 mL于烧杯中，放入基片，使用滤纸封住烧杯防止溶剂蒸发，在烘箱温度80 ℃环境中，施镀30～40 min。化学镀完成后，取出基片，先用高纯水冲洗，然后使用无水乙醇冲洗，最后放入烘箱中烘干。

2.3 表面镀层表征

烘干后的基片表面采用SEM观察镀层微观形貌，采用EDS进行镀层成分及含量分析，采用XRD分析镀层的元素物相组成。

3　实验结果及分析

3.1　镀层微观形貌

图1～图3分别为未施镀、施镀30 min、施镀40 min的三维纳米结构ZnO的表面微观形貌SEM图。三维纳米结构ZnO在宏观上为白色，由图1可以看出，ZnO纳米柱的直径尺寸为75～180 nm，其中绝大部分直径尺寸为100～150 nm，大小比较均匀，但是晶体的生长方向略有差异，整体而言为垂直方向，纳米柱的间距为100～200 nm。在施镀30 min后，基片表面宏观上为黑灰色，由图2可以看到ZnO晶体的表面包覆了一层细小的球状颗粒，这是Ni成核的籽晶，均匀地附着在柱体以及孔洞的表面，随着反应进行籽晶不断长大。在施镀40 min后，基片表面宏观上呈现银白色，具有金属光泽，图3中生长的Ni完全覆盖了ZnO，填补了柱体间的孔洞，并彼此紧密结合在一起，形成了一层致密的镀层，Ni晶粒的直径尺寸约为1 μm，大小较为均匀，表面平整，没有明显的缺陷。

(a)　(b)　(c)

图1　未施镀三维纳米结构ZnO的表面微观形貌

(a) 1万倍；(b) 5万倍；(c) 10万倍

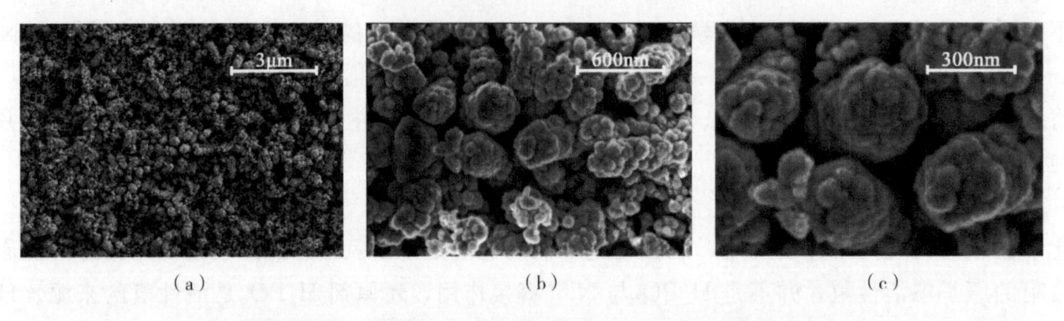

(a)　(b)　(c)

图2　施镀30 min的三维纳米结构ZnO的表面微观形貌

(a) 1万倍；(b) 5万倍；(c) 10万倍

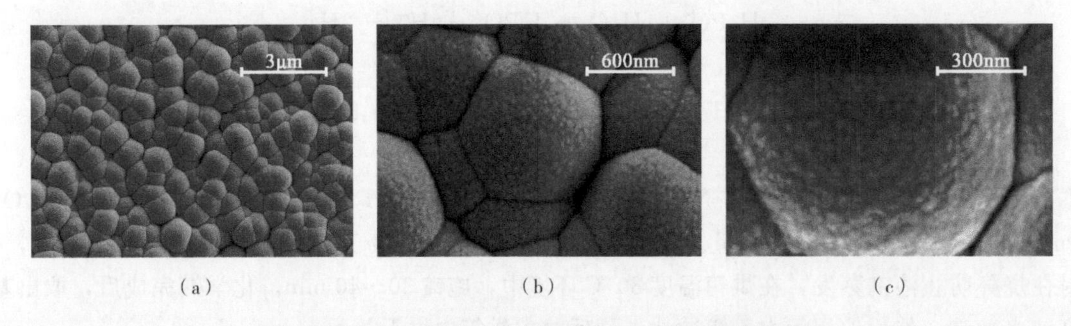

(a)　(b)　(c)

图3　施镀40 min的三维纳米结构ZnO的表面微观形貌

(a) 1万倍；(b) 5万倍；(c) 10万倍

3.2 镀层EDS谱图

图4、图5分别为施镀30 min的EDS面扫谱图及基片表面元素EDS分析，基片表面主要含有Ni、P、Zn、O四种元素，其中Ni、P来源于化学镀，Zn、O来源于ZnO基片。可以直观地看出Ni元素覆盖了Zn、O所在的区域，说明Ni在基片的所有位置都有成核，并进行生长，同时伴有一定量的P的析出。

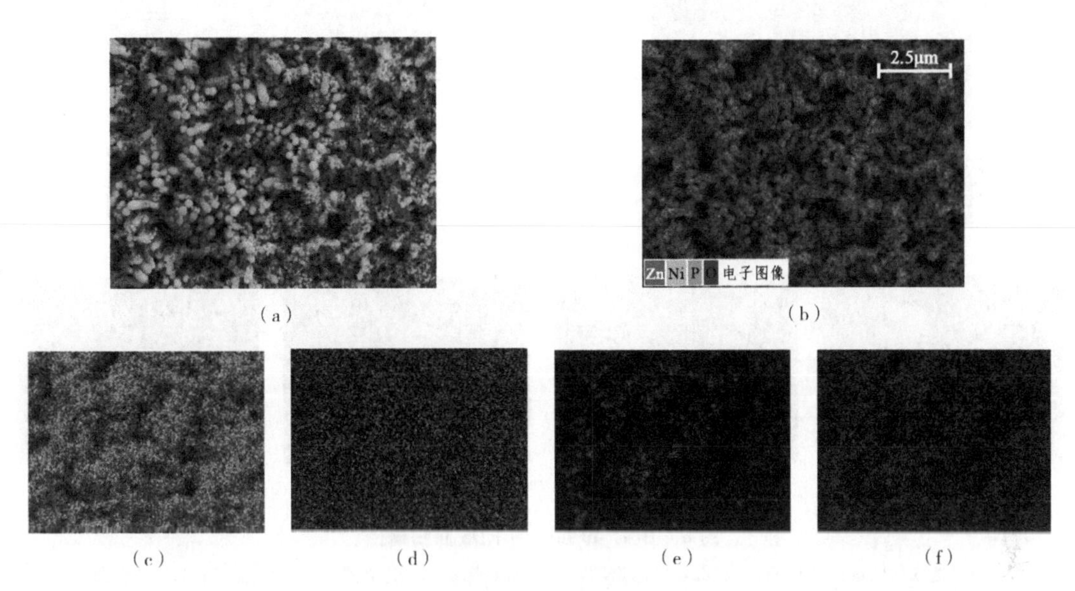

图4 施镀30 min的EDS面扫谱图

(a) 选取的区域；(b) Ni、P、Zn、O总谱图；(c) Ni谱图；(d) P谱图；(e) Zn谱图；(f) O谱图

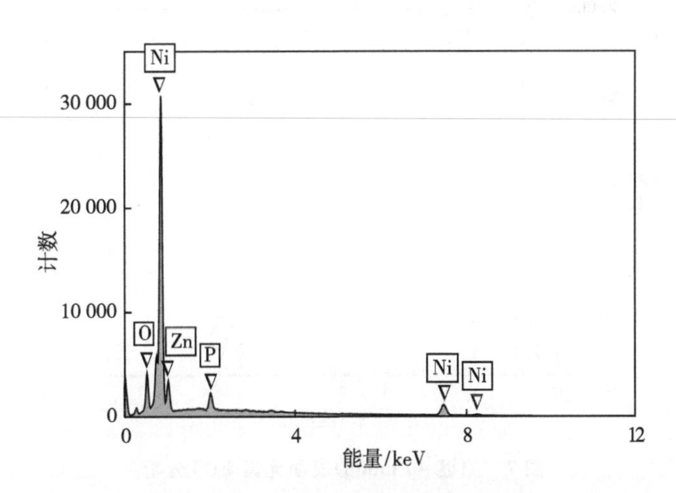

图5 施镀30 min的表面元素EDS分析

表1为此时的EDS成分分析结果。此时Ni处于晶核长大的阶段，原子百分比为71.44%，同时有4.79%的P析出。

表1 施镀30 min的EDS成分分析结果

元素	wt% Sigma	重量百分比	原子百分比
O	0.07	4.72	15.19
P	0.06	2.88	4.79
Ni	0.18	81.49	71.44
Zn	0.17	10.91	8.59
总量		100	100

图 6、图 7 分别为施镀 40 min 的 EDS 面扫谱图及基片表面元素 EDS 分析，此时谱图中绝大部分元素为 Ni，以及少量的 P，而 Zn、O 的含量相比之下已经很少，说明镀层中 Ni 生长完全，覆盖在 ZnO 基片之上，形成了完整的镀层。

图 6　施镀 40 min 的 EDS 面扫谱图

(a) 选取的区域；(b) Ni、P、Zn、O 总谱图；(c) Ni 谱图；(d) P 谱图；(e) Zn 谱图；(f) O 谱图

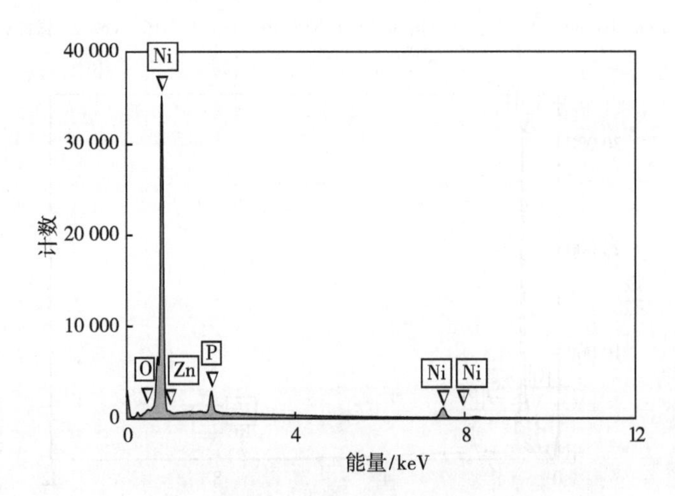

图 7　施镀 40 min 的表面元素 EDS 分析

表 2 为此时的 EDS 成分分析结果。施镀 40 min 后化学镀结束，基片表面形成了完整的镀层，其中 Ni 的原子百分比为 90.69%，P 的原子百分比为 7.51%，金属镀层中 P 的相对含量为 7.62%。

表 2　施镀 40 min 的 EDS 成分分析结果

元素	wt% Sigma	重量百分比	原子百分比
O	0.05	0.26	0.92
P	0.07	4.13	7.51
Ni	0.16	94.58	90.69
Zn	0.14	1.03	0.88
总量		100	100

3.3 XRD 物相分析

图 8 为化学镀完成后基片的 XRD 图谱，其强度最大的五个峰分别与 Ni 标准 PDF 卡片的（111）、（200）晶面以及 P 标准 PDF 卡片的（210）（220）（310）晶面相对应，说明镀层中主要的物相组成为 Ni 和 P。但是衍射峰只在某些晶面有强度，不能与标准 PDF 卡片完全一一对应且有较小偏移的原因可能是生成的 Ni、P 并不具有完美的晶体结构，且生成了 Ni - P 合金结构，Ni 与 P 影响了对方的结晶，进而改变了镀层的 XRD 衍射图谱。而通常元素含量在 5%以上才能在 XRD 上观察到晶体结构，根据 EDS 分析的结果可以看出 ZnO 的相对含量已经很低，所以不能在图谱上观察到 ZnO 的衍射图谱。

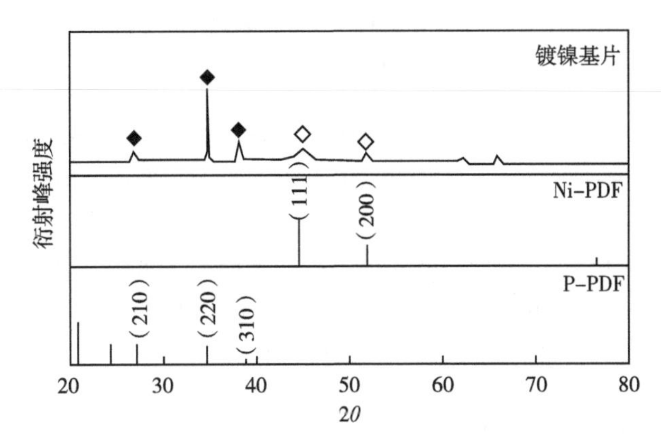

图 8　化学镀完成后基片的 XRD 图谱

4　结论

使用稳定 Ni 实现了在三维纳米结构 ZnO 基片上的化学镀。根据 SEM 表面形貌表征，镀层均匀致密，没有明显缺陷。由 EDS 谱图可知镀层中主要为 Ni、P 单质，纯净不含杂质，P 的相对含量为 7.62%。根据 XRD 物相分析，可知镀层主要成分为 Ni、P，且形成一定的合金结构。使用的化学镀液配方为：$NiCl_2 \cdot 6H_2O$ 0.1mol/L，$NaH_2PO_2 \cdot H_2O$ 0.2mol/L，$C_6H_5O_7Na_3$ 0.07 mol/L，CH_3COONa 0.06 mol/L，溶液 pH 为 8.5。工艺参数为：温度 80 ℃，施镀时间 30～40 min。在化学镀之前需要对基片进行敏化、活化、还原处理。该化学镀工艺可以应用于放射性 Ni - 63 的加载，且可以进一步优化配方以降低镀层中 P 的含量。

参考文献：

[1] RAPPAPORT P. The electron - voltaic effect in p - n junctions induced by β particle bombardment [J]. Physical review, 1954, 93 (1): 246.

[2] 刘云鹏. β辐射伏特同位素电池的设计、制备及环境因素影响 [M]. 南京：南京航空航天大学，2014.

[3] COPPA B J, FULTON C C, HARTLIEB P J, et al. In situ cleaning and characterization of oxygen - and zinc - terminated, n - type, ZnO {0001} surfaces [J]. Journal of applied physics, 2004, 95 (10): 5856 - 5864.

[4] 贺永宁，朱长纯，侯洵. ZnO 宽带隙半导体及其基本特性 [J]. 功能材料与器件学报，2008, 14 (3): 566 - 574.

[5] DING Z, JIANG T X, ZHENG R R, et al. Quantitative modeling, optimization, and verification of ^{63}Ni powered betavoltaic cells based on three - dimensional ZnO nanorod arrays [J]. 核技术：英文版，2022, 33 (11): 101 - 112.

[6] 黄世玲. 金刚石化学镀镍工艺研究及电化学分析 [D]. 郑州：郑州大学，2014

[7] 汤英童，杨长城. 金刚石粉表面化学镀镍工艺改进及镀层显微分析 [J]. 光学与光电技术，2021, 19 (5): 75 - 81.

Investigation of Ni-63 chemical plating process based on three-dimensional nanostructured ZnO betavoltaic cells

YAO Yuan-jie[1], GUO Yu-chen[1], ZHANG Lei[1], LI Xue[1], JIANG Tong-xin[2], SAN Hai-sheng[2], ZHANG Li-feng[1,*]

(1. China Institute of Atomic Energy, Beijing 102413, China; 2. Pen-Tung Sah Institute of Micro-Nano Science and Technology, Xiamen Fujian 361005, China)

Abstract: In this experiment, nickel - 63 was simulated by using stable nickel elements, and the chemical plating method was chosen for the nickel loading process investigation. The formulation of the chemical plating solution used was: $NiCl_2 \cdot 6H_2O$ 0.1 mol/L, $NaH_2PO_2 \cdot H_2O$ 0.2 mol/L, $C_6H_5O_7Na_3$ 0.07 mol/L, CH_3COONa 0.06 mol/L, and the pH was 8.5. The process parameters were: temperature of 80 ℃, time of 30 - 40 min, and activation treatment before chemical plating. SEM morphological characterization, EDS elemental analysis and XRD physical phase analysis of the plated layers showed that the obtained layers were uniform, dense, without obvious defects, pure and free of impurities, and this method realized the nickel loading of three-dimensional nanostructured ZnO.

Key words: Betavoltaic cells; 3D nanostructures; Zinc oxide; Chemical plating; Nickel - 63

Dowex 50W×8 阳离子交换树脂对镱镥分离的初步条件探究

杨　磊，李　瑶，王维滇，吴如雷，吴宇轩，梁积新*，向学琴*

（中国原子能科学研究院，北京　102413）

摘　要：为发展从辐照的 Yb_2O_3 靶分离无载体 ^{177}Lu 生产工艺，本文选取 Dowex 50W×8 阳离子交换树脂初步探究镱镥的分离条件。进行了 Dowex 50W×8 阳离子交换树脂对 Yb、Lu 的静态吸附实验，考察溶液酸度、时间等对镱镥吸附效果的影响，结果表明，常温下，Dowex 50W×8 阳离子交换树脂在溶液酸度越小的情况下对镱镥的吸附效果越好，振荡 5 min已达到吸附平衡。此外，使用 Dowex 50W×8 阳离子交换树脂进行镱镥分离，初步考察上样量［Yb∶Lu＝5 mg∶5 mg (1∶1)；2 mg∶2 mg (1∶1)；2 mg∶1 mg (2∶1)；1 mg∶1 mg (1∶1)；0.1 mg∶0.1 mg (1∶1)］，对镱镥分离效果的影响，结果表明上样量较少的条件下有较好的分离效果，但一次分离实验不能将 Yb 与 Lu 完全分离。

关键词：Dowex 50W×8 阳离子交换树脂；Yb；Lu；分离

^{177}Lu 由于其优良的物理化学特性以及在肿瘤治疗领域的优势，在放射性治疗领域的研究中越来越受到重视。^{177}Lu 的半衰期为 6.647 d，其较长的半衰期有利于生产、质量控制及远程供货。^{177}Lu 发射三种能量的β-粒子，能量分别为 498 keV（79.3%）、380 keV（9.1%）和 176 keV（12.2%），其粒子能量相对较低，在对病灶发生辐射作用时对骨髓抑制较轻，是一种非常适用于治疗癌症的放射性核素[1]。伴随β射线发射的低能γ射线 112.95 keV（6.40%）、208 keV（11.00%）、321.3 keV（0.219%）、249.7 keV（0.2120%）和 71.65 keV（0.15%）[2]，适于显像和治疗后剂量学评价，可实现疾病诊断和治疗一体化。美国已批准使用 ^{177}Lu 治疗神经内分泌癌症。研究显示，^{177}Lu 还可用于治疗转移性前列腺癌、乳腺癌、肝癌和脑癌等其他癌症[3-4]。

目前临床上用于肿瘤治疗的 ^{177}Lu 标记药物大多数采用无载体 ^{177}Lu。无载体 ^{177}Lu 通过反应堆利用 $^{176}Yb(n,\gamma)^{177}Yb$ 反应得到 ^{177}Yb，^{177}Yb 衰变产生 ^{177}Lu，可获得高比活度无载体 ^{177}Lu，且几乎不含 ^{177m}Lu 杂质，满足多肽放射性药物和免疫放射性药物的使用要求[5-6]。但是国内无载体 ^{177}Lu 主要通过进口获得，国内供应能力不足也造成国内相关药物研究和临床均受到制约，发展缓慢。因此加快研发国产化无载体 ^{177}Lu 的规模化生产关键工艺、研制生产装置、建立生产线，是打破目前 ^{177}Lu 放射性药物发展僵局的关键[2]。

判断生产路线能否应用于大规模生产 ^{177}Lu 的重难点在于辐照的 Yb_2O_3 靶和 ^{177}Lu 的放射化学分离。Yb 和 Lu 在最稳定氧化状态＋3 下的化学性质相似，较难分离，且国内相关研究报道较少。目前用于常规生产的是基于离子交换色谱法从辐照 Yb 中分离 ^{177}Lu 的过程，分离使用大孔聚苯乙烯阳离子交换树脂或硅酸盐基阳离子交换剂，而利用 Dowex 50W×8 阳离子交换树脂对镱镥分离的研究还未见报道。Yb 和 Lu 与络合剂稳定常数的差异是分离的原因。表征良好的α-羟基异丁酸（α-HIBA）络合剂作为洗脱剂有利于 Lu 和 Yb 的分离，由于分离系数低，Lu 馏分含有大量的 Yb，^{177}Lu 的α-HIBA 配合物不适合常规合成 ^{177}Lu 标记的放射性药物[7-14]。

作者简介：杨磊（1999—），女，硕士生，主要从事核素制备与分离等科研工作。

基金项目：核技术联合基金项目“新型功能化共价-有机骨架材料的设计、合成及其对 $^{176}Yb/^{177}Lu$ 的选择性分离行为与机理研究”（U2067211）。

综上，本研究探索选 Dowex 50W×8 阳离子交换树脂进行对镱镥分离的初步条件探究。研究 Dowex 50W×8 阳离子交换树脂对溶液中 Yb、Lu 的静态吸附效果，考察溶液酸度、时间对镱镥吸附效果的影响；以及采用离子交换技术使用 Dowex 50W×8 阳离子交换树脂进行动态镱镥分离，α-HIBA 作为淋洗液，初步探究上样量对镱镥分离效果的影响，为镱镥的进一步分离提供理论依据和实践指导。

1 实验部分

1.1 主要试剂与仪器

试剂：硝酸（MOS纯）、盐酸（MOS纯）、氨水（AR）、氯化锌（AR）：国药集团化学试剂有限公司；氯化镥、氯化镱：上海泰坦科技股份有限公司；α-羟基异丁酸：上海麦克林生化科技有限公司；100-200 目 Dowex 50W×8 树脂：Acros Organic 公司。

仪器：高分辨电感耦合等离子体质谱（ICP-MS）：Element 型；电子天平：Sartorius BS100S；Milli-Q 超纯水系统：Advantage 10；恒温振荡箱。

1.2 实验方法

1.2.1 Dowex 50W×8 阳离子交换树脂对 Yb/Lu 的静态吸附

静态吸附步骤：分别称量 0.2 g 的预处理之后的 Dowex 50W×8 阳离子交换树脂于不同离心管中，加入 2 mL 0.5 mg/mL 的 $YbCl_3$ 或 $LuCl_3$ 溶液（HCl 浓度为 0.01 mol/L），在温度为 25 ℃，转速为 350 rpm 的恒温振荡器中振荡一定时间后，振荡结束后取出离心管过滤分离，取定量上清液制样后，利用 ICP-MS 测量振荡前后溶液中金属离子浓度，计算 Yb^{3+} 和 Lu^{3+} 的吸附率和分配系数。

Yb^{3+} 和 Lu^{3+} 的吸附率和分配系数根据下式计算：

$$E=\frac{C_0-C}{C_0}\times 100\% \qquad (1)$$

式中，E 为 Yb^{3+} 或 Lu^{3+} 的吸附率，%；C_0 为吸附前水相中金属离子浓度，mg/mL；C 为吸附后水相中剩余金属离子浓度，mg/mL。

Yb^{3+} 和 Lu^{3+} 吸附平衡时的分配系数根据下式计算：

$$K_d=\frac{(C_0-C_e)\times V}{C_e\times m} \qquad (2)$$

式中，K_d 为 Yb^{3+} 或 Lu^{3+} 的分配系数；C_e 为吸附平衡时，水相中剩余金属离子浓度，mg/mL；V 为水相体积，mL；m 为树脂质量，mg。

1.2.2 Dowex 50W×8 阳离子交换树脂柱分离 Yb、Lu

Dowex 50W×8 树脂预处理：在 2 mol/L 氢氧化钠溶液中浸泡 24 h，然后水洗至中性，再在盐酸液中浸泡 48 h，最后水洗至中性。

装柱：阳离子交换树脂湿法装柱，柱规格为：10 mm×600 mm，柱床高度为 50 cm，使用前先用去离子水洗至中性，然后用 0.1 mol/L 盐酸淋洗，再用 5% $ZnCl_2$ 溶液洗柱将柱转化为 Zn^{2+} 型，最后用去离子水洗至无 Cl^-。

配好料液上样，用 H_2O 淋洗，加入 pH 为 5.05、浓度为 0.057 mo/L 的 α-HIBA 溶液解吸 Yb、Lu，控制流速为 1～2 mL/min。用离心管接样，待洗脱完全后，用 MOS 纯 HNO_3 溶液制样，采用 ICP-MS 测量溶液中金属离子浓度。以流出液中稀土离子浓度或流出量为纵坐标，流出液体积为横坐标作淋洗曲线图。根据实验数据调整后续实验条件，实验条件变化为料液比及上样量。

2 结果与讨论

2.1 Dowex 50W×8 阳离子交换树脂对 Yb、Lu 的静态吸附

2.1.1 不同振荡时间下 Dowex 50W×8 阳离子交换树脂对 Yb、Lu 的静态吸附实验

0.2 g 的 Dowex 50W×8 阳离子交换树脂加入 2 mL 0.5 mg/mL 的 $YbCl_3$ 或 $LuCl_3$ 溶液（HCl 浓度为

0.01 M)，在温度为 25 ℃，转速为 350 rpm，得到 Yb^{3+} 和 Lu^{3+} 在不同接触时间（5 min、10 min、15 min、20 min、25 min、30 min）下的吸附率。图 1 为不同振荡时间对 Dowex 50W×8 阳离子交换树脂对 Yb、Lu 的静态吸附实验的影响，可以得到在该固液比下 5 min 内溶液已达到吸附平衡。

2.1.2　不同酸度下 Dowex 50W×8 阳离子交换树脂对 Yb、Lu 的静态吸附实验

0.2 g 的 Dowex 50W×8 阳离子交换树脂加入 2 mL 0.5 mg/mL 的 $YbCl_3$ 或 $LuCl_3$ 溶液（HCl 浓度分别为 0.01 M、0.1 M、1 M、2 M、3 M、4 M、5 M），在温度为 25 ℃，转速为 350 rpm 下振荡 30 min，计算 Yb^{3+} 和 Lu^{3+} 在不同酸度下的分配系数。图 2 为不同酸度对 Dowex 50W×8 阳离子交换树脂对 Yb、Lu 的静态吸附实验的影响，随着溶液酸度的增大，树脂吸附效果逐渐下降，在 0.01 mol/L HCl 中吸附效果最好，因此后续实验将在此条件下进行。

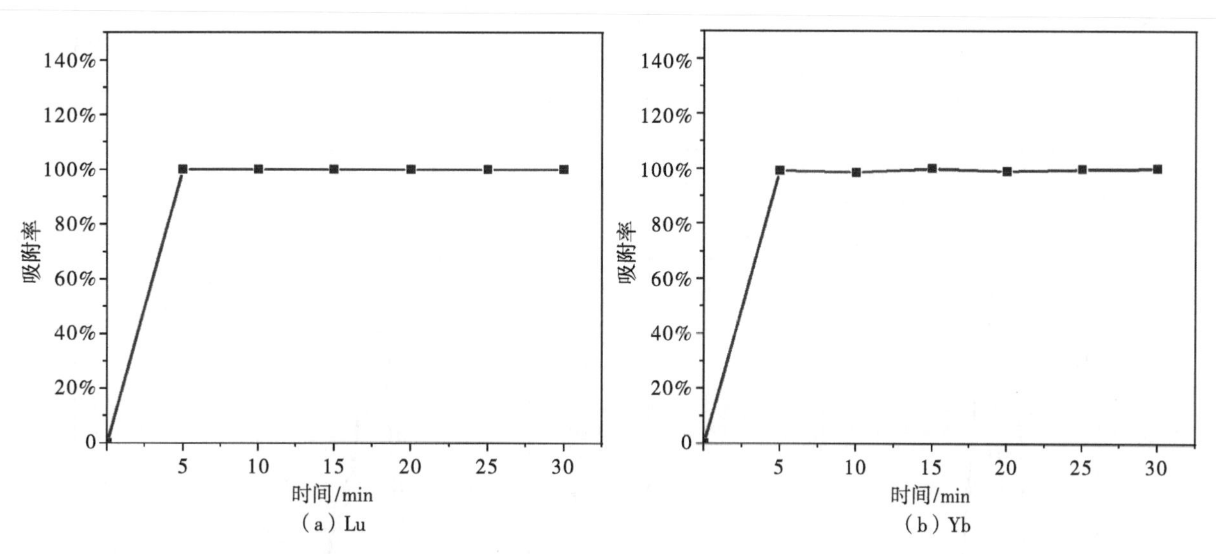

图 1　酸度为 0.01mol/L HCl，不同振荡时间（5 min、10 min、15 min、20 min、25 min、30 min）对 Dowex 50W×8 阳离子交换树脂对 Yb、Lu 的静态吸附实验影响

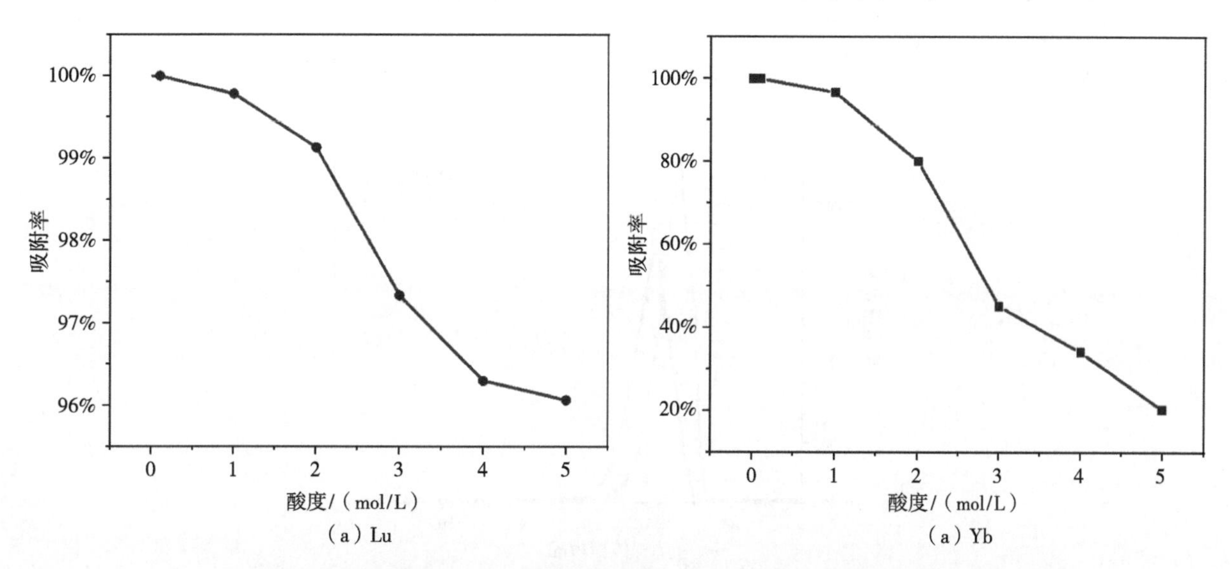

图 2　振荡 30min，不同酸度（HCl 浓度分别为 0.01M、0.1M、1M，2M、3M、4M、5M）对 Dowex 50W×8 阳离子交换树脂静态吸附 Yb、Lu 实验的影响

2.2　Yb 与 Lu 分离的条件研究

常温条件，柱规格为：10 mm×600 mm，柱床高度为 50 cm，淋洗液浓度为 0.05 mol/L，

pH 5.05，流速为 1.5 mL/min，研究上样量对淋洗曲线的影响。上样量分别为 Yb：Lu＝5 mg：5 mg（1：1）；2 mg：2 mg（1：1）；2 mg：1 mg（2：1）；1 mg：1 mg（1：1）；0.1 mg：0.1 mg（1：1）。淋洗曲线如图 3 所示，当镱镥料液比和上样量较小时，树脂对镱镥有部分分离效果。

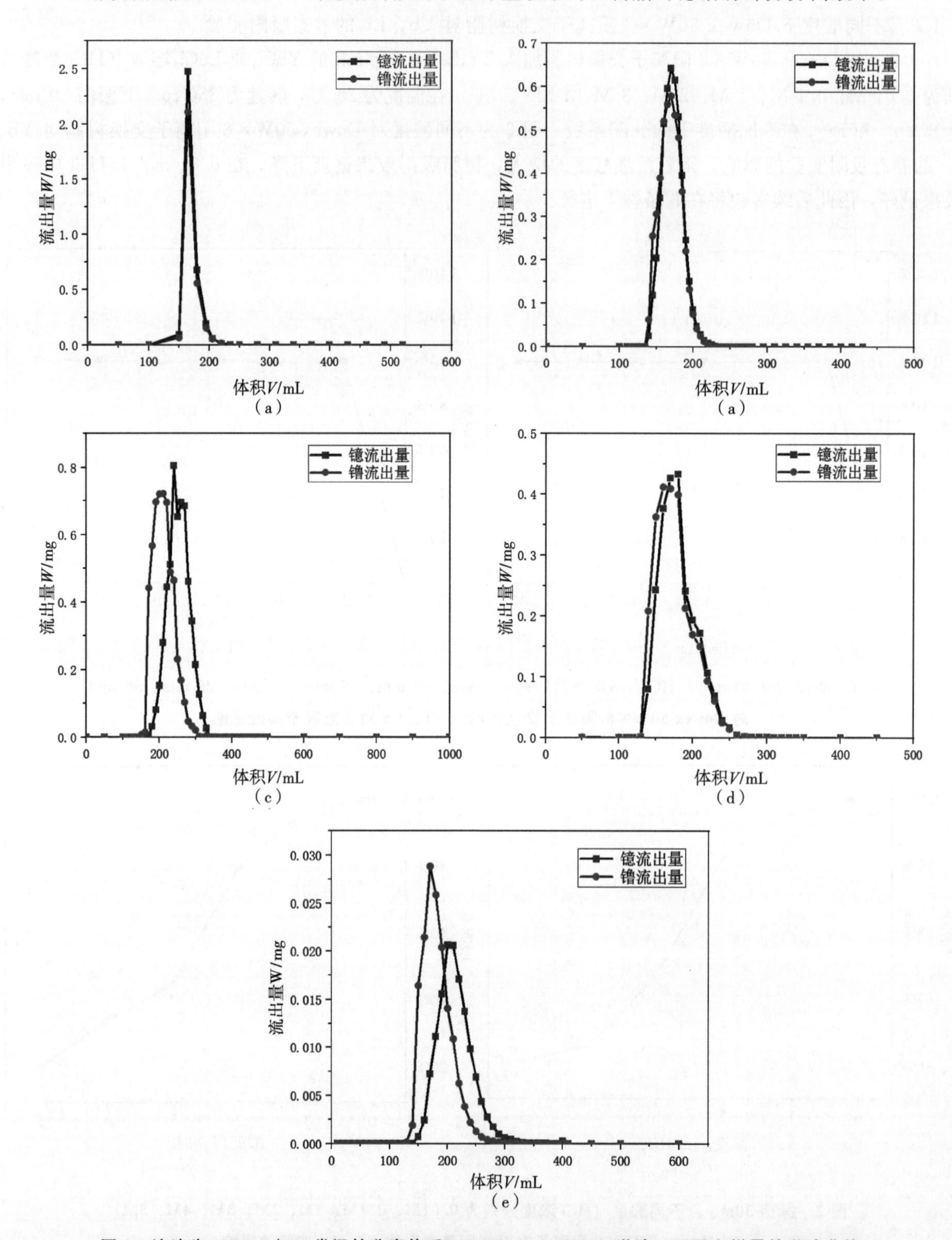

图 3　流速为 1.5 mL/min 常温柱分离体系，0.057 M α-HIBA 淋洗，不同上样量的淋洗曲线

(a) 上样量为 Yb：Lu＝5 mg：5 mg (1：1)；(b) 上样量为 Yb：Lu＝2 mg：2 mg (1：1)；

(c) 上样量为 Yb：Lu＝2 mg：1 mg (2：1)；(d) 上样量为 Yb：Lu＝1 mg：1 mg (1：1)；

(e) 上样量为 Yb：Lu＝0.1 mg：0.1 mg (1：1)

3 结论

根据上述分析得到结论：在常温下，Dowex 50W×8 阳离子交换树脂静态吸附镱镥时，溶液酸度越低，树脂对镱镥的吸附效果越好，且该固液比下振荡 5 min 溶液已达到吸附平衡。此外，用 Dowex 50W×8 阳离子交换树脂动态分离镱镥时，上样量较低为 0.1 mg 左右，且镱镥料液比接近 1，Dowex 50W×8 阳离子交换树脂对镱镥有部分分离效果。

参考文献：

[1] DAS T，PILLAI M R A. Options to meet the future global demand of radionuclides for radionuclide therapy [J]. Nuclear medicine & biology，2013，40 (1)：23-32.

[2] 卓连刚，杨宇川，岳海东，等. DGA 树脂辅助的循环淋洗技术制备无载体镥 [～(177) Lu] [J]. 同位素，2022，35 (3)：217-223.

[3] FRÖSS-BARON K，GARSKE-ROMAN U，SUN W L，et al. ^{177}Lu-DOTATATE therapy of advanced pancreatic neuroendocrine tumors heavily pretreated with chemotherapy：analysis of outcome，safety and their determinants [J]. Neuroendocrinology，2020，DOI：10.1159/000506746.

[4] VIS A N，JANSEN B H E，BODAR Y J L，et al. ^{177}Lutetium PSMA radioligand therapy in prostate cancer [J]. TijdschriftvoorUrologie，2020，DOI：10.1007/s13629-019-00275-6.

[5] CHAKRABORTY S，VIMALNATH K V，LOHAR S P，et al. On the practical aspects of large-scale production of ^{177}Lu for peptide receptor radionuclide therapy using direct neutron activation of ^{176}Lu in a medium flux research reactor：the Indian experience [J]. Journal of radioanalytical & nuclear chemistry，2014，302 (1)：233-243.

[6] 梁鑫淼，程宇，郭志谋，等. 一种从镱镥混合物中分离提纯镥的方法：CN202110424036.2 [P]. CN202110424036.2 [2023-12-18].

[7] DVORAKOVA Z，HENKELMANN R，LIN X，et al. Production of ^{177}Lu at the new research reactor FRM-II：Irradiation yield of ^{176}Lu (n，gamma)^{177}Lu. [J]. Applied radiation and isotopes，2008，66 (2)：147-151.

[8] BILEWICZ A，UCHOWSKA K，BARTO B. Separation of Yb as $YbSO_4$ from the ^{176}Yb target for production of ^{177}Lu via the ^{176}Yb (n，γ)^{177}Yb→^{177}Lu process [J]. Journal of radioanalytical and nuclear chemistry，2009，280 (1)：167-169.

[9] CHAKRAVARTY R，DAS T，DASH A，et al. An electro-amalgamation approach to isolate no-carrier-added Lu-177 from neutron irradiated Yb for biomedical applications [J]. Nuclear medicine and biology，2010，37 (7)：811-820.

[10] LEBEDEV N A，NOVGORODOV A F，MISIAK R，et al. Radiochemical separation of no-carrier-added ^{177}Lu as produced via the ^{176}Yb (n，γ)^{177}Yb→^{177}Lu process. [J]. Appl radiat isot，2000，53 (3)：421-425.

[11] LE，VAN，SO，et al. Alternative chromatographic processes for no-carrier added ^{177}Lu radioisotope separation [J]. Journal of radioanalytical & nuclear chemistry，2008.

[12] BALASUBRAMANIAN P S. Separation of carrier-free lutetium-177 from neutron irradiated natural ytterbium target [J]. Journal of radioanalytical and nuclear chemistry，1994，185 (2)：305-310.

[13] HORWITZ E P，MCALISTER D R，BOND A H，et al. A process for the separation of Lu-177 from neutron irradiated Yb-176 targets [J]. Applied radiation and isotopes：including data，instrumentation and methods for use in agriculture，industry and medicine，2005 (1)：63.

[14] LE，VAN，SO，et al. Alternative chromatographic processes for no-carrier added ^{177}Lu radioisotope separation [J]. Journal of radioanalytical & nuclear chemistry，2008. DOI：10.1007/s10967-007-7130-2.

[15] HASHIMOTO K，MATSUOKA H，UCHIDA S. Production of no-carrier-added ^{177}Lu via the ^{176}Yb (n，γ) ^{177}Yb→^{177}Lu process [J]. Journal of radioanalytical & nuclear chemistry，2003，255 (3)：575-579.

Preliminary investigation on separation of ytterbium and lutetium using Dowex 50W×8 cation exchange resin

YANG Lei, LI Yao, WANG Wei-dian, WU Ru-lei,
WU Yu-xuan, LIANG Ji-xin, XIANG Xue-qin

(China Institute of Atomic Energy, Beijing 102413, China)

Abstract: In order to develop the process of large-scale production of no-carrier-added ^{177}Lu, from the irradiated Yb_2O_3 target, in this paper, Dowex 50W×8 cation exchange resin was selected to explore the preliminary conditions for the separation of ytterbium lutetium. Firstly, the adsorption effect of Dowex 50W×8 cation exchange resin on Yb and Lu in solution was explored, and the effects of acidity and time on the adsorption effect of ytterbium lutetium were investigated. The results showed that the Dowex 50W×8 cation exchange resin had a better adsorption on ytterbium/lutetium under the condition that the acidity of the solution was low, and the equilibrium could be reached after 5min. In addition the seperation effectiveness on samples containing different mass of Yb/Lu [Yb : Lu=5 mg : 5 mg (1 : 1); 2 mg : 2 mg (1 : 1); 2 mg : 1 mg (2 : 1); 1 mg : 1 mg (1 : 1); 0.1 mg: 0.1 mg (1 : 1)] was preliminarily evaluated. The results showed that Yb and Lu could be separated in part under the condition of the low loading amount .

Key words: Dowex 50W×8 cation exchange resin; Yb; Lu; Separation